全国电子信息类优秀教材一等奖

电子信息科学与工程类专业规划教材

TMS320F2812
DSP原理与应用技术（第2版）

王忠勇　陈恩庆　编著

電子工業出版社
Publishing House of Electronics Industry
北京·BEIJING

内 容 简 介

本书获得全国电子信息类优秀教材一等奖。本书在介绍 DSP 芯片特点和应用的基础上，以 TI 公司 C28x 系列的 TMS320F2812 芯片为描述对象，系统地介绍了 DSP 芯片的基本特点、硬件结构、工作原理、开发环境和使用方法，内容包括 CPU 内部结构、时钟和系统控制、存储空间及通用 I/O 接口、中断管理方式、片内外设、寻址方式和指令系统、集成开发环境 CCS、DSP 最小系统及相应软件设计等。本书免费提供电子课件、例程源代码等教辅资源。

本书简明易读、概念清晰、例程丰富、实践性强，通过框架式学习方法，使读者建立 DSP 芯片的主要知识体系；通过概念联系方法，使读者建立基本概念与逻辑概念、物理概念之间的联系，力图让读者能将理论知识应用到实际的 DSP 系统中，达到开发设计目的。

本书可作为自动化、电子信息工程、通信工程等电类专业的高年级本科生及研究生的教学用书，也可以作为从事 DSP 芯片开发的科研及工程技术人员的参考用书。

图书在版编目（CIP）数据

TMS320F2812 DSP 原理与应用技术 / 王忠勇，陈恩庆编著．—2 版．—北京：电子工业出版社，2012.6
电子信息科学与工程类专业规划教材
ISBN 978-7-121-17241-0

I．①T… II．①王…②陈… III．①数字信号处理－高等学校－教材②信号处理－微处理器－高等学校－教材
IV．①TN911.72②TP332

中国版本图书馆 CIP 数据核字（2012）第 116513 号

策划编辑：史鹏举
责任编辑：史鹏举
印　　刷：北京虎彩文化传播有限公司
装　　订：北京虎彩文化传播有限公司
出版发行：电子工业出版社
　　　　　北京市海淀区万寿路 173 信箱　　邮编：100036
开　　本：787×1092　1/16　印张：23.5　字数：663 千字
版　　次：2009 年 10 月第 1 版
　　　　　2012 年 6 月第 2 版
印　　次：2023 年 6 月第 18 次印刷
定　　价：39.80 元

凡所购买电子工业出版社图书有缺损问题，请向购买书店调换。若书店售缺，请与本社发行部联系，联系及邮购电话：（010）88254888。

质量投诉请发邮件至 zlts@phei.com.cn，盗版侵权举报请发邮件至 dbqq@phei.com.cn。

服务热线：（010）88258888。

前　言

数字信号处理器（Digital Signal Processors，简称 DSP）是为独立快速地实现各种数字信号处理（DSP）运算而专门设计的一种处理器件，它广泛应用于电气控制、通信、信号处理、仪器仪表、航空航天、生物医学和消费电子等领域。TMS320C2000 系列 DSP 芯片是美国德州仪器公司（Texas Instruments Incorporation，简称 TI）的三大 DSP 芯片系列之一，主要针对控制领域应用而设计，其中又以 C28x 子系列应用最为广泛。同时该系列芯片又与 TI 公司其他两大系列 DSP 芯片（TMS320C5000 和 TMS320C6000 系列）一样具有较强的信号处理能力。

本书在介绍 DSP 芯片特点和应用的基础上，以 TI 公司 C28x 系列的 TMS320F2812 芯片为描述对象，系统地介绍了 DSP 芯片的基本特点、硬件结构、工作原理、开发环境和使用方法，包括 CPU 内部结构、时钟和系统控制、存储空间及通用 I/O 接口、中断管理方式、片内外设、寻址方式和指令系统、集成开发环境 CCS、DSP 最小系统及相应软件设计等。

TMS320F2812 芯片是目前 C2000 系列中应用最广泛、最具代表性的芯片。它不仅具有多数 DSP 芯片广泛使用的 32 位内核结构、片内/外存储器映射、时钟和中断管理机制，而且还具有事件管理器（EV）、串行通信接口（SCI）、串行外设接口（SPI）、多通道缓冲串行口（McBSP）、eCAN 总线模块和模数转换模块（ADC）等多种片内外设。它为实现高性能、高精度的数字控制提供了很好的解决方案，同时也是学习和熟悉 DSP 芯片原理和开发应用的理想入门芯片。

本书获得全国电子信息类优秀教材一等奖。本书结合作者多年来从事 DSP 课程教学和项目开发的经验，通过介绍框架式学习方法使读者建立 DSP 芯片的主要知识体系，避免初学者过早地陷入到细节学习中；通过介绍概念联系学习方法，力求使读者建立 DSP 系统的基本概念与逻辑概念、物理概念之间的联系，从而能更好地将 DSP 的基本概念和原理应用到实际 DSP 系统的开发设计中。

全书共 9 章：

第 1 章：简要概述 DSP 系统和 DSP 芯片的特点、应用现状、发展前景、芯片选型注意事项及 TMS320F2812 芯片性能特点和引脚分布；

第 2 章：介绍 CPU 的内部结构、主要寄存器和时钟控制系统；

第 3 章：介绍存储器组成、分配、扩展，以及外部扩展接口和应用；

第 4 章：介绍中断及中断扩展模块的结构、工作原理和使用方法；

第 5 章：介绍 EV、SCI、SPI、McBSP、eCAN 和 ADC 等片内外设模块的结构、特点和工作方式，并给出应用实例；

第 6 章：介绍寻址方式和汇编指令系统；

第 7 章：介绍 DSP 开发中涉及的伪指令、宏指令和链接器命令文件的编写；

第 8 章：介绍集成开发环境和开发流程；

第 9 章：介绍 DSP 最小系统的硬件设计，并给出相关应用程序。

本书可作为自动化、电子信息工程、通信工程等电类专业的高年级本科生及研究生的教学用书，也可以作为从事 TMS320F2812 DSP 芯片开发的科研及工程技术人员的参考用书。

本书配有电子课件、程序源代码等教辅资源，需要者可从华信教育资源网 http://www.hxedu.com.cn 免费注册下载。

本书由王忠勇、陈恩庆编著，宋豫全参与了部分书稿和程序的编写及整理。研究生张传宗、卢亮亮、于洋、许领、李小魁、薛金辉、李轩昂、谢金鹏等对书稿的录入、校对和程序验证做了很多工作，在此对他们付出的努力表示感谢！

另外，本书在编写过程中参考了许多优秀的DSP书籍，在此一并向这些书籍的作者表示真诚的谢意！

由于作者水平有限，书中难免存在错误或不当之处，恳请广大读者批评指正。

咨询、意见和建议可反馈至本书责任编辑邮箱：shipj@phei.com.cn

编 著 者

目　录

第1章 绪 论

学习要点

- DSP 系统和 DSP 芯片的基本结构与特点
- DSP 芯片分类和选型的依据
- TMS320F2812 芯片的主要性能特点
- DSP 芯片原理与应用课程特点及学习方法

1.1 DSP 系统及 DSP 芯片的特点

1.1.1 DSP 技术的发展

信号处理本质上是对自然界中的物理过程或系统进行变换、分析或设计，目的是从中获取感兴趣的信息。传统的信号处理或系统分析采用模拟技术进行，其处理设备和器件均为模拟器件(电阻、电容和运算放大器等)。20 世纪 60 年代以来，随着大规模集成电路、数字计算机等信息技术的飞速发展，数字信号处理(Digital Signal Processing，DSP)技术应运而生并得到快速的发展。在过去的 20 多年时间里，DSP 在理论和应用方面不断地进步和完善，在越来越多的应用领域中迅速取代传统的模拟信号处理方法，并且开辟出许多新的应用领域。目前数字信号处理技术已经在通信、雷达、航空航天、工业控制、生物医学工程、网络及家电等领域得到极为广泛的应用，数字化时代正在到来。

由于 DSP 技术应用非常广泛，迫切需要一种能高效完成复杂数字信号处理或数字系统控制，能够作为 DSP 系统核心的器件。因此，众多半导体厂商投入到高性能数字信号处理器(Digital Signal Processors，DSP)芯片的研发当中。1982 年，美国德州仪器公司(Texas Instruments Incorporation，TI)推出了该公司的第一款 DSP 芯片，很快 DSP 芯片就以其数字器件特有的稳定性、可重复性、可大规模集成和易于实现 DSP 算法等优点，为数字信号处理技术带来了更大的发展和应用前景。采用各种类型 DSP 实现系统的数字化处理和控制已经成为未来发展的趋势，并且随着 DSP 运算能力的不断提高，数字信号处理的研究重点也由最初的非实时应用转向高速实时应用。

从数字信号处理领域来看，无论是 DSP 算法和理论研究，还是 DSP 的开发和应用，都需要大量高素质的 DSP 研发人才，所以数字信号处理理论及其实现的课程也得到学术界和大专院校的高度重视。包括算法理论和实现在内的整个数字信号处理技术已成为一门涉及许多学科而又广泛应用于许多领域的蓬勃发展的新兴学科。基于高速数字计算机和超大规模数字集成电路的 DSP 新算法、新实现技术、高速 DSP 器件、多维处理和 DSP 的新应用成为 DSP 学科发展方向和研究热点。本书以介绍 DSP 技术应用的一个重要方面——基于 DSP 芯片的系统开发和应用为目标，通过对 TI 公司 TMS320F2812 芯片的原理、结构及开发应用的介绍，使读者对该型号的 DSP 芯片的开发和应用有一个比较系统的认识，从而也对整个 DSP 芯片家族各芯片的开发有一个整体的了解。

1.1.2　DSP 系统的特点

以 DSP 芯片为核心构成的 DSP 系统一般由控制处理器(其控制功能可由通用处理器完成，也可直接由 DSP 芯片完成)、DSP、输入/输出接口、存储器和数据传输网络构成，其结构框图如图 1-1-1 所示。

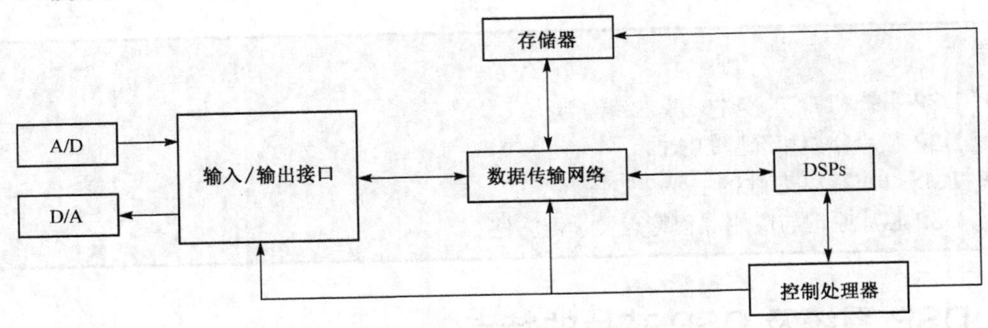

图 1-1-1　DSP 系统结构图

以 DSP 芯片为核心构建的 DSP 系统是以数字化处理为基础的，因此具有数字处理的全部优点：

(1) 接口方便。DSP 系统与其他以现代数字技术为基础的系统或设备都是相互兼容的，用这样的系统接口实现某种功能要比模拟系统与这些系统接口容易。

(2) 编程方便。DSP 系统中的可编程 DSP 芯片可使设计人员在开发过程中灵活方便地对软件进行修改和升级。

(3) 稳定性好。DSP 系统以数字处理为基础，受环境温度及噪声的影响较小，可靠性高。

(4) 精度高。16 位数字系统就可以达到 10^{-5} 的精度，而目前推出的 DSP 芯片大多是 32 位或更高的，因此可以达到很高的处理精度。

(5) 可重复性好。模拟系统的性能受元器件性能参数变化比较大，而数字系统基本不受影响，因此数字系统便于测试、调试和大规模生产。

(6) 集成方便。DSP 系统中的数字部件有高度的规范性，便于大规模集成。

当然，DSP 系统也有它的不足。例如，对于简单的信号处理任务，若采用 DSP 则使成本增加。此外，随着处理速度的提高，DSP 系统中的高速时钟也可能带来高频干扰和电磁泄漏等问题，而且 DSP 系统功率损耗也相对较大。

虽然 DSP 系统存在着不足，但其突出的优点已经使之在通信、语音、图像、雷达、生物医学、工业控制、仪器仪表等众多领域得到越来越广泛的应用。由于每个 DSP 系统的具体应用不同，DSP 系统的组成和复杂度千差万别。有的 DSP 系统的硬件平台可能是以一颗 DSP 芯片为核心的板卡，有的则可能是由多颗 DSP 芯片并联同其他芯片共同组成的主从结构式的板卡。因此，在实际工程中应该根据具体问题设计开发不同的软硬件系统以便高效地完成给定任务。

1.1.3　DSP 芯片的基本特点

为了快速地实现 DSP 运算，DSP 芯片一般都采用特殊的软硬件结构。下面以 TMS320 系列为例介绍 DSP 芯片的基本特点。

TMS320 系列 DSP 芯片的基本特点包括：哈佛结构，流水线操作，专用的硬件乘法器，特殊的 DSP 指令，快速的指令周期。

这些特点使得TMS320系列DSP芯片可以实现快速的DSP运算，并使大部分运算（如乘法运算）能够在一个指令周期内完成。由于TMS320系列DSP芯片是软件可编程器件，因此具有通用微处理器具有的方便灵活的特点。下面介绍这些特点是如何在TMS320系列DSP芯片中应用并使得芯片的功能得到加强的。

1．哈佛结构

哈佛结构是不同于传统的冯·诺伊曼（Von Neumann）结构的并行体系结构，其主要特点是将程序和数据存储在不同的存储空间中，即程序存储器和数据存储器是两个相互独立的存储器，每个存储器独立编址，独立访问。与两个存储器相对应的是系统中设置了程序和数据两条总线，从而使数据的吞吐率提高了一倍。而冯·诺伊曼结构则是将指令、数据、地址存储在同一存储器中，统一编址，依靠指令计数器提供的地址来区分是指令、数据还是地址，取指令和取数据都访问同一存储器，数据吞吐率低。

在哈佛结构中，由于程序和数据存储器在两个分开的空间中，因此取指和执行能完全重叠运行。为了进一步提高运行速度和灵活性，TMS320系列DSP芯片在基本哈佛结构的基础上做了改进，一是允许数据存放在程序存储器中，并被算术运算指令直接使用，增强了芯片的灵活性；二是指令存储在高速缓冲器（Cache）中，当执行此指令时，不需要再从存储器中读取指令，节约了一个指令周期的时间。

2．流水线操作

与哈佛结构相关，DSP芯片广泛采用流水线以减少指令执行时间，从而增强了处理器的处理能力。TMS320系列处理器的流水线深度为2～8级不等。第一代TMS320处理器采用2级流水线，第二代采用3级流水线，第三代采用4级流水线，而本书介绍的芯片TMS320F2812则采用了8级流水线。也就是说，处理器可以并行处理2～8条指令，每条指令处于流水线上的不同阶段。图1-1-2所示为一个4级流水线操作的例子。

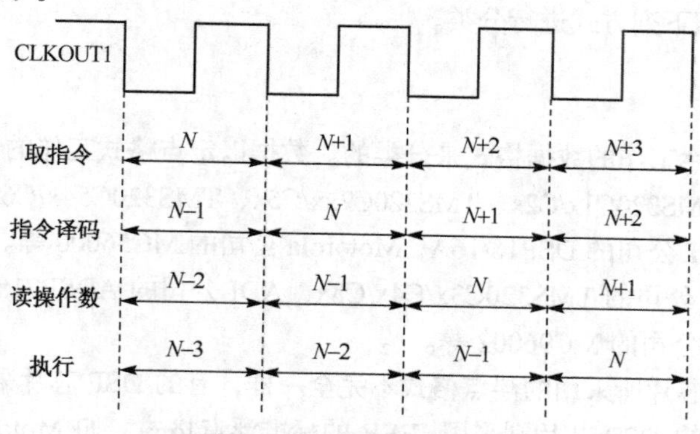

图 1-1-2　4 级流水线操作

在4级流水线操作中，取指令、指令译码、读操作数和执行操作可以独立地处理，这可使指令执行完全重叠。在每个指令周期内，四条不同的指令处于激活状态，每条指令处于不同的操作阶段。例如，在第 *N* 条指令取指令时，前一条指令即第 *N*-1 个指令正在译码，第 *N*-2 个指令正在读操作数，而第 *N*-3 条指令则正在执行。一般来说，流水线对用户是透明的。

3．专用的硬件乘法器

在DSP中具有硬件连线逻辑的高速“与或”运算器（乘法器和累加器），取两个操作数到乘法器中进行乘法运算，并将乘积加到累加器中，这些操作都可以在单个周期内完成。

在数字信号处理算法中，大量的运算是累加和乘。例如：在卷积运算、数字滤波、FFT、相关计算和矩阵运算等算法中，都有大量的类似于 $\sum A(k)B(n-k)$ 的运算。DSP 中设置的硬件乘法器和 MAC(乘法并累加)一类的指令，可以使这些运算速度大大提高。乘法速度越快，DSP 性能就越高。在通用的微处理器中，乘法指令是由一系列加法来实现的，故需许多个指令周期来完成。相比而言，DSP 芯片的特征就是有一个专用的硬件乘法器。

4．特殊的 DSP 指令

在 DSP 的指令系统中，有许多指令是多功能指令，即一条指令可以完成多种不同的操作，或者说一条指令具有多条指令的功能。如 TMS320F2812 中的 XMACD 指令，它在一个指令周期内完成乘法、累加和数据移动 3 项功能，相当于执行了 MOV、DMOV、MPY 和 ADDL 4 条指令(MOV 和 MPY 完成两存储器内容相乘的功能)。再如重复指令 RPT，可以使它后面的指令执行 1～65536 次。

5．快速的指令周期

哈佛结构、流水线操作、专用的硬件乘法器、特殊的 DSP 指令再加上集成电路的优化设计，大大缩短了 DSP 芯片的指令周期，目前 TMS320 系列多数处理器的指令周期已经降低到了 10 ns 以下，快速的指令周期使得 DSP 芯片满足了高实时性场合的需求。

1.2 DSP 芯片的类别和使用选择

1.2.1 DSP 芯片的分类

DSP 芯片可以按照下列方式进行分类。

1．按数据格式分

这是根据 DSP 芯片工作的数据格式来分类的。数据以定点格式工作的 DSP 芯片称为定点 DSP 芯片，如 TI 公司的 TMS320C1x/C2x、TMS320C2xx/C5x、TMS320C54x/C62xx 系列，ADI 公司的 ADSP21xx 系列，AT&T 公司的 DSP16/16A，Motorola 公司的 MC56000 等。以浮点格式工作的称为浮点 DSP 芯片，如 TI 公司的 TMS320C3x/C4x/C8x，ADI 公司的 ADSP21xxx 系列，AT&T 公司的 DSP32/32C，Motorola 公司的 MC96002 等。

不同的浮点 DSP 芯片所采用的浮点格式不完全一样，有的 DSP 芯片采用自定义的浮点格式，如 TMS320C3x；而有的 DSP 芯片则采用 IEEE 的标准浮点格式，如 Motorola 公司的 MC96002、FUJITSU 公司的 MB86232 和 ZORAN 公司的 ZR35325 等。

2．按用途分

按照 DSP 的用途来分，可分为通用型 DSP 芯片和专用型 DSP 芯片。通用型 DSP 芯片适合普通的 DSP 应用，如 TI 公司的一系列 DSP 芯片属于通用型 DSP 芯片。专用 DSP 芯片是为特定的 DSP 运算而设计的，更适合特殊的运算，如数字滤波、卷积和 FFT，如 Motorola 公司的 DSP56200，Zoran 公司的 ZR34881，Inmos 公司的 IMSA100 等就属于专用型 DSP 芯片。

3. 按生产厂家分

每个厂家的DSP芯片都有各自的特点和开发系统，例如，美国的德州仪器公司（Texas Instruments Incorporation，TI）、亚德诺半导体技术公司（Analog Devices, Inc.，ADI）、3DSP公司和摩托罗拉公司（Motorola）、荷兰的飞利浦公司（Philips）、法国的 Equator 公司、德国的英飞凌公司（Infineon）等，其中TI公司的产品尤为丰富，并且在芯片性能和应用平台上占有优势。

另外，有的资料上介绍了静态DSP芯片和一致性DSP芯片。如果在某时钟频率范围内的任何时钟频率上，DSP芯片都能正常工作，除计算速度有变化外，没有性能的下降，这类DSP芯片称为静态DSP芯片。例如，日本OKI电气公司的DSP芯片、TI公司的TMS320C2XX系列芯片属于这一类。如果有两种或两种以上的DSP芯片，它们的指令集、相应的机器代码及引脚结构相互兼容，则这类DSP芯片称为一致性DSP芯片。例如，TI公司的TMS320C54X就属于这一类。

1.2.2 DSP芯片的选择

要设计DSP应用系统，选择DSP芯片是非常重要的环节。只有选定了DSP芯片，才能进一步设计其外围电路及系统的其他电路。总的来说，DSP芯片的选择应根据实际的应用系统需要而确定。不同的DSP应用系统由于应用场合、应用目的等不尽相同，对DSP芯片的选择也是不同的。一般来说，选择DSP芯片时应考虑到如下主要因素：

1. DSP芯片的运算速度

运算速度是DSP芯片最重要的性能指标，也是选择DSP芯片时所需要考虑的主要因素。DSP芯片的运算速度可以用以下几种性能指标来衡量：

(1) 指令周期：执行一条指令所需的时间，通常以ns（纳秒）为单位。如TMS320LC549-80在主频为80 MHz时的指令周期为12.5 ns。

(2) MAC时间：一次乘法加上一次加法的时间。大部分DSP芯片可在一个指令周期内完成一次乘法和一次加法操作，如TMS320LC549-80的MAC时间为12.5 ns。

(3) FFT执行时间：运行一个N点FFT程序所需的时间。由于FFT涉及的运算在DSP中很有代表性，因此FFT运算时间常作为衡量DSP芯片运算能力的一个指标。

(4) MIPS：每秒执行百万条指令。如TMS320LC549-80的处理能力为80 MIPS，即每秒可执行8千万条指令。

(5) MOPS：每秒执行百万次操作。如TMS320C40的运算能力为275 MOPS。

(6) MFLOPS：每秒执行百万次浮点操作。如TMS320C31在主频为40 MHz时的处理能力为40 MFLOPS。

(7) BOPS：每秒执行十亿次操作。如TMS320C80的处理能力为2 BOPS。

2. DSP芯片的价格

DSP芯片的价格也是选择DSP芯片所需考虑的一个重要因素。如果采用价格昂贵的DSP芯片，即使性能再高，其应用范围肯定会受到一定的限制，尤其是民用产品。因此根据实际系统的应用情况，需确定一个价格适中的DSP芯片。当然，由于DSP芯片发展迅速，DSP芯片的价格往往下降较快，因此在开发阶段选择DSP芯片时应充分注意芯片的价格走向。

3. DSP芯片的硬件资源

不同的DSP芯片所提供的硬件资源是不相同的，如片内RAM、ROM的数量，外部可扩展的程序和数据空间、总线接口、I/O 接口等。即使是同一系列的 DSP 芯片也具有不同的内部硬件资源(如 TI 的 TMS320C54x 系列)，以适应不同的需要。

4. DSP 芯片的运算精度

定点 DSP 芯片的数据长度通常为 16 位、32 位，如 TMS320 系列。但有的公司的定点芯片为 24 位，如 Motorola 公司的 MC56001 等。浮点芯片的字长一般为 32 位，累加器为 40 位。

5. DSP 芯片的开发工具

在 DSP 系统的开发过程中，软件和硬件的开发工具是必不可少的。如果没有开发工具的支持，要想开发一个复杂的 DSP 系统几乎是不可能。有功能强大的开发工具支持，开发的时间就会大大缩短。所以在选择 DSP 芯片的同时，必须考虑其开发工具的支持情况。

6. DSP 芯片的功耗

在某些 DSP 应用场合，功耗也是一个需要特别注意的问题。如便携式的 DSP 设备、手持设备、野外应用的 DSP 设备等都对功耗有特殊的要求。目前 3.3 V 供电的低功耗高速 DSP 芯片已大量使用。

7. 其他

除了上述因素外，选择 DSP 芯片还应考虑到封装的形式、质量标准、供货情况、生命周期等因素。有的 DSP 芯片可能有 BGA、PGA、PLCC、LQFP 等多种封装形式。有些 DSP 系统可能最终要求的是工业级或军用级标准，在选择时就需要注意到所选的芯片是否有工业级或军用级的同类产品。如果所设计的 DSP 系统不仅是一个实验系统，而是需要批量生产并可能有几年甚至十几年的生命周期，那么需要考虑所选的 DSP 芯片供货情况如何，是否也有同样甚至更长的生命周期等。

在上述诸多因素中，一般而言，定点 DSP 芯片的价格较便宜，功耗较低，但运算精度稍低。而浮点 DSP 芯片的优点是运算精度高，且 C 语言编程调试方便，但价格稍贵，功耗也较大。例如，TI 的 TMS320C2xx/C54x 系列属于定点 DSP 芯片，低功耗和低成本是其主要的特点。而 TMS320C3x/C4x/C67x 属于浮点 DSP 芯片，运算精度高，用 C 语言编程方便，开发周期短，但同时其价格和功耗也相对较高。

1.3 DSP 芯片开发应用现状与前景

1.3.1 DSP 芯片开发应用现状

1978 年 AMI 公司发布的 S2811 芯片是世界上第一个单片 DSP 芯片，另一款早期 DSP 芯片是 1979 年美国 Intel 公司发布的商用可编程器件 2920。这两种芯片内部都没有现代 DSP 芯片所必须有的单周期乘法器。1980 年，日本 NEC 公司推出的 μPD7720 是第一个具有乘法器的商用 DSP 芯片。在这以后，众多公司推出了各自不同系列的多款 DSP 芯片产品。其中较为成功的 DSP 芯片当数 TI 公司的一系列产品，它为各种应用开发提供了多种 DSP 平台。目前常用的 TI 公司 DSP 包括实时控制处理器、低功耗 DSP、高性能 DSP、高性价比 DSP、浮点 DSP、数字媒体处理器、OMAP 应用处理器及数字信号控制器等。TI 公司各系列产品介绍如下：

1. TMS320C2000 处理器平台

C2000 器件是具有高性能集成外设(针对实时控制应用而设计)的 32 位微处理器。其优化的内核可在频率要求极其严格的场合执行多种复杂的控制算法。这些功能强大的集成外设与 SPI、UART、I^2C、CAN 和 McBSP 通信外设配合使用，使 C2000 器件成为最理想的单芯片控制解决方案，它包括 24x 和 28x 系列芯片。

2. TMS320C5000 低功耗 DSP

该系列 DSP 芯片提供业界最低的待机功耗和先进的自动电源管理，适用于个人和便携式产品，如数字音乐播放器、VoIP、免提配件、GPS 接收器和便携式医疗设备等，其代表芯片有 TMS320C54x 和 TMS320C55x。

3. TMS320C6000 DSP

- 高性能 DSP：TMS320C6414T/15T/16T 和 TMS320C645x 系列 DSP 芯片主频高达 1 GHz，可以提供业界最快的定点运算速度，并且还针对视频、语音代码转换及视频收发、转换应用进行了特别优化。
- 高性价比 DSP：TMS320C6410/12/13/18、TMS320C642x 和 TMS320C62x 系列 DSP 芯片具有较高的运算速度和相对低廉的成本，因此具有较高性价比，同时也针对无线基础设施、电信基础设备和成像应用进行了优化。
- 浮点 DSP：TMS320C67x 和 TMS320C672x 系列 DSP 芯片可以提供高速的浮点运算，并针对高性能音频应用进行了优化。

4. OMAP 应用处理器

TI 的 OMAP 产品可以提供各种高性能应用处理器，并且拥有运行快速、便携式电源、强大的网络支持功能及包括开放源码在内的软件产品系列。该平台能实现应用产品的差异化和快速开发，应用范围包括多媒体功能增强型设备及需要 Linux 或 Windows CE 等操作系统的通用计算平台，代表产品有 OMAP35x 和 OMAP-L1x 处理器。

5. DaVinci 数字媒体处理器

DaVinci 系列产品则专为视频设备制造商提供集成处理器、软件和工具，以便简化其设计流程和加速新的数字视频应用。例如，专用于视频编码和解码应用的 TMS320DM646x 处理器。

总之，以上各系列 DSP 芯片各有特点，侧重不同应用，其应用涵盖了信号处理、通信、雷达等诸多领域，具体包括：

- 信号处理：如数字滤波、自适应滤波、快速傅里叶变换、相关运算、谱分析、卷积、模式匹配、加窗和波形产生等。
- 通信设备：如调制解调器、自适应均衡、数据加密、数据压缩、回波抵消、多路复用、传真、扩频通信、纠错编码、可视电话、移动电话、IP 电话的信号传输等。
- 语音处理：如语音编码、语音合成、语音识别、语音增强、语音邮件和语音存储等。
- 图形图像：如二维和三维图形处理、图像压缩与传输、图像增强、动画和机器人视觉等。
- 军事航天：如保密通信、雷达处理、声呐处理、导航和导弹制导等。
- 仪器仪表：如频谱分析、函数发生、锁相环和地震分析仪等。
- 自动控制：如引擎控制、声控、自动驾驶、机器人控制、光驱和磁盘控制等。

- 医疗器件：如助听、超声设备、诊断工具和患者监护等。
- 家用电器：如高保真音响、音乐合成、音调控制、玩具与游戏、高清晰度电视(HDTV)、机顶盒(STB)、家庭影院、DVD、数字相机和网络相机等。

同时，Soc 片上系统、无线应用、嵌入式 DSP 都是未来 DSP 的发展方向和趋势。可以说，没有 DSP 就没有对互联网的访问，也不会有多媒体、无线通信。因此，DSP 仍将是半导体工业的技术驱动力。

1.3.2 DSP 技术展望

目前，DSP 应用领域还在不断拓宽，新领域包括宽带 Internet 接入业务、下一代无线通信系统、数字消费电子市场、汽车电子等诸多方面。DSP 芯片为了不断满足人们日益提高的要求，也逐渐朝向个性化和低功耗方向发展，主要表现在：

1. 更高的集成度

缩小 DSP 芯片尺寸始终是 DSP 的技术发展方向。当前的 DSP 多数基于 RISC(精简指令集计算)结构，这种结构的优点是尺寸小、功耗低、性能高。各 DSP 厂商纷纷采用新工艺，改进 DSP 芯核，并将几个 DSP 芯核、MPU 芯核、专用处理单元、外围电路单元、存储单元统统集成在一个芯片上，成为 DSP 系统级集成电路。

2. 更低的功耗

随着嵌入式应用需求的不断提高，DSP 的速度也不断提高。更高速度 DSP 所带来的高功耗的负面影响已超过了其在性能方面带来的好处，而很多便携产品要求器件有较低的功耗。基于这些原因，现在普遍采用的提高 DSP 性能的技术是在单芯片内集成更多的核，而不是单纯提高单核的运行速度，另外随着工艺尺寸的降低，也可以降低器件功耗。

3. 更快的运算速度

目前一般的 DSP 运算速度为 100～700 MIPS，即每秒可运算 1～7 亿条指令，但仍不够快。随着电子设备的日趋智能化，DSP 必须追求更高更快的运算速度，才能跟上电子设备的更新步伐。DSP 运算速度的提高，主要依靠新工艺改进芯片结构。目前，TI 的 TM320C6455 的处理速度已高达 9600 MIPS。当前 DSP 器件大都采用 0.18 μm～65 nm CMOS 工艺，按照 CMOS 的发展趋势，DSP 的运算速度还会有更大的提高。

4. 定点 DSP 是主流

从理论上讲，虽然浮点 DSP 的动态范围比定点 DSP 大，且更适合于 DSP 的应用场合，但定点运算的 DSP 芯片的成本较低，对存储器的要求也较低，而且功耗较低。因此，定点运算的可编程 DSP 仍是市场上的主流产品。据统计，目前销售的 DSP，80%以上属于 32 位定点可编程 DSP，预计今后这一比重还将逐渐增大。

1.4 TMS320F2812 的主要特点

1.4.1 TMS320X28x 系列芯片

TMS320X28x(28x)是 TI 在 C2000 微处理器平台上推出的新一代 32 位定点/浮点 DSP 芯片，它们具有多种外设和存储器配置，可满足不同的控制应用要求，其包括：28x 定点型系列芯片，含

TMS320C2801/2、TMS320F2801/2/6/8/9、TMS320F28015/6、TMS320C2810/1/2(本书中称 C281x)、TMS320F2810/1/2(本书中称 F281x)、TMS320R2811/2、TMS320F28232/4/5；28x Piccolo 系列芯片，含 TMS320F28020/1/3/6/7、TMS320F28030/1/2/3/4/5；28x Delfino 浮点型系列芯片，含 TMS320F28332/4/5、TMS320C28341/2/3/4/5。图1-4-1说明了 TI 公司 28x 系列 DSP 的发展趋势。

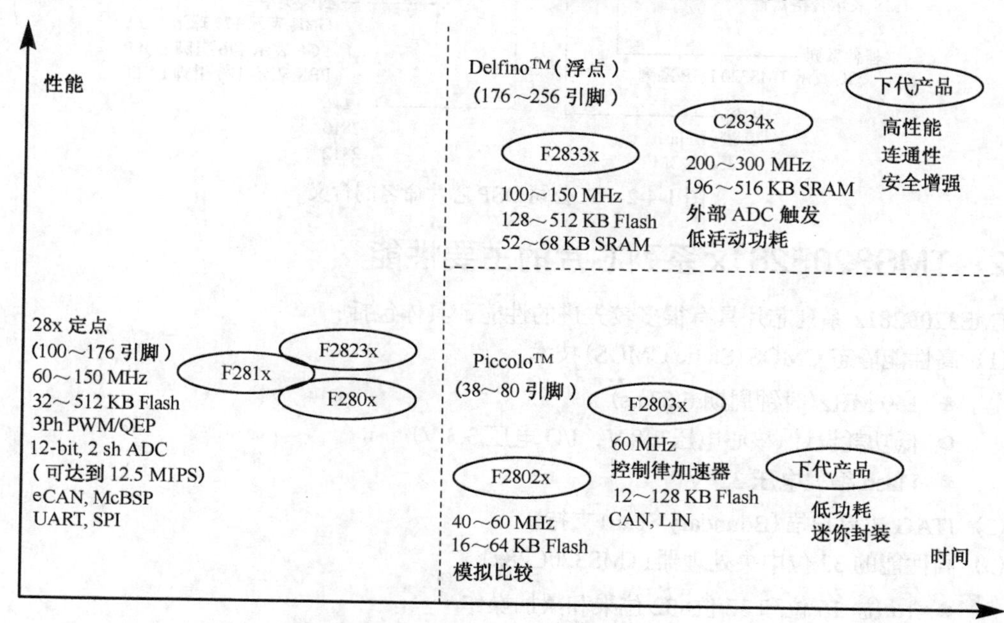

图 1-4-1　28x 系列 DSP 发展趋势

2008 年 10 月，TI 发布了基于 C2000 平台的 Piccolo 系列 MCU(微控制器)，取义意大利语“风笛”，以小巧强劲的性能抢占实时控制市场。时隔不到半年，TI 针对高端实时控制应用，推出基于 C2000 平台的全新 MCU 产品 Delfino 系列，同样以意大利语命名，取义“海豚”。海豚的灵动与聪慧为大家所熟知，如此美妙的名字寄托着设计师对该产品的美好期望：Delfino 系列能以双倍于以往产品的浮点性能，充分满足更高智能、更低能耗的高端实时控制市场的需求。

该系列芯片每秒可执行 1.5 亿次指令(150 MIPS)，具有单周期 32 位 × 32 位的乘和累加操作(MAC)功能。F281x 片内集成了 128 K/64 K × 16 位的闪速存储器(Flash)，可方便地实现软件升级；此外片内还集成了丰富的外围设备，例如，采样频率达 12.5 MIPS 的 12 位 16 路 A/D 转换器，面向电机控制的事件管理器，以及可为主机、测试设备、显示器和其他组件提供接口的多种标准串口通信外设等。可见，该类芯片既具备数字信号处理器卓越的数据处理能力，又能像单片机那样具有适于控制的片内外设及接口，因而也被称为数字信号控制器(Digital Signal Controller, DSC)。

TMS320x281x 与 TMS320F24x/LF240x 的源代码和部分功能互相兼容，一方面保护了 TMS320F24x/LF240x 升级时对软件的投资；另一方面扩大了 TMS320C2000 的应用范围，从原先的普通电机数字控制拓展到高端多轴电机控制、可调谐激光控制、光学网络、电力系统监控和汽车控制等领域。

面对 TI 众多型号的 DSP 产品，初学者往往容易混淆。实际上弄明白了 TI 对产品型号的命名规则就清楚、好记多了。图1-4-2给出了 TI 公司 DSP 芯片命名的含义。

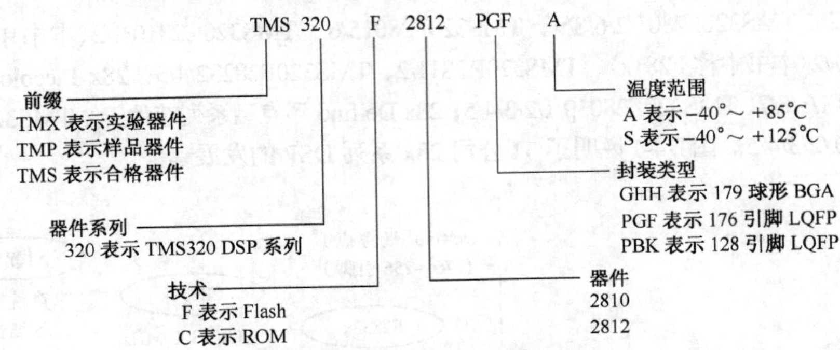

图 1-4-2 TI 公司 DSP 芯片命名的含义

1.4.2 TMS320F281x 系列芯片的主要性能

TMS320F281x 系列芯片具有很多较先进的性能，具体包括：

(1) 高性能静态 CMOS（Static CMOS）技术

- 150 MHz（时钟周期 6.67 ns）
- 低功耗设计（核心电压 1.8 V，I/O 电压 3.3 V）
- Flash 编程电压 3.3 V

(2) JTAG 边界扫描（Boundary Scan）支持

(3) 高性能的 32 位中央处理器（TMS320C28x）

- 16 位×16 位和 32 位×32 位乘和累加操作
- 16 位×16 位的两个乘和累加单元
- 哈佛总线结构
- 强大的操作能力
- 迅速的中断响应和处理
- 统一的寄存器编程模式
- 可达 4 兆字的线性程序地址
- 可达 4 兆字的线性数据地址
- 代码高效（用 C/C++或汇编语言）
- 与 TMS320F24x/LF240x 处理器的源代码兼容

提示： 分页机制下使用的地址常称为线性地址（如 C28x 系列 DSP），而分段机制下使用的地址常称为逻辑地址（如 51 系列单片机、8086CPU）。

(4) 片内存储器

- 128 K × 16 位的 Flash 存储器
- 1 K × 16 位的 OTP ROM
- L0 和 L1：两块 4 K × 16 位的单口访问 RAM（SARAM）
- H0：一块 8K × 16 位的单口访问 RAM
- M0 和 M1：两块 1 K×16 位的单口访问 RAM

(5) 引导 ROM（Boot ROM）4 K × 16 位

- 带有软件的 Boot 模式
- 标准的数学表

（6）外部存储器接口（仅 F2812 有）

- 有多达 1M×16 位的存储器
- 可编程等待状态数
- 可编程读/写选通计数器
- 3 个独立的片选端

（7）时钟与系统控制

- 支持动态的改变锁相环的频率
- 片内振荡器
- 看门狗定时器模块

（8）3 个外部中断

（9）外部中断扩展（PIE）模块

- 可支持 96 个外设中断，当前仅使用了 45 个外设中断

（10）128 位的密钥（Security Key/Lock）

- 保护 Flash/OTP 和 L0/L1 SARAM
- 防止 ROM 中的程序被盗

（11）3 个 32 位的 CPU 定时器

（12）马达控制外围设备

- 两个事件管理器（EVA、EVB）
- 与 C240x 兼容的模块

（13）串口外围设备

- 串行外围接口（SPI）
- 两个串行通信接口（SCI），标准的 UART
- 改进的局域网络（eCAN）
- 多通道缓冲串行接口（McBSP）和串行外围接口模式

（14）12 位的 ADC 16 通道

- 2×8 通道的输入多路选择器
- 2 个采样保持器
- 单个的转换时间：200 ns
- 单路转换时间：60 ns

（15）最多有 56 个独立的可编程、多用途通用输入/输出（GPIO）引脚

（16）高级的仿真特性

- 分析和设置断点的功能
- 实时的硬件调试

（17）开发工具

- ANSI C/C++编译器/汇编程序/连接器
- 支持 TMS320C24x/240x 的指令
- 代码编辑集成环境

- DSP/BIOS
- JTAG 扫描控制器(TI 或第三方的)
- 硬件评估板
- 支持多数厂家的数控电机

(18) 低功耗模式和节能模式

- 支持空闲模式、等待模式、挂起模式
- 停止单个外围的时钟

(19) 封装方式

- 带外部存储器接口的 179 球形触点 BGA 封装
- 带外部存储器接口的 176 引脚 PGF LQFP 封装
- 没有外部存储器接口的 128 引脚 PBK LQFP 封装

(20) 温度选择

- A：−40～+85℃
- S：−40～+125℃

其硬件特征总结于表 1-4-1。

表 1-4-1 硬件特征

特 征	F2810	F2812
指令周期(150 MHz)	6.67 ns	6.67 ns
SRAM(16 位/字)	18 K	18 K
3.3V 片内 Flash(16 位/字)	64 K	128 K
片内 Flash/SRAM 的密钥	有	有
Boot ROM	有	有
OTP ROM	有	有
外部存储器接口	无	有
事件管理器 A 和 B	EVA、EVB	EVA、EVB
通用定时器	4	4
比较寄存器/脉宽调制	16	16
捕获/正交编码脉冲电路	6/2	6/2
看门狗定时器	有	有
12 位的 ADC	有	有
通道数	16	16
32 位的 CPU 定时器	3	3
串行外围接口	有	有
控制器局域网络	有	有
多通道缓冲串行接口	有	有
数字输入/输出引脚(共享)	有	有
外部中断源	3	3
供电电压	核心电压 1.8 V I/O 电压 3.3 V	核心电压 1.8 V I/O 电压 3.3 V
封装	128 针 PBK	179 针 GHH，176 针 PGF
温度选择 A：−40～+85℃ S：−40～+125℃	PBK 仅适用于 TMS	PGF 和 GHH 仅适用于 TMS

1.5 TMS320F2812 外部引脚和信号说明

TMS320F2812 芯片的封装方式为 179 引脚 GHH BGA（Ball Grid Array，球形栅格阵列）封装和 176 引脚 PGF LQFP（Low-profile Quad Flatpack，低剖面四边扁平）封装，TMS320F2810 芯片的封装方式为 128 引脚 PBK LQFP 封装，三种封装分别见图1-5-1（a）、（b）、（c）。本节重点介绍 F2812 常用的 LQFP 封装，其顶视图如图1-5-2 所示。

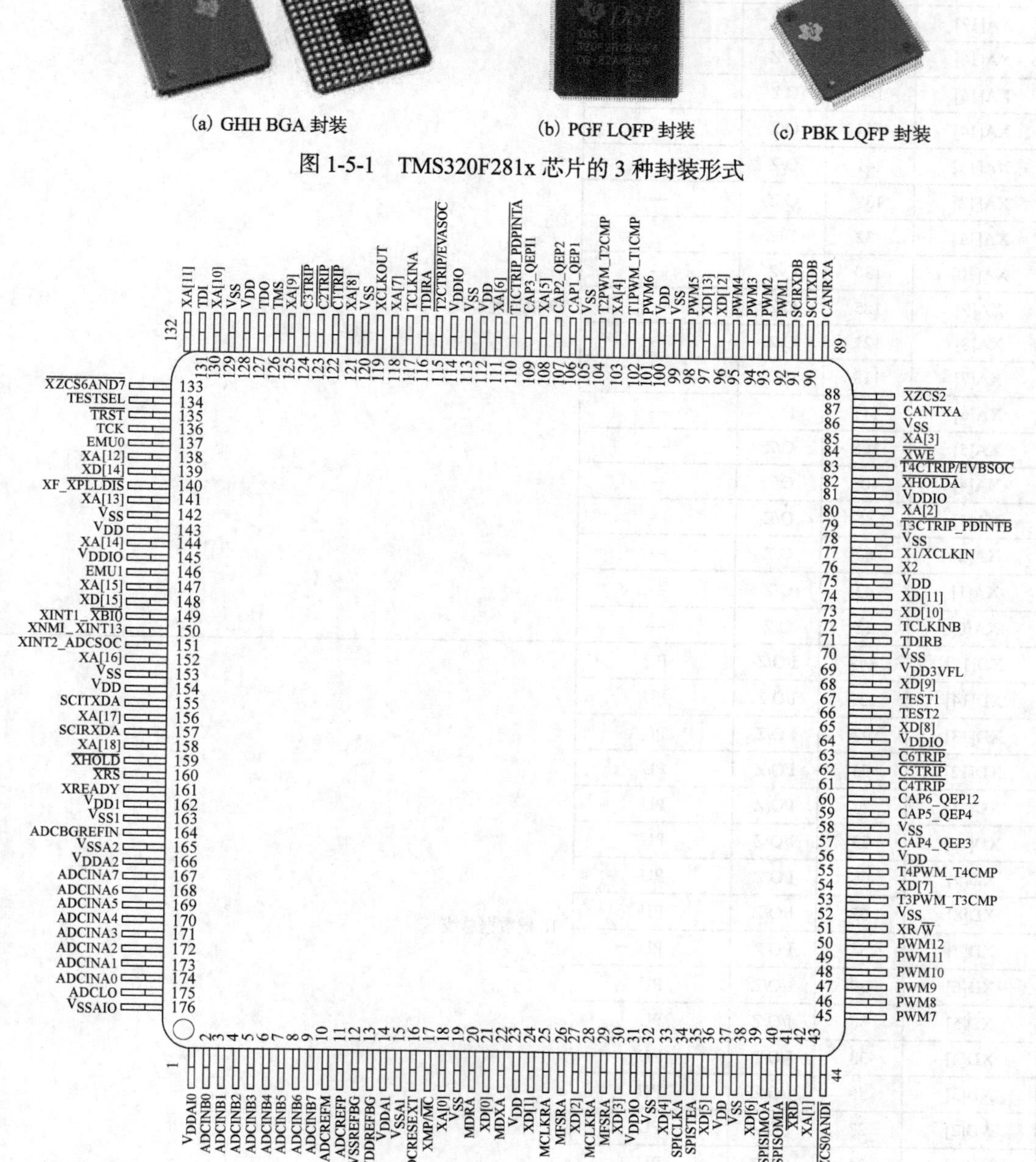

(a) GHH BGA 封装　　(b) PGF LQFP 封装　　(c) PBK LQFP 封装

图 1-5-1　TMS320F281x 芯片的 3 种封装形式

图 1-5-2　176 引脚 LQFP 封装顶视图

表 1-5-1 详细描述了 F2812 芯片的引脚功能及信号情况。所有输入引脚的电平均与 TTL 兼容；所有引脚的输出均为 3.3 V CMOS 电平；所有引脚都不能承受大于 5 V 的电压；上拉电流/下拉电流均为 100 μA。所有引脚的输出缓冲器驱动能力(有输出功能的)典型值是 4 mA。

表 1-5-1 引脚功能和信号描述

名 称	引脚号	I/O/Z	PU/PD	说 明
XINTF 地址数据总线(35 根)				
XA[18]	158	O/Z	—	19 根地址总线
XA[17]	156	O/Z	—	
XA[16]	152	O/Z	—	
XA[15]	148	O/Z	—	
XA[14]	144	O/Z	—	
XA[13]	141	O/Z	—	
XA[12]	138	O/Z	—	
XA[11]	132	O/Z		
XA[10]	130	O/Z	—	
XA[9]	125	O/Z	—	
XA[8]	121	O/Z	—	
XA[7]	118	O/Z	—	
XA[6]	111	O/Z	—	
XA[5]	108	O/Z	—	
XA[4]	103	O/Z	—	
XA[3]	85	O/Z	—	
XA[2]	80	O/Z	—	
XA[1]	43	O/Z	—	
XA[0]	18	O/Z	—	
XD[15]	147	I/O/Z	PU	16 根数据总线
XD[14]	139	I/O/Z	PU	
XD[13]	97	I/O/Z	PU	
XD[12]	96	I/O/Z	PU	
XD[11]	74	I/O/Z	PU	
XD[10]	73	I/O/Z	PU	
XD[9]	68	I/O/Z	PU	
XD[8]	65	I/O/Z	PU	
XD[7]	54	I/O/Z	PU	
XD[6]	39	I/O/Z	PU	
XD[5]	36	I/O/Z	PU	
XD[4]	33	I/O/Z	PU	
XD[3]	30	I/O/Z	PU	
XD[2]	27	I/O/Z	PU	
XD[1]	24	I/O/Z	PU	
XD[0]	21	I/O/Z	PU	

续表

名　称	引脚号	I/O/Z	PU/PD	说　明
				XINTF 控制总线(10 根)
XMP/ $\overline{\text{MC}}$	17	I	PU	可选择微处理器/微计算机模式。高电平时 XINTF7 有效，低电平时 XINTF7 无效，可使用片内的 Boot ROM。复位时该信号被锁存在 XINTCNF2 寄存器中，通过软件可以修改这种模式的状态。此信号是异步输入，并与 XTIMCLK 同步
$\overline{\text{XHOLD}}$	159	I	PU	外部 DMA 保持请求信号。$\overline{\text{XHOLD}}$ 为低电平时请求 XINTF 释放外部总线，并把所有的总线与选通端置为高阻态。当对总线的操作完成且没有即将对 XINTF 的访问时，XINTF 释放总线。此信号是异步输入，并与 XTIMCLK 同步
$\overline{\text{XHOLDA}}$	82	O/Z	—	外部 DMA 保持确认信号。当 XINTF 响应 $\overline{\text{XHOLD}}$ 的请求时 $\overline{\text{XHOLDA}}$ 呈低电平，所有的 XINTF 总线和选通端呈高阻态。$\overline{\text{XHOLD}}$ 和 $\overline{\text{XHOLDA}}$ 信号同时发出。当 $\overline{\text{XHOLDA}}$ 有效(低)时，外部器件只能使用外部总线
$\overline{\text{XZCS0AND1}}$	44	O/Z	—	XINTF 区域 0 和区域 1 的片选，当访问 XINTF 区域 0 或 1 时有效(低)
$\overline{\text{XZCS2}}$	88	O/Z	—	XINTF 区域 2 的片选，当访问 XINTF 区域 2 时有效(低)
$\overline{\text{XZCS6AND7}}$	133	O/Z	—	XINTF 区域 6 和 7 的片选。当访问 XINTF 区域 6 或 7 时有效(低)
$\overline{\text{XWE}}$	84	O/Z	—	写使能。有效时为低电平。写选通信号是每个区域操作的基础，由 XTIMINGx 寄存器的前一周期、当前周期和后一周期的值确定
$\overline{\text{XRD}}$	42	O/Z	—	读使能。低电平读选通。读选通信号是每个区域操作的基础，由 XTIMINGx 寄存器的前一周期、当前周期和后一周期的值确定。注意，$\overline{\text{XRD}}$ 和 $\overline{\text{XWE}}$ 是互斥信号
XR/ $\overline{\text{W}}$	51	O/Z	—	通常为高电平，当为低电平时表示处于写周期，当为高电平时表示处于读周期
XREADY	161	I	PU	数据准备输入，被置 1 表示外设已为访问做好准备。XREADY 可被设置为同步或异步输入。在同步模式中，XINTF 接口块在当前周期结束之前的一个 XTIMCLK 时钟周期内要求 XREADY 有效。在异步模式中，在当前的周期结束前 XINTF 接口块以 XTIMCLK 的周期作为周期对 XREADY 采样 3 次。以 XTIMCLK 频率对 XREADY 的采样与 XCLKOUT 的模式无关
				JTAG 和其他信号(14 根)
X1/XCLKIN	77	I		振荡器输入/内部振荡器输入，该引脚也可以用来提供外部时钟。F2812 能够使用一个外部时钟源，条件是要在该引脚上提供适当的驱动电平。为了适应 1.8 V 内核数字电源(V_{DD})，而非 3.3 V 的 I/O 电源(V_{DDIO})，可以用一个嵌位二极管去嵌位时钟信号，以保证它的逻辑高电平不超过 V_{DD}(1.8 V 或 1.9 V)，或者使用一个 1.8 V 的振荡器
X2	76	O		振荡器输出
XCLKOUT	119	O	—	源于 SYSCLKOUT 的单个时钟输出，用来产生片内和片外等待状态，作为通用时钟源。XCLKOUT 与 SYSCLKOUT 的频率或者相等，或是它的 1/2，或是 1/4。复位时 XCLKOUT = SYSCLKOUT/4
TESTSEL	134	I	PD	测试引脚，为 TI 保留，必须接地

续表

名　称	引脚号	I/O/Z	PU/PD	说　明
JTAG 和其他信号(14 根)				
$\overline{\text{XRS}}$	160	I/O	PU	器件复位(输入)及看门狗复位(输出)。器件复位，$\overline{\text{XRS}}$ 使器件终止运行，PC 指向地址 0x3F FFC0(注：0xXX XXXX 中的 0x 指出后面的数是十六进制数，例如，0x3F FFC0=3FFFC0h)。当 $\overline{\text{XRS}}$ 为高电平时，程序从 PC 所指出的位置开始运行。当看门狗产生复位时，DSP 将该引脚驱动为低电平，在看门狗复位期间，低电平将持续 512 个 XCLKIN 周期。该引脚的输出缓冲器是一个带有内部上拉(典型值 100 mA)的开漏缓冲器，推荐该引脚应该由一个开漏设备去驱动
TEST1	67	I/O	—	测试引脚，为 TI 保留，必须悬空
TEST2	66	I/O	—	测试引脚，为 TI 保留，必须悬空
$\overline{\text{TRST}}$	135	I	PD	有内部上拉的 JTAG 测试复位。当它为高电平时扫描系统控制器件的操作。若信号悬空或为低电平，器件以功能模式操作，测试复位信号被忽略。 注意：在 $\overline{\text{TRST}}$ 上不要用上拉电阻，它内部有上拉部件。但在强噪声的环境中需要使用附加上拉电阻，此电阻值根据调试器设计的驱动能力而定。一般取 2.2 kΩ即能提供足够的保护。因为有了这种应用特性，所以使调试器和应用目标板都有合适且有效的操作
TCK	136	I	PU	JTAG 测试时钟，有内部上拉电路
TMS	126	I	PU	JTAG 测试模式选择，有内部上拉电路，在 TCK 的上升沿，TAP 控制器计数一系列的控制输入
TDI	131	I	PU	带上拉电路的 JTAG 测试数据输入。在 TCK 的上升沿，TDI 被锁存到选择寄存器、指令寄存器或数据寄存器中
TDO	127	O/Z	—	JTAG 扫描输出，测试数据输出。在 TCK 的下降沿将选择寄存器的内容从 TDO 移出
EMU0	137	I/O/Z	PU	仿真器引脚 0，当 $\overline{\text{TRST}}$ 为高电平时，此引脚用做中断输入。该中断来自仿真系统，并通过 JTAG 扫描定义为输入/输出
EMU1	146	I/O/Z	PU	仿真器引脚 1，当 $\overline{\text{TRST}}$ 为高电平时，此引脚输出无效，用做中断输入。该中断来自仿真系统的输入，通过 JTAG 扫描定义为输入/输出
ADC 模拟输入信号(31 根)				
ADCINA7	167	I		采样/保持 A 的 8 通道模拟输入。在器件上电之前 ADC 引脚不会被驱动
ADCINA6	168	I		
ADCINA5	169	I		
ADCINA4	170	I		
ADCINA3	171	I		
ADCINA2	172	I		
ADCINA1	173	I		
ADCINA0	174	I		
ADCINB7	9	I		采样/保持 B 的 8 通道模拟输入。在器件上电之前 ADC 引脚不会被驱动
ADCINB6	8	I		
ADCINB5	7	I		
ADCINB4	6	I		
ADCINB3	5	I		
ADCINB2	4	I		

续表

名称	引脚号	I/O/Z	PU/PD	说明
ADC 模拟输入信号(31 根)				
ADCINB1	3	I		采样/保持 B 的 8 通道模拟输入。在器件上电之前 ADC 引脚不会被驱动
ADCINB0	2	I		
ADCREFP	11	O		ADC 参考电压输出(2 V)。需要在该引脚上接一个低 ESR(50 mΩ ～ 1.5 Ω)的 10 μF 陶瓷旁路电容，另一端接至模拟地
ADCREFM	10	O		ADC 参考电压输出(1 V)。需要在该引脚上接一个低 ESR(50 mΩ ～ 1.5 Ω)的 10 μF 陶瓷旁路电容，另一端接至模拟地
ADCRESEXT	16	O		ADC 外部偏置电阻(24.9 kΩ)
ADCBGREFN	164	I		测试引脚，为 TI 保留，必须悬空
AVSSREFBG	12	I		ADC 模拟地
AVDDREFBG	13	I		ADC 模拟电源(3.3 V)
ADCLO	175	I		普通低侧模拟输入，接至模拟地
V_{SSA1}	15	I		ADC 模拟地
V_{SSA2}	165	I		ADC 模拟地
V_{DDA1}	14	I		ADC 模拟电源(3.3 V)
V_{DDA2}	166	I		ADC 模拟电源(3.3 V)
V_{SS1}	163	I		ADC 数字地
V_{DD1}	162	I		ADC 数字电源(1.8 V)
V_{DDAIO}	1			I/O 模拟电源(3.3 V)
V_{SSAIO}	176			I/O 模拟地
电源信号(30 根)				
V_{DD}	23			1.8 V 或 1.9 V 内核数字电源
V_{DD}	37			
V_{DD}	56			
V_{DD}	75			
V_{DD}	100			
V_{DD}	112			
V_{DD}	128			
V_{DD}	143			
V_{DD}	154			
V_{SS}	19			内核和数字 I/O 地
V_{SS}	32			
V_{SS}	38			
V_{SS}	52			
V_{SS}	58			
V_{SS}	70			
V_{SS}	78			
V_{SS}	86			
V_{SS}	99			
V_{SS}	105			

续表

名　称	引脚号	I/O/Z	PU/PD	说　明
电源信号(30 根)				
V_{SS}	113			内核和数字 I/O 地
V_{SS}	120			
V_{SS}	129			
V_{SS}	142			
V_{SS}	153			
V_{DDIO}	31			I/O 数字电源(3.3 V)
V_{DDIO}	64			
V_{DDIO}	81			
V_{DDIO}	114			
V_{DDIO}	145			
V_{DD3VFL}	69			Flash 核电源(3.3 V)，上电后应一直将该引脚接至 3.3 V

通用输入/输出(GPIO)或外围信号(56 根)					
GPIOA 或 EVA 信号(16 根)					
GPIOA0	PWM1(O)	92	I/O/Z	PU	GPIO 或 PWM 输出引脚#1
GPIOA1	PWM2(O)	93	I/O/Z	PU	GPIO 或 PWM 输出引脚#2
GPIOA2	PWM3(O)	94	I/O/Z	PU	GPIO 或 PWM 输出引脚#3
GPIOA3	PWM4(O)	95	I/O/Z	PU	GPIO 或 PWM 输出引脚#4
GPIOA4	PWM5(O)	98	I/O/Z	PU	GPIO 或 PWM 输出引脚#5
GPIOA5	PWM6(O)	101	I/O/Z	PU	GPIO 或 PWM 输出引脚#6
GPIOA6	T1PWM-T1CMP	102	I/O/Z	PU	GPIO 或定时器 1 输出#1
GPIOA7	T2PWM_T2CMP	104	I/O/Z	PUI	GPIO 或定时器 2 输出#2
GPIOA8	CAP1_QEP1(I)	106	I/O/Z	PUI	GPIO 或捕获输入#1
GPIOA9	CAP2_QEP2(I)	107	I/O/Z	PU	GPIO 或捕获输入#2
GPIOA10	CAP3_QEPI1(I)	109	I/O/Z	PU	GPIO 或捕获输入#3
GPIOA11	TDIRA(I)	116	I/OZ	PU	GPIO 或计数器方向
GPIOA12	TCKINA(I)	117	I/O/Z	PU	GPIO 或计数器时钟输入
GPIOA13	$\overline{\text{C1TRIP}}$ (I)	122	I/O/Z	PU	GPIO 或比较器 1 输出触发信号
GPIOA14	$\overline{\text{C2TRIP}}$ (I)	123	I/O/Z	PU	GPIO 或比较器 2 输出触发信号
GPIOA15	$\overline{\text{C3TRIP}}$ (I)	124	I/O/Z	PU	GPIO 或比较器 3 输出触发信号
GPIOB 或 EVB 信号(16 根)					
GPIOB0	PWM7(O)	45	I/O/Z	PU	GPIO 或 PWM 输出引脚#7
GPIOB1	PWM8(O)	46	I/O/Z	PU	GPIO 或 PWM 输出引脚#8
GPIOB2	PWM9(O)	47	I/O/Z	PU	GPIO 或 PWM 输出引脚#9
GPIOB3	PWM10(O)	48	I/O/Z	PU	GPIO 或 PWM 输出引脚#10
GPIOB4	PWM11(O)	49	I/O/Z	PU	GPIO 或 PWM 输出引脚#11
GPIOB5	PWM12(O)	50	I/O/Z	PU	GPIO 或 PWM 输出引脚#12
GPIOB6	T3PWM_T3CMP	53	I/O/Z	PU	GPIO 或定时器 3 输出
GPIOB7	T4PWM_T4CMP	55	I/O/Z	PU	GPIO 或定时器 4 输出

续表

名称		引脚号	I/O/Z	PU/PD	说明
GPIOB 或 EVB 信号（16 根）					
GPIOB8	CAP4_QEP3(I)	57	I/O/Z	PU	GPIO 或捕获输入#4
GPIOB9	CAP5_QEP4(I)	59	I/O/Z	PU	GPIO 或捕获输入#5
GPIOB10	CAP6_QEPI2(I)	60	I/O/Z	PU	GPIO 或捕获输入#6
GPIOB11	TDIRB(I)	71	I/O/Z	PU	GPIO 或定时器方向
GPIOB12	TCLKINB(I)	72	I/O/Z	PU	GPIO 或定时器时钟输入
GPIOB13	$\overline{\text{C4TRIP}}$ (I)	61	I/O/Z	PU	GPIO 或比较器 4 输出触发信号
GPIOB14	$\overline{\text{C5TRIP}}$ (I)	62	I/O/Z	PU	GPIO 或比较器 5 输出触发信号
GPIOB15	$\overline{\text{C6TRIP}}$ (I)	63	I/O/Z	PU	GPIO 或比较器 6 输出触发信号
GPIOD 或 EVA 信号（2 根）					
GPIOD0	$\overline{\text{T1CTRIP\_PDPINTA}}$ (I)	110	I/O/Z	PU	定时器 1 比较输出
GPIOD1	$\overline{\text{T2CTRIP}}$ / $\overline{\text{EVASOC}}$ (I)	115	I/O/Z	PU	定时器 2 比较输出或 EV-A 开启外部 AD 转换输出
GPIOD 或 EVB 信号（2 根）					
GPIOD5	$\overline{\text{T3CTRIP\_PDPINTB}}$ (I)	79	I/O/Z	PU	定时器 3 比较输出
GPIOD6	$\overline{\text{T4CTRIP}}$ / $\overline{\text{EVBSOC}}$ (I)	83	I/OZ	PU	定时器 4 比较输出或 EV-B 开启外部 AD 转换输出
GPIOE 或中断信号（3 根）					
GPIOE0	XINT1_ $\overline{\text{XBIO}}$ (I)	149	I/O/Z	—	通用 I/O、XINT1 或 $\overline{\text{XBIO}}$ 输入
GPIOE1	XINT2_ADCSOC(I)	151	I/O/Z	PU	GPIO、XINT2 或开始 A/D 转换
GPIOE2	XNMI_XINT13(I)	150	I/O/Z	PU	GPIO、XNMI 或 XINT13
GPIOF 或串行外围接口（SPI）信号（4 根）					
GPIOF0	SPISIMOA(O)	40	I/O/Z	PU	GPIO 或 SPI 从动输入，主动输出
GPIOF1	SPISOMIA(I)	41	I/O/Z	—	GPIO 或 SPI 从动输出，主动输入
GPIOF2	SPICLKA(I/O)	34	I/O/Z	—	GPIO 或 SPI 时钟
GPIOF3	SPISTEA(I/O)	35	I/O/Z	—	GPIO 或 SPI 从动传送使能
GPIOF 或串行通信接口 A（SCI-A）信号（2 根）					
GPIOF4	SCITXDA(O)	155	I/O/Z	PU	GPIO 或 SCI 异步串行口发送数据
GPIOF5	SCIRXDA(I)	157	I/O/Z	PU	GPIO 或 SCI 异步串行口接收数据
GPIOF 或增强型 CAN 总线接口（eCAN）信号（2 根）					
GPIOF6	CANTXA(O)	87	I/O/Z	PU	GPIO 或 eCAN 发送数据
GPIOF7	CANRXA(I)	89	I/O/Z	PU	GPIO 或 eCAN 接收数据
GPIOF 或多通道缓冲串行口（McBSP）信号（6 根）					
GPIOF8	MCLKXA(I/O)	28	I/O/Z	PU	GPIO 或发送时钟
GPIOF9	MCLKRA(I/O)	25	I/O/Z	PU	GPIO 或接收时钟
GPIOF10	MFSXA(I/O)	26	I/O/Z	PU	GPIO 或发送帧同步信号
GPIOF11	MFSRA(I/O)	29	I/O/Z	PU	GPIO 或接收帧同步信号
GPIOF12	MDXA(O)	22	I/O/Z	—	GPIO 或发送串行数据
GPIOF13	MDRA(I)	20	I/O/Z	PU	GPIO 或接收串行数据

续表

名　称		引脚号	I/O/Z	PU/PD	说　明
GPIOF 或 XF CPU 输出信号(1 根)					
GPIOF14	XF_ $\overline{\text{XPLLDIS}}$ (O)	140	I/O/Z	PU	此引脚有 3 个功能： (1) XF：通用输出引脚。 (2) XPLLDIS：复位期间此引脚被采样以检查锁相环 PLL 是否不使能，若该引脚采样为低，PLL 将不被使能。此时不能使用 HALT 和 STANDBY 模式。 (3) GPIO：通用输入/输出功能
GPIOG 或串行通信接口 B(SCI-B)信号(2 根)					
GPIOG4	SCITXDB(O)	90	I/O/Z	—	GPIO 或 SCI 异步串行口发送数据端
GPIOG5	SCIRXDB(I)	91	I/O/Z	—	GPIO 或 SCI 异步串行口接收数据端

注：① 除了 TDO、CLKOUT、XF、XINTF、EMU0 及 EMU1 引脚之外，所有引脚的输出缓冲器驱动能力(有输出功能的)典型值是 4 mA。② I 表示输入，O 表示输出，Z 表示高阻态。③ PU 表示引脚有上拉功能，PD 表示引脚有下拉功能。

1.6 本课程特点和学习方法

1.6.1 本课程与其他课程的关系

通过前面的介绍，我们已发现 DSP 芯片及 DSP 系统与信息类专业的一些课程有很多联系，同时又有许多特点，如芯片种类多，发展变化快。初学者往往有这种感觉，这个芯片还没有完全学会，新的芯片又出来了。面对这种快速变化的特点，在学习时间较少的情况下，如何学到基本的知识内容，掌握芯片的普遍特点？我们认为，通过寻找本课程和已学课程的联系，在这种联系的基础上找到合适的学习方法，对掌握 DSP 芯片的应用会有所帮助。

大多数开设 DSP 课程的高校一般把该门课程放在第六或第七学期，作为一门专业课介绍给学生。DSP 课程涉及的信息类专业的知识体系如图 1-6-1 所示。

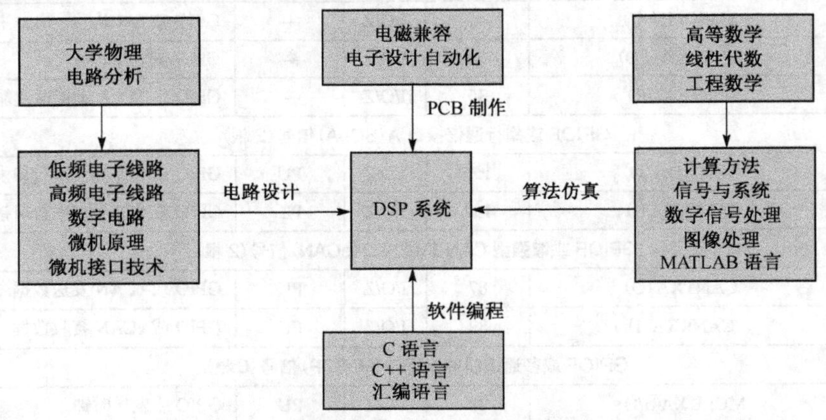

图 1-6-1　本课程涉及的信息类专业的知识体系

从图1-6-1可以看出，如果要设计 DSP 系统，硬件包括电路设计和电路板(PCB)制作，软件包括算法选取和编程实现。电路设计要涉及模拟电子线路、数字电子线路、微机原理及接口技术等知识，有些电路设计还涉及电路理论、大学物理等内容。电路板制作时要用到电子设计自动化和电路中电磁兼容等知识。而实际应用系统的算法选取可能涉及数字信号处理、图像处理和计算方法等知识，而这些算法的推导要用到高等代数、线性代数、工程数学等内容，在算法仿真和编程调试等过程中，要用到 C 语言、MATLAB 语言或汇编语言。可以说这些内容涉及了电子信息工程和通信工程等弱电专业前三年的绝大部分专业基础课程及专业课程。因此 DSP 课程是一门综合性很强的专业课程，而设计 DSP 系统是大学几年所学知识的最好的综合应用。

应该注意的是，在上述描述的过程中许多初学者往往认为硬件设计是最难的，但实际上并非如此，最难的往往是找不到一个好算法去解决实际问题。

1.6.2　概念联系学习方法

由于 DSP 课程是一门实践性很强的课程，大部分初学者没有单片微机或嵌入式系统开发经验，往往学习的过程和实际开发过程相脱节，因此对 DSP 一些基本概念的理解只停留在文字的解释上，形成不了系统的概念，无法与实际的电路联系。那么如何去理解概念，真正做到入木三分呢？本书强调正确理解：基本概念、逻辑概念、物理概念的关系，学会三者的对应。所谓逻辑概念是指逻辑关系或数字逻辑；物理概念是指基本概念对应的物理器件(如芯片、芯片的引脚等)或编程过程中用到的寄存器、存储单元等。表 1-6-1 以矩形波的基本概念为例，说明了它与逻辑概念、物理概念之间的关系。

如果单片微机的初学者，在理解矩形波概念时能够体会到表 1-6-1 中的内容，在脑海里建立“基本概念—逻辑概念—物理概念”的映射，就能够做到概念与实物的对应，这样的学习，也就达到了入木三分的效果。当然，由于初学者的学习基础不一样，在理解某一概念时可能建立不了表 1-6-1 中那样的对应关系，有的可能能够做到基本概念和逻辑概念的对应，过渡不到物理概念，这就需要在实践过程中多去联系、多去体会。

表 1-6-1　矩形波基本概念、逻辑概念、物理概念间的关系

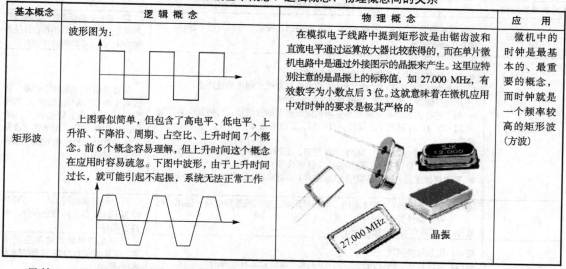

基本概念	逻 辑 概 念	物 理 概 念	应　用
矩形波	波形图为： 上图看似简单，但包含了高电平、低电平、上升沿、下降沿、周期、占空比、上升时间 7 个概念。前 6 个概念容易理解，但上升时间这个概念在应用时容易疏忽。下图中波形，由于上升时间过长，就可能引起不起振，系统无法正常工作	在模拟电子线路中提到矩形波是由锯齿波和直流电平通过运算放大器比较获得的，而在单片微机电路中是通过外接图示的晶振来产生。这里应特别注意的是晶振上的标称值，如 27.000 MHz，有效数字为小数点后 3 位。这就意味着在微机应用中对时钟的要求是极其严格的 晶振	微机中的时钟是最基本的、最重要的概念，而时钟就是一个频率较高的矩形波(方波)

另外，无论在公司还是科研机构，从事与 DSP 技术相关工作的不同岗位对 DSP 知识的要求是不一样的，初学者在不同的学习阶段，掌握的 DSP 知识也是不一样的。这里以企业中所需知识深度来衡量掌握知识的程度，以便初学者有个合理定位。

营销人员：掌握 DSP 芯片及其系统的特点，知道怎样选择使用不同类型的芯片，熟知 DSP 应用状况、发展、价格等情况。初步了解一些 DSP 系统的调试和设计方法，对一些基本的故障现象能够做出正确判断。

维护人员：熟练掌握 DSP 芯片及其系统的特点，对 DSP 的硬件结构和软件设计方法有一定了解，对熟知的系统能排除故障。

设计人员：对 DSP 系统特别熟悉，对 DSP 的硬件结构了如指掌，程序设计技术娴熟。

对于在校生而言，大部分同学在本科学习阶段，通过电子设计大赛、课外活动小组和毕业设计等的训练，至少应该能达到系统维护人员的水平，实践能力强的同学完全可以达到设计人员的水平。

1.6.3 框架式学习方法

由于 DSP 课程属专业性很强的一门综合性应用课程，许多高校开设的该门课程只有 36～54 学时，其中有些还包括实验学时。这样少的学时，要全部讲完 DSP 结构、片内外设、汇编语言、开发环境等难度很大，对初次接触 DSP 的读者，在这么短的时间内学会 DSP 的应用，着实不易。那么如何在较短的时间内尽可能学到更多的知识且熟记于心呢？大家对盖楼房可能深有体会，一些乡镇的房屋，没有框架，直接用砖块堆砌，虽然泥瓦工技术高超，堆砌的墙面整齐漂亮，但这种房屋一是盖不高，二是经受不住风雨，更经受不住地震的考验；而城市中的一些高楼大厦，采用框架式结构，在框架的基础上再堆砌砖块，即使砖块堆砌的不那么整齐，甚至有点难看，但楼盖得高，而且能经受住地震的考验。同样，学习也是如此，必须首先建立学习框架，即抓住主要的知识点，在框架的基础上再去砌砖，那么学到的知识就会更扎实更牢固。也就是说在学习 DSP 课程中，不要一开始就陷入众多的寄存器、汇编指令及片内外设的具体应用中，而应该先掌握 DSP 芯片的主要知识体系，切实掌握仿真、实时性、系统等概念的内涵。

表 1-6-2 列出了 DSP 的一些主要知识结构，并将其和盖高楼大厦做了个形象的类比。

表 1-6-2 DSP 知识点的框架式描述

建筑物结构	DSP 及其知识点	说　明
楼址选择	根据系统要求，综合考虑 DSP 芯片的类别、特点、性能指标、价格、功耗及生命周期等	盖房首先要选择盖在哪，盖多高、盖多大，将其对应为根据设计任务的差异，选择不同的 DSP 芯片
钢筋结构	硬件： ● 芯片外部(可见)：芯片引脚(引脚归类)。 ● 芯片内部(不可见)：CPU 结构、地址数据总线、程序地址产生、堆栈、片内存储器、定时器、中断及 PIE 控制器等。 ● 属于芯片内部结构但由外部引脚也能观察到部分信号：时钟发生器、通用 I/O 口、存储器扩展接口、看门狗、复位电路等。 软件： ● 编程相关的：C 语言、MATLAB 语言、汇编语言、寻址方式、编程时用到的各种文件及功能、通用目标文件格式等。 ● 开发调试工具：开发环境用 CCS 软件；设计电路板用 Protel 软件、PADS 软件等	钢筋结构是建筑物的主体，将其对应为作为学习 DSP 及其开发应用必需的主要知识点，是 DSP 的主体部分，初学者应首先关注这部分内容，然后循序渐进地去掌握细节
窗　户	硬件：事件管理器：PWM 电路、捕获单元与正交编码脉冲电路、通用定时器、事件管理器中断。 软件：相关寄存器的设置及作用	窗户是建筑物的眼睛，将其对应为 F2812 芯片的特色部分：事件管理器
门　户	硬件：模数转换模块。 软件：采样算法、数据预处理等；相关寄存器的设置和作用	门户是进出建筑物的主要通道，将其对应为 DSP 的数据输入/输出模块
楼　梯	硬件：串行通信接口、串行外设接口、eCAN 总线、多通道缓冲串行口等。 软件：通信协议及相关寄存器的设置和作用	楼梯是建筑物内部与外部联系的桥梁，将其对应为 DSP 的通信模块
砖　块	硬件：一个个的引脚(各个引脚具体功能和使用方法)。 软件：一条条汇编指令、伪指令、宏指令及 C 语言语句。 一个个寄存器的设置	砖块是建筑物最基本的单位，将其对应为 DSP 的最小单位，这也是系统开发人员应当注意的细节

阅读表 1-6-2 之后，再依据对高楼大厦建造过程的了解，读者很自然就知道了当面对一本厚厚的 DSP 书时应该怎样去学习了。

当然要注意的是，强调学习过程中采用框架式学习方法，这样的学习对于初学者避开一些琐碎的寄存器设置和难记的汇编指令，重点掌握 DSP 的主要特点，在较短的时间内达到理解 DSP 系统的目的是一条比较好的捷径。但要注意在 DSP 系统开发的过程中，细节决定成败，每条指令的功能、每个寄存器的每位设置都必须准确无误，才能设计出好的产品。因此初学者应充分注意学习和开发过程中的不同特点。

本章小结

本章主要介绍 DSP 芯片的发展历程、应用前景和结构特点，针对 F2812 芯片介绍了其基本的组成、功能模块和引脚分布，并且介绍了课程特点和学习方法。本章学习要求如下：

- 了解 DSP 系统的基本组成。
- 了解 DSP 芯片的基本结构特点、应用开发前景以及如何根据应用场合选择 DSP 芯片。
- 理解 TMS320F2812 的性能参数、知道芯片内部有哪些可用资源。
- 掌握芯片引脚分布和功能，对其要有整体的把握和理解，根据表 1-5-1 可将引脚信号分成 7 大类：

19 根地址总线
16 根数据总线
10 根 XINTF 控制总线
14 根 JTAG 和其他信号
31 根 ADC 信号
30 根电源信号
56 根 GPIO 或外围信号

而 56 根 GPIO 或外围信号又可分为：

16 根 GPIOA 或 EVA 信号
16 根 GPIOB 或 EVB 信号
2 根 GPIOD 或 EVA 信号
2 根 GPIOD 或 EVB 信号
3 根 GPIOE 或中断信号
4 根 GPIOF 或 SPI 信号
2 根 GPIOF 或 SCI-A 信号
2 根 GPIOF 或 eCAN 信号
6 根 GPIOF 或 McBSP 信号
1 根 GPIOF 或 XF CPU 输出信号
2 根 GPIOG 或 SCI-B 信号

- 理解、体会概念联系学习方法、框架式学习方法，并将这些学习方法融入到全书的学习过程中。下表给出了模数转换器的基本概念、逻辑概念和物理概念间的关系。

基本概念	逻辑概念	物理概念	应用
模数转换器：将模拟信号转变为数字信号的电子元件	将一个输入电压信号转换为一个输出的数字信号。例如，4 位的电压模数转换器，如果将参考电压设为 1 V，那么输出的信号有 0000、0001、0010、0011、0100、0101、0110、0111、1000、1001、1010、1011、1100、1101、1110、1111 共 16 种编码，分别代表输入电压在 0 ～ 0.0625 V，0.0626 ～ 0.125 V，…，0.9376～1 V。因此，当一个 0.8 V 的信号输入时，转换器输出的数据为 1100	模数转换器主要的引脚包括：若干个模拟输入引脚、数字输出引脚和参考电压引脚。下图为 TI 公司的 12 位模数转换器 ADS54RF63：	ADC 经常用于通信、仪器测量及计算机系统中，是进行数字信号处理和数字信息存储的前端器件

习题与思考题

1．请比较哈佛结构与冯·诺依曼结构的不同。
2．请比较 TI 公司各种 DSP 平台的特点和应用领域。
3．TMS320F2812 的哪些特点使其更适合于控制领域应用？

第 2 章　CPU 内部结构与时钟系统

学习要点

- CPU 的组成结构和总线类型
- CPU 各寄存器的作用
- CPU 时钟类型和使用方法
- 看门狗模块的作用和使用方法
- 程序流的种类

TMS320F2812 是 32 位定点 DSP 芯片，采用改进的哈佛总线结构，通过 2 组独立的数据总线和程序总线，最大限度地提高运算速度。

TMS320C28x 系列芯片有 3 个主要部分：中央处理单元（CPU）、存储器、片内外设。所有的 C28x 系列器件都采用同样的 CPU、总线结构和指令集。不同器件具有各自不同的片内存储器配置和片内外设。CPU 负责控制程序的流程和指令的处理，可执行算术运算、布尔逻辑、乘法和移位操作。当执行有符号的数学运算时，CPU 采用二进制补码进行运算。下面介绍 CPU 的基本组成、总线结构、寄存器阵列和 CPU 的基本功能等。C28x 系列芯片的功能框图如图2-0-1 所示。

注意：本书中提到的 C28x 系列包括 F281x 和 C281x，其中 F281x 包括 F2810/1/2 三款芯片。

2.1　CPU 概述

TMS320C28x 的 CPU 是一种低功耗的 32 位定点数字信号处理器，集中了数字信号处理器和微控制器的诸多优秀特性，包括可调整的哈佛结构和循环寻址方式、精简指令系统（RISC）、字节的组合与拆分、位操作等。

利用 CPU 的改进型哈佛结构可以并行地执行指令和读取数据。CPU 可以在写数据的同时进行流水线中的单周期指令操作，还可同时读取指令和数据。CPU 通过 6 组独立的地址和数据总线完成这些操作。

2.1.1　兼容性

在 TMS320C2000 系列中，C20x 和 C24x/C240x 芯片的 CPU 内核为 C2xLP，C27x 和 C28x 芯片的 CPU 内核分别为 C27x、C28x。这些 CPU 的硬件结构有一定差别，指令集也有所不同，但是在 C28x 芯片中可以通过选择兼容特性模式，使 C28x CPU、C27x CPU、C2xLP CPU 具有良好的兼容性。

C28x 芯片具有 3 种操作模式：C27x 目标-兼容模式、C28x 模式及 C2xLP 源-兼容模式，通过状态寄存器 ST1 的 OBJMODE 位和 AMODE 位的组合，可以选定其中之一，如表 2-1-1 所示。位 OBJMODE 允许用户选择对 C28x 代码进行编译（OBJMODE = 1）或对 C27x 代码进行编译

(OBJMODE＝0)；位 AMODE 允许在 C28x/C27x 指令地址模式(AMODE＝0)和 C2xLP 兼容地址模式(AMODE＝1)之间进行选择。

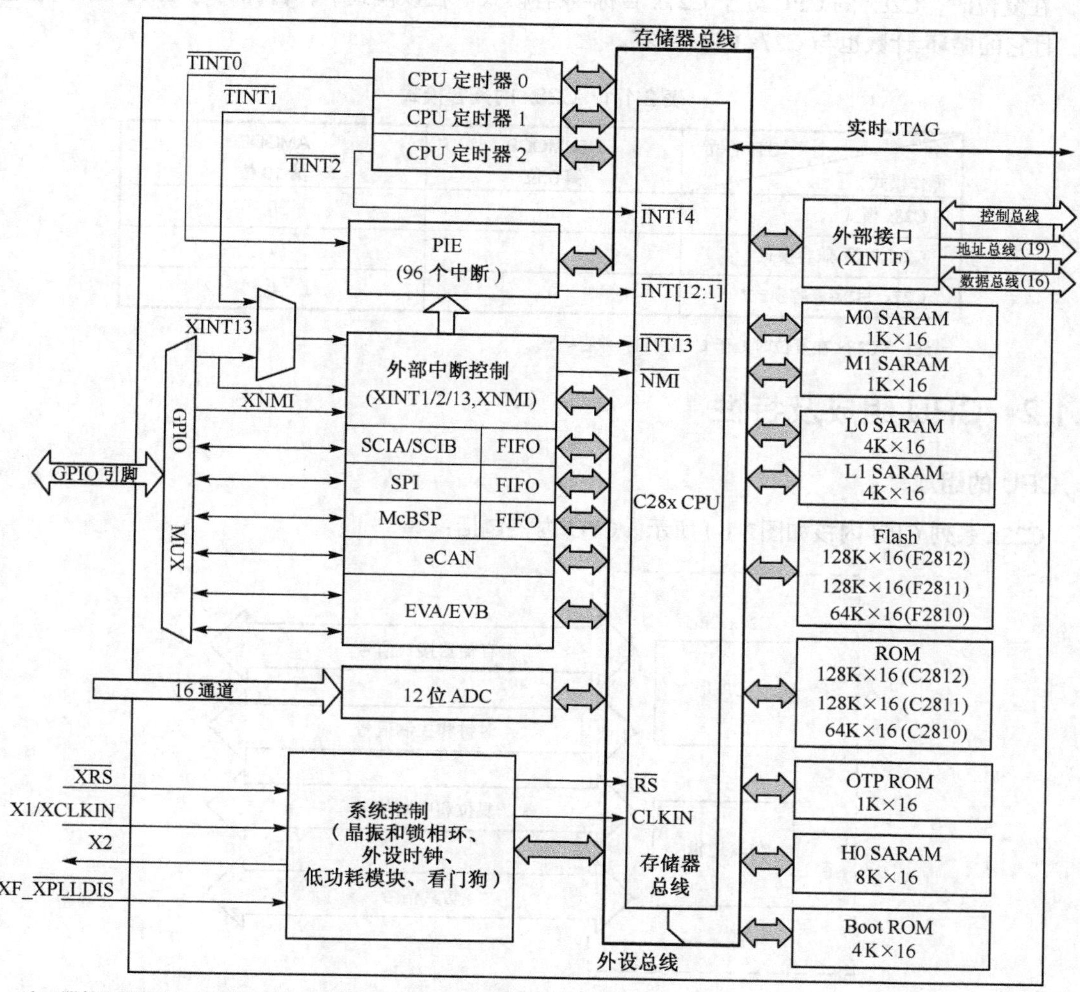

注：器件上提供的 96 个中断中，只有 45 个可用；XINTF 仅在 F2812 上可用

图 2-0-1　C28x 系列芯片功能框图

1．C28x 模式

在 C28x 模式中，用户可以使用 C28x 的所有有效特性、寻址方式和指令系统，因此一般应使 C28x 芯片工作于该模式，才能充分发挥芯片自身的优势。但是在 C28x 复位后，其 ST1 的位 OBJMODE 和位 AMODE 均被清 0，因而使 CPU 工作在 C27x 目标-兼容模式，且与 C27x CPU 完全兼容。因此，在 C28x 复位后，用户应首先通过 C28OBJ 指令或 SETC OBJMODE 指令将 ST1 的位 OBJMODE 置为 1(注意，除非特别声明，本书都假定芯片工作在 C28x 模式)。

2．C2xLP 源-兼容模式

该模式允许用户运行 C2xLP 的源代码，这些源代码是用 C28x 代码生成工具编译生成的。要了解该工作模式和从 C2xLP CPU 移植的更多信息，可以参考 TI 网站的相关文献。

3. C27x 目标-兼容模式

在复位时，C28x 的 CPU 处于 C27x 目标-兼容模式。在该模式下，目标码与 C27x CPU 完全兼容，且它的循环-计数也与 C27x CPU 兼容。

表 2-1-1 C28x 的兼容模式

STI 的位 / 操作模式	OBJMODE 第 9 位	AMODE 第 10 位
C28x 模式	1	0
C2xLP 源-兼容模式	1	1
C27x 目标-兼容模式*	0	0

注：* C28x 在复位时处于 C27x 目标-兼容模式。

2.1.2 CPU 组成及特性

1. CPU 的组成

C28x 系列 CPU 内核如图2-1-1 所示。CPU 内核包括：

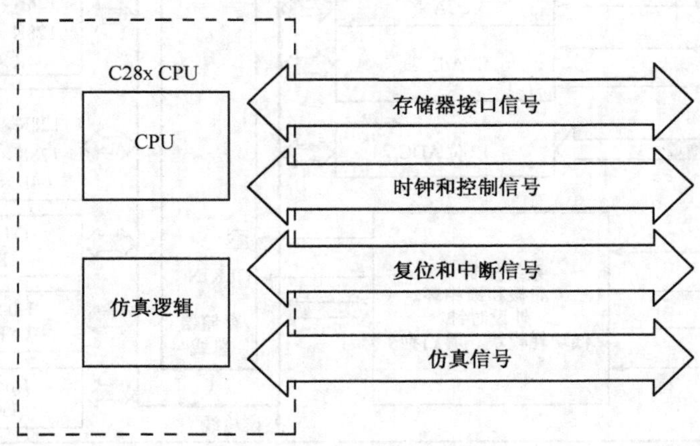

图 2-1-1 CPU 内核的逻辑图

(1) 一个能够产生数据和程序存储地址的 CPU。它的任务是编码和运行指令；执行算术、逻辑和移位操作；控制寄存器阵列内的数据转移、数据存储和程序存储等。

(2) 仿真逻辑。其功能是监视和控制 DSP 芯片内不同部件的工作，并且测试设备的操作情况。

(3) 各种信号线。包括存储器和外围设备的接口信号；CPU 和仿真逻辑的时钟和控制信号；用来显示 CPU 和仿真逻辑状态的信号；已定义的中断信号。

2. CPU 的主要特性

C28x CPU 的主要特性如下：

(1) 保护流水线：CPU 具有 8 级流水线，可以避免从同一地址进行读和写而造成的秩序混乱。

(2) 独立寄存器空间：CPU 包含一些没有映射到数据空间的寄存器。这些寄存器可以作为系统控制寄存器、数学寄存器和数据指针。系统控制寄存器可由特殊的指令进行操作，而其他寄存器则可通过特殊指令或特殊寻址模式(寄存器寻址模式)来操作。

（3）算术逻辑单元(ALU)：32 位的 ALU 可以完成二进制补码的算术和布尔逻辑操作。

（4）地址寄存器算术单元(ARAU)：ARAU 产生数据存储地址和与 ALU 并行操作的增量和减量指针。

（5）循环移位器：执行所有数据左移位和右移位操作，它可以执行最多左移 16 位和最多右移 16 位操作。

（6）乘法器：可以执行 32 位×32 位的二进制补码乘法运算，获得 64 位的乘积。乘法可以在两个有符号数之间、两个无符号数之间或者一个有符号数与一个无符号数之间进行。

2.1.3　CPU 信号

CPU 有 4 种主要信号：

（1）存储器接口信号：在 CPU、存储器和外围设备之间进行数据传送；进行程序存储器的访问和数据存储器的存取；并能根据不同的字段长度区分不同的存取操作(16 位或 32 位)。

（2）时钟和控制信号：为 CPU 和仿真逻辑提供时钟，可以用来控制和监视 CPU 状态。

（3）复位和中断信号：用来产生硬件复位和中断，并用来监视中断的状态。

（4）仿真信号：用来进行测试和调试。

2.2　CPU 的结构及总线

2.2.1　CPU 结构

C28x 系列 CPU 的主要单元和数据通道如图2-2-1所示，但它并不反映芯片的实际实现。其中阴影部分的总线是通向 CPU 外部存储器的接口总线；操作数总线为乘法器、移位器和 ALU 的操作提供操作数，而结果总线把运算结果送到寄存器和存储器中。

CPU 的主要单元为：

（1）程序和数据控制逻辑。用来存储从程序存储器中取出的指令队列。

（2）实时仿真逻辑。仿真逻辑能实现可视化操作。

（3）地址寄存器算术单元(ARAU)。ARAU 为从数据存储器中取出的值分配地址。对于数据读操作，它把地址放在数据读地址总线(DRAB)上；对于数据写操作，它把地址装入数据写地址总线(DWAB)。ARAU 也可以增加或减小堆栈指针(SP)和辅助寄存器(XAR0～XAR7)的值。

（4）算术逻辑单元(ALU)。32 位 ALU 能够执行二进制补码运算和布尔逻辑运算。在做运算之前，ALU 从寄存器、数据存储器或程序控制逻辑中接收数据；运算结束后，ALU 将结果存入寄存器或数据存储器。

（5）预取队列和指令译码。

（6）程序和数据地址发生器。

（7）定点 MPY/ALU。乘法器执行 32×32 位的二进制补码乘法，并产生 64 位计算结果。为了与乘法器相连，C28x CPU 采用 32 位被乘数寄存器 XT、32 位乘积寄存器 P 和 32 位累加器 ACC。XT 提供 1 个被乘数，乘积被送到 P 寄存器或 ACC 中。

（8）中断处理。

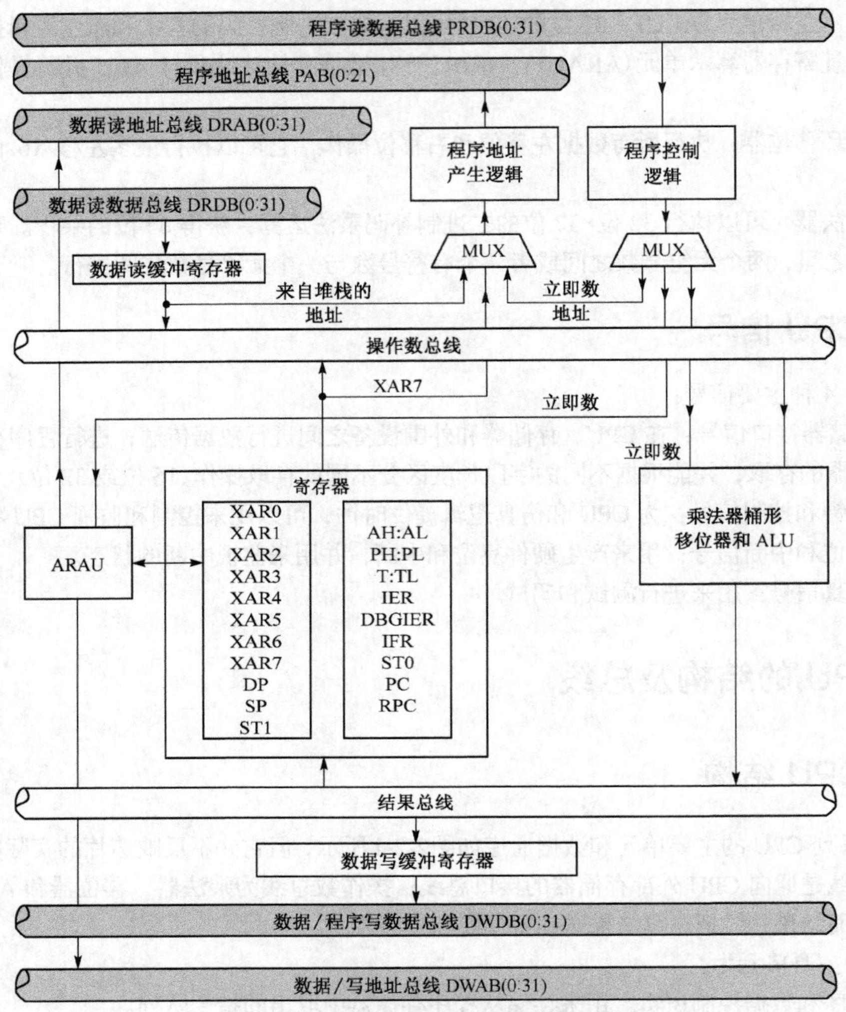

图 2-2-1　CPU 的主要单元和数据通道

2.2.2　地址和数据总线

存储器接口有 3 组地址总线：

(1) PAB(Program Address Bus，程序地址总线)，PAB 用来传送来自程序空间的读/写地址。PAB 是一个 22 位的总线。

(2) DRAB(Data-Read Address Bus，数据读地址总线)，32 位的 DRAB 用来传送来自数据空间的读地址。

(3) DWAB(Data-Write Address Bus，数据写地址总线)，32 位的 DWAB 用来传送来自数据空间的写地址。

存储器接口还有 3 组数据总线：

(1) PRDB(Program-Read Data Bus，程序读数据总线)，32 位的 PRDB 在读取程序空间时用来传送指令或数据。

(2) DRDB(Data-Read Data Bus，数据读数据总线)，32 位的 DRDB 在读取数据空间时用来传送数据。

(3) DWDB (Data/Program-Write Data Bus，数据/程序写数据总线)，32 位的 DWDB 在对数据空间写数据时用来传送数据。

表 2-2-1 显示了在访问数据空间和程序空间时是如何使用这些总线的。

表 2-2-1　用于访问数据空间和程序空间的总线概况

存取类型	地址总线	数据总线
从程序空间读	PAB	PRDB
从数据空间读	DRAB	DRDB
向程序空间写	PAB	DWDB
向数据空间写	DWAB	DWDB

注意：程序空间的读和写不能同时发生，因为它们都要使用程序地址总线 PAB。程序空间的写和数据空间的写也不能同时发生，因为两者都要使用数据/程序写数据总线 DWDB。但使用不同总线传输的读写是可以同时发生的。例如，CPU 可以同时在程序空间完成读操作(使用程序地址总线 PAB 和程序读数据总线 PRDB)，在数据空间完成读操作(使用数据读地址总线 DRAB 和数据读数据总线 DRDB)，在数据空间进行写操作(使用数据写地址总线 DWAB 和数据/程序写数据总线 DWDB)。

2.3　CPU 寄存器

表 2-3-1 所示为 CPU 的主要寄存器及其复位后的值。CPU 寄存器阵列的关系如图2-3-1 所示。

表 2-3-1　CPU 寄存器总表

寄存器	大小	描述	复位后的结果
ACC	32 位	累加器	0x0000 0000
AH	16 位	累加器的高 16 位	0x0000
AL	16 位	累加器的低 16 位	0x0000
XAR0	32 位	辅助寄存器 0	0x0000 0000
XAR1	32 位	辅助寄存器 1	0x0000 0000
XAR2	32 位	辅助寄存器 2	0x0000 0000
XAR3	32 位	辅助寄存器 3	0x0000 0000
XAR4	32 位	辅助寄存器 4	0x0000 0000
XAR5	32 位	辅助寄存器 5	0x0000 0000
XAR6	32 位	辅助寄存器 6	0x0000 0000
XAR7	32 位	辅助寄存器 7	0x0000 0000
AR0	16 位	XAR0 的低 16 位	0x0000
AR1	16 位	XAR1 的低 16 位	0x0000
AR2	16 位	XAR2 的低 16 位	0x0000
AR3	16 位	XAR3 的低 16 位	0x0000
AR4	16 位	XAR4 的低 16 位	0x0000
AR5	16 位	XAR5 的低 16 位	0x0000
AR6	16 位	XAR6 的低 16 位	0x0000
AR7	16 位	XAR7 的低 16 位	0x0000
DP	16 位	数据页指针	0x0000
IFR	16 位	中断标志寄存器	0x0000
IER	16 位	中断使能寄存器	0x0000 (INT1～INT14，DLOGINT，RTOSINT 禁止)
DBGIER	16 位	调试中断使能寄存器	0x0000 (INT1～INT14，DLOGINT，RTOSINT 禁止)

续表

寄存器	大小	描述	复位后的结果
P	32 位	结果寄存器	0x0000 0000
PH	16 位	P 的高 16 位	0x0000
PL	16 位	P 的低 16 位	0x0000
PC	22 位	程序计数器	0x3F FFC0
RPC	22 位	返回程序寄存器	0x00 0000
SP	16 位	堆栈指针	0x0400
ST0	16 位	状态寄存器 0	0x0000
ST1	16 位	状态寄存器 1	0x080B
XT	32 位	被乘数寄存器	0x0000 0000
T	16 位	XT 的高 16 位	0x0000
TL	16 位	XT 的低 16 位	0x0000

T[16]	TL[16]	XT[32]
PH[16]	PL[16]	P[32]
AH[16]	AL[16]	ACC[32]
	SP[16]	
DP[16]	6/7 位偏移量	
AR0H[16]	AR0[16]	XAR0[32]
AR1H[16]	AR1[16]	XAR1[32]
AR2H[16]	AR2[16]	XAR2[32]
AR3H[16]	AR3[16]	XAR3[32]
AR4H[16]	AR4[16]	XAR4[32]
AR5H[16]	AR5[16]	XAR5[32]
AR6H[16]	AR6[16]	XAR6[32]
AR7H[16]	AR7[16]	XAR7[32]
PC[22]		
RPC[22]		
	ST0[16]	
	ST1[16]	
	IER[16]	
	DBGIER[16]	
	IFR[16]	

注：当工作于 C28x 模式或 C27x 目标-兼容模式时使用 6 位的偏移量。当工作于 C2xLP 源-兼容模式时使用 7 位的偏移量。在这种模式下 DP 的最后标志位被忽略

图 2-3-1 C28x 的寄存器阵列

2.3.1 累加器(ACC、AH、AL)

累加器(ACC)是 CPU 的主要工作寄存器。除了那些对存储器和寄存器的直接操作外，所有的 ALU 操作结果最终都要送入 ACC。ACC 支持单周期数据传送、加法、减法和来自数据存储器的宽度为 32 位的比较运算，它也可以接收 32 位乘法操作的运算结果。

可以单独对 ACC 进行 16 位/8 位的访问(见图 2-3-2)，即把 ACC 分为两个独立的 16 位寄存器：AH(高 16 位)和 AL(低 16 位)，而且可以对 AH 和 AL 中的字节进行独立访问，用专门的字节传送指令能够装载和存储 AH/AL 的最高或最低字节，这使有效进行字节捆绑和解捆绑操作成为可能。

注意：AX 指 AH 或 AL。

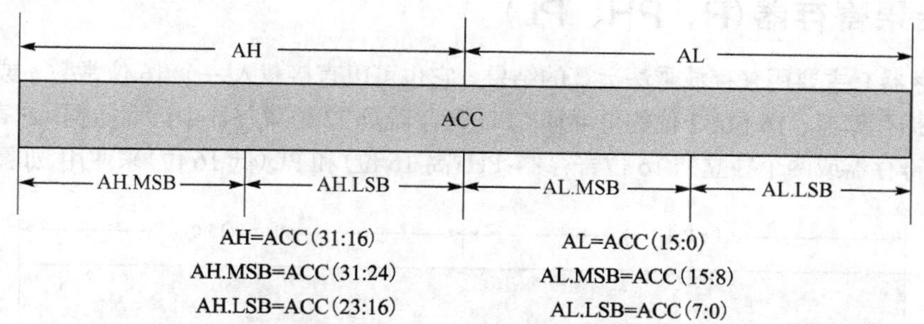

图 2-3-2　累加器可以单独存取的部分

表 2-3-2 给出了移位 AH、AL 或 ACC 内容的方法。

表 2-3-2　对累加器的移位操作

寄存器	移位方向	移位类型	指令
ACC	左	逻辑	LSL 或 LSLL
		循环	ROL
	右	算术	SFR(SXM=1)或 ASRL
		逻辑	SFR(SXM=0)或 LSRL
		循环	ROR
AH 或 AL	左	逻辑	LSL
	右	算术	ASR
		逻辑	LSR

与累加器相关的状态位有溢出模式位(OVM)、符号扩展模式位(SXM)、测试/控制标志位(TC)、进位标志位(C)、零标志位(Z)、负标志位(N)、溢出标志位(V)和溢出计数位(OVC)。在 2.3.10 节中，将会对这些位进行详细描述。

2.3.2　被乘数寄存器(XT)

被乘数寄存器 XT 主要用于在 32 位乘法操作之前，存放一个 32 位有符号整数值。XT 寄存器的低 16 位部分是 TL 寄存器。该寄存器能装载一个 16 位有符号数，并能自动对该数进行符号扩展，然后将其送入 32 位 XT 寄存器。XT 寄存器的高 16 位部分是 T 寄存器。该寄存器主要用来存储 16 位乘法操作之前的 16 位整数值。T 寄存器也可以为一些移位操作设定移位值，在这种情况下，根据指令只可以使用 T 寄存器的一部分。对 XT 寄存器的 T 和 TL 单独存取如图2-3-3所示。

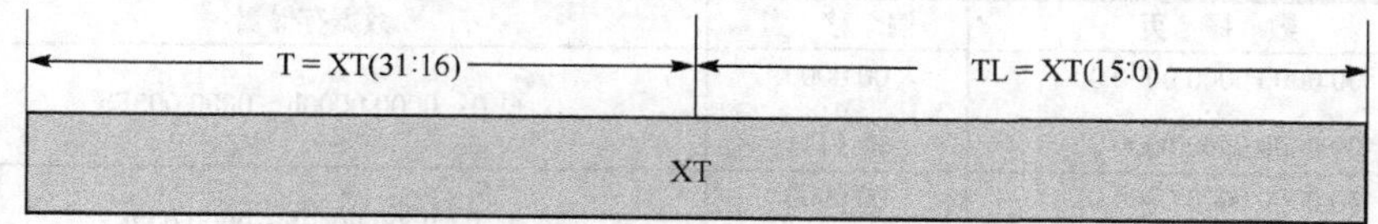

图 2-3-3　被乘数寄存器 XT 的 T 和 TL 单独存取

例如：

```
ASR  AX, T        ;完成一个基于 T 寄存器最低 4 位的算术右移，T(3:0)=0～15
ASRL ACC, T       ;完成一个基于 T 寄存器最低 5 位的算术右移，T(4:0)=0～31
```

在上述操作中，T 寄存器的高位部分没有用到。

2.3.3 结果寄存器(P、PH、PL)

结果寄存器 P 主要用来存放乘法运算的结果。它也可以直接载入一个 16 位常数，或者从一个 16 位/32 位的数据存储器、16 位/32 位的可寻址 CPU 寄存器及 32 位累加器中读取数据。P 寄存器可以作为一个 32 位寄存器或两个独立的 16 位寄存器：PH(高 16 位)和 PL(低 16 位)来使用，如图 2-3-4 所示。

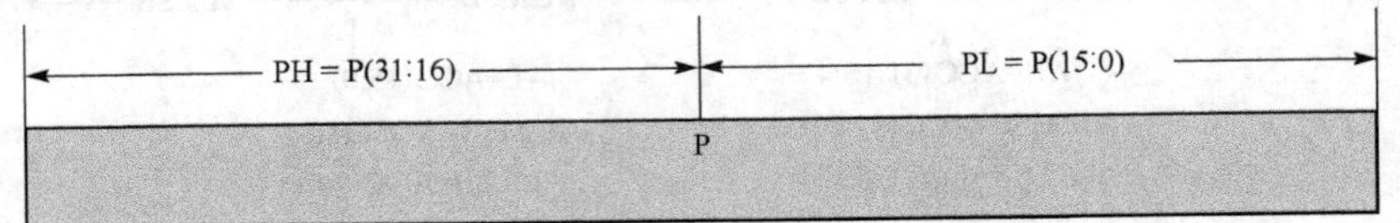

图 2-3-4 P 寄存器的 PH 和 PL 单独存取

当通过一些指令存取 P、PH 或 PL 时，所有的 32 位数都要复制到 ALU 移位器模块中，在这里移位器可以执行左移、右移或不进行移位操作。这些指令的移位操作由状态寄存器(ST0)的乘积移位模式位(PM)来决定。表 2-3-3 表明了 PM 的可能值和相应的结果移位模式。当移位器执行左移位时，低位填充零；当执行右移位时，P 寄存器进行符号扩展。使用 PH 或 PL 的值作为操作数的指令忽略乘积移位模式位。

表 2-3-3 结果移位模式

PM 值	结果移位模式
000B	左移 1 位
001B	不移位
010B	右移 1 位
011B	右移 2 位
100B	右移 3 位
101B	右移 4 位(若 AMODE=1，左移 4 位)
110B	右移 5 位
111B	右移 6 位

2.3.4 数据页指针(DP)

在直接寻址模式中，对数据存储器的寻址要在 64 个字的数据页中进行。由低 4M 字的数据存储器组成 65536 个数据页，用 0～65535 进行标号，如表 2-3-4 所示。在 DP 直接寻址模式下，16 位的数据页指针(DP)保存了目前的数据页号。可以通过给 DP 赋值去改变数据页号。

4 M 以上字的数据存储器用 DP 不能访问。当 CPU 工作在 C2xLP 源-兼容模式时，使用一个 7 位的偏移量，并忽略 DP 寄存器的最低位。

表 2-3-4 数据存储器的数据页

数 据 页	偏 移 量	数据存储器
00 0000 0000 0000 00 … 00 0000 0000 0000 00	00 0000 … 11 1111	页 0：0000 0000h～0000 003Fh
00 0000 0000 0000 01 … 00 0000 0000 0000 01	00 0000 … 11 1111	页 1：0000 0040h～0000 007Fh
00 0000 0000 0000 10 … 00 0000 0000 0000 10	00 0000 … 11 1111	页 2：0000 0080h～0000 00BFh
…	…	…
11 1111 1111 1111 11 … 11 1111 1111 1111 11	00 0000 … 11 1111	页 65 535：003F FFC0h～003F FFFFh

2.3.5　堆栈指针(SP)

堆栈指针(SP)允许在数据存储器中使用软件堆栈。堆栈指针为 16 位，可以对数据空间的低 64 K 进行寻址(见图2-3-5)。当使用 SP 时，将 32 位地址的高 16 位置 0。6.1.3 节将会介绍使用 SP 进行寻址的情况。复位后 SP 指向地址 0000 0400h。

堆栈操作说明如下：

(1) 堆栈从低地址向高地址增长。

(2) SP 总是指向堆栈中的下一个空域。

(3) 复位时，SP 被初始化，它指向地址 0000 0400h。

(4) 将 32 位数值存入堆栈时，先存入低 16 位，然后将高 16 位存入下一个高地址中。

(5) 当读/写 32 位的数值时，C28x CPU 期望存储器或外设接口逻辑把读/写排成偶数地址。例如，如果 SP 包含一个奇数地址 0000 0083h，那么进行一个 32 位的读操作时，将从地址 0000 0082h 和 0000 0083h 中读取数值。

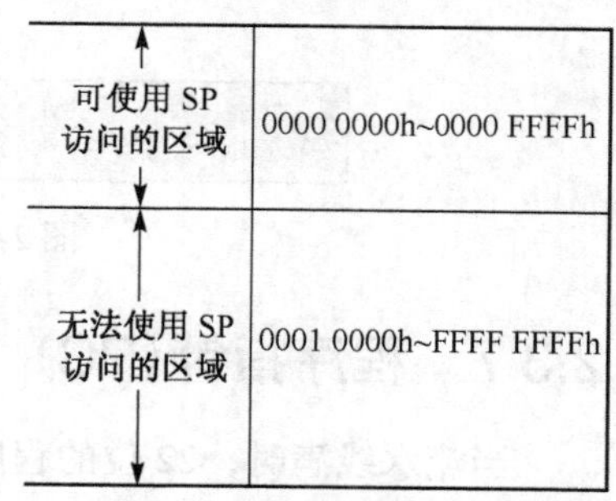

图 2-3-5　堆栈指针的地址范围

(6) 如果增加 SP 的值，使它超过 FFFFh，或者减少 SP 的值，使它低于 0000h，则表明 SP 已经溢出。如果增加 SP 的值，使它超过 FFFFh，它就会从 0000h 开始计数。例如，如果 SP = FFFEh，而一个指令又向 SP 加 3，则结果就是 00001h。当减少 SP 的值，使它低于 0000h，它就会重新从 FFFFh 计数。例如，如果 SP = 0002h 而一个指令又从 SP 减 4，则结果就是 FFFEh。

(7) 当数值存入堆栈时，SP 并不要求排成奇数或偶数地址。排列由存储器或外设接口逻辑完成。

2.3.6　辅助寄存器(XAR0～XAR7、AR0～AR7)

CPU 提供 8 个 32 位的辅助寄存器：XAR0、XAR1、XAR2、XAR3、XAR4、XAR5、XAR6、XAR7。它们可以作为地址指针指向存储器，或者作为通用目的寄存器来使用。

许多指令可以访问 XAR0～XAR7 的低 16 位，如图2-3-6所示，其中辅助寄存器的低 16 位为 AR0～AR7，它们用做循环控制或 16 位比较的通用目的寄存器。

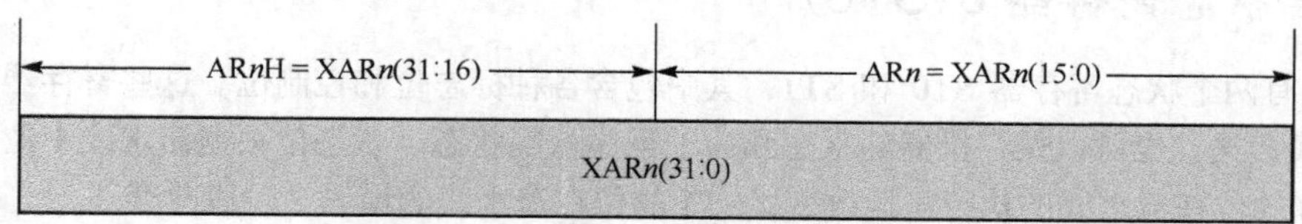

图 2-3-6　XAR0～XAR7 寄存器

当访问 AR0～AR7 时，寄存器的高 16 位(AR0H～AR7H)可能改变或不改变，这主要取决于所应用的指令。AR0H～AR7H 只能作为 XAR0～XAR7 的一部分来读取，不能单独进行访问。

对于累加器操作来说，所有的 32 位都是有效的(@XAR*n*)。对于 16 位操作，使用低 16 位，而高 16 位被忽略(@AR*n*)。也可以根据指令使 XAR0～XAR7 指向程序存储器的任何值。许多指令可以访问 XAR0～XAR7 的低 16 位(LSB)。如图2-3-7所示，XAR0～XAR7 的低 16 位就是辅助寄存器 AR0～AR7。

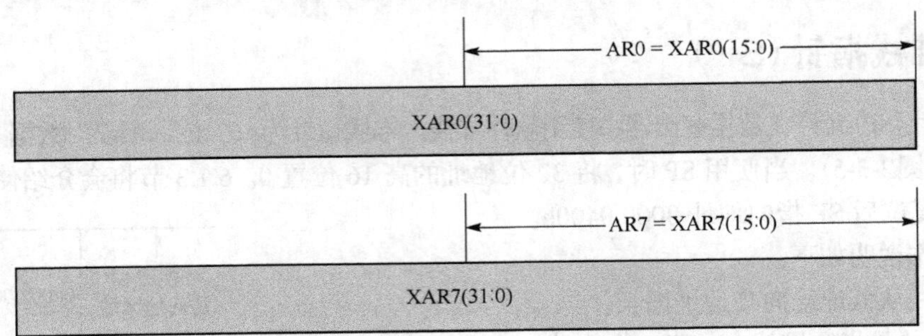

图 2-3-7 AR0～AR7 和 XAR0～XAR7 的关系

2.3.7 程序指针(PC)

当流水线满时，22 位的程序指针总是指向流水线中到达译码 2 阶段的指令。一旦某指令到达了流水线译码的第 2 阶段，它就不会再被中断从流水线中清除掉，而是在响应中断之前就被执行了。

2.3.8 返回程序寄存器(RPC)

当通过 LCR 指令执行一个调用操作时，返回地址存储在 RPC 寄存器中，RPC 的原值存在堆栈中(在两个 16 位的操作中)。当通过 LRETR 指令执行一个返回操作时，返回地址从 RPC 寄存器中读出，堆栈中存放的 RPC 的原值被写回 RPC 寄存器(在两个 16 位的操作中)。其他的调用指令并不使用 RPC 寄存器。

2.3.9 中断控制寄存器(IFR、IER、DBGIER)

C28x 有 3 个寄存器用于控制中断：中断标志寄存器(IFR)、中断使能寄存器(IER)和调试中断使能寄存器(DBGIER)。IFR包含的标志位用于可屏蔽中断，当通过硬件或软件触发中断，IFR相应位置位时，如果该中断被使能，就会被响应。DBGIER 用于禁止和使能CPU工作在实时仿真模式且被暂停时产生的临界时间中断。可以用 IER 中的相应位禁止和使能中断。

2.3.10 状态寄存器 0(ST0)

C28x 有两个状态寄存器 ST0 和 ST1，其中包含各种标志位和控制位。这些寄存器可以和数据存储器交换数据，也可以保存机器的状态和为子程序恢复状态。状态位根据流水线中位值的改变而改变，ST0 的位在流水线的执行阶段改变，ST1 的位在流水线的译码 2 阶段改变。

状态寄存器 ST0 的各位分配如图2-3-8所示，各位定义如表 2-3-5 所示，所有这些位都可以在流水线执行的过程中进行更改。

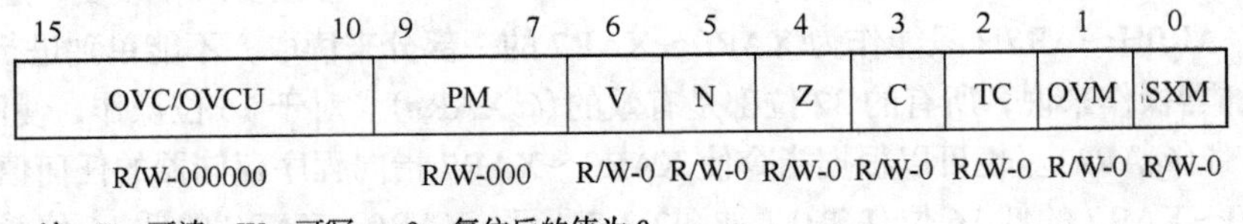

图 2-3-8 状态寄存器 ST0 的各位

表 2-3-5　状态寄存器 ST0 各位定义

位	名　称	描　述
15～10	OVC/ OVCU	**溢出计数器** 在有符号数的操作中，溢出计数器是一个 6 位的有符号计数器 OVC，其取值范围为-32～+31。当溢出模式关闭时(OVM＝0)，ACC 正常溢出，OVC 保存溢出的信息；当溢出模式开启时(OVM＝1)，如果 ACC 产生溢出，OVC 不受影响。CPU 会自动用一个正饱和数或负饱和数填充到 ACC 中(见有关 OVM 的描述)。当 ACC 正向溢出时(7FFF FFFFh～8000 0000h)，OVC 增 1；当 ACC 负向溢出时(8000 0000h～7FFF FFFFh)，OVC 减 1。当溢出影响 V 标志时执行加或减操作。 在无符号数操作时该位为 OVCU，当执行加法操作(ADD)产生一个进位时，OVCU 加 1；当执行减法操作(SUB)产生一个借位时，OVCU 减 1。如果 OVC 增加而超过它的最大值+31 时，计数器就变为-32。如果 OVC 减到小于-32 时，计数器就变为+31。复位时，OVC 清空。除了受 ACC 的影响外，OVC 不受其他寄存器溢出的影响，也不受比较指令 CMP 和 CMPL 的影响
9～7	PM	**乘积结果移位模式位** 这 3 位的值决定了任何从乘积结果寄存器 P 的输出操作的移位模式。移位后的输出可以存入 ALU 或存储器中。在右移位操作中，所有受乘积结果移位模式影响的指令都将对 P 寄存器中的值进行符号扩展。在复位时，PM 被清 0(默认左移 1 位)。 PM 移位模式总结如下： 000：左移 1 位。在移位过程中，低位补 0。复位时，选择这一模式。 001：没有移位。 010：右移 1 位。在移位过程中，低位丢失，移位时进行有符号扩展。 011：右移 2 位。在移位过程中，低位丢失，移位时进行有符号扩展。 100：右移 3 位。在移位过程中，低位丢失，移位时进行有符号扩展。 101：右移 4 位。在移位过程中，低位丢失，移位时进行有符号扩展。 如果 AMODE=1，则 101 为左移 4 位。 110：右移 5 位。在移位过程中，低位丢失，移位时进行有符号扩展。 111：右移 6 位。在移位过程中，低位丢失，移位时进行有符号扩展
6	V	**溢出标志位** 如果操作结果引起保存结果的寄存器产生溢出，V 置 1 并锁存；如果没有溢出发生，V 不改变。一旦 V 被锁存，它就保持置位直到由复位或者由测试 V 的条件分支指令来清 0。不管测试条件(V=0 或者 V=1)是否为真，这种条件分支都会清 0。 当加法和减法的结果超出了 32 位有符号数的表示范围-2^{31}～$(+2^{31}-1)$或者 8000 0000h～7FFF FFFFh 时，ACC 就会产生溢出；当加法和减法的结果超出了 16 位有符号数的表示范围-2^{15}～$(+2^{15}-1)$或者 8000h～7FFFh 时，AH、AL 或另一个 16 位寄存器或者数据存储器就会产生溢出。指令 CMP、CMPB 和 CMPL 并不影响 V 标志的状态
5	N	**负标志位** 在某些操作中，若操作结果为负，则 N 被置位；若操作结果为正，则 N 被清 0；复位时 N 清 0。 测试 ACC 的内容可以确定负数情况。ACC 的第 31 位是符号位。如果第 31 位为 0，则 ACC 是正数；如果第 31 位为 1，则 ACC 是负数。如果 ACC 中的结果是负数，则 N 被置 1；如果是正数，则 N 被清 0。 AH、AL 和其他的 16 位寄存器或数据存储器也可进行负数条件测试。在这些情况下，数值的第 15 位是符号位(1 表示负数，0 表示正数)。若数值为负，则 N 被置 1；若数值为正，则 N 被清 0。若 ACC 的值为负数，ACC 测试指令对 N 进行置 1；在其他情况下指令清 0。 如表 2-3-6 所示，在溢出条件下，对比较操作中的 N 标志设定与对加减操作中的 N 标志设定是不同的。在加减操作中，当与截短结果的最高位匹配时 N 标志置 1；在比较操作中，N 标志假设无限的精确。这种情况适用于结果存入 ACC、AH、AL、其他寄存器或数据存储器的操作。 N=0 或 1 可总结如下： 0：测试数是正的或者 N 已经清 0。 1：测试数是负的或者 N 已经置 1
4	Z	**零标志位** 若操作结果为 0，则 Z 被置位；若结果非零，则 Z 被清 0。它适用于结果存入 ACC、AH、AL、其他寄存器或数据存储器的指令操作。在复位时 Z 被清 0。当 ACC 中的值是 0 时，测试 ACC 的指令使 Z 置位，否则清 0。 Z=0 或 1 可总结如下： 0：测试数是非 0 或 Z 已经清 0。 1：测试数是 0 或 Z 已经置位

续表

位	名称	描述
3	C	**进位标志位** 该位表明一个加法或递增指令产生了进位，或者一个减法、比较或递减指令产生了借位。ACC 上的循环操作和 ACC、AH、AL 的循环移位也会影响它。在加法和增量操作中，如果加法产生进位则 C 被置位，否则 C 被清 0。但有一个例外：在使用带 16 位移位的 ADD 指令时，ADD 指令可以将 C 置位，但不能将其清 0。在减法、比较和减量操作中，如果减法产生借位则 C 被清 0，否则 C 被置位。但有一个例外：在使用带 16 位移位的 SUB 指令时，SUB 指令可以将其清 0，但不能将其置位。 该位可以单独用 SETC C 和 CLRC C 指令进行置位和清 0，在复位时 C 被清 0。 C=0 或 1 可总结如下： 0：减法产生借位、加法不产生进位或 C 已经被清 0。特殊情况：带有 16 位移位的 ADD 加法指令不能使 C 清 0。 1：加法产生进位、减法不产生借位或 C 已经被置位。特殊情况：带有 16 位移位的 SUB 减法指令不能对 C 置位
2	TC	**测试/控制标志位** 该位表示了 TBIT(测试位)指令或 NORM 指令完成测试的结果。TBIT 指令测试一个特殊的位。当其执行时，如果测试位为 1，则 TC 置位；如果测试位为 0，则 TC 清 0。执行 NORM 指令时，TC 做如下改变：若 ACC 是 0，则 TC 置位；若 ACC 不是 0，CPU 就会对 ACC 的 30 位和 31 位进行“异或”运算，然后将结果赋给 TC。该位可以用 SETC TC 和 CLRC TC 指令进行置位和清 0，复位时 TC 被清 0
1	OVM	**溢出模式位** 当 ACC 接收加减结果时，若结果产生溢出，则 OVM 决定 CPU 如何处理溢出，处理情况如下： 0：一般是 ACC 中的结果溢出。OVC 反映溢出情况(见 OVC 的描述)。 1：如果 ACC 正向溢出(7FFF FFFFh～8000 0000h)，则给 ACC 填充最大正数值 7FFF FFFFh。如果 ACC 负向溢出(8000 0000h～7FFF FFFFh)，则给 ACC 填充最小负数值 8000 0000h。 该位可单独由 SETC OVM 和 CLRC OVM 指令进行置位和清 0。复位时 OVM 清 0
0	SXM	**符号扩展模式位** 在 32 位累加器中进行 16 位操作时，SXM 会影响 MOV、ADD 及 SUB 指令。当将 16 位的值存入累加器(MOV)、加上累加器的值(ADD)或从累加器中减去(SUB)时，SXM 按如下方式决定是否进行有符号扩展： 0：禁止有符号扩展(数值作为无符号数)。 1：可以进行有符号扩展(数值作为有符号数)。 当累加器利用 SFR 指令进行右移位操作时，SXM 决定是否进行有符号扩展。SXM 并不影响对乘积寄存器的值进行移位操作的指令；所有乘积寄存器中的右移位都运用有符号扩展。 该位可以由 SETC SXM 和 CLRC SXM 指令进行置位和清 0。复位时 SXM 被清 0

表 2-3-6 溢出条件下的负标志

A*	B*	(A—B)	减	比较**
正	负	负(由于正方向的溢出)	N=1	N=0
负	正	正(由于负方向的溢出)	N=0	N=1

注：*32 位数：正数 =0000 0000h～7FFF FFFFh，负数 =8000 0000h～FFFF FFFFh。
16 位数：正数 =0000h～7FFFh，负数 =8000h～FFFFh。
**比较指令是 CMP、CMPB、CMPL、MIN、MAX、MINL 和 MAXL。

2.3.11 状态寄存器 1(ST1)

状态寄存器 ST1 的各位分配如图2-3-9所示，各位定义如表2-3-7所示，所有这些位在流水线的译码 2 阶段改变。

15–13	12	11	10	9	8
ARP	XF	M0M1MAP	保留	OBJMODE	AMODE
R/W-000	R/W-0	R/W-1	R/W-0	R/W-0	R/W-0

7	6	5	4	3	2	1	0
IDLESTAT	EALLOW	LOOP	SPA	VMAP	PAGE0	DBGM	INTM
R-0	R/W-0	R-0	R/W-0	R/W-1	R/W-0	R/W-1	R/W-1

注：R=可读，W=可写，-*x* =复位后的值。保留位总是 0，不受写的影响

图 2-3-9 状态寄存器 ST1 的各位分配

表 2-3-7　状态寄存器 ST1 的各位定义

位	名　称	描　述
15～13	ARP	**辅助寄存器指针** 这 3 位指向当前的辅助寄存器，它是 8 个 32 位辅助寄存器 XAR0～XAR7 中的一个。如 ARP=000 时，指向 XAR0；ARP＝001 时，指向 XAR1，依次类推
12	XF	**XF 状态位** 该位反映了当前 XFS 输出信号的状态，它与 C2xLP CPU 兼容。该位由 SETC XF 指令进行置位，由 CLRC XF 指令进行清 0。该位可通过中断保存，当 ST1 寄存器恢复时可以恢复该位。复位时该位被清 0
11	M0M1MAP	**M0 和 M1 映射模式位** 在 C28x 目标模式下，M0M1MAP 一直保持为 1，这是复位时的默认值。当操作在 C27x 兼容模式时，该位可以被置为低。当它为低时，交换程序空间中 M0 和 M1 模块的位置，默认复位时置堆栈值为 0x000。 注意：C28x 模式的用户不能把此位设为 0
10	保留	**保留位** 该位保留，写此位无效
9	OBJMODE	**目标兼容模式位** 用来在 C27x 目标模式(OBJMODE＝0)和 C28x 目标模式(OBJMODE＝1)之间进行选择。该位用 C28OBJ 或 SETC OBJMODE 指令进行置 1，用 C27OBJ 或 CLRC OBJMODE 指令进行清 0。当用给定指令对此位进行置位和复位时，流水线被清空。该位可以被中断保存，在恢复 ST1 寄存器时进行恢复。该位在复位时被清 0
8	AMODE	**寻址模式位** 该位和 PAGE0 模式位联合用来选择合适的寻址模式译码，该位由 LPADDR 或 SETC AMODE 指令进行置位，由 C28ADDR 或 CLRC AMODE 指令进行清 0。当用户给定指令对此位置位和清 0 时，流水线不被清空。该位可以被中断保存，在恢复 ST1 寄存器时进行恢复。该位在复位时被清 0。 注意：PAGE0=AMODE=1 仅对存储器和寄存器寻址模式域(loc16 或 loc32)译码的指令产生一个非法指令陷阱
7	IDELSTAT	**空闲状态位** 执行 IDLE 指令使该只读位置位。如下的任一情况均可使其清 0： (1) 一个中断正在被服务； (2) 中断没有被服务但 CPU 退出 IDLE 状态； (3) 一个有效的指令进入指令寄存器(寄存器含有的指令正在被译码)； (4) 某一设备发生复位。 当 CPU 服务于某一中断时，IDLESTAT 的当前值被存入堆栈(当 ST1 被存在堆栈中时)，然后将 IDLESTAT 清 0。从中断返回时，IDLESTAT 不从堆栈恢复
6	EALLOW	**仿真存取使能位** 复位时，该位允许对仿真和其他寄存器进行存取。EALLOW 可以由指令 EALLOW 置位，由 EDIS 指令清 0。可以使用 POP ST1 指令或 POP DP:ST1 指令进行写操作。 当 CPU 服务于某一中断时，EALLOW 的当前值被存入堆栈(当 ST1 保存在堆栈中时)，然后将 EALLOW 清 0。因而，在执行中断服务程序(ISR)的时候不允许对仿真寄存器进行存取操作。如果 ISR 必须存取仿真寄存器，它必须包含一个 EALLOW 指令。在 ISR 的结束时，可以利用 IRET 指令进行恢复
5	LOOP	**循环指令状态位** 当循环指令 LOOPNZ 或 LOOPZ 在流水线中执行到第二译码阶段时该位被置位。只有当满足特定的条件时循环指令才结束，然后 LOOP 位清 0。LOOP 是一个只读位，除循环指令外，它不受其他指令的影响。 当 CPU 服务于某一中断时，LOOP 的目前值保存在堆栈中(当 ST1 保存在堆栈中时)，然后 LOOP 被清 0。中断结束返回时，LOOP 不从堆栈中恢复
4	SPA	**堆栈指针对齐位** SPA 表明 CPU 是否已通过 ASP 指令预先把堆栈指针定位到偶数地址上。 SPA=1 或 0 可以总结如下： 0：堆栈指针还未被定位到偶数地址。 1：堆栈指针已被定位到偶数地址。 执行 ASP 指令时，若堆栈指针 SP 指向一个奇数地址，则 SP 加 1 以使它指向偶数地址，同时 SPA 被置位；若 SP 已经指向一个偶数地址，则 SP 不改变，但 SPA 清 0。执行 NASP 指令时，若 SPA 是 1，则 SP 减 1 并且 SPA 被清 0；若 SPA 是 0，则 SP 不改变。复位时 SPA 被清 0

续表

位	名　称	描　述
3	VMAP	**向量映射位** VMAP 决定 CPU 的中断向量(包括复位向量)被映射到程序存储器的最低地址还是最高地址： 0：CPU 的中断向量映射到程序存储器的底部，地址是：00 0000h～00 003Fh。 1：CPU 的中断向量映射到程序存储器的上部。地址是：3F FFC0h～3F FFFFh。 可使用 SETC VMAP 和 CLRC VMAP 指令对该位进行置位和清 0，复位时 VMAP 被置位
2	PAGE0	**PAGE0 寻址模式设置位** PAGE0 在两个互斥的寻址模式之间进行选择：PAGE0 直接寻址模式和 PAGE0 堆栈寻址模式。选择模式如下所示： 0：PAGE0 堆栈寻址模式。 1：PAGE0 直接寻址模式。 **注意**：设置 PAGE0=AMODE=1 将产生一个非法指令陷阱。PAGE0=1 与 C27x 兼容，而 C28x 的推荐操作模式是 PAGE0=0。 该位可以单独利用 SETC PAGE0 和 CLRC PAGE0 指令进行置位和清 0。在复位时 PAGE0 被清 0(选择 PAGE0 堆栈寻址模式)
1	DBGM	**调试使能屏蔽位** 当 DBGM 置位时，仿真器不能实时地访问存储器和寄存器，且调试器不能更新它的窗口。在实时仿真模式下，若 DBGM=1，则 CPU 忽略暂停或硬件断点请求直到 DBGM 被清 0。DBGM 并不阻止 CPU 在软件断点处停止工作。在实时仿真模式下可以看到这方面的影响。如果在实时仿真模式下单步执行指令，指令将对 DBGM 置位，CPU 继续执行指令直到 DBGM 被清 0。 若向 TI 调试器发送 REALTIME 命令(进入实时模式)，DBGM 将被迫清 0。使 DBGM=0 可以确保 DT-DMA 是被允许的；存储器和寄存器值可以被传送到主处理器来更新调试窗口。 在 CPU 执行中断服务程序 ISR 之前，它对 DBGM 进行置位。当 DBGM=1 时，主处理器的暂停请求和硬件断点请求被忽略。如果要在非时间临界(non-time-critical) ISR 下进行单步调试或设置断点，则必须在 ISR 的开始增加一条 CLRC DBGM 指令。 DBGM 仿真时主要用于在时间临界(time-critical)程序代码部分阻止调试事件。DBGM 按以下方式使能和禁止调试事件： 0：调试事件使能。 1：调试事件被禁止。 当 CPU 服务于一个中断时，DBGM 的当前值保存在堆栈中(当 ST1 保存在堆栈中时)，然后 DBGM 被置位。在中断返回之前，DBGM 从堆栈中恢复。 该位可以通过指令 SETC DBGM 和 CLRC DBGM 来置位和清 0。DBGM 也可以在中断操作中自动进行置位。在复位时，DBGM 被置位。执行 ABORTI 指令时也可以置位
0	INTM	**中断全局屏蔽位** 该位可以全局使能和禁止所有的 CPU 可屏蔽中断(即那些可以用软件进行阻止的中断)。INTM=0 或 1 可以总结如下： 0：可屏蔽中断被全局使能。为了能被 CPU 确认，必须由中断使能寄存器 IER 产生局部使能的可屏蔽中断。 1：可屏蔽中断被全局禁止。即使可屏蔽中断由 IER 局部使能，也不能被 CPU 确认。 INTM 对非屏蔽中断、硬件复位和硬件中断 $\overline{NMI}$ 没有影响，另外当 CPU 在实时仿真模式下暂停时，即使 INTM 已经设置为禁止可屏蔽中断，仍可以由 IER 和 DBGIER 使能一个可屏蔽中断。 当 CPU 处于一个中断服务时，首先将 INTM 的当前值存入堆栈(当 ST1 保存在堆栈中时)，然后将 INTM 置位。从中断返回时，再将 INTM 值从堆栈中恢复。 该位可单独用 SETC INTM 和 CLRC INTM 指令置位和清 0。复位时 INTM 被置位。INTM 的值并不影响中断使能寄存器(IER)或调试中断使能寄存器(DBGIER)

2.4 时钟及系统控制

本节主要介绍 F2812 的时钟、锁相环、看门狗和复位控制电路等。F2812 的各种时钟和复位电路的内部结构图如图2-4-1所示。

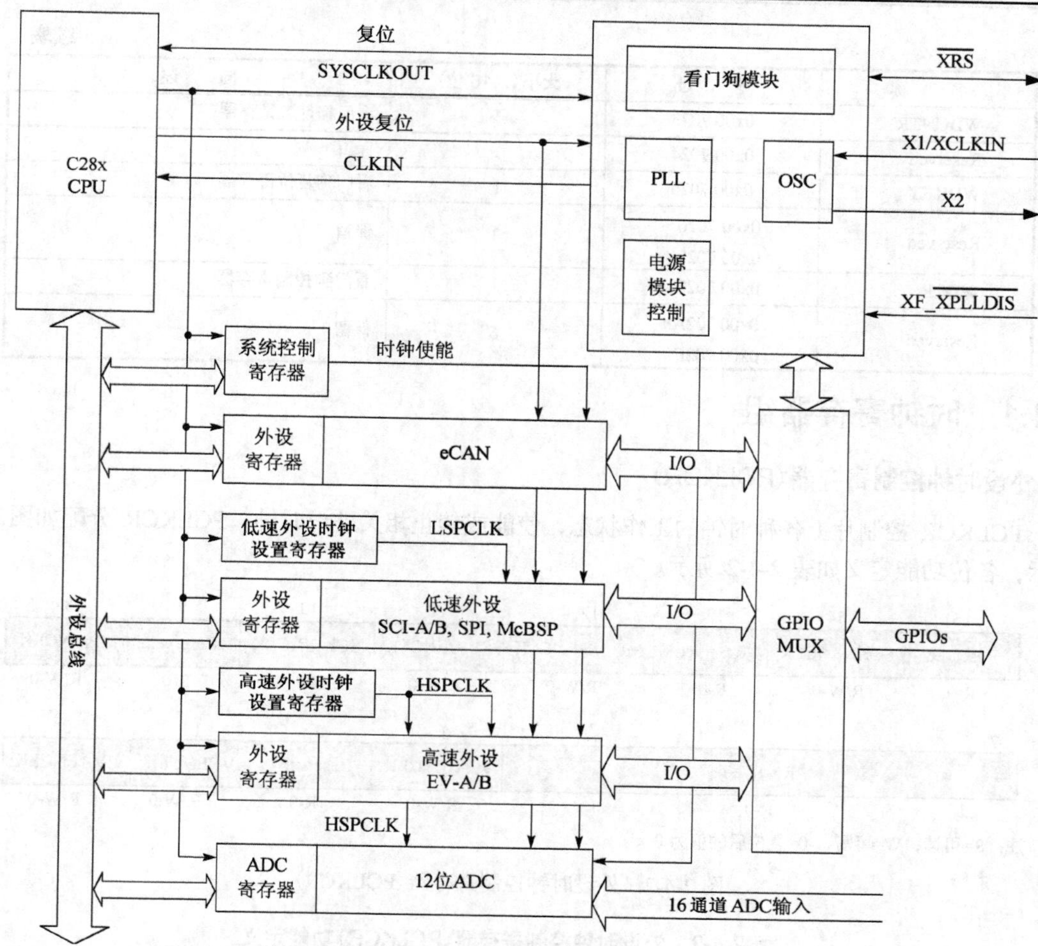

注：图中的 CLKIN 是送往 CPU 的时钟，SYSCLKOUT 是从 CPU 输出的时钟，二者频率相等

图 2-4-1　F2812 内部时钟和复位信号结构图

在 F2812 数字信号处理器上，所有的时钟、锁相环、看门狗及低功耗模式等都是通过相应的控制寄存器配置的，各控制寄存器如表 2-4-1 所示。

表 2-4-1　PLL、时钟、看门狗和低功耗方式控制寄存器

名　称	地　址	大小(×16 位)	描　述
Reserved	0x00 7010～ 0x00 7019	10	保留
HISPCP	0x00 701A	1	高速外设时钟设置寄存器
LOSPCP	0x00 701B	1	低速外设时钟设置寄存器
PCLKCR	0x00 701C	1	外设时钟控制寄存器
Reserved	0x00 701D	1	保留
LPMCR0	0x00 701E	1	低功耗模式控制寄存器 0
LPMCR1	0x00 701F	1	低功耗模式控制寄存器 1
Reserved	0x00 7020	1	保留
PLLCR	0x00 7021	1	PLL 控制寄存器
SCSR	0x00 7022	1	系统控制和状态寄存器

续表

名 称	地 址	大小(×16 位)	描 述
WDCNTR	0x00 7023	1	看门狗计数寄存器
Reserved	0x00 7024	1	保留
WDKEY	0x00 7025	1	看门狗复位寄存器
Reserved	0x00 7026～0x00 7028	3	保留
WDCR	0x00 7029	1	看门狗控制寄存器
Reserved	0x00 702A～0x00 702F	6	保留

2.4.1 时钟寄存器组

1. 外设时钟控制寄存器(PCLKCR)

PCLKCR 控制片上各种时钟的工作状态，使能或禁止相关外设时钟，PCLKCR 分配如图2-4-2所示，各位功能定义如表 2-4-2 所示。

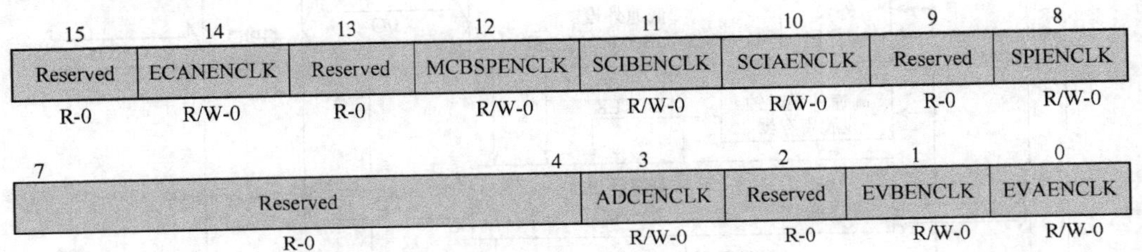

注：R=可读，W=可写，-0=复位后的值为 0

图 2-4-2 外设时钟控制寄存器(PCLKCR)

表 2-4-2 外设时钟控制寄存器(PCLKCR)功能定义

位	名 称	描 述
15	Reserved	保留
14	ECANENCLK	如果该位置 1，将使 eCAN 外设的时钟有效。 对于低功耗操作，可通过复位或由用户将其清 0
13	Reserved	保留
12	MCBSPENCLK	如果该位置 1，将使 McBSP 外设的低速时钟(LSPCLK)有效。 对于低功耗操作，可通过复位或由用户将其清 0
11	SCIBENCLK	如果该位置 1，将使 SCI-B 外设的低速时钟(LSPCLK)有效。 对于低功耗操作，可通过复位或由用户将其清 0
10	SCIAENCLK	如果该位置 1，将使 SCI-A 外设的低速时钟(LSPCLK)有效。 对于低功耗操作，可通过复位或由用户将其清 0
9	Reserved	保留
8	SPIAENCLK	如果该位置 1，将使 SPI 外设的低速时钟(LSPCLK)有效 对于低功耗操作，可通过复位或由用户将其清 0
7～4	Reserved	保留
3	ADCENCLK	如果该位置 1，将使 ADC 外设的高速时钟(HSPCLK)有效。 对于低功耗操作，可通过复位或由用户将其清 0
2	Reserved	保留
1	EVBENCLK	如果该位置 1，将使 EV-B 外设的高速时钟(HSPCLK)有效。 对于低功耗操作，可通过复位或由用户将其清 0
0	EVAENCLK	如果该位置 1，将使 EV-A 外设的高速时钟(HSPCLK)有效。 对于低功耗操作，可通过复位或由用户将其清 0

2. 系统控制和状态寄存器(SCSR)

SCSR 包含看门狗溢出位和看门狗中断屏蔽/使能位，具体功能如图2-4-3和表2-4-3所示。

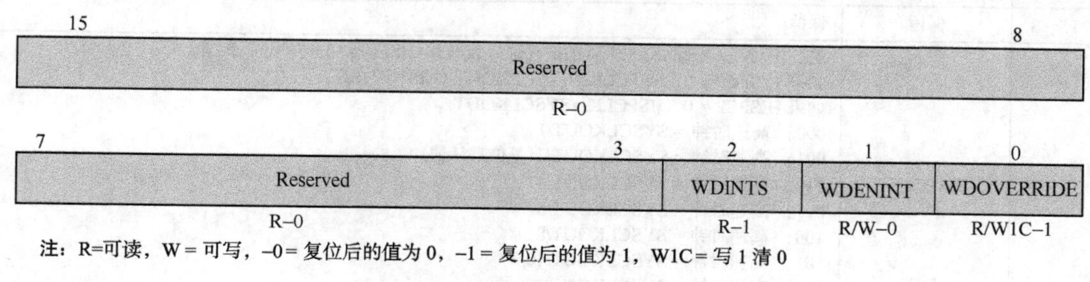

注：R=可读，W = 可写，–0 = 复位后的值为 0，–1 = 复位后的值为 1，W1C = 写 1 清 0

图 2-4-3　系统控制和状态寄存器(SCSR)

表 2-4-3　系统控制和状态寄存器(SCSR)功能定义

位	名　称	描　述
15～3	Reserved	保留
2	WDINTS	看门狗中断状态位，反映看门狗模块的 $\overline{\text{WDINT}}$ 信号的状态。如果使用看门狗中断信号将器件从 IDLE 或 STANDBY 状态唤醒，则再次进入到 IDLE 或 STANDBY 状态之前必须保证 WDINTS 信号置无效(WDINTS=1)
1	WDENINT	如果该位置 1，看门狗复位($\overline{\text{WDRST}}$)输出信号无效并且看门狗中断($\overline{\text{WDINT}}$)输出信号有效。如果该位清 0，看门狗复位($\overline{\text{WDRST}}$)输出信号有效并且看门狗中断($\overline{\text{WDINT}}$)输出信号无效，这是复位后的默认状态($\overline{\text{XRS}}$)
0	WDOVERRIDE	如果该位为 1(复位值)，允许用户改变看门狗控制(WDCR)寄存器中的看门狗屏蔽位(WDDIS)的状态。如果 WDOVERRIDE 位清 0(向其写 1)，用户不能修改 WDDIS 位。对 WDOVERRIDE 位写 0 无效。如果 WDOVERRIDE 位清 0，那么它直到复位发生时才变为 1。该位的当前状态用户可读

3. 高/低速外设时钟设置寄存器(HISPCP/LOSPCP)

HISPCP 和 LOSPCP 寄存器分别用来设置高/低速的外设时钟，具体功能如图2-4-4、图2-4-5和表 2-4-4、表 2-4-5 所示。

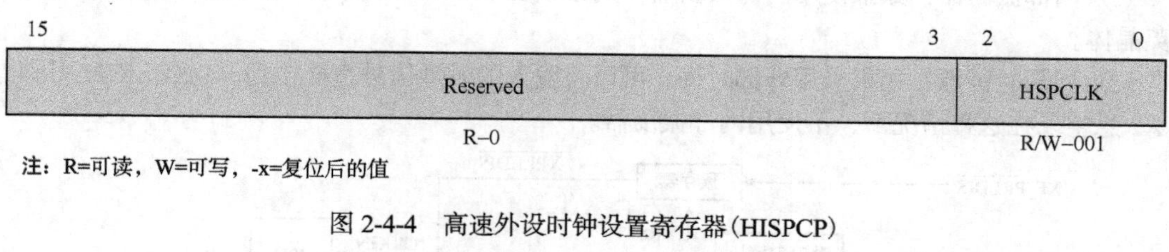

注：R=可读，W=可写，-x=复位后的值

图 2-4-4　高速外设时钟设置寄存器(HISPCP)

15　　3　2　0

Reserved　LSPCLK

R–0　R/W–010

注：R=可读，W=可写，-x=复位后的值

图 2-4-5　低速外设时钟设置寄存器(LOSPCP)

表 2-4-4　高速外设时钟设置寄存器（HISPCP）功能定义

位	名　称	描　述
15～3	保留	保留
2～0	HSPCLK	这些位对与 SYSCLKOUT 有关的高速外设时钟（HSPCIK）的速率进行配置。 如果 HISPCP ≠ 0，HSPCLK = SYSCLKOUT/（HISPCP × 2） 如果 HISPCP = 0，HSPCLK = SYSCLKOUT 000：高速时钟 = SYSCLKOUT/1 001：高速时钟 = SYSCLKOUT/2（复位默认值） 010：高速时钟 = SYSCLKOUT/4 011：高速时钟 = SYSCLKOUT/6 100：高速时钟 = SYSCLKOUT/8 101：高速时钟 = SYSCLKOUT/10 110：高速时钟 = SYSCLKOUT/12 111：高速时钟 = SYSCLKOUT/14

表 2-4-5　低速外设时钟设置寄存器（LOSPCP）功能定义

位	名　称	描　述
15～3	保留	保留
2～0	LSPCLK	这些位对与 SYSCLKOUT 有关的低速外设时钟（LSPCLK）的速率进行配置。 如果 LOSPCP ≠ 0，LSPCLK = SYSCLKOUT/（LOSPCP × 2） 如果 LOSPCP = 0，LSPCLK = SYSCLKOUT 000：低速时钟 = SYSCLKOUT/1 001：低速时钟 = SYSCLKOUT/2 010：低速时钟 = SYSCLKOUT/4（复位默认值） 011：低速时钟 = SYSCLKOUT/6 100：低速时钟 = SYSCLKOUT/8 101：低速时钟 = SYSCLKOUT/10 110：低速时钟 = SYSCLKOUT/12 111：低速时钟 = SYSCLKOUT/14

2.4.2　晶体振荡器及锁相环

1．振荡器与锁相环概述

F281x 处理器片上有基于 PLL 的时钟模块，为器件及各种外设提供时钟信号。锁相环中有 4 位倍频设置位，可以为处理器提供各种速度的时钟信号。时钟模块提供两种操作模式，如图2-4-6所示。

（1）内部振荡器：如果使用内部振荡器，则必须在 X1/XCLKIN 和 X2 两个引脚之间连接一个石英晶体。

（2）外部时钟源：如果采用外部时钟，可以将输入的时钟信号直接接到 X1/XCLKIN 引脚上，而 X2 悬空。在这种情况下，不使用内部振荡器。

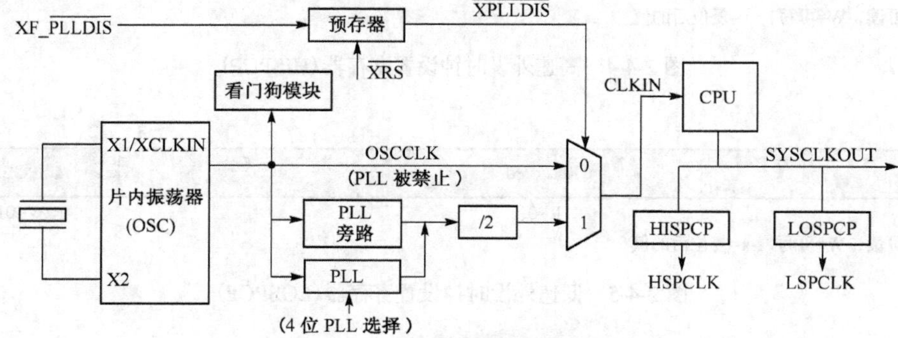

图 2-4-6　晶体振荡器及锁相环模块

外部$\overline{XPLLDIS}$引脚可以选择系统的时钟源。当$\overline{XPLLDIS}$为低电平时，系统直接采用时钟或晶振直接作为系统时钟；当$\overline{XPLLDIS}$为高电平时，外部时钟经过 PLL 倍频后，为系统提供时钟。系统可以通过锁相环控制寄存器来选择锁相环的工作模式和倍频的系数。表 2-4-6 给出了锁相环配置模式；图2-4-7和表2-4-7给出了锁相环控制寄存器的功能。

表 2-4-6　锁相环配置模式

PLL 模式	功 能 描 述	SYSCLKOUT
PLL 被禁止	复位时如果$\overline{XPLLDIS}$引脚是低电平，则 PLL 完全被禁止。处理器直接使用引脚 X1/XCLKIN 输入的时钟信号	XCLKIN
PLL 旁路	上电时的默认配置，如果 PLL 没有被禁止，则 PLL 将变成旁路，在 X1/XCLKIN 引脚输入的时钟经过 2 分频后提供给 CPU	XCLKIN/2
PLL 使能	使能 PLL，在 PLLCR 寄存器中写入一个非零值 n	(XCLKIN × n)/2

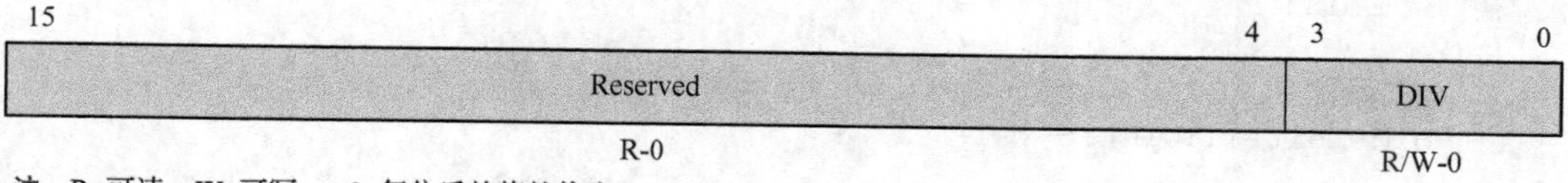

15 ~ 4	3 ~ 0
Reserved	DIV
R-0	R/W-0

注：R=可读，W=可写，－0=复位后的值的值为 0

图 2-4-7　锁相环控制寄存器(PLLCR)

表 2-4-7　锁相环控制寄存器(PLLCR)功能定义

位	名　称	描　述
15～4	Reserved	保留
3～0	DIV	DIV 选择 PLL 是否为旁路，如果不是旁路，则设置相应的倍频系数
	0000	CLKIN = OSCCLK/2(PLL 旁路)
	0001～1010	CLKIN =(OSCCLK×DIV)/2，其中 DIV = 1, 2, 3, 4, 5, 6, 7, 8, 9, 10
	1011～1111	保留

2．系统控制初始化程序

本节给出了实际应用中常用的系统初始化子程序，包括关看门狗、初始化PLL、初始化外设时钟。如果要设定系统工作时钟，则要通过给 PLLCR 的 DIV 位赋值来实现，而如果要设定外设时钟，同样可根据 HSPCKLK 和 LSPCLK 等寄存器进行设置。

例 2-4-1：初始化系统控制 C 语言源文件，内含初始化系统控制子程序。

```
//###################################################################
//文件:   DSP281x_SysCtrl.c
//说明:   初始化系统控制
//###################################################################
#include "DSP281x_Device.h"
#include "DSP281x_Examples.h"
#pragma CODE_SECTION(InitFlash, "ramfuncs");  //将 InitFlash 函数存在 ramfuncs 中
//InitSysCtrl:初始化系统控制
void InitSysCtrl(void)
{
   DisableDog();                  //关看门狗
   InitPll(0xA);                  //初始化 PLL，用户要根据外部晶振的大小来改变实参
   InitPeripheralClocks();        //初始化外设时钟
```

```
}
//喂狗子程序，如果用户使用看门狗，就可以调用该子程序
void KickDog(void)
{
EALLOW;
    SysCtrlRegs.WDKEY = 0x0055;
    SysCtrlRegs.WDKEY = 0x00AA;
EDIS;
}
//关闭看门狗子程序，在初始系统时，或者用户不想使用看门狗，可以调用该程序
void DisableDog(void)
{
    EALLOW;
    SysCtrlRegs.WDCR= 0x0068;
    EDIS;
}
//初始化 PLL
void InitPll(Uint16 val)
{
   volatile Uint16 iVol;
   if (SysCtrlRegs.PLLCR.bit.DIV != val)
   {
      EALLOW;
      SysCtrlRegs.PLLCR.bit.DIV = val;
      EDIS;
      DisableDog();                              //确保在进入下面循环前关闭看门狗
      for(iVol= 0; iVol< ( (131072/2)/12 ); iVol++)
      {
      }                                          //等待周期
   }
}
//初始化外设时钟
void InitPeripheralClocks(void)
{
EALLOW;
   SysCtrlRegs.HISPCP.all = 0x0001;            //设定高速外设时钟预分频值
   SysCtrlRegs.LOSPCP.all = 0x0002;            //设定低速外设时钟预分频值
   //对选定的外设进行外设时钟使能设置
   SysCtrlRegs.PCLKCR.bit.EVAENCLK=1;
   SysCtrlRegs.PCLKCR.bit.EVBENCLK=1;
   SysCtrlRegs.PCLKCR.bit.SCIAENCLK=1;
   SysCtrlRegs.PCLKCR.bit.SCIBENCLK=1;
   SysCtrlRegs.PCLKCR.bit.MCBSPENCLK=1;
   SysCtrlRegs.PCLKCR.bit.SPIENCLK=1;
   SysCtrlRegs.PCLKCR.bit.ECANENCLK=1;
   SysCtrlRegs.PCLKCR.bit.ADCENCLK=1;
EDIS;
}
//=========================================================================
//本文件内还有一些与 flash 和 CSM 相关的子程序，不予列举，有兴趣的读者可以参考 TI
//文献 sprc097(可以到 www.ti.com 免费下载)。
//=========================================================================
```

2.4.3　定时器及其应用

1．CPU 定时器概述

本节主要介绍 F2812 器件上的 3 个 32 位 CPU 定时器(TIMER0/1/2)。其中定时器 1 和定时器 2 预留给实时操作系统使用(如 DSP-BIOS)，只有定时器 0 用户可以在应用程序中使用。定时器功能框图如图2-4-8所示。

3 个定时器的中断信号($\overline{\text{TINT0}}$，$\overline{\text{TINT1}}$，$\overline{\text{TINT2}}$)在处理器内部的连接不尽相同，如图2-4-9所示。

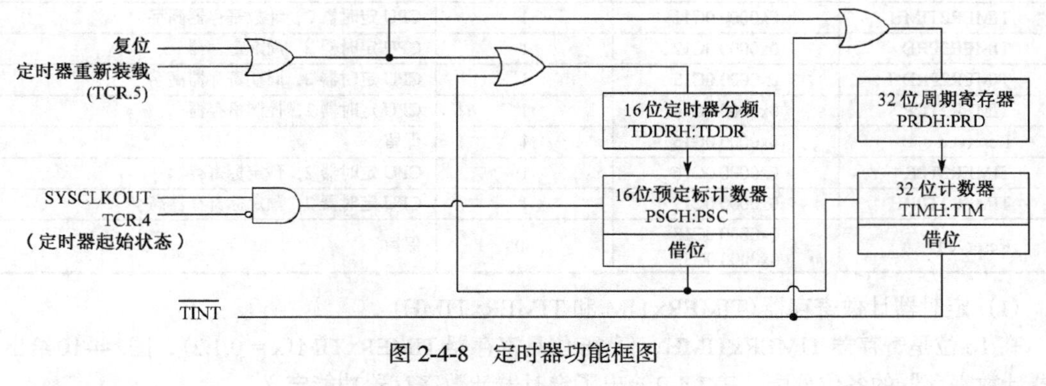

图 2-4-8　定时器功能框图

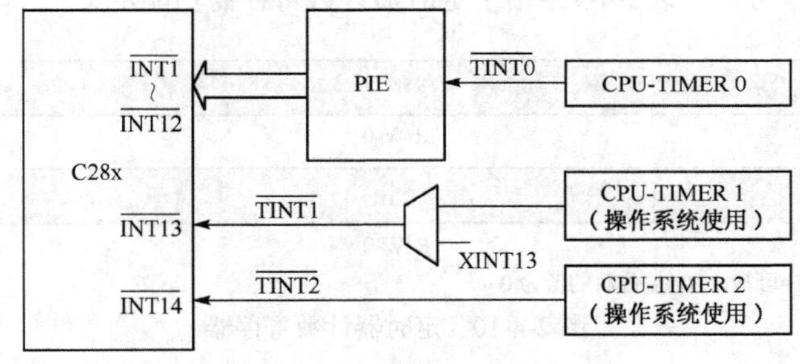

图 2-4-9　定时器中断

2．CPU 定时器寄存器

定时器在工作过程中，首先把周期寄存器(PRDH:PRD)的值装入 32 位计数寄存器。计数寄存器根据 SYSCLKOUT 时钟递减计数。当计数寄存器等于 0 时，定时器中断输出产生一个中断脉冲。各定时器的寄存器地址分配如表 2-4-8 所示。

表 2-4-8　定时器配置和控制寄存器

名　称	地　址	大小(×16 位)	描　述
TIMER0TIM	0x0000 0C00	1	CPU 定时器 0，计数寄存器
TIMER0TIMH	0X0000 0C01	1	CPU 定时器 0，计数寄存器高字
TIMER0PRD	0x0000 0C02	1	CPU 定时器 0，周期寄存器
TIMER0PRDH	0x0000 0C03	1	CPU 定时器 0，周期寄存器高字
TIMER0TCR	0x0000 0C04	1	CPU 定时器 0，控制寄存器
Resvered	0x0000 0C05	1	保留
TIMER0TPR	0x0000 0C06	1	CPU 定时器 0，预定标寄存器
TIMER0TPRH	0x0000 0C07	1	CPU 定时器 0，预定标寄存器高字
TIMER1TIM	0x0000 0C08	1	CPU 定时器 1，计数寄存器

续表

名　称	地　址	大小(×16 位)	描　述
TIMER1TIMH	0x0000 0C09	1	CPU 定时器 1，计数寄存器高字
TIMER1PRD	0x0000 0C0A	1	CPU 定时器 1，周期寄存器
TIMER1PRDH	0x0000 0C0B	1	CPU 定时器 1，周期寄存器高字
TIMER1TCR	0x0000 0C0C	1	CPU 定时器 1，控制寄存器
Reserved	0x0000 0C0D	1	保留
TIMER1TPR	0x0000 0C0E	1	CPU 定时器 1，预定标寄存器
TIMER1TPRH	0x0000 0C0F	1	CPU 定时器 1，预定标寄存器高字
TIMER2TIM	0x0000 0C10	1	CPU 定时器 2，计数寄存器
TIMER2TIMH	0x0000 0C11	1	CPU 定时器 2，计数寄存器高字
TIMER2PRD	0x0000 0C12	1	CPU 定时器 2，周期寄存器
TIMER2PRDH	0x0000 0C13	1	CPU 定时器 2，周期寄存器高字
TIMER2TCR	0x0000 0C14	1	CPU 定时器 2，控制寄存器
Reserved	0x0000 0C15	1	保留
TIMER2TPR	0x0000 0C16	1	CPU 定时器 2，预定标寄存器
TIMER2TPRH	0x0000 0C17	1	CPU 定时器 2，预定标寄存器高字
Reserved	0x0000 0C18 0x0000 0C3F	40	保留

(1) 定时器计数寄存器(TIMERxTIM 和 TIMERxTIMH)

高 16 位是寄存器 TIMERxTIMH，低 16 位是寄存器 TIMERxTIM(x = 0,1,2)，图2-4-10给出了定时器计数寄存器的各位分配，表2-4-9给出了定时器计数寄存器功能定义。

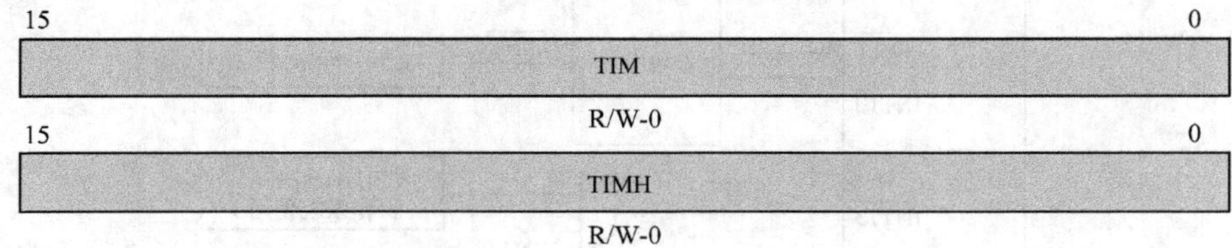

注：R=可读，W=可写，–0=复位后的值为 0

图 2-4-10　定时器计数寄存器

表 2-4-9　定时器计数寄存器功能定义

位	名　称	功 能 描 述
15～0	TIM/TIMH	CPU 定时器计数寄存器(TIMH:TIM)：TIM 寄存器保存当前 32 位定时器计数值的低 16 位，TIMH 寄存器保存高 16 位。每隔(TDDRH:TDDR+1)个时钟周期 TIMH:TIM 减 1，其中 TDDRH:TDDR 是定时器预定标分频系数。当 TIMH:TIM 递减到 0 时，TIMH:TIM 寄存器重新装载 PRDH:PRD 寄存器保存的周期值，并产生定时器中断 TINT 信号

(2) 定时器周期寄存器(TIMERxPRD 和 TIMERxPRDH)

高 16 位是寄存器 TIMERxPRDH，低 16 位是寄存器 TIMERxPRD(x=0, 1, 2)，图2-4-11给出了定时器周期寄存器的各位分配，表2-4-10给出了定时器周期寄存器功能定义。

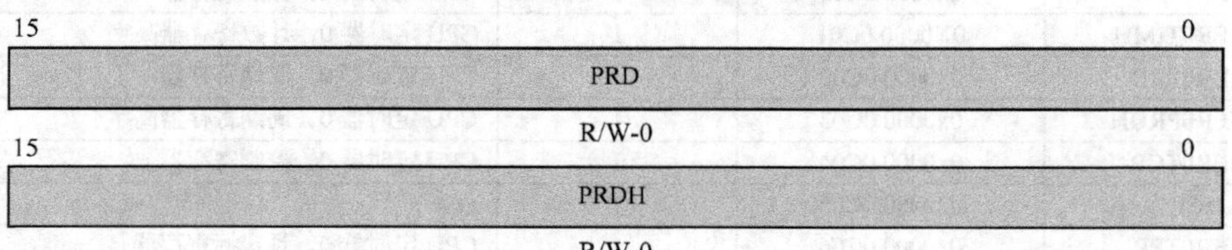

注：R=可读，W=可写，–0=复位后的值为 0

图 2-4-11　定时器周期寄存器

表 2-4-10　定时器周期寄存器功能定义

位	名　称	功 能 描 述
15～0	PRD/PRDH	CPU 周期寄存器（PRDH:PRD）：PRD 寄存器保存 32 位周期值的低 16 位，PRDH 保存高 16 位。当 TIMH:TIM 递减到零时，在下次定时周期开始之前 TIMH:TIM 寄存器重新装载 PRDH:PRD 寄存器保存的周期值；当用户将定时器控制寄存器（TCR）的定时器重新装载位（TRB）置位时，TIMH:TIM 也会重新装载 PRDH: PRD 寄存器保存的周期值

（3）定时器控制寄存器（TIMERxTCR）

图2-4-12给出了定时器控制寄存器的各位分配，表2-4-11给出了定时器控制寄存器功能定义。

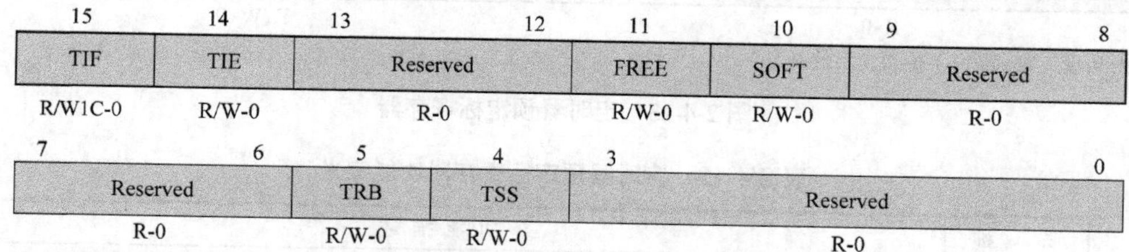

注：R=可读，W=可写，W1C=写 1 清 0，-0=复位后的值为 0

图 2-4-12　定时器控制寄存器

表 2-4-11　定时器控制寄存器功能定义

<table>
<tr><th>位</th><th>名　称</th><th>功 能 描 述</th></tr>
<tr><td>15</td><td>TIF</td><td>CPU 定时器中断标志
当定时器计数器递减到 0 时，该位将置 1。可以通过软件向 TIF 写 1 将 TIF 位清 0，但只有计数器递减到 0 时才会将该位置位。
0：写 0 对该位没有影响。
1：写 1 将该位清 0</td></tr>
<tr><td>14</td><td>TIE</td><td>CPU 定时器中断使能
如果定时器计数器递减到零，TIE 置位，定时器将会向 CPU 产生中断</td></tr>
<tr><td>13～12</td><td>Reserved</td><td>保留</td></tr>
<tr><td>11</td><td>FREE</td><td rowspan="2">CPU 定时器仿真模式
当使用高级语言编程调试遇到断点时，FREE 和 SOFT 确定定时器的状态。如果 FREE 值为 1，在遇到断点时定时器继续运行。在这种情况下，SOFT 位不起作用。但如果 FREE = 0，SOFT 将会对操作有影响。在这种情况下，如果 SOFT = 0，下次 TIMH:TIM 寄存器递减操作完成后定时器停止工作；如果 SOFT = 1，TIMH:TIM 寄存器递减到 0 后定时器停止工作。
FREE　SOFT　CPU 定时器仿真模式
0　0　下次 TIMH:TIM 递减操作完成后定时器停止（hard stop）
0　1　TIMH:TIM 寄存器递减到 0 后定时器停止（soft stop）
1　0　自由运行
1　1　自由运行</td></tr>
<tr><td>10</td><td>SOFT</td></tr>
<tr><td>9～6</td><td>Reserved</td><td>保留</td></tr>
<tr><td>5</td><td>TRB</td><td>定时器重新装载控制位
当向定时器控制寄存器（TCR）的定时器重新装载位（TRB）写 1 时，TIMH:TIM 会重新装载 PRDH:PRD 寄存器保存的周期值，并且预定标计数器（PSCH:PSC）装载定时器分频寄存器（TDDRH:TDDR）中的值。读 TRB 位总是返回 0</td></tr>
<tr><td>4</td><td>TSS</td><td>定时器停止状态位
TSS 是启动和停止定时器的状态位；
0：为了启动或重新启动定时器，将 TSS 清 0；系统复位后，TSS 清 0 立即启动定时器。
1：要停止定时器，将 TSS 置 1</td></tr>
<tr><td>3～0</td><td>Reserved</td><td>保留</td></tr>
</table>

(4) 定时器预定标寄存器（TIMERxTPR 和 TIMERxTPRH）

图 2-4-13 给出了定时器预定标寄存器的各位分配，表 2-4-12 给出了定时器预定标寄存器功能定义。

15～8	7～0
PSC	TDDR
R-0	R/W-0

15～8	7～0
PSCH	TDDRH
R-0	R/W-0

注：R=可读，W=可写，–0=复位后的值为 0

图 2-4-13　定时器预定标寄存器

表 2-4-12　定时器预定标寄存器功能定义

位	名　称	功 能 描 述
15～8	PSC/PSCH	**CPU 定时器预定标计数器** PSCH: PSC 保存当前定时器的预定标值。PSCH: PSC 大于 0 时，每个定时器源时钟周期 PSCH: PSC 递减 1。PSCH: PSC 递减到 0 时，即是一个定时器周期（定时器预定标计数器的输出），PSCH: PSC 使用 TDDRH: TDDR 内的值重新装载，定时器计数寄存器减 1。只要软件将定时器的重新装载位置 1，PSCH: PSC 就会重新装载。可以读取 PSCH:PSC 内的值，但不能直接写这些位，必须从分频计数寄存器（TDDRH:TDDR）获取要装载的值。复位时 PSCH: PSC 清 0
7～0	TDDR/TDDRH	**CPU 定时器分频寄存器** 每隔（TDDRH: TDDR+1）个定时器源时钟周期，定时器计数寄存器（TIMH: TIM）减 1；复位时 TDDRH: TDDR 清 0。当 PSCH:PSC 等于 0 时，一个定时器源时钟周期后，重新将 TDDRH: TDDR 内的内容装载到 PSCH: PSC，TIMH: TIM 减 1。当软件将定时器的重新装载位（TRB）置 1 时，PSCH: PSC 也会被重新装载

3．CPU 定时器应用

(1) 定时器溢出频率

每经过（TDDR+1）个 SYSCLKOUT 周期，TIM 减 1。当 PRD、TDDR 或两者都不为零时，定时器中断频率即 TINT 的频率 f_{TINT} 为：

$$f_{TINT} = f_{CLKOUT1} \times \frac{1}{(TDDR+1)\times(PRD+1)}$$

式中，$f_{CLKOUT1}$ 为 SYSCLKOUT（系统时钟输出）频率。

注： SYSCLKOUT = CLKIN

(2) 定时器程序设计

本程序是定时器定时中断程序，通过使能定时器中断，设定定时器周期，可完成定时中断功能，用户可以在中断函数内处理需要的任务，如定时通过串行通信接口（SCI）向主机发送数据等。

例 2-4-2： 利用定时器定时产生中断的应用实例。

```
//###########################################################################
//文件:  Example_281xCpuTimer.c
//说明:  定时器应用实例
//###########################################################################
```

```
#include "DSP281x_Device.h"
#include "DSP281x_Examples.h"
//定时器中断服务程序声明
interrupt void cpu_timer0_isr(void);
//主程序
void main(void)
{
    //Step 1. 初始化系统控制
    InitSysCtrl();                      //初始化系统控制寄存器、PLL、看门狗和时种
    //Step 2. 初始化 GPIO
    //InitGpio();                       //本例中没有使用，跳过
    //Step 3. 清除所有中断，初始化 PIE 中断向量表
    DINT;                         //关 CPU 中断
    InitPieCtrl();
    //初始化 PIE 控制寄存器组到默认状态,这个子程序在 DSP281x_PieCtrl.c
    IER = 0x0000;                 //禁止所有 CPU 中断
    IFR = 0x0000;                 //清除所有 CPU 中断标志位
    InitPieVectTable();
    //初始化 PIE 中断向量表，这个子程序在 DSP281x_PieVect.c
    EALLOW;                       //关保护
    PieVectTable.TINT0 = &cpu_timer0_isr;     //中断向量指向中断服务程序
    EDIS;                         //开保护
    //Step 4. 初始化所有片内外设
    //InitPeripherals();          //没有使用，跳过，在 DSP281x_InitPeripherals.c
    InitCpuTimers();              //初始化定时器寄存器组
    ConfigCpuTimer(&CpuTimer0, 100, 1000000);
    //配置 CPU-Timer 0 中断周期为 1s，100MHz CPU 频率，可以根据频率改变实参
    StartCpuTimer0();             //启动定时器 0
    //Step 5. 用户代码，打开中断
    IER |= M_INT1;                //使能第一组 PIE 中断
    PieCtrlRegs.PIEIER1.bit.INTx7 = 1;        //使能第一组的中断 7
    EINT;                         //使能全局中断
    ERTM;                         //使能 DEBUG 中断
    //Step 6. 空循环，等待中断
    for(;;);
}
//中断服务程序
interrupt void cpu_timer0_isr(void)
{
    CpuTimer0.InterruptCount++;
    //用户可以在此处添加自己的代码，以完成某些特定的功能
    PieCtrlRegs.PIEACK.all = PIEACK_GROUP1;
    //响应这个中断，以便 CPU 继续接收第 1 组中断
}
```

```
//###########################################################################
//文件： DSP281x_CpuTimers.c
//说明： 定时器初始化子程序
//###########################################################################
#include "DSP281x_Device.h"
#include "DSP281x_Examples.h"
struct CPUTIMER_VARS CpuTimer0;
//初始化定时器子程序
void InitCpuTimers(void)
{
    CpuTimer0.RegsAddr = &CpuTimer0Regs;      //将地址映射到相应的内存中
    CpuTimer0Regs.PRD.all  = 0xFFFFFFFF;      //初始化周期寄存器
    CpuTimer0Regs.TPR.all  = 0;
    CpuTimer0Regs.TPRH.all = 0;               //初始化预定标寄存器
    CpuTimer0Regs.TCR.bit.TSS = 1;            //关定时器
    CpuTimer0Regs.TCR.bit.TRB = 1;            //重新装载所有计数寄存器
    CpuTimer0.InterruptCount = 0;             //重设中断计数器
    //定时器 1 和定时器 2 为 DSP-BIOS 或其他的实时操作系统，如果用户不使用 DSP-BIOS
    //或其他实时操作系统，也可以在此处初始化并由用户自定义使用。本例不使用，跳过
    //CpuTimer1.RegsAddr = &CpuTimer1Regs;
    //CpuTimer2.RegsAddr = &CpuTimer2Regs;
    //CpuTimer1Regs.PRD.all  = 0xFFFFFFFF;
    //CpuTimer2Regs.PRD.all  = 0xFFFFFFFF;
    //CpuTimer1Regs.TCR.bit.TSS = 1;
    //CpuTimer2Regs.TCR.bit.TSS = 1;
    //CpuTimer1Regs.TCR.bit.TRB = 1;
    //CpuTimer2Regs.TCR.bit.TRB = 1;
    //CpuTimer1.InterruptCount = 0;
    //CpuTimer2.InterruptCount = 0;
}
//配置定时器寄存器子程序
void ConfigCpuTimer(struct CPUTIMER_VARS *Timer, float Freq, float Period)
{
    Uint32  temp;
    Timer->CPUFreqInMHz = Freq;                //设置定时器频率
    Timer->PeriodInUSec = Period;
    temp = (long) (Freq * Period);
    Timer->RegsAddr->PRD.all = temp;
    Timer->RegsAddr->TPR.all  = 0;             //设置预定标计数器
    Timer->RegsAddr->TPRH.all  = 0;
    Timer->RegsAddr->TCR.bit.TSS = 1;          //1 = 停止， 0 = 启动/重启
    Timer->RegsAddr->TCR.bit.TRB = 1;          //1 =重装载
    Timer->RegsAddr->TCR.bit.SOFT = 1;
    Timer->RegsAddr->TCR.bit.FREE = 1;         //自由运行
    Timer->RegsAddr->TCR.bit.TIE = 1;          //0 = 禁止中断，1 = 使能中断
    Timer->InterruptCount = 0;                 //设置中断计数器，用户自定义
}
```

2.4.4　看门狗定时器及其应用

F2812 数字信号处理器上的看门狗与 240x 器件上的基本相同，看门狗功能框图如图2-4-14所示。由图可知：振荡时钟信号(OSCCLK)经过 512 分频器后，再除以看门狗预定标器 WDPS(2:0)的值产生 WDCLK 信号。如果 WDCR 中的 WDDIS 位为 0，则 WDCLK 将作为看门狗计数寄存器 WDCNTR 的计数时钟，使其计数。当这个 8 位的计数器达到最大值(256)时，看门狗的通用输出脉冲模块会产生一个输出脉冲($\overline{WDRST}$ 或 $\overline{WDINT}$，其宽度为 512 个振荡器时钟周期)。如果不希望产生脉冲信号，用户需要屏蔽计数器，或用软件周期性地向看门狗复位控制寄存器写“0x55+0xAA”，该寄存器能够使看门狗计数器清 0，开发人员通常把这一过程称为“喂狗”。

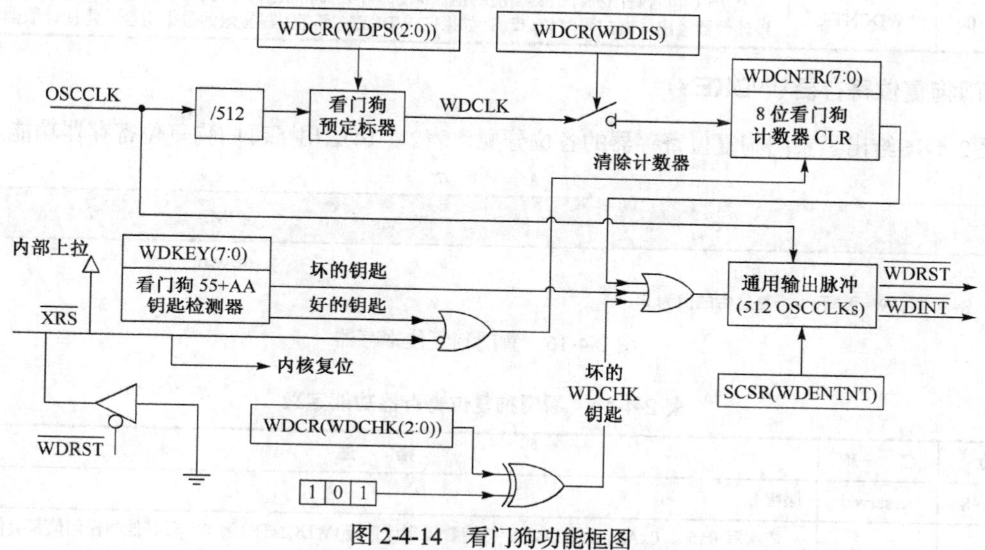

图 2-4-14　看门狗功能框图

因此，如下 3 个事件都可以使看门狗产生脉冲信号：① 未及时“喂狗”使 8 位看门计数器溢出；② 错误的“喂狗”方式(未正确对看门狗复位控制寄存器写入“0x55+0xAA”)；③ 对看门狗控制寄存器(WDCR)的 WDCHK 位写入的不是“101b”。另外，只有①受看门屏蔽位(WDDIS)的控制。

提示：

① 看门狗与系统控制和状态寄存器(SCSR)中的 WDOVERRIDE 位有关系，请读者自行理解。

② 为什么要产生一个 512 倍振荡器时钟周期的宽脉冲信号？因为需要使内核复位的信号和要唤醒处理器的中断信号的有效时间远大于振荡器的时钟周期。

另外，$\overline{WDINT}$ 信号有效时，看门狗可以将处理器从空闲(IDLE)/备用(STANDBY)模式唤醒。在 STANDBY 方式下，除了看门狗以外，器件上的所有外设都关闭。看门狗模块将关闭 PLL 时钟或振荡器时钟。$\overline{WDINT}$ 信号反馈到 LPM 模块，这样就可以将器件从备用模式唤醒(如果使能)。而在 IDLE 方式下，$\overline{WDINT}$ 信号可以产生一个中断(PIE 中的 WAKEINT 中断)，送至 CPU，使 CPU 退出 IDLE 方式。

在暂停(HALT)方式下不能使用看门狗唤醒功能，这是因为振荡器已被关闭。

为了实现看门狗的各项功能，需要准确设置其内部的 3 个功能寄存器。各功能寄存器描述如下。

1．看门狗计数寄存器(WDCNTR)

图2-4-15给出了看门狗计数寄存器的各位分配，表2-4-13给出了看门狗计数寄存器功能定义。

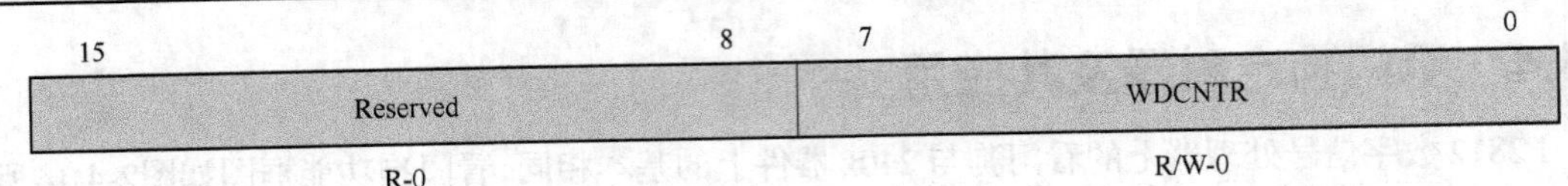

注：R= 可读，W= 可写，-0= 复位后的值为 0

图 2-4-15　看门狗计数寄存器

表 2-4-13　看门狗计数寄存器功能定义

位	名　称	描　述
15～8	Reserved	保留
7～0	WDCNTR	位 7～0 包含看门狗计数器当前的值。8 位的计数器将根据看门狗时钟 WDCLK 连续计数。如果计数器溢出，看门狗复位启动；如果向 WDKEY 寄存器写有效的数据组合，将使计数器清 0

2. 看门狗复位寄存器(WDKEY)

图2-4-16给出了看门狗复位寄存器的各位分配，表2-4-14给出了看门狗复位寄存器功能定义。

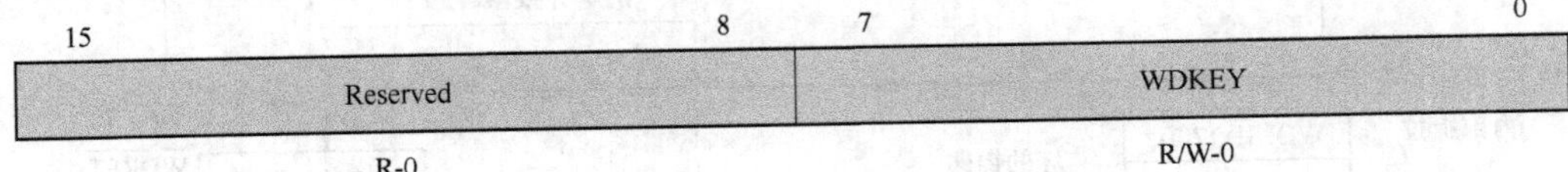

注：R=可读，W=可写，-0=复位后的值为 0

图 2-4-16　看门狗复位寄存器

表 2-4-14　看门狗复位寄存器功能定义

位	名　称	描　述
15～8	Reserved	保留
7～0	WDKEY	依次写 0x55、0xAA 到 WDKEY 将使看门狗计数器(WDCNTR)清 0。写其他的任何值都会使看门狗产生复位信号；读该寄存器将返回 WDCR 寄存器的值

3. 看门狗控制寄存器(WDCR)

图2-4-17给出了看门狗控制寄存器的各位分配，表 2-4-15 给出了看门狗控制寄存器功能定义。

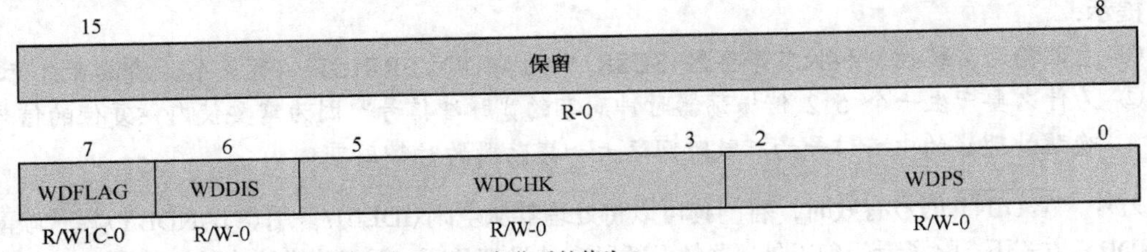

注：R= 可读，W= 可写，W1C= 写 1 清 0，-0= 复位后的值为 0

图 2-4-17　看门狗控制寄存器

表 2-4-15　看门狗控制寄存器功能定义

位	名　称	描　述
15～8	Reserved	保留
7	WDFLAG	看门狗复位状态标示位，如果该位被置 1，表示看门狗复位(WDRST)满足了复位条件；如果等于 0，表示是外部器件或上电复位条件。写 1 到 WDFLAG 位将使该位清 0，写 0 没有影响
6	WDDIS	写 1 到 WDDIS 位，屏蔽看门狗模块；写 0 使能看门狗模块。只有当 SCSR 寄存器的 WDOVERRIDE 位等于 1 时，才能够改变 WDDIS 的值，器件复位后，看门狗模块被使能

续表

位	名　称	描　述
5~3	WDCHK	WDCHK 必须写“101b”，写其他任何值都会引起器件内核的复位(如果看门狗已经使能)
2~0	WDPS(2:0)	WDPS(2:0)配置看门狗计数时钟(WDCLK)相对于 OSCCLK/512 的倍率： 000：WDCLK=OSCCLK/512/1 001：WDCLK=OSCCLK/512/1 010：WDCLK=OSCCLK/512/2 011：WDCLK=OSCCLK/512/4 100：WDCLK=OSCCLK/512/8 101：WDCLK=OSCCLK/512/16 110：WDCLK=OSCCLK/512/32 111：WDCLK=OSCCLK/512/64

提示：

① 可以通过以下程序关闭看门狗：

```
EALLOW                          ;允许访问受 EALLOW 保护的寄存器
MOVZ   DP, #7029h>>6            ;把 WDCR 寄存器所在数据页值给 DP
MOV    @7029h, #0068h           ;WDDIS=1，关闭 WD
EDIS                            ;禁止访问受 EALLOW 保护的寄存器
```

② 看门狗定时器“喂狗”周期计算方法(如果看门狗被使能且不清空看门狗计数寄存器)：

假设晶振(OSCCLK)为 30MHz，WDCR 的位 WDPS(2:0)设置为 0，

$$\text{喂狗周期}=\frac{1}{30\ \text{MHz}/512/1/256}\approx 4.3\ \text{ms}$$

其中，256 表示看门狗计数寄存器的满计数值。

当 $\overline{\text{XRS}}$=0 时，看门狗标志位(WDFLAG)强制为低电平。只有当 $\overline{\text{XRS}}$=1，并检测到 $\overline{\text{WDRST}}$ 信号的上升沿时，WDFLAG 才会被置 1。当 $\overline{\text{WDRST}}$ 处于上升沿时，如果 $\overline{\text{XRS}}$ 是低电平，则 WDFLAG 仍保持低，在应用过程中，用户可以将 $\overline{\text{WDRST}}$ 信号连接到 $\overline{\text{XRS}}$ 信号上。因此，要想区分看门狗复位和外部器件复位，必须使外部复位比看门狗复位的脉冲长。

提示：看门狗模块可以产生复位信号或中断信号，但是两者不能同时产生。当 SCSR(系统控制和状态寄存器)中的 WDENINT 为 0 时，出现系统故障，产生看门狗复位信号 $\overline{\text{WDRST}}$，直接使内核复位；当 WDENINT 为 1 时，出现系统故障或在低功耗模式下，模块产生中断信号 $\overline{\text{WDINT}}$，如果此时中断使能，CPU 则执行中断服务程序，去处理系统故障或被唤醒。

4．看门狗定时器的应用

本程序主要是用来测试看门狗定时器是否正确产生中断信号，如果用户不希望把看门狗定时器用于防死锁，而作为一般的中断使用，可以在“interrupt void wakeint_isr(void)”中加上用户特殊的中断服务代码。

例 2-4-3：利用看门狗产生中断的测试程序。

```
//###########################################################################
//文件：  Example_281xWatchdog.c
//说明：  DSP281x 看门狗中断测试程序
//###########################################################################
#include "DSP281x_Device.h"
#include "DSP281x_Examples.h"
interrupt void wakeint_isr(void);          //中断服务程序 wakeint_isr 的声明
Uint32 WakeCount;
Uint32 LoopCount;
//主程序
```

```
void main(void)
{
    //Step 1. 初始化系统控制，该函数在 DSP281x_SysCtrl.c 文件中
    InitSysCtrl();                    //初始化 PLL、看门狗，使能外设时钟
    //Step 2.初始化 GPIO
    //该函数在 DSP281x_Gpio.c 文件中，显示如何设置 GPIO 到其默认状态
    //InitGpio();                     //本例未使用，跳过
    //Step 3.禁止所有中断，初始化 PIE 中断向量表
    DINT;                             //关全局中断
    //初始化 PIE 控制寄存器到它们的默认状态，即禁止所有的 PIE 中断，清除所有的 PIE 中断
    //标志，这个函数在 DSP281x_PieCtrl.c 文件中
    InitPieCtrl();
    IER = 0x0000;                     //禁止 CPU 中断
    IFR = 0x0000;                     //清除 CPU 中断标志
    //初始化 PIE 中断向量表，使中断向量指向中断服务程序(ISR)。为了调试方便，即使本例
    //不使用的中断也初始化。ISR 在 DSP281x_DefaultIsr.c 文件中
    InitPieVectTable();
    //本例中使用到的中断程序入口地址重载到相应中断向量
    EALLOW;                           //允许访问受保护寄存器
    PieVectTable.WAKEINT = &wakeint_isr;
    EDIS;                             //禁止访问受保护寄存器
    //Step 4.初始化器件所有的片内外设，该函数在 DSP281x_InitPeripherals.c 文件中
    //InitPeripherals();              //本例不需要，跳过
    //Step 5. 用户代码，使能中断
    WakeCount = 0;                    //中断次数清 0
    LoopCount = 0;                    //通过循环的次数清 0
    //看门狗复位(WDRST)输出信号无效且看门狗中断(WDINT)输出信号有效
    EALLOW;
    SysCtrlRegs.SCSR = BIT1;          //清除 WDOVERRIDE 位
    EDIS;
    PieCtrlRegs.PIECRTL.bit.ENPIE = 1;          //使能 PIE 块
    PieCtrlRegs.PIEIER1.bit.INTx8 = 1;          //使能 PIE 级中断 INT1.8
    IER |= M_INT1;                    //使能 CPU 级中断 INT1
    EINT;                             //使能全局中断
    KickDog();                        //喂狗，清除看门狗计数器
    EALLOW;
    SysCtrlRegs.WDCR = 0x0028;        //使能看门狗
    EDIS;
    //Step 6. 空循环
    for(;;)
    {
       LoopCount++;
       //不注释掉 KickDog(喂狗)就一直在这儿循环，注释掉 KickDog(喂狗)引起 WAKEINT 中断
       //KickDog();
    }
}
//Step 7. 加上局部中断服务程序(ISR)，如果局部 ISR 已经使用，按照 Step 5 中断向量，
//再分配中断向量地址
interrupt void wakeint_isr(void)
{
    WakeCount++;
```

```
    PieCtrlRegs.PIEACK.all = PIEACK_GROUP1;
    //应答这个中断，以便再接收 PIE 组 1 的中断
}
```

本章小结

DSP 芯片的 CPU 内部结构、总线形式、时钟及程序控制是 DSP 应用系统研发技术人员需要熟知的，DSP 系统的硬件设计与程序开发以此为基础，因此本章内容在 DSP 原理和应用方面具有基础性的地位。本章学习要求如下：

- 熟练掌握 TMS320F2812 的内部结构，图 2-0-1 将芯片内部结构分为：CPU 部分、MOMERY、JTAG、片内外设与 GPIO、中断、ADC 以及系统控制。
- 理解 PAB、DRAB、DWAD、PRDB、DRDB、DWDB 等几种 CPU 总线是如何访问数据空间和程序空间的，掌握哪些总线操作可以同时进行，哪些不能同时进行。
- 熟练掌握 34 个 CPU 内部寄存器名称和功能，并参照图 2-3-1 理解它们之间的关系，特别要注重掌握状态寄存器（ST0 和 ST1）各位的定义和功能（哪些指令能影响状态位，哪些指令又受状态位影响）。
- 了解晶体振荡器及锁相环的工作原理。通过图 2-4-1 了解 F2812 内部的时钟和复位信号的产生。掌握 5 个时钟寄存器的配置，结合 4.6 节理解低功耗模式及其在实际应用中的意义。
- 熟练掌握 3 个 32 位 CPU 定时器的工作原理、寄存器的配置，了解看门狗原理，熟练掌握其应用。
- 了解顺序、中断、分支、调用、返回和重复等程序流。

本章需要掌握的概念有：CPU 寄存器、地址数据总线、时钟寄存器组、振荡器与锁相环、定时器和看门狗电路等。对这些基本概念，同样可以建立它们的逻辑概念和物理概念。下面给出了看门狗这一基本概念和逻辑概念、物理概念的对应关系。对于其他概念也请读者仿照此思路理解各概念之间的联系。

基本概念	逻辑概念	物理概念	应　用
看门狗：为增强系统的健壮性而专门设计的模块	当程序未能及时喂狗时，在晶振时钟（OSCCLK）的驱动下会产生一个脉冲信号（$\overline{WDRST}$ 或 $\overline{WDINT}$），具体过程参考 2.4.4 节看门狗的工作原理）：$\overline{WDRST}$ 信号可以使用系统复位跳出死锁；$\overline{WDINT}$ 信号可以使程序跳转到中断服务程序来处理死锁	看门狗电路包括 5 个主要模块：512 分频器、预定标器、开关、8 位看门狗计数器和（512 个 OSCCLK）通用输出脉冲产生器（见图 2-4-14）。可见，当看门狗产生复位信号的时候，外部引脚 $\overline{XRS}$ 被拉低	主要用于防止程序死循环，也可以将处理器从 IDLE/STANDBY 模式唤醒

习题与思考题

1. 请简述 F2812 各总线（PRDB、PAB、DRAB、DRDB、DWDB、DWAB、操作数总线和结果总线）之间的关系？
2. 根据图 2-2-1 思考 F2812 的程序地址如何产生。
3. 请简述 F2812 CPU 内部各寄存器的特点和功能。
4. 请分析 F2812 内部各模块的时钟与振荡器频率之间的关系。
5. 初始化系统控制过程中需要配置哪些寄存器？
6. 在 30.000 MHz 的晶振频率下，如何设置各相关寄存器使定时器定时 1 ms。
7. 假设 OSCCLK 为 12.000 MHz，WDCR 的位 WDPS(2:0)设置为 2，请问最长需要多少时间进行“喂狗”操作？

第3章　存储器与通用I/O口

学习要点

- ◆ F2812 芯片的片内存储器类型及空间分配
- ◆ F2812 芯片的片外存储器扩展区域及使用方法
- ◆ 片外存储器扩展区域访问的时序关系
- ◆ GPIO 多路复用器的功能和使用

F2812 数字信号处理器采用增强的哈佛总线结构，可以并行访问程序和数据存储空间，并且片内集成了大量的 SRAM、ROM、Flash 等存储器。CPU 程序/数据统一寻址方式，大大提高了存储空间的利用率，方便了程序的开发。此外，F2812 DSP 还提供外部并行总线扩展接口，可以实现大规模复杂系统的开发。本章将介绍 F2812 的存储器寻址空间、外部存储器、外设扩展接口和通用 I/O 口的原理及应用。

F2812 存储器包括片上存储器和外部存储器接口两部分，所有存储空间采用统一寻址：低 64 KB 地址的存储空间相当于 F24x/F240x 处理器的数据存储空间，高 64 KB 地址的存储空间相当于 F24x/F240x 处理器的程序存储空间，与 F24x/F240x 兼容的代码只能定位在高 64 KB 地址的存储空间运行。因此，当 XMP/$\overline{\text{MC}}$ = 0 时，顶部的 32 KB Flash 和 H0 SARAM 模块可以用来运行 F24x/F240x 兼容的代码；当 XMP/$\overline{\text{MC}}$=1 时，F2812 的代码则从外部存储器接口（XINTF）的 Zone7 空间开始执行，图 2-0-1 给出了 F2812 芯片的功能框图，从图中可以看出各存储器模块的大小。

3.1　存储器

C28x 芯片具有 32 位的数据地址和 22 位的程序地址，理论上可寻址的数据空间的程序空间分别为 4 G 和 4 M 字，但由于引脚的限制，F2812 芯片总的可用数据和程序空间为 4 M 字。在 C28x 中，所有存储器块都统一映射到程序空间或数据空间。存储器被划分成如下几部分。

（1）片上程序/数据存储器。F2812 芯片都具有片内单口随机存储器 SRAM、只读存储器 ROM 和 Flash 存储器。它们被映射到程序空间或数据空间，用以存放执行代码或存储数据变量。

（2）保留区：数据区的某些地址被保留作为 CPU 的仿真寄存器使用。

（3）CPU 的中断向量：在程序地址中保留了 64 个地址作为 CPU 的 32 位中断向量。通过设置 ST1 的 VMAP 位可以将 CPU 向量映射到程序空间的顶部或底部。

3.1.1　片上程序/数据存储器

F2812 的存储器映射如图3-1-1所示。片内程序/数据存储器各模块的映射说明如下。

1．片上 SARAM

单口随机读/写存储器，在单个机器周期内只能被访问一次。C28x 片内 18 K×16 位的 SARAM 分别是：

(1) M0 和 M1。每块的大小为 1 K×16 位，其中，M0 映射至地址 00 0000h～00 03FFh，M1 映射至地址 00 0400h～00 07FFh。

(2) L0 和 L1。每块的大小为 4 K×16 位，其中，L0 映射至地址 00 8000h～00 8FFFh，L1 映射至地址 00 9000h～00 9FFFh。

(3) H0。大小为 8 K×16 位，映射至地址 3F 8000h～3F 9FFFh。

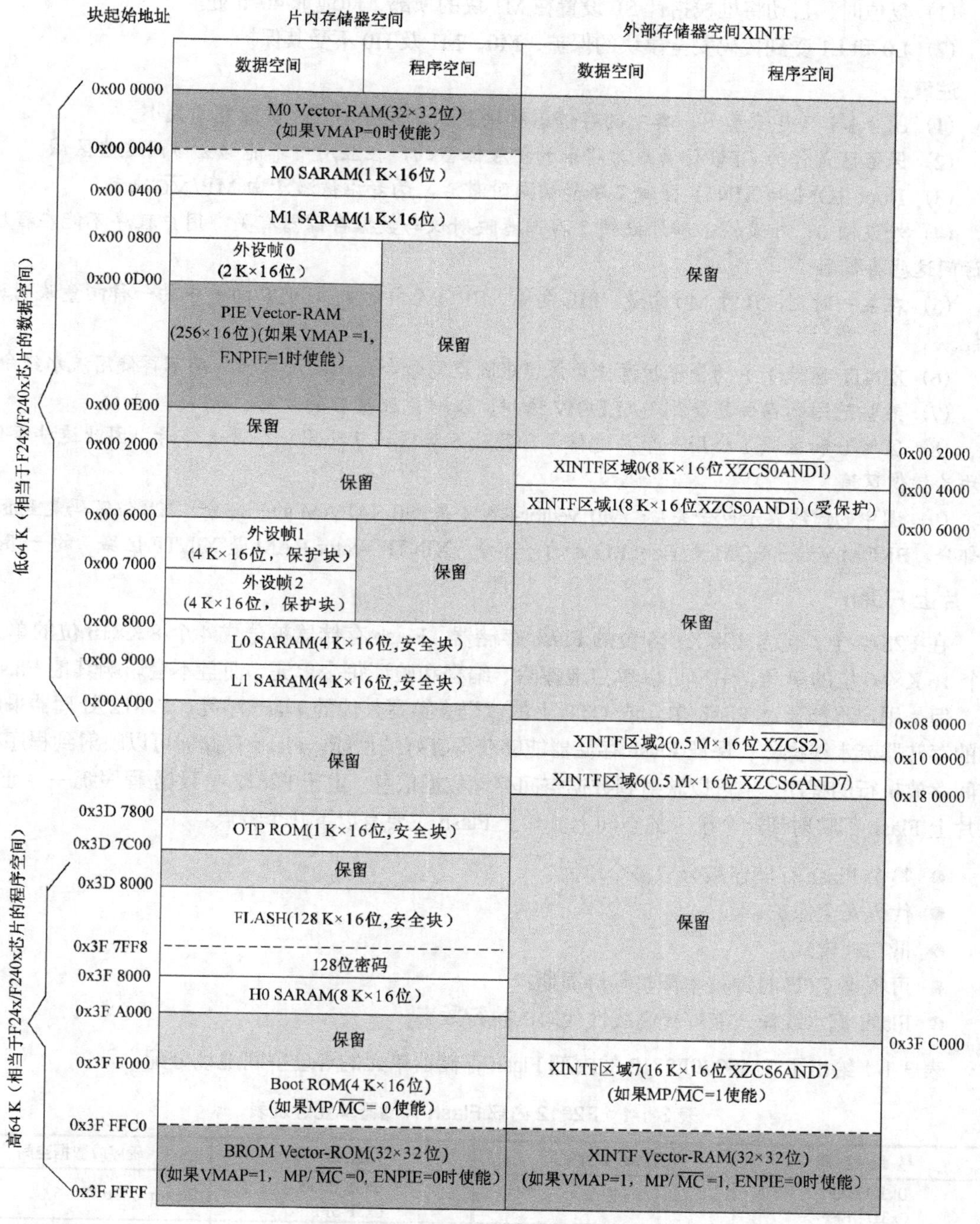

图 3-1-1　F2812 的存储器映射

片内 SARAM 的共同特点是:

(1) 每个存储器块都可以被单独访问。

(2) 每个存储器块都可映射到程序空间或数据空间，用以存放指令代码或存储数据变量。

(3) 每个存储器块在读/写访问时都可以全速运行，即等待状态为零等待。

其各自的特点是:

(1) 复位时，自动将堆栈指针 SP 设置在 M1 块的顶部，即地址 400h 处。

(2) L0 和 L1 受到代码安全模块的保护，M0、M1 及 H0 不受其保护。

注意:

(1) 图 3-1-1 只是示意图，其中的存储器模块区域面积并不代表实际空间大小。

(2) 保留区是作为 CPU 仿真或为将来的扩展保留的，在应用中不能够去访问这些区域。

(3) Boot ROM 和 XINTF 区域 7 不能被同时激活，两者谁被激活由 MP/$\overline{\text{MC}}$ 决定。

(4) 外设帧 0、外设帧 1 和外设帧 2 存储器映射仅与数据存储器有关，用户程序不能在程序空间访问这些存储器。

(5) 在某一时刻，只对 M0 向量、PIE 向量、BROM 向量及 XINTF 向量中的一种向量映射进行使能。

(6) XINTF 区域 1 中的受保护意味着保留跟随在写命令后面的读操作，而不再使用流水线命令。

(7) 某些范围的存储器受到 EALLOW 保护，以避免配置后的改写。

(8) 区域 0 和区域 1 公用一个片选信号，区域 6 和区域 7 公用一个片选信号，因此这些存储器模块为镜像区域。

(9) 图中的虚线表示包含关系：M0 Vector-RAM 是 M0 SARAM 的一部分，128 位密码是 Flash 的一部分，BROM Vector-ROM 是 Boot ROM 的一部分，XINTF Vector-RAM 是 XINTF 区域 7 的一部分。

2．片上 Flash

在 F2812 上，包含 128 K×16 位的 Flash 存储器，Flash 存储器被分成 4 个 8 K×16 位的单元和 6 个 16 K×16 位的单元。用户可以单独地擦除、编程和验证每个单元，而且不会影响其他 Flash 单元，但是用户不能通过 Flash 单元或 OTP 上的代码去擦写其他的 Flash 单元。F2812 处理器采用专用的存储器流水线操作，保证 Flash 存储器能够获得良好的性能。Flash 存储器可以映射到程序存储空间存放执行的程序，也可以映射到数据空间存储数据信息。由于 F2812 是数据/程序统一寻址，所以片上 Flash 都映射到这个统一的空间上。片上 Flash 主要有以下几个特点:

- 整个 Flash 存储器被分成多个单元;
- 代码安全保护;
- 低功耗模式;
- 可根据 CPU 时钟频率调整等待周期;
- Flash 流水线模式能够提高线性代码的执行效率。

表 3-1-1 给出了 TMS320F2812 的内部 Flash 存储器单元的寻址空间地址分配。

表 3-1-1 F2812 内部 Flash 存储器单元寻址表

寻 址 空 间	程序或数据空间	寻 址 空 间	程序或数据空间
0x3D 8000 0x3D 9FFF	Sector J, 8 K×16 位	0x3F 0000 0x3F 3FFF	Sector C, 16 K×16 位
0x3D A000 0x3D BFFF	Sector I, 8 K×16 位	0x3F 4000 0x3F 5FFF	Sector B, 8 K×16 位

续表

寻 址 空 间	程序或数据空间	寻 址 空 间	程序或数据空间
0x3D C000 0x3D FFFF	Sector H, 16 K×16 位	0x3F 6000	Sector A, 8 K×16 位
0x3E 0000 0x3E 3FFF	Sector G, 16 K×16 位	0x3F 7F80 0x3F 7FF5	当使用代码安全模块时，编程到 0x0000
0x3E 4000 0x3E 7FFF	Sector F, 16 K×16 位	0x3F 7FF6 0x3F 7FF7	Boot-to-Flash（或 ROM）入口（这里存放程序调转指令）
0x3E 8000 0x3E BFFF	Sector E, 16 K×16 位	0x3F 7FF8 0x3F 7FFF	安全密码（128 位），不要将全部编程为 0
0x3E C000 0x3E FFFF	Sector D, 16 K×16 位		

3．片上 OTP

TMS320F2812 数字信号处理芯片上有 1 K × 16 位的一次性可编程存储器（One-Time-Programmable, OTP），其地址为 3D 7800h～3D 7BFFh。OTP 可映射到程序空间或数据空间，能够存放程序或数据，只能编程一次，不能擦除。另外 OTP 受到代码安全模块的保护。

提示：与片上 Flash 和 OTP ROM 相关的寄存器有：FOPT（Flash 选择寄存器）、FPWR（Flash 功率模式寄存器）、FSTATUS（Flash 状态寄存器）、FSTDBYWAIT（Flash 休眠备用等待周期寄存器）、FACTIVEWAIT（Flash 备用激活等待周期寄存器）、FBANKWAIT（Flash 读访问等待状态寄存器）、FOTPWAIT（OTP 读访问等待状态寄存器），这些寄存器初学者使用较少，本书未做详细阐述，如需要更多了解，请参考 TI 公司的技术手册。

4．片上 Boot ROM

C28x 系列芯片内都含有 4 K×16 位 Boot ROM（引导 ROM），地址为 3F F000h～3F FFFFh。在该存储器内由 TI 公司装载了产品版本号、发布的数据、检验求和信息、复位向量、CPU 向量表（仅为测试所用）及标准的数学运算表等（如正弦表、余弦表）。Boot ROM 的主要作用是实现 DSP 的 Bootloader 功能，芯片出厂时在 Boot ROM 的 3F FC00h～3F FFBFh 空间内有厂家的引导装载程序，当芯片被设置为微计算机模式时（XMP/$\overline{\text{MC}}$=0），CPU 在复位后将执行这段程序，从而完成 Bootloader 功能。

5．代码安全模块

代码安全模块是 128 位密码，由用户编程写入片内 Flash 的 8 个存储单元 3F 7FF8h～3F 7FFFh 中，共计 16 位×8=128 位。它保护 Flash、OTP、L0 及 L1，防止非法用户通过 JTAG 接口盗取 Flash/OTP/L0/L1 的内容，或从外部存储器运行代码去装载某些不合法软件（这些软件可能会盗取片内模块的数据），防止程序代码外泄。

6．中断向量

图3-1-1 中显示了 M0 向量、PIE 向量、BootROM 向量及 XINTF 向量使能条件及分布情况，关于中断向量的使用将在第 4 章中详细介绍。

3.1.2　外设帧 PF

C28x 在片内数据存储器空间映射了 3 个外设帧 PF0、PF1 及 PF2，专门用做外设寄存器的映射空间，即除了 CPU 寄存器之外，其他寄存器均为存储器映射寄存器，它们分别映射在 3 个外设帧空间内。其中，PF0 为 2 K×16 位空间，其地址为 00 0800h～00 0FFFh，它直接映射到 CPU 存储器总线，可提供 16/32 位的访问操作；PF1 为 4 K×16 位空间，其地址为 00 6000h～00 6FFFh，它直接映射到 32 位外设总线；PF2 为 4 K×16 位空间，其地址为 00 7000h～00 7FFFh，它直接映射到 16 位外设总线。

3.1.3　32 位数据访问的地址分配

F2812 CPU 采用 32 位格式访问存储器或外设时，分配的地址必须是偶地址。如果操作的是奇地址，则 CPU 操作奇地址之前的偶地址。这样的分配并不影响地址产生逻辑单元产生的地址的值。绝大部分指令是采用32 位格式从程序存储空间获取，经过分配后执行。指令的获取与重新分配对于用户来讲是不可见的。当程序存放到程序空间时，必须分配到偶数地址空间。

3.2　外部扩展接口

F2812 的外部扩展接口(External Interface,XINTF)是用来扩展外部存储器或片外设备而设计的。需要指出的是，F2812 并不支持 I/O 空间，当用户需要对片外设备进行操作时，可以使用 XINTF 接口，也可以用 GPIO 进行扩展。

3.2.1　外部接口描述

F2812 处理器的外部接口(XINTF)映射到 5 个独立的存储区域，如图 3-2-1 所示。当访问相应的存储区域时，会产生一个片选信号；此外，有的存储区域公用一个片选信号。每个区域都可以独立地设置访问等待、选择、建立及保持时间，同时还可以使用 XREADY 信号来控制外设的访问。外部接口的访问时钟频率由内部的 XTIMCLK 提供，XTIMCLK 可以等于 SYSCLKOUT 或 SYSCLKOUT/2。

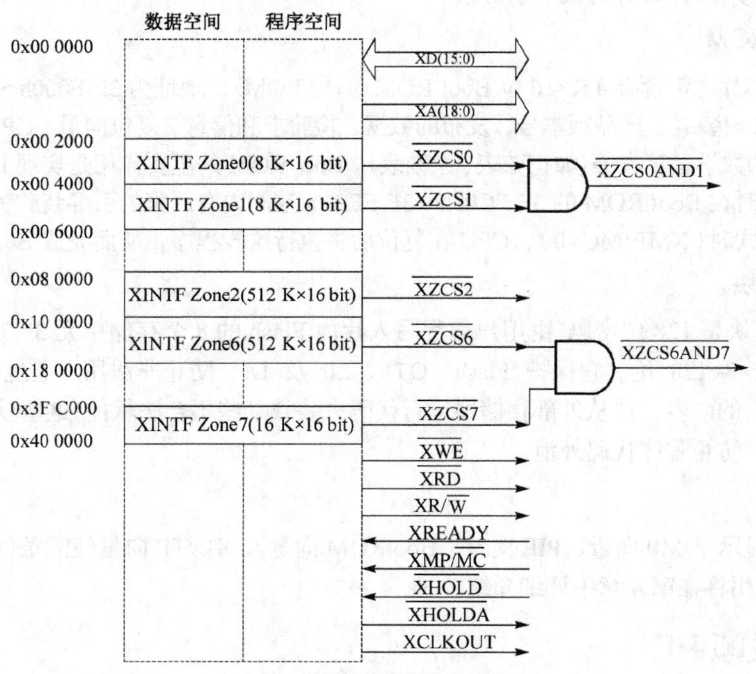

图 3-2-1　外部接口框图

对于图 3-1-2 所示的 F2812 存储器映射图，在复位状态下，如果 XMP/$\overline{MC}$=1 或 0，可以用 XINTF Zone7 片选信号选择微处理器或微计算机工作模式。在微处理器模式下，Zone7 映射到高位地址空间，中断向量表可以定位在外部存储空间，Boot ROM 将被屏蔽，系统将从片外存储器启动。在微计算机模式下，Zone7 空间被屏蔽且中断向量表从 Boot ROM 中获取，系统将从片上存储器启动。复位时，XMP/$\overline{\text{MC}}$的状态存放在 XINTCNF2 寄存器的 MP/$\overline{\text{MC}}$位。用户可以通过软件来改变该位来控制 Boot ROM 和 XINTF Zone7 的映射。其他的存储器并不受 XMP/$\overline{\text{MC}}$状态的影响。

注意： 微计算机 = 微处理器 + 存储器 + 外设。微处理器模式从芯片外部启动，微计算机模式从芯片内部启动。

3.2.2　外部接口的访问

在 F2812 数字信号处理器上，有些空间公用同一个片选信号，例如，空间 0(Zone0)和空间 1(Zone1)公用$\overline{\text{XZCS0AND1}}$；空间 6(Zone6)和空间 7(Zone7)公用$\overline{\text{XZCS6AND7}}$。每个空间都可以独立设置访问等待、选择、建立及保持时间。所有存储空间共享 19 位的外部地址总线，处理器根据所访问的空间产生相应的地址，具体情况如下。

1．Zone2 和 Zone6

Zone2 和 Zone6 共享外部地址总线，当 CPU 访问 Zone2 和 Zone6 空间的第一个字时，地址总线产生地址 0x00 0000；当 CPU 访问 Zone2 和 Zone6 空间的最后一个字时，地址总线产生地址 0x07 FFFF。访问 Zone2 和 Zone6 空间的唯一区别是所控制的片选信号不同，Zone2 使用片选信号$\overline{\text{XZCS2}}$，Zone6 使用片选信号$\overline{\text{XZCS6AND7}}$。

由于 Zone2 和 Zone6 两个区域使用两个不同的片选信号，所以对这两个区域的访问可以采用不同的时序，同时可以使用片选信号来区分对两个区域的访问，使用地址总线控制具体访问的地址。

2．Zone0 和 Zone1

Zone0 和 Zone1 公用一个片选信号$\overline{\text{XZCS0AND1}}$，而采用不同的内部地址。Zone0 的寻址范围为 0x00 2000～0x00 3FFF，Zone1 的寻址范围为 0x00 4000～0x00 5FFF。因此，如果希望区分两个空间的访问，需要增加其他控制逻辑。在访问 Zone0 时，XA[13]=1，XA[14]=0；在访问 Zonel 时，XA[l3]=0，XA[14]=1。因此可以根据图3-2-2 和图3-2-3 的控制逻辑区分两个地址空间。

图 3-2-2　Zone0 的片选使能逻辑　　图 3-2-3　Zone1 的片选使能逻辑

另外，写操作紧跟读操作流水线保护会对 Zone1 空间的访问造成影响，尤其是在访问高速的存储设备时，因此，Zone1 空间一般用于扩展外设，而不用于扩展外部存储器。

3．Zone7

Zone7 的使用和前面几个地址空间有所不同。复位时，如果 XMP/$\overline{\text{MC}}$引脚为高电平，Zone7 空间就会映射到 0x3F C000。系统复位后，可以通过改变寄存器 XINTCNF2 中的 MP/$\overline{\text{MC}}$位，使能或屏蔽 Zone7 空间。如果 XMP/$\overline{\text{MC}}$引脚为低电平，则 Zone7 不能映射到 0x3F C000 存储空间，而片上的 ROM 将映射到该存储空间。因此，Zone7 的映射与 MP/$\overline{\text{MC}}$位有关，而 Zone0、Zonel、Zone2、Zone6 与 MP/$\overline{\text{MC}}$状态无关，它们总是有效的存储空间。

如果用户需要建立自己的引导程序，则可以将它存放在外部空间 Zone7 中，并从 Zone7 进行引导。引导成功后，用户可以通过软件使能内部的 ROM，以便能够访问存放在 ROM 中的数学表。当 Zone7 空间没有映射到 0x3F C000，而是片上的 BOOTROM 映射到该存储空间时，Zone7 空间的存储器仍然可以被访问。这是由于 Zone7 和 Zone6 空间公用一个片选信号 $\overline{\text{XZCS6AND7}}$。访问外部 Zone7 空间的地址范围是 0x7 C000～0x7 FFFF(外部 19 根地址总线地址)，Zone6 也使用这个地址空间。但 Zone7 空间的使用只影响 Zone6 的高 16 K 地址空间，如图3-2-4所示。

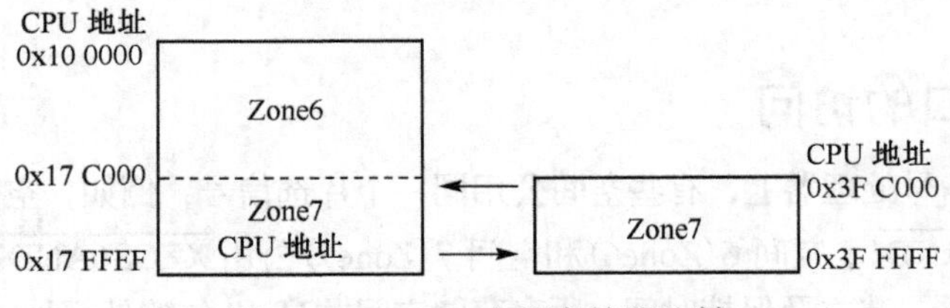

图 3-2-4 Zone7 空间存储器映射

3.2.3 外部接口配置寄存器组

表 3-2-1 给出了 XINTF 配置寄存器组。只有通过运行 XINTF 区之外的代码才能修改这些寄存器，而对这些寄存器的修改会影响 XINTF 的访问时序。

表 3-2-1 XINTF 配置和控制寄存器映射

名 称	地 址	大小(x16 位)	说 明
XTIMING0	0x0000 0B20	2	XINTF0 时序寄存器
XTIMING1	0x0000 0B22	2	XINTF1 时序寄存器
XTIMING2	0x0000 0B24	2	XINTF2 时序寄存器
XTIMING6	0x0000 0B2C	2	XINTF6 时序寄存器
XTIMING7	0x0000 0B2E	2	XINTF7 时序寄存器
XINTCNF2	0x0000 0B34	2	XINTF 配置寄存器
XBANK	0x0000 0B38	1	XINTF 块控制寄存器
XREVISION	0x0000 0B3A	1	XINTF 修正寄存器

注：XTIMING3、XTIMING4、XTIMG5 和 XINTCNF1 为保留，目前不使用。

1. XINTF 时序寄存器(XTIMING)

每个 XINTF 区都有一个时序寄存器。修改该寄存器的值会影响该区的时序。只有通过这个区以外的代码才能修改该区的时序寄存器。图 3-2-5 显示 XTIMING0/1/2/6/7 寄存器的各位定义，表 3-2-2 对 XTIMING0/1/2/6/7 寄存器的各位的功能做了详细说明。

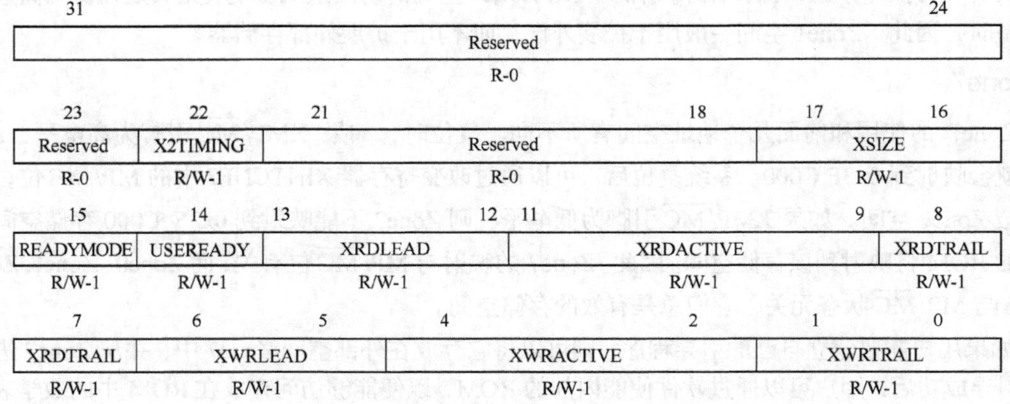

图 3-2-5 XTIMING0/1/2/6/7 寄存器

表 3-2-2　XTIMING0/1/2/6/7 寄存器功能定义

<table>
<tr><th>位</th><th>名　称</th><th>说　明</th></tr>
<tr><td>31～23</td><td>Reserved</td><td>保留</td></tr>
<tr><td>22</td><td>X2TIMING</td><td>指定了该区的时序寄存器中 XRDLEAD、XRDACTIVE、XRDTRAIL、XWRLEAD、XWRACTIVE 和 WRTRAIL 值的缩放倍数。如果该位为 0，这些数值缩放比例为 1：1；如果该位为 1，则缩放比例为 2：1(加倍)。在上电和复位中，默认的操作方式为 2：1</td></tr>
<tr><td>21～18</td><td>Reserved</td><td>保留</td></tr>
<tr><td>17～16</td><td>XSIZE</td><td>必须写为 1、1，不能使用其他任何组合，否则将会导致 XINTF 的错误动作</td></tr>
<tr><td>15</td><td>READYMODE</td><td>设置对本区的 XREADY 信号的检测为同步方式或异步方式。如果不检测 XREADY 信号(USEREADY=0)，则可忽略本位。
0：在本区对 XREADY 的检测采用同步方式。
1：在本区对 XREADY 的检测采用异步方式</td></tr>
<tr><td>14</td><td>USEREADY</td><td>确定对该区的访问是否对 XREADY 信号进行检测。
0：访问该区时忽略 XREADY 信号。
1：通过对 XRDACTIVE 和 XWRACTIVE 的定义，XREADY 信号可用于进一步扩展</td></tr>
<tr><td>13～12</td><td>XRDLEAD</td><td>用 XTIMCLK 定义读周期的建立时间，取值为 1、2、3(如果 X2TIMING=0)或者 2、4、6(如果 X2TIMING=1)。
<table>
<tr><th>XRDLEAD</th><th>X2TIMING</th><th>读周期建立周期</th></tr>
<tr><td>0 0</td><td>x</td><td>无效</td></tr>
<tr><td rowspan="2">0 1</td><td>0</td><td>1 个 XTIMCLK 周期</td></tr>
<tr><td>1</td><td>2 个 XTIMCLK 周期</td></tr>
<tr><td rowspan="2">1 0</td><td>0</td><td>2 个 XTIMCLK 周期</td></tr>
<tr><td>1</td><td>4 个 XTIMCLK 周期</td></tr>
<tr><td rowspan="2">1 1</td><td>0</td><td>3 个 XTIMCLK 周期</td></tr>
<tr><td>1</td><td>6 个 XTIMCLK 周期</td></tr>
</table></td></tr>
<tr><td>11～9</td><td>XRDACTIVE</td><td>用 XTIMCLK 周期定义读周期的激活等待时间，取值为 0、1、2、3、4、5、6、7(如果 X2TIMING=0)或者 0、2、4、6、8、10、12、14(如果 X2TIMING=1)。
注意：激活时间默认为 1 周期，因此总的激活时间为(1+XRDACTIVE)个 XTIMCLK 周期</td></tr>
<tr><td>8～7</td><td>XRDTRAIL</td><td>用 XTIMCLK 周期定义读周期的跟踪时间，取值为 0、1、2(如果 X2TIMING=0)或者 0、2、4(如果 X2TIMING=1)</td></tr>
<tr><td>6～5</td><td>XWRLEAD</td><td>用 XTIMCLK 周期定义写周期的建立时间，取值为 1、2、3(如果 X2TIMING=0)或是 2、4、6(如果 X2TIMING=1)</td></tr>
<tr><td>4～2</td><td>XWRACTIVE</td><td>用 XTIMCLK 周期定义写周期的激活等待时间，取值为 0、1、2、3、4、5、6、7(如果 X2TIMING=0)或者 0、2、4、6、8、10、12、14(如果 X2TIMING=1)
注意：激活时间默认为 1 周期，因此总的激活时间为(1+XRDACTIVE)个 XTIMCLK 周期</td></tr>
<tr><td>1～0</td><td>XWRTRAIL</td><td>用 XTIMCLK 周期定义写周期的跟踪时间，取值为 0、1、2(如果 X2TIMING=0)或者 0、2、4(如果 X2TIMING=1)</td></tr>
</table>

提示：XINTF 访问的最短时序设置如下：

① 不用 XREADY 时：最短时序设置为 Lead＝1，Active＝0，Trail＝0(不能设置为：L＝0, A＝0, T＝0；可设置为：L＝1, A＝1, T＝0 或 L＝1, A＝0, T＝1，或者更长的时序)。

② 使用 XREADY 时：最短时序设置为 Lead=1，Active＝1，Trail＝0(不能设置为：L＝0, A＝0, T＝0；可设置为：L＝1, A＝1, T＝1，或者更长的时序)。

2．XINTF 配置寄存器(XINTCNF2)

图3-2-6给出了 XINTCNF2 寄存器的各位定义，XINTCNF2 寄存器各位的功能在表 3-2-3 中做了详细的描述。

31～19	18～16
	XTIMCLK
	R/W-1

15～12	11	10	9	8
Reserved	HOLDAS	HOLDS	HOLD	MP/$\overline{MC}$ Mode
R-0	R-x	R-y	R-0	R/W-z

7～6	5	4	3	2	1～0
WLEVEL	Reserved	Reserved	CLKOFF	CLKMODE	Write Buffer Depth
R-0	R-0	R-1	R/W-0	R/W-1	R/W-0

注：R＝可读，W＝可写，−n 复位后的值，x＝$\overline{XHOLDA}$ 输出，y＝$\overline{XHOLD}$ 输入，z＝XMP/ $\overline{MC}$ 输入

图 3-2-6 XINTCNF2 寄存器

表 3-2-3 XINTCNF2 寄存器功能定义

位	名 称	说 明
31～19	Reserved	保留
18～16	XTIMCLK	根据 XTIMING 和 XBANK 寄存器的设置，来选择建立、激活和跟踪时序的时钟。这里的设置会影响 XINTF 的所有区，只能通过 XINTF 空间之外代码才能修改 XTIMCLK 比率。 000：XTIMCLK＝SYSCLKOUT/1 001：XTIMCLK＝SYSCLKOUT/2 其他：保留
15～12	Reserved	保留
11	HOLDAS	反映了 $\overline{XHOLDA}$ 输出信号的当前状态。用户可读该位，以确定外部接口当前是否同意外部设备的访问。 0：$\overline{XHOLDA}$ 输出信号为低 1：$\overline{XHOLDA}$ 输出信号为高
10	HOLDS	反映了 $\overline{XHOLD}$ 输入信号的当前状态。用户可读该位，以确定外部设备是否正在请求访问外部总线。 0：$\overline{XHOLD}$ 输入信号为低 1：$\overline{XHOLD}$ 输入信号为高
9	HOLD	接收外部器件的请求，该外部器件驱动 $\overline{XHOLD}$ 输入信号和 $\overline{XHOLDA}$ 输出信号。 0：自动接收外部设备的请求，该外部器件驱动 $\overline{XHOLD}$ 输入信号和 $\overline{XHOLDA}$ 输出信号为低电平。 1：不能自动接收外部设备的请求，该外部器件驱动 $\overline{XHOLD}$ 输入信号为低电平，而 $\overline{XHOLDA}$ 输出信号保持在高电平。 如果该位被置位，当 $\overline{XHOLD}$ 和 $\overline{XHOLDA}$ 都为低时(外部总线允许访问)，$\overline{XHOLDA}$ 信号被强迫变成高电平(在当前周期结束)并且外部接口退出高阻态模式。 在 $\overline{XRS}$ 复位时，该位置 0。如果在 $\overline{XHOLD}$ 信号复位时，该位为低电平有效，那么总线和所有选通信号必须处于高阻态并且 $\overline{XHOLDA}$ 信号也被驱动为低电平有效。 当 HOLD 方式使能并且 $\overline{XHOLDA}$ 为低电平有效时(外部总线同意激活)，那么内核仍能从内存中执行代码。如果访问外部接口，将产生一个"未准备好"的信号并且内核阻塞直到 $\overline{XHOLD}$ 信号被清除
8	MP/ $\overline{MC}$	复位时，该位反映了 XMP/ $\overline{MC}$ 输入信号在 $\overline{XRS}$ 的采样状态。通过该位写 1 或 0，用户可以修改该位状态。这将在输出信号 XMP/ $\overline{MC}$ 中得到反映。此方式还影响 Zone7 和 Boot ROM 映射，其他各区忽略该位。只有通过运行 XINTF Zone7 之外的代码，才能修改该位。 注意：复位后忽略 XMP/ $\overline{MC}$ 的输入信号状态。 0：微计算机状态(XINTF Zone7 不使能，Boot ROM 使能) 1：微控制器状态(XINTF Zone7 使能，Boot ROM 不使能)
7～6	WLEVEL	当前缓冲区可检测的写入数如下： 00：缓冲区空 01：当前写缓冲区有 1 个值 10：当前写缓冲区有 2 个值 11：当前写缓冲区有 3 个值 写缓冲区中的值可以是 8/16/32 位的数据。 注意：一个数值从进入写缓冲区到缓冲区被更新有几个周期的延迟

续表

位	名　称	说　明
5～4	Reserved	保留
3	CLKOFF	关闭 XCLKOUT 方式。这样可以节省电源和减少噪声。复位时该位清 0。 0：XCLKOUT 被使能 1：XCLKOUT 被禁止
2	CLKMODE	XCLKOUT 除以 2 方式。如果该位置 1，XCLKOUT 是 XTIMCLK 的 1/2；如果该位清 0，XCLKOUT 等于 XTIMCLK。所有总线定时和使能方式无关，将从 XCLKOUT 的上升沿开始。加电和复位操作的默认方式为 1/2 方式
1～0	Write Buffer Depth	写缓冲器深度。不用等待 XINTF 写访问完成，写缓冲器允许微处理器继续执行。写缓冲器深度可做如下选择： 00：缓冲。CPU 停止直到在 XINTF 上的写完成。 注意：复位（$\overline{XRS}$）时的默认方式。 01：INTF 将缓冲一个字节。CPU 停止直到 XINTF 的写周期开始（在 XINTF 上，有一个读周期激活）。 10：写一次可被缓冲，而不用停止 CPU。如果紧接着写第二次，CPU 会停止，直到在 XINTF 上的第一次写开始。 11：写两次可被缓冲，不用停止 CPU。如果紧接着写第三次，CPU 会停止，直到在 XINTF 上的第一次写开始。 保护执行的顺序，例如，按照可以接受的顺序来完成写操作。在 XINTF 读操作时，处理器停止运行直到所有挂起的写操作和读访问都完成为止。如果缓冲区满了，任何挂起的对缓冲区的读或写将停止微处理器。 "写缓冲深度"可以改变；然而，建议仅在缓冲区空时改变（这可通过读"写缓冲区深度级别"来检查）。当缓冲区深度级别不为 0 时，写这些位可能会产生不可预测的结果

3. XBANK 寄存器

图3-2-7给出了 XBANK 寄存器的位定义情况，XBANK 寄存器的各位的功能在表 3-2-4 中做了详细的描述。

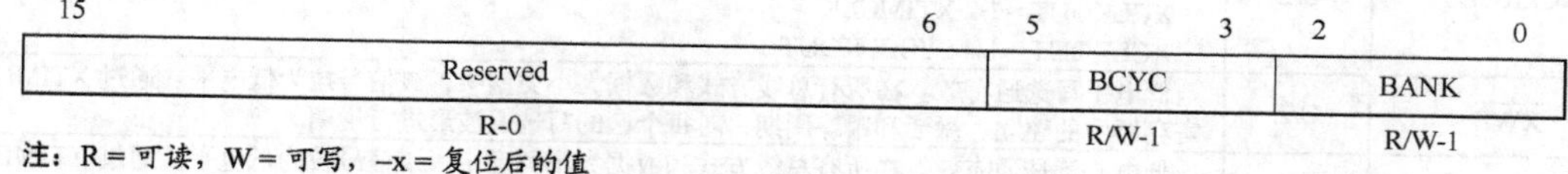

图 3-2-7　XBANK 寄存器

表 3-2-4　XBANK 寄存器功能定义

位	名　称	说　明
15～6	Reserved	保留
5～3	BCYC	指定对特定区域内或外的连续访问（读或写，程序或数据空间）时增加的 XTIMCLK 周期数，且范围是 0～7。在复位（$\overline{XRS}$）时，默认值为 7 个 XTIMCLK 周期（14 个 SYSCLKOUT 周期）。 000：0 周期
5～3	BCYC	001：1 个 XTIMCLK 周期 010：2 个 XTIMCLK 周期 011：3 个 XTIMCLK 周期 100：4 个 XTIMCLK 周期 101：5 个 XTIMCLK 周期 110：6 个 XTIMCLK 周期 111：7 个 XTIMCLK 周期
2～0	BANK	说明 XINTF 区，Zone0～Zone7 中的哪些存储体转换有效。复位时，选择 XINTF 的 Zone7。 000：Zone0 001：Zone1 010：Zone2 011：保留 100：保留 101：保留 110：Zone6 111：Zone7（复位后的默认选择）

4. XREVISION 寄存器

XREVISION 寄存器包含一个唯一的数，以识别在产品中使用的 XINTF 的特殊版本。对 F2812 来说，该寄存器可按照如图3-2-8 和表 3-2-5 的说明进行配置。

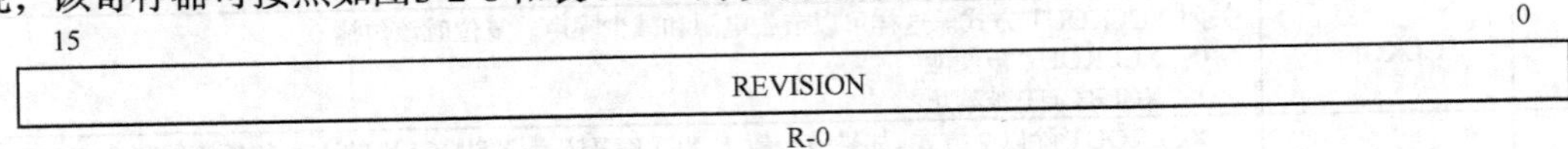

注：R = 可读，W = 可写，-x = 复位后的值

图 3-2-8 XREVISION 寄存器

表 3-2-5 XREVISION 寄存器功能定义

位	名 称	说 明
15~0	REVISION	当前 XINTF 修正。用于内部使用/参考。仅用于测试目的

3.2.4 信号说明

与 XINTF 相关信号说明如表 3-2-6 所示。

表 3-2-6 XINTF 相关信号及其说明

名 称	I/O/Z	说 明
XD(15:0)	I/O/Z	双向 16 位数据总线
XA(18:0)	O/Z	地址总线。在 XCLKOUT 的上升沿把地址放到总线上，并且将该地址一直保持在总线上，直至下一次访问到来
XCLKOUT	O/Z	来自 XCLKOUT 的单输出时钟，用于片上和片外等待周期的产生以及作为一个通用时钟源。按照复位时的 XINTCNF2 寄存器的 CLKMODE 位的定义，XCLKOUT 与 XTIMCLK 相等或为其的 1/2。 XCLKOUT = 1/2 XTIMCLK XCLKOUT = 1/4 SYSCLKOUT
$\overline{\text{XWE}}$	O/Z	低电平写选通有效。在所有总线方式和数据大小类型中，该信号拉为低电平。通过 XTIMINGx 寄存器中的建立、激活和跟踪周期，对每个区的写选通波形进行说明
$\overline{\text{XRD}}$	O/Z	低电平读选通有效。在所有总线方式和数据大小类型中，该信号拉为低电平。通过 XTIMINGx 寄存器中的建立、激活和跟踪周期，对每个区的读选通波形进行说明。 注意：$\overline{\text{XRD}}$ 和 $\overline{\text{XWE}}$ 信号相互排斥
XR/$\overline{\text{W}}$	O/Z	读/写控制。高电平时，该信号表明一个读周期正在进行；低电平时，表明一个写周期正在进行。该信号正常保持高电平。XR/$\overline{\text{W}}$ 和 $\overline{\text{XSTRB}}$ 、$\overline{\text{XRD}}$ 、$\overline{\text{XWE}}$ 信号有相似的执行功能。通常用户会选择使用后者，因为它们更易于使用
$\overline{\text{XZCS0}}$ $\overline{\text{XZCS1}}$ $\overline{\text{XZCS2}}$ $\overline{\text{XZCS6}}$ $\overline{\text{XZCS7}}$	O	芯片区选择。当访问一个编址区时激活这些信号。某些器件诸如 F2812 将两个区片选信号经过内部的"与"去形成一个单片的选择
XREADY	I	为 1 时表明外设准备好去完成一个访问。对每个 XINTF 区，可配置成同步或异步输入。在同步方式下，XINTF 要求接口块 XREADY 在有效期结束前的一个 XTIMCLK 时钟周期有效。在异步方式下，XINTF 要求接口块 XREADY 在有效期结束前采样三个 XTIMCLK 时钟周期。XREADTY 以 XTIMCLK 速率采样，不依赖于 XCLKOUT 方式
$\overline{\text{XHOLD}}$	I	低电平有效时，该信号要求 XINTF 释放外部总线(将所有总线和选通置高阻状态)。当前访问完成并且在 XINTF 上没有等待访问时，XINTF 释放总线。该信号为异步输入，并且用 XTIMCLK 进行同步
$\overline{\text{XHOLDA}}$	O/Z	当 XINTF 接收一个 $\overline{\text{XHOLD}}$ 请求时，该信号变为低电平有效，所有 XINTF 总线和选通信号将为高阻状态。当 $\overline{\text{XHOLD}}$ 被释放时，该信号释放，当该信号低电平有效时，外部器件应该仅驱动外部总线
XMP/$\overline{\text{MC}}$	I	在微处理器和微计算机模式之间转换。高电平时，Zone7 对外部接口使能，低电平时，Zone7 对外部接口无效，而片上存储器(即 ROM)可以访问。在复位($\overline{\text{XRS}}$)时，该信号锁存在 XINTCNF2 寄存器中，用户可以用软件修改该方式的状态。 注意：复位后，XMP/$\overline{\text{MC}}$ 输入信号的状态被忽略

注：I 表示输入，O 表示输出，Z 表示高阻态。

3.2.5　外部接口的配置

外部存储器接口能够配置各种参数，使之能与不同外部扩展设备进行无缝接口。配置时应根据 F2812 器件的工作频率及 XINTF 的特性进行配置。由于不同的配置参数可能会引起 XINTF 访问时序等的变化，所以尽量不要将配置程序放在 XINTF 扩展的存储器空间中执行。

1. XINTF 配置寄存器及时序寄存器的设置过程

在改变 XINTF 配置寄存器和时序寄存器时，为保证在改变配置过程中不访问 XINTF，任何配置 XTIMING0/1/2/6/7、XBANK 或 XINTCNF2 寄存器的操作，都必须按照如图 3-2-9 所示的流程来进行。

2. XINTF 时钟

XINTF 模块有两种时钟模式，图3-2-10给出了 SYSCLKOUT 时钟和 XINTF 时钟之间的关系。所有的外部扩展访问都是以内部 XINTF 的时钟 XTIMCLK 为参考的，因此在配置 XINTF 时，首先要通过 XINTCNF2 寄存器配置 XTIMCLK。XTIMCLK 可以配置为两种情况：一是 SYSCLKOUT，二是 SYSCLKOUT/2，XTIMCLK 的默认值是 SYSCLKOUT/2。外部接口还提供一个时钟输出信号 XCLKOUT，所有外部接口的访问都是在 XCLKOUT 的上升沿开始。可以通过 XINTCNF2 寄存器的 CLKMODE 位配置 XCLKOUT 的频率，如图3-2-10所示。

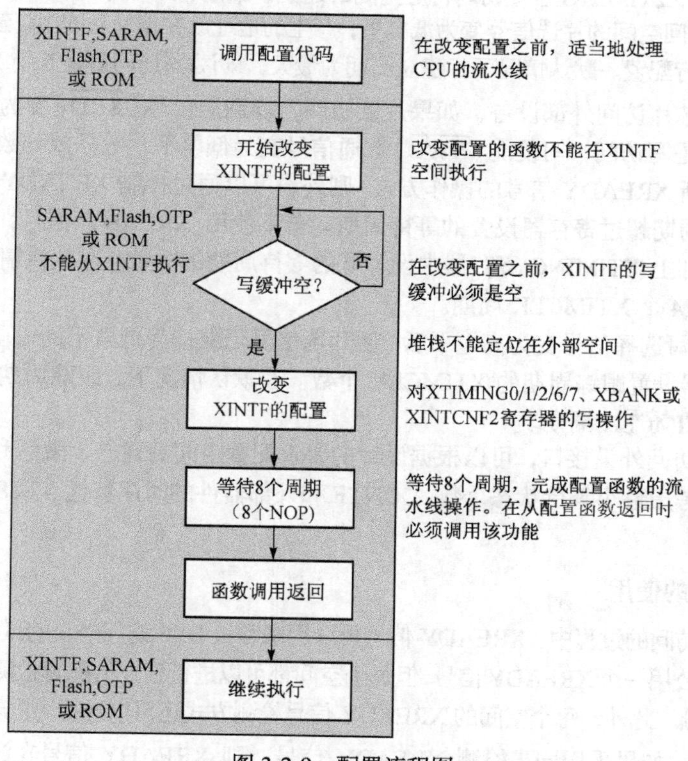

图 3-2-9　配置流程图

3. 写缓冲

默认情况下写缓冲被禁止，但如果使能写缓冲访问模式，可以提高 XINTF 的性能。在不中断 CPU 的情况下，最多允许 3 个数据通过缓冲方式向 XINTF 写数据。写缓冲器的深度在 XINTCNF2 寄存器内可以配置。

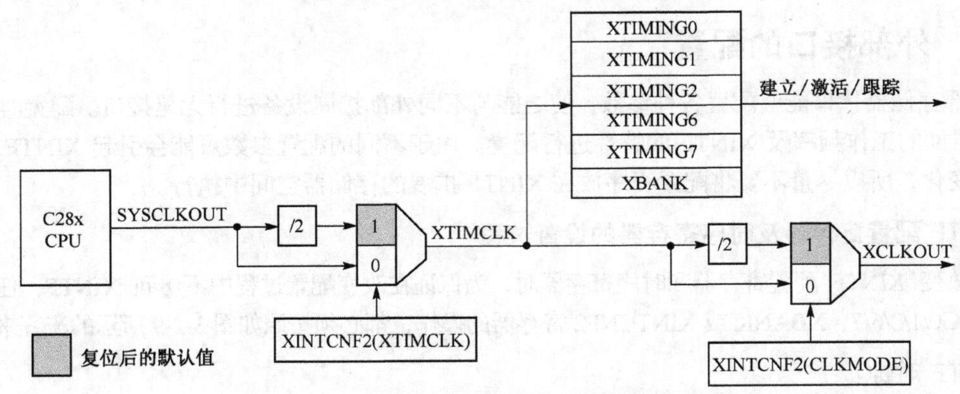

图 3-2-10 SYSCLKOUT 和 XINTF 时钟之间的关系

4. 每个 Zone 访问的建立、激活和跟踪时序

任何对 XINTF 空间的读操作或写操作的时序都可以分为建立(Lead)、激活(Active)和跟踪(Trail)(有时也称前导、有效、结束)三个阶段。在寄存器 XTIMING 中能够设置每个 XINTF 空间访问各阶段时等待的 XTIMCLK 周期数。读操作和写操作的时序还可以独立进行配置。另外，为了与低速外设接口连接，可以使用 X2TIMING 位使访问特定空间的建立、激活和跟踪等待状态时间延长 1 倍。

在建立阶段，访问空间的片选信号变为低电平，产生的地址放在地址总线上。建立的周期可以通过 XTIMING 寄存器进行配置。默认情况下，建立周期为最大，即读/写访问都是 6 个 XTIMCLK 周期。

在激活阶段，芯片访问外部设备，如果是读访问，读选通信号($\overline{\text{XRD}}$)变为低电平，此时数据锁存到 DSP；如果是写访问，写使能($\overline{\text{XWE}}$)选通信号变为低电平，数据放到数据总线上。若被访问的空间配置为判断 XREADY 信号的操作方式，则外设可以通过控制 XREADY 信号增加激活状态周期，使激活状态周期超过寄存器设置的等待周期。若不使用 XREADY 信号，则总的激活周期等于一个 XTIMCLK 加上 XTIMING 寄存器中设置好的等待周期的个数。在默认情况下，读/写访问的激活等待周期都是 14 个 XTIMCLK 周期。

跟踪周期是读/写选择信号变为高电平后，使片选信号仍保持为低电平的一段时间。可以通过设置 XTIMING 寄存器设置跟踪周期的 XTIMCLK 个数。在默认情况下，跟踪周期设置为最大，即读/写访问都是 6 个 XTIMCLK 周期。

总之，为正确访问外设接口，可以根据设计的要求配置空间的建立、激活和跟踪周期长度。在配置过程中，需要考虑最小等待状态个数、XINTF 和外部器件的时序特性、F2812 芯片和外设间的附加延时。

5. XREADY 信号的使用

在对外部设备访问的过程中，XREADY 信号可以用来延长 DSP 访问外设的激活阶段时间。器件上所有的 XINTF 空间公用一个 XREADY 信号，但每个空间都可以进行独立的配置检测(采样)或不检测(不采样)XREADY 信号。此外，每个空间的 XREADY 信号检测方式还可以选择为同步检测或异步检测。

(1) 同步检测。如果采用同步检测 XREADY 信号，则 XREADY 信号在激活状态结束之前的一个 XTIMCLK 信号上升沿时被采样，因此 XREADY 信号的建立和保持时间必须跨过激活状态结束之前一个 XTIMCLK 周期的上升沿。

(2) 异步检测。如果采用异步检测 XREADY 信号，则 XREADY 信号在激活状态结束之前的倒数第三个 XTIMCLK 信号上升沿时被采样，因此 XREADY 信号的建立和保持时间必须跨过激活状态结束之前倒数第三个 XTIMCLK 周期的上升沿。

在这两种方式下，如果对 XREADY 信号采样结果是低电平，则激活阶段将被扩展一个 XTIMCLK 周期后再次采样 XREADY 信号，直到 XREADY 为高电平为止。

当使用 XREADY 信号时，应考虑最小等待状态的需要。默认情况下，每个空间设置为异步检测 XREADY 信号。同步和异步检测 XREADY 信号对于最小等待状态要求不同，它与 XINTF 和外部器件的时序特性、F2812 芯片和外设间的附加延时有关。

6. 空间切换

当从 XINTF 的一个空间切换到另一个空间时，低速外设可能需要额外的时钟周期来释放总线。这时用户可以指定一个特殊的空间，在该空间与其他空间来回切换的过程中增加额外的周期。增加的周期数可以在 XBANK 寄存器中配置。

7. XMP/$\overline{\text{MC}}$ 信号对 XINTF 的影响

在复位时，F2812 芯片采样 XMP/$\overline{\text{MC}}$ 引脚，其值被锁存到 XINTF 的配置寄存器 XINTCNF2 中。该引脚的状态将决定使能 Boot ROM 还是使能 Zone7 空间。

如果 XMP/$\overline{\text{MC}}$=1（微处理器模式），Zone7 空间被使能，并且中断向量从外部存储器获取。在这种情况下，为了能够正确地执行代码，必须将复位向量指针指向一个有效的存放执行代码的存储空间。

如果 XMP/$\overline{\text{MC}}$= 0（微计算机模式），Boot ROM 被使能，Zone7 空间被屏蔽。复位时中断向量从内部 Boot ROM 中获取，Zone7 空间不能被访问。复位后，可以通过修改 XINTCNF2 寄存器中的状态位来使 MP/$\overline{\text{MC}}$=1，从而实现对 Zone7 空间的访问。

提示： 在硬件仿真环境中，由于 CCS 控制，CPU 从 H0 启动，所以在从 0x3F 8000 开始的空间内应当存放仿真程序的启动代码。

3.2.6　外部接口 DMA 访问

外部接口 XINTF 支持外部程序数据存储器的 DMA 传输，这个过程由 $\overline{\text{XHOLD}}$ 和 $\overline{\text{XHOLDA}}$ 信号控制完成。如果 $\overline{\text{XHOLD}}$ 输入为一个低电平，请求外部接口输出信号将保持其高阻状态。当完成对所有外部接口的访问后，$\overline{\text{XHOLDA}}$ 会输出一个低电平，来通知外部扩展单元的输出处于高阻状态，其他设备可以控制访问外设或存储器。

当检测到有效的 $\overline{\text{XHOLD}}$ 信号时，可以通过 XINTCNF2 寄存器中的 HOLD 模式位使能自动产生 $\overline{\text{XHOLDA}}$ 信号，允许外部总线的访问。在 HOLD 模式下，CPU 可以继续执行片上存储器的程序。当 $\overline{\text{XHOLDA}}$ 输出低电平时，如果要访问外部接口，将产生一个没有准备好的信息，同时会停止处理器。XINTCNF2 寄存器的状态位显示 $\overline{\text{XHOLD}}$ 和 $\overline{\text{XHOLDA}}$ 的状态。

当 $\overline{\text{XHOLD}}$ 有效，如果 CPU 试图向 XINTF 写数据，则会造成 CPU 的阻塞。这时写缓冲被屏蔽，所写的数据并不会被缓存。

寄存器 XINTCNF2 中的 HOLD 模式位优先于 $\overline{\text{XHOLD}}$ 的输入信号，因此，用户可以使用代码，确定何时有 $\overline{\text{XHOLD}}$ 请求或检测是不是 $\overline{\text{XHOLD}}$ 请求。

在执行任何操作前，$\overline{\text{XHOLD}}$ 输入信号和 XINTF 的输入同步，同步与 XTIMCLK 有关。XINTCNF2 寄存器的 HOLDS 位反映当前的 $\overline{\text{XHOLD}}$ 输入同步状态。复位时，使能 HOLD 模式，允许使用 $\overline{\text{XHOLD}}$ 请求从外部存储器引导加载程序。如果在复位过程中 $\overline{\text{XHOLD}}$ 信号为低电平，与正常操作一样，$\overline{\text{XHOLDA}}$ 信号输出低电平。

在上电过程中，将忽略$\overline{\text{XHOLD}}$同步锁存中不确定的值，并且时钟稳定时将会被刷新，同步锁存不需要复位。如果检测到$\overline{\text{XHOLD}}$有效低，只有当所有挂起的 XINTF 周期完成后，$\overline{\text{XHOLDA}}$才输出低电平。

3.2.7　外部接口操作时序

图3-2-11给出了各种 XTIMCLK 和 XCLKOUT 模式的时序图，假设 X2TIMING=0，Lead=2，Active=2，Trail=2。

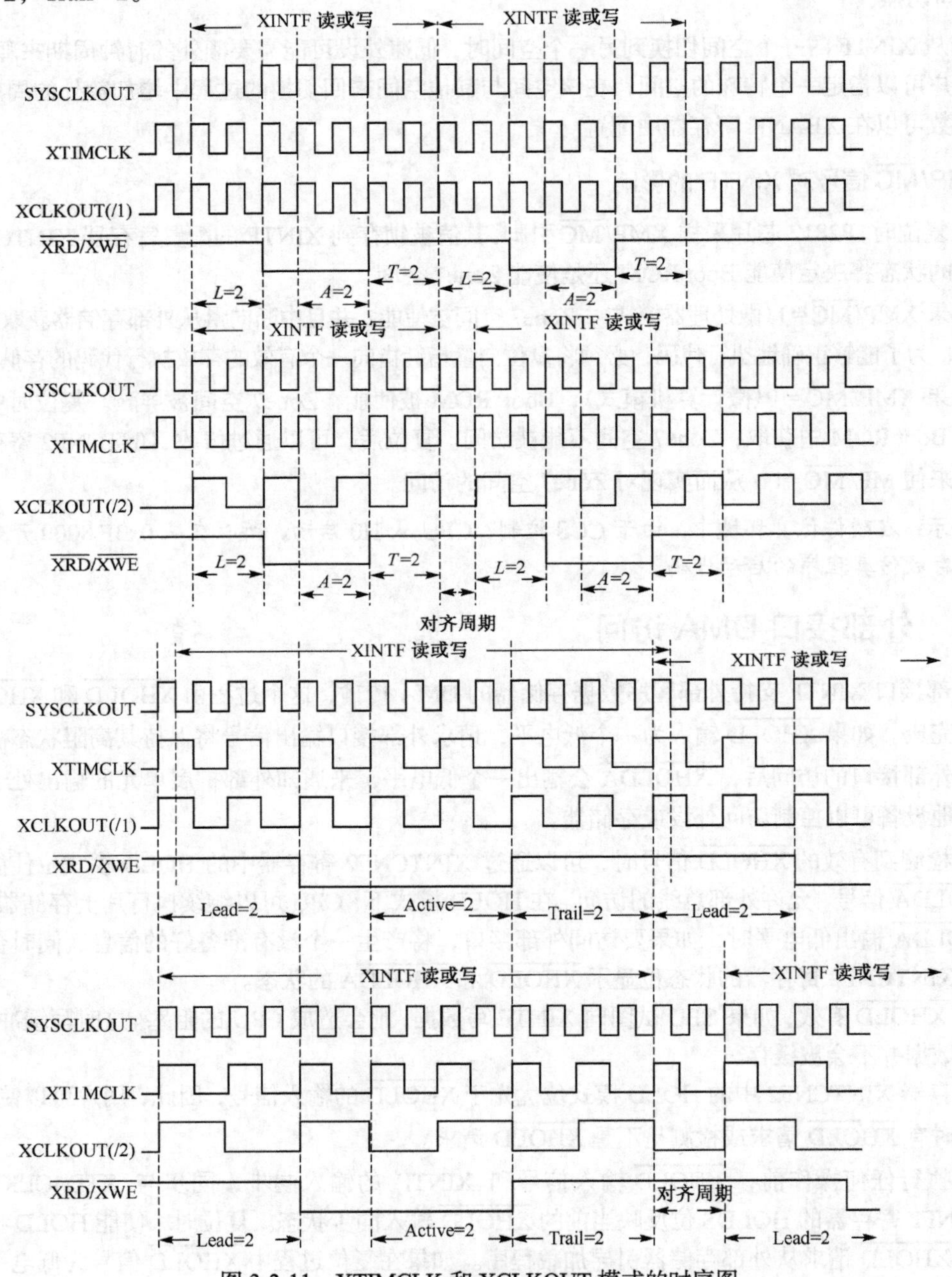

图 3-2-11　XTIMCLK 和 XCLKOUT 模式的时序图

当 XTIMCLK=SYSCLKOUT 时读周期的波形图如图3-2-12所示。

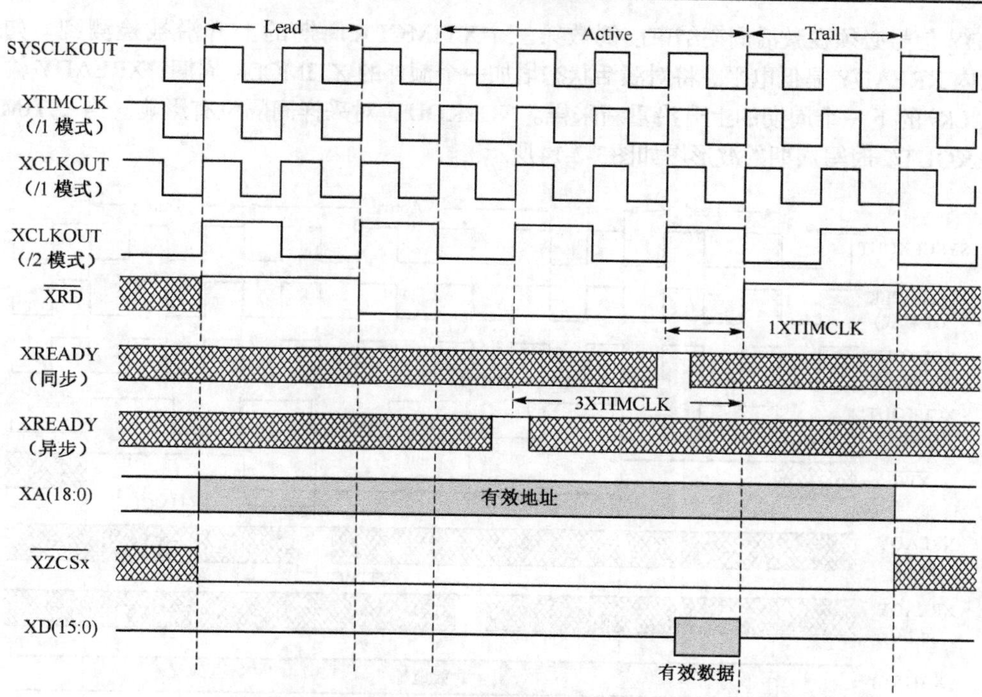

图 3-2-12　读周期波形图(XTIMCLK = SYSCLKOUT 模式)

当 XTIMCLK=SYSCLKOUT/2 时读周期的波形图如图3-2-13 所示。

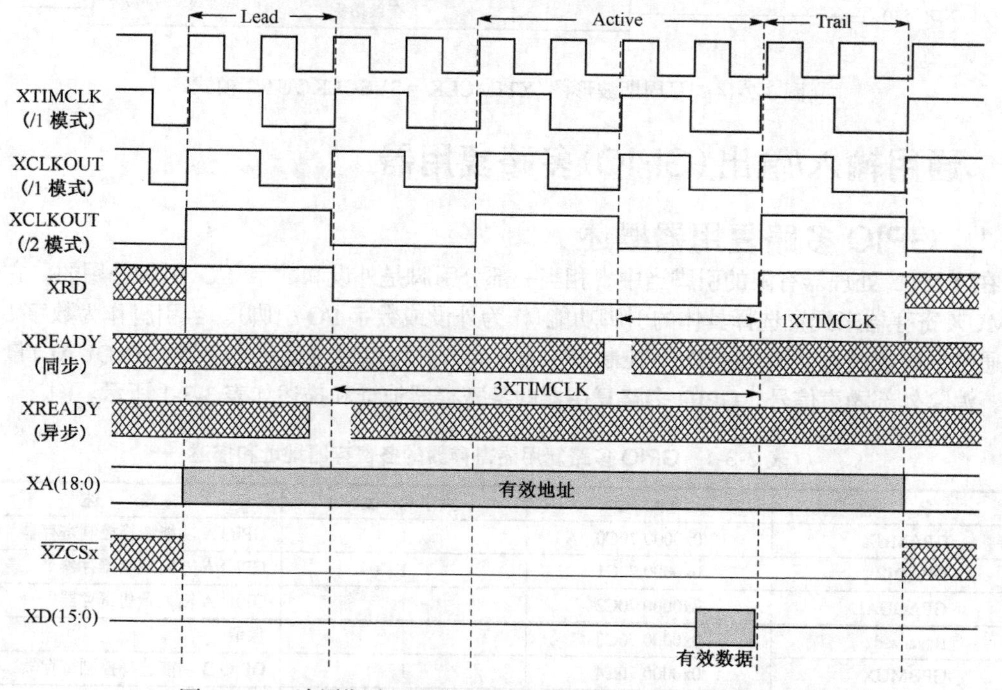

图 3-2-13　读周期波形图(XTIMCLK = SYSCLKOUT/2 模式)

每个空间可以对 XREADY 信号进行同步或异步检测，或者不检测。如果采用同步采样方式，XREADY 信号必须在激活周期结束前一个 XTIMCLK 周期的上升沿被检测到。如果异步采样，

XREADY 信号必须在激活周期结束前倒数第三个XTIMCLK周期的上升沿被检测到。如果在采样间歇内 XREADY 是低电平，将对激活状态增加一个额外的 XTIMCLK 周期，XREADY 输入会在 XTIMCLK 的下一个周期的上升沿重新采样。XCLKOUT 对采样间隔没有影响。当 XTIMCLK = SYSCLKOUT/2 时写周期的波形图如图3-2-14所示。

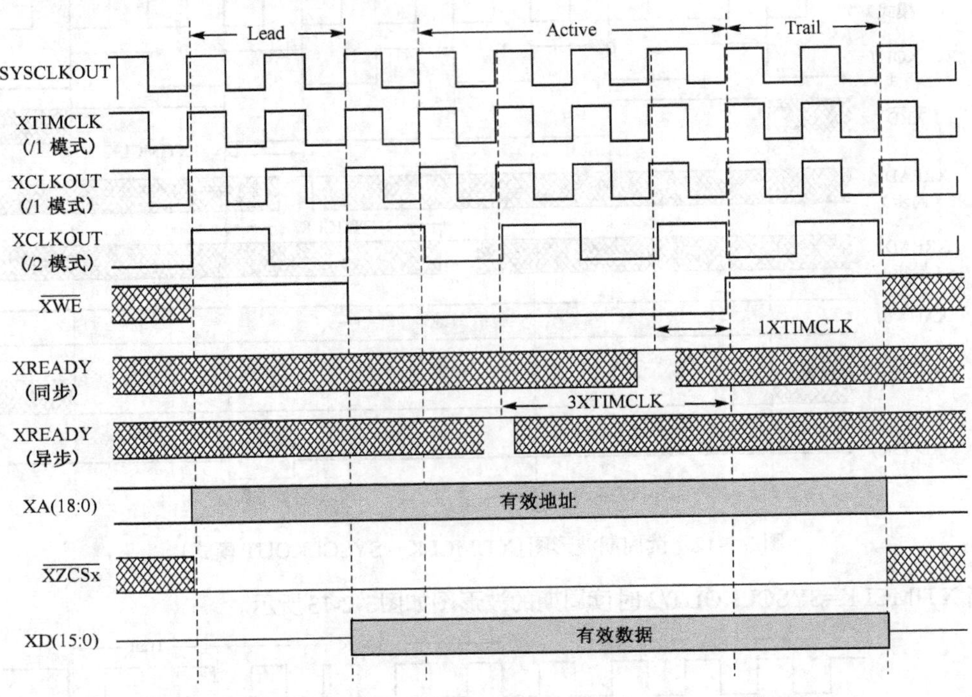

图 3-2-14 写周期波形图(XTIMCLK = SYSCLKOUT/2 模式)

3.3 通用输入/输出(GPIO)多路复用器

3.3.1 GPIO 多路复用器概述

在 F2812 处理器有限的引脚当中，相当一部分引脚是外设和数字 I/O 引脚公用的。它们通过 GPxMUX 寄存器来配置选择具体的引脚功能(作为外设或数字 I/O 引脚)。当引脚作为数字 I/O 时，可以通过方向控制寄存器(GPxDIR)控制 I/O 的方向，并可以通过量化寄存器(GPxQUAL)量化输入信号，消除外部噪声信号。GPIO 多路复用器的各寄存器地址和描述如表 3-3-1 所示。

表 3-3-1 GPIO 多路复用器寄存器的各寄存器地址和描述

名 称	地 址	大小(16 位)	描 述
GPAMUX	0x0000 70C0	1	GPIO A 功能选择控制寄存器
GPADIR	0x0000 70C1	1	GPIO A 方向控制寄存器
GPAQUAL	0x0000 70C2	1	GPIO A 输入量化寄存器
Reserved	0x0000 70C3	1	保留
GPBMUX	0x0000 70C4	1	GPIO B 功能选择控制寄存器
GPBDIR	0x0000 70C5	1	GPIO B 方向控制寄存器
GPBQUAL	0x0000 70C6	1	GPIO B 输入量化寄存器
Reserved	0x0000 70C7～ 0x0000 70CB	5	保留

续表

名　称	地　址	大小(16 位)	描　述
GPDMUX	0x0000 70CC	1	GPIO D 功能选择控制寄存器
GPDDIR	0x0000 70CD	1	GPIO D 方向控制寄存器
GPDQUAL	0x0000 70CE	1	GPIO D 输入量化寄存器
Reserved	0x0000 70CF	1	保留
GPEMUX	0x0000 70D0	1	GPIO E 功能选择控制寄存器
GPEDIR	0x0000 70D1	1	GPIO E 方向控制寄存器
GPEQUAL	0x0000 70D2	1	GPIO E 输入量化寄存器
Reserved	0x0000 70D3	1	保留
GPFMUX	0x0000 70D4	1	GPIO F 功能选择控制寄存器
GPFDIR	0x0000 70D5	1	GPIO F 方向控制寄存器
Reserved	0x0000 70D6～0x0000 70D7	2	保留
GPGMUX	0x0000 70D8	1	GPIO G 功能选择控制寄存器
GPGDIR	0x0000 70D9	1	GPIO G 方向控制寄存器
Reserved	0x0000 70DA～0x0000 70DF	6	保留

如果多功能引脚配置成数字 I/O 模式，芯片将用寄存器来对相应的引脚进行操作。GPxSET 寄存器设置每个 I/O 信号；GPxCLEAR 寄存器清除每个 I/O 信号；GPxTOGGLE 寄存器反转触发各个 I/O 信号；GPxDAT 寄存器读写各个 I/O 信号。表 3-3-2 给出了 GPIO 数据寄存器的地址和描述。

表 3-3-2　GPIO 的数据寄存器地址和描述

名　称	地　址	大小(16 位)	描　述
GPADAT	0x000 070E0	1	GPIO A 数据寄存器
GPASET	0x000 070E1	1	GPIO A 置位寄存器
GPACLEAR	0x000 070E2	1	GPIO A 清 0 寄存器
GPATOGGLE	0x000 070E3	1	GPIO A 取反寄存器
GPBDAT	0x000 070E4	1	GPIO B 数据寄存器
GPBSET	0x000 070E5	1	GPIO B 置位寄存器
GPBCLEAR	0x000 070E6	1	GPIO B 清 0 寄存器
GPBTOGGLE	0x0000 70E7	1	GPIO B 取反寄存器
Reserved	0x0000 70E8～0x0000 70EB	4	保留
GPDDAT	0x0000 70EC	1	GPIO D 数据寄存器
GPDSET	0x0000 70ED	1	GPIO D 置位寄存器
GPDCLEAR	0x0000 70EE	1	GPIO D 清除寄存器
GPDTOGGLE	0x0000 70EF	1	GPIO D 取反寄存器
GPEDAT	0x0000 70F0	1	GPIO E 数据寄存器
GPESET	0x0000 70F1	1	GPIO E 置位寄存器
GPECLEAR	0x0000 70F2	1	GPIO E 清 0 寄存器
GPETOGGLE	0x0000 70F3	1	GPIO E 取反寄存器
GPFDAT	0x0000 70F4	1	GPIO F 数据寄存器
GPFSET	0x0000 70F5	1	GPIO F 置位寄存器
GPFCLEAR	0x0000 70F6	1	GPIO F 清 0 寄存器
GPFTOGGLE	0x0000 70F7	1	GPIO F 取反寄存器

续表

名　称	地　址	大小(16 位)	描　述
GPGDAT	0x0000 70F8	1	GPIO G 数据寄存器
GPGSET	0x0000 70F9	1	GPIO G 置位寄存器
GPGCLEAR	0x0000 70FA	1	GPIO G 清 0 寄存器
GPGTOGGLE	0x0000 70FB	1	GPIO G 取反寄存器
Reserved	0x0000 70FC～0x0000 70FF	4	保留

GPIO 的功能选择框图如图3-3-1 所示。从图中可以看出，GPIO 的数字输入功能和外设输入功能的路径总是畅通的；而数字输出功能和外设输出功能通过多路开关相互切换。但是，引脚的输出缓冲器总是连回到输入缓冲器，所以作为数字 I/O 使用时，输出数字信号可能回传到外设输入，从而意外触发中断。因此，当某个引脚被配置成数字 I/O 时，引脚相应的外设功能(包括中断)必须被禁止。

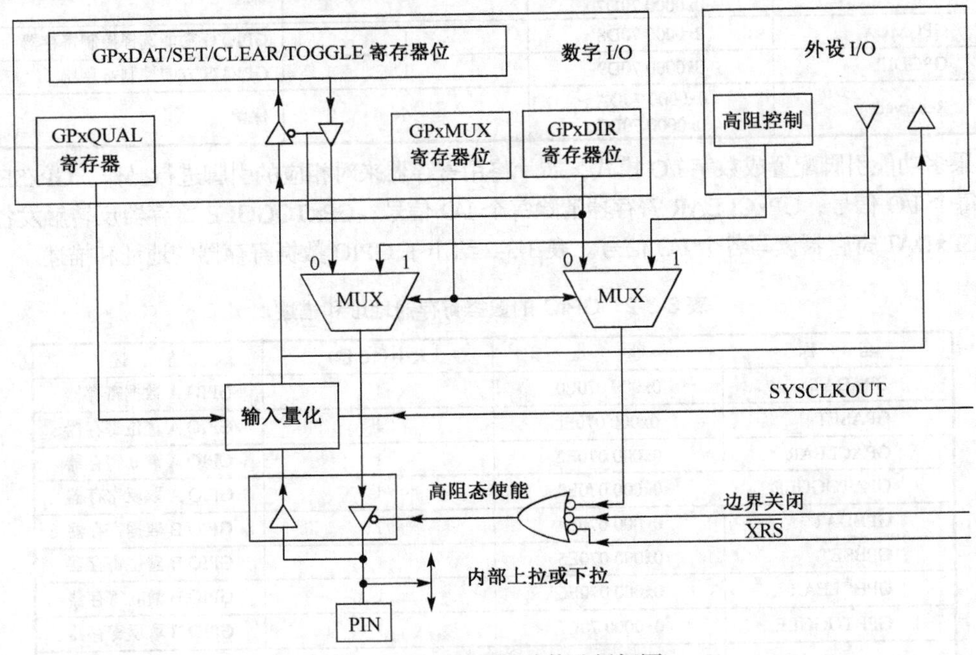

图 3-3-1　GPIO 的功能选择框图

这些引脚无论工作在何种模式，用户都可以通过 GPxDAT 寄存器读取相应引脚的状态。此外，作为数字 I/O 时，GPxQUAL 寄存器用来量化采样周期。如采样窗口是 6 个采样周期宽度，那么只有当 6 个采样数据相同时输出才会改变，如图3-3-2所示。这个功能可以有效地消除毛刺脉冲对输入信号的干扰。

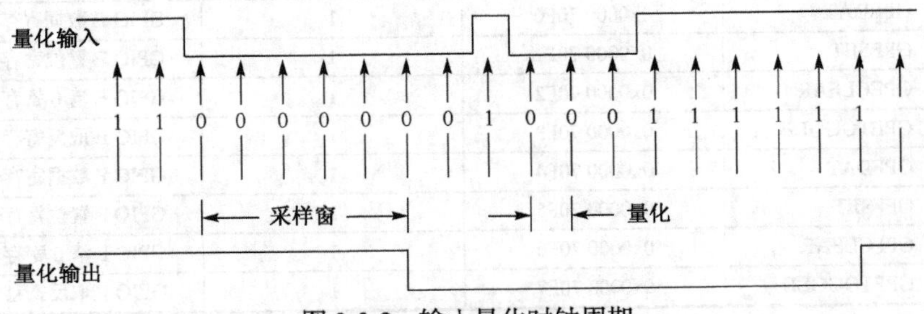

图 3-3-2　输入量化时钟周期

3.3.2 GPIO 多路复用器的寄存器

GPIO 口的工作方式可以通过配置功能控制、方向、数据、设置、清 0 和反转触发等寄存器实现。

1. GPxMUX 寄存器

每个 I/O 口都有一个功能选择寄存器。该寄存器配置 I/O 口工作在外设操作模式还是 I/O 模式。在复位时，所有 GPIO 配置为 I/O 功能。

- 如果 GPxMUX.bit=0，配置为 I/O 功能；
- 如果 GPxMUX.bit=1，配置为外设功能。

I/O 的输入功能和外设的输入通道总是被使能的，输出通道是 GPIO 和外设公用的。因此，如果把引脚配置成为 I/O 功能，就必须屏蔽其相应的外设功能，否则将会产生随机的中断信号。

2. GPxDIR 寄存器

每个 I/O 口都有方向控制寄存器，用来配置 I/O 的方向(输入/输出)。复位时所有 GPIO 配置为输入。

- 如果 GPxDIR.bit=0，引脚配置为输入；
- 如果 GPxDIR.bit=1，引脚配置为输出。

3. GPxDAT 寄存器

每个 I/O 口都有数据寄存器。数据寄存器是可读/写寄存器，如果 I/O 配置为输入，反映当前经过量化后 I/O 输入信号的状态。如果 I/O 配置为输出，向寄存器写值设定 I/O 的输出。

- 如果 GPxDAT.bit=0，且设置为输出功能，将相应的引脚拉低；
- 如果 GPxDAT.bit=1，且设置为输出功能，将相应的引脚拉高。

4. GPxSET 寄存器

每个 I/O 口都有一个设置寄存器，该寄存器是只写寄存器，任何读操作都将返回 0。如果将相应的引脚配置成输出，写 1 后相应的引脚将会被拉高，写 0 时没有影响。

- 如果 GPxSET.bit=0，没有影响；
- 如果 GPxSET.bit=1，且引脚设置为输出，将相应的引脚置成高电平。

5. GPxCLEAR 寄存器

每个 I/O 口都有一个清 0 寄存器，该寄存器是只写寄存器，任何读操作都将返回 0。如果相应的引脚配置成输出，写 1 后相应的引脚将会被拉低，写 0 时没有影响。

- 如果 GPxCLEAR.bit=0，没有影响；
- 如果 GPxCLEAR.bit=1，且引脚设置为输出，将相应的引脚置成低电平。

6. GPxTOGGLE 寄存器

每个 I/O 口都有一个反转触发寄存器，该寄存器是只写寄存器，任何读操作都将返回 0。如果相应的引脚配置成输出，写 1 后相应的引脚信号将会被取反，写 0 时没有影响。

- 如果 GPxTOGGLE.bit=0，没有影响；
- 如果 GPxTOGGLE.bit=1，且引脚设置为输出，将相应的引脚取反。

7. GPxQUAL 寄存器

每个 I/O 口都有一个输入量化寄存器，该寄存器可以读/写，可以通过 GPxQUAL 寄存器来改善输入信号，去除噪声。GPxQUAL 寄存器各位的定义如图3-3-3 所示，其各位的功能在表 3-3-3 中做了详细说明。

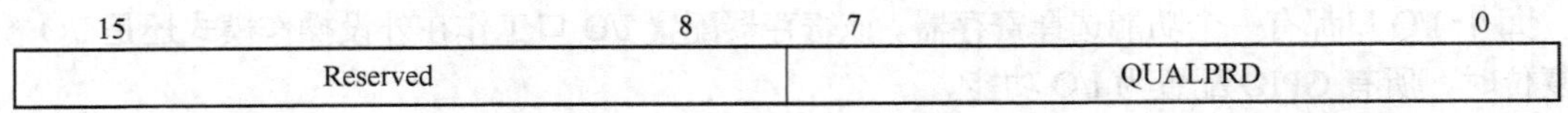

图 3-3-3　GPxQUAL 寄存器

表 3-3-3　GPxQUAL 寄存器的功能定义

位	名　称	说　明
15～8	Reserved	保留
7～0	QUALPRD	指定采样周期 0x00：不限制(仅与 SYSCLKOUT 同步) 0x01：QUALPRD=2 个 SYSCLKOUT 周期 0x02：QUALPRD=4 个 SYSCLKOUT 周期 … 0xFF：QUALPRD=512 个 SYSCLKOUT 周期

3.3.3　GPIO 应用举例

本节介绍利用 GPIO 通过 GPxDAT、GPxSET/ GPxCLEAR、GPxTOGGLE 寄存器向 F2812 芯片外部输出数据的 3 种方法，如果用户希望使用哪种方法只需将下面的例子中相应的 EXAMPLE*x* 设为 1。注意，只能有一个 EXAMPLE*x* 为 1，当 EXAMPLE1 为 1 时，使用 DATA 寄存器触发 I/O 引脚；当 EXAMPLE2 为 1 时，使用 SET/CLEAR 寄存器触发 I/O 引脚；当 EXAMPLE3 为 1 时，使用 TOGGLE 寄存器触发 I/O 引脚。

例 3-3-1：利用 GPIO 引脚输出数字量例程。

```
//###########################################################################
// 文件:  Example_281xGpioToggle.c
// 说明:  DSP281x 芯片 GPIO 反转触发测试程序
//###########################################################################
#include "DSP281x_Device.h"
#include "DSP281x_Examples.h"
//选择被编译的例子，只有一个例子设为 1，其他的设为 0
#define EXAMPLE1  1       //使用 DATA 寄存器触发 I/O 引脚
#define EXAMPLE2  0       //使用 SET/CLEAR 寄存器触发 I/O 引脚
#define EXAMPLE3  0       //使用 TOGGLE 寄存器触发 I/O 引脚
//文件中定义的函数原型声明
void delay_loop(void);
void Gpio_select(void);
void Gpio_example1(void);
void Gpio_example2(void);
void Gpio_example3(void);
void main(void)
{
   //Step 1.系统初始化系统控制: PLL、看门狗、使能外部时钟
   InitSysCtrl();
   //Step 2. 初始化 GPIO
```

```
    //InitGpio();              //本例中采用下面的配置，跳过
    Gpio_select();
    //Step 3.清除所有中断，初始化 PIE 向量表
    DINT;                      //关全局中断
    InitPieCtrl();
    IER = 0x0000;              //关 CPU 级中断
    IFR = 0x0000;              //清除所有 CPU 级中断标志位
    InitPieVectTable();
    //Step 4. 用户代码
    #if  EXAMPLE1              //本例使用 DATA 寄存器触发 I/O 引脚
     Gpio_example1();
    #endif  // - EXAMPLE1
    #if  EXAMPLE2              //本例使用 SET/CLEAR 寄存器触发 I/O 引脚
     Gpio_example2();
    #endif
    #if  EXAMPLE3              //本例使用 TOGGLE 寄存器触发 I/O 引脚
     Gpio_example3();
    #endif
}
void delay_loop()
{
    short i;
    for (i = 0; i < 1000; i++) {}
}
void Gpio_example1(void)
{
    //用 DATA 寄存器触发 I/O 引脚。注意：当使用 DATA 寄存器输入值可能丢失，如果在
    //I/O 口有输入数据，最好使用 CLEAR/SET/TOGGLE 寄存器代替
    while(1)
    {
       GpioDataRegs.GPADAT.all = 0xAAAA;
       GpioDataRegs.GPBDAT.all = 0xAAAA;
       GpioDataRegs.GPDDAT.all = 0x0022;
       GpioDataRegs.GPEDAT.all = 0x0002;
       GpioDataRegs.GPFDAT.all = 0xAAAA;
       GpioDataRegs.GPGDAT.all = 0x0020;
       delay_loop();
       GpioDataRegs.GPADAT.all = 0x5555;
       GpioDataRegs.GPBDAT.all = 0x5555;
       GpioDataRegs.GPDDAT.all = 0x0041;      //仅有 4 个 I/O 引脚
       GpioDataRegs.GPEDAT.all = 0x0005;      //仅有 3 个 I/O 引脚
       GpioDataRegs.GPFDAT.all = 0x5555;
       GpioDataRegs.GPGDAT.all = 0x0010;      //仅有 2 个 I/O 引脚
       delay_loop();
    }
}
void Gpio_example2(void)
{
    //用 SET/CLEAR 寄存器触发 I/O 引脚
    while(1)
    {
```

```
        GpioDataRegs.GPASET.all = 0xAAAA;
        GpioDataRegs.GPACLEAR.all = 0x5555;
        GpioDataRegs.GPBSET.all = 0xAAAA;
        GpioDataRegs.GPBCLEAR.all = 0x5555;
        GpioDataRegs.GPDSET.all = 0x0022;
        GpioDataRegs.GPDCLEAR.all = 0x0041;          //仅有4个I/O引脚
        GpioDataRegs.GPESET.all = 0x0002;
        GpioDataRegs.GPECLEAR.all = 0x0005;          //仅有3个I/O引脚
        GpioDataRegs.GPFSET.all = 0xAAAA;
        GpioDataRegs.GPFCLEAR.all = 0x5555;
        GpioDataRegs.GPGSET.all = 0x0020;
        GpioDataRegs.GPGCLEAR.all = 0x0010;          //仅有2个I/O引脚
        delay_loop();
        GpioDataRegs.GPACLEAR.all = 0xAAAA;
        GpioDataRegs.GPASET.all = 0x5555;
        GpioDataRegs.GPBCLEAR.all = 0xAAAA;
        GpioDataRegs.GPBSET.all = 0x5555;
        GpioDataRegs.GPDCLEAR.all = 0x0022;
        GpioDataRegs.GPDSET.all = 0x0041;            //仅有4个I/O引脚
        GpioDataRegs.GPECLEAR.all = 0x0002;
        GpioDataRegs.GPESET.all = 0x0005;            //仅有3个I/O引脚
        GpioDataRegs.GPFCLEAR.all = 0xAAAA;
        GpioDataRegs.GPFSET.all = 0x5555;
        GpioDataRegs.GPGCLEAR.all = 0x0020;
        GpioDataRegs.GPGSET.all = 0x0010;            //仅有2个I/O引脚
        delay_loop();
    }
}
void Gpio_example3(void)
{
    //用TOGGLE寄存器触发I/O引脚，设置引脚为已知状态
    GpioDataRegs.GPASET.all = 0xAAAA;
    GpioDataRegs.GPACLEAR.all = 0x5555;
    GpioDataRegs.GPBSET.all = 0xAAAA;
    GpioDataRegs.GPBCLEAR.all = 0x5555;
    GpioDataRegs.GPDSET.all = 0x0022;
    GpioDataRegs.GPDCLEAR.all = 0x0041;              //仅有4个I/O引脚
    GpioDataRegs.GPESET.all = 0x0002;
    GpioDataRegs.GPECLEAR.all = 0x0005;              //仅有3个I/O引脚
    GpioDataRegs.GPFSET.all = 0xAAAA;
    GpioDataRegs.GPFCLEAR.all = 0x5555;
    GpioDataRegs.GPGSET.all = 0x0020;
    GpioDataRegs.GPGCLEAR.all = 0x0010;              //仅有2个I/O引脚
    //用TOGGLE寄存器反转引脚状态，任何位写1反转，写0不反转
    while(1)
    {
       GpioDataRegs.GPATOGGLE.all = 0xFFFF;
       GpioDataRegs.GPBTOGGLE.all = 0xFFFF;
       GpioDataRegs.GPDTOGGLE.all = 0xFFFF;
       GpioDataRegs.GPETOGGLE.all = 0xFFFF;
       GpioDataRegs.GPFTOGGLE.all = 0xFFFF;
```

```
        GpioDataRegs.GPGTOGGLE.all = 0xFFFF;
        delay_loop();
    }
}
void Gpio_select(void)
{
    Uint16 var1;
    Uint16 var2;
    Uint16 var3;
    var1= 0x0000;                                    //设置 GPIO 多路复用为 I/O 功能
    var2= 0xFFFF;                                    //设置 GPIO 方向为输出
    var3= 0x0000;                                    //设置输入采样限定值
    EALLOW;
    GpioMuxRegs.GPAMUX.all = var1;
    GpioMuxRegs.GPBMUX.all = var1;
    GpioMuxRegs.GPDMUX.all = var1;
    GpioMuxRegs.GPFMUX.all = var1;
    GpioMuxRegs.GPEMUX.all = var1;
    GpioMuxRegs.GPGMUX.all = var1;
    GpioMuxRegs.GPADIR.all = var2;                   //GPIO 方向为输出
    GpioMuxRegs.GPBDIR.all = var2;                   //GPIO 方向为输出
    GpioMuxRegs.GPDDIR.all = var2;
    GpioMuxRegs.GPEDIR.all = var2;
    GpioMuxRegs.GPFDIR.all = var2;
    GpioMuxRegs.GPGDIR.all = var2;
    GpioMuxRegs.GPAQUAL.all = var3;                  //设置输入采样限定值
    GpioMuxRegs.GPBQUAL.all = var3;
    GpioMuxRegs.GPDQUAL.all = var3;
    GpioMuxRegs.GPEQUAL.all = var3;
    EDIS;
}
```

有的程序可能会用到初始化 GPIO 子程序，我们把包含这个子程序的文件 DSP281x_Gpio.c 列出来。

```
//###########################################################################
// 文件: DSP281x_Gpio.c
// 说明: DSP281x 通用 I/O 初始化函数
//###########################################################################
#include "DSP281x_Device.h"
#include "DSP281x_Examples.h"
// 初始化 GPIO，该函数将 GPIO 初始化到已知状态
void InitGpio(void)
{
    //设置 GPIO A 口引脚，AL(位 7:0)(输入)-AH(位 15:8))(输出)
    //输入采样限定值=0，不限定
    EALLOW;
    GpioMuxRegs.GPAMUX.all = 0x0000;
    GpioMuxRegs.GPADIR.all = 0xFF00;        //高字节输出，低字节输入
    GpioMuxRegs.GPAQUAL.all = 0x0000;       //输入采样限定关闭
    //设置 GPIO B 口引脚为 EVB 信号
```

```
    //输入采样限定值=0，不限定
    //将位写 1 配置为片内外设功能
    GpioMuxRegs.GPBMUX.all = 0xFFFF;
    GpioMuxRegs.GPBQUAL.all = 0x0000;      //输入采样限定关闭
    EDIS;
}
```

本章小结

本章重点介绍了 F2812 片上存储器的组成和分配、片外存储器/外设扩展，以及通用 IO 接口的原理及使用方法。由于在 DSP 系统的开发过程中，需要读者为应用程序及数据分配存储空间，因此掌握片内和片外存储器空间的特点和使用方式十分重要。此外，在很多应用场合 DSP 芯片需要与外设进行数据交换，通用 IO 接口是主要的渠道之一，因此也需要特别注意。本章学习要求如下：

- 理解 F2812 的程序数据空间统一寻址方式，结合图 3-1-2 熟练掌握片内片外地址空间的映射，掌握 SARAM M0/M1/L0/L1/H0、Flash、OTP ROM、Boot ROM、外设帧 0/1/2 及 XINTF Zone0/1/2/6/7 各部分的起始地址、空间大小和用途。
- 掌握 XINTF 各区域间的关系，能够配置 XINTF 寄存器，了解 XINTF Zone7 与 Boot ROM 启动模式的区别，能用 F2812 XINTF 的读写时序指导编程。
- 掌握外部存储器和其他片外外设的扩展方法。
- 掌握 GPIO 管脚复用特性，掌握 GPIO 各寄存器的配置，会查会用。

本章同样有很多基本概念可以和逻辑概念、物理概念进行对应理解，如哈佛总线结构、寻址空间、存储空间、外部扩展接口(XINTF)和 GPIO 多路复用器等。下表给出了外部扩展接口基本概念、逻辑概念、物理概念的对应关系。

基本概念	逻辑概念	物理概念	应　用
外部扩展接口(XINTF)有 5 个独立的存储空间： Zone0 Zone1 Zone2 Zone6 Zone7	每个 XINTF 空间都有其相应的地址，既有区别又相互联系：Zone 0 的寻址范围为 8 K： 0x00 2000~0x00 3FFF Zone1 的寻址范围为 8 K： 0x00 4000~0x00 5FFF Zone2 的寻址范围为 512 K： 0x08 0000~0x09 FFFF Zone6 的寻址范围为 512 K： 0x10 0000~0x17 FFFF Zone7 的寻址范围为 16 k 0x3F C000~0x3F FFFF	这 5 个空间共享外部 19 根地址总线 XA0～XA18 和 16 根数据总线 XD0～XD15。共用 3 根片选信号，即引脚 $\overline{\text{XZCS0AND1}}$、$\overline{\text{XZCS2}}$、$\overline{\text{XZCS6AND7}}$。 XINTF 扩展 SRAM 的实物图为：	当内部数据存储器不够用的时候，可以通过 XINTF 进行片外的 Flash 或 RAM 扩展。9.1.6 节将给出使用 XINTF Zone2 扩展 64 K×16 位的 SRAM (IS61LV6416-10T) 的例子。

习题与思考题

1．对照图 3-1-2，请分析程序、数据空间统一寻址这一概念的具体含义。

2．请分析 Zone0 和 Zone1，以及 Zone2 和 Zone6 空间的特点和应用上的区别。

3．请分析 Boot ROM 与 XINTF 的 Zone6、Zone7 地址之间的关系。

4．假设 X2TIMING＝1，Lead＝2，Active＝4，Trail＝2，试画出 XTIMCLK＝SYSCLKOUT 时 XINTF 的读、写周期的波形图。

5．请分析通过 GPIO 有几种方法向外输出数字量 0 或 1。

第 4 章　中断管理和复位

学习要点

- F2812 芯片中断的种类及特点
- 中断相关寄存器的作用和设置方法
- 中断扩展模块(PIE)的组成原理和中断工作流程
- 初始化中断模块的方法

中断请求信号是由软件或硬件激发的信号，这些信号可以使 CPU 暂停目前执行的主程序，转而去执行中断服务程序。通常中断请求由外围设备和片上硬件产生，以便 CPU 实现数据的传送或接收(如 ADC、DAC 或其他设备)。中断也可作为特殊事件发生的标志信号(如定时器计数器的溢出)。

CPU 的中断可以由软件触发(INTR、OR IFR 或 TRAP 指令)，也可以通过硬件触发(来自某个引脚、片内外设或片外外设)。如果有多个硬件中断被同时触发，CPU 就按照它们的中断优先级来响应。无论是软件中断还是硬件中断，每个 C28x 系列芯片的所有中断都可归结为以下两类：

- 可屏蔽中断：这些中断可以用软件禁止或使能。
- 不可屏蔽中断：这些中断不能被禁止。CPU 将立即响应这类中断并执行相应的中断服务程序。所有软件触发的中断都属于不可屏蔽中断。

CPU 按如下的 4 个步骤处理中断：

(1) 接收中断请求。必须由软件中断(在程序代码中)或硬件中断(从一个引脚或一个片上设备)提出请求去暂停当前主程序的执行。

(2) 响应中断。如果是可屏蔽中断，CPU 必须满足一定的条件才能响应它。对于不可屏蔽硬件中断和软件中断，CPU 会立即做出响应。

(3) 准备执行中断服务程序并保存寄存器值。主要的执行过程如下：

① 将当前指令执行完，清除流水线中还没有执行到译码 2 阶段的所有指令。

② 将寄存器 ST0、T、AH、AL、PH、PL、AR0、AR1、DP、ST1、DBGSTAT、PC 和 IER 的内容保存到堆栈中，以便自动保存主程序运行状态(现场保护)。

③ 取出中断向量并把它放入程序计数器 PC 中。

(4) 执行中断服务程序。CPU 调用相应的中断服务程序 ISR。CPU 调入预先规定的向量地址，并执行已写好的 ISR。

4.1　中断向量和优先级

C28x 系列芯片支持 32 个 CPU 级中断向量，包括复位向量。每个向量是一个 22 位的地址，该地址是相应中断服务程序(ISR)的入口地址。每个向量被保存在两个地址连续的存储器单元中(每个存储单元为 16 位，两个共 32 位)。其中，该空间的低地址保存向量的低 16 位(LSBs)，其高地址则以右对齐方式保存向量的高 6 位(MSBs)。当中断被响应后，其 22 位的向量被取出，而该空间高地址的高 10 位被忽略。

表 4-1-1 列出了中断向量及其存储位置。地址按十六进制方式保存。表 4-1-1 也反映出了每种硬件中断的优先级情况。

表 4-1-1 中断向量和优先级

向 量	绝对地址(十六进制)		硬件优先级	说 明
	VMAP = 0	VMAP = 1		
RESET	00 0000h	3F FFC0h	1(最高)	复位
INT1	00 0002h	3F FFC2h	5	可屏蔽中断 1
INT2	00 0004h	3F FFC4h	6	可屏蔽中断 2
INT3	00 0006h	3F FFC6h	7	可屏蔽中断 3
INT4	00 0008h	3F FFC8h	8	可屏蔽中断 4
INT5	00 000Ah	3F FFCAh	9	可屏蔽中断 5
INT6	00 000Ch	3F FFCCh	10	可屏蔽中断 6
INT7	00 000Eh	3F FFCEh	11	可屏蔽中断 7
INT8	00 0010h	3F FFD0h	12	可屏蔽中断 8
INT9	00 0012h	3F FFD2h	13	可屏蔽中断 9
INT10	00 0014h	3F FFD4h	14	可屏蔽中断 10
INT11	00 0016h	3F FFD6h	15	可屏蔽中断 11
INT12	00 0018h	3F FFD8h	16	可屏蔽中断 12
INT13	00 001Ah	3F FFDAh	17	可屏蔽中断 13
INT14	00 001Ch	3F FFDCh	18	可屏蔽中断 14
DLOGINT*	00 001Eh	3F FFDEh	19(最低)	可屏蔽数据日志中断
RTOSINT*	00 0020h	3F FFE0h	4	可屏蔽实时操作系统中断
Reserved	00 0022h	3F FFE2h	2	保留
NMI	00 0024h	3F FFE4h	3	不可屏蔽中断
ILLEGAL	00 0026h	3F FFE6h	—	非法指令陷阱
USER1	00 0028h	3F FFE8h	—	用户定义软件中断
USER2	00 002Ah	3F FFEAh	—	用户定义软件中断
USER3	00 002Ch	3F FFECh	—	用户定义软件中断
USER4	00 002Eh	3F FFEEh	—	用户定义软件中断
USER5	00 0030h	3F FFF0h	—	用户定义软件中断
USER6	00 0032h	3F FFF2h	—	用户定义软件中断
USER7	00 0034h	3F FFF4h	—	用户定义软件中断
USER8	00 0036h	3F FFF6h	—	用户定义软件中断
USER9	00 0038h	3F FFF8h	—	用户定义软件中断
USER10	00 003Ah	3F FFFAh	—	用户定义软件中断
USER11	00 003Ch	3F FFFCh	—	用户定义软件中断
USER12	00 003Eh	3F FFFEh	—	用户定义软件中断

注：*DLOGINT 和 RTOSINT 中断是内部仿真逻辑向 CPU 发出的中断。

向量表可以映射到程序空间的底部或顶部，这取决于状态寄存器 ST1 中的向量映射位 VMAP，如果 VMAP 位是 0，向量就映射在以 00 0000h 开始的地址上；如果其值是 1，向量就映射到以 3F FFC0h 开始的地址上。表 4-1-1 列出了两种情况下的绝对地址。

VMAP 位可以由 SETC VMAP 指令置 1，由 CLRC VMAP 指令清 0。VMAP 的复位值是 1。

4.2 可屏蔽中断

$\overline{\text{INT1}}$ ～ $\overline{\text{INT14}}$ 是 14 个通用中断，而 DLOGINT(数据日志中断)和 RTOSINT(实时操作系统中断)是为仿真目的而设计的中断。这些中断得到了 3 个专用寄存器的支持，即 IFR(中断标志寄存器)、IER(中断使能寄存器)和 DBGIER(调试中断使能寄存器)。

提示： PIE 级中断也是可屏蔽中断，将在 4.7 节详细阐述。

16 位寄存器 IFR 包含的标志位表明相应中断在等待 CPU 的响应。CPU 在每个时钟周期都会对芯片内的 CPU 外部输入引线 $\overline{\text{INT1}}$ ～ $\overline{\text{INT14}}$ 进行检测。如果识别出中断信号，IFR 相应的位就被置位、锁存。对于 DLOGINT 或 RTOSINT，CPU 片内分析逻辑送来的信号使得相应标志位被置位、锁存。通过 OR IFR 指令可以同时置位 IFR 的一位或多位。

IER 和 DBGIER 包含的每一位可独立地使能或禁止可屏蔽中断。要使能 IER 的某个中断，可以将 IER 中的相应位置 1；同样，要使能 DBGIER 的中断，可以将 DBGIER 中的相应位置 1。DBGIER 表明了当 CPU 处于实时仿真模式时哪些中断可以使用。

可屏蔽中断也利用状态寄存器 ST1 的 D0 位，即全局中断屏蔽位 INTM，进行全局中断的使能和关闭。当 INTM＝0 时，全局中断使能；当 INTM＝1 时，全局中断关闭。可以利用 SETC INTM 和 CLRC INTM 指令（或 DINT、EINT）对 INTM 进行置 1 和清 0。

当一个中断标志被锁存在 IFR 中，直到 IER、DBGIER 和 INTM 位被使能，CPU 才响应相应的中断。如表 4-2-1 所示，使能可屏蔽中断的条件取决于所使用的中断处理过程。通常，CPU 处于标准处理过程，忽略 DBGIER。若 DSP 工作在实时仿真模式下，并且 CPU 被暂停，将会采用不同的处理过程，即使用 DBGIER，而忽略 INTM 位（如果 DSP 工作在实时模式，CPU 正在运行，则可以使用标准的中断处理）。

表 4-2-1　使能可屏蔽中断的条件

中断处理过程	使能可屏蔽中断的条件
标准	INTM=0，IER 中的相应位是 1
DSP 工作在实时仿真模式且 CPU 暂停	IER 和 DBGIER 中的相应位是 1

一旦产生中断请求并已被正确地使能，CPU 就准备执行相应的中断服务程序。例如，中断 $\overline{\text{INT5}}$ 对应 IER 和 DBGIER 中的 D4 位，在标准中断处理过程中，当 INTM＝0 和 IER(4)＝1 时，$\overline{\text{INT5}}$ 使能；在 DSP 工作于实时模式且暂停时，当 IER(4)＝1 和 DBGIER(4)＝1，$\overline{\text{INT5}}$ 使能。

4.2.1　中断标志寄存器（IFR）

IFR 寄存器的各位分配如图4-2-1所示，各位功能定义如表 4-2-2 所示。若一个可屏蔽中断等待 CPU 响应，则 IFR 的相应位是 1，否则 IFR 的相应位是 0。为了识别未响应中断，可以利用 PUSH IFR 指令，然后测试堆栈的值。运用 OR IFR 指令可以置 IFR 各位为 1，运用 AND IFR 指令来清 0 未响应中断。当一个硬件中断正在被服务或正在执行一个 INTR 指令时，相应的 IFR 位被清 0。利用指令 AND IFR，#0 或硬件复位可以对所有的未响应中断进行清 0。

15	14	13	12	11	10	9	8
RTOSINT	DLOGINT	INT14	INT13	INT12	INT11	INT10	INT9
R/W-0	R/W-0	R/W-0	R/W-0	R/W-0	R/W-0	R/W-0	R/W-0

7	6	5	4	3	2	1	0
INT8	INT7	INT6	INT5	INT4	INT3	INT2	INT1
R/W-0	R/W-0	R/W-0	R/W-0	R/W-0	R/W-0	R/W-0	R/W-0

注：R= 可读；W= 可写；-0= 复位后的值

图 4-2-1　中断标志寄存器（IFR）

表 4-2-2 IFR 寄存器各位功能定义

位	名 称	说 明
15	RTOSINT	实时操作系统中断标志 RTOSINT = 0 RTOSINT 已响应 RTOSINT = 1 RTOSINT 未响应
14	DLOGINT	数据日志中断标志 DLOGINT = 0 DLOGINT 已响应 DLOGINT = 1 DLOGINT 未响应
13～0	INT*x*	INT*x* 标志(*x* = 1, 2, 3,…,14) INT*x* = 0 $\overline{\text{INT}x}$ 已响应 INT*x* = 1 $\overline{\text{INT}x}$ 未响应

4.2.2 中断使能寄存器(IER)和调试中断使能寄存器(DBGIER)

IER 寄存器的各位分配如图 4-2-2 所示，各位功能定义如表 4-2-3 所示。若要使能某个中断，把它的相应位置 1；若要禁止某个中断，把它的相应位清 0。可以使用 MOV 指令的两种用法对 IER 进行读/写。另外，OR IER 指令可以置 IER 各位为 1，AND IER 指令可以清 IER 各位为 0。当一个硬件中断正在被服务或正在执行 INTR 指令时，相应的 IER 位被清 0。复位时，IER 的所有位都被清 0，关闭所有中断。

注意： 当一个中断请求由 TRAP 指令发出时，如果该中断在 IER/IFR 的相应位为 1，CPU 并不会自动清除它。如果需要清 0，则必须在中断服务程序中将其清 0。

15	14	13	12	11	10	9	8
RTOSINT	DLOGINT	INT14	INT13	INT12	INT11	INT10	INT9
R/W-0	R/W-0	R/W-0	R/W-0	R/W-0	R/W-0	R/W-0	R/W-0

7	6	5	4	3	2	1	0
INT8	INT7	INT6	INT5	INT4	INT3	INT2	INT1
R/W-0	R/W-0	R/W-0	R/W-0	R/W-0	R/W-0	R/W-0	R/W-0

注：R = 可读；W = 可写；−0 = 复位后的值

图 4-2-2 中断使能寄存器(IER)

表 4-2-3 IER 寄存器各位功能定义

位	名 称	说 明
15	RTOSINT	实时操作系统中断使能位 RTOSINT = 0 RTOSINT 中断禁止 RTOSINT = 1 RTOSINT 中断使能
14	DLOGINT	数据日志中断使能位 DLOGINT = 0 DLOGINT 中断禁止 DLOGINT = 1 DLOGINT 中断使能
13～0	INT*x*	INT*x* 使能位(*x* = 1, 2, 3,…,14) INT*x* = 0 $\overline{\text{INT}x}$ 中断禁止 INT*x* = 1 $\overline{\text{INT}x}$ 中断使能

注意： 当执行 AND IER 和 OR IER 指令时，应确保它们不会修改状态位 15(RTOSINT)，除非当前处于实时操作系统模式。

DBGIER 寄存器的各位分配如图 4-2-3 所示，各位功能定义如表 4-2-4 所示。只有当 CPU 处于实时仿真模式且被暂停时才使用该寄存器。CPU 工作在实时仿真模式且被暂停时产生的中断称为临界时间中断(time-critical interrupt)，只有当与之相应的 IER 和 DBGIER 中的各位同时被使能时该中断才能被服务。如果 CPU 正运行在实时仿真模式下，则使用标准的中断处理过程且忽略 DBGIER。

15	14	13	12	11	10	9	8
RTOSINT	DLOGINT	INT14	INT13	INT12	INT11	INT10	INT9
R/W-0	R/W-0	R/W-0	R/W-0	R/W-0	R/W-0	R/W-0	R/W-0

7	6	5	4	3	2	1	0
INT8	INT7	INT6	INT5	INT4	INT3	INT2	INT1
R/W-0	R/W-0	R/W-0	R/W-0	R/W-0	R/W-0	R/W-0	R/W-0

注：R= 可读；W=可写；-0= 复位后的值

图 4-2-3　调试中断使能寄存器(DBGIER)

表 4-2-4　DBGIER 各位功能定义

位	名　称	说　明
15	RTOSINT	实时操作系统中断使能位 RTOSINT=0　RTOSINT 中断禁止 RTOSINT=1　RTOSINT 中断使能
14	DLOGINT	数据日志中断使能位 DLOGINT=0　DLOGINT 中断禁止 DLOGINT=1　DLOGINT 中断使能
13～0	INT*x*	INT*x* 使能位(*x*=1, 2, 3,…, 14) INT*x*=0　$\overline{\text{INT}x}$ 中断禁止 INT*x*=1　$\overline{\text{INT}x}$ 中断使能

如同 IER 一样，可以通过读 DBGIER 来识别中断的使能或禁止，并通过写 DBGIER 使能或禁止中断。若要使能中断，应把 DBGIER 的相应位置 1；若要禁止中断，应把它的相应位清 0。用 PUSH DBGIER 指令对 DBGIER 进行读操作，用 POP DBGIET 指令对 DBGIER 进行写操作。在复位时，DBGIER 的所有位被清 0。

4.2.3　可屏蔽中断的标准操作

图4-2-4 中的流程图给出了标准中断处理过程。当同时有多个中断发出请求时，CPU 按照其优先级的高低依次为它们服务(优先级如表4-1-1 所示)。图4-2-4 并不是对如何处理某个实际中断的确切描述，而是对这个过程的概括性介绍，其步骤如下。

(1) 向 CPU 发送中断请求。当以下的任一事件发生时发送中断请求：

- 片内引线 $\overline{\text{INT1}}$～$\overline{\text{INT14}}$ 中的一个为低电平；
- CPU 仿真逻辑向 CPU 发出 DLOGINT 和 RTOSINT 信号；
- 通过 OR IFR 指令对 $\overline{\text{INT1}}$～$\overline{\text{INT14}}$、DLOGINT 和 RTOSINT 之一进行触发。

(2) 置位相应的 IFR 标志位。当 CPU 在步骤(1)测试到一个有效中断时，它就把中断标志寄存器中的相应位置 1 并锁存。这一标志位一直保持锁存，即使到步骤(3)该中断仍未响应，该标志也一直保持锁存。

(3) 检测中断是否在 IER 中被使能，是否通过 INTM 位使能了全局中断。只有在 IER 中的相应位为 1 和 ST1 中的 INTM 位为 0 时 CPU 才响应中断。一旦中断被使能并被 CPU 响应，则在 CPU 开始执行中断服务程序(步骤(13))之前，其他的中断才能得到响应。

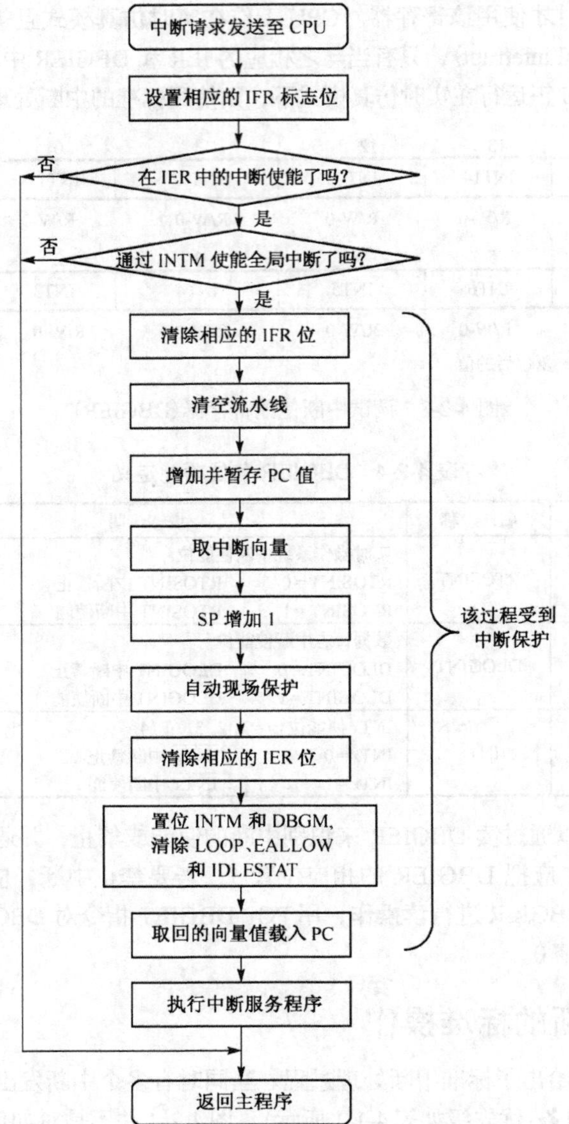

图 4-2-4 CPU 可屏蔽中断的标准操作

(4) 清 0 相应的 IFR 位。在中断被响应后，IFR 中相应位被立即清 0。如果中断信号保持为低，则 IFR 寄存器的位就被重新置 1。只是该中断并不会立即得到再次服务。CPU 阻止新的硬件中断直到中断服务程序 ISR 开始。另外，IER 中相应位在 ISR 开始之前被清 0(步骤(10))。因此，直到 ISR 中 IER 相应位被重新置位，同一来源的中断不能再次被服务。

(5) 清空流水线。CPU 将会执行完已经到达或完成指令流水线中译码 2 阶段的指令，其他任何还未到达该步的指令都会被清除。

(6) 增加和临时存储 PC 值。PC 根据当前指令的大小增加 1 或 2。其结果是被返回地址，此地址临时保存在内部保持寄存器。在自动现场保护中(步骤(9))，返回地址将送入堆栈。

(7) 取出中断向量。PC 中装入相应中断向量的地址，中断向量就是从该地址中取出。

(8) SP 增 1。堆栈指针 SP 加 1 以便为自动现场保护(步骤(9))做准备。在自动现场保护时，

CPU 进行 32 位的存取，CPU 通过存储器管理器把 32 位的存取安排到偶数地址。而 SP 加 1 确保 32 位的存取不会覆盖以前的堆栈值。

(9) 执行自动现场保护。许多寄存器的值会被自动保存在堆栈中。这些寄存器成对存放，通过一个单独的 32 位的操作将每一对保存起来。在每一个 32 位的保存操作结束后 SP 加 2。表 4-2-5 列出了保存寄存器对的顺序。CPU 通过存储器管理器将所有的 32 位保存在对齐的偶字节地址，而 SP 并不受影响。

(10) 清 0 相应的 IER 位。在步骤(9)将 IER 寄存器存入堆栈后，CPU 将 IER 中与被处理中断相对应的位清 0，这起到阻止同一中断再次进入的作用。如果想再次进行一次中断，则需利用 ISR 将 IER 再次置 1。

(11) 将 INTM 和 DBGM 置 1，将 LOOP、EALLOW 和 IDLESTAT 清 0。所有的这些位都在状态寄存器 ST1 中。通过对 INTM 位置 1，CPU 可以防止可屏蔽中断影响 ISR 执行。如果需要中断，则应在 ISR 中对 INTM 位清 0。通过对 DBGM 位置 1，CPU 可以阻止调试事件影响 ISR 中的临界时间代码。如果不想关闭调试事件，则应该在 ISR 中对 DBGM 位清 0。CPU 清 0 LOOP 位、EALLOW 位和 IDLESTAT 位以保证 ISR 在一种新的环境中进行。

(12) 取出向量装载 PC。用步骤(7)中取回的向量装载 PC。此向量可以使程序控制 ISR。

(13) 执行中断服务程序(ISR)。在此阶段 CPU 运行用户为处理中断而准备的程序代码。在例 4-2-1 中有关于 ISR 的解释。尽管在第(10)步中自动存储了一些寄存器的值，但如果在 ISR 中使用了其他寄存器，则在 ISR 的开始就应该保存这些寄存器的值。在从 ISR 返回之前将这些值恢复。ISR 保存和恢复辅助寄存器 AR1H:AR0H、XAR2～XAR7 和临时寄存器 XT 的操作如例 4-2-1 所示。如果要使外设知道中断正在执行，可以用 IACK 指令发送一个中断通知信号。IACK 指令接受一个 16 位的常数操作数并将这个 16 位数发送到数据写数据总线 DWDB 的低 16 位上。

(14) 继续执行主程序。如果中断没有被 CPU 响应，则该中断就被忽略，继续执行主程序。如果中断被响应，就执行中断服务程序(ISR)，然后返回到被暂停的地址处(在返回地址处)继续执行主程序。

表 4-2-5　寄存器对的存储和现场保护时 SP 的位置

存储操作*	寄存器对	保存地址的 0 位	
		SP 从奇数地址开始	SP 从偶数地址开始
		1←步骤(8)前 SP 的位置	1
第 1 个	ST0	0	0←步骤(8)前 SP 的位置
	T	1	1
第 2 个	AL	0	0
	AH	1	1
第 3 个	PL**	0	0
	PH	1	1
第 4 个	AR0	0	0
	AR1	1	1
第 5 个	ST1	0	0
	DP	1	1
第 6 个	IER	0	0
	DBGSTAT***	1	1
第 7 个	返回地址(低位)	0	0
	返回值(高位)	1	1
		0←保存后 SP 的位置	0
		1	1←保存后 SP 的位置

注：*所有寄存器成对保存。

** P 寄存器保存时带 0 移位(CPU 忽略状态寄存器 ST0 的乘积移位模式位 PM 的当前状态)。

*** DBGSTAT 寄存器保存着特殊的仿真信息。

例 4-2-1：ISR 的例子(用于现场保护)。

```
INTX:                       ;用于现场保护 8 周期
PUSH    AR1H: AR0H          ;32 位
PUSH    XAR2                ;32 位
PUSH    XAR3                ;32 位
PUSH    XAR4                ;32 位
PUSH    XAR5                ;32 位
PUSH    XAR6                ;32 位
PUSH    XAR7                ;32 位
PUSH    XT                  ;32 位
…                           ;用于恢复现场 8 个周期
POP XT
POP XAR7
POP XAR6
POP XAR5
POP XAR4
POP XAR3
POP XAR2
POP XAR1H:AR0H
IRET
                            ;共用 16 周期
```

4.3 不可屏蔽中断

不可屏蔽中断不能被任何使能位(INTM 位、DBGM 位和 IFR、IER、DBGIER 中的使能位)禁止。C28x 立即响应这种类型中断，并执行相应的中断服务程序。但有一个例外，当 CPU 处于实时仿真模式且被暂停时，不响应任何正常中断。

C28x 不可屏蔽中断包括：

(1) 软件中断(INTR 和 TRAP 指令)。

(2) 硬件中断 $\overline{\text{NMI}}$。

(3) 非法指令陷阱。

(4) 硬件复位中断($\overline{\text{RS}}$)。

4.3.1 INTR 指令

可以通过 INTR 指令对中断 $\overline{\text{INT1}}$ ~ $\overline{\text{INT14}}$、DLOGINT、RTOSINT 和 $\overline{\text{NMI}}$ 进行激发。例如，可以利用 INTR INT1 指令去执行 $\overline{\text{INT1}}$ 的中断服务程序。

用 INTR 指令激发的中断如何执行则要看指定的是哪种类型的中断。

(1) $\overline{\text{INT1}}$ ~ $\overline{\text{INT14}}$、DLOGINT 和 RTOSINT。这些可屏蔽中断在 IFR 中有相应的标志位，当外部引脚接收到一个中断请求时，相应的 IFR 位置 1，则这个中断必须使能。作为对比，当这些中断之一由 INTR 指令激发时，相应的 IFR 位并不会被置 1，而中断仍将被响应和服务，并且与任何使能位的值无关。然而在其他方面，INTR 指令和硬件请求又有相同之处。例如，它们在中断过程中都会清 0 IFR 中相应的位。

(2) $\overline{\text{NMI}}$。由于它是一个不可屏蔽中断，引脚上的硬件请求和用 INTR 指令激发的软件请求导致的结果是一样的。这种结果与执行 TRAP 指令一样。

4.3.2　TRAP 指令

可以利用 TRAP 指令来激发任何中断，包括用户定义的软件中断(见表 4-1-1 中的 USER1～USER12)。TRAP 指令可以操作 32 个 CPU 级中断(0～31)中的任何一个。例如，可以利用 TRAP #1 指令执行 INT1 的中断服务程序。

该指令不受 IFR 和 IER 中各位的影响，也不影响 IFR 和 IER 中的任何位。图 4-3-1 表示由 TRAP 指令对中断进行初始化的功能流程图。

说明： TRAP #0 并不能激发完整的复位中断。它只是强制执行与 RESET 中断向量对应的中断服务程序。

下面详细解释图 4-3-1 的各步骤。

(1) 取出 TRAP 指令。CPU 从程序存储器中取出 TRAP 指令。需要的中断向量已经被设置为一个操作数并被编码在指令字中。在这一过程中，其他中断不能被响应直到 CPU 开始执行中断服务程序(步骤(9))。

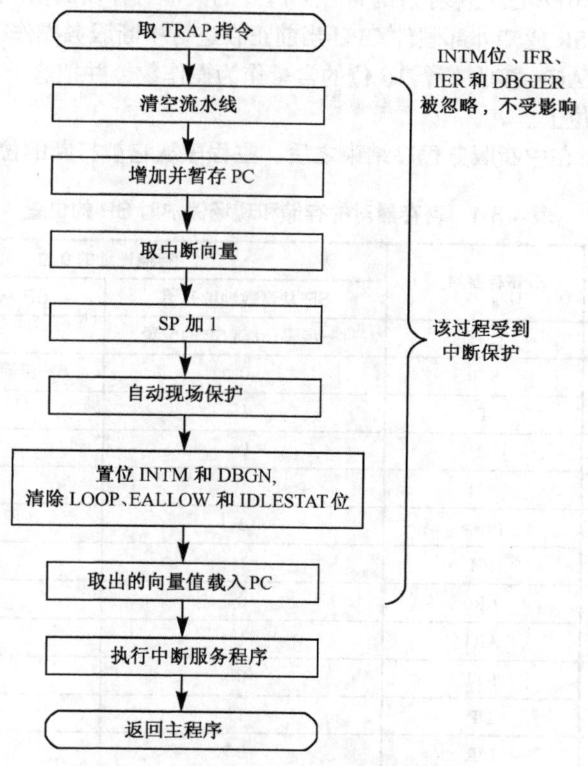

图 4-3-1　TRAP 指令初始化中断的功能流程图

(2) 清空流水线。CPU 将完成所有到达或经过流水线译码 2 阶段的指令，还未到达这一阶段的任何指令都被清除。

(3) PC 增 1 并暂存 PC 值。PC 增加 1，该值是程序的返回地址，它临时存储在一个内部保持寄存器中。在自动现场保护中(步骤(6))返回值将被存入堆栈中。

(4) 取出中断向量。PC 被设置为指向相应的中断向量位置(取决于 VMAP 位和中断)，当前 PC 所指向的中断向量将在步骤(8)载入 PC(如何为每个中断分配中断向量地址见 4.1 节)。

(5) SP 增 1。堆栈指针 SP 的值增 1，为自动现场保护做准备(步骤(6))。在自动现场保护中，CPU 执行 32 位的存取操作，并从偶数地址开始，SP 增 1 确保第一个 32 位操作不会覆盖以前的堆栈值。

(6) 执行自动现场保护。很多寄存器值会自动保存到堆栈中。这些寄存器成对存储，每一对寄存器在单独的一个 32 位操作中被存储，在每一个 32 位的保存操作结束后，SP 增加 2。表 4-3-1 说明了寄存器对和它们被存储的顺序。所有的 32 位存储都安排在偶字节地址，但 SP 并不受影响。

(7) 将 INTM 和 DBGM 置 1，将 LOOP、EALLOW 和 IDLESTAT 清 0。所有这些位都在状态寄存器 ST1 中。CPU 通过置 INTM 位为 1 来防止可屏蔽中断影响 ISR 执行。如果想嵌套中断，则需要在 ISR 中清 INTM 位为 0。CPU 通过置 DBGM 位为 1 来防止调试事件影响 ISR 中的临界时间代码。如果不想关闭调试事件则需要在 ISR 中清 DBGM 位为 0。CPU 将 LOOP、EALLOW 和 IDLESTAT 清 0 以便 ISR 在新的环境中进行。

(8) 用取出的向量装载 PC。用步骤(4)中取出的中断向量装载 PC。

(9) 执行中断服务程序。CPU 运行用户已经准备好的中断服务程序代码。用户也可以通过中断服务程序 ISR 保存除第(6)步已经保存过的寄存器以外的其他寄存器的值。例 4-2-1 就说明了一个典型的 ISR。如果要利用 ISR 通知外部硬件 CPU 当前正在进行中断服务操作，则可以使用 IACK 指令来发送中断通知信号；IACK 接收一个 16 位的常量作为操作数，并把这个 16 位的值放到数据写数据总线 DWDB 的低 16 位上。

(10) 返回主程序。在中断服务程序结束之后，主程序从它被打断的位置继续执行。

表 4-3-1 寄存器对的存储和现场保护时 SP 的位置

存储操作*	寄存器对	存储地址的 0 位	
		SP 从奇数地址开始	SP 从偶数地址开始
		1←步骤(5)前 SP 的位置	1
第 1 个	ST0	0	0←步骤(5)前 SP 的位置
	T	1	1
第 2 个	AL	0	0
	AH	1	1
第 3 个	PL**	0	0
	PH	1	1
第 4 个	AR0	0	0
	AR1	1	1
第 5 个	ST1	0	0
	DP	1	1
第 6 个	IER	0	0
	DBGSTAT***	1	1
第 7 个	返回地址(低位)	0	0
	返回地址(高位)	1	1
		0←保存后 SP 的位置	0
		1	1←保存后 SP 的位置

注：* 所有的寄存器成对存储。

** P 寄存器保存时进行 0 移位(CPU 忽略当前状态寄存器 ST0 中的乘积移位模式位(PM)的状态)。

*** DBGSTAT 寄存器包含特殊的仿真信息。

4.3.3 不可屏蔽硬件中断

通过$\overline{\text{NMI}}$输入引脚可以进行不可屏蔽硬件中断请求，该引脚必须在低电平时才可以激发中断。CPU 一旦在$\overline{\text{NMI}}$引脚上检测到一个有效请求，就将按 TRAP 指令中所示的方式来处理。需要说明的是，尽管$\overline{\text{NMI}}$不可以被屏蔽，但有一些调试执行状态是$\overline{\text{NMI}}$所不能服务的。

4.4 非法指令陷阱

以下 3 种情况中的任一种都会造成非法指令陷阱:

(1) 无效的指令被译码(也包括无效的寻址模式);

(2) 操作码 0000h 被译码时，这个代码对应于指令 ITRAP0;

(3) 操作码 FFFFh 被译码时，这个代码对应于指令 ITRAP1。

非法指令陷阱不能被禁止，即使在仿真过程中也不能。一旦被激发，则非法指令陷阱的中断操作就像 TRAP #19 指令一样。非法指令陷阱把返回地址保存到堆栈中是中断操作的一部分，因此用户可以通过检查保存在堆栈中的这个数值来查找被破坏的地址。

提示: 在 CCS 环境下查看反汇编窗口时，一些没有使用的空间内容多是 0000h，这些 0000h 被反汇编成 ITRAP0。

4.5 复位操作

当复位输入信号$\overline{\text{RS}}$产生后，CPU 就会进入一个确定状态。CPU 将放弃所有当前操作，清空流水线，并且 CPU 的寄存器按表 4-5-1 所示进行复位，然后取出 RESET 中断向量，从而执行相应的中断服务程序。

表 4-5-1　复位后的寄存器

寄 存 器	位	复位后的值	说　明
ACC	所有	0000 0000h	
XAR0～7	所有	0000 0000h	
DP	所有	0000h	DP 指向数据页 0
IFR	16 位	0000h	没有未响应的中断。所有在复位时的未响应中断都被清 0
IER	16 位	0000h	在 IER 中可屏蔽中断被关闭
DBGIER	所有	0000h	在 DBGIER 中可屏蔽中断被关闭
P	所有	0000 0000h	
PC	所有	3F FFC0h	PC 由地址 00 0000h 或 3F FFC0h 的复位中断向量赋值
RPC	所有	0000h	
SP	所有	0400h	SP 指向地址 0400h
ST0	0：SXM	0	禁止有符号扩展
	1：OVM	0	关闭溢出模式
	2：TC	0	
	3：C	0	
	4：Z	0	
	5：N	0	
	6：V	0	
	7～9：PM	000b	乘积移位模式被设为左移 1 位
	10～15：OVC	00 0000b	

续表

寄 存 器	位	复位后的值	说 明
ST1	0：INTM	1	可屏蔽中断被全局禁止。它们不能接受服务，除非 C28x 工作在实时模式并且 CPU 被暂停
	1：DBGM	1	仿真访问和调试事件被关闭
	2：PAGE0	0	PAGE0 堆栈寻址模式打开，PAGE0 直接寻址模式被关闭
	3：VMAP	1	中断向量映射到程序存储器地址 3FFFC0h～3FFFFFh
	4：SPA	0	
	5：LOOP	0	
	6：EALLOW	0	向仿真寄存器进行读/写功能被关闭
	7：IDLESTAT	0	
ST1	8：AMODE	0	C27x/C28x 寻址模式
	9：OBJMODE	0	C27x 目标模式
	10：Reserved	0	
	11：MOM1MAP	1	
	12：XF	0	XFS 输出信号低
	13～15：ARP	000b	ARP 指向 AR0
XT	所有	0000 0000h	

4.6 低功耗模式

F2812/2810 的低功耗模式与 F240x 的低功耗模式基本相同，各种操作模式如表 4-6-1 所示。

表 4-6-1 F2812 的低功耗模式

低功耗模式	LPMCR0(1:0)	OSCCLK	CLKIN	SYSCLKOUT	唤醒信号
IDLE	00	On	On	On	$\overline{\text{XRS}}$ WAKEINT 任何被使能的中断 XNMI_XINT13
STANDBY	01	On (看门狗仍然运行)	Off	Off	$\overline{\text{XRS}}$ WAKEINT XINT1 XNMI_XINT13，$\overline{\text{T1/2/3/4CTRIP}}$ $\overline{\text{C1/2/3/4/5/6TRIP}}$，SCIRXDA SCIRXDB CANRX 仿真调试
HALT	1X	Off (晶振和锁相环关闭，看门狗不工作)	Off	Off	$\overline{\text{XRS}}$ XNMI_XINT13 仿真调试

1．低功耗模式概述

(1) IDLE 模式：任何被使能的中断或 NMI 中断都可以使处理器退出 IDLE 模式。在这种模式下，如果 LPMCR0[1:0]位都设置成零，低功耗模块(LPM)将不完成任何工作。

(2) HALT 模式：只有复位 $\overline{\text{XRS}}$ 和 XNMI_XINT13 外部信号能够唤醒器件，使其退出 HALT 模式。在 XMNICR 寄存器(该寄存器将在 4.7.5 节介绍)中，有一使能/禁止 XNMI 位。

(3) STANDBY 模式：如果在 LPMCR1 寄存器中被选中，所有信号(包括 XNMI)都能够将处理器从 STANDBY 模式唤醒，用户必须选择具体哪个信号唤醒处理器。在唤醒处理器之前，要通过 OSCCLK 确认被选定的信号，OSCCLK 的周期数在 LPMCR0 寄存器中确定。

2．低功耗模式寄存器

低功耗模式通过 LPMCR0 和 LPMCR1 两个寄存器来控制，具体如图 4-6-1、图 4-6-2，表 4-6-2、表 4-6-3 所示。

（1）低功耗模式控制寄存器 0（LPMCR0）

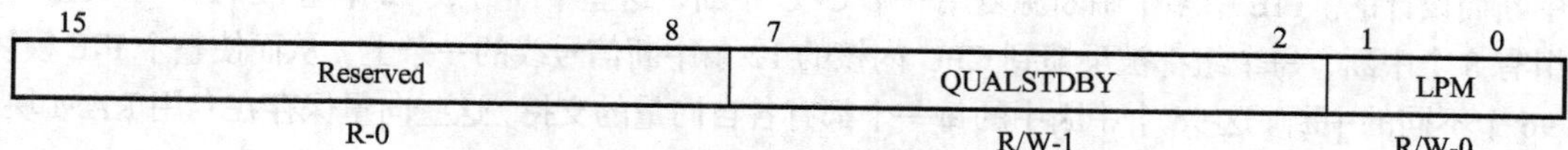

图 4-6-1 低功耗模式控制寄存器 0（LPMCR0）

表 4-6-2 低功耗模式控制寄存器 0 功能定义

位	名 称	描 述
15～8	Reserved	保留
7～2	QUALSTDBY	确定从低功耗模式唤醒到正常工作模式的时钟周期个数： 000000：2 OSCCLKs 000001：3 OSCCLKs … 111111：65 OSCCLKs
1～0	LPM	设置低功耗模式

（2）低功耗模式控制寄存器 1（LPMCR1）

15	14	13	12	11	10	9	8
CANRX	SCIRXB	SCIRXA	C6TRIP	C5TRIP	C4TRIP	C3TRIP	C2TRIP
R/W-0	R/W-0	R/W-0	R/W-0	R/W-0	R/W-0	R/W-0	R/W-0

7	6	5	4	3	2	1	0
C1TRIP	T4CTRIP	T3CTRIP	T2CTRIP	T1CTRIP	WDINT	XNMI	XINT1
R/W-0	R/W-0	R/W-0	R/W-0	R/W-0	R/W-0	R/W-0	R/W-0

图 4-6-2 低功耗模式控制寄存器 1（LPMCR1）

表 4-6-3 低功耗模式控制寄存器 1 功能定义

位	名 称	描 述
0	XINT1	如果相应的控制位设置为 1，则使能对应的信号，将器件从低功耗模式唤醒，进入正常工作模式；如果设置为 0，则相应的信号没有影响
1	XNMI	
2	$\overline{\text{WDINT}}$	
3	T1CTRIP	
4	T2CTRIP	
5	T3CTRIP	
6	T4CTRIP	
7	C1TRIP	
8	C2TRIP	
9	C3TRIP	
10	C4TRIP	
11	C5TRIP	
12	C6TRIP	
13	SCIRXA	
14	SCIRXB	
15	CANRX	

4.7 外设中断扩展模块(PIE)

外设中断扩展模块(Peripheral Interrupt Expansion block，PIE)是为了使 F2812 CPU 能够管理更多的中断而设计的。PIE 中多个中断源复用一个 CPU 中断，这些中断分成 12 个组(INT1～INT12)，每个组有 8 个中断，每个组都被反馈到 CPU 内核的 12 条中断信号线的一条上，从而使整个 PIE 模块支持 96 个不同的中断。这 96 个中断中的每一个都有各自向量的支持，这些向量保存在专用 RAM 块中，构成整个系统的中断向量表，并可以根据需要对其进行修改。

在响应中断时，CPU 自动取出适当的中断向量。取出中断向量和保存关键寄存器需要 9 个 CPU 时钟周期，因此 CPU 可以快速地响应和处理中断事件，并可以通过硬件和软件控制中断的优先级。在 PIE 块中可对每个中断分别进行使能或禁止。

4.7.1 PIE 控制器概述

C28x CPU 支持 17 个 CPU 级硬件中断，包括 1 个不可屏蔽中断(NMI)和 16 个可屏蔽优先级中断请求(INT1～INT14、RTOSINT 和 DLOGINT)。C28x 器件有许多外设，每个外设都可以产生一个或多个外设级中断请求。在 CPU 级上，CPU 没有足够的能力去处理所有外设的中断请求，所以需要一个集中的外设中断控制器 PIE，来对各种中断请求源(如外设或其他外部引脚)的请求做出仲裁。

PIE 向量表用来存储系统的各个中断服务程序 ISR 的地址。所有多路复用和非多路复用中断中的每个中断都有一个向量。在器件初始化时，用户可以配置向量表，也可以在操作过程中对其调整。

图4-7-1 显示了复用的 PIE 中断操作顺序。非复用中断源直接反馈给 CPU。整个系统的中断分为 3 级：

(1) 外设级中断。某个外设产生中断时，与该事件相关的中断标志(IF)位会在这个外设的寄存器中置 1。如果相应的中断使能(IE)位已经置位，则外设向 PIE 控制器产生一个中断请求。如果该中断在外设级使能无效，则相应的 IF 位会一直保持直到采用软件清 0 为止。如果在以后使能该中断，且中断标志仍然置位，那么就会向 PIE 发出一个中断请求。需注意的是，外设寄存器中的中断标志必须采用软件进行清 0。

(2) PIE 级中断。PIE 块复用 8 个外设和外部的中断引脚向 CPU 申请的中断。这些中断被划分为 12 个组：PIE 组 1～PIE 组 12，每一组中的中断被多路复用为 1 个 CPU 中断。例如，PIE 组 1 被多路复用为 CPU 中断 INT1，PIE 组 12 也被多路复用为 CPU 中断 INT12。与 CPU 其他中断相连接的中断源不是多路复用的。非多路复用的中断直接向 CPU 传送中断请求，而无需经过 PIE。对于多路复用的中断源，PIE 块中的每个中断组都有一个相关标志位 PIEIFR*x.y* 和使能位 PIEIER*x.y*。另外，每个中断组(INT1～INT12)都有一个应答位 PIEACK.*x*。图4-7-2 说明了 PIE 硬件在各种 PIEIFR 和 PIEIER 寄存器条件下的行为。

某个外设中断源一旦向 PIE 控制器发出请求，在 PIE 中与其相应的中断标志(PIEIFR*x.y*)就会置位。如果该特定中断的 PIE 中断使能位(PIEIER*x.y*)也置位，则 PIE 将检查 PIEACK 的相应位以确定该组所对应的中断是否准备好。如果该组的 PIEACK.*x* 位已经清 0，则 PIE 将向 CPU 发出中断请求；如果 PIEACK.*x* 位为 1，则 PIE 将一直等待该位清 0，然后向 INT*x* 发出请求。

(3) CPU 级中断。一旦某个中断请求被送往 CPU，CPU 级中与 INT*x* 相关的中断标志(IFR)位就被置位。该标志位被锁存在 IFR 后，CPU 不会马上就去执行相应的中断，而是等待 CPU 使能 IER 寄存器，或者使能 DBGIER 寄存器，并对全局中断屏蔽位 INTM 进行适当的使能时，才会响应中断请求。

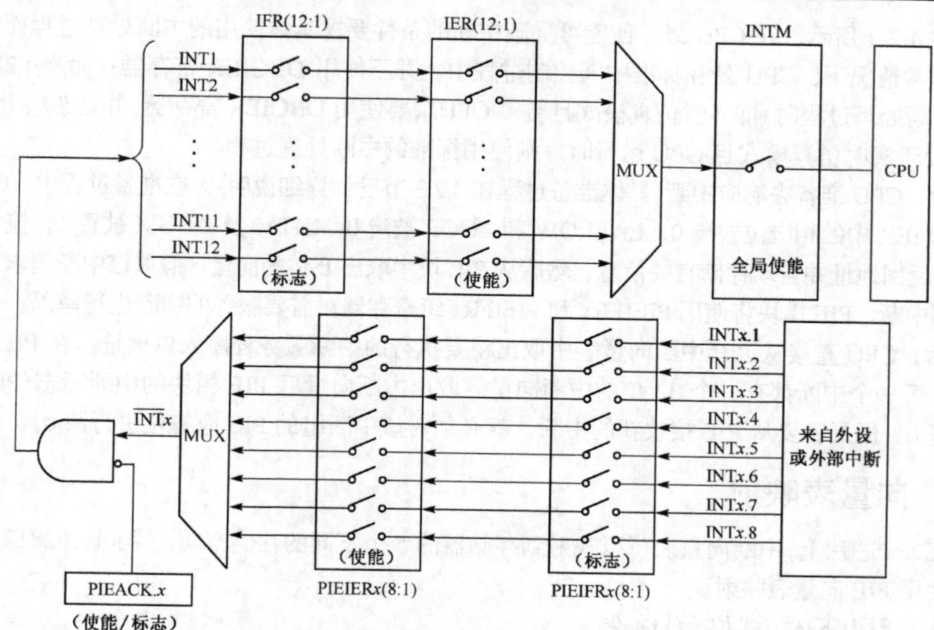

图 4-7-1　使用 PIE 控制器的复用中断

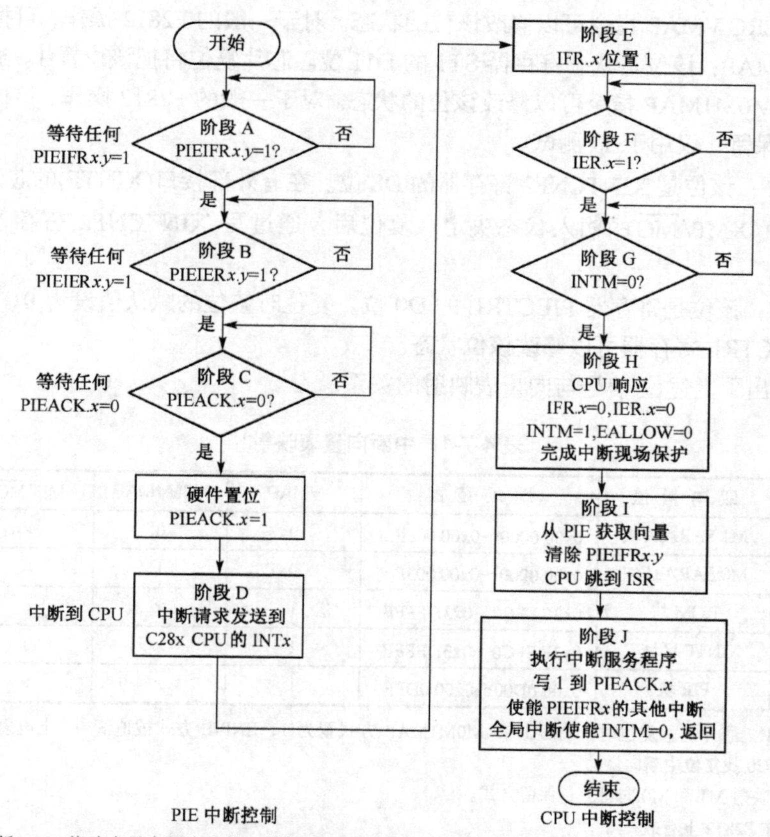

注：对于复用中断，PIE 将响应最高优先级的已被标志且已经使能的中断，假如没有已被标志且已经使能的中断，则响应该组中的最高优先级中断（INTx.1）。

图 4-7-2　典型的 PIE/CPU 中断响应——INTx.y

如表 4-2-1 所示，在 CPU 级，使能可屏蔽中断的条件要视具体使用的中断处理过程而定。

在通常情况下，CPU 处在标准中断控制过程中，并不使用 DBGIER 寄存器；而当 F2812 处于另一种中断处理过程时(即实时仿真模式且暂停 CPU)，要使用 DBGIER 寄存器，并且忽略 INTM 位。在 DSP 处于实时仿真模式且 CPU 运行时，则使用标准的中断处理过程。

然后，CPU 准备去响应中断(具体准备过程在 4.2.3 节已做详细说明)。在准备过程中，CPU 寄存器 IFR 和 IER 中的相应位被清 0，EALLOW 和 LOOP 被清 0，INTM 及 DBGM 被置 1，流水线被清空，储存返回地址并自动存储有关信息，然后从 PIE 块中取出 ISR 的向量。假如该中断请求来自一个多路复用中断，PIE 模块将使用 PIEIER*x* 和 PIEIFR*x* 组寄存器对需要服务的中断进行译码。

最后，CPU 直接从 PIE 中断向量表中取出将要执行的中断服务程序入口地址。在 PIE 的 96 个中断中，每一个中断都有一个 32 位的中断向量。取出中断向量后 PIE 模块的中断标志(PIEIFR*x.y*)会自动清 0。但是若要从 PIE 接收新的中断，就必须对该中断组的 PIE 应答位进行清 0。

4.7.2 向量表映射

在 C28x 芯片上，中断向量表可以映射到存储器的 5 个不同的存储空间。实际上，F2812 和 F2810 芯片只使用 PIE 向量表映射。

向量映射由下述方式位/信号控制。

(1) VMAP(复位值为 1)：该位是状态寄存器 ST1 的 D3 位。芯片复位将把该位置 1。通过写 ST1 或执行 SETC/CLRC VMAP 指令可以修改该位的状态。对于一般的 F2812 操作，可把该位设置为 1。

(2) M0M1MAP：该位是状态寄存器 ST1 的 D11 位。芯片复位将把该位置 1。通过写 ST1 或执行 SETC/CLRC M0M1MAP 指令可以修改该位的状态。对于一般的 F2812 操作，该位应该保持为 1。M0M1MAP=0 保留，仅用于 TI 测试。

(3) MP/$\overline{\text{MC}}$：该位是 XINTCNF2 寄存器的 D8 位。在有外部接口(XINTF)的芯片上，复位时，该位的默认值由 XMP/$\overline{\text{MC}}$ 的输入状态决定。复位后，通过写 XINTCNF2 寄存器可以修改该位状态。

(4) ENPIE：该位是寄存器 PIECTRL 的 D0 位。复位时该位的默认值设为 0(PIE 无效)。复位后，通过写 PIECTRL 寄存器可以修改该位状态。

表 4-7-1 列出了上述位/信号与向量表映射的关系。

表 4-7-1 中断向量表映射*

向量映射	取向量值	地址范围	VMAP	M0M1MAP	MP/$\overline{\text{MC}}$	ENPIE
M1 向量**	M1 SARAM 块	0x00 0000～0x00 003F	0	0	×	×
M0 向量**	M0 SARAM 块	0x00 0000～0x00 003F	0	1	×	×
BROM 向量	ROM 块	0x3F FFC0～0x3F FFFF	1	×	0	0
XINTF 向量***	XINTF 区域 7	0x3F FFC0～0x3F FFFF	1	×	1	0
PIE 向量	PIE 块	0x00 0D00～0x00 0DFF	1	×	×	1

注：* 在 F2812 芯片上，复位时，VMAP 和 M0M1MAP 方式置为 1，ENPIE 方式被迫清 0，上电复位或热复位后在地址 0x3F FFC0 找复位中断向量。

** 向量映射 M1 和 M0 向量只是保留方式。

*** 仅在 F2812 上有效。

M1 和 M0 向量表映射仅留做 TI 测试之用，当使用其他向量映射时，M0 和 M1 存储器用做 RAM 块，可以自由使用，没有限制。芯片复位后，向量表映射如表 4-7-2 所示。

表 4-7-2　复位操作后的向量表映射*

向量映射	取向量值	地址范围	VMAP	M0M1MAP	MP/$\overline{MC}$	ENPIE
BROM 向量	ROM 块	0x3F FFC0～0x3F FFFF	1	1	0	0
XINTF 向量**	XINTF 区域 7	0x3F FFC0～0x3F FFFF	1	1	1	0

注：* 在 F2812 器件上，复位时，VMAP 和 M0M1MAP 置 1，ENPIE 清 0，上电复位或热复位后在地址 0x3F FFC0 找复位中断向量，而复位中断向量是存放在 BROM 还是在 XINTF 向量映射中，要看硬件电路对 XMP/$\overline{MC}$ 引脚的连接。

** F2810 和 F2812 的兼容操作模式由状态寄存器 1（ST1）中的 OBJMODE 和 AMODE 位的组合决定。

操作方式	OBJMODE	AMODE
C28x 模式	1	0
C2xLP 源-兼容模式	1	1
C27x 目标-兼容模式	0	0（复位默认值）

在复位和程序引导完成之后，用户需要重新对 PIE 向量表进行代码初始化，然后应用程序使能 PIE 向量表，从 PIE 向量表所指出的位置上取回中断向量。图4-7-3给出了对向量表映射进行分配的操作过程。

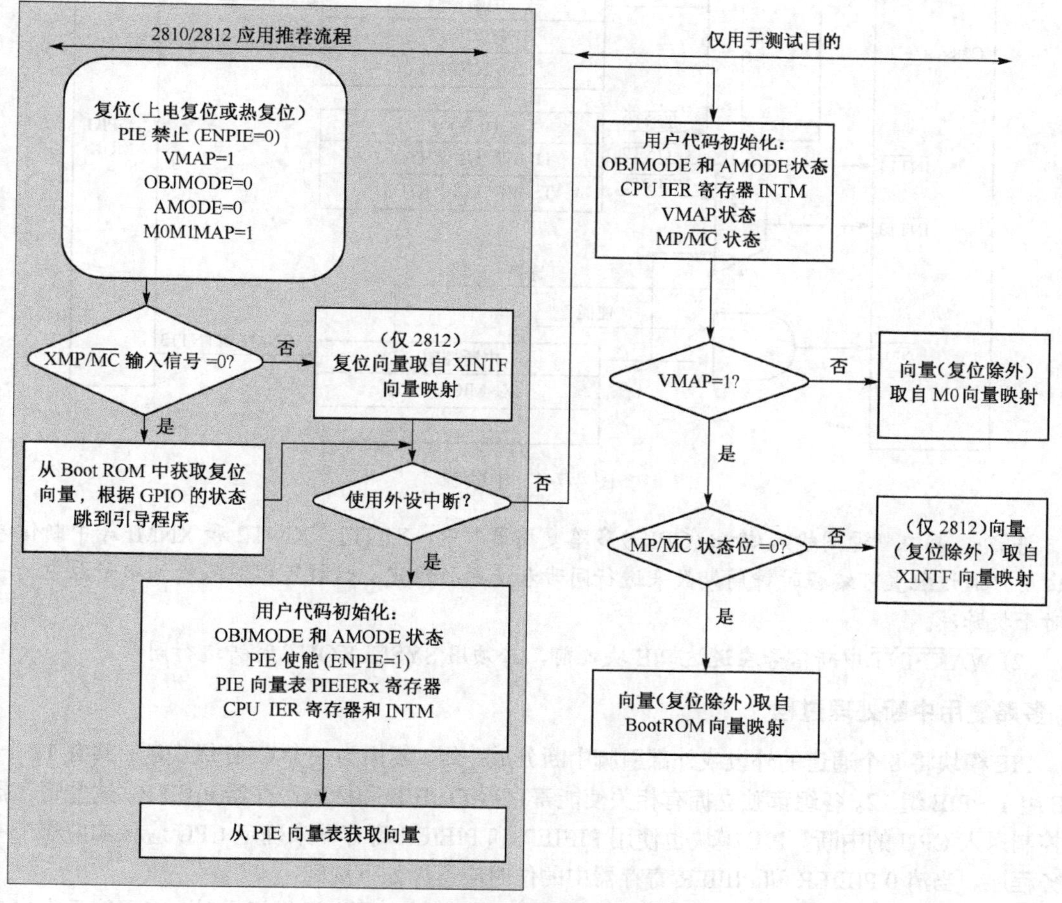

图 4-7-3　复位流程图

注意：① 复位向量要么从 BROM 取回，要么从 XINTF 向量映射取回，根据 XMP/$\overline{MC}$ 的输入信号而定。

② 复位时，XMP/$\overline{MC}$ 的状态存入 MP/$\overline{MC}$ 位，可通过软件进行修改。

4.7.3 中断源

图 4-7-4 显示了 F2810 和 F2812 芯片内各种中断源是怎样被多路复用的。在各种 C28x 芯片内，此多路复用设计可能不完全相同。

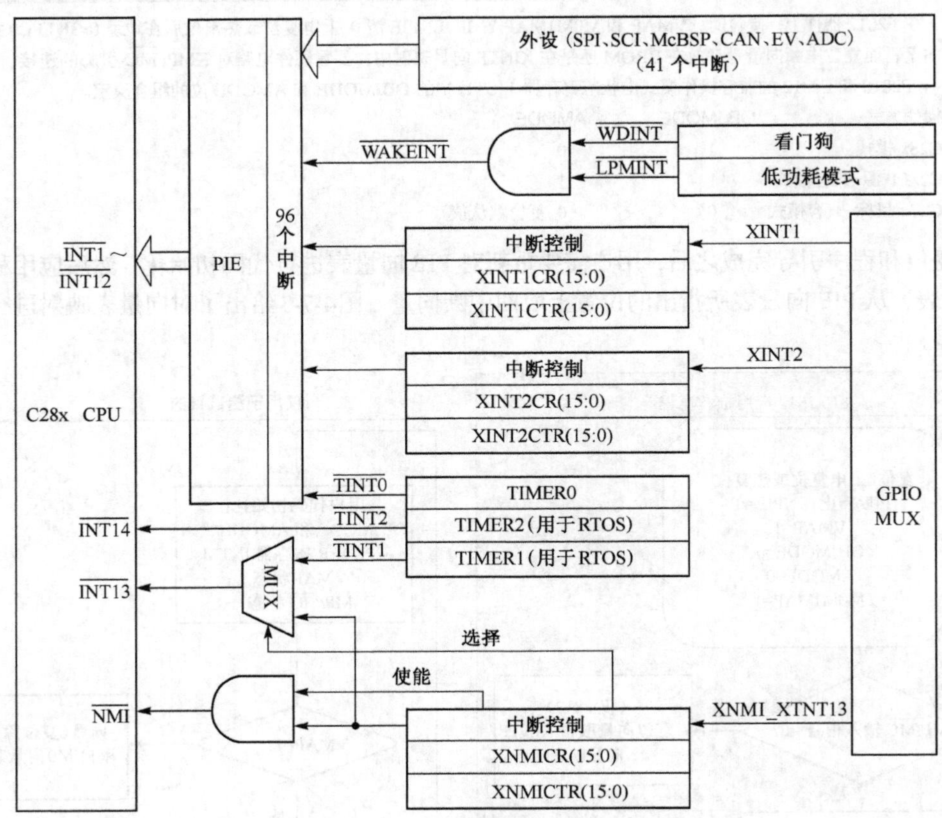

图 4-7-4 中断源

注意：(1) 在“通用输入/输出(GPIO)多路复用器”中，XINT1、XINT2 和 XNMI 等中断信号可以由用户通过配置可编程时钟周期数来进行同步和选择性限定。这样可以滤除输入中断源中的一些短时干扰脉冲。

(2) $\overline{\text{WAKEINT}}$ 中断信号在送达 PIE 块之前，必须用 SYSCLKOUT 时钟进行同步。

1. 多路复用中断处理过程

PIE 模块将 8 个通道的外设或外部引脚中断分成一组，复用为一个 CPU 级中断，共有 12 个组：PIE 组 1～PIE 组 12。各组都独立拥有相关使能寄存器 PIEIER 和标志寄存器 PIEIFR，这些寄存器用来控制送入 CPU 的中断。PIE 模块也使用 PIEIER 和 PIEIFR 寄存器来确定 CPU 应该响应哪个中断服务程序。当清 0 PIEIER 和 PIEIFR 寄存器中的位时应遵循如下规则：

(1) 不要简单地清 0 PIEIFR 位。因为当执行“读—修改—写”操作指令时，有可能丢失未响应中断。只能通过响应等待状态的中断来清除相应的 PIEIFR 位。假如用户不想执行正常的服务程序而要清 0 PIEIFR 位，则要遵循以下步骤：

① 置位 EALLOW 位，允许修改 PIE 向量表。

② 修改PIE向量表以便将外设服务程序的向量指向一个临时ISR。这个临时ISR仅完成从中断操作的返回(IRET)。

③ 使能该中断以便使其执行临时的ISR。

④ 在执行了临时的ISR后，自动清0 PIEIFR位。

⑤ 修改PIE向量表重新映射外设的服务程序。

⑥ 清0 EALLOW位。

CPU的IFR寄存器在CPU中是整合的。因此清0 CPU IFR寄存器中的位不会造成未响应的中断丢失。

(2) 软件设置中断优先级。一般通过软件对不同中断的优先级进行设置，CPU的IER寄存器可以设定全局优先级，12个PIEIER寄存器分别设定各组优先级。并且当PIE某一组的中断正被服务时，该ISR只能修改本组的PIEIER寄存器，不能禁止其他组的中断。

(3) 使用PIEIER禁止中断。可以按照下面给出的步骤利用PIEIER寄存器去使能或禁止一个中断。

2．使能或禁止多路复用外设中断

使能或禁止中断一般通过使用外设中断的使能/禁止位来实现。使用PIEIER和CPU级IER寄存器的最初目的是为了判定同一中断组中软件中断的优先级。如果要改变PIEIER寄存器中的位需采用下面的处理方法：

(1) 使用PIEIER*x*寄存器去禁止中断并保护相应的PIEIFR*x*标志。当清0 PIEIER*x*寄存器中的位，并保护PIEIFR*x*寄存器的相应位时，需要采用下列过程。

① 禁止全局中断(INTM＝1)。

② 清0 PIEIER*x.y*位，禁止给定的外设中断。这样可以禁止同组的一个或多个外设中断。

③ 等待5个周期。需要确保这个延时使任何未响应的中断均已经被标志在CPU的IFR寄存器中。

④ 为相应的外设组清0 CPU IFR.*x*位。这对于CPU IFR寄存器来说是一种安全操作。

⑤ 清0相应外设组的PIEACK.*x*位。

⑥ 使能全局中断(INTM＝0)。

(2) 使用PIEIER*x*寄存器去禁止中断并清0相应的PIEIFR*x*标志。完成外设中断的软件复位，并清0 PIEIFR*x*寄存器和IFR寄存器中的相应标志，需要采用下列过程。

① 禁止全局中断(INTM＝1)。

② 置位EALLOW位。

③ 修改PIE向量表，将特有的外设中断暂时映射到一个空的中断服务子程序ISR。这个空的ISR仅完成从中断指令的返回。在没有丢失来自其他外设组的任何中断的情况下，这是清0单个PIEIFR*x.y*位的一种安全途径。

④ 禁止外设寄存器的外设中断。

⑤ 使能全局中断(INTM＝0)。

⑥ 通过空的ISR程序为那些来自外设的未响应中断服务。

⑦ 禁止全局中断(INTM＝1)。

⑧ 修改PIE向量表，将外设向量映射到它最初的ISR。

⑨ 清0 EALLOW位。

⑩ 禁止给定外设的PIEIER位。

⑪ 清0给定外设组的IFR位(这是对CPU IFR寄存器的安全操作)。

⑫ 清 0 相应 PIE 组的 PIEACK.*x* 位。

⑬ 使能全局中断。

3. 从外设到 CPU 的多路复用中断请求流程

图4-7-5给出了整个中断的流程，并用数字编号注明了流程步骤。以下是对这些步骤的说明。

① 任何 PIE 组里的外设和外部中断产生一个中断，假如外设中断已被使能，那么，该中断要求就被置入 PIE 模块。

② PIE 模块识别 PIE 组 *x* 内已经录入的中断 *y*(INT*x*.*y*)，并且将相应的 PIE 中断标志位锁存：PIEIFR*x*.*y*＝1。

③ 为了使能从 PIE 到 CPU 的中断，必须设置相应的中断使能位(PIEIER*x*.*y*＝1)，同时所在 PIE 组的 PIEACK.*x* 位必须清 0。

④ 如果步骤③中的两个条件为真，那么就在 CPU 建立了一个中断要求，响应位将再次被置位(PIEACK.*x* =1)。PIEACK.*x* 位将一直保持置位直至清 0 该位(表示来自该组的其他中断能够从 PIE 传送至 CPU)。

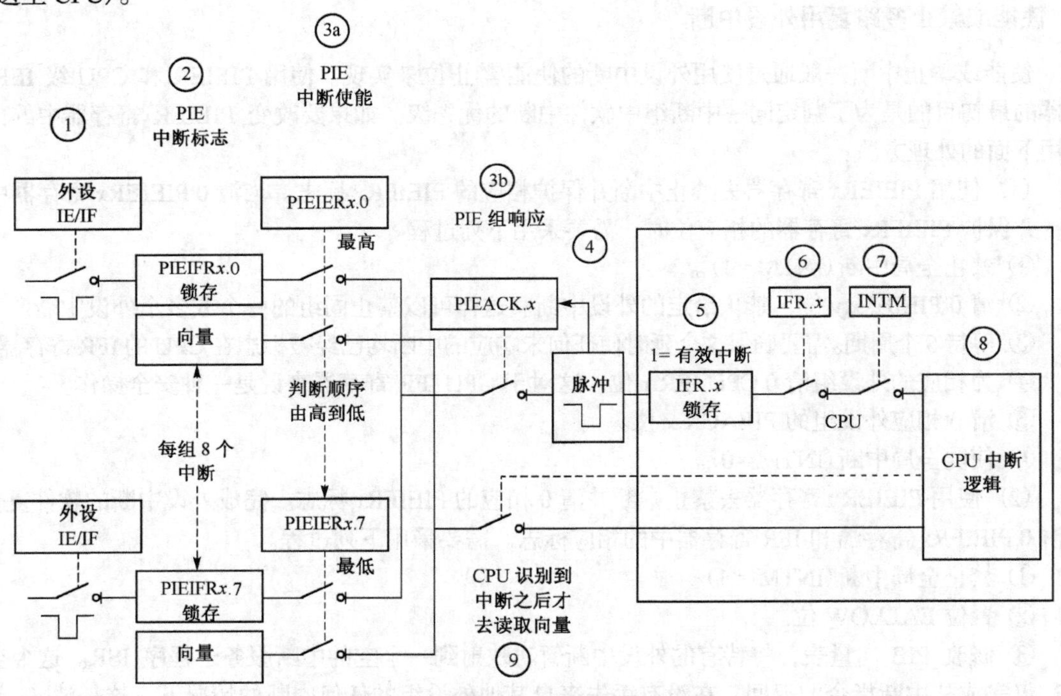

图 4-7-5 多路复用中断请求流程图

注意：因为 PIEIER*x* 寄存器用于决定哪个中断向量被取出，所以用户在清0 PIEIER*x* 寄存器中的位时应十分小心。清 0 PIEIER*x* 位的合理步骤已经在前面做了详细的描述。如果不按照上述步骤进行操作，可能会导致中断在到达图 4-7-5 中的步骤 5 时使 PIEIER*x* 寄存器发生变化。在这种情况下，除非有其他的中断被挂起并且使能，否则 PIE 就会像执行了一条 TRAP 指令或 INT 指令一样做出反应。

⑤ CPU 中断标志位置位(IFR.*x*＝1)以表示一个 CPU 级的未响应中断 *x*。

⑥ 假如 CPU 中断被使能(IER.*x*＝1 或 DBG IER.*x*=1)，全局中断屏蔽位被清 0(INTM＝0)，那么 CPU 将为 INT*x* 服务。

⑦ CPU 识别这个中断并自动存放有关信息，清 0 IER 位，设置 INTM，清 0 EALLOW。

⑧ CPU 从 PIE 获得适当的向量。

⑨ 对于复用中断，PIE 模块使用 PIEIER*x* 和 PIEIFR*x* 寄存器中的当前值来确定要使用的向量地址。有两种可能的情况：

- 该组中最高优先级中断的向量被取出，并且被用做分支地址。这个中断在 PIEIER*x* 寄存器中使能，在 PIEIFR*x* 中标示为未响应的中断。在这种情况下，假如一个更高优先级的已使能中断在步骤 4 之后被标示，它就会首先得到服务。
- 如果该组中没有已经标示的中断被使能，那么 PIE 将响应该组中最高优先级的中断向量，即用 INT*x*.1 作为分支地址，这种操作相当于执行 C28x 的 TRAP 或 INT 指令。从而 PIEIFR*x.y* 位被清除，CPU 转到从 PIE 取出的中断向量里去执行。

4. PIE 向量表

PIE 向量表由 256×16 位的 SARAM 块组成（见表 4-7-3），如果不使用 PIE 模块，也可以用做 RAM。复位时，PIE 向量表的内容没有定义。CPU 对 INT1～INT12 的优先级进行定位。PIE 控制着每组中 8 个中断的优先级别。例如，如果 INT1.1 和 INT8.1 同时发生，通过 PIE 块，这两个中断将同时到达 CPU，然后 CPU 将先去处理 INT1.1。如果 INT1.1 与 INT1.8 同时发生，那么 INT1.1 将先被送到 CPU，INT1.8 紧跟在后面。在中断向量被取回的过程中判断中断优先级。

TRAP 1～TRAP 12 指令或 INTR INT1～INTR INT12 指令将从每组 INTR1.1～INTR12.1 的第一个位置取回向量。类似地，如果相应的标志位被置位，OR IFR，#16bit 指令将从 INTR1.1～INTR12.1 处取回向量。

除了指令 TRAP、INTR 和 OR IFR #16 bit 外，其他操作都从各自向量表处取回向量，如表 4-7-3 所示。因此，用户应尽量避免使用 INTR INT1～INTR INT12 等指令。TRAP #0 操作将返回 0x00 0000 的向量值。另外，向量表是受 EALLOW 保护的。

表 4-7-3　PIE 向量表

名　称	向量 ID	地　址	大小 (×16)	说　明	CPU 优先级	PIE 优先级
RESET	0	0x00 0D00	2	复位总是取自 Boot ROM 或 XINTF Zone7 的 0x3F FFC0 位置	1（最高）	—
INT1	1	0x00 0D02	2	未用，见 PIE 组 1	5	—
INT2	2	0x00 0D04	2	未用，见 PIE 组 2	6	—
INT3	3	0x00 0D06	2	未用，见 PIE 组 3	7	—
INT4	4	0x00 0D08	2	未用，见 PIE 组 4	8	—
INT5	5	0x00 0D0A	2	未用，见 PIE 组 5	9	—
INT6	6	0x00 0D0C	2	未用，见 PIE 组 6	10	—
INT7	7	0x00 0D0E	2	未用，见 PIE 组 7	11	—
INT8	8	0x00 0D10	2	未用，见 PIE 组 8	12	—
INT9	9	0x00 0D12	2	未用，见 PIE 组 9	13	—
INT10	10	0x00 0D14	2	未用，见 PIE 组 10	14	—
INT11	11	0x00 0D16	2	未用，见 PIE 组 11	15	—
INT12	12	0x00 0D18	2	未用，见 PIE 组 12	16	—
INT13	13	0x00 0D1A	2	外部中断 13（XINT 13）或 CPU 定时器 1（用于 TI/RTOS）	17	—
INT14	14	0x00 0D1C	2	CPU 定时器 2（TI/RTOS）	18	—

续表

名　称	向量 ID	地　址	大小(×16)	说　明	CPU 优先级	PIE 优先级
DATALOG	15	0x00 0D1E	2	CPU 数据日志中断	19(最低)	—
RTOSINT	16	0x00 0D20	2	CPU 实时操作系统中断	4	—
EMUINT	17	0x00 0D22	2	CPU 仿真中断	2	—
NMI	18	0x00 0D24	2	外部不可屏蔽中断	3	—
ILLEGAL	19	0x00 0D26	2	非法操作	—	—
USER1	20	0x00 0D28	2	用户定义软中断	—	—
USER2	21	0x00 0D2A	2	用户定义软中断	—	—
USER3	22	0x00 0D2C	2	用户定义软中断	—	—
USER4	23	0x00 0D2E	2	用户定义软中断	—	—
USER5	24	0x00 0D30	2	用户定义软中断	—	—
USER6	25	0x00 0D32	2	用户定义软中断	—	—
USER7	26	0x00 0D34	2	用户定义软中断	—	—
USER8	27	0x00 0D36	2	用户定义软中断	—	—
USER9	28	0x00 0D38	2	用户定义软中断	—	—
USER10	29	0x00 0D3A	2	用户定义软中断	—	—
USER11	30	0x00 0D3C	2	用户定义软中断	—	—
USER12	31	0x00 0D3E	2	用户定义软中断	—	—
PIE 组 1 向量-CPU 多通道 INT1						
INT1.1	32	0x00 0D40	2	PDPINTA(EV-A)	5	1(最高)
INT1.2	33	0x00 0D42	2	PDPINTB(EV-B)	5	2
INT1.3	34	0x00 0D44	2	保留	5	3
INT1.4	35	0x00 0D46	2	XINT1	5	4
INT1.5	36	0x00 0D48	2	XINT2	5	5
INT1.6	37	0x00 0D4A	2	ADCINT (ADC)	5	6
INT1.7	38	0x00 0D4C	2	TINT0 (CPU-定时器 0)	5	7
INT1.8	39	0x00 0D4E	2	WAKEINT(LPM/WD)	5	8(最低)
PIE 组 2 向量-CPU 多通道 INT2						
INT2.1	40	0x00 0D50	2	CMP1INT(EV-A)	6	1(最高)
INT2.2	41	0x00 0D52	2	CMP2INT(EV-A)	6	2
INT2.3	42	0x00 0D54	2	CMP3INT(EV-A)	6	3
INT2.4	43	0x00 0D56	2	T1PINT(EV-A)	6	4
INT2.5	44	0x00 0D58	2	T1CINT(EV-A)	6	5
INT2.6	45	0x00 0D5A	2	T1UFINT(EV-A)	6	6
INT2.7	46	0x00 0D5C	2	T1OHNT(EV-A)	6	7
INT2.8	47	0x00 0D5E	2	保留	6	8(最低)
PIE 组 3 向量-CPU 多通道 INT3						
INT3.1	48	0x00 0D60	2	T2PINT(EV-A)	7	1(最高)
INT3.2	49	0x00 0D62	2	T2CINT(EV-A)	7	2
INT3.3	50	0x00 0D64	2	T2UFINT(EV-A)	7	3
INT3.4	51	0x00 0D66	2	T2OHNT(EV-A)	7	4
INT3.5	52	0x00 0D68	2	CAPINT1(EV-A)	7	5
INT3.6	53	0x00 0D6A	2	CAPINT2(EV-A)	7	6
INT3.7	54	0x00 0D6C	2	CAPINT3(EV-A)	7	7
INT3.8	55	0x00 0D6E	2	保留	7	8(最低)

续表

名　称	向量 ID	地　址	大小(×16)	说　明	CPU 优先级	PIE 优先级
PIE 组 4 向量-CPU 多通道 INT4						
INT4.1	56	X00 0D70	2	CMP4INT(EV-B)	8	1(最高)
INT4.2	57	0x00 0D72	2	CMP5INT(EV-B)	8	2
INT4.3	58	0x00 0D74	2	CMP6INT(EV-B)	8	3
INT4.4	59	0x00 0D76	2	T3PINT(EV-B)	8	4
INT4.5	60	0x00 0D78	2	T3CINT(EV-B)	8	5
INT4.6	61	0x00 0D7A	2	T3UFINT(EV-B)	8	6
INT4.7	62	0x00 0D7C	2	T3OFINT(EV-B)	8	7
INT4.8	63	0x00 0D7E	2	保留	8	8(最低)
PIE 组 5 向量-CPU 多通道 INT5						
INT5.1	64	0x00 0D80	2	T4PINT(EV-B)	9	1(最高)
INT5.2	65	0x00 0D82	2	T4CINT(EV-B)	9	2
INT5.3	66	0x00 0D84	2	T4UFINT(EV-B)	9	3
INT5.4	67	0x00 0D86	2	T4OFINT(EV-B)	9	4
INT5.5	68	0x00 0D88	2	CAPINT4(EV-B)	9	5
INT5.6	69	0x00 0D8A	2	CAPINT5(EV-B)	9	6
INT5.7	70	0x00 0D8C	2	CAPINT6(EV-B)	9	7
INT5.8	71	0x00 0D8E	2	保留	9	8(最低)
PIE 组 6 向量-CPU 多通道 INT6						
INT6.1	72	0x00 0D90	2	SPIRXINTA (SPI)	10	1(最高)
INT6.2	73	0x00 0D92	2	SPITXINTA (SPI)	10	2
INT6.3	74	0x00 0D94	2	保留	10	3
INT6.4	75	0x00 0D96	2	保留	10	4
INT6.5	76	0x00 0D98	2	MRINT (McBSP)	10	5
INT6.6	77	0x00 0D9A	2	MXINT (McBSP)	10	6
INT6.7	78	0x00 0D9C	2	保留	10	7
INT6.8	79	0x00 0D9E	2	保留	10	8(最低)
PIE 组 7 向量-CPU 多通道 INT 7						
INT7.1	80	0x00 0DA0	2	保留	11	1(最高)
INT7.2	81	0x00 0DA2	2	保留	11	2
INT7.3	82	0x00 0DA4	2	保留	11	3
PIE 组 7 向量-CPU 多通道 INT 7						
INT7.4	83	0x00 0DA6	2	保留	11	4
INT7.5	84	0x00 0DA8	2	保留	11	5
INT7.6	85	0x00 0DAA	2	保留	11	6
INT7.7	86	0x00 0DAC	2	保留	11	7
INT7.8	87	0x00 0DAE	2	保留	11	8(最低)
PIE 组 8 向量-CPU 多通道 INT 8						
INT8.1	88	0x00 0DB0	2	保留	12	1(最高)
INT8.2	89	0x00 0DB2	2	保留	12	2
INT8.3	90	0x00 0DB4	2	保留	12	3
INT8.4	91	X00 0DB6	2	保留	12	4
INT8.5	92	0x00 0DB8	2	保留	12	5
INT8.6	93	0x00 0DBA	2	保留	12	6
INT8.7	94	0x00 0DBC	2	保留	12	7
INT8.8	95	0x00 0DBE	2	保留	12	8(最低)

续表

名 称	向量 ID	地 址	大小(×16)	说 明	CPU 优先级	PIE 优先级
PIE 组 9 向量-CPU 多通道 INT 9						
INT9.1	96	0x00 0DC0	2	SCIRXINTA (SCI-A)	13	1(最高)
INT9.2	97	0x00 0DC2	2	SCITXINTA (SCI-A)	13	2
INT9.3	98	0x00 0DC4	2	SCIRXINTB (SCI-B)	13	3
INT9.4	99	0x00 0DC6	2	SCITXINTB (SCI-B)	13	4
INT9.5	100	0x00 0DC8	2	ECAN0INT (eCAN)	13	5
INT9.6	101	0x00 0DCA	2	ECAN1INT (eCAN)	13	6
INT9.7	102	0x00 0DCC	2	保留	13	7
INT9.8	103	0x00 0DCE	2	保留	13	8(最低)
PIE 组 10 向量-CPU 多通道 INT 10						
INT10.1	104	0x00 0DD0	2	保留	14	1(最高)
INT10.2	105	0x00 0DD2	2	保留	14	2
INT10.3	106	0x00 0DD4	2	保留	14	3
INT10.4	107	0x00 0DD6	2	保留	14	4
INT10.5	108	0x00 0DD8	2	保留	14	5
INT10.6	109	0x00 0DDA	2	保留	14	6
INT10.7	110	0x00 0DDC	2	保留	14	7
INT10.8	111	0x00 0DDE	2	保留	14	8(最低)
PIE 组 11 向量-CPU 多通道 INT 11						
INT11.1	112	0x00 0DE0	2	保留	15	1(最高)
INT11.2	113	0x00 0DE2	2	保留	15	2
INT11.3	114	0x00 0DE4	2	保留	15	3
INT11.4	115	0x00 0DE6	2	保留	15	4
PIE 组 11 向量-CPU 多通道 INT 11						
INT11.5	116	0x00 0DE8	2	保留	15	5
INT11.6	117	0x00 0DEA	2	保留	15	6
INT11.7	118	0x00 0DEC	2	保留	15	7
INT11.8	119	0x00 0DEE	2	保留	15	8(最低)
PIE 组 12 向量-CPU 多通道 INT 12						
INT12.1	120	0x00 0DF0	2	保留	16	1(最高)
INT12.2	121	0x00 0DF2	2	保留	16	2
INT12.3	122	0x00 0DF4	2	保留	16	3
INT12.4	123	0x00 0DF6	2	保留	16	4
INT12.5	124	0x00 0DF8	2	保留	16	5
INT12.6	125	0x00 0DFA	2	保留	16	6
INT12.7	126	0x00 0DFC	2	保留	16	7
INT12.8	127	0x00 0DFE	2	保留	16	8(最低)

注：(1) PIE 向量表中的所有位置都受 EALLOW 保护；(2) DSP/BIOS 使用向量 ID；(3) 复位总是取自 BROM 向量或 XINTF 向量的 0x3F FFC0 位置。

PIE 模块相连的外设及外部中断组如表 4-7-4 所示。此表的每一行表示 8 个中断复用为一个特定的 CPU 中断。

表 4-7-4　PIE 外部中断

CPU 中断	PIE 中断							
	INTx.8	INTx.7	INTx.6	INTx.5	INTx.4	INTx.3	INTx.2	INTx.1
INT1.y	$\overline{\text{WAKEINT}}$ (LPM/WD)	TINT0 (TIMER0)	ADCINT (ADC)	XINT2	XINT1	保留	PDPINTB (EV-B)	PDPINTA (EV-A)
INT2.y	保留	T1OFINT (EV-A)	T1UFINT (EV-A)	T1CINT (EV-A)	T1PINT (EV-A)	CMP3INT (EV-A)	CMP2INT (EV-A)	CMP1INT (EV-A)
INT3.y	保留	CAPINT3 (EV-A)	CAPINT2 (EV-A)	CAPINT1 (EV-A)	T2OFINT (EV-A)	T2UFINT (EV-A)	T2CINT (EV-A)	T2PINT (EV-A)
INT4.y	保留	T3OFINT (EV-B)	T3UFINT (EV-B)	T3CINT (EV-B)	T3PINT (EV-B)	CMP6INT (EV-B)	CMP5INT (EV-B)	CMP4INT (EV-B)
INT5.y	保留	CAPINT6 (EV-B)	CAPINT5 (EV-B)	CAPINT4 (EV-B)	T4OFINT (EV-B)	T4UFINT (EV-B)	T4CINT (EV-B)	T4PINT (EV-B)
INT6.y	保留	保留	MXINT (McBSP)	MRINT (McBSP)	保留	保留	SPITXINTA (SPI)	SPIRXINTA (SPI)
INT7.y	保留	保留	保留	保留	保留	保留	保留	保留
INT8.y	保留	保留	保留	保留	保留	保留	保留	保留
INT9.y	保留	保留	ECAN1INT (eCAN)	ECAN0INT (eCAN)	SCITXINTB (SCI-B)	SCIRXINTB (SCI-B)	SCITXINTA (SCI-A)	SCIRXINTA (SCI-A)
INT10.y	保留	保留	保留	保留	保留	保留	保留	保留
INT11.y	保留	保留	保留	保留	保留	保留	保留	保留
INT12.y	保留	保留	保留	保留	保留	保留	保留	保留

注：在提供的 96 个中断中，当前外设仅使用了其中的 45 个，其他中断留做将来的器件。然而，如果在 PIEIFRx 级使能，这些中断可以用做软件中断。

4.7.4 PIE 配置和控制寄存器组

1. PIE 控制寄存器(PIECTRL)

PIE 控制寄存器的各位分配如图 4-7-6 所示，各位功能定义如表 4-7-5 所示。

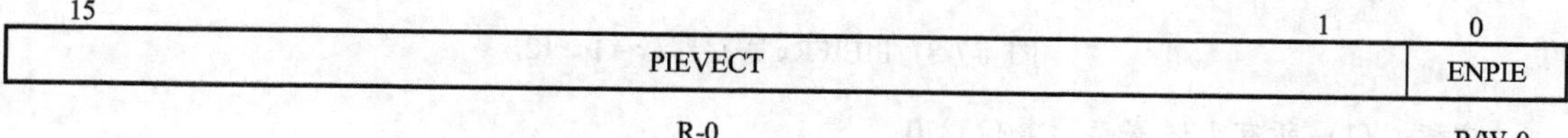

注：R=可读，W=可写，-0=复位后的值

图 4-7-6　PIE 控制寄存器(PIECTRL)——地址 0CE0h

表 4-7-5　PIE 控制器的各位定义

位	名　称	说　明
15～1	PIEVECT	这些位指示了从 PIE 向量表取出的中断向量地址。最低位忽略，只显示位 1～位 15 地址。用户可以读取向量值，以确定取回的向量是由哪一个中断产生的。 例如，如果 PIECTRL＝0x0D27，则来自地址 0x0D26(非法操作中断)的中断向量被取出
0	ENPIE	从 PIE 块取回向量使能位。当该位置 1 时，所有向量取自 PIE 向量表。如果该位置 0，PIE 块无效，向量取自 Boot ROM 的 CPU 向量表或 XINTF Zone7。甚至当 PIE 块无效时，PIE 块寄存器(PIEACK、PIEIFR、PIEIER)也可以被访问。

注意：复位向量从不取自 PIE，即使在它使能时。根据 XMP/$\overline{MC}$ 输入信号的状态，该向量总是取自 BROM 或 XINTF 区域 7。

2．PIE 中断应答寄存器（PIEACK）

PIE 中断应答寄存器的各位分配如图 4-7-7 所示，各位功能定义如表 4-7-6 所示。

注：R＝可读，W1C＝写 1 清 0，-1＝复位后的值

图 4-7-7 PIE 中断应答寄存器（PIEACK）——地址 0CE1h

注意：向低 12 位中任一位写 1 将该位清 0，写 0 被忽略。

表 4-7-6 PIE 中断应答寄存器各位功能定义

位	名 称	说 明
15～12	Reserved	保留
11～0	INT*x*.8-INT*x*.1	如果某组中断里有一个中断是未处理的，则向相应的中断位写 1，使 PIE 块驱动一个脉冲进入 CPU。读取该寄存器的值，它将显示出在各 PIE 中断组中是否有未处理的中断。0～11 位对应 INT1～INT12

3．PIE 中断标志寄存器（PIEIFR*x*）

PIE 中断标志寄存器 PIEIFR 寄存器有 12 个，分别对应使用 PIE 块的 CPU 中断 INT1～INT12 中的一个。它们的各位分配如图 4-7-8 所示，各位功能定义如表 4-7-7 所示。

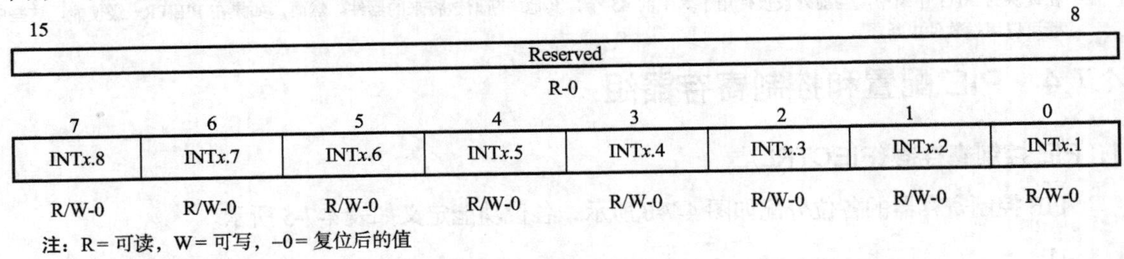

注：R＝可读，W＝可写，-0＝复位后的值

图 4-7-8 PIEIFR*x* 寄存器（*x*＝1～12）

注意：(1) 所有上述寄存器复位清 0。

(2) 在 CPU 访问 PIEIFR 寄存器时，硬件相对于软件来说具有更高的优先级。

(3) 在取回中断向量的过程中，PIEIFR 寄存器位清 0。不要简单地清0 PIEIFR 位，因为在读—修改—写操作期间，中断可能会丢失。

表 4-7-7 PIEIFRx 寄存器各位功能定义

位	名 称	说 明
15～8	Reserved	保留
7～0	INT*x*.8-INT*x*.1	这些位指示出当前是否有一个中断激活。它们的功能与 CPU 中断标志寄存器十分类似。当一个中断激活时，相应的寄存器位置 1。当一个中断被响应或向该寄存器位写 0 时，该位清 0。该寄存器还可以被读取以确定哪个中断被激活或未处理。*x*＝1～12，INT*x* 表示 CPU 的 INT1～INT12。

4. PIE 中断使能寄存器(PIEIERx)

PIE 中断使能寄存器 PIEIER 寄存器有 12 个，分别对应 CPU 中断 INT1～INT12 中的一个。它们的各位分配如图 4-7-9 所示，各位功能定义如表 4-7-8 所示。

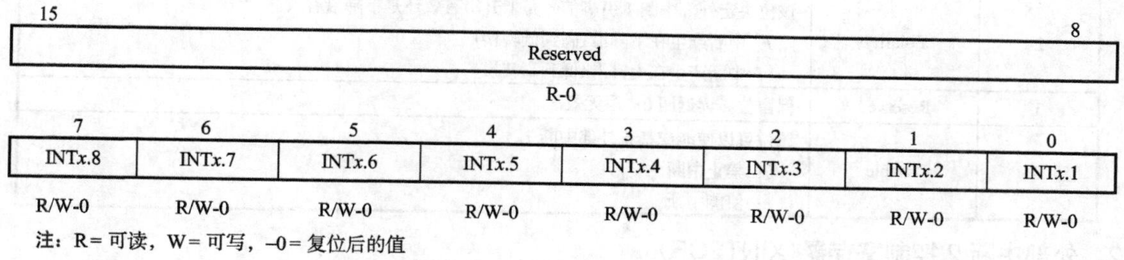

注：R= 可读，W= 可写，-0= 复位后的值

图 4-7-9　PIEIERx 寄存器($x=1$～12)

注意：所有上述寄存器复位清 0。

表 4-7-8　PIEIERx 寄存器各位功能定义

位	名　称	说　明
15～8	Reserved	保留
7～0	INTx.8-INTx.1	这些寄存器位在一个组里可以单独使能中断，与 CPU 级中断使能寄存器 IER 的功能非常类似。把某位置 1，可以使能该中断；将某位清 0，将禁止该中断。$x=1$～12，INTx 表示 CPU 的 INT1～INT12。

5. CPU 寄存器 IFR、IER 和 DBGIER

PIE 级中断与 CPU 寄存器中断标志寄存器(IFR)、中断使能寄存器(IER)和调试中断使能寄存器(DBGIER)也密切相关，这些寄存器的各位定义和功能在 4.2 节已做详细说明。

4.7.5　外部中断控制寄存器组

F2812 支持 3 个外部可屏蔽中断，即 XINT1、XINT2、XINT13。XINT13 和不可屏蔽中断 XNMI 复用。这些外部中断中的每一个中断都可以选择下降沿或上升沿触发，还可以选择使能或禁止(包括 XNMI)。可屏蔽中断还包含一个 16 位自由运行的递增计数器，当一个有效的中断边沿被检测到时，计数器被清 0。本计数器用于给中断提供一个精确的时间标记。

1. 外部中断 1 控制寄存器(XINT1CR)

XINT1CR 寄存器各位分配如图 4-7-10 所示，各位功能定义如表 4-7-9 所示。

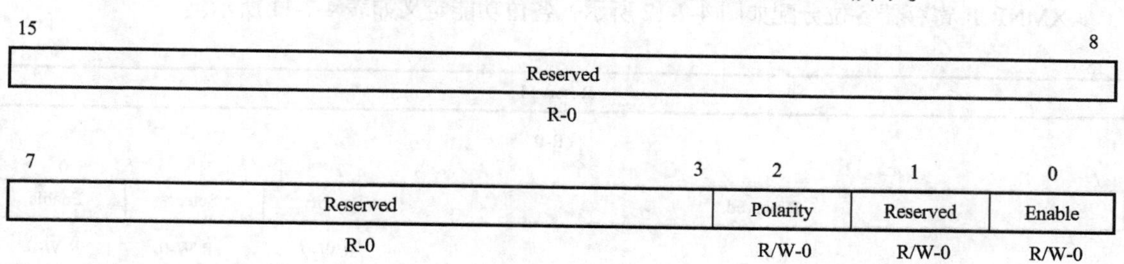

注：R= 可读，W= 可写，-0= 复位后的值

图 4-7-10　外部中断 1 控制寄存器(XINT1CR)——地址 7070h

表 4-7-9 外部中断 1 控制寄存器各位功能定义

位	名称	说明
15～3	Reserved	保留位。读返回 0；写无效
2	Polarity	该位决定外部中断 1 引脚信号是上升沿有效还是下降沿有效。 0：中断产生在下降沿(高到低转换) 1：中断产生在上升沿(低到高转换)
1	Reserved	保留位。读返回 0；写无效
0	Enable	该位可以使能或禁止外部中断 1。 0：禁止中断 1：使能中断

2．外部中断 2 控制寄存器(XINT2CR)

XINT2CR 寄存器的各位分配如图 4-7-11 所示，各位功能定义如表 4-7-10 所示。

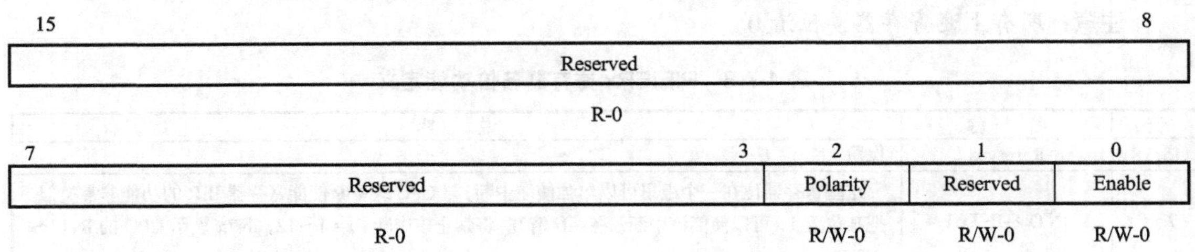

注：R= 可读，W= 可写，-0= 复位后的值

图 4-7-11 外部中断 2 控制寄存器(XINT2CR)——地址 7071h

表 4-7-10 外部中断 2 控制寄存器各位功能定义

位	名称	说明
15～3	Reserved	保留位。读返回 0；写无效
2	Polarity	该位决定外部中断 2 引脚信号是上升沿有效还是下降沿有效。 0：中断产生在下降沿(高到低转换) 1：中断产生在上升沿(低到高转换)
1	Reserved	保留位。读返回 0；写无效
0	Enable	该位可以使能或禁止外部中断 2。 0：禁止中断 1：使能中断

3．外部 NMI 中断控制寄存器(XMNICR)

XMNICR 寄存器各位分配如图 4-7-12 所示，各位功能定义如表 4-7-11 所示。

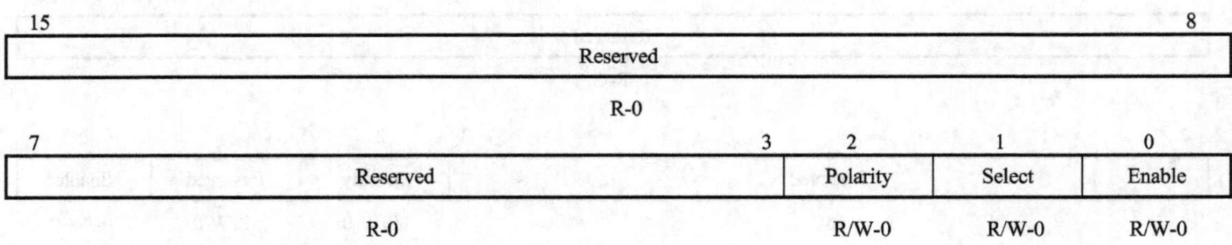

注：R= 可读，W= 可写，-0= 复位后的值

图 4-7-12 外部 NMI 中断控制寄存器(XMNICR)——地址 7077h

表 4-7-11　外部 NMI 中断控制寄存器各位功能定义

位	名　称	说　明
15～3	Reserved	保留位。读返回 0；写无效
2	Polarity	该位决定了外部 NMI 中断产生在引脚信号的上升沿还是下降沿。 0：中断产生在下降沿(高到低转换) 1：中断产生在上升沿(低到高转换)
1	Select	为 INT13 选择信号源。 0：定时器 1 连接到 INT13 1：XNMI 连接到 INT13
0	Enable	该位控制外部 NMI 中断使能或禁止。 0：禁止中断 1：使能中断

4．外部中断 1 计数寄存器(XINT1CTR)

XINT1CTR 寄存器各位分配如图 4-7-13 所示，各位功能定义如表 4-7-12 所示。

注：R=可读，-0 = 复位后的值

图 4-7-13　外部中断 1 计数寄存器(XINT1CTR)——地址 7078h

表 4-7-12　外部中断 1 计数寄存器各位功能定义

位	名　称	说　明
15～0	INTCTR	这是一个自由运行的 16 位递增计数器，时钟速率为 SYSCLKOUT。当检测到一个有效的中断边沿时，该计数器复位成 0x0000，然后继续计数直到检测到下一个有效的中断沿。当中断无效时，计数器将停止。当到达最大值时，将自动返回到 0。该计数器是一个只读寄存器，只能通过一个有效的中断边沿或复位清 0

5．外部中断 2 计数寄存器(XINT2CTR)

XINT2CTR 寄存器如图 4-7-14 所示，各位功能定义如表 4-7-13 所示。

注：R= 可读，-0 = 复位后的值

图 4-7-14　外部中断 2 计数寄存器(XINT2CTR)——地址 7079h

表 4-7-13　外部中断 2 计数寄存器各位功能定义

位	名　称	说　明
15～0	INTCTR	这是一个自由运行的 16 位递增计数器，时钟速率为 SYSCLKOUT。当检测到一个有效的中断边沿时，该计数器复位成 0x0000，然后继续计数直到检测到下一个有效的中断沿。当中断无效时，计数器将停止。当到达最大值时，将自动返回到 0。该计数器是一个只读寄存器，只能通过一个有效的中断边沿或复位清 0

6．外部 NMI 中断计数寄存器(XNMICTR)

XNMICTR 寄存器如图 4-7-15 所示，各位功能定义如表 4-7-14 所示。

15 … 0
INTCTR[15:0]
R-0

注：R= 可读，–0= 复位后的值

图 4-7-15 外部 NMI 中断计数寄存器(XNMICTR)——地址 707Fh

表 4-7-14 外部 NMI 中断计数寄存器各位功能定义

位	名 称	说 明
15～0	INTCTR	这是一个自由运行的 16 位递增计数器，时钟速率为 SYSCLKOUT。当检测到一个有效的中断边沿时，该计数器复位成 0x0000，然后继续计数直到检测到下一个有效的中断沿。当中断无效时，计数器将停止；当到达最大值时，将自动返回到 0。该计数器是一个只读寄存器，只能通过一个有效的中断边沿或复位清 0

4.7.6 中断应用

1. 初始化 PIE 中断向量表

本节介绍在实际工程中初始化 PIE 中断向量表的方法。初始化 PIE 中断向量表需要用到以下 3 个文件：DSP281x_PieVect.c、DSP281x_PieVect.h 和 DSP281x_DefaultIsr.c。其中，DSP281x_PieVect.c 文件中包含初始化 PIE 中断向量表的初始化子程序，给每一个 PIE 级中断向量初始化一个值，指向一个空的中断服务程序；DSP281x_PieVect.h 文件中定义与中断向量表有关结构体类型；DSP281x_ DefaultIsr.c 中包含的是一些空的中断服务程序，这些空的子程序可以用来进行中断测试。用户也可以将自己的代码放在这些子程序中，进行中断操作，还可以编写新的中断服务程序，然后再重载该中断的中断向量。

例 4-7-1：初始化 PIE 中断向量表的程序。

```
//###########################################################################
//文件:  DSP281x_PieVect.c
//说明:  DSP281x 芯片 PIE 中断向量表初始化程序
//###########################################################################
#include "DSP281x_Device.h"
#include "DSP281x_Examples.h"
const struct PIE_VECT_TABLE PieVectTableInit = {
//定义一个结构体类型 PIE_VECT_TABLE 的结构体变量 PieVectTableInit，并给元素赋初
//值，其元素初值为其对应的默认中断向量服务程序的起始地址(函数名)
//在 DSP281x_DefaultIsr.c 里面都有定义
    PIE_RESERVED,      //保留，复位总是取自 BROM 或 XINTF7 区的 0x3F FFC0
    PIE_RESERVED,      //保留，见 PIE 组 1
    PIE_RESERVED,      //保留，见 PIE 组 2
    PIE_RESERVED,      //保留，见 PIE 组 3
    PIE_RESERVED,      //保留，见 PIE 组 4
    PIE_RESERVED,      //保留，见 PIE 组 5
    PIE_RESERVED,      //保留，见 PIE 组 6
    PIE_RESERVED,      //保留，见 PIE 组 7
    PIE_RESERVED,      //保留，见 PIE 组 8
    PIE_RESERVED,      //保留，见 PIE 组 9
    PIE_RESERVED,      //保留，见 PIE 组 10
    PIE_RESERVED,      //保留，见 PIE 组 11
    PIE_RESERVED,      //保留，见 PIE 组 12
```

```
//非外设中断
INT13_ISR,          //XINT13(外部中断13) 或CPU-Timer 1(用BIOS或RTOS)
INT14_ISR,          //CPU-Timer2
DATALOG_ISR,        //CPU数据记录中断
RTOSINT_ISR,        //CPU实时操作系统中断
EMUINT_ISR,         //CPU仿真中断
NMI_ISR,            //外部不可屏蔽中断
ILLEGAL_ISR,        //非法操作陷阱
USER1_ISR,          //用户定义软件中断1
USER2_ISR,          //用户定义软件中断2
USER3_ISR,          //用户定义软件中断3
USER4_ISR,          //用户定义软件中断4
USER5_ISR,          //用户定义软件中断5
USER6_ISR,          //用户定义软件中断6
USER7_ISR,          //用户定义软件中断7
USER8_ISR,          //用户定义软件中断8
USER9_ISR,          //用户定义软件中断9
USER10_ISR,         //用户定义软件中断10
USER11_ISR,         //用户定义软件中断11
USER12_ISR,         //用户定义软件中断12
//PIE组1
PDPINTA_ISR,        //EV-A
PDPINTB_ISR,        //EV-B
rsvd_ISR,
XINT1_ISR,
XINT2_ISR,
ADCINT_ISR,         //ADC
TINT0_ISR,          //Timer 0
WAKEINT_ISR,        //WD
//PIE组2
CMP1INT_ISR,        //EV-A
CMP2INT_ISR,        //EV-A
CMP3INT_ISR,        //EV-A
T1PINT_ISR,         //EV-A
T1CINT_ISR,         //EV-A
T1UFINT_ISR,        //EV-A
T1OFINT_ISR,        //EV-A
rsvd_ISR,
//PIE组3
T2PINT_ISR,         //EV-A
T2CINT_ISR,         //EV-A
T2UFINT_ISR,        //EV-A
T2OFINT_ISR,        //EV-A
CAPINT1_ISR,        //EV-A
CAPINT2_ISR,        //EV-A
CAPINT3_ISR,        //EV-A
rsvd_ISR,
//PIE组4
CMP4INT_ISR,        //EV-B
CMP5INT_ISR,        //EV-B
CMP6INT_ISR,        //EV-B
```

```
T3PINT_ISR,           //EV-B
T3CINT_ISR,           //EV-B
T3UFINT_ISR,          //EV-B
T3OFINT_ISR,          //EV-B
rsvd_ISR,
//PIE 组 5
T4PINT_ISR,           //EV-B
T4CINT_ISR,           //EV-B
T4UFINT_ISR,          //EV-B
T4OFINT_ISR,          //EV-B
CAPINT4_ISR,          //EV-B
CAPINT5_ISR,          //EV-B
CAPINT6_ISR,          //EV-B
rsvd_ISR,
//PIE 组 6
SPIRXINTA_ISR,        //SPI-A
SPITXINTA_ISR,        //SPI-A
rsvd_ISR,
rsvd_ISR,
MRINTA_ISR,           //McBSP-A
MXINTA_ISR,           //McBSP-A
rsvd_ISR,
rsvd_ISR,
//PIE 组 7
rsvd_ISR,
rsvd_ISR,
rsvd_ISR,
rsvd_ISR,
rsvd_ISR,
rsvd_ISR,
rsvd_ISR,
rsvd_ISR,
//PIE 组 8
rsvd_ISR,
rsvd_ISR,
rsvd_ISR,
rsvd_ISR,
rsvd_ISR,
rsvd_ISR,
rsvd_ISR,
rsvd_ISR,
//PIE 组 9
SCIRXINTA_ISR,        //SCI-A
SCITXINTA_ISR,        //SCI-A
SCIRXINTB_ISR,        //SCI-B
SCITXINTB_ISR,        //SCI-B
ECAN0INTA_ISR,        //eCAN
ECAN1INTA_ISR,        //eCAN
rsvd_ISR,
rsvd_ISR,
//PIE 组 10
```

```
        rsvd_ISR,
        rsvd_ISR,
        rsvd_ISR,
        rsvd_ISR,
        rsvd_ISR,
        rsvd_ISR,
        rsvd_ISR,
        rsvd_ISR,
        //PIE 组 11
        rsvd_ISR,
        rsvd_ISR,
        rsvd_ISR,
        rsvd_ISR,
        rsvd_ISR,
        rsvd_ISR,
        rsvd_ISR,
        rsvd_ISR,
        //PIE 组 12
        rsvd_ISR,
        rsvd_ISR,
        rsvd_ISR,
        rsvd_ISR,
        rsvd_ISR,
        rsvd_ISR,
        rsvd_ISR,
        rsvd_ISR,
};
//初始化 PIE 中断向量表
//这个子程序把 PIE 中断向量表初始化到一个已知状态，这个子程序必须在引导程序后执行
void InitPieVectTable(void)
{
   int16 i;
   Uint32 *Source = (void *) &PieVectTableInit;
   Uint32 *Dest = (void *) &PieVectTable;
     //将结构体变量 PieVectTableInit 的值赋给结构体变量 PieVectTable
     //注意：两个为同一个结构体类型 PIE_VECT_TABLE
     EALLOW;
     for(i=0; i < 128; i++)
          *Dest++ = *Source++;
     EDIS;
     //使能 PIE 中断向量表
     PieCtrlRegs.PIECRTL.bit.ENPIE = 1;
}
```

```
//########################################################################
//文件: DSP281x_PieVect.h
//说明: DSP281x 芯片 PIE 中断向量表定义
//########################################################################
#ifndef DSP281x_PIE_VECT_H
#define DSP281x_PIE_VECT_H
#ifdef __cplusplus
```

```
extern "C" {
#endif                              //下面一段话用 C 语言方式编译和连接
//Create a user type called PINT (pointer to interrupt):
//声明一个函数指针类型 PINT(用它定义的指针可以指向中断服务程序)
typedef interrupt void(*PINT)(void);
struct PIE_VECT_TABLE {             //定义 PIE 中断向量表:
     PINT     PIE1_RESERVED;
     PINT     PIE2_RESERVED;
     PINT     PIE3_RESERVED;
     PINT     PIE4_RESERVED;
     PINT     PIE5_RESERVED;
     PINT     PIE6_RESERVED;
     PINT     PIE7_RESERVED;
     PINT     PIE8_RESERVED;
     PINT     PIE9_RESERVED;
     PINT     PIE10_RESERVED;
     PINT     PIE11_RESERVED;
     PINT     PIE12_RESERVED;
     PINT     PIE13_RESERVED;
     //非片内外设中断
     PINT     XINT13;              //XINT13
     PINT     TINT2;               //CPU-Timer2
     PINT     DATALOG;             //CPU 数据记录中断
     PINT     RTOSINT;             //CPU 实时操作系统中断
     PINT     EMUINT;              //CPU 仿真中断
     PINT     XNMI;                //外部不可屏蔽中断
     PINT     ILLEGAL;             //非法操作陷阱
     PINT     USER1;               //用户定义软件中断 1
     PINT     USER2;               //用户定义软件中断 2
     PINT     USER3;               //用户定义软件中断 3
     PINT     USER4;               //用户定义软件中断 4
     PINT     USER5;               //用户定义软件中断 5
     PINT     USER6;               //用户定义软件中断 6
     PINT     USER7;               //用户定义软件中断 7
     PINT     USER8;               //用户定义软件中断 8
     PINT     USER9;               //用户定义软件中断 9
     PINT     USER10;              //用户定义软件中断 10
     PINT     USER11;              //用户定义软件中断 11
     PINT     USER12;              //用户定义软件中断 12
     //PIE 中断组 1
     PINT     PDPINTA;             //EV-A
     PINT     PDPINTB;             //EV-B
     PINT     rsvd1_3;
     PINT     XINT1;
     PINT     XINT2;
     PINT     ADCINT;              //ADC
     PINT     TINT0;               //Timer 0
     PINT     WAKEINT;             //WD
     //PIE 中断组 2
     PINT     CMP1INT;             //EV-A
     PINT     CMP2INT;             //EV-A
```

```
PINT     CMP3INT;         //EV-A
PINT     T1PINT;          //EV-A
PINT     T1CINT;          //EV-A
PINT     T1UFINT;         //EV-A
PINT     T1OFINT;         //EV-A
PINT     rsvd2_8;
//PIE 中断组 3
PINT     T2PINT;          //EV-A
PINT     T2CINT;          //EV-A
PINT     T2UFINT;         //EV-A
PINT     T2OFINT;         //EV-A
PINT     CAPINT1;         //EV-A
PINT     CAPINT2;         //EV-A
PINT     CAPINT3;         //EV-A
PINT     rsvd3_8;
//PIE 中断组 4
PINT     CMP4INT;         //EV-B
PINT     CMP5INT;         //EV-B
PINT     CMP6INT;         //EV-B
PINT     T3PINT;          //EV-B
PINT     T3CINT;          //EV-B
PINT     T3UFINT;         //EV-B
PINT     T3OFINT;         //EV-B
PINT     rsvd4_8;
//PIE 中断组 5
PINT     T4PINT;          //EV-B
PINT     T4CINT;          //EV-B
PINT     T4UFINT;         //EV-B
PINT     T4OFINT;         //EV-B
PINT     CAPINT4;         //EV-B
PINT     CAPINT5;         //EV-B
PINT     CAPINT6;         //EV-B
PINT     rsvd5_8;
//PIE 中断组 6
PINT     SPIRXINTA;       //SPI-A
PINT     SPITXINTA;       //SPI-A
PINT     rsvd6_3;
PINT     rsvd6_4;
PINT     MRINTA;          //McBSP-A
PINT     MXINTA;          //McBSP-A
PINT     rsvd6_7;
PINT     rsvd6_8;
//PIE 中断组 7
PINT     rsvd7_1;
PINT     rsvd7_2;
PINT     rsvd7_3;
PINT     rsvd7_4;
PINT     rsvd7_5;
PINT     rsvd7_6;
PINT     rsvd7_7;
PINT     rsvd7_8;
```

```
    //PIE 中断组 8
    PINT    rsvd8_1;
    PINT    rsvd8_2;
    PINT    rsvd8_3;
    PINT    rsvd8_4;
    PINT    rsvd8_5;
    PINT    rsvd8_6;
    PINT    rsvd8_7;
    PINT    rsvd8_8;
    //PIE 中断组 9
    PINT    RXAINT;         //SCI-A
    PINT    TXAINT;         //SCI-A
    PINT    RXBINT;         //SCI-B
    PINT    TXBINT;         //SCI-B
    PINT    ECAN0INTA;      //eCAN
    PINT    ECAN1INTA;      //eCAN
    PINT    rsvd9_7;
    PINT    rsvd9_8;
    //PIE 中断组 10
    PINT    rsvd10_1;
    PINT    rsvd10_2;
    PINT    rsvd10_3;
    PINT    rsvd10_4;
    PINT    rsvd10_5;
    PINT    rsvd10_6;
    PINT    rsvd10_7;
    PINT    rsvd10_8;
    //PIE 中断组 11
    PINT    rsvd11_1;
    PINT    rsvd11_2;
    PINT    rsvd11_3;
    PINT    rsvd11_4;
    PINT    rsvd11_5;
    PINT    rsvd11_6;
    PINT    rsvd11_7;
    PINT    rsvd11_8;
    //PIE 中断组 12
    PINT    rsvd12_1;
    PINT    rsvd12_2;
    PINT    rsvd12_3;
    PINT    rsvd12_4;
    PINT    rsvd12_5;
    PINT    rsvd12_6;
    PINT    rsvd12_7;
    PINT    rsvd12_8;
};
extern struct PIE_VECT_TABLE PieVectTable;  //PIE 中断向量表外部引用声明
#ifdef __cplusplus
}
#endif /* extern "C" */
#endif      //DSP281x_PIE_VECT_H 定义结束
```

另外，在 DSP281x_DefaultIsr.c 文件中定义了每个中断向量的空的中断服务程序，其入口地址将赋予各对应的中断向量。如 INT13 的中断服务程序：

```
interrupt void INT13_ISR(void)       //INT13 or CPU-Timer1
{
     //用户可以在这里添加自己的中断服务程序
     //下面两行是用于调试的，当添加自己的中断服务程序后请删去它们
     asm ("      ESTOP0");
     for(;;);
}
```

所有的中断服务程序的初值状态都类似，此处不一一列举，用户还可以自己编写一个新的中断服务程序，例如：

```
interrupt void cpu_xint13_isr(void)      //INT13 or CPU-Timer1
{
  //用户中断服务程序
}
```

然后重载中断向量表中 XINT13 中断向量所存放的中断服务程序的地址，使其指向新的 ISR 的入口地址。可以使用下面的一句进行修改：

```
PieVectTable.XINT13 = & cpu_xint13_isr;
```

2．初始化 PIE 控制寄存器组

下面介绍一个初始化 PIE 控制寄存器组的例子。初始化 PIE 控制寄存器组需要用到两个文件：DSP281x_PieCtrl.c 和 DSP281x_PieCtrl.h。其中，DSP281x_PieCtrl.c 文件中包含 PIE 控制寄存器初始化程序，将 PIE 控制寄存器初始化到一个默认状态；DSP281x_PieCtrl.h 文件对 PIE 控制寄存器的结构体进行定义。

例 4-7-2：初始化 PIE 控制寄存器程序。

```
//###########################################################################
//文件： DSP281x_PieCtrl.c
//说明： DSP281x 芯片 PIE 控制寄存器初始化程序
//###########################################################################
#include <DSP281x_Device.h>
#include <DSP281x_Examples.h>
//该函数初始化 PIE 控制寄存器到已知状态
void InitPieCtrl(void)
{
   DINT;                                     //禁止全局中断
   PieCtrlRegs.PIECRTL.bit.ENPIE = 0;        //禁止 PIE 模块
    //清除所有 PIE 使能寄存器
    PieCtrlRegs.PIEIER1.all = 0;
    PieCtrlRegs.PIEIER2.all = 0;
    PieCtrlRegs.PIEIER3.all = 0;
    PieCtrlRegs.PIEIER4.all = 0;
    PieCtrlRegs.PIEIER5.all = 0;
    PieCtrlRegs.PIEIER6.all = 0;
    PieCtrlRegs.PIEIER7.all = 0;
    PieCtrlRegs.PIEIER8.all = 0;
    PieCtrlRegs.PIEIER9.all = 0;
```

```
    PieCtrlRegs.PIEIER10.all = 0;
    PieCtrlRegs.PIEIER11.all = 0;
    PieCtrlRegs.PIEIER12.all = 0;
    //清除所有 PIE 状态寄存器
    PieCtrlRegs.PIEIFR1.all = 0;
    PieCtrlRegs.PIEIFR2.all = 0;
    PieCtrlRegs.PIEIFR3.all = 0;
    PieCtrlRegs.PIEIFR4.all = 0;
    PieCtrlRegs.PIEIFR5.all = 0;
    PieCtrlRegs.PIEIFR6.all = 0;
    PieCtrlRegs.PIEIFR7.all = 0;
    PieCtrlRegs.PIEIFR8.all = 0;
    PieCtrlRegs.PIEIFR9.all = 0;
    PieCtrlRegs.PIEIFR10.all = 0;
    PieCtrlRegs.PIEIFR11.all = 0;
    PieCtrlRegs.PIEIFR12.all = 0;
}
//该函数使能 PIE 模块和 CPU 级中断
void EnableInterrupts()
{
    PieCtrlRegs.PIECRTL.bit.ENPIE = 1;        //使能 PIE 模块
    PieCtrlRegs.PIEACK.all = 0xFFFF;          //使用 PIE 驱动一个脉冲进入 CPU
    EINT;                                     //使能全局中断
}
```

C28x 芯片对寄存器组结构体的定义将在 9.3.2 节详细介绍。

```
//###########################################################################
//文件: DSP281x_PieCtrl.h
//说明: DSP281x 芯片 PIE 控制寄存器组定义
//###########################################################################
#ifndef DSP281x_PIE_CTRL_H
#define DSP281x_PIE_CTRL_H
#ifdef __cplusplus
extern "C" {
#endif
//PIE 控制寄存器位定义
struct PIECTRL_BITS {           //PIECTRL    寄存器位定义
  Uint16  ENPIE:1;              //0          使能 PIE 模块
  Uint16  PIEVECT:15;           //15:1       取中断向量地址
};
union PIECTRL_REG {
  Uint16 all;
  struct PIECTRL_BITS  bit;
};
struct PIEIER_BITS {            //PIEIER 寄存器位定义
  Uint16 INTx1:1;               //0       INTx.1
  Uint16 INTx2:1;               //1       INTx.2
  Uint16 INTx3:1;               //2       INTx.3
  Uint16 INTx4:1;               //3       INTx.4
  Uint16 INTx5:1;               //4       INTx.5
  Uint16 INTx6:1;               //5       INTx.6
  Uint16 INTx7:1;               //6       INTx.7
  Uint16 INTx8:1;               //7       INTx.8
```

```
    Uint16 rsvd:8;              //15:8    reserved
  };
  union PIEIER_REG {
    Uint16                  all;
    struct PIEIER_BITS   bit;
  };
  struct PIEIFR_BITS {          //PIEIFR 寄存器位定义
    Uint16 INTx1:1;             //0      INTx.1
    Uint16 INTx2:1;             //1      INTx.2
    Uint16 INTx3:1;             //2      INTx.3
    Uint16 INTx4:1;             //3      INTx.4
    Uint16 INTx5:1;             //4      INTx.5
    Uint16 INTx6:1;             //5      INTx.6
    Uint16 INTx7:1;             //6      INTx.7
    Uint16 INTx8:1;             //7      INTx.8
    Uint16 rsvd:8;              //15:8    reserved
  };
  union PIEIFR_REG {
    Uint16                  all;
    struct PIEIFR_BITS   bit;
  };
  struct PIEACK_BITS {          //PIEACK 寄存器位定义
    Uint16 ACK1:1;              //0      应答 PIE 中断组 1
    Uint16 ACK2:1;              //1      应答 PIE 中断组 2
    Uint16 ACK3:1;              //2      应答 PIE 中断组 3
    Uint16 ACK4:1;              //3      应答 PIE 中断组 4
    Uint16 ACK5:1;              //4      应答 PIE 中断组 5
    Uint16 ACK6:1;              //5      应答 PIE 中断组 6
    Uint16 ACK7:1;              //6      应答 PIE 中断组 7
    Uint16 ACK8:1;              //7      应答 PIE 中断组 8
    Uint16 ACK9:1;              //8      应答 PIE 中断组 9
    Uint16 ACK10:1;             //9      应答 PIE 中断组 10
    Uint16 ACK11:1;             //10     应答 PIE 中断组 11
    Uint16 ACK12:1;             //11     应答 PIE 中断组 12
    Uint16 rsvd:4;              //15:12 保留
  };
  union PIEACK_REG {
    Uint16                  all;
    struct PIEACK_BITS   bit;
  };
  struct PIE_CTRL_REGS {                    //PIE 控制寄存器
    union PIECTRL_REG PIECRTL;              //PIE control register
    union PIEACK_REG  PIEACK;               //PIE acknowledge
    union PIEIER_REG  PIEIER1;              //PIE INT1 IER register
    union PIEIFR_REG  PIEIFR1;              //PIE INT1 IFR register
    union PIEIER_REG  PIEIER2;              //PIE INT2 IER register
    union PIEIFR_REG  PIEIFR2;              //PIE INT2 IFR register
    union PIEIER_REG  PIEIER3;              //PIE INT3 IER register
    union PIEIFR_REG  PIEIFR3;              //PIE INT3 IFR register
    union PIEIER_REG  PIEIER4;              //PIE INT4 IER register
    union PIEIFR_REG  PIEIFR4;              //PIE INT4 IFR register
    union PIEIER_REG  PIEIER5;              //PIE INT5 IER register
    union PIEIFR_REG  PIEIFR5;              //PIE INT5 IFR register
    union PIEIER_REG  PIEIER6;              //PIE INT6 IER register
```

```
    union PIEIFR_REG  PIEIFR6;          //PIE INT6 IFR register
    union PIEIER_REG  PIEIER7;          //PIE INT7 IER register
    union PIEIFR_REG  PIEIFR7;          //PIE INT7 IFR register
    union PIEIER_REG  PIEIER8;          //PIE INT8 IER register
    union PIEIFR_REG  PIEIFR8;          //PIE INT8 IFR register
    union PIEIER_REG  PIEIER9;          //PIE INT9 IER register
    union PIEIFR_REG  PIEIFR9;          //PIE INT9 IFR register
    union PIEIER_REG  PIEIER10;         //PIE INT10 IER register
    union PIEIFR_REG  PIEIFR10;         //PIE INT10 IFR register
    union PIEIER_REG  PIEIER11;         //PIE INT11 IER register
    union PIEIFR_REG  PIEIFR11;         //PIE INT11 IFR register
    union PIEIER_REG  PIEIER12;         //PIE INT12 IER register
    union PIEIFR_REG  PIEIFR12;         //PIE INT12 IFR register
  };
  #define PIEACK_GROUP1   0x0001;
  #define PIEACK_GROUP2   0x0002;
  #define PIEACK_GROUP3   0x0004;
  #define PIEACK_GROUP4   0x0008;
  #define PIEACK_GROUP5   0x0010;
  #define PIEACK_GROUP6   0x0020;
  #define PIEACK_GROUP7   0x0040;
  #define PIEACK_GROUP8   0x0080;
  #define PIEACK_GROUP9   0x0100;
  #define PIEACK_GROUP10  0x0200;
  #define PIEACK_GROUP11  0x0400;
  #define PIEACK_GROUP12  0x0800;
  extern volatile struct PIE_CTRL_REGS PieCtrlRegs;
  //PIE 控制寄存器组外部引用声明
  #ifdef __cplusplus
  }
  #endif /* extern "C" */
  #endif      //end of DSP281x_PIE_CTRL_H definition
```

本章小结

对微处理器来说，中断是非常重要的一项功能，中断往往作为 CPU 内、外部事件响应机制的一部分。本章主要介绍 F2812 芯片的中断及中断扩展模块的结构、工作原理及使用方法。它是理解和使用中断功能的基础。与中断相关的几个重要概念之间的区别和联系总结如下：

① 中断向量等价于中断服务程序入口地址。

② 中断向量按一定顺序(0,1,2,…, n)编排的序号称为中断向量号。

③ 按中断向量号的顺序把中断向量放在一块连续的存储器空间中，这块存储器空间称为中断向量表。

④ 中断向量所存放的存储器单元的地址称为中断向量地址。

⑤ 对于 F2812，每个中断向量占 2 个存储器单元，中断向量号与中断向量地址的关系如下：

中断向量号为 n 的中断向量地址 = 中断向量号为 0 的中断向量地址 + (中断向量号 n)×2

⑥ 所有连续的中断向量地址和存放在其中的中断向量构成中断向量表。

例如，F2812 有 32 个 CPU 级中断向量，每个中断向量都占用 2 个存储器单元，共占用 64 个存储器单元。在一般情况下，F2812 的复位中断向量(即中断向量号为 0 的中断向量)是 3F FC00h，这个值是复位中断服务程序的入口地址(这个地址在 Boot ROM 中)，复位中断服务程序就是存放在以这个地址开始的一段存储空间中。复位中断向量存放在地址为 0x3F FFC0 和 0x3F FFC1 的 2 个存储器单元内，我们习惯上把低地址(0x3F FFC0)称为复位中断向量的地址。NMI 中断向量的中断向量号为 18，由⑤可知：NMI 中断向量地址 = 0x3F FFC0 + 18 × 2 = 0x3F FFE4。F2812 的 32 个 CPU 级中断向量存在 0x3F FFC0～0x3F FFFF 的 64 个存储单元中，这些存储单元和其存储内容(中断向量)构成 F2812 的 CPU 级中断向量表。

本章学习要求如下：

- 熟练掌握与中断相关的重要概念：中断向量、中断向量号、中断向量表、中断服务程序入口地址和中断向量地址。
- 熟练掌握 F2812 中断资源的数目及分类：按能否被禁止分为可屏蔽中断、不可屏蔽中断。按接收中断信号的对象分为 CPU 级中断、PIE 级中断、外设级中断；按激发的方式分为硬件中断、软件中断；
- 理解所有中断寄存器(包括 PIE 级中断寄存器)的功能和配置方法，做到会查会用。
- 理解可屏蔽中断的标准处理过程、不可屏蔽中断的处理过程、临界时间中断的含义、PIE 级中断的响应过程、F2812 的复位流程图及多路复用中断请求流程图。
- 理解 PIE 中断向量表。对于 PIE 中断扩展模块图，应了解各 PIE 级中断的分组关系。
- 掌握 F2812 的低功耗模式的使用方法。

本章应着重理解和掌握的概念包括：中断、中断向量、中断向量表、ISR、PIE 中断等。对于这些基本概念，也要理解其和逻辑概念、物理概念的相互联系和应用。例如，中断向量这一基本概念及相关逻辑概念、物理概念的关系如下表所示。

基本概念	逻辑概念	物理概念	应　用
CPU 级中断向量：C28x 支持包括复位向量在内的 32 个 CPU 级中断向量	每个中断向量就是一个 22 位的二进制数：这个二进制数是该中断相应的中断服务程序(ISR)的 22 位入口地址，当产生中断并响应时，程序指针可以通过它跳转到相应的中断服务程序去处理中断事件。例如，一般情况下，F2812 的复位中断向量是 3FFC00h，这是一个 22 位的二进制数，也表示复位中断服务程序(在 Boot ROM 中)的入口地址	每个中断向量(即 22 位的二进制数)存放在 2 个地址连续存储器单元中(每个存储器单元是 16 位的，共 32 位)：这个 22 位的二进制数存放在 32 位存储器空间的低 22 位，高 10 位空留不用。例如，F2812 的复位中断向量就存在地址为 0x3F FFC0 和 0x3F FFC1 存储器单元内，地址为 0x3F FFC1 的存储器单元中存放的内容是 3FH(中断向量的高 6 位)，地址为 0x3F FFC0 的存储器单元中存放的内容是 FC00h(中断向量的低 16 位)	每当 CPU 需要通过中断机制对内、外部事件做出反应，调用中断服务程序时，中断向量都会担当重要角色，因为它指示了从何处调用所需的中断服务程序

习题与思考题

1. 请画图说明中断向量、中断向量表、中断向量号、中断服务程序入口地址、中断向量地址在存储空间中的关系。

2. 请分析 INTR 和 TRAP 等软件中断与硬件中断的异同。

3. 试比较几种低功耗模式的唤醒方式的异同。

4. 参照图 4-7-2，找一个中断(如定时器中断或看门狗中断)，描述从中断信号的产生到退出中断服务程序的整个过程，并说明控制该中断的相关寄存器有哪些。

5. 请描述图 4-7-3 的复位流程，包括复位时复位中断向量从何处取，指向何处，复位后执行的第一条指令是什么，如何初始化，如何跳到用户代码中执行等。

6. 用户如何使中断向量指向自己编写的中断服务程序？

第 5 章　TMS320F2812 片内外设模块

学习要点

- ◆ 事件管理器的作用、结构特点和工作方式
- ◆ 串行通信接口的作用、结构特点和工作方式
- ◆ 串行外设接口的作用、结构特点和工作方式
- ◆ eCAN 总线模块的作用、结构特点和工作方式
- ◆ 多通道缓冲串行口的作用、结构特点和工作方式
- ◆ 模数转换模块的作用、结构特点和工作方式

TMS320F2812 芯片内部集成诸多片内外设，主要有系统控制（包括存储器、时钟、低功耗模块、看门狗、CPU 定时器、GPIO 和外设帧等）、外设中断扩展（PIE）、外部接口扩展（XINTF）、引导模块（Boot ROM）、事件管理器（EV）、串行通信接口（SCI）、串行外设接口（SPI）、eCAN 总线模块、多通道缓冲串行口（McBSP）和模数转换模块（ADC）等。

由于系统控制、PIE、XINTF、Boot ROM 在前面章节已做描述，本章主要介绍以下片内外设模块：EV、SCI、SPI、eCAN 总线、McBSP 和 ADC。考虑到现有 F2812 DSP 的书籍对这些模块进行了较详尽的介绍，为了既方便初学者的学习又不至于浪费过多的篇幅重复介绍，本章没有对它们及其相关寄存器进行详细的介绍，而只是对它们的主要作用、结构特点和工作方式进行简要的描述，并给出应用举例。如果读者在实际应用过程中需要对某个片内外设进行详细了解，或者需要对其相关寄存器进行编程操作，可以参考其他 DSP 书籍，也可以直接从 TI 提供的数据手册中查到。

5.1　事件管理器（EV）

事件管理器（EV）为用户提供了强大的控制功能，特别是在运动控制和电机控制领域。F2812 提供了两个具有相同结构和功能的事件管理器模块 EVA 和 EVB，可用于多电机控制。每个事件管理器模块都包含通用定时器、全比较/PWM 单元、捕获单元及正交编码脉冲电路等部分，可以通过一个三相逆变桥来满足功率管的互补控制，同时还可以提供两个非互补的 PWM 信号。

EVA 的功能框图如图 5-1-1 所示。表 5-1-1 给出了 EVA 和 EVB 模块的外部信号引脚。EV 模块的接口框图如图 5-1-2 所示。

所有 EV-A 寄存器如表 5-1-2 所示。

5.1.1　通用定时器

每个事件管理器模块都有两个通用定时器，EVA 包含通用定时器 1 和 2，EVB 包含通用定时器 3 和 4。这些定时器可以根据需要单独使用，如在控制系统中产生采样周期，为捕获单元、正交编码电路、比较单元和 PWM 产生电路提供时基等。

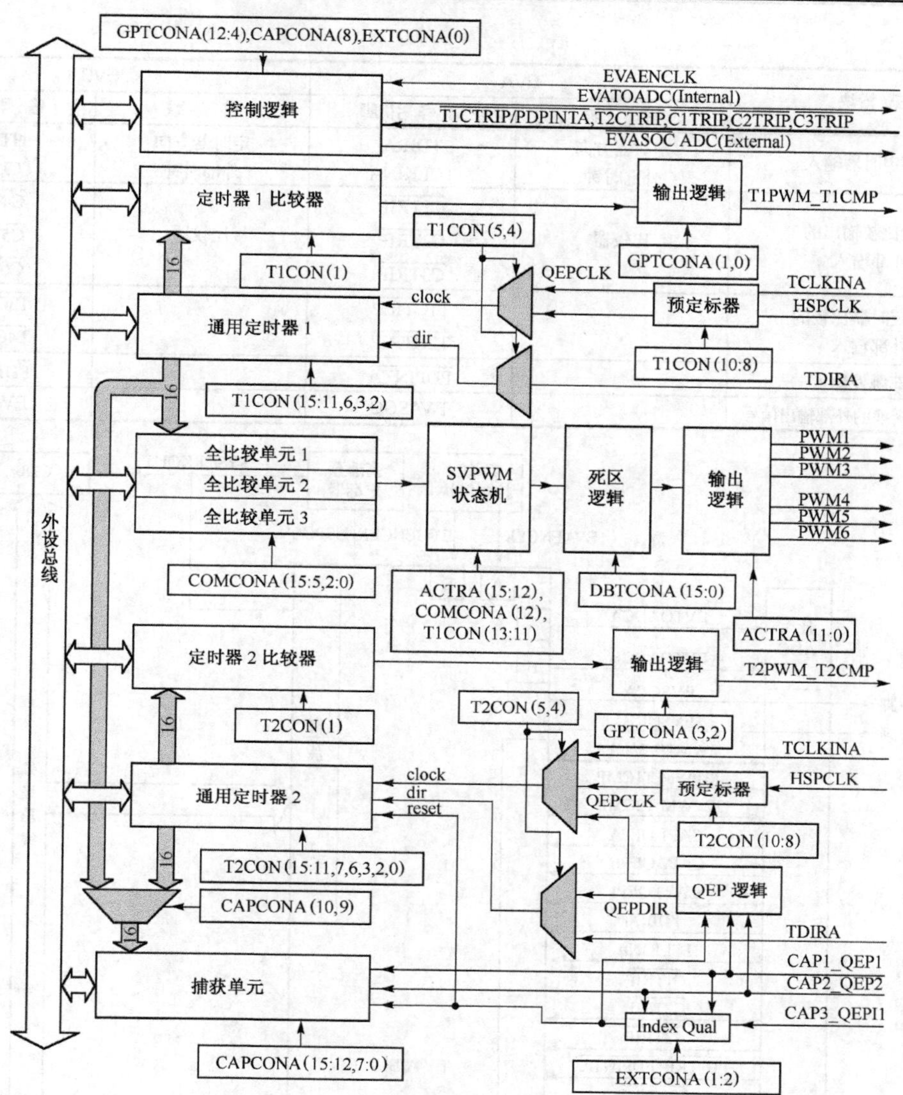

图 5-1-1　EVA 功能框图

表 5-1-1　EVA 和 EVB 模块信号引脚

EV 模块	EVA		EVB	
	模　块	信 号 引 脚	模　块	信 号 引 脚
通用定时器	通用定时器 1 通用定时器 2	T1PWM/T1CMP T2PWM/T2CMP	通用定时器 3 通用定时器 4	T3PWM/T3CMP T4PWM/T4CMP
比较单元	比较器 1 比较器 2 比较器 3	PWM1/2 PWM3/4 PWM5/6	比较器 4 比较器 5 比较器 6	PWM7/8 PWM9/10 PWM11/12
捕获单元	捕获器 1 捕获器 2 捕获器 3	CAP1 CAP2 CAP3	捕获器 4 捕获器 5 捕获器 6	CAP4 CAP5 CAP6
QEP 通道	QEP	QEP1 QEP2 QEPI1	QEP	QEP3 QEP4 QEPI2

续表

EV 模块	EVA		EVB	
	模　块	信号引脚	模　块	信号引脚
外部定时器输入	定时器方向 外部时钟	TDIRA TCLKINA	定时器方向 外部时钟	TDIRB TCLKINB
触发比较输出的外部输入	比较器	C1TRIP C2TRIP C3TRIP	比较器	C4TRIP C5TRIP C6TRIP
触发定时器比较的外部输入		T1CTRIP T2CTRIP		T3CTRIP T4CTRIP
外部触发输入		PDPINTA		PDPINTB
启动 ADC 转换的外部输出信号		EVASOC		EVBSOC

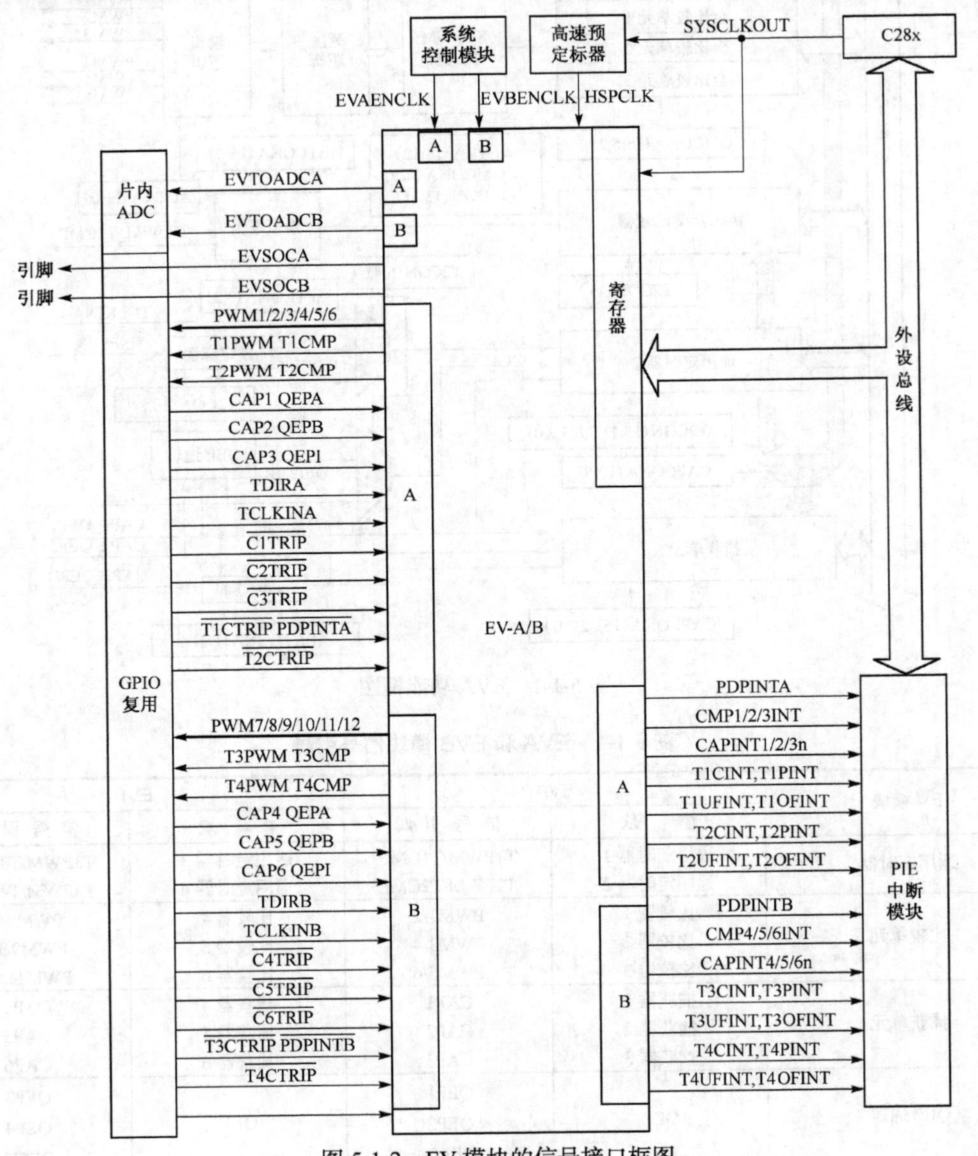

图 5-1-2　EV 模块的信号接口框图

表 5-1-2　EV-A 寄存器一览表

寄存器类型	寄 存 器 名	地 址 范 围	说　明
定时寄存器	GPTCONA	0x7400	全局定时器控制寄存器 A
	T1CNT	0x7401	定时器 1 计数寄存器
	T1CMPR	0x7402	定时器 1 比较寄存器
	T1PR	0x7403	定时器 1 周期寄存器
	T1CON	0x7404	定时器 1 控制寄存器
	T2CNT	0x7405	定时器 2 计数寄存器
	T2CMPR	0x7406	定时器 2 比较寄存器
	T2PR	0x7407	定时器 2 周期寄存器
	T2CON	0x7408	定时器 2 控制寄存器
	EXTCONA	0x7409	扩展控制寄存器 A
比较寄存器	COMCONA	0x7411	比较控制寄存器 A
	ACTRA	0x7413	比较动作控制寄存器 A
	DBTCONA	0x7415	死区定时器控制寄存器 A
	CMPR1	0x7417	比较寄存器 1
	CMPR2	0x7418	比较寄存器 2
	CMPR3	0x7419	比较寄存器 3
捕获寄存器	CAPCONA	0x7420	捕获控制寄存器 A
	CAPFIFOA	0x7422	捕获 FIFO 状态寄存器 A
	CAP1FIFO	0x7423	两级深度捕获 FIFO 堆栈 1
	CAP2FIFO	0x7424	两级深度捕获 FIFO 堆栈 2
	CAP3FIFO	0x7425	两级深度捕获 FIFO 堆栈 3
	CAP1FBOT	0x7427	捕获 FIFO 堆栈 1 的栈底寄存器
	CAP2FBOT	0x7428	捕获 FIFO 堆栈 2 的栈底寄存器
	CAP3FBOT	0x7429	捕获 FIFO 堆栈 3 的栈底寄存器
中断寄存器	EVAIMRA	0x742C	中断屏蔽寄存器 A
	EVAIMRB	0x742D	中断屏蔽寄存器 B
	EVAIMRC	0x742E	中断屏蔽寄存器 C
	EVAIFRA	0x742F	中断标志寄存器 A
	EVAIFRB	0x7430	中断标志寄存器 B
	EVAIFRC	0x7431	中断标志寄存器 C

1. 通用定时器的结构特点

通用定时器功能框图如图 5-1-3 所示。每个通用定时器包括：

- 一个 16 位可读/写、可增/减的定时器计数器 TxCNT(x=1, 2, 3, 4)。该寄存器中保存计数器的当前值，并根据计数方向递增或递减计数。
- 一个 16 位可读/写定时器比较寄存器 TxCMPR(双缓冲)。
- 一个 16 位可读/写定时器周期寄存器 TxPR(双缓冲)。
- 一个 16 位可读/写定时器控制寄存器 TxCON。
- 一个通用定时器比较输出引脚 TxCMP。
- 用于内部和外部时钟输入的可编程定标器。
- 用于 4 个可屏蔽中断(上溢、下溢、定时器比较和周期中断)的控制和中断逻辑。
- 可选择计数方向的输入引脚 TDIRx(当使用定向增/减计数模式时，用来选择是增计数还是减计数)。

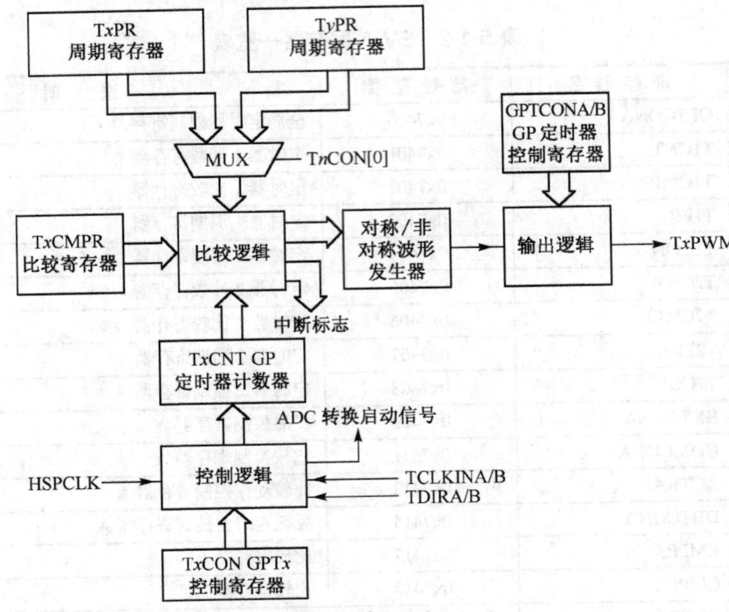

图 5-1-3 通用定时器功能框图($x=2$ 或 4)

2. 通用定时器的工作方式

全局通用定时器控制寄存器(GPTCONA/B)规定了通用定时器对于不同的定时器事件所采取的操作，并能显示4个通用定时器的计数方向。GPTCONA/B是一个可读/写寄存器，但对状态位的写操作是无效的。

1) 通用定时器输入和输出

(1) 通用定时器输入。

- 内部时钟HSPCLK；
- 外部时钟TCLKINA/B，最大频率是CPU时钟频率的1/4；
- 方向输入TDIRA/B，用于控制定向增/减计数模式的计数方向；
- 复位信号RESET。

另外，当通用定时器与正交编码器脉冲电路一起使用时，定时器的时钟和计数方向都由正交编码器脉冲电路决定。

(2) 通用定时器输出。

- 通用定时器比较输出TxCMP($x=1, 2, 3, 4$)；
- ADC模块的转换启动信号；
- 提供自身比较逻辑和比较单元的下溢、上溢、比较匹配和周期匹配信号；
- 计数方向指示位。

2) 通用定时器的计数操作

每个通用定时器都有4种计数模式，即停止/保持计数模式、连续递增计数模式、定向增/减计数模式、连续增/减计数模式。

定时器控制寄存器(TxCON)中各位控制相应的计数模式和计数操作。TxCON.6可使能或禁止计数操作，当禁止定时器时，计数操作停止，且定时器的预定标值被复位为 x/1；当使能定时器时，定时器控制寄存器 TxCON 中的 TMODE1、TMODE0 位决定通用定时器的计数模式。通用定时器 4 种计数模式的基本功能如下：

(1) 模式 1：停止/保持计数模式。在此模式下，通用定时器的操作停止并保持当前状态，定时器的计数器、比较输出和预定标计数器均保持不变。

(2) 模式 2：连续递增计数模式。在此模式下，通用定时器按照预定标的输入时钟计数，当计数器的值与周期寄存器的值相等时，在下一个时钟周期的上升沿，通用计数器清 0，并开始另一个计数周期。

计数器的初值可以为 0～FFFFh 中的任何值。如果初值大于周期寄存器的值，则计数器将加 1 直到 FFFFh 后置位上溢中断标志，再加 1 后将从 0 开始继续计数操作，直到等于周期寄存器的值，此时产生周期匹配，并置位周期中断标志和下溢中断标志，且计数器清 0。然后再从 0 开始计数，直到等于周期寄存器的值，以后重复上述操作；若计数器的初值小于周期寄存器的值，则从初值开始计数直到等于周期寄存器的值，以后重复上述操作。

如图 5-1-4 所示，通用定时器工作在连续递增计数模式。

(3) 模式 3：定向增/减计数模式。在此模式下，通用定时器在定标时钟的上升沿开始计数，计数方向由输入引脚 TDIRA/B 决定；引脚为高时，递增计数，与连续增计数模式相同；引脚为低时，递减计数，从初值减 1 直到为 0，此时若 TDIRA/B 仍为低，计数器将重新载入周期寄存器的值，并继续计数。

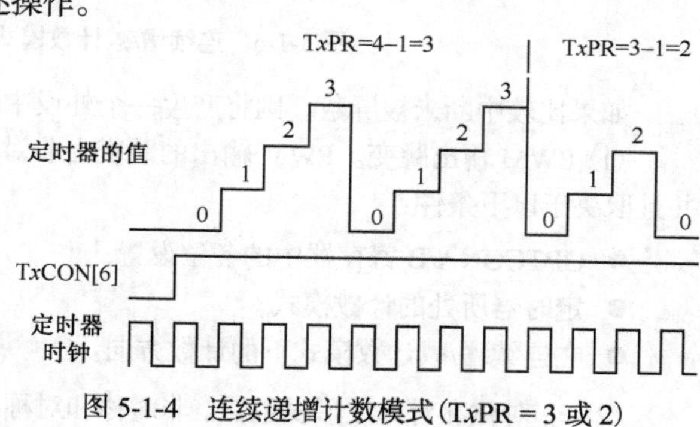

图 5-1-4　连续递增计数模式（TxPR = 3 或 2）

定时器的计数方向由 GPTCONA/B 中的位 14～13 状态位显示。周期、上溢和下溢中断的产生方式与连续增/减计数模式相同，初始化编程方法也与连续增计数模式相同。定向增/减计数模式的工作波形如图 5-1-5 所示。

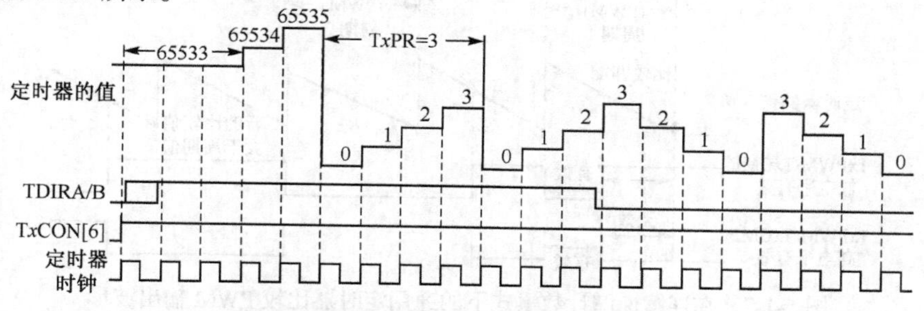

图 5-1-5　定向增/减计数模式工作波形（预定标因子为 1，TxPR = 3）

(4) 模式 4：连续增/减计数模式。这种模式与定向增/减计数模式基本相同。区别是：计数方向不再受引脚 TDIRA/B 的控制，而是在计数值达到周期寄存器的值或 FFFFh（初值大于周期寄存器的值）时，才从增计数变为减计数，而在计数值为 0 时，从减计数变为增计数，如图 5-1-6 所示。

3) 通用定时器的比较操作

每个通用定时器都有一个相应的比较寄存器（TxCMPR）和一个 PWM 输出引脚（TxPWM）。通用定时器的值总是与相应的比较寄存器的值进行比较，当二者相等时，就产生比较匹配。可以通过将 TxCON.1 位置 1 来使能比较操作。如果比较使能，产生比较匹配时将产生以下动作：

- 定时器的比较中断标志位在匹配发生 1 个 CPU 时钟周期后被置位；
- 在匹配发生 1 个 CPU 时钟周期后，根据 GPTCONA/B 寄存器的配置，相应 PWM 输出将发生跳变；
- 如果比较中断标志位已经通过将 GPTCONA/B 寄存器中的相应位置 1 来启动模数转换器(ADC)，则当比较中断标志位被置位时也会产生 ADC 的启动信号。

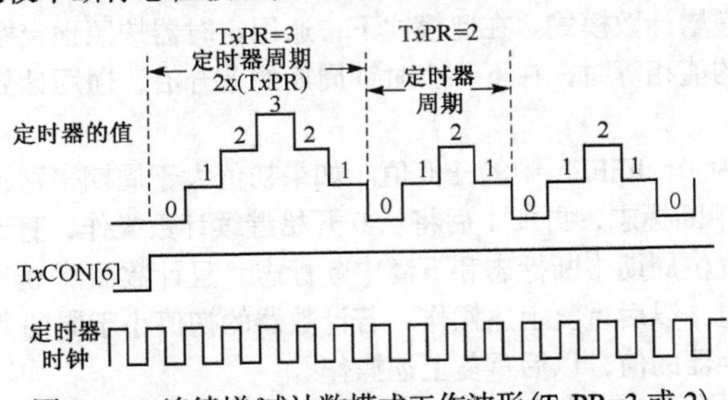

图 5-1-6 连续增/减计数模式工作波形(TxPR=3 或 2)

如果比较中断未被屏蔽，则将产生一个外设中断请求。

(1) PWM 输出跳变。PWM 输出的跳变由非对称和对称的波形发生器及相关的输出逻辑控制，并且取决于以下条件：

- GPTCONA/B 寄存器中的各位设置；
- 定时器所处的计数模式；
- 在连续增/减计数模式下的计数方向。

(2) 非对称和对称波形发生器。非对称和对称波形发生器在通用定时器所处计数模式的基础上产生一个非对称或对称的 PWM 波形。

① 非对称波形发生。当通用定时器处于连续递增计数模式时，产生非对称波形，如图 5-1-7 所示。

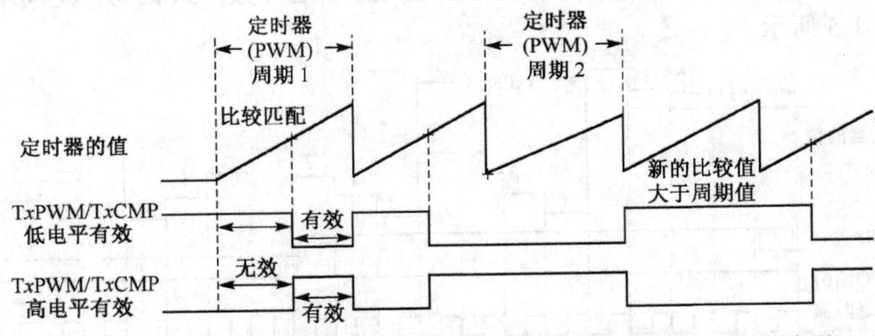

图 5-1-7 在连续递增计数模式下的通用定时器比较 PWM 输出波形

在这种模式下，波形发生器的输出由以下情况决定：计数操作开始前为 0；保持不变直到比较匹配发生；比较匹配时产生触发；直到周期结束前保持不变；如果在下一周期新的比较寄存器的值不是 0，则在匹配周期结束后复位为 0。

如果一个周期开始时比较寄存器值为 0，则整个周期输出将是 1；如果下一周期的比较寄存器的值也是 0，则输出将不再复位为 0。如果比较寄存器的值大于周期寄存器的值，则整个周期输出为 0；如果比较值等于周期寄存器的值，则输出为 1，且将保持一个定标时钟周期。

比较寄存器值的改变只影响 PWM 脉冲的单边，这是非对称 PWM 波形的一个特点。

② 对称波形发生。当通用定时器处于连续增/减计数模式时，产生对称波形，如图5-1-8所示。

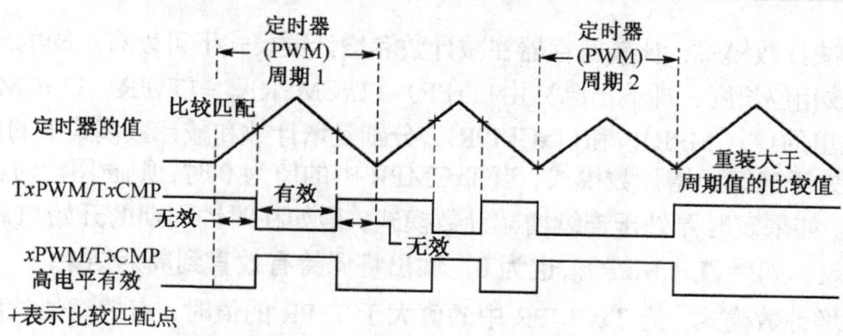

图 5-1-8　在连续增/减模式下的通用定时器比较 PWM 输出波形

在这种模式下，波形发生器的输出状态由以下情况决定：计数操作开始前为 0；操作保持不变直到第一次比较匹配；第一次比较匹配时，产生触发；保持不变直到第二次比较匹配；第二次比较匹配时，产生触发；保持不变直到周期结束；如果没有第二次匹配并且下一周期的新比较值不为 0，则在周期结束后复位为 0。

如果比较值在周期开始时为 0，则周期开始时将输出为 1，并且保持 1 不变直到第二次比较匹配发生。如果比较值在周期后半部分是 0，则输出将保持为 1 直到周期结束。在这种情况下，如果新比较值仍为 0，输出将不会复位为 0。如果前半周期中的比较值大于或等于周期寄存器的值，则第一次跳变将不会发生。当后半周期发生比较匹配时，输出仍将跳变。这种输出错误的跳变经常是由应用程序计算不正确引起的，它将在周期结束时被纠正，因为除非下一周期的比较值为 0，输出才被复位为 0；否则输出将保持为 1，这将把波形发生器的输出重新置为正确的状态。

(3) 输出逻辑。输出逻辑可以调整波形发生器的输出，以生成不同类型功率设备所需要的 PWM 波形。可以通过合适的配置 GPTCONA/B 寄存器中的相应位来使 PWM 输出为高有效、低有效、强制高或强制低。当 PWM 输出为高有效时，它的极性与相关非对称波形发生器的输出极性相同。当 PWM 输出为低有效时，则反之。当 GPTCONA/B 寄存器中的相应位确定 PWM 输出为强制高/低后，PWM 输出立即被置成 1 或 0。

综上所述，在正常的计数模式下，如果比较已被使能，则通用定时器 TxPWM 输出如表5-1-3所示。

表 5-1-3　连续递增和连续增/减计数模式下的通用定时器比较输出

连续递增计数模式		连续增/减计数模式	
一个周期内的时间	比较输出状态	一个周期内的时间	比较输出状态
比较匹配前	不变	第一次比较匹配前	不变
比较匹配时	设置有效	第一次比较匹配时	设置有效
		第二次比较匹配时	设置无效
周期匹配时	设置无效	第二次比较匹配后	不变

注：设置有效是指当高有效时，输出为高；当低有效时，输出为低。设置无效则相反。

出现下列任何情况之一时，所有的通用定时器 PWM 输出都置为高阻态：

- 软件将 GPTCONA/B[6]清 0；
- $\overline{\text{PDPIN}x}$ 引脚上的电平被拉低且未被屏蔽；
- 任何一个复位事件发生；
- 软件将 TxCON[1]清 0。

(4) 有效/无效时间计算。对于连续递增计数模式，比较寄存器中的值从计数周期开始到发生第一次比较匹配之间经过的时间，也是无效相位的长度。这段时间等于定标的输入时钟周期乘以 TxCMPR 寄存器的值。因此，有效相位长度，即输出脉冲宽度等于(TxPR − TxCMPR +1)个定标的输入时钟周期。

对于连续增/减计数模式，比较寄存器在减计数和增计数模式下可以有不同的值。对于连续增/减计数模式下的有效相位长度，即输出脉冲由(TxPR)-(TxCMPR)$_{up}$+(TxPR)-(TxCMPR)$_{dn}$个定标输入时钟周期给定(这里的(TxCMPR)$_{up}$和(TxCMPR)$_{dn}$分别是增计数和减计数模式下的比较值)。

如果定时器处于连续递增计数模式，当 TxCMPR 中的值为 0 时，则通用定时器的比较输出将在整个周期中有效。如果定时器处于连续增减计数模式，假如在时钟周期的开始(TxCMPR)$_{up}$为 0，则比较输出将为有效，如果(TxCMPR)$_{dn}$也为 0，输出将保持有效直到周期结束。

对于连续递增计数模式，当 TxCMPR 中的值大于 TxPR 的值时，有效相位长度即输出脉冲宽度为 0。对于连续增/减计数模式，当(TxCMPR)$_{up}$大于或等于 TxPR 时，第一次跳变将不会发生。当(TxCMPR)$_{dn}$大于或等于 TxPR 时，第二次跳变也将不会发生。当(TxCMPR)$_{up}$和(TxCMPR)$_{dn}$都大于或等于 TxPR 时，通用定时器的比较输出在整个周期中无效。

5.1.2 脉宽调制(PWM)电路

每一个事件管理器可以同时产生 8 路 PWM 信号，包括 3 对由全比较单元产生的带有可编程死区的 PWM 信号和由定时器比较器产生的 2 路独立的 PWM 信号。

1. PWM 电路的结构

EVA 模块的 PWM 电路功能框图如图 5-1-9 所示(EVB 与 EVA 相似，不再赘述)，它主要包括 4 个功能单元：对称/非对称波形发生器、可编程死区单元、输出逻辑及空间矢量(SV)PWM 状态机。

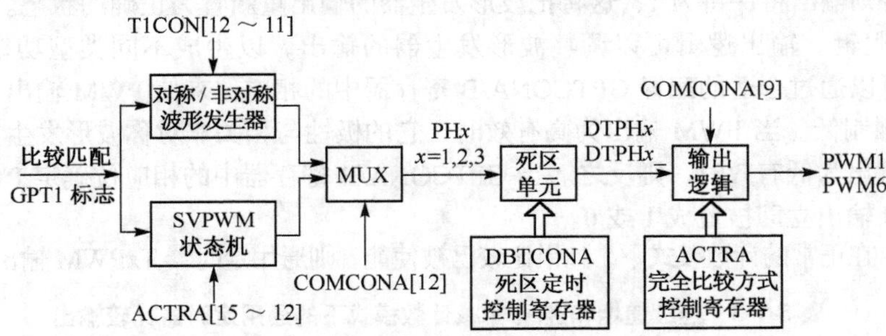

图 5-1-9　PWM 电路功能框图

每个 EV 模块有一个 16 位可读/写的比较控制寄存器 COMCONA/B 和一个 16 位的比较方式控制寄存器 ACTRA/B。比较控制寄存器 COMCONA/B 控制全比较单元的操作；比较方式控制寄存器 ACTRA/B 控制 PWM 输出引脚的输出方式。本单元可以通过输出不同脉宽的方波来进行电机控制。

2. PWM 电路的工作方式

在数字控制系统中，最常用的方法就是采用脉宽调制(PWM)技术控制外设对象。调制技术的核心是产生周期不变但脉宽可变的信号。也就是说，一个 PWM 信号是一串脉冲宽度变化的序列，这些脉冲平均分布在一段定长的周期中，在每个周期中有一个脉冲。这个定长的周期被称为 PWM(载波)周期，其倒数称为 PWM(载波)频率。

在电机控制系统中，通过功率器件将所需的电流和能量送到电机线圈绕组中，这些相位电流的形状、频率及能量的大小控制着电机的速度和扭矩，而 PWM 信号就是用来控制功率器件的开启和关断时间的。在具体应用中，常将两个功率器件(一个正相导通，一个负相导通)串联到一个功率转换器的引脚上，为了避免击穿，要求这两个器件的开启时间不能相同。死区就是为了使这两个器件的开启存在一定的时间间隔(死区时间)而设置的。

（1）PWM 信号的产生。为了产生一个 PWM 信号，需要通过一个合适的定时器不断重复地进行计数，其计数周期等于 PWM 的周期，用一个比较寄存器来保存调制值，比较寄存器中的值不断地与定时器计数器相比较，一旦发生匹配，在相应的输出引脚上就产生一个跳变(从低到高或从高到低)，当发生第二次匹配或定时器周期结束时，相应的输出引脚上又会产生一个跳变(从高到低或从低到高)。通过这种方式，就能产生一个与比较寄存器的值成比例的输出脉冲。这个过程在每个定时器周期里都会被重复，但每次比较寄存器里的调制值是不同的，这样在相应的输出引脚上就能得到一个 PWM 信号。

通用定时器的周期匹配可以保证 PWM 波形的周期不变，通用定时器与比较寄存器中的调制值的比较匹配可以产生不同的 PWM 脉宽，因此可以根据调制频率来设置通用定时器周期寄存器的值。根据已得到的脉宽变化规律在每个周期内修改通用定时器比较寄存器的值，以得到不同的脉宽。通过设置死区控制寄存器可选择死区时间。

（2）死区。在电机控制及电子设备的应用中，通常将两个功率器件串联起来构成一个功率转换桥臂。为了避免击穿，两个功率器件的导通周期不能有重叠。因此就需要一对无重叠的 PWM 输出信号来正确地开启和关闭这两个桥臂。死区单元的作用就是在一个晶体管被截止到另一个晶体管被导通期间插入一段死区时间，这段时间延迟能确保在一个晶体管导通之前另一个晶体管已经完全关闭。具体死区时间的长短通常由功率管的开关特性和特定场合下的负载特性决定。

1）事件管理器的 PWM 输出

在事件管理器模块中，3 个比较单元中的任何一个与通用定时器 1(EVA)、通用定时器 3(EVB)、死区单元和输出逻辑结合使用就能产生一对死区和极性可编程的 PWM 输出。通过设置 ACTRA/B 寄存器中的相应位可使输出方式为低有效、高有效、强制高和强制低。

产生 PWM 输出需要对事件管理器中相关的寄存器进行配置，具体内容如下：

- 设置和装载 ACTR*x*，以确定输出方式和极性；
- 如使能死区功能，则需设置和装载 DBTCON*x*；
- 初始化 CMPR*x*，装入比较值，确定 PWM 波形占空比；
- 设置和装载 COMCON*x*，使能比较操作和 PWM 输出；
- 设置和装载 T1CON(EVA)或 T3CON(EVB)，设置计数模式，启动比较操作；
- 用新值更新 CMPR*x*，以改变 PWM 波形的占空比。

（1）非对称 PWM 波形产生。为产生非对称 PWM 波形，需将通用定时器 1 或 3 设置为连续增计数模式。如图 5-1-10 所示，非对称或边沿触发 PWM 信号的特点是不关于 PWM 周期中心对称，脉冲的宽度只能从脉冲一侧开始变化。

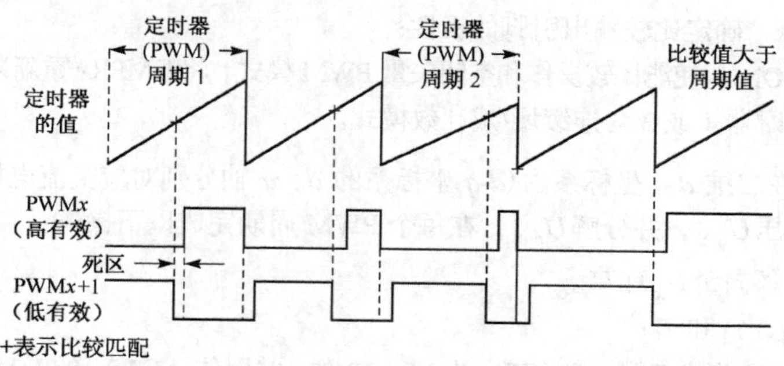

图 5-1-10　比较单元和 PWM 电路产生的非对称 PWM 波形($x = 1, 3, 5$)

设置好各个寄存器后，就能在与比较单元相关的一对 PWM 输出引脚(PWM*x*, PWM*x*+1)上产生一路正常的 PWM 脉冲信号。如果死区未被使能，PWMx 和 PWM$x+1$ 引脚输出同时跳变的脉冲；如果死区使能，PWM$x+1$ 输出引脚在 PWMx 输出引脚脉冲跳变后的一段延迟时间之后跳变为高电平(高有效)或低电平(低有效)。这两个输出引脚的跳变时间间隔就形成了死区。这种用软件灵活控制的 PWM 输出适用于对开关磁阻电机的控制。

在每个 PWM 周期中，可随时将新的比较值、周期值写入比较寄存器、周期寄存器中，用来调整 PWM 输出的占空比和周期，也可改变比较方式控制寄存器的相关位来变更 PWM 的输出方式。更新的值在下一个 PWM 周期内实现。

(2) 对称 PWM 波形产生。为产生对称 PWM 波形，需将通用定时器 1 或 3 设置为连续增/减计数模式。如图 5-1-11 所示，对称 PWM 信号关于 PWM 周期中心对称，相比非对称 PWM 信号，其优点是在每个 PWM 周期的开始和结束处有两个无效的区段。

产生对称 PWM 波形的设置除计数模式外与产生非对称 PWM 波形的设置相同。在对称 PWM 波形的每个周期通常有两次比较匹配。一次在周期匹配前的增计数期间，另一次在周期匹配后的减计数期间。改变比较值可提前或推迟 PWM 脉冲第二个边沿的产生。这种特性可以弥补由交流电机控制中的死区引起的电流误差。

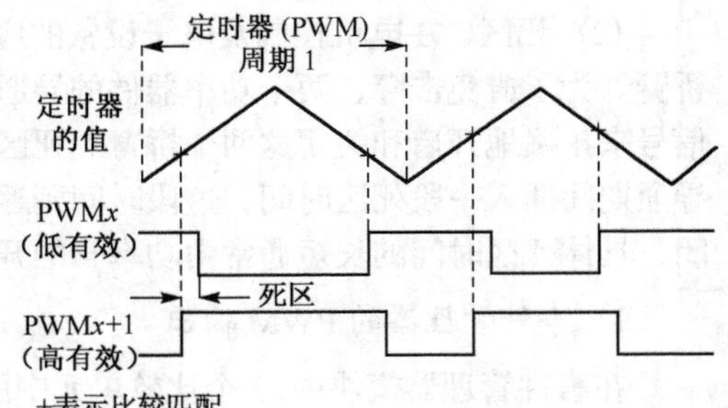

图 5-1-11 比较单元和 PWM 电路产生的对称 PWM 波形 ($x=1, 3, 5$)

另外，F2812 的事件管理器还支持双刷新 PWM 模式。此模式下，可独立修改 PWM 的上升沿和下降沿。在 PWM 周期的开始和中间阶段，PWM 边沿的比较寄存器的值允许被更新。事件管理器的比较寄存器都是带有缓冲的，能支持 3 种比较值重载/刷新模式(即不同的比较值重载条件)。通过下溢(PWM 周期的开始)或 PWM 周期的中间阶段这两个重载条件就能实现双刷新 PWM 模式。

2) 空间矢量 PWM 波形的产生

空间矢量 PWM 是实现三相逆变桥 6 个功率管控制的一种特殊方法，它能保证在三相交流电机的绕组中产生最小的电流谐波，相比正弦调制，能够提高电源的使用效率。

有关空间矢量 PWM 的详细内容请参考相关资料，这里只介绍通过事件管理器产生空间矢量 PWM 波形的方法。

(1) 软件设置。事件管理器模块的内置硬件电路大大简化了空间矢量 PWM 波形的产生，通过以下的软件设置，就能输出空间矢量 PWM 波形。

- 配置 ACTRx，确定比较输出引脚的极性；
- 配置 COMCONx，使能比较操作和空间矢量 PWM 模式，将 CMPRx 重新装载的条件设为下溢；
- 设置通用定时器 1 或 3 为连续增/减计数模式。

用户还需确定在二维 d-q 坐标系内(d-q 坐标系的 d、q 轴分别对应交流电机定子的几何水平轴和垂直轴)的电机电压 U_{out}，并分解 U_{out}，在每个 PWM 周期完成以下操作：

- 确定两个相邻向量 U_x 和 U_{x+60}；
- 确定参数 T_1、T_2 和 T_0；
- 将 U_x 对应的开关状态写入 ACTRx 的 14～12 位，并置位 ACTRx 的 D15 位，或将 U_{x+60} 对应的开关状态写入 ACTRx 的 14～12 位，并清 0 ACTRx 的 D15 位；
- 将 $(T_1/2)$ 与 $(T_1/2+T_2/2)$ 分别写入 CMPR1 和 CMPR2 中。

(2) 空间矢量 PWM 的硬件。EV 模块中的空间矢量 PWM 硬件通过以下操作完成一个 PWM 周期。

- 在每个周期的开始，通过设置 ACTRx 的 14～12 位将 PWM 输出设为新的模式 U_y。
- 在增计数过程中，当 CMPR1 和通用定时器 1 在 $(T_1/2)$ 处发生第一次匹配时，PWM 输出转换为 U_{y+60} 模式 (ACTRx.15 = 1) 或 U_y 模式 (ACTRx.15=0) ($U_{0-60} = U_{300}$，$U_{360+60} = U_{60}$)。
- 在增计数过程中，当 CMPR2 和通用定时器 1 在 $(T_1/2+T_2/2)$ 处发生第二次匹配时，PWM 输出转换为 000 或 111 模式，它们与第二种模式之间只有一位的差别。
- 在减计数过程中，当 CMPR2 和通用定时器 1 在 $(T_1/2+T_2/2)$ 处发生第一次匹配时，PWM 输出返回到第二种模式。
- 在减计数过程中，当 CMPR1 和通用定时器 1 在 $(T_1/2)$ 处发生第二次匹配时，PWM 输出返回到第一种模式。

(3) 空间矢量 PWM 波形。空间矢量 PWM 波形关于每个 PWM 周期中心对称，也称为对称空间矢量 PWM。图 5-1-12 是对称空间矢量 PWM 波形的图例。

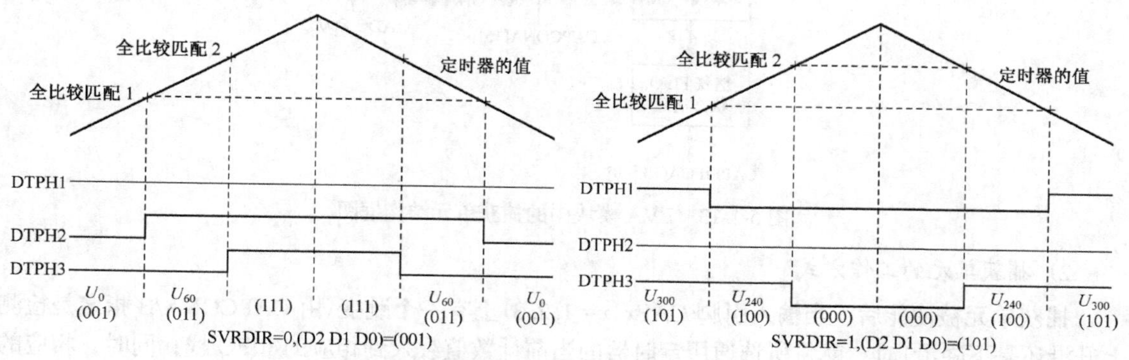

图 5-1-12　对称空间矢量 PWM 波形

(4) 空间矢量 PWM 的边界条件。空间矢量 PWM 模式下，当 CMPR1 和 CMPR2 的值都为 0 时，所有的 3 个比较输出均无效。因此，必须确保 CMPR1≤CMPR2≤T1PR，否则运行结果将无法预计。

5.1.3　捕获单元与正交编码脉冲电路

捕获单元用于捕获输入引脚上的信号跳变。EV 有 6 个捕获单元，其中 EVA 对应 CAP1、CAP2 和 CAP3，EVB 对应 CAP4、CAP5 和 CAP6。每个捕获单元都有相应的捕获输入引脚。此外，正交编码脉冲电路(QEP)与捕获单元公用芯片外部引脚，可通过配置捕获单元控制寄存器 CAPCONA/B 的控制位(13～14 位)禁止捕获单元以使能正交编码电路，从而将相关的外部输入引脚用于正交编码脉冲电路。

1. 捕获单元

1) 捕获单元模块的基本结构

如图 5-1-13 所示为 EVA 模块的结构框图，EVB 模块的捕获单元与 EVA 相似，仅寄存器名称不同。由图 5-1-13 可看出，EVA/B 中的每个捕获单元均具有 1 个 16 位的捕获控制寄存器 CAPCONA/B、1 个 16 位的捕获 FIFO 状态寄存器 CAPFIFOA/B、1 个 16 位 2 级深的 FIFO 堆栈和 1 个施密特触发的捕获输入引脚 CAPx(所有的输入引脚都由 CPU 时钟同步，为了捕获到输入跳变信号，输入的当前电平必须保持两个 CPU 时钟周期。输入引脚 CAP1/2、CAP4/5 也可用做 QEP 电路的输入引脚)。

EV 模块中的通用定时器 1 和 2(EVA)，通用定时器 3 和 4(EVB)可选择作为捕获单元的时基。

其中 EVA 模块的 CAP1/2 必须公用一个定时器(1 或 2)，CAP3 单独使用一个定时器(2 或 1)；EVB 模块的 CAP4/5 必须公用一个定时器(3 或 4)，CAP6 单独使用一个定时器(4 或 3)。

另外，中断标志寄存器 EVAIFRC 和 EVBIFRC 为每个捕获单元提供一个中断标志位，中断屏蔽寄存器 EVAIMRC 和 EVBIMRC 提供了一个中断屏蔽位。

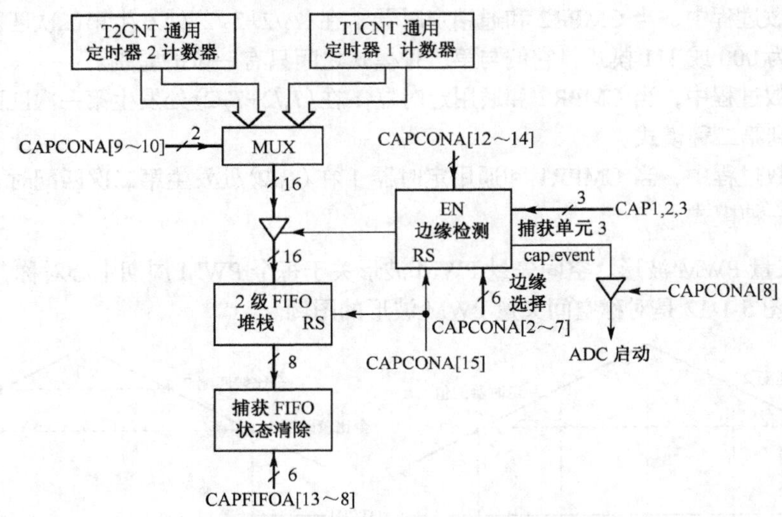

图 5-1-13 EVA 模块中的捕获单元结构框图

2) 捕获单元的工作方式

捕获单元被使能后，当输入引脚 CAPx(x=1,2,3)上有一个跳变(由 CAPCONA/B 指定是检测上升沿还是下降沿)时，就将所选通用定时器的当前计数值载入到相应的 FIFO 栈；同时，相应的中断标志被置位，如果该中断未被屏蔽，就产生一个外部中断请求。整个过程被称为发生了捕获事件。每发生一次捕获事件，新的计数值就将存入 FIFO 队列，CAPFIFO 寄存器中相应的状态位可自动调整以反映 FIFO 队列的新状态。捕获单元的操作不影响任何通用定时器和与之有关的比较或 PWM 操作。

用户可用两种方法检测捕获事件、读取捕获事件发生时定时器的计数值：

(1) 中断方式。捕获事件发生所产生的外部中断请求使 CPU 进入中断服务程序，在中断服务程序中从相应捕获单元的 FIFO 栈内读取捕获到的计数值。

(2) 查询方式。通过查询中断标志位和 FIFO 栈的状态来确定是否发生了捕获事件。若已发生，就可从相应捕获单元的 FIFO 栈内读取捕获到的计数值。

为了使捕获单元能够正常工作，必须进行以下设置：初始化 CAPFIFOx(x=A 或 B)，设置所使用的通用定时器工作模式，设置相关的定时器比较寄存器或周期寄存器，设置捕获控制寄存器 CAPCONx。

3) 捕获单元 FIFO 堆栈

每个捕获单元都有一个专用的 2 级深的 FIFO 堆栈，称为顶部栈和底部栈。顶部栈包括 CAP1FIFO～CAP6FIFO，底部栈包括 CAP1FBOT～CAP6FBOT。

所有 FIFO 堆栈的顶部栈都是只读寄存器，存放相应捕获单元捕获到的最早的计数值。如果是空栈，则第一次捕获到的计数值将存放到顶部寄存器，同时 CAPFIFOx 寄存器的相应状态位置为 01；如果在前次捕获值未读取前发生了第二次捕获，则新的捕获值将保存到底层寄存器，并且 CAPFIFOx 的状态位置为 11。

用户可随时对 FIFO 寄存器进行读访问。如果读取了顶层寄存器的值，则底层寄存器的计数值(如果有的话)将弹入到顶层寄存器；如果对底层寄存器进行了读访问，FIFO 栈将不发生变化。

2．正交编码脉冲(QEP)电路

正交编码脉冲(QEP)是两个频率变化且正交的脉冲。每个 EV 模块都有一个 QEP 电路，如果 QEP 电路被使能，可以对 CAP1/QEP1 和 CAP2/QEP2(对于 EVA)或 CAP4/QEP3 和 CAP5/QEP4(对于 EVB)引脚上的正交编码脉冲进行解码和计数。QEP 电路可用于连接一个光电编码器以获得旋转机器的位置和速率等信息。当 QEP 电路被使能时，CAP1/CAP2 和 CAP4/CAP5 引脚上的捕获功能将被禁止。

1) QEP 电路的结构特征

图 5-1-14 给出了 EVA 的 QEP 电路方框图，EVB 的 QEP 与此相似，不再给出。

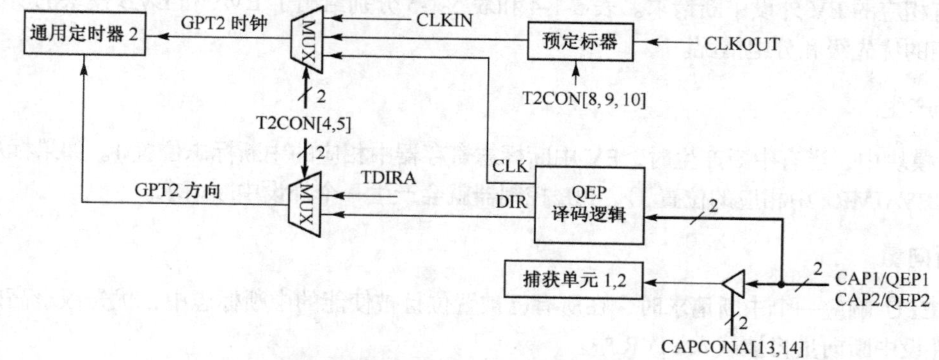

图 5-1-14　EVA 的 QEP 电路方框图

捕获单元 1、2(EVA)和 4、5(EVB)与正交编码电路公用两个正交编码脉冲输入引脚。通过配置捕获控制寄存器 CAPCONA/B 的控制位(位 14～13)，可以禁止捕获单元以使能正交编码电路，从而将相关的输入引脚用于正交编码脉冲电路。通用定时器 2(或 4)为 QEP 电路提供基准时钟，此时必须工作在定向增/减计数模式。

2) QEP 电路的工作方式

QEP 检测电路用来检测两个输入序列中的哪一个是先导序列，从而产生方向信号作为所选定时器的方向输入。如果 CAP1/QEP1(EVB 模块是 CAP4/QEP3)引脚的脉冲输入是先导序列(上升沿比另一个早 1/4 周期)，则定时器进行增计数；反之，若 CAP2/QEP2(EVB 模块是 CAP5/QEP4)引脚的脉冲输入是先导序列，则定时器进行减计数。同时，QEP 电路对这两个正交脉冲输入信号的上升沿和下降沿都进行计数，以此产生的时钟频率 CLK 是每个输入序列的 4 倍，这个 4 倍频的 CLK 就作为定时器 2 或 4 的输入时钟。

如图 5-1-15 所示，图中 QEP2 为先导序列时，DIR 为低即减计数；QEP1 为先导序列时，DIR 为高即增计数。

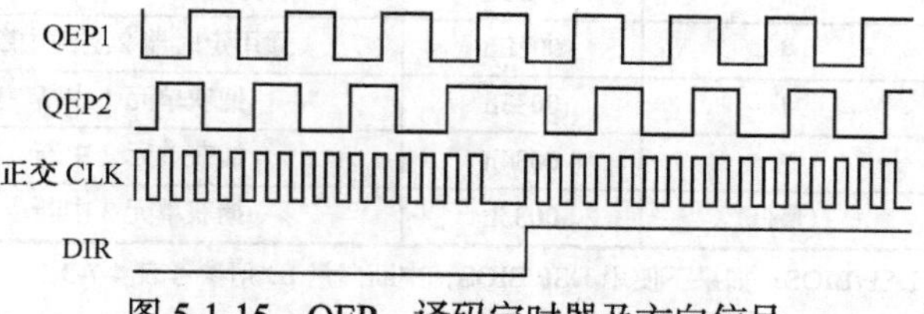

图 5-1-15　QEP、译码定时器及方向信号

当选择 QEP 电路作为时钟源时，定时器的方向信号 TDIRA/B 和 TCLKINA/B 将不起作用，其周期、下溢、上溢和比较中断标志在相应的匹配发生时仍可产生。如果中断未被屏蔽，将产生外设中断请求。

启动 QEP 电路需做如下配置：期望值载入定时器 2/4 的计数器、周期和比较寄存器；配置 T2/4CON 寄存器，使定时器 2/4 工作在定向增/减计数模式，以 QEP 电路作为时钟源，并使能定时器 2/4；配置 CAPCONA/B 寄存器以使能 QEP 电路。

5.1.4　事件管理器模块的中断

1．事件管理器(EV)的中断概述

EV 的中断模块分为 3 组：A、B 和 C。每组都有各自不同的中断标志和中断使能寄存器，每个中断都有相应的 EV 外设中断请求。表 5-1-4 和表 5-1-5 分别给出了 EVA 和 EVB 模块的所有中断，以及它们的优先级和分组情况。

2．中断产生

EV 模块中，当有中断产生时，EV 中断标志寄存器中相应的中断标志位置 1。如果标志位未被屏蔽(在 EVAIMRx 中相应的位置 1)，PIE 控制器就会产生一个外设中断请求。

3．中断向量

当 CPU 响应一个中断请求时，在所有已被置位且被使能的中断标志中，优先级最高的中断所对应的外设中断向量将被载入 PIVR 中。

外设寄存器中的中断标志位必须在中断服务程序(ISR)中用软件清 0，即直接向中断标志位写 1。如果标志位未清 0，该中断源将无法再次产生中断请求。

表 5-1-4　EVA 中断

组	中 断 名 称	组内优先级	中断向量 ID*	描　述	PIE 组
A	PDPINTA	1(最高)	0020h	功率驱动保护中断 A	1
	CMP1INT	2	0021h	比较单元 1 中断	2
	CMP2INT	3	0022h	比较单元 2 中断	
	CMP3INT	4	0023h	比较单元 3 中断	
	T1PINT	5	0027h	通用定时器 1 周期中断	
	T1CINT	6	0028h	通用定时器 1 比较中断	
	T1UFINT	7	0029h	通用定时器 1 下溢中断	
	T1OFINT	8	002Ah	通用定时器 1 上溢中断	
B	T2PINT	1	002Bh	通用定时器 2 周期中断	3
	T2CINT	2	002Ch	通用定时器 2 比较中断	
	T2UFINT	3	002Dh	通用定时器 2 下溢中断	
	T2OFINT	4	002Eh	通用定时器 2 上溢中断	
C	CAP1INT	1	0033h	捕获单元 1 中断	3
	CAP2INT	2	0034h	捕获单元 2 中断	
	CAP3INT	3(最低)	0035h	捕获单元 3 中断	

注：*中断向量 ID 用于 DSP/BIOS；如果不使用 DSP/BIOS，中断向量 ID 请参考表 4-7-3。

表 5-1-5 EVB 中断

组	中断名称	组内优先级	中断向量 ID*	描述	PIE 组
A	PDPINTB	1（最高）	0019h	功率驱动保护中断 B	1
	CMP4INT	2	0024h	比较单元 4 中断	4
	CMP5INT	3	0025h	比较单元 5 中断	
	CMP6INT	4	0026h	比较单元 5 中断	
	T3PINT	5	002Fh	通用定时器 3 周期中断	
	T3CINT	6	0030h	通用定时器 3 比较中断	
	T3UFINT	7	0031h	通用定时器 3 下溢中断	
	T3OFINT	8	0032h	通用定时器 3 上溢中断	
B	T4PINT	1	0039h	通用定时器 4 周期中断	5
	T4CINT	2	003Ah	通用定时器 4 比较中断	
	T4UFINT	3	003Bh	通用定时器 4 下溢中断	
	T4OFINT	4	003Ch	通用定时器 4 上溢中断	
C	CAP4INT	1	0036h	捕获单元 4 中断	5
	CAP5INT	2	0037h	捕获单元 5 中断	
	CAP6INT	3（最低）	0038h	捕获单元 5 中断	

注：*中断向量 ID 用于 DSP/BIOS；如果不使用 DSP/BIOS，中断向量 ID 请参考表 4-7-3。

5.1.5 EV 应用举例

本例程是关于 F2812 事件管理的通用定时器的例子，主要是通过 EV 定时器产生一个周期溢出的中断系统，中断产生时，系统将自动跳转至中断服务程序处执行，中断次数计数器加 1。通过本程序，可以了解事件管理 GP 定时器的初始化操作和中断操作。

例 5-1-1：事件管理器通用定时器 C 程序。

```
//###########################################################################
//文件:   Example_281xEvTimerPeriod.c
//说明:   配置 EVA 定时器 1, EVA 定时器 2, EVB 定时器 3, 定时器 4 为周期溢出中断。
//        每进行一次中断响应计数器加 1。EVA 定时器 1 的周期最短, EVB 定时器 4 的周期最长
//测试变量:
//                 EvaTimer1InterruptCount;
//                 EvaTimer2InterruptCount;
//                 EvbTimer3InterruptCount;
//                 EvbTimer4InterruptCount;
//###########################################################################
#include "DSP281x_Device.h"
#include "DSP281x_Examples.h"
//功能函数原型
interrupt void eva_timer1_isr(void);
interrupt void eva_timer2_isr(void);
interrupt void evb_timer3_isr(void);
interrupt void evb_timer4_isr(void);
void init_eva_timer1(void);
void init_eva_timer2(void);
void init_evb_timer3(void);
void init_evb_timer4(void);
//全局变量
Uint32  EvaTimer1InterruptCount;
Uint32  EvaTimer2InterruptCount;
```

```
Uint32  EvbTimer3InterruptCount;
Uint32  EvbTimer4InterruptCount;
//主程序
void main(void)
{
    //步骤 1.初始化系统控制(PLL，看门狗，使能外设时钟)
    InitSysCtrl();
    //步骤 2.初始化 GPIO
    //InitGpio();   //本例中跳过
    //步骤 3.清除所有中断并初始化 PIE 中断向量表，禁止 CPU 中断
    DINT;
    //初始化 PIE 控制寄存器
    InitPieCtrl();
    //禁止 CPU 中断并清除所有 CPU 中断
    IER = 0x0000;
    IFR = 0x0000;
    //初始化 PIE 中断向量表
    InitPieVectTable();
    //本例中用到的中断映射
    EALLOW;
    PieVectTable.T1PINT = &eva_timer1_isr;
    PieVectTable.T2PINT = &eva_timer2_isr;
    PieVectTable.T3PINT = &evb_timer3_isr;
    PieVectTable.T4PINT = &evb_timer4_isr;
    EDIS;
    //步骤 4.初始化所有外设
    //InitPeripherals();     //本例中不需要，可以跳过
    init_eva_timer1();
    init_eva_timer2();
    init_evb_timer3();
    init_evb_timer4();
    //步骤 5.使能中断
    //初始化计数值为 0
    EvaTimer1InterruptCount = 0;
    EvaTimer2InterruptCount = 0;
    EvbTimer3InterruptCount = 0;
    EvbTimer4InterruptCount = 0;
    PieCtrlRegs.PIEIER2.all = M_INT4;        //使能 INT2.4(T1PINT)
    PieCtrlRegs.PIEIER3.all = M_INT1;        //使能 INT3.1(T2PINT)
    PieCtrlRegs.PIEIER4.all = M_INT4;        //使能 INT4.4(T3PINT)
    PieCtrlRegs.PIEIER5.all = M_INT1;        //使能 INT5.1(T4PINT)
    //使能 CPU 中断 INT2(T1PINT)、INT3(T2PINT)、INT4(T3PINT)、INT5(T4PINT)
    IER |= (M_INT2 | M_INT3 | M_INT4 | M_INT5);
    //使能全局中断和全局实时 DBGM 中断
    EINT;   //使能全局中断 INTM
    ERTM;   //使能全局实时中断 DBGM
    //步骤 6.空循环
    for(;;);
}
//EVA 定时器 1 初始化程序
void init_eva_timer1(void)
{
    //初始化 EVA 定时器 1: 配置定时器 1 寄存器组(EVA)
```

```
    EvaRegs.GPTCONA.all = 0;
    //配置通用定时器 1 周期为 0x0200
    EvaRegs.T1PR = 0x0200;           //周期
    EvaRegs.T1CMPR = 0x0000;         //比较寄存器值
    //使能通用定时器 1 周期中断位、递增计数、内部时钟模式、使能比较
    EvaRegs.EVAIMRA.bit.T1PINT = 1;
    EvaRegs.EVAIFRA.bit.T1PINT = 1;
    EvaRegs.T1CNT = 0x0000;          //清除通用定时器 1 的计数器
    EvaRegs.T1CON.all = 0x1742;
    EvaRegs.GPTCONA.bit.T1TOADC = 2;     //定时器 1 周期中断启动 EVA ADC 转换
}
//EVA 定时器 2 初始化程序
void init_eva_timer2(void)
{
    //初始化 EVA 定时器 2：设置定时器 2 寄存器组(EV A)
    EvaRegs.GPTCONA.all = 0;
    //配置通用定时器 2 的周期为 0x0200;
    EvaRegs.T2PR = 0x0400;                  //周期
    EvaRegs.T2CMPR = 0x0000;                //比较寄存器
    //使能通用定时器 2 周期中断、递增计数、内部时钟模式、使能比较
    EvaRegs.EVAIMRB.bit.T2PINT = 1;
    EvaRegs.EVAIFRB.bit.T2PINT = 1;
    EvaRegs.T2CNT = 0x0000;                 //清除通用定时器 2 的计数器
    EvaRegs.T2CON.all = 0x1742;
    EvaRegs.GPTCONA.bit.T2TOADC = 2;     //周期中断启动 EVA ADC 转换
}
//EVB 定时器 3 初始化程序
void init_evb_timer3(void)
{
    //初始化 EVB 定时器 3：
    //设置定时器 3 寄存器组(EV B)
    EvbRegs.GPTCONB.all = 0;
    //配置通用定时器 3 的周期为 0x0200;
    EvbRegs.T3PR = 0x0800;      //周期
    EvbRegs.T3CMPR = 0x0000;    //比较寄存器
    //使能通用定时器 3 周期中断、递增计数、内部时钟模式、使能比较
    EvbRegs.EVBIMRA.bit.T3PINT = 1;
    EvbRegs.EVBIFRA.bit.T3PINT = 1;
    EvbRegs.T3CNT = 0x0000;     //清除通用定时器 3 的计数器
    EvbRegs.T3CON.all = 0x1742;
    EvbRegs.GPTCONB.bit.T3TOADC = 2;     //定时器 3 周期中断启动 EVA ADC 转换
}
//EVB 定时器 4 初始化程序
void init_evb_timer4(void)
{
    //初始化 EVB 定时器 4：
    //设置定时器 4 寄存器 (EV B)
    EvbRegs.GPTCONB.all = 0;
    //配置通用定时器 4 的周期为 0x0200;
    EvbRegs.T4PR = 0x1000;           //周期
    EvbRegs.T4CMPR = 0x0000;         //比较寄存器
    //使能通用定时器 4 周期中断、递增计数、内部时钟模式、使能比较
    EvbRegs.EVBIMRB.bit.T4PINT = 1;
```

```
    EvbRegs.EVBIFRB.bit.T4PINT = 1;
    EvbRegs.T4CNT = 0x0000;            //清除通用定时器 4 的计数器
    EvbRegs.T4CON.all = 0x1742;
    EvbRegs.GPTCONB.bit.T4TOADC = 2;     //定时器 4 周期中断启动 EVA ADC 转换
}
//EVA 定时器 1 中断服务程序
interrupt void eva_timer1_isr(void)
{
    EvaTimer1InterruptCount++;
    EvaRegs.EVAIMRA.bit.T1PINT = 1;      //使能来自这个定时器的更多的中断
    EvaRegs.EVAIFRA.all = BIT7;          //注意，为了安全，写一个掩码到程序整体
    PieCtrlRegs.PIEACK.all = PIEACK_GROUP2;
    //应答中断接收更多的来自 PIE 第 2 组的中断
}
//EVA 定时器 2 中断服务程序
interrupt void eva_timer2_isr(void)
{
    EvaTimer2InterruptCount++;
    //使能来自这个定时器的更多的中断
    EvaRegs.EVAIMRB.bit.T2PINT = 1;
    EvaRegs.EVAIFRB.all = BIT0;          //注意，为了安全，写一个掩码到程序整体
    PieCtrlRegs.PIEACK.all = PIEACK_GROUP3;
    //应答中断接收更多的来自 PIE 第 3 组的中断
}
//EVB 定时器 3 中断服务程序
interrupt void evb_timer3_isr(void)
{
    EvbTimer3InterruptCount++;
    EvbRegs.EVBIFRA.all = BIT7;          //注意，为了安全，写一个掩码到程序整体
    PieCtrlRegs.PIEACK.all = PIEACK_GROUP4;
    //应答中断接收更多的来自 PIE 第 4 组的中断
}
//EVB 定时器 4 中断服务程序
interrupt void evb_timer4_isr(void)
{
    EvbTimer4InterruptCount++;
    EvbRegs.EVBIFRB.all = BIT0;          //注意，为了安全，写一个掩码到程序整体
    PieCtrlRegs.PIEACK.all = PIEACK_GROUP5;
    //应答中断接收更多的来自 PIE 第 5 组的中断
}
```

5.2 串行通信接口(SCI)

串行通信接口(SCI)是 F2812 内部一个采用双线制的异步串行通信接口，即通常所说的 UART 口。SCI 模块支持 CPU 与其他异步外设之间使用标准非归 0(NRZ)数据格式进行通信。因此 SCI 口的主要作用是：与多种具有标准异步串口的设备(如使用 RS-232-C 格式的终端和打印机)进行通信；当系统中有多个处理器同时工作时，SCI 口可作为多处理器间进行通信协调的通道。

5.2.1 SCI 结构和特点

SCI 与 CPU 之间的接口图如图 5-2-1 所示。

F2812 芯片内部有两个完全一样的 SCI 模块，分别称做 SCIA 和 SCIB。每个 SCI 模块的接收器

和发送器各具有一个 16 级深度的 FIFO，并且它们还各自具有独立的使能位和中断位，可以使每个 SCI 口独立地进行全双工或半双工的通信。为了保证数据的完整性，SCI 模块可以对接收到的数据进行间断、奇偶性、溢出和帧错误检测。并且可以通过 SCI 模块中的 16 位波特率选择寄存器设置不同的位速率，从而实现 SCI 模块与不同速度的外设的通信。

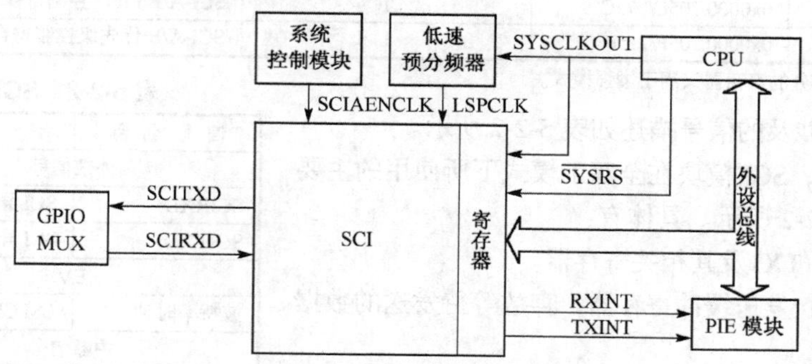

图 5-2-1 SCI 与 CPU 接口图

SCI 模块主要特点包括：

- 2 个外部引脚，数据发送引脚(SCITXD)和数据接收引脚(SCIRXD)。这两个引脚是多功能复用引脚，如果不用于 SCI 通信，可以作为通用 I/O 口的引脚使用。
- 波特率选择寄存器可编程选择多达 64 K 种不同的速率。
- 数据字格式：1 个起始位；1～8 个可编程数据字长度；可供选择的奇、偶或无校验位模式；1～2 个停止位。
- 具有 4 个错误检测标志位：奇偶性、溢出、帧和间断检测。
- 两种唤醒多处理器模式：空闲线唤醒模式和地址位唤醒模式。
- 可实现半双工或全双工通信。
- 双缓冲接收和发送功能。
- 发送和接收可通过中断或查询两种形式实现。
- 独立的发送和接收中断使能位(BRKDT 除外)。
- 数据为 NRZ 格式。
- 每个 SCI 模块各有 13 个控制寄存器，起始地址为 7050H 和 7750H。其寄存器如表 5-1-1。
- 具有自动波特率检测硬件逻辑。
- 具有 16 级发送/接收 FIFO。

表 5-2-1 给出了 SCI 控制和访问的寄存器。

表 5-2-1 SCI-A/B 寄存器

寄存器名	地址	大小(×16 位)	功能描述
SCICCR	0x0000 7050/7750	1	SCI-A/B 通信控制寄存器
SCICTL1	0x0000 7051/7751	1	SCI-A/B 控制寄存器 1
SCIHBAUD	0x0000 7052/7752	1	SCI-A/B 波特率寄存器(高位)
SCILBAUD	0x0000 7053/7753	1	SCI-A/B 波特率寄存器(低位)
SCICTL2	0x0000 7054/7754	1	SCI-A/B 控制寄存器 2
SCIRXST	0x0000 7055/7755	1	SCI-A/B 接收状态寄存器
SCIRXEMU	0x0000 7056/7756	1	SCI-A/B 接收仿真数据缓冲寄存器
SCIRXBUF	0x0000 7057/7757	1	SCI-A/B 接收数据缓冲寄存器
SCITXBUF	0x0000 7059/7759	1	SCI-A/B 发送数据缓冲寄存器

续表

寄存器名	地址	大小(×16 位)	功能描述
SCIFFTX	0x0000 005A/775A	1	SCI-A/B FIFO 发送寄存器
SCIFFRX	0x0000 705B/775B	1	SCI-A/B FIFO 接收寄存器
SCIFFCT	0x0000 705C/775C	1	SCI-A/B FIFO 控制寄存器
SCIPRI	0x0000 705F/775F	1	SCI-A/B 优先级控制寄存器

注：表中粗体部分的寄存器只用于增强模式。

SCI 模块所涉及的信号描述如表 5-2-2 所示。

表 5-2-2 SCI 信号描述

信号名称	说明
外部信号	
SCIRXD	SCI 异步串行端口接收数据
SCITXD	SCI 异步串行端口发送数据
EV	
波特率时钟	LSPCLK 预分频时钟
中断信号	
TXINT	发送中断
RXINT	接收中断

在结构方面，SCI 模块在全双工模式下所使用的主要功能单元如图 5-2-2 所示。具体有：

(1) 发送器(TX)及其相关寄存器。

SCITXBUF：发送缓冲寄存器，存放等待发送的数据(由 CPU 装载)。

TXSHF：发送移位寄存器，接收来自 SCITXBUF 的数据，并将数据逐位移到 SCITXD 引脚。

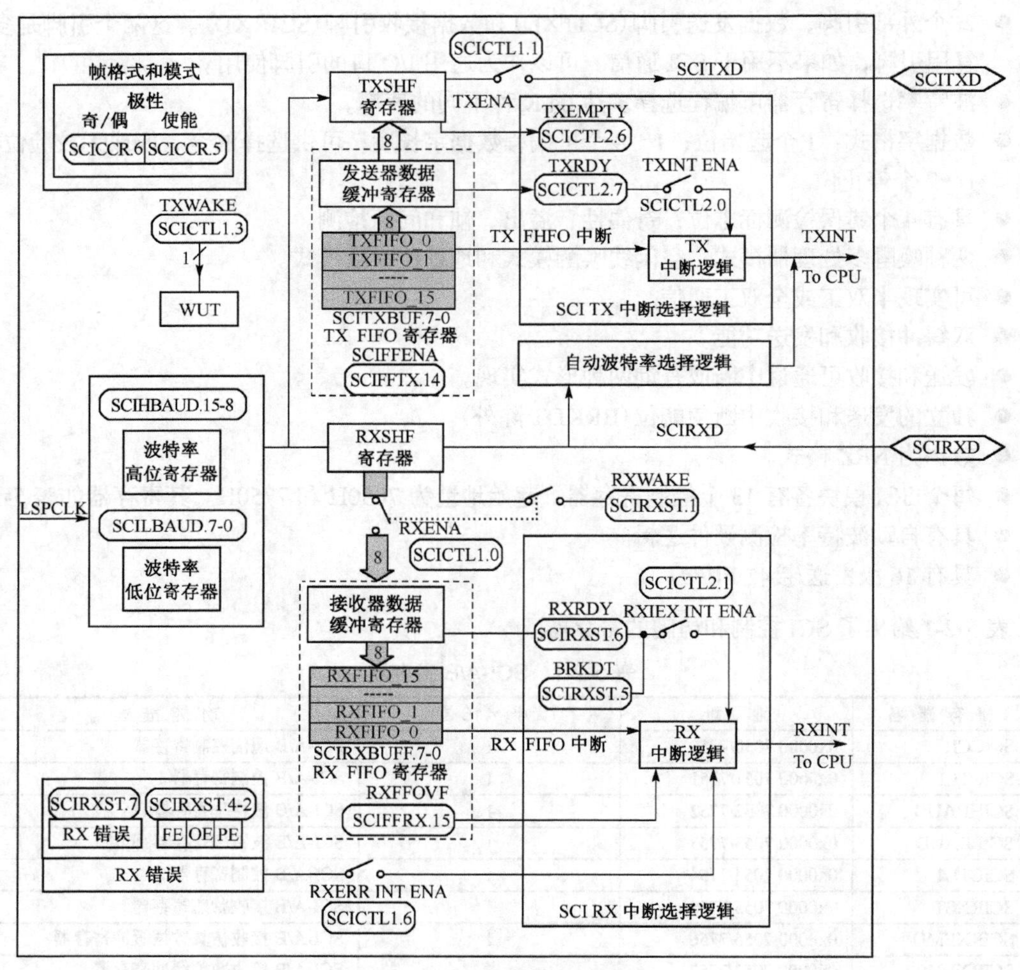

图 5-2-2 SCI 模块方框图

（2）接收器（RX）及其相关寄存器。

RXSHF：接收移位寄存器，逐位移入来自 SCIRXD 引脚的数据。

SCIRXBUF：接收缓冲寄存器，存放 CPU 要读取的数据。来自远端处理器的数据先加载到 RXSHF，然后装入 SCIRXBUF 和 SCIRXEMU。

（3）可编程的波特率发生器。由寄存器 SCIHBAUD 和 SCILBAUD 的值确定 SCI 的波特率。

（4）数据存储器映射的控制和状态寄存器。包括 SCICCR、SCICTL1/2、SCIPRI、SCIRXST。

5.2.2　SCI 工作方式

SCI 的主要作用：与多种具有标准异步串口的设备（如使用 RS-232-C 格式的终端和打印机）进行通信；可作为多处理器间进行通信协调的通道。当 SCI 模块用于同标准串口外设进行通信时，其一般的数据发送格式为：1 个起始位；1～8 个数据位；1 个奇、偶或无校验位；1～2 个停止位。

当 SCI 模块用于多处理器间的通信时，它支持两种多处理器协议：空闲线多处理器模式协议和地址位多处理器模式协议。这两种协议均可确保在多个处理器之间有效地传送数据。其可编程数据格式一般如下：1 个起始位；1～8 个数据位；1 个奇、偶或无校验位（可选）；1～2 个停止位；1 个用于区分数据和地址的附加位（仅用于地址位模式）。

这样的包含 1 个起始位，1～2 个停止位，可选的奇偶位和地址位的带有格式信息的 1 个字符称做 1 帧，如图 5-2-3 所示。下面分别对两种作用下的 SCI 模块的工作方式进行介绍。

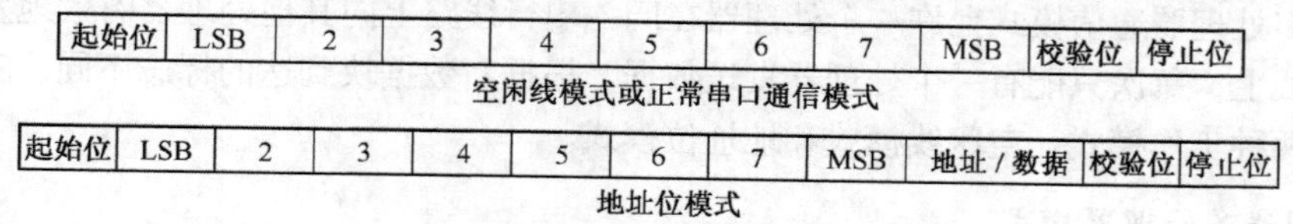

起始位	LSB	2	3	4	5	6	7	MSB	校验位	停止位

空闲线模式或正常串口通信模式

起始位	LSB	2	3	4	5	6	7	MSB	地址 / 数据	校验位	停止位

地址位模式

图 5-2-3　典型的 SCI 数据帧格式

1．用 SCI 控制的串口通信

在 DSP 芯片通过 SCI 口与外部串口设备进行半双工或全双工通信时，每帧由 1 个起始位，1～8 个数据位，1 个可选的奇偶校验位和 1～2 个停止位组成。每个数据位占用 8 个 SCICLK 周期，如图 5-2-4 所示。

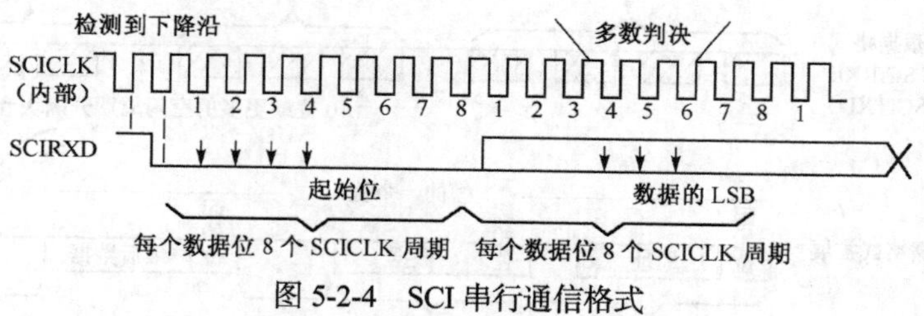

图 5-2-4　SCI 串行通信格式

接收器在接收到有效的起始位后开始进行如下操作：

（1）接收器用每个接收时钟 SCICLK 的上升沿采样输入数据。当检测到有 4 个连续的低电平时，确定它为起始位。

（2）以每位的中点作为时间基准，每隔 8 个 SCICLK 脉冲进行采样，连续采样 3 次，并把其中两次相同的值作为该位的值（大数判决）。该方法可以减少读数错误，有利于抗干扰，提高异步串行通信的可靠性。

由于接收器可以与自身帧进行同步，因此发送器与接收器的时钟不必同步，从而它们可以使用各自的内部时钟。

在 SCI 口控制的串行通信中，可以使用中断来控制接收器和发送器的工作。发送器和接收器都有独立的中断使能位，当使能位被屏蔽时，将不会产生中断；然而条件标志位仍保持有效，以反映发送和接收状态。SCICTL2 寄存器有一个发送中断标志位(TXRDY)，用来指示有效的中断条件。在发送时，如果置位 TX INT ENA 位(SCICTL2.0)，只要将 SCITXBUF 寄存器中的数据传送到 TXSHF 寄存器，就会产生发送器中断请求，表明 CPU 可以向 SCITXBUF 寄存器写数据，同时置位 TXRDY (SCICTL2.7)，并产生中断。

此外，SCIRXST 寄存器有两个接收中断标志位(RXRDY 和 BRKDT)，以及接收错误中断标志 RX ERROR(该标志是 FE、OE、PE 和 BRKDT 的逻辑或)。在接收时，如果置位 RX/BK INT ENA 位(SCICTL2.1)，当下列情况之一发生时就会产生接收器中断请求：

(1) SCI 接收到一个完整的帧，并把 RXSHF 寄存器中的数据发到 SCIRXBUF，同时置位 RXRDY(SCIRXST.6)，并产生中断。

(2) 中断检测条件发生(在一个停止位丢失后，SCIRXD 保持 10 个位时间的低电平)。该操作置位 BRKDT(SCIRXST.5)，并产生中断。

SCI 提供独立的接收器和发送器中断向量，也可以设置它们的优先级。当 RX 和 TX 中断请求具有相同的优先级时，接收器总是比发送器的优先权更高，以减小接收器溢出概率。

2. SCI 多处理器通信

SCI 的多处理器通信模式允许一个处理器在同一串行线路上向其他处理器有效地发送数据块。在一条串行线上，每次只能有一个处理器发送数据。根据新数据块到达的标志不同，SCI 的多处理器通信分成两种工作模式：空闲线模式和地址位模式。

1) 空闲线多处理器模式

空闲线多处理器模式(ADDR/IDLE MODE=0)中，块与块之间的空闲时间大于块中各帧之间的空闲时间，如果一帧之后有 10 个或更多的高电平位的空闲时间，就表明下一个新数据块的开始。空闲线多处理器模式(ADDR/IDLE MODE 位是 SCICCR.3)通信格式如图 5-2-5 所示。

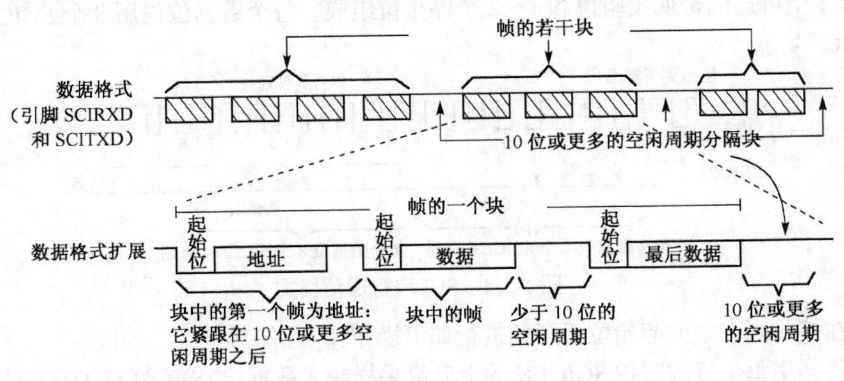

图 5-2-5 空闲线多处理器模式通信格式

(1) 空闲线模式的操作步骤如下。

① SCI 接收到块启动信号后被唤醒；

② 处理器识别下一个 SCI 中断；

③ 中断服务程序将接收到的地址与自己的地址相比较；

④ 如果地址匹配，服务程序清零 SLEEP 位，并接收块中剩余数据；

⑤ 如果地址不匹配，SLEEP 位保持在置位状态，直到检测到下一个数据块的开始，否则 CPU 继续执行主程序而不会被 SCI 端口中断。

(2) 唤醒临时标志。与发送唤醒(TXWAKE)位相关的是唤醒临时(WUT)标志。WUT 是一个内部标志，与 TXWAKE 构成双缓冲。当发送移位寄存器(TXSHF)从 SCITXBUF 加载时，WUT 从 TXWAKE 载入，且 TXWAKE 位清 0，如图 5-2-6 所示。

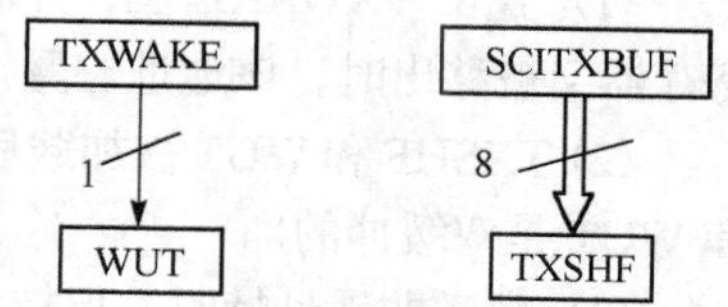

图 5-2-6　双缓冲的 WUF 和 TXSHF

(3) 块启动信号。空闲线模式的块的启动信号有两种发送方式：

方式 1：通过对前一数据块的最后一帧和下一数据块的地址帧之间进行延时，产生一段 10 位或更长的空闲时间。

方式 2：在写入 SCITXBUF 寄存器之前，SCI 首先将 TXWAKE(SCICTL1.3)置位，这样就会产生一段 11 位的空闲时间。该方式下，串行通信线的空闲时间达到了所需标准(在置位 TXWAKE 后、发送地址之前，要向 SCITXBUF 寄存器写入一个任意值，以发送空闲时间)。

在块发送过程中，具体的发送块启动信号过程可按如下步骤进行：

① 向 TXWAKE 位写 1。

② 向 SCITXBUF 写入一个数据字(内容不限)以发送一个块启动信号(当块启动信号发出时,所写入的第一个数据字无效，之后忽略)。当 TXSHF 空闲时，SCITXBUF 中的内容移入 TXSHF，TXWAKE 的值移入 WUT，之后 TXWAKE 清 0。由于 TXWAKE 被置 1，前一帧发送完停止位后，起始位、数据位和奇偶校验位就被发送的 11 位空闲周期所取代。

③ 向 SCITXBUF 写入一个新的地址。为使 TXWAKE 的值移入 WUT 中，应先向 SCITXBUF 写入一个任意值的数据字，当该数据字移入 TXSHF 时(由于 TXSHF 和 WUT 都是双缓冲的)，SCITXBUF(和 TXWAKE，如果需要的话)才可以再次被写入。

2) 地址位多处理器模式

在地址位模式中(ADDR/IDLE MODE=1)，在每帧的最后一个数据位之后，都有一个附加位——地址位。在数据块的第一帧中地址位被置 1，在其他帧中地址位被清 0。地址位多处理器模式的数据传输与数据块之间的空闲周期无关，如图 5-2-7 所示。

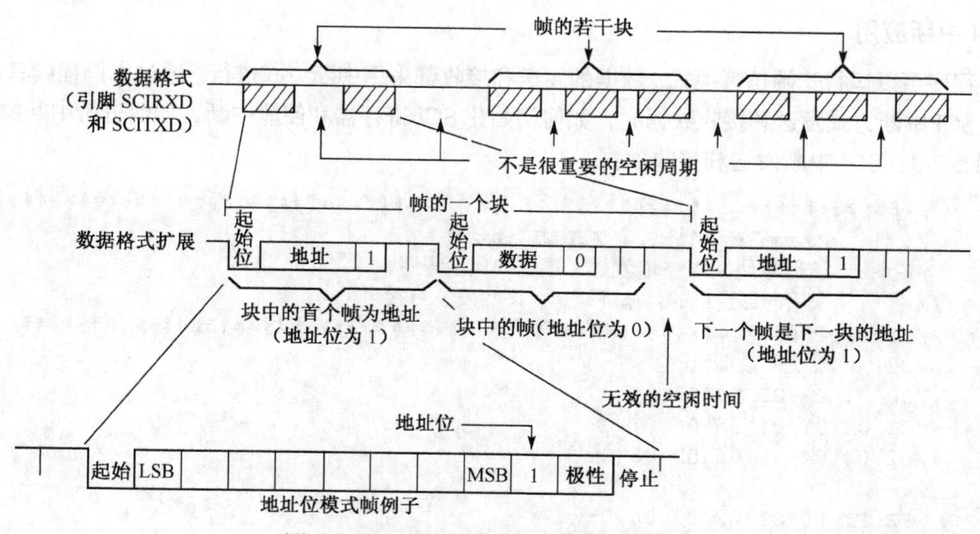

图 5-2-7　地址位多处理器模式通信格式

在发送期间，当 SCITXBUF 寄存器和 TXWAKE 寄存器分别加载到 TXSHF 寄存器和 WUT 寄存器中时，TXWAKE 被清 0，且 WUT 的值变成当前帧中地址位的值。因此，发送一个地址要经历以下过程：

(1) 置位 TXWAKE 位，并向 SCITXBUF 寄存器写入合适的地址值。当地址值被送入 TXSHF 寄存器又被移出时，该地址位置 1。这意味着串行总线上的其他处理器可以读取这个地址。

(2) TXSHF 和 WUT 被加载后，可立即将地址写入 SCITXBUF 和 TXWAKE 寄存器(因为 TXSHF 和 WUT 是双缓冲的)。

(3) 发送非地址帧时，保持 TXWAKE 位为 0。

通常情况下，地址位模式用于 11 个或更少字节的数据帧传输，因为这种模式在所要发送的数据字节中增加了 1 位(1 代表地址帧，0 为数据帧)；而空闲线格式主要用于 12 个字节或更多的数据帧。

无论是哪种多处理器工作模式，它们的接收顺序均如下：

(1) 在接收地址块时，SCI 端口唤醒并请求一个中断(必须使能 SCICTL2 的第一位 RX/BK INT ENA 位)，该端口读取这个块的第一帧，该帧包含目的处理器的地址。

(2) PC 通过中断进入中断服务程序，比较所接收地址与存储器中保存的设备地址。

(3) 如果上述比较结果地址相符，则 CPU 清 SLEEP 位(SCICTL1.2)，并读取块中剩余的数据；否则，程序流程退出并置位 SLEEP 位，直到下一个地址块开始才接收中断。

SLEEP 位不影响接收器工作，尽管当 SLEEP 位为 1 时接收器仍然工作，但它并不会使 RXRDY、RXINT 或任何接收错误状态位置位，除非地址字节被检测到，而且接收的帧地址是 1(适用于地址位模式)。SCI 本身并不能修改 SLEEP 位，必须由用户软件改变。

SCI 通信时，可以使用软件设置 SCI 的各种功能。SCI 通信格式的初始化可由相应的控制位完成，具体包括工作模式和协议、波特率、字符长度、奇/偶/无校验、停止位个数、中断优先级和中断使能等。

5.2.3 SCI 应用举例

本节将给出两个 SCI 的应用实例：一个是由 SCI-A/B 口分别中断发送和中断接收；另一个是 SCI 内部自测试的程序。

1. SCI 中断应用

该程序可以运行于硬仿真模式，数据的发送和接收都采用中断方式进行。通过本例程读者可以了解使用 SCI 中断方式发送和接收数据时，如何初始化 SCI 寄存器和使能中断，如何进行中断操作。

例 5-2-1：SCI 中断发送和接收数据。

```
//###########################################################################
//文件:  Example_281xSci_FFDLB_int.c
//说明:  该程序是 SCI 中断发送、接收的典型程序，
//       采用内部连接的自循环模式，即自发、自接
//###########################################################################
//SCI-A 发送的数据流:
//00 01 02 03 04 05 06 07
//01 02 03 04 05 06 07 08
//02 03 04 05 06 07 08 09
//....
//FE FF 00 01 02 03 04 05
//FF 00 01 02 03 04 05 06
```

```
//etc..
//SCI-B 发送的数据流:
//FF FE FD FC FB FA F9 F8
//FE FD FC FB FA F9 F8 F7
//FD FC FB FA F9 F8 F7 F6
//....
//01 00 FF FE FD FC FB FA
//00 FF FE FD FC FB FA F9
//etc..
//检查变量:
//    SCI-A          SCI-B
//    ----------------------
//    sdataA         sdataB          //发送的数据
//    rdataA         rdataB          //接收的数据
//    rdata_pointA   rdata_pointB    //用来检查接收到的数据
//###########################################################################
#include "DSP281x_Device.h"          //F2812 头文件
#include "DSP281x_Examples.h"
#define CPU_FREQ     150E6
#define LSPCLK_FREQ  CPU_FREQ/4
#define SCI_FREQ     100E3
#define SCI_PRD  (LSPCLK_FREQ/(SCI_FREQ*8))-1
//功能函数原型
interrupt void sciaTxFifoIsr(void);
interrupt void sciaRxFifoIsr(void);
interrupt void scibTxFifoIsr(void);
interrupt void scibRxFifoIsr(void);
void scia_fifo_init(void);
void scib_fifo_init(void);
void error(void);
//全局变量
Uint16 sdataA[8];       //SCI-A 发送的数据
Uint16 sdataB[8];       //SCI-B 发送的数据
Uint16 rdataA[8];       //SCI-A 接收的数据
Uint16 rdataB[8];       //SCI-B 接收的数据
Uint16 rdata_pointA;    //用于检查接收到的数据
Uint16 rdata_pointB;
//主程序
void main(void)
{
    Uint16 i;
    //步骤 1.初始化系统控制
    //PLL, 看门狗, 使能外设时钟
    InitSysCtrl();
    //步骤 2.初始化 GPIO
    //InitGpio();          //在这里省略, 只需配置以下与 SCI 有关的 GPIO 即可
    EALLOW;                //注意, 需要 EALLOE 保护
    GpioMuxRegs.GPFMUX.bit.SCITXDA_GPIOF4 = 1;
    GpioMuxRegs.GPFMUX.bit.SCIRXDA_GPIOF5 = 1;
    GpioMuxRegs.GPGMUX.bit.SCITXDB_GPIOG4 = 1;
    GpioMuxRegs.GPGMUX.bit.SCIRXDB_GPIOG5 = 1;
```

```
    EDIS;                    //与 EALLOW 对应使用
    //步骤 3.清除所有的中断并初始化 PIE 中断向量表
    DINT;                    //禁止 CPU 中断
   InitPieCtrl();            //初始化 PIE 控制寄存器
   IER = 0x0000;             //禁止 CPU 中断，并清除所有的 CPU 中断标志
   IFR = 0x0000;
   InitPieVectTable();       //初始化 PIE 中断向量表,将相应的中断向量指向中断服务程
                             //序，当中断发生时跳转到相应的中断服务程序处
    EALLOW;                  //寄存器需要 EALLOE 保护
    PieVectTable.RXAINT = &sciaRxFifoIsr;
    PieVectTable.TXAINT = &sciaTxFifoIsr;
    PieVectTable.RXBINT = &scibRxFifoIsr;
    PieVectTable.TXBINT = &scibTxFifoIsr;
    EDIS;                    //与 EALLOW 对应使用
    //步骤 4.初始化外设
    //InitPeripherals();              //在本程序中可以省略
        scia_fifo_init();             //初始化 SCI-A
        scib_fifo_init();             //初始化 SCI-B
    //步骤 5.用户程序段，使能中断
    //初始化要发送的数据
    for(i = 0; i<8; i++)
    {
        sdataA[i] = i;
    }
    for(i = 0; i<8; i++)
    {
        sdataB[i] = 0xFF - i;
    }
    rdata_pointA = sdataA[0];
    rdata_pointB = sdataB[0];
    //使能所需的中断
    PieCtrlRegs.PIECRTL.bit.ENPIE = 1;       //使能 PIE 模块
    PieCtrlRegs.PIEIER9.bit.INTx1=1;         //PIE Group 9, INT1
    PieCtrlRegs.PIEIER9.bit.INTx2=1;         //PIE Group 9, INT2
    PieCtrlRegs.PIEIER9.bit.INTx3=1;         //PIE Group 9, INT3
    PieCtrlRegs.PIEIER9.bit.INTx4=1;         //PIE Group 9, INT4
    IER = 0x100;                             //使能 CPU 中断
    EINT;
    //步骤 6.空循环
    for(;;);
}
void error(void)
{
    asm("    ESTOP0");                       //Test failed!! Stop!
    for (;;);
}
//SCIA 发送中断服务程序
interrupt void sciaTxFifoIsr(void)
{
    Uint16 i;
    for(i=0; i< 8; i++)
```

```
    {
        SciaRegs.SCITXBUF=sdataA[i];          //发送数据
    }
    for(i=0; i< 8; i++)                        //要发送的下一个数据
    {
        sdataA[i] = (sdataA[i]+1) & 0x00FF;
    }
    SciaRegs.SCIFFTX.bit.TXINTCLR=1;           //清除 SCI 中断使能位
    PieCtrlRegs.PIEACK.all|=0x100;
}
//SCIA 接收中断服务程序
interrupt void sciaRxFifoIsr(void)
{
    Uint16 i;
    for(i=0;i<8;i++)
    {
      rdataA[i]=SciaRegs.SCIRXBUF.all;         //读取数据
    }
    for(i=0;i<8;i++)                           //检查接收到的数据
    {
       if(rdataA[i] != ( (rdata_pointA+i) & 0x00FF) ) error();
    }
    rdata_pointA = (rdata_pointA+1) & 0x00FF;
    SciaRegs.SCIFFRX.bit.RXFFOVRCLR=1;         //清除溢出标志位
    SciaRegs.SCIFFRX.bit.RXFFINTCLR=1;         //清除中断标志位
    PieCtrlRegs.PIEACK.all|=0x100;
}
//SCIA 初始化函数
void scia_fifo_init()
{
    SciaRegs.SCICCR.all =0x0007;
    //一个停止位，没有奇偶校验位，8 位数据位，同步模式
    //使能发送、接收和内部时钟，禁止 RX ERR、SLEEP、TXWAKE
    SciaRegs.SCICTL1.all =0x0003;
    SciaRegs.SCICTL2.bit.TXINTENA =1;
    SciaRegs.SCICTL2.bit.RXBKINTENA =1;
    SciaRegs.SCIHBAUD = 0x0000;
    SciaRegs.SCILBAUD = SCI_PRD;
    SciaRegs.SCICCR.bit.LOOPBKENA =1;          //使能内部自循环
    SciaRegs.SCIFFTX.all=0xC028;
    SciaRegs.SCIFFRX.all=0x0028;
    SciaRegs.SCIFFCT.all=0x00;
    SciaRegs.SCICTL1.all =0x0023;
    SciaRegs.SCIFFTX.bit.TXFIFOXRESET=1;
    SciaRegs.SCIFFRX.bit.RXFIFORESET=1;
}
//SCIB 发送中断服务程序
interrupt void scibTxFifoIsr(void)
{
    Uint16 i;
    for(i=0; i< 8; i++)
```

```
    {
        ScibRegs.SCITXBUF=sdataB[i];          //发送数据
    }
    for(i=0; i< 8; i++)                       //要发送的下一个数据
    {
        sdataB[i] = (sdataB[i]-1) & 0x00FF;
    }
    ScibRegs.SCIFFTX.bit.TXINTCLR=1;          //清除 SCI 中断标志位
    PieCtrlRegs.PIEACK.all|=0x100;
}
//SCIB 接收中断服务程序
interrupt void scibRxFifoIsr(void)
{
    Uint16 i;
    for(i=0;i<8;i++)
    {
        rdataB[i]=ScibRegs.SCIRXBUF.all;      //读取数据
    }
    for(i=0;i<8;i++)                          //检查接收到的数据
    {
        if(rdataB[i] != ( (rdata_pointB-i) & 0x00FF) ) error();
    }
    rdata_pointB = (rdata_pointB-1) & 0x00FF;
    ScibRegs.SCIFFRX.bit.RXFFOVRCLR=1;        //清除溢出标志位
    ScibRegs.SCIFFRX.bit.RXFFINTCLR=1;        //清除中断标志位
    PieCtrlRegs.PIEACK.all|=0x100;
}
//SCIB 初始化函数
void scib_fifo_init()
{
    ScibRegs.SCICCR.all =0x0007;
    //一个停止位，没有奇偶校验位，8 位数据位，同步模式，空闲线模式
    ScibRegs.SCICTL1.all =0x0003;
    //使能发送、接收和内部时钟，禁止 RX ERR、SLEEP、TXWAKE
    ScibRegs.SCICTL2.bit.TXINTENA =1;
    ScibRegs.SCICTL2.bit.RXBKINTENA =1;
    ScibRegs.SCIHBAUD    =0x0000;
    ScibRegs.SCILBAUD    =SCI_PRD;
    ScibRegs.SCICCR.bit.LOOPBKENA =1;         //使能内部自循环
    ScibRegs.SCIFFTX.all=0xC028;
    ScibRegs.SCIFFRX.all=0x0028;
    ScibRegs.SCIFFCT.all=0x00;
    ScibRegs.SCICTL1.all =0x0023;
    ScibRegs.SCIFFTX.bit.TXFIFOXRESET=1;
    ScibRegs.SCIFFRX.bit.RXFIFORESET=1;
}
```

2. SCI 自测功能

该程序可运行于硬件仿真模式下，可以测试 SCI 口是否可以正常工作。通过本例程序，可以了解如何利用 SCI 查询方式进行数据的发送和接收，以及在这种模式下如何对 SCI 相关寄存器进行初

始化和配置。本例程需要进行的配置包括：1 个停止位、没有奇偶校验位、8 位数据格式、同步模式、空闲线模式，使能发送、接收和内部时钟，禁止 RX EER、SLEEP、TXWAKE。

例 5-2-2：SCI 串口自测程序。

```
//######################################################################
//文件： Example_281xSci_FFDLB.c
//说明： 该程序是 SCI 内部自测试程序，程序首先发送数据 0x00 到 0xFF，
//       然后接收数据,并将接收到的数据与发送的数据进行比较
//测试变量： ErrorCount：接收数据中错位数据的个数
//######################################################################
#include "DSP281x_Device.h"
#include "DSP281x_Examples.h"
//功能函数原型
void scia_loopback_init(void);
void scia_fifo_init(void);
void scia_xmit(int a);
void error(int);
interrupt void scia_rx_isr(void);
interrupt void scia_tx_isr(void);
//全局变量
Uint16 LoopCount;
Uint16 ErrorCount;
//主程序
void main(void)
{
    Uint16 SendChar;
    Uint16 ReceivedChar;
    //步骤 1.初始化系统控制(PLL,看门狗，使能外设时钟)
    InitSysCtrl();
    //步骤 2.初始化 GPIO
    //InitGpio();         //在本例中可以省略，只需配置与 SCI 相关的 GPIO 即可
    EALLOW;
    GpioMuxRegs.GPFMUX.all=0x0030;  //设置 I/O 口为 SCI 口
    EDIS;
    //步骤 3.初始化中断向量表,禁止并清除所有的 CPU 中断
    DINT;
    IER = 0x0000;
    IFR = 0x0000;
    //初始化 PIE 控制寄存器到默认状态
    //InitPieCtrl();                    //本例子中不用 PIE
    InitPieVectTable();
    EnableInterrupts();                 //使能 CPU 和 PIE 中断
    //步骤 4.初始化所有的外设
    //InitPeripherals();                //SCI 测试时跳过此函数
    //步骤 5.用户定义程序段、分配向量、使能中断
    LoopCount = 0;
    ErrorCount = 0;
    scia_fifo_init();                   //初始化 SCI FIFO
    scia_loopback_init();               //初始化 SCI 为自循环模式
    SendChar = 0;                       //初始化发送变量
    //步骤 6.发送数据并检测接收到的数据
```

```
    for(;;)
    {
        scia_xmit(SendChar);
        while(SciaRegs.SCIFFRX.bit.RXFIFST !=1) { }
                                    //等待 XRDY =1 (空闲态), 即等待数据发送
        ReceivedChar = SciaRegs.SCIRXBUF.all;   //检测接收到的数据
        if(ReceivedChar != SendChar) error(1);
            SendChar++;                 //转移到下一个发送的数据，并重复该操作
            SendChar &= 0x00FF;         //限制发送数据为 8 位格式
        LoopCount++;
    }
}
void error(int ErrorFlag)
{
    ErrorCount++;
    //asm("    ESTOP0");  //Uncomment to stop the test here
    //for (;;);
}
//测试 1, SCIA DLB, 8 位数据格式, 波特率为 0x000F, default, 1 个停止位, 没有奇偶校验位
void scia_loopback_init()
{
    //注意，如果 SCIA 的时钟没有打开，那么需要软件打开，用 InitSysCtrl()函数
    SciaRegs.SCICCR.all =0x0007;
    //1 个停止位、无奇偶校验位、8 位数据格式、同步模式、空闲线模式
    SciaRegs.SCICTL1.all =0x0003;
    //使能发送、接收、和内部时钟，禁止 RX EER、SLEEP、TXWAKE
    SciaRegs.SCICTL2.all =0x0003;
    SciaRegs.SCICTL2.bit.TXINTENA =1;
    SciaRegs.SCICTL2.bit.RXBKINTENA =1;
    SciaRegs.SCIHBAUD =0x0000;
    SciaRegs.SCILBAUD =0x000F;
    SciaRegs.SCICCR.bit.LOOPBKENA =1;    //使能自循环
    SciaRegs.SCICTL1.all =0x0023;
}
//发送数据函数
void scia_xmit(int a)
{
    SciaRegs.SCITXBUF=a;
}
//初始化 SCI FIFO
void scia_fifo_init()
{
    SciaRegs.SCIFFTX.all=0xE040;
    SciaRegs.SCIFFRX.all=0x204f;
    SciaRegs.SCIFFCT.all=0x0;
}
```

5.3 串行外设接口(SPI)

很多处理器、控制器或外设器件都有 SPI 接口，SPI 主要应用于处理器与 EEPROM、Flash、实时时钟、AD 转换器等外设器件之间的通信，通过 SPI 的主从模式也可以支持多处理器间的通信。

TMS320F2812 中有一个增强型的 SPI 模块，可以完成高速同步的串行通信。该模块允许对传输的串行数据长度和速度进行编程，并支持 16 级的接收和发送 FIFO。

5.3.1　SPI 结构和特点

SPI 与 CPU 间的接口如图 5-3-1 所示。

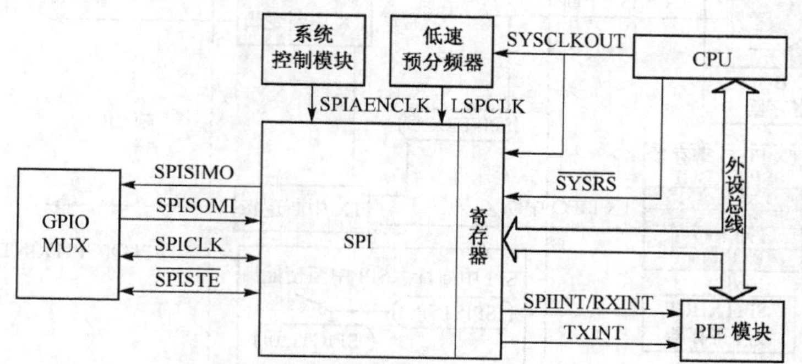

图 5-3-1　SPI 与 CPU 间的接口

1．SPI 模块主要特点

(1) 具有两种工作模式：主工作模式、从工作模式。

(2) 具有 4 种时钟模式(由时钟极性位和时钟相位位控制数据的接收和发送)。

- 无相位延时的下降沿：SPICLK 高电平有效。SPI 在 SPICLK 的下降沿发送数据，在上升沿接收数据。
- 有相位延时的下降沿：SPICLK 高电平有效。SPI 在 SPICLK 的下降沿之前的半个周期发送数据，在下降沿接收数据。
- 无相位延时的上升沿：SPICLK 低电平有效。SPI 在 SPICLK 的上升沿发送数据，在下降沿接收数据。
- 有相位延时的上升沿：SPICLK 低电平有效。SPI 在 SPICLK 的下降沿之前的半个周期发送数据，在上升沿接收数据。

(3) 4 个外部引脚(SPISOMI、SPISIMO、$\overline{\text{SPISTE}}$、SPICLK)即可完成通信功能。

注意：如果不使用 SPI 模块，此 4 个引脚可作为通用 GPIO。

(4) 具有 125 种可编程波特率。

(5) 数据字长度可配置为 1～16 位。

(6) 发送与接收可同步操作(发送功能可通过软件禁用)。

(7) 可通过中断或查询方式实现发送和接收。

(8) 12 个 SPI 模块寄存器，位于起始地址为 7040h 的控制寄存器单元中。

(9) 增强功能：16 级发送/接收 FIFO 和延时发送控制。

注意：SPI 的所有寄存器都是 16 位的。当访问这些寄存器时，低字节(7～0 位)对应数据；高字节(15～8 位)读为 0，写无效。

2．SPI 模块接口信号及功能框图

图 5-3-2 给出了 SPI 的功能框图，显示了 F2812 的 SPI 模块的基本控制单元。表 5-3-1 给出了 SPI 接口信号及功能描述。

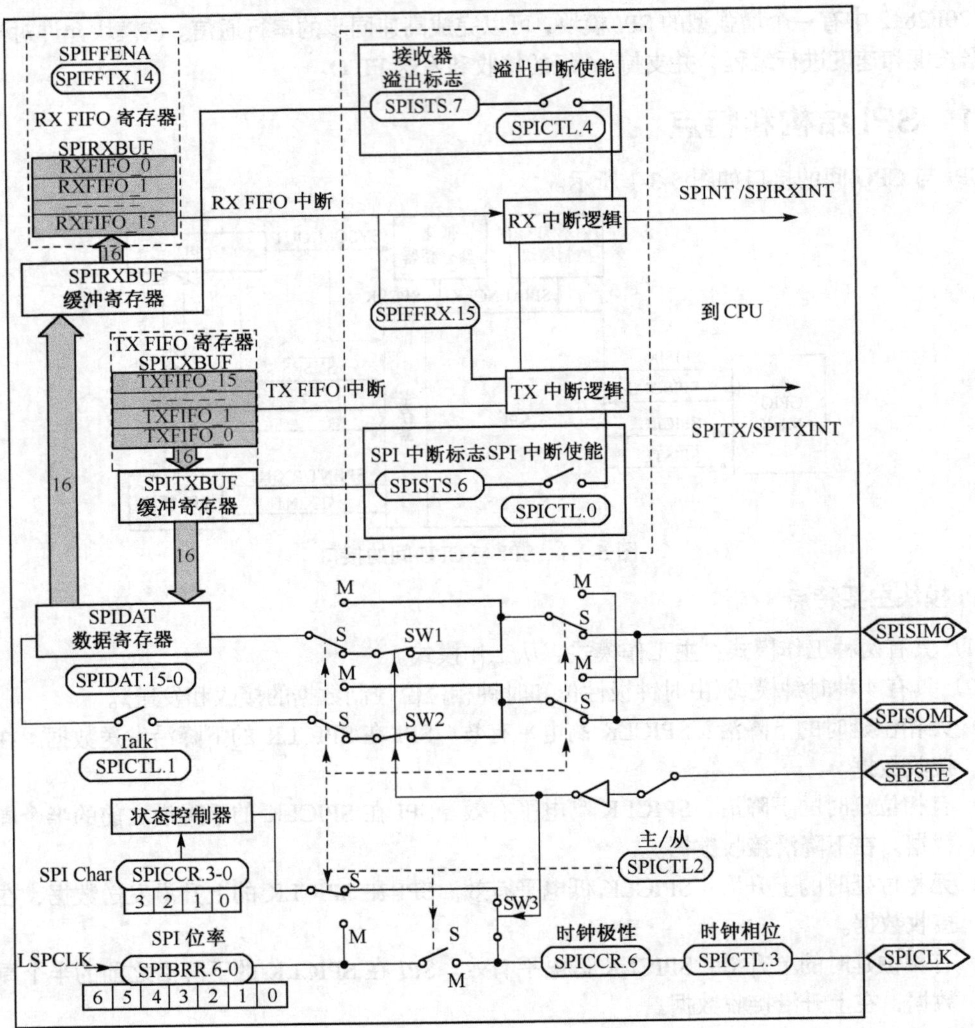

图 5-3-2 SPI 模块功能框图

表 5-3-1 SPI 模块信号

信号分类	信号名称	功能描述
外部引脚	SPISOMI	SPI 从模式输出/主模式输入
	SPISIMO	SPI 从模式输入/主模式输出
	SPISTE	SPI 从发送使能
	SPICLK	SPI 串行时钟
控制信号	SPI Clock Rate	LSPCLK
中断信号	SPIRXINT	无 FIFO 模式下的发送/接收中断或 FIFO 模式下的接收中断
	SPITXINT	FIFO 模式下的发送中断

3. SPI 寄存器

SPI 端口通过如表 5-3-2 所示的寄存器进行控制和配置。

表 5-3-2　SPI 寄存器

寄存器名	地　址	大小(×16 位)	功能描述
SPICCR	0x0000 7040	1	SPI 配置控制寄存器
SPICTL	0x0000 7041	1	SPI 工作控制寄存器
SPIST	0x0000 7042	1	SPI 状态寄存器
SPIBRR	0x0000 7044	1	SPI 波特率寄存器
SPIEMU	0x0000 7046	1	SPI 仿真缓冲寄存器
SPIRXBUF	0x0000 7047	1	SPI 串行接收缓冲寄存器
SPITXBUF	0x0000 7048	1	SPI 串行发送缓冲寄存器
SPIDAT	0x0000 7049	1	SPI 串行数据寄存器
SPIFFTX	0x0000 704A	1	SPI FIFO 发送寄存器
SPIFFRX	0x0000 704B	1	SPI FIFO 接收寄存器
SPIFFCT	0x0000 704C	1	SPI FIFO 控制寄存器
SPIPRI	0x0000 704F	1	SPI 优先级控制寄存器

SPI 接口可以接收或发送 16 位数据，并且接收和发送都是双缓冲的。所有的数据寄存器都是 16 位数据格式。在从工作模式中，SPI 传输速率不再受最大速率 LSPCLK/8 的限制。在主模式和从模式下最大的传输速率为 LSPCLK/4，向串行数据寄存器 SPIDAT(及 SPITXBUF)写数据必须左对齐，存放在 16 位寄存器内。

SPICCR 包含 SPI 配置的控制位；SPICTL 主要包含 SPI 中断的使能位、SPICLK 极性选择位、主从模式控制位、数据发送使能位；SPIST 主要包含 2 个缓冲状态位和 1 个发送缓冲状态位；SPIBRR 包含确定传输速率的 7 位比特率控制位；SPIRXBUF 包含接收的数据；SPITXBUF 包含下一个要发送的数据；SPIDAT 包含 SPI 要发送的数据，作为发送/接收移位寄存器使用；SPIPRI 包含中断优先级控制位。

5.3.2　SPI 工作方式

图5-3-3 给出了主/从控制器之间的通信连接。SPI 有主/从两种工作模式，其工作模式的选择及 SPICLK 信号由 MASTER/SLAVE 位(SPICTL.2)控制。一方面，主控制器可在任何时刻通过发送 SPICLK 信号来启动数据传输。另一方面，由软件决定主控制器如何检测从控制器准备好发送数据的时间。

对于主控制器和从控制器，数据都是在 SPICLK 的一个边沿移出移位寄存器，在相反的时钟沿锁存到移位寄存器。如果 CLOCK PHASE 位(SPICTL.3)为高电平，数据将在 SPICLK 跳变之前的半个周期发送和接收。因此，这两个控制器可同时发送和接收数据，而数据的真伪应由软件来判定。SPI 有三种数据传输方式：

- 主控制器发送数据，从控制器发送伪数据；
- 主控制器发送数据，从控制器发送数据；
- 主控制器发送伪数据，从控制器发送数据。

1．主工作模式

在主工作模式下(MASTER/SLAVE=1)，SPI 通过 SPICLK 引脚为整个通信网络提供串行时钟。数据从 SPISIMO 引脚输出，在 SPISOMI 引脚锁存输入。SPIBRR 寄存器决定数据传输的速率。通过配置 SPIBRR 寄存器可选择 125 种不同的数据传输速率。

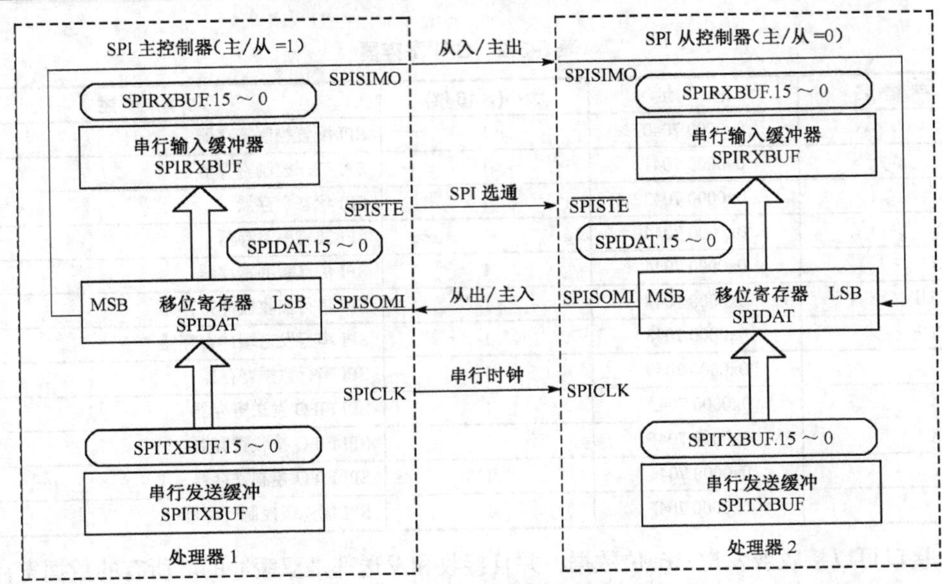

图 5-3-3 主/从控制器的连接

写入 SPIDAT 或 SPITXBUF 的数据启动 SPISIMO 引脚的数据发送，首先发送最高有效位(MSB)。同时，接收到的数据通过 SPISOMI 引脚移入 SPIDAT 的最低有效位(LSB)。当设定的位全部传完后，接收到的数据被传输到 SPIRXBUF 以备 CPU 读取。在 SPIRXBUF 中，数据以右对齐方式存储。

在典型应用中，$\overline{\text{SPISTE}}$ 引脚作为 SPI 的片选信号，在主控制器发送数据到从控制器之前置为低电平，数据发送完后置为高电平。

2. 从工作模式

从工作模式下(MASTER/SLAVE=0)，SPICLK 作为 SPI 工作时钟输入端决定着传输速率，由通信网络中的主控制器提供。数据从 SPISOMI 引脚输出，在 SPISIMO 引脚输入。

发送数据时，当收到网络主控制器合适的 SPICLK 时钟边沿时，已写入 SPIDAT 或 SPITXBUF 的数据被发送到网络。当要发送的所有位都移出 SPIDAT 后，写入到 SPITXBUF 寄存器的数据会传送到 SPIDAT。若向 SPITXBUF 写入数据时没有数据发送，数据将被立即传到 SPIDAT；接收数据时，SPI 将等待网络主控制器发送 SPICLK 信号，然后将数据通过 SPISIMO 移位到 SPIDAT。如果从控制器同时也发送数据且 SPITXBUF 还没有装载数据，则必须在 SPICLK 开始之前将数据写入 SPIDAT 或 SPITXBUF。

当 TALK 位(SPICTL.1)被清 0 时，数据发送被禁止，同时输出线(SPISOMI)置成高阻状态。如果此时正在发送数据，即使 SPISOMI 被强制进入高阻状态，也必须要完成当前的字符传输，以保证 SPI 仍然能正确地接收数据。TALK 位允许网络上有多个从 SPI 设备，而某一时刻只能有一个从设备来驱动 SPISOMI。

$\overline{\text{SPISTE}}$ 被用做从选择引脚。该引脚上的低电平有效信号允许从 SPI 向串行总线发送数据；而高电平信号停止从 SPI 的串行移位寄存器发送数据，并将其置成高阻状态。这就允许同一个网络上可有多个从 SPI 设备，但同一时刻只能有一个设备起作用。

3. SPI 在数据传输过程中的中断信号

初始化 SPI 的中断需要用到 5 个控制位，具体包括：SPI 中断使能位 SPI INT ENA(SPICTL.0)；

SPI 中断标志位 SPI INT FLAG(SPISTS.6)；溢出中断使能位 OVERRUN INT ENA(SPICTL.4)；接收器溢出标志位 RECEIVER OVERRUN FLAG(SPISTS.7)；SPI 优先权位 SPI PRIORITY(SPIPRI.5)。

(1) SPI 中断使能位 SPI INT ENA(SPICTL.0)。当 SPI 中断使能位被置位时，若满足中断条件，则产生相应的中断。

(2) SPI 中断标志位 SPI INT FLAG(SPISTS.6)。该标志位表征一个字符已经存入 SPI 接收缓冲器中，准备被读取。当整个字符被移入或移出 SPIDAT 后，该位被置 1。如果中断使能，则产生中断请求。当中断被响应、CPU 读取 SPIRXBUF、用 IDLE 指令使器件进入 IDLE2 低功耗模式或 HALT 待机模式、写 0 到 SPI SW RESET 位、系统复位这些情况的任何一个发生时，SPI 中断标志位清 0。

当 SPI 中断标志位置位时，一个字符已存入 SPIRXBUF 中，准备读取。如果 CPU 在下一个完整的字符接收到之前仍没有读取该字符，新的字符将被写入 SPIRXBUF，且接收器溢出标志位(SPISTS.7)被置位。

(3) 溢出中断使能位 OVERRUN INT ENA(SPICTL.4)。当接收器溢出标志位由硬件置位时，对溢出中断使能位置位允许产生一个中断。由接收器溢出标志位(SPISTS.7)和 SPI 中断标志位(SPISTS.5)产生的中断公用一个中断向量。

(4) 接收器溢出标志位 RECEIVER OVERRUN FLAG(SPISTS.7)。当 SPIRXBUF 中前一个字符被读取前，又有新的字符被存入时，接收器溢出标志位被置位。接收器溢出标志位必须由软件清 0。

4. SPI 的通信数据格式

SPICCR.3～0 确定了数据字符的位数(1～16 位)。该信息用来控制状态控制逻辑计算接收和发送的位数，从而决定何时处理完一个完整的数据。下列情况适用于少于 16 位的字符：

- 写入 SPIDAT 和 SPITXBUF 的数据必须左对齐；
- 从 SPIRXBUF 读取的字符是右对齐的；
- SPIRXBUF 中存放最近接收到的字符(右对齐)和已经移到左边的前次传送留下的位。

假设发送字符长度为 1(由 SPICCR.3～0 指定)，SPIDAT 的当前值为 737Bh，则主模式下发送前后，SPIDAT 和 SPIRXBUF 寄存器的数据存放格式如图 5-3-4 所示。

注：x 为刚移入的位，如果 SPISOMI 引脚上的电平为高，则 x=1；电平为低，则 x=0

图 5-3-4 SPI 数据通信格式实例

5. 波特率的设置

SPI 支持 125 种不同的波特率和 4 种不同的时钟方式。当 SPI 工作在主模式时，SPCLK 引脚向外部输出时钟，且该时钟不能大于 LSPCLK 频率的四分之一；当 SPI 工作在从模式时，SPICLK 引脚接收外部时钟源，且该时钟源的频率也不能大于 LSPCLK 频率的四分之一。

SPI 的波特率由下式给出

$$\text{SPI 波特率} = \frac{\text{LSPCLK}}{\text{SPIBRR}+1} \qquad (\text{当 SPIBRR} = 3\sim127\text{ 时})$$

$$\text{SPI 波特率} = \frac{\text{LSPCLK}}{4} \qquad (\text{当 SPIBRR} = 0、1、2\text{ 时})$$

式中，LSPCLK 是 DSP 的低速外设时钟频率；SPIBRR 为主 SPI 模块 SPIBRR 的值。

例如，假设 LSPCLK=40MHz，则 SPI 的最大波特率为

$$\text{SPI}_{\text{max}} = \frac{\text{LSPCLK}}{4} = \frac{40\text{MHz}}{4} = 10 \times 10^6\ \text{b/s}$$

6. 复位和初始化

系统复位时，SPI 外设模块进入下列默认的设置：

(1) 该单元被配置为从控制器模式(MASTER/SLAVE=0)；
(2) 禁止发送功能(TALK=0)；
(3) 在 SPICLK 的下降沿锁存输入的数据；
(4) 字符长度假定为 1 位；
(5) 禁止 SPI 中断；
(6) SPIDAT 中的数据复位为 0000h；
(7) SPI 模块引脚功能被配置为通用输入(在 I/O MUX 控制寄存器 B 中完成)。

为改变这种设置，应进行以下操作：

(1) SPI SW RESET 位(SPICCR.7)清 0，迫使 SPI 进入复位状态；
(2) 初始化 SPI 的配置包括数据格式、波特率、工作模式和引脚功能等；
(3) 置位 SPI SW RESET 位，使 SPI 进入工作状态；
(4) 写数据到 SPIDAT 或 SPITXBUF 中(启动主模式下的通信过程)；
(5) 数据传送完后(SPISTS.6)，读取 SPIRXBUF 中的数据。

为了防止在初始化改变期间或之后出现不必要和不可预见的事件,应在初始化之前清除 SPI SW RESET 位，初始化完成后再设置该位。在通信过程中，不要改变 SPI 的配置。

另外,F2812 的 SPI 的发送和接收都支持一个 16 级的 FIFO(详细信息可参考 TI 的 TMS320F2812 手册)。

5.3.3 SPI 应用举例

本例程是自发自收的自循环程序，采用内部测试自循环模式，用中断进行发送和接收数据。通过程序可以学习如何进行自循环测试，以及如何编写 SPI 中断程序。

例 5-3-1：SPI 自循环测试程序。

```
//###########################################################################
//文件：Example_281xSpi_FFDLB_int.c
//发送的数据流如下：
//0000 0001 0002 0003 0004 0005 0006 0007
//0001 0002 0003 0004 0005 0006 0007 0008
//0002 0003 0004 0005 0006 0007 0008 0009
//....
//FFFE FFFF 0000 0001 0002 0003 0004 0005
//FFFF 0000 0001 0002 0003 0004 0005 0006
//etc..
//观测变量：
//        sdata[8]：要发送的数据
```

```
//      rdata[8]：接收的数据
//      rdata_point
//###########################################################################
#include "DSP281x_Device.h"      //头文件
#include "DSP281x_Examples.h"
//功能函数原型
//interrupt void ISRTimer2(void);
interrupt void spiTxFifoIsr(void);
interrupt void spiRxFifoIsr(void);
void delay_loop(void);
void spi_fifo_init(void);
void error();
//全局变量
Uint16 sdata[8];          //发送数据缓冲器
Uint16 rdata[8];          //接收数据缓冲器
Uint16 rdata_point;       //跟踪在数据流里检测接收到的数据
//主程序
void main(void)
{
    Uint16 i;
    //Step 1. 初始化系统控制(PLL、看门狗、使能外设时钟)
    InitSysCtrl();
    //Step 2. 初始化 GPIO
    //InitGpio();    //本例中略过
    //在本程序中只需设置下列 GPIO 口为特殊功能口(SPI 口)
    EALLOW;
    GpioMuxRegs.GPFMUX.all=0x000F;  //配置 GPIOs 为 SPI 引脚
    //Port F MUX - x000 0000 0000 1111
    EDIS;
    //Step 3. 清除所有中断、初始化 PIE 中断向量表并禁止 CPU 中断
    DINT;
    IER = 0x0000;
    IFR = 0x0000;
    //初始化 PIE 控制寄存器到默认状态
    InitPieCtrl();
    //初始化 PIE 向量表使它们指向一些空的中断服务程序
    InitPieVectTable();
    //映射中断向量
    EALLOW;
    PieVectTable.SPIRXINTA = &spiRxFifoIsr;
    PieVectTable.SPITXINTA = &spiTxFifoIsr;
    //Step 4. 初始化所有的外设
    //InitPeripherals();                    //本例中省略
    spi_fifo_init();                        //初始化 SCI
    //Step 5. 用户程序段，使能中断
    //初始化发送数据缓冲器
    for(i=0; i<8; i++)
    {
        sdata[i] = i;
    }
    rdata_point = 0;
```

```
    //使能所需的中断
    PieCtrlRegs.PIECRTL.bit.ENPIE = 1;        //使能 PIE 模块
    PieCtrlRegs.PIEIER6.bit.INTx1=1;          //使能 PIE Group 6, INT 1
    PieCtrlRegs.PIEIER6.bit.INTx2=1;          //使能 PIE Group 6, INT 2
    IER=0x20;                                 //使能 CPU INT6
    EINT;                                     //使能全局中断
    //Step 6. 空循环
    for(;;);
}
//用户定义程序段
void delay_loop()
{
    long      i;
    for (i = 0; i < 1000000; i++) {}
}
void error(void)
{
    asm("     ESTOP0");                       //出现错误，测试失败，停止!
    for (;;);
}
//SPI FIFO 初始化程序
void spi_fifo_init()
{
    //初始化 SPI FIFO 寄存器组
    SpiaRegs.SPICCR.bit.SPISWRESET=0;    //复位 SPI
    SpiaRegs.SPICCR.all=0x001F;          //16 位数据位，自主循环模式
    SpiaRegs.SPICTL.all=0x0017;          //使能中断，使能主从模式
    SpiaRegs.SPISTS.all=0x0000;
    SpiaRegs.SPIBRR=0x0063;              //波特率
    SpiaRegs.SPIFFTX.all=0xC028;         //使能 FIFO，设置 TX FIFO level 为 8
    SpiaRegs.SPIFFRX.all=0x0028;         //设置 RX FIFO level 为 8
    SpiaRegs.SPIFFCT.all=0x00;
    SpiaRegs.SPIPRI.all=0x0010;
    SpiaRegs.SPICCR.bit.SPISWRESET=1;    //使能 SPI
    SpiaRegs.SPIFFTX.bit.TXFIFO=1;
    SpiaRegs.SPIFFRX.bit.RXFIFORESET=1;
}
//SPI 发送中断服务程序
interrupt void spiTxFifoIsr(void)
{
    Uint16 i;
    for(i=0;i<8;i++)
    {
      SpiaRegs.SPITXBUF=sdata[i];        //发送数据
    }
    for(i=0;i<8;i++)                     //每一次循环数据都加 1
    {
      sdata[i]++;
    }
    SpiaRegs.SPIFFTX.bit.TXFFINTCLR=1;   //清除中断标志位
    PieCtrlRegs.PIEACK.all|=0x20;
}
//SPI 接收中断服务程序
```

```
interrupt void spiRxFifoIsr(void)
{
    Uint16 i;
    for(i=0;i<8;i++)
    {
        rdata[i]=SpiaRegs.SPIRXBUF;         //读数据
    }
    for(i=0;i<8;i++)                        //检测接收到的数据
    {
        if(rdata[i] != rdata_point+i) error();
    }
    rdata_point++;
    SpiaRegs.SPIFFRX.bit.RXFFOVFCLR=1;   //清除溢出标志位
    SpiaRegs.SPIFFRX.bit.RXFFINTCLR=1;   //清除中断标志位
    PieCtrlRegs.PIEACK.all|=0x20;
}
```

5.4　eCAN 总线模块

近年来 CAN 总线以其可靠性高、实时性好而在工业现场控制、电力通信、航海航天等各领域得到广泛应用。C28x 系列 DSP 芯片内有增强型 CAN 总线通信接口，该接口能够与 CAN2.0B 标准完全兼容。CAN 总线串行协议具有很强的抗干扰能力，能够在电磁干扰的环境下进行通信。eCAN 模块具有 32 个完全可配置邮箱和时间标记(Time Stamping)功能，能够实现灵活、可靠的串行通信。

5.4.1　eCAN 结构和特点

图 5-4-1 给出了 eCAN 总线模块的主要模块和接口电路。其特点可概括如下：

(1) 与 CAN2.0B 标准完全兼容。

(2) 支持最高 1 Mb/s 的传输速率。

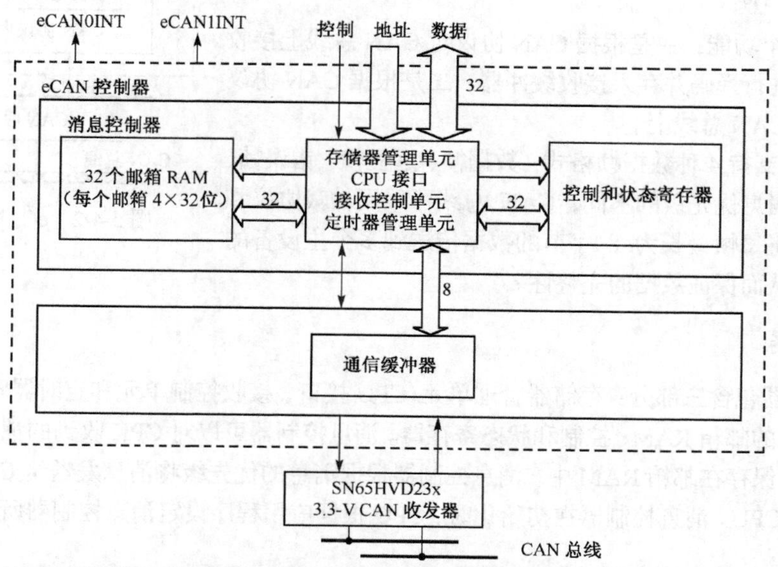

注：通信缓冲器对用户来说是透明的，不能通过用户代码进行访问

图 5-4-1　eCAN 框图和接口电路

(3) 含有 32 个邮箱，每个邮箱都有以下特点：

- 可配置为接收或发送邮箱；
- 可配置标准的或扩展的标志符；
- 一个可编程的接收过滤屏蔽寄存器；
- 支持数据帧和远程帧；
- 支持 0～8 字节的数据；
- 接收和发送消息的过程中使用了一个 32 位时间标记；
- 具有防止新消息覆盖旧消息的保护措施；
- 允许动态改变发送消息的优先级；
- 使用具有两个中断级别的中断方案；
- 可编程发送或接收超时中断。

(4) 低功耗模式。

(5) 可编程的总线唤醒功能。

(6) 可自动应答远程请求消息。

(7) 在发生仲裁丢失或错误时，自动重发。

(8) 可通过特定消息(与 16 号邮箱有关)与 32 位时间标记计数器同步。

(9) 具有自测试模式。此模式下，可以一种回环的方式接收自己的消息，提供了虚响应信息，不需要其他节点的响应，方便调试系统。

F2812 的 eCAN 模块由一个 32 位构架的 CAN 控制器组成，为 CPU 提供了完整的 CAN 协议，减少 CPU 开销。eCAN 模块的结构如图 5-4-2 所示，它主要由 CAN 协议内核(CPK)和消息控制器组成。

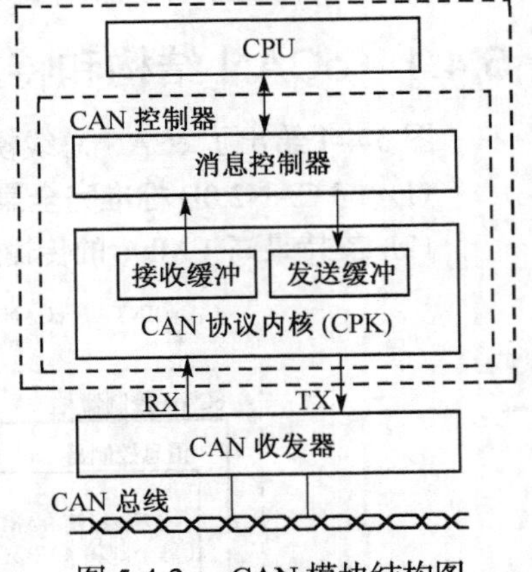

图 5-4-2 eCAN 模块结构图

1. CAN 协议内核

CPK 有两个功能，一是根据 CAN 协议对 CAN 总线上接收到的所有消息进行译码并存入接收缓冲器；二是根据 CAN 协议把消息发送到 CAN 总线上。

CAN 协议支持 4 种数据帧格式：数据帧、远程帧、错误帧、过载帧。根据消息优先级的不同，CAN 总线可采用仲裁协议和错误检测机制将每帧最长为 8 字节的数据传送到多个主设备的串行总线上，从而保证数据的完整性。

2. 消息控制器

消息控制器包含三部分：存储器管理单元(CPU 接口、接收控制单元和定时器管理单元)；可以存储 32 位消息的邮箱 RAM；控制和状态寄存器。消息控制器可以对 CPK 收到的消息进行判断并决定是否为 CPU 保存在邮箱 RAM 中。消息控制器根据消息的优先级将消息发送给 CPK 或将 CPK 中的消息发送给 CPU。消息控制器在初始化时，CPU 根据应用程序设定消息控制器所有用到的消息标志符。

F2812 的 eCAN 模块可以配置为标准 CAN 控制器(SCC)模式或增强型 CAN(eCAN)模式。SCC 是 eCAN 模块的简化功能模式，是 CAN 接口的默认模式。这种模式下，不支持时间标记功能，只有 16 个邮箱(0～15)，减少了可以使用的接收滤波器个数。可以通过 SCB 位(CAVMC.13)来选择标准 CAN 控制器模式或 eCAN 模式。

在 TMS320F28x 系列 DSP 中，eCAN 模块映射为两个不同的地址段。第一个地址段分配给控制寄存器、状态寄存器、接收滤波器、时间标记和消息对象的超时寄存器。控制和状态寄存器采用 32 位宽访问，而局部接收滤波器、时间标记寄存器和超时寄存器可采用 8 位、16 位、32 位宽访问。第二个地址段分配给了 32 个邮箱。两个地址段各占 512 字节，如图 5-4-3 所示。eCAN 控制和状态寄存器如表 5-4-1 所示。

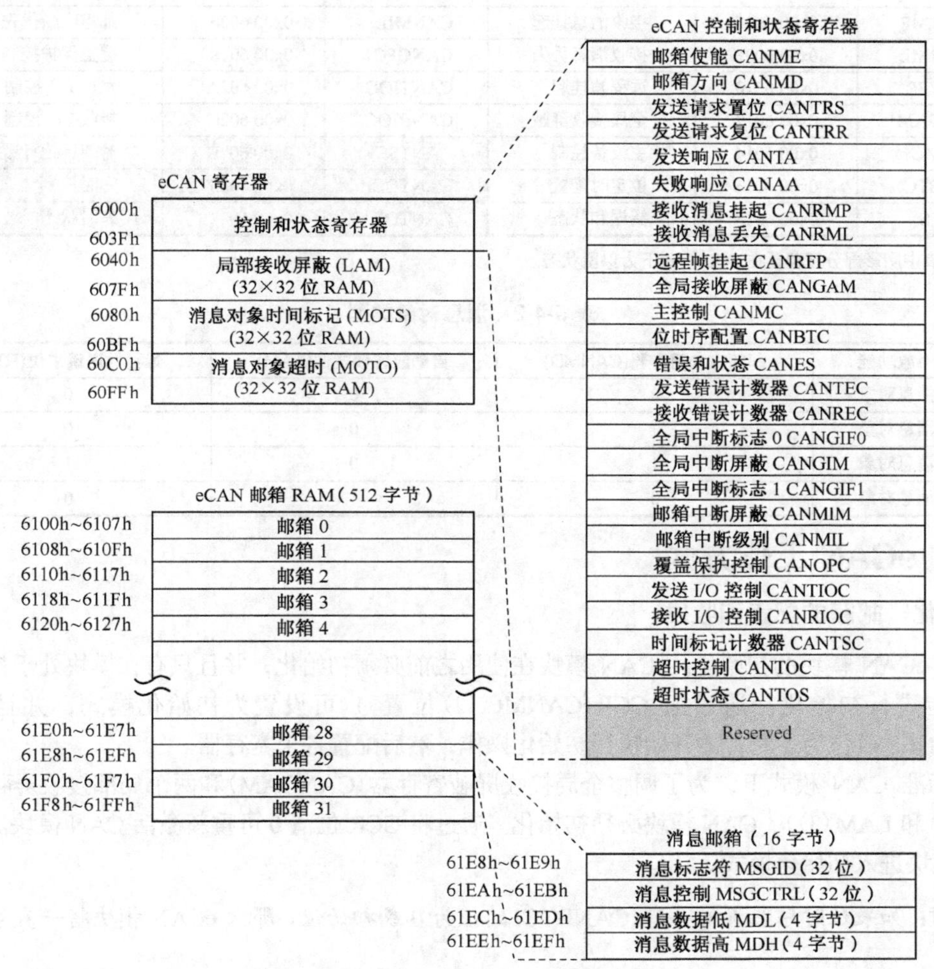

图 5-4-3 eCAN 模块存储器映射

eCAN 模块有 32 个不同的消息邮箱，每个消息邮箱都可配置为接收或发送邮箱。消息邮箱在 RAM 中，是存放接收或发送 CAN 消息的地方。当消息邮箱没有存储消息时，CPU 可以将其当做普通的存储器使用。每个邮箱包括：消息标志符(11 位作为标准标志符，29 位作为扩展标志符)、标志符扩展位(IDE)、接收滤波器使能位(AME)、自动应答模式位(AAM)、发送优先级(TPL)、远程发送请求位(RTR)、数据长度代码(DLC)、最多 8 字节的数据区域等。

每个邮箱可配置为 4 种消息对象中的一种，如表 5-4-2 所示。发送和接收消息对象能够用来在一个发送器和多个接收器(1～N)之间交换数据。但是，请求和应答消息对象仅用于一对一的通信连接。

表 5-4-1 eCAN 控制和状态寄存器

寄 存 器	地 址	描 述	寄 存 器	地 址	描 述
CANME	0x00 6000	邮箱使能	CANTEC	0x00 601A	发送错误计数器
CANMD	0x00 6002	邮箱方向	CANREC	0x00 601C	接收错误计数器
CANTRS	0x00 6004	发送请求置位	CANGIF0	0x00 601E	全局中断标志 0
CANTRR	0x00 6006	发送请求复位	CANGIM	0x00 6020	全局中断屏蔽
CANTA	0x00 6008	发送响应	CANGIF1	0x00 6022	全局中断标志 1
CANAA	0x00 600A	响应失败	CANMIM	0x00 6024	邮箱中断屏蔽
CANRMP	0x00 600C	接收消息挂起	CANMIL	0x00 6026	邮箱中断优先级
CANRML	0x00 600E	接收消息丢失	CANOPC	0x00 6028	覆盖保护控制
CANRFP	0x00 6010	远程帧挂起	CANTIOC	0x00 602A	发送 I/O 控制
CANGAM	0x00 6012	全局接收屏蔽	CANRIOC	0x00 602C	接收 I/O 控制
CANMC	0x00 6014	主设备控制	CANTSC	0x00 602E	时间标记计数器
CANBTC	0x00 6016	位定时配置	CANTOC	0x00 6030	超时控制
CANES	0x00 6018	错误和状态	CANTOS	0x00 6032	超时状态

注：表中阴影部分寄存器在 SCC 模式下为保留状态。

表 5-4-2 消息对象类型

消息对象功能	邮箱方向寄存器(CANMD)	自动应答模式位(AAM)	远程发送请求位(RTR)
发送消息对象	0	0	0
接收消息对象	1	0	0
请求消息对象	1	0	1
应答消息对象	0	1	0

5.4.2 eCAN 工作方式

1. 初始化、邮箱的配置和收发

(1) eCAN 模块的初始化。eCAN 模块在使用之前必须初始化，并且只有在模块处于初始化模式下才能进行初始化。通过把 CCR(CANMC.12)位置 1 可设置为初始化模式，并且只有当 CCE(CANES.4)位为 1 时，才开始执行初始化操作，然后配置各个寄存器。

在标准 CAN 模式下，为了调整全局接收屏蔽寄存器(CANGAM)和两个局部接收屏蔽寄存器(LAM(0)和 LAM(3))，CAN 模块必须初始化。通过将 CCR 位清 0 可重新激活 CAN 模块。硬件复位后，模块进入初始化模式。

注意：*如果位时序配置寄存器(CANBTC)的值为 0 或初始值，那么 eCAN 模块将一直处于初始化模式。*

初始化模式和正常模式之间的转换与 CAN 网络同步进行。也就是说，CAN 控制器直到其检测到总线空闲序列(等于 11 个隐性位)时才会改变模式。若产生 stuck-to-dominant 总线错误，CAN 控制器将无法检测到总线空闲状态，也就不能完成模式切换。

(2) eCAN 模块的配置。使能 eCAN 模块的时钟、配置 CANTX 和 CANRX 引脚为 CAN 功能引脚，即分别写 0x08 到 CANTIOC.3～0 和 CANRIOC.3～0 中。复位后，将 CCR 位和 CCE 位置 1，允许用户配置位时序配置寄存器(CANBTC)。向 CANBTC 寄存器写入适当的定时值，确保 TSEG1 和 TSEG2 都不为 0。如果二者都为 0，则 eCAN 模块不能退出初始化模式。主控制寄存器各位清 0。将 MSGCTRLn 寄存器的所有位初始化为 0。检查 CCE 位是否已为 0，如果为 0，表示 eCAN 模块已配置完成。

(3) 配置发送邮箱(以邮箱 1 为例)。

① 将 CANTRS 寄存器中相应的位清 0：清除 CANTRS.1 位。

② 清除邮箱使能寄存器(CANME)的相应位以屏蔽邮箱，令 CANME.1=0。

③ 设置相应邮箱的消息标识符寄存器(MSGID(1))，令 AME=AMM=0。

④ 设置 CANME 的相应位以使能邮箱，令 CANME.1=1。

(4) 发送消息步骤(以邮箱 1 为例)。当 CPU 把消息写到邮箱的数据域时，令 CANTRS.1 = 1 来启动消息的发送；当消息成功发送后，CANTA.1 = 1，不管发送成功还是失败，CANTRS.1 都被清 0；为使同一邮箱发送下一条消息，必须将发送响应(CANTA.1)清 0。如果用同一邮箱发送其他消息，必须更新邮箱的 RAM 数据。

(5) 配置接收邮箱(以邮箱 3 为例)。

① 清除 CANME 寄存器的相应位使邮箱被屏蔽，令 CANME.3=0。

② 将标识符写入相应的 MSGID 中，根据需要必须配置标识符扩展位。若要使能接收屏蔽，则要设置相应的 AME 位(MSGID(3).30)为 1。设置 MSGID(3) = 0x4f78 0000。

③ 如果 AME 位为 1，需设置相应的接收屏蔽，如 LAM(3)=0x3C0000。

④ 设置邮箱为接收邮箱(CANMD.3 = 1)，并保证该操作不影响其他各位。

⑤ 若想保护邮箱中的数据，需设置覆盖保护寄存器(CANOPC)。如果 CANOPC 被置位，必须确保有另外的邮箱(缓冲邮箱)来存放“溢出”的消息，否则可能会无任何提示就丢失了某些消息。设置 CANOPC.3 = 1。

⑥ 设置 CANME 中的相应标志以使能邮箱。必须采用先读取后写回(CANME | = 0x0008)的方式来保证其他标志位不受影响。

(6) 接收消息步骤(以邮箱3为例)。当收到一个消息时，接收消息挂起，寄存器(CANRMP)中的相应标志位会被置位，并产生一个中断。这样 CPU 才可从邮箱 RAM 中读取消息，但在消息读取前，先应清除 CANRMP.3 位(CANRMP.3=1 表示邮箱中已有一个消息)。CPU 还应验明接收消息丢弃标志 CANRML.3 是否为 1(CANRML.3=1 表示旧消息已被新消息覆盖)。CPU 需根据具体的应用决定以后如何处理。

在读取数据之后，CPU 仍需验证 CANRMP.3 位是否被再次置位。因为如果 CANRMP.3 被置位，说明 CPU 在读取旧消息时，又接收到了一个新消息，数据已遭到破坏，CPU 需要再次读取数据。

(7) CAN 波特率计算。波特率为每秒传输的位数：

$$波特率 = \frac{SYSCLK}{BRP \times Bit\_time}$$

式中，SYSCLK 为 eCAN 模块的系统时钟频率，与 CPU 时钟频率相同；BRP 为 BRPreg + 1 (CANBTC.23～16)的二进制值；Bit_time 为每比特位对应 TQ 的个数，Bit_time = (TSEG1reg+1)+ (TSEG2reg+1)+1。

2. 远程帧邮箱的处理

远程帧有两种操作模式：一种是本模块向另一节点发出数据请求；一种是本模块应答另一节点发出的数据请求。

1) 向另一节点请求数据

为向其他节点请求数据，本对象应配置为接收邮箱。以消息对象 3 为例，CPU 需要进行以下操作：

(1) 置位消息控制区寄存器(MSGCTRL)中的 RTR 位为 1。设置 MSGCTRL(3)=0x12。

(2) 将正确的标识符写入相应的 MSGID 中。设置 MSGID(3)=0x4F78 0000。

(3) 置位相应邮箱的 TRS 标志。由于本邮箱被配置成接收邮箱，它只向其他节点发送一个远程请求消息。设置 CANTRS.3=1。

(4) 收到应答数据后，模块将其存放在邮箱中并置位相应的 RMP 位。这将引起一个中断。同时需确保其他邮箱没有相同的 ID。设置 CANRMP.3=1。

(5) 读取接收到的数据。

2) 应答一个远程请求

应答远程请求须做以下配置：

(1) 将目标对象配置成发送邮箱。

(2) 在使能邮箱之前，把相应的 MSGID 寄存器中的自动应答模式位 AAM(MSGID.29)置 1。设置 MSGID(1)=0x35AC0000。

(3) 更新数据区。MDH(1) = MDL(1) = xxxx xxxxh(待发数据)。

(4) 置位相应的 ME 标志位以使能邮箱。设置 CNAME.1=1。

当收到由另一节点发来的远程请求时，相应的 TRS 标志将自动置位，然后数据就会被发送到那个节点。接收和发送消息的标识符是一样的。

数据发送完以后，相应的 TA 标志会被置位，然后 CPU 可更新数据。

3) 更新数据区

为了更新设置为自动应答模式的对象的数据，需要完成以下操作。下列操作也可用于更新设置为标准模式(且相应的 TRS 已置位)的对象的数据。

(1) 置位数据请求位 CDR(CANMC.8)，设置目标邮箱号 MBNR(CANMC.0～4)。这样，eCAN 模块就会知道 CPU 要改变数据区。以对象 1 为例，CANMC=0x0000 0101。

(2) 将消息数据写入邮箱数据寄存器中。例如，CANMDL(1)=xxxx 0000h。

(3) 清除 CDR 位以使能对象。设置 CANMC=0x0000 0000。

3. 中断

eCAN 模块有两种中断类型：一种是与邮箱相关的中断，如接收消息挂起中断或失败响应中断；另一种是系统中断，用来处理错误或系统相关的中断，如被动错误中断或唤醒中断。

(1) 邮箱中断：消息接收中断、消息发送中断、失败响应中断、接收消息丢失中断、邮箱超时中断。

(2) 系统中断：写拒绝中断、唤醒中断、总线关闭中断、被动错误中断、警告级别中断、时间标记计数器溢出中断。

1) 中断配置

如果满足了某个中断条件，就会置位相应的中断标志。系统中断标志的置位由 GIL(CANGIM.2)位的设置决定。若 GIL 被置位，全局中断将置位 CANGIF1 寄存器中的相应标志位；否则将置位 CANGIF0 寄存器中的相应标志位。

如果所有的中断标志被清除，而又有一个新的中断标志被置位，相应的中断屏蔽位也被置位，则 eCAN 模块的中断输出信号线(ECAN0INT 或 ECAN1INT)将被激活。该中断线信号将一直保持激活状态直到 CPU 向相应位写 1 将该中断清除为止。

在一个或多个中断标志被清除后，若仍有一个或多个中断标志待处理，则将引起新的中断。中断标志可由向相应位写 1 来清除。如果 GMIF0 或 GMIF1 被置位，邮箱中断向量 MIV0(CANGIF0.4～0)或

MIV1（CANGIF1.4～0）会给出引起 GMIF0 或 GMIF1 置位的邮箱编号。它总是显示优先级最高的邮箱中断向量。

2）邮箱中断

eCAN 模式中的 32 个邮箱和标准 CAN 控制模式中的 16 个邮箱都可以在两条输出线 0/1 上引起中断。这些中断都可配置为接收或发送中断。

每个邮箱都有一个中断屏蔽位（CANMIM.*n*）和中断级别位（CANMIL.*n*）。必须在相应的 MIM 置位的情况下才能产生接收或发送中断。如果发送邮箱发送了一个消息（CANTA.*n*=1）或接收邮箱收到了一个消息（CANRMP.*n*=1），则将引起一个中断。如果某邮箱被配置为远程请求邮箱（CANMD.*n*=1，MSGCTRL（*n*）.RTR=1），则当接收到应答帧时将引起一个中断。而远程应答邮箱在成功发送应答帧（CANMD.*n*=0， MSGID（*n*）.AAM=1）时也会产生一个中断。

当通过置位发送请求复位位 CANTRR.*n* 来终止一个消息的发送时，CANGIF0/1 寄存器的失败响应标志（CANAA.*n*）和失败响应中断标志（AAIF0/1）会被置位。若 CANGIM 寄存器的屏蔽位 AAIM 被置位，则发送终止时会产生一个中断。清除 CANAA.*n* 标志不会复位 AAIF0/1 标志，中断标志必须分别清除。失败响应中断的中断信号线的选择取决于相应邮箱的 CANMIL.*n* 位的设置。

当接收的消息丢失时，接收消息丢失标志 CANRML.*n* 和接收消息丢失中断标志 RMLIF0/1 会被置位，若此时想引起中断，则要置位 CANGIM 中的接收消息丢失中断屏蔽位 RMLIM。清除 CANRML.*n* 标志不会复位 RMLIF0/1 标志，中断标志必须分别清除。接收消息丢失中断的中断信号线的选择取决于相应邮箱的 CANMIL.*n* 位的设置。

eCAN 的每一个邮箱都与一个消息对象超时寄存器（MOTO）相关联。若发生一个超时事件（CANTOS.*n*=1），且 CANGIM 中的邮箱超时中断屏蔽位 MTOM 被置位，则邮箱超时会产生在两条中断信号线中的一条上。清除 CANTOS.*n* 标志不会复位 MTOF0/1 标志。邮箱超时中断的中断信号线的选择取决于相应邮箱的 CANMIL.*n* 位的设置。

3）中断处理

中断由中断信号线向 CPU 申请中断。在中断处理完后，CPU 一般会清除中断源与中断标志。因此，CANGIF0/1 寄存器中的中断标志必须被清除，一般是向相应的标志位写 1 来清除，但也有例外，如表 5-4-3 所示。

表 5-4-3 eCAN 中断声明/清除

中断标志	中断条件	GIF0/1 决定位	清除机制
WLIF*n*	一个或两个错误计数器值≥96	GIL	写 1 清除标志
EPIF*n*	CAN 模块已进入被动错误模式	GIL	写 1 清除标志
BOIF*n*	CAN 模块已进入总线关闭模式	GIL	写 1 清除标志
RMLIF*n*	接收邮箱发生了溢出	GIL	清除 RMP*n* 位
WUIF*n*	CAN 模块已退出局部掉电模式	GIL	写 1 清除标志
WDIF*n*	对邮箱的写操作被拒绝	GIL	写 1 清除标志
AAIF*n*	发送请求被中止	GIL	清除 AAn 位
GMIF*n*	邮箱成功发送/接收了消息	MIL*n*	通过对中断条件进行适当处理来清除该标志。向 CANTA 或 CANRMP 寄存器的相应位写 1 来清除
TCOF*n*	TSC 的最高位从 0 变为 1	GIL	写 1 清除标志
MTOF*n*	某邮箱没在规定的时间内发送/接收	MIL*n*	清除 TOS*n* 位

注：GIF0/1 决定位：中断标志可以在 CANGIF0 或 CANGIF1 寄存器中置位，这将由 CANGIM 中的 GIL 位或 CANMIL 中的 MIL*n* 位决定，该列描述了某一中断由 GIL 或 MIL*n* 决定。

5.4.3 eCAN 应用举例

本节介绍一个 eCAN 发送和接收的程序，该程序可以运行于硬仿真模式下。首先将 eCAN 模块配置为增强型 CAN 模式，邮箱 0～16 作为发送邮箱，邮箱 16～31 作为接收邮箱，它们之间是一一对应的(即邮箱 0 与邮箱 16 对应，邮箱 15 与邮箱 31 对应，两个邮箱的 ID 号设置相同)，然后通过设置 eCAN 模块为自测模式(即内部将发送邮箱和接收邮箱连接起来)，发送 eCAN 发送邮箱中的数据，读取并检测接收邮箱中接收的数据。

例 5-4-1：eCAN 发送和接收程序。

```
//###########################################################################
//文件:  Example_281xECanBack2Back.c
//功能:  eCAN 内部功能自测程序
//###########################################################################
#include "DSP281x_Device.h"              //头文件
#include "DSP281x_Examples.h"
//函数声明
void mailbox_check(int32 T1, int32 T2, int32 T3);
void mailbox_read(int16 i);
//全局变量
Uint32  ErrorCount;
Uint32  MessageReceivedCount;
Uint32  TestMbox1 = 0;
Uint32  TestMbox2 = 0;
Uint32  TestMbox3 = 0;
//主函数
void main(void)
{
    Uint16  j;
    Struct ECAN_REGS EcanaShadow;
    //步骤 1.初始化系统控制(PLL，看门狗，使能外设时钟)
    InitSysCtrl();
    //步骤 2.初始化 GPIO
    //InitGpio();                        //本例中略过
    //步骤 3.清除所有中断并初始化 PIE 向量表
    DINT;                                //禁止 CPU 所有中断
    //初始化 PIE 控制寄存器组.
    //InitPieCtrl();                     //本例中略过
    //禁止 CPU 所有中断并清除所有中断标志位
    IER = 0x0000;
    IFR = 0x0000;
    //InitPieVectTable();                //本例中略过
    //步骤 4.初始化所有外设
    //InitPeripherals();                 //本例中不需要
    //步骤 5.用户程序段
    MessageReceivedCount = 0;
    ErrorCount = 0;
    InitECan();                          //初始化 eCAN
    //可以一次向邮箱写 16 位或 32 位数据
    //向发送邮箱 MBOX0~15 写入 MSGID(ID 号)
    ECanaMboxes.MBOX0.MSGID.all = 0x9555AAA0;
```

```
ECanaMboxes.MBOX1.MSGID.all = 0x9555AAA1;
ECanaMboxes.MBOX2.MSGID.all = 0x9555AAA2;
ECanaMboxes.MBOX3.MSGID.all = 0x9555AAA3;
ECanaMboxes.MBOX4.MSGID.all = 0x9555AAA4;
ECanaMboxes.MBOX5.MSGID.all = 0x9555AAA5;
ECanaMboxes.MBOX6.MSGID.all = 0x9555AAA6;
ECanaMboxes.MBOX7.MSGID.all = 0x9555AAA7;
ECanaMboxes.MBOX8.MSGID.all = 0x9555AAA8;
ECanaMboxes.MBOX9.MSGID.all = 0x9555AAA9;
ECanaMboxes.MBOX10.MSGID.all = 0x9555AAAA;
ECanaMboxes.MBOX11.MSGID.all = 0x9555AAAB;
ECanaMboxes.MBOX12.MSGID.all = 0x9555AAAC;
ECanaMboxes.MBOX13.MSGID.all = 0x9555AAAD;
ECanaMboxes.MBOX14.MSGID.all = 0x9555AAAE;
ECanaMboxes.MBOX15.MSGID.all = 0x9555AAAF;
//向接收邮箱 MBOX16~31 写入 MSGID(ID 号)
ECanaMboxes.MBOX16.MSGID.all = 0x9555AAA0;
ECanaMboxes.MBOX17.MSGID.all = 0x9555AAA1;
ECanaMboxes.MBOX18.MSGID.all = 0x9555AAA2;
ECanaMboxes.MBOX19.MSGID.all = 0x9555AAA3;
ECanaMboxes.MBOX20.MSGID.all = 0x9555AAA4;
ECanaMboxes.MBOX21.MSGID.all = 0x9555AAA5;
ECanaMboxes.MBOX22.MSGID.all = 0x9555AAA6;
ECanaMboxes.MBOX23.MSGID.all = 0x9555AAA7;
ECanaMboxes.MBOX24.MSGID.all = 0x9555AAA8;
ECanaMboxes.MBOX25.MSGID.all = 0x9555AAA9;
ECanaMboxes.MBOX26.MSGID.all = 0x9555AAAA;
ECanaMboxes.MBOX27.MSGID.all = 0x9555AAAB;
ECanaMboxes.MBOX28.MSGID.all = 0x9555AAAC;
ECanaMboxes.MBOX29.MSGID.all = 0x9555AAAD;
ECanaMboxes.MBOX30.MSGID.all = 0x9555AAAE;
ECanaMboxes.MBOX31.MSGID.all = 0x9555AAAF;
//配置邮箱 0~15 作为发送邮箱，16~31 作为接收邮箱
//因为在这里写操作是针对整个寄存器而不是某一位，所以不需要映射寄存器组
ECanaRegs.CANMD.all = 0xFFFF0000;
//使能所有的邮箱
ECanaRegs.CANME.all = 0xFFFFFFFF;
//设置每次发送和接收数据为 8 位格式
ECanaMboxes.MBOX0.MSGCTRL.bit.DLC = 8;
ECanaMboxes.MBOX1.MSGCTRL.bit.DLC = 8;
ECanaMboxes.MBOX2.MSGCTRL.bit.DLC = 8;
ECanaMboxes.MBOX3.MSGCTRL.bit.DLC = 8;
ECanaMboxes.MBOX4.MSGCTRL.bit.DLC = 8;
ECanaMboxes.MBOX5.MSGCTRL.bit.DLC = 8;
ECanaMboxes.MBOX6.MSGCTRL.bit.DLC = 8;
ECanaMboxes.MBOX7.MSGCTRL.bit.DLC = 8;
ECanaMboxes.MBOX8.MSGCTRL.bit.DLC = 8;
ECanaMboxes.MBOX9.MSGCTRL.bit.DLC = 8;
ECanaMboxes.MBOX10.MSGCTRL.bit.DLC = 8;
ECanaMboxes.MBOX11.MSGCTRL.bit.DLC = 8;
ECanaMboxes.MBOX12.MSGCTRL.bit.DLC = 8;
```

```
ECanaMboxes.MBOX13.MSGCTRL.bit.DLC = 8;
ECanaMboxes.MBOX14.MSGCTRL.bit.DLC = 8;
ECanaMboxes.MBOX15.MSGCTRL.bit.DLC = 8;
//向发送邮箱 MBOX0~15 中写入要发送的数据
ECanaMboxes.MBOX0.MDL.all = 0x9555AAA0;
ECanaMboxes.MBOX0.MDH.all = 0x89ABCDEF;
ECanaMboxes.MBOX1.MDL.all = 0x9555AAA1;
ECanaMboxes.MBOX1.MDH.all = 0x89ABCDEF;
ECanaMboxes.MBOX2.MDL.all = 0x9555AAA2;
ECanaMboxes.MBOX2.MDH.all = 0x89ABCDEF;
ECanaMboxes.MBOX3.MDL.all = 0x9555AAA3;
ECanaMboxes.MBOX3.MDH.all = 0x89ABCDEF;
ECanaMboxes.MBOX4.MDL.all = 0x9555AAA4;
ECanaMboxes.MBOX4.MDH.all = 0x89ABCDEF;
ECanaMboxes.MBOX5.MDL.all = 0x9555AAA5;
ECanaMboxes.MBOX5.MDH.all = 0x89ABCDEF;
ECanaMboxes.MBOX6.MDL.all = 0x9555AAA6;
ECanaMboxes.MBOX6.MDH.all = 0x89ABCDEF;
ECanaMboxes.MBOX7.MDL.all = 0x9555AAA7;
ECanaMboxes.MBOX7.MDH.all = 0x89ABCDEF;
ECanaMboxes.MBOX8.MDL.all = 0x9555AAA8;
ECanaMboxes.MBOX8.MDH.all = 0x89ABCDEF;
ECanaMboxes.MBOX9.MDL.all = 0x9555AAA9;
ECanaMboxes.MBOX9.MDH.all = 0x89ABCDEF;
ECanaMboxes.MBOX10.MDL.all = 0x9555AAAA;
ECanaMboxes.MBOX10.MDH.all = 0x89ABCDEF;
ECanaMboxes.MBOX11.MDL.all = 0x9555AAAB;
ECanaMboxes.MBOX11.MDH.all = 0x89ABCDEF;
ECanaMboxes.MBOX12.MDL.all = 0x9555AAAC;
ECanaMboxes.MBOX12.MDH.all = 0x89ABCDEF;
ECanaMboxes.MBOX13.MDL.all = 0x9555AAAD;
ECanaMboxes.MBOX13.MDH.all = 0x89ABCDEF;
ECanaMboxes.MBOX14.MDL.all = 0x9555AAAE;
ECanaMboxes.MBOX14.MDH.all = 0x89ABCDEF;
ECanaMboxes.MBOX15.MDL.all = 0x9555AAAF;
ECanaMboxes.MBOX15.MDH.all = 0x89ABCDEF;
//配置 eCAN 为自测试模式，并使能 CAN 模块为 eCAN 模式
EALLOW;
ECanaShadow.CANMC.all = ECanaRegs.CANMC.all;
ECanaShadow.CANMC.bit.STM = 1;            //配置自测试模式
ECanaRegs.CANMC.all = ECanaShadow.CANMC.all;
EDIS;
//开始发送数据
while(1)
{
    ECanaRegs.CANTRS.all = 0x0000FFFF;  //设置 TRS 位，全部邮箱都发送数据
    while(ECanaRegs.CANTA.all != 0x0000FFFF ) {}
                    //等待所有的 TAn 置位，此时说明所有邮箱数据都已经发送
    ECanaRegs.CANTA.all = 0x0000FFFF;   //清除发送位
    MessageReceivedCount++;
                    //从接收邮箱中读取数据，并检验数据
```

```
            for(j=0; j<16; j++)                          //读取并检验 16 个接收邮箱数据
            {
                mailbox_read(j);                         //函数功能为读取邮箱 ID 及数据
                mailbox_check(TestMbox1,TestMbox2,TestMbox3); //检测接收的数据
            }
        }
    }
    //该函数功能为读取邮箱 ID 及数据
    void mailbox_read(int16 MBXnbr)
    {
        volatile struct MBOX *Mailbox;
        Mailbox = &ECanaMboxes.MBOX0 + MBXnbr;
        TestMbox1 = Mailbox->MDL.all;     //邮箱数据低字节为 0x9555AAAn(n 是邮箱号)
        TestMbox2 = Mailbox->MDH.all;     //邮箱数据高字节为 0x89ABCDEF
        TestMbox3 = Mailbox->MSGID.all; //邮箱 ID 为 0x9555AAAn(n 是邮箱号)
    }
    //测试程序
    void mailbox_check(int32 T1, int32 T2, int32 T3)
    {
        if((T1 != T3) || ( T2 != 0x89ABCDEF))
        {
            ErrorCount++;
        }
    }
```

5.5 多通道缓冲串行口(McBSP)

F2812 芯片的多通道缓冲串行口(McBSP)，为 DSP 和系统其他设备之间提供了一个直接的串行接口。McBSP 可实现与兼容的 McBSP 设备(如 VBAP、AIC、多媒体数字信号编解码器)之间进行通信，此外 McBSP 还能同步地发送、接收 8/16/32 位串行数据。

5.5.1 McBSP 结构和特点

1. McBSP 的主要特点

- 全双工通信方式。
- 具有两级缓冲发送和三级缓冲接收，且可实现数据流的连续通信。
- 发送和接收采用独立的时钟和帧结构。
- 有 128 个发送和接收通道。
- 多通道选择模式允许用户控制任意通道的传输。
- 2 个 16 级、32 位的 FIFO 代替了 DMA。
- 支持 A-bis 模式。
- 支持与工业标准的编解码器、AIC 及其他串行 A/D 和 D/A 设备直连。
- 支持产生外部时钟信号和帧同步信号。
- 含有一个可采样内部时钟和控制帧同步信号的可编程采样率发生器。
- 可编程改变内部时钟和帧发生器。
- 可编程改变帧同步和数据时钟的极性。

- 支持 SPI 器件。
- 支持 T1/E1，能与下列设备直接相接：T1/E1 帧调节器、与 MVIP 开关兼容的适应 ST-BUS 的设备(包含 MVIP 帧、H.100 帧和 SCSA 帧调节器)、IOM-2 兼容设备、AC97 兼容设备、IIS 兼容设备、SPI 兼容设备。
- 多种数据位选择：8 位、12 位、16 位、20 位、24 位和 32 位。
- 可以首先选择发送/接收低 8 位或高 8 位数据。

2. 主要的信号通道和外部引脚

带 FIFO 的 McBSP 功能框图如图 5-5-1 所示。McBSP 包含两个数据通道和一个控制通道，它们通过 7 个引脚连接到外部设备。McBSP 与其他接口设备进行通信时，通过发送引脚(MDXA)发送数据，通过接收引脚(MDRA)接收数据。由引脚发送时钟(MCLKX)、接收时钟(MCLKR)、发送帧同步(MFSXA)和接收帧同步(MFSRA)来控制 McBSP 的时钟和帧同步。

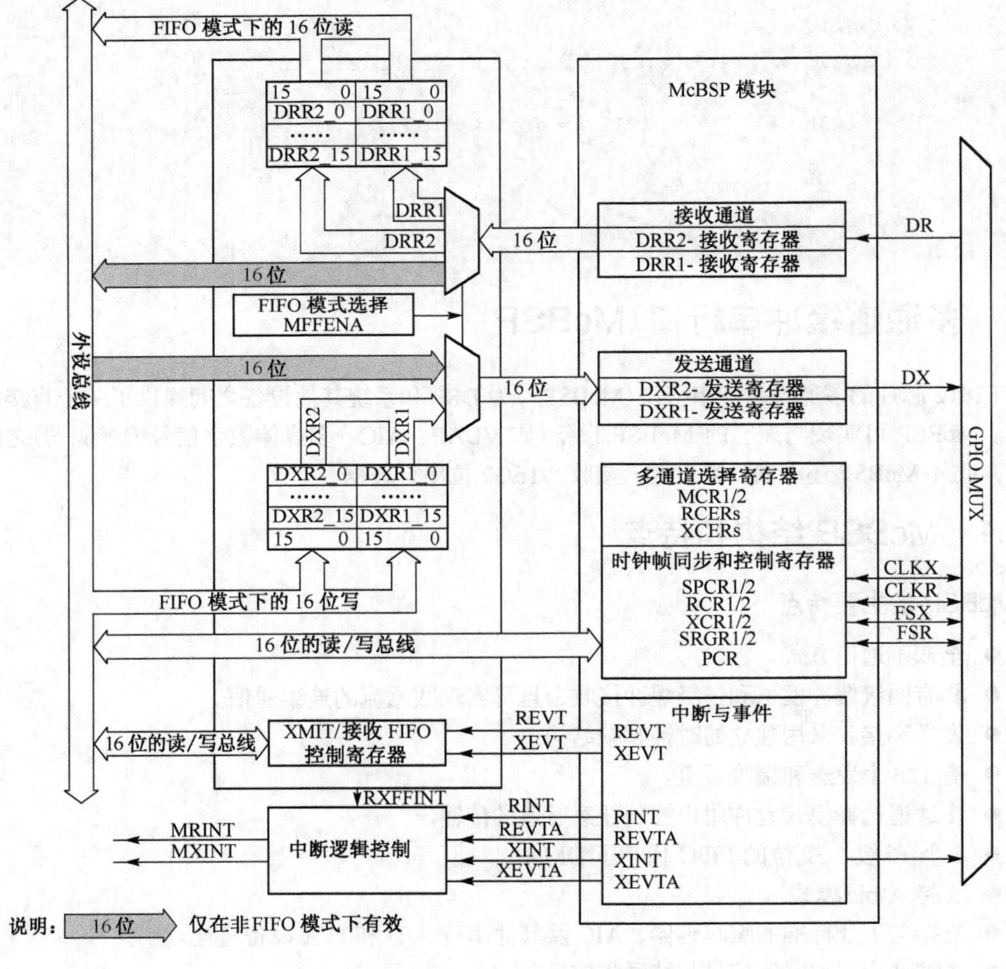

图 5-5-1 带 FIFO 的 McBSP 功能框图

McBSP 的接口信号如表 5-5-1 所示。

表 5-5-1 McBSP 信号概述

信号名称	类　型	复位状态	功能描述	信号名称	功能描述
外部信号				CPU 中断信号	
CLKX	I/O/Z	输入	发送时钟	MRINT	CPU 或 FIFO 接收中断
CLKR	I/O/Z	输入	接收时钟	MXINT	CPU 或 FIFO 发送中断
DR	I	输入	接收串行数据	FIFO 事件	
DX	O/Z	高阻	发送串行数据	REVT	FIFO 接收同步事件
FSR	I/O/Z	输入	接收同步帧	XEVT	FIFO 发送同步事件
FSX	I/O/Z	输入	发送同步帧	REVTA/XEVTA	FIFO 中，A-BIS 模式接收/发送同步

提示：信号线 CLKX、CLKR、DX、DR、FSR、FSX 分别对应芯片外部引脚 MCLKXA、MCLKRA、MDXA、MDRA、MFSXA、MSXRA。

3. McBSP 寄存器

所有的 McBSP 寄存器见表 5-5-2。

表 5-5-2 McBSP 寄存器一览表

寄存器分类	寄存器名	地　址	大小(×16 位)	功能描述
McBSP 数据寄存器	DRR2	0x00 7800	1	McBSP 数据接收寄存器 2
	DRR1	0x00 7801	1	McBSP 数据接收寄存器 1
	DXR2	0x00 7802	1	McBSP 数据发送寄存器 2
	DXR1	0x00 7803	1	McBSP 数据发送寄存器 1
McBSP 控制寄存器	SPCR2	0x00 7804	1	McBSP 串行控制寄存器 2
	SPCR1	0x00 7805	1	McBSP 串行控制寄存器 1
	RCR2	0x00 7806	1	McBSP 接收控制寄存器 2
	RCR1	0x00 7807	1	McBSP 接收控制寄存器 1
	XCR2	0x00 7808	1	McBSP 发送控制寄存器 2
	XCR1	0x00 7809	1	McBSP 发送控制寄存器 1
	SRGR2	0x00 780A	1	McBSP 采样率生成寄存器 2
	SRGR1	0x00 780B	1	McBSP 采样率生成寄存器 1
多通道控制寄存器	MCR2	0x00 780C	1	McBSP 多通道控制寄存器 2
	MCR1	0x00 780D	1	McBSP 多通道控制寄存器 1
	RCERA	0x00 780E	1	McBSP 接收通道使能寄存器 A
	RCERB	0x00 780F	1	McBSP 接收通道使能寄存器 B
	XCERA	0x00 7810	1	McBSP 发送通道使能寄存器 A
	XCERB	0x00 7811	1	McBSP 发送通道使能寄存器 B
	PCR1	0x00 7812	1	SCI-B 发送数据缓冲寄存器
	RCERC	0x00 7813	1	McBSP 接收通道使能寄存器 C
	RCERD	0x00 7814	1	McBSP 接收通道使能寄存器 D
	XCERC	0x00 7815	1	McBSP 发送通道使能寄存器 C
	XCERD	0x00 7816	1	McBSP 发送通道使能寄存器 D
	RCERE	0x00 7817	1	McBSP 接收通道使能寄存器 E
	RCERF	0x00 7818	1	McBSP 接收通道使能寄存器 F
	XCERE	0x00 7819	1	McBSP 发送通道使能寄存器 E
	XCERF	0x00 781A	1	McBSP 发送通道使能寄存器 F
	RCERG	0x00 781B	1	McBSP 接收通道使能寄存器 G
	RCERH	0x00 781C	1	McBSP 接收通道使能寄存器 H
	XCERG	0x00 781D	1	McBSP 发送通道使能寄存器 G
	XCERH	0x00 781E	1	McBSP 发送通道使能寄存器 H

续表

寄存器分类	寄 存 器 名	地 址	大小(×16 位)	功 能 描 述
McBSP FIFO 寄存器	MFFTX	0x00 7820	1	McBSP FIFO 发送寄存器
	MFFRX	0x00 7821	1	McBSP FIFO 接收寄存器
	MFFCT	0x00 7822	1	McBSP FIFO 控制寄存器
	MFFINT	0x00 7823	1	McBSP FIFO 中断寄存器
	MFFST	0x00 7824	1	McBSP FIFO 状态寄存器

5.5.2 McBSP工作方式

1. McBSP 数据传输的格式

McBSP 的数据传输是以数据帧的格式实现的。数据帧由一个或多个串行字组成。帧中的串行字称为码字。每帧中的码字个数由用户设定。帧中的码字以连续的数据流形式传输。帧与帧之间允许暂停。

McBSP 利用帧的同步信号(FSX 和 FSR)控制帧的发送与接收。当一个帧脉冲同步信号产生时，McBSP 就开始发送或接收一帧数据。图 5-5-2 给出了一个字的帧传输波形。

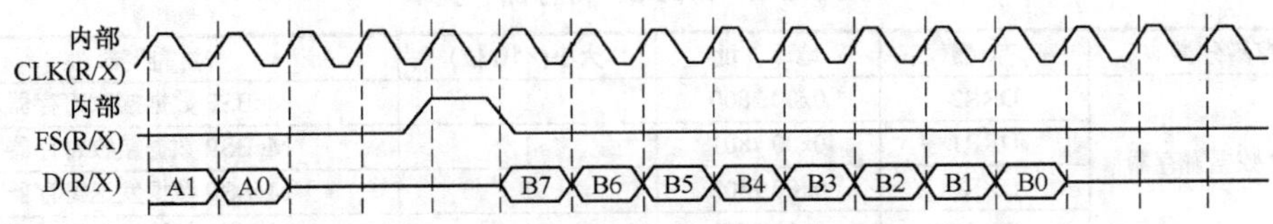

图 5-5-2 时钟信号控制(码字传输)波形图

McBSP 可以把每一帧配置为单相位帧(也称单极性帧)或双相位帧(也称双极性帧)。每一帧中串行字的个数和每个串行字的位数可由帧的两个相位来设置，从而在传输数据时具有灵活性。例如，用户可以定义 1 帧中第一个相位包含 2 个 16 位串行字，第二个相位包括 10 个 8 位串行字。这种配置可使用户根据具体应用构造合适的帧，达到最大的传输效率。单相位帧的每帧最大的串行字数为 128，双相位帧每帧最大的串行字数为 256(双相位帧的两个相位之间是连续的，没有时间间隙)。

2. McBSP 的数据传输过程

McBSP 的数据传输路径如图 5-5-3 所示。从图中可以看到从 F2812 的外部引脚到 CPU 的数据传输过程。McBSP 通过三级缓冲接收数据，通过两级缓冲发送数据。数据信号线和移位寄存器之间的数据传输是以组为单位的，一组称为一个串行字。接收数据时，只有在 RSR 从 DR 信号线接收到一个完整的串行字以后才将其复制到 RBR；同样，发送数据时，只有当 XSR 中一个完整的串行字传送到 DX 信号线，XSR 才接收来自 DXR 的数据。另外，还要根据每一串行字的长度来适当地调整寄存器。

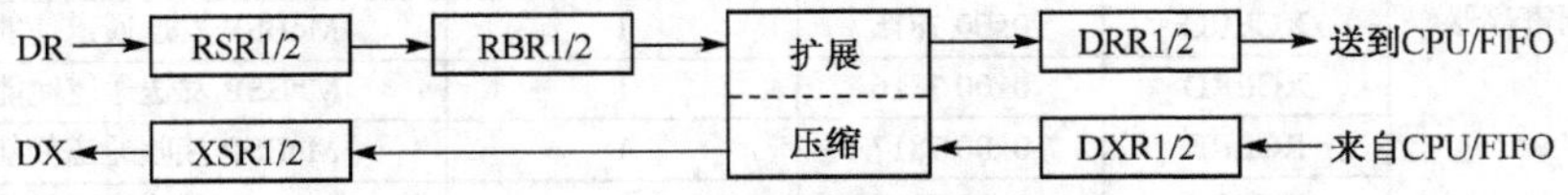

图 5-5-3 McBSP 的数据传输路径

数据的发送过程：从图 5-5-3 可知 McBSP 的数据发送过程是将 CPU/FIFO 的数据通过 DX 信号线发送到 F2812 的外部。CPU 将数据写入发送寄存器 DXR2/1(即 DXR2 和 DXR1)，如果此时的发送移位寄存器 XSR2/1 为空，表示发送器准备好发送数据，则把 DXR2/1 中的数据直接复制到 XSR2/1 中；反之，即 XSR2/1 不为空时，则必须等到 XSR2/1 中的数据最后一位移出时，才复制 DXR2/1

的数据到 XSR2/1。当接收到发送帧同步信号 FSX 之后，发送器开始将 XSR2/1 中的数据移位到 DX 引脚。值得注意的是如果在发送过程中使用了数据压缩功能，则数据会在传到 XSR2/1 之前进行压缩，如可以把 16 位数据压缩为所要求的 8 位数据。另外，如果传输的是 32 位数据，在传输时先传输高位数据，即先将 DXR2 复制到 XSR2，再将 DXR1 复制到 XSR1 中。

提示：如果串行数据的字长为 8 位、12 位、16 位，那么 DRR2、RBR2、RSR2、DXR2 和 XSR2 将不被使用；只有当使用 16 位以上的字时，这些寄存器才用来保存高位数据。

数据的接收过程：当接收到信号线 FSR 上的帧同步脉冲时，将信号线 DR 接收的数据移入到接收寄存器 RSR2/1；当接收到一个完整的串行字，且接收缓冲寄存器(RBR2/1)未满时，RSR2/1 中的数据才被复制到 RBR2/1；当数据接收寄存器 DRR2/1 未满时，则 RBR2/1 中的内容复制到 DRR2/1 中以供 CPU 读取。

3. McBSP 中断和 FIFO 事件

McBSP 通过内部信号向 CPU 和 FIFO 发送重要事件的通知。相关的 McBSP 中断和 FIFO 事件如表 5-5-3 所示。

表 5-5-3　McBSP 中断和 FIFO 事件

信号名称	描　述
RINT	接收中断。McBSP 依据 SPCR1 的 RINTM 位的设置向 CPU 发出接收中断请求
XINT	发送中断。McBSP 依据 SPCR2 的 XINTM 位的设置向 CPU 发出发送中断请求
REVT	接收事件同步。当 DRR 接收到数据时，向 FIFO 发送 REVT 信号
XEVT	发送事件同步。当 DXR 准备好接收下一个串行字时，向 FIFO 发送 XEVT 信号
REVTA	A-bis 模式接收同步事件。如果 ABIS=1(使能 A-bis 模式)，则每 16 个周期向 FIFO 发送 REVTA 信号
XEVTA	A-bis 模式发送同步事件。如果 ABIS=1(使能 A-bis 模式)，则每 16 个周期向 FIFO 发送 XEVTA 信号

4. 多通道选择模式

在 McBSP 模块中，McBSP 通道指的是一个串行字的所有位输入/输出所需的时间长度。每个 McBSP 最高支持 128 个通道的接收和发送。其中，128 个通道又被平均分成 8 块，每块含有 16 个相邻的通道。例如，块 0 对应通道 0～15，依次类推，块 7 对应通道 112～127。依据分区模式的选择，这些块被分配到各个分区。例如，在 2 分区模式下，可把偶数块(0,2,4,6)放到分区 A，奇数块(1, 3, 5, 7)放入分区 B。在 8 分区模式下，块 0～7 自动分配到分区 A～H。另外，接收分区数和发送分区数是相互独立的，例如，可采用 2 分区接收和 8 分区发送。

当 McBSP 与其他 McBSP 或串行设备通信时，若传输的是时分复用(TDM)的数据流，McBSP 可能只用到个别通道。为了节约存储空间和总线带宽，可以使用多通道选择模式，以阻止数据在某些通道的传送。每个通道分区都有一个专门的通道使能寄存器，选择了适合的多通道模式后，寄存器的每一位控制着相应通道数据流的允许与禁止。McBSP 有 1 个接收多通道选择模式和 3 个发送多通道选择模式。

若想使能多通道选择模式，首先应正确配置以下数据帧：先选择单相位帧(R/XPHASE=0)，每一帧代表一个 TDM 数据流；接着设置帧长度(R/XFRLEN1 中)，该长度应大于使用的最大通道。例如，要用通道 0、15 和 39 接收数据，则接收帧的长度至少是 40(RFRLEN1=39)，若此时 XFRLEN1=39，接收器就会为每帧创建 40 个时隙，且每帧只能在时隙 0、15 和 39 接收数据。

提示：在多通道选择模式时，McBSP 传输的数据帧应配置为单极性帧，单极性帧的最多串行字个数为 128 个，所以多通道最高支持 128 个通道。

(1) 接收多通道选择模式。接收数据时，通道的选定与使能由 MCR1 寄存器的 RMCM 位决定。该位为 0 时，全部 128 个通道都被使能且不能被屏蔽；为 1 时，使能多通道选择模式。在多通道选择模式下，可以通过设置接收通道使能寄存器(RCERs)单独使能或屏蔽某通道。如果某个接收通道被屏蔽，则该通道接收到的数据只能传到 RBR，但 RBR 的内容不会复制到 DRR 中，这样就不会使 RRDY 位置位，也不会产生 FIFO 事件(REVT)和接收中断。

(2) 发送多通道选择模式。发送数据时，通道的选定与使能由 MCR2 寄存器的 XMCM 位决定。McBSP 有 3 个发送多通道选择模式(由 XMCM 位控制)，如表 5-5-4 所示。

表 5-5-4　由 XMCM 位选择发送多通道选择模式

XMCM	发送通道选择模式
00	没有选用多通道模式，全部通道都被使能，且不能被屏蔽或禁止
01	除了在发送通道使能寄存器(XCERs)中选定的通道，其他通道都被禁止
10	全部通道都被使能，但是若没有在 XCERs 中被选定，也可被屏蔽
11	该模式用于对称的发送和接收。全部通道的发送都被禁止，除了对应的接收通道使能寄存器选定的通道。但即使被使能，若没在 XCERs 选中，也可被屏蔽

5. McBSP 配置成 SPI 接口

SPI 协议是指由一个主设备和几个从属设备组成的一主多从的串行通信协议，其具体内容见 SPI 部分，这里不再详述。

McBSP 具有的时钟停止模式能与 SPI 协议兼容。当 McBSP 的时钟停止模式被使能时，发送器与接收器内部同步，可使 McBSP 成为 SPI 的主设备或从设备。SPI 协议中的串行时钟信号(SCK)由发送时钟信号(CLKX)代替，而从设备的使能信号可由发送帧同步信号(FSX)给出。时钟停止模式下不使用接收时钟信号(CLKR)和接收帧同步信号(FSR)，它们分别连接到 CLKX 和 FSX 信号上。

6. McBSP 的初始化

McBSP 的初始化步骤如下：

(1) 将 SPCR1/2 的 $\overline{XRST}$ 、$\overline{RRST}$ 与 $\overline{GRST}$ 位清 0。如果之前是 DSP 复位，则可跳过该步。

(2) 在 McBSP 处于复位状态下，依据要求只改变 McBSP 的配置寄存器(不是数据寄存器)。

(3) 为保证内部同步，等待两个时钟周期。

(4) 依据需要配置数据采集寄存器(如向 DXR1 和 DXR2 写数据)。

(5) 使 $\overline{XRST}=\overline{RRST}=1$ 以使能 McBSP，同时保证不修改 SPCR1/2 的其他位。

(6) 若由内部产生帧同步信号，令 $\overline{GRST}=1$。

(7) 等待两个时钟周期后，使能发送器和接收器。

7. FIFO

每个 McBSP 模块的数据寄存器(DRR1、DRR2、DXR1 和 DXR2)均连接了一个 16×16 位(16 级)的 FIFO。该 FIFO 寄存器的顶部寄存器与非 FIFO 模式下的数据寄存器公用一个地址。

5.5.3　McBSP 应用举例

本例程的基本功能是配置 McBSP 为内部自循环模式，进行自发自收，然后把接收与发送的数据做比较，判断通信正确与否。通过本例的学习，读者可以了解 McBSP 通信模式的配置，以及多通道缓冲串行通信接口与其他通信接口的不同之处。

例 5-5-1：McBSP 自循环测试 C 程序。

```
//##########################################################################
//文件: Example_281xMCBSP_FFDLB_int.c
//功能: 设置McBSP为内部自循环模式, 发送数据, 接收数据, 并比较发送与接收的数据
//发送数据如下:
//00 01 02 03 04 05 06 07
//01 02 03 04 05 06 07 08
//02 03 04 05 06 07 08 09
//…
//FE FF 00 01 02 03 04 05
//FF 00 01 02 03 04 05 06
//etc…
//观测变量:
//              sdata
//              rdata
//              rdata_point
//##########################################################################
#include "DSP281x_Device.h"           //头文件
#include "DSP281x_Examples.h"
//函数声明
interrupt void mcbspTxFifoIsr(void);
interrupt void mcbspRxFifoIsr(void);
void mcbsp_init(void);
void error(void);
//全局变量
Uint16 sdata[8];                       //发送数据
Uint16 rdata[8];                       //接收数据
Uint16 rdata_point;
//主程序
void main(void)
{
    Uint16 i;
    //步骤 1.初始化系统控制(PLL, 看门狗, 使能外设时钟)
    InitSysCtrl();
    //步骤 2.初始化 GPIO
    //InitGpio(); //本例中略过
    //只需配置McBSP功能GPIO
    InitMcbspGpio();                   //配置GPIO为McBSP引脚
    //步骤 3.清除所有中断并初始化 PIE 向量表
    //关 CPU 所有中断
    DINT;
    //初始化 PIE 控制
    InitPieCtrl();
    //禁止 CPU 所有中断并清除所有中断标志位
    IER = 0x0000;
    IFR = 0x0000;
    //初始化 PIE 中断向量表
    InitPieVectTable();
    EALLOW;
    PieVectTable.MRINTA= &mcbspRxFifoIsr;
```

```
    PieVectTable.MXINTA=&mcbspTxFifoIsr;
    EDIS;
    //步骤 4.初始化所有外设
    //InitPeripherals();                     //本例中不需要
    mcbsp_init();                            //只需初始化 McBSP
    //步骤 5. 用户代码段，使能中断
    //初始化发送数据缓冲器
    for(i=0; i<8; i++)
    {
        sdata[i]=i;
    }
    rdata_point = 0;
    //使能本例所需中断
    PieCtrlRegs.PIECRTL.bit.ENPIE = 1;          //使能 PIE 模块
    PieCtrlRegs.PIEIER6.bit.INTx5=1;            //使能 PIE Group 6, INT 5
    PieCtrlRegs.PIEIER6.bit.INTx6=1;            //使能 PIE Group 6, INT 6
    IER=0x20;                                   //使能 CPU INT6
    EINT;                                       //使能全局中断
    //步骤 6. 空循环
    for(;;);
}
void error(void)
{
    asm("    ESTOP0"); // 测试失败! 停止!
    for (;;);
}
//McBSP 初始化函数
void mcbsp_init()
{
    //复位 McBSP
    McbspaRegs.SPCR2.bit.FRST=0;                //帧同步信号产生器复位
    McbspaRegs.SPCR2.bit.GRST=0;                //复位采样率发生器
    McbspaRegs.SPCR2.bit.XRST=0;                //发送器复位
    McbspaRegs.SPCR1.bit.RRST=0;                //接收器复位
    //初始化 McBSP 寄存器组
    //McBSP register 配置为数字自循环模式
    McbspaRegs.SPCR2.all=0x0000;                //发送器禁止
    McbspaRegs.SPCR1.all=0x8000;                //接收器禁止
    McbspaRegs.RCR2.all=0x0001;
    //接收帧位单相位帧，每帧一个串行字，每个串行字位 8 位，无压缩扩展模式，1 位数据延时
    McbspaRegs.RCR1.all=0x0;     //接收帧长度为每帧一个串行字，每个串行字位 8 位
    McbspaRegs.XCR2.all=0x0001;
    //发送帧位单相位帧，每帧一个串行字，每个串行字位 8 位，无压缩扩展模式，1 位数据延时
    McbspaRegs.XCR1.all=0x0;     //发送帧长度为每帧一个串行字，每个串行字位 8 位
    McbspaRegs.SRGR2.all=0x3140;
    McbspaRegs.SRGR1.all=0x010f;            //配置采样率生成器
    McbspaRegs.MCR2.all=0x0;
    McbspaRegs.MCR1.all=0x0;
    McbspaRegs.PCR.all=0x00a00;
    McbspaRegs.MFFTX.all=0x4028;
```

```
        McbspaRegs.MFFRX.all=0x0028;
        McbspaRegs.MFFCT.all=0x0000;
        McbspaRegs.MFFINT.all=0x0000;
        McbspaRegs.MFFST.all=0x000;
        //使能 FIFO
        McbspaRegs.MFFTX.bit.TXFIFO_RESET=1;
        McbspaRegs.MFFRX.bit.RXFIFO_RESET=1;
        //使能采样率生成器
        McbspaRegs.SPCR2.bit.GRST=1;
        delay_loop();
        //使能接收/发送单元
        McbspaRegs.SPCR2.bit.XRST=1;
        McbspaRegs.SPCR1.bit.RRST=1;
        //帧同步信号产生器复位
        McbspaRegs.SPCR2.bit.FRST=1;
}
//McBSP 发送中断服务程序
interrupt void mcbspTxFifoIsr(void)
{
    Uint16 i;
    for(i=0; i<8; i++)
    {
        McbspaRegs.DXR1.all=sdata[i];
    }
    //下一个要发送的数据
    for(i=0; i<8; i++)
    {
        sdata[i] = sdata[i]+1;
        sdata[i] = sdata[i] & 0x00FF;
    }
    McbspaRegs.MFFTX.bit.TXFFINT_CLEAR=1;
    PieCtrlRegs.PIEACK.all|=0x20;                        //发送 PIE 应答信号
}
//McBSP 接收中断服务程序
interrupt void mcbspRxFifoIsr(void)
{
    Uint16 i;
    for(i=0; i<8; i++)
    {
        rdata[i]=McbspaRegs.DRR1.all;
    }
    for(i=0; i<8; i++)
    {
        if (rdata[i] != ( (rdata_point+i) & 0x00FF) ) error();
    }
    rdata_point = (rdata_point+1) & 0x00FF;
    McbspaRegs.MFFRX.bit.RXFFOVF_CLEAR=1;             //清除溢出标志位
    McbspaRegs.MFFRX.bit.RXFFINT_CLEAR=1;             //清除中断标志位
    PieCtrlRegs.PIEACK.all|=0x20;                     //发送 PIE 应答信号
}
```

5.6 模数转换模块(ADC)

TMS320F28x 的片内 ADC 是一个分辨率为 12 位且具有流水线结构的模数转换器，主要用来实现外部输入的各种模拟信号到数字信号的转换。其实现包括模拟转换单元和数字转换单元两个部分。其中，模拟转换单元(也称为 ADC 核)主要包括前端模拟多路复用器(MUXs)、采样/保持电路(S/H)、转换内核、电压调节器等；数字转换单元主要包括可编程转换排序器、转换结果寄存器、模拟电路接口、外设总线接口等。

5.6.1 ADC 结构和特点

ADC 模块有 16 个通道，可配置为两个独立的 8 通道模块，分别服务于事件管理器 A 和 B。反过来，两个独立的 8 通道模块也可构成一个 16 通道模块。在 ADC 模块中仅有一个转换器，但有多个输入通道和两个排序器。图 5-6-1 给出了 F281x 的 ADC 模块框图。

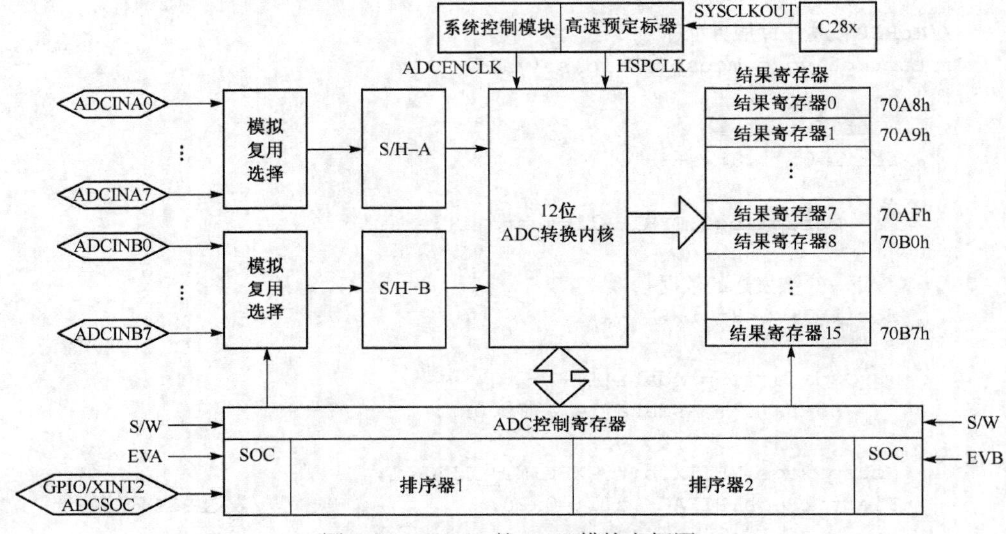

图 5-6-1 F281x 的 ADC 模块方框图

两个 8 通道模块可以通过模拟多路复用器的自动排序功能，选择 8 通道中的任何一个。在级联模式的情况下，将自动构成一个 16 通道的排序器。对任何一个通道，一旦转换结束，已选择的通道转换结果就会被保存在结果寄存器(ADCRESULTn)中。自动排序可以使用户执行过采样算法，使同一个通道转换多次，这样和单一采样转换结果相比，可获得更精确的结果。

ADC 模块的主要结构特点如下：

- 带内置双采样/保持器(S/H)的 12 位 ADC 核。
- 具有同步采样模式和顺序采样模式。
- 模拟输入电压一般范围：0～3 V。
- 具有快速转换时间，ADC 时钟可以配置为 25 MHz，最高采样速率是 12.5 MSPS。
- 可以有 16 通道的多路选择输入。
- 在一个自动转换循环内，自动排序功能最多支持 16 个自动 A/D 转换，每个自动转换都可以通过编程来选择 1～16 个通道中的任一个。
- 排序器可以设置为两个独立的 8 状态排序器，或者一个 16 状态排序器。

- 16个结果寄存器用来存放ADC的转换结果，转换结果的数字量表示为

  数字量＝4095×(输入模拟电压值−ADCLO)/3

- 以下几个事件可以作为启动转换序列(Start-Of-Conversion，SOC)的触发源：

  S/W：软件直接启动；

  EVA：事件管理器A(在EVA中有多个事件可以启动)；

  EVB：事件管理器B(在EVB中有多个事件可以启动)；

  外部引脚。

- 中断请求非常灵活，允许在每一组或两组序列都转换结束(End-Of-Sequence，EOS)时产生中断。
- 排序器运行在“启动/停止”模式下，允许“多个排序触发”同步转换。
- 在双排序器的模式下，EVA和EVB作为触发源可以独立运行。
- 采样/保持(S/H)的采集时间窗口可以独立地预定标控制。
- 增强型序列超越模式。

要想获得更精确的ADC转换结果，对电路板有较高的要求。对ADCINxx引脚的模拟信号线要尽可能地远离数字电路信号线，这样可以使数字信号线的开关噪声对模拟输入线的干扰最小。为了减少因数字信号的转换产生的耦合干扰，还需要将ADC模块的模拟电源同数字电源隔离开。ADC模块寄存器的功能描述如表5-6-1。

表5-6-1　ADC模块寄存器

寄存器名	地址范围	大小(×16)	说　明
ADCTRL1	0x0000 7100	1	ADC控制寄存器1
ADCTRL2	0x0000 7101	1	ADC控制寄存器2
ADCMAXCONV	0x0000 7102	1	ADC最大转换通道寄存器
ADCCHSELSEQ1	0x0000 7103	1	ADC通道选择序列控制寄存器1
ADCCHSELSEQ2	0x0000 7104	1	ADC通道选择序列控制寄存器2
ADCCHSELSEQ3	0x0000 7105	1	ADC通道选择序列控制寄存器3
ADCCHSELSEQ4	0x0000 7106	1	ADC通道选择序列控制寄存器4
ADCASEQSR	0x0000 7107	1	ADC自动排序状态寄存器
ADCRESULT0	0x0000 7108	1	ADC转换结果缓冲寄存器0
ADCRESULT1	0x0000 7109	1	ADC转换结果缓冲寄存器1
ADCRESULT2	0x0000 710A	1	ADC转换结果缓冲寄存器2
ADCRESULT3	0x0000 710B	1	ADC转换结果缓冲寄存器3
ADCRESULT4	0x0000 710C	1	ADC转换结果缓冲寄存器4
ADCRESULT5	0x0000 710D	1	ADC转换结果缓冲寄存器5
ADCRESULT6	0x0000 710E	1	ADC转换结果缓冲寄存器6
ADCRESULT7	0x0000 710F	1	ADC转换结果缓冲寄存器7
ADCRESULT8	0x0000 7110	1	ADC转换结果缓冲寄存器8
ADCRESULT9	0x0000 7111	1	ADC转换结果缓冲寄存器9
ADCRESULT10	0x0000 7112	1	ADC转换结果缓冲寄存器10
ADCRESULT11	0x0000 7113	1	ADC转换结果缓冲寄存器11
ADCRESULT12	0x0000 7114	1	ADC转换结果缓冲寄存器12
ADCRESULT13	0x0000 7115	1	ADC转换结果缓冲寄存器13
ADCRESULT14	0x0000 7116	1	ADC转换结果缓冲寄存器14
ADCRESULT15	0x0000 7117	1	ADC转换结果缓冲寄存器15
ADCTRL3	0x0000 7118	1	ADC控制寄存器3
ADCST	0x0000 7119	1	ADC状态寄存器
保留	0x0000 711A～ 0x0000 711F	6	

注：本表中的寄存器被映射到外设帧1。该空间只允许16位访问，32位访问时结果未知。

5.6.2 ADC 工作方式

1. 自动转换排序器的工作原理

ADC 模块排序器由两个 8 状态排序器(SEQ1 和 SEQ2)组成，它们也可以通过级联构成一个16状态的排序器(SEQ)。需要说明的是，这里所说的状态是指排序器可以完成的自动转换的个数。排序器又可以分为单排序器(级联构成 16 状态)模式和双排序器(两个相互独立的 8 状态)模式，分别如图 5-6-2、图 5-6-3 所示。

在上述两种排序器模式中，ADC 模块都可以对一系列转换进行自动排序，即 ADC 模块收到一个开始转换的请求，它就自动地完成多个转换。对于每个转换，可以通过模拟复用器的多路开关选择 16 个输入通道中的任何一个。转换后，所选通道的转换结果保存到相应的结果寄存器 ADCRESULTn 中(按顺序，第一个结果保存在 ADCRESULT0 中，第二个结果保存在 ADCRESULT1 中，依次类推)。用户还可以采用过采样算法，对同一通道进行多次采样，从而更有利于提高采样的精度。在双排序器顺序采样模式下，一旦当前工作的排序器完成排序，则将执行挂起的来自其他排序器的 SOC 请求。

因为 ADC 模块可以运行在同步采样模式和顺序采样模式下，所以每个转换(在同步采样模式下是一对转换)在 CONV*xx* 位要定义采样和转换的输入引脚(或引脚对)。在顺序采样的模式下 CONV*xx* 用 4 位来定义输入引脚，最高位用来确定使用哪一个采样/保持缓冲器，低 3 位用来定义偏移量。例如，如果 CONV*xx* 的数值为 0101b，此时输入引脚就应选择 ADCINA5。如果 CONV*xx* 的数值为 1011b，就应选择输入引脚为 ADCINB3。在同步采样的模式下，CONV*xx* 寄存器没有最高位，每个采样/保持缓冲器只对相应的引脚采样，相应引脚的偏移量由 CONV*xx* 的低三位确定。例如，如果 CONV*xx* 的数值为 0110b，ADCINA6 由 S/H-A 进行采样，ADCINB6 由 S/H-B 进行采样。如果 CONV*xx* 的数值为 1001b，ADCINA1 由 S/H-A 进行采样，ADCINB1 由 S/H-B 进行采样。转换器首先转换 S/H-A 的值，接着转换 S/H-B 值，S/H-A 转换结果被保存在当前的 ADCRESULT*n* 寄存器；S/H-B 的转换结果紧接着存放在 ADCRESULT_{n+1} 寄存器(排序器复位后 $n=0$)，然后结果寄存器的指针值自动加 2(即 $n+2$)。

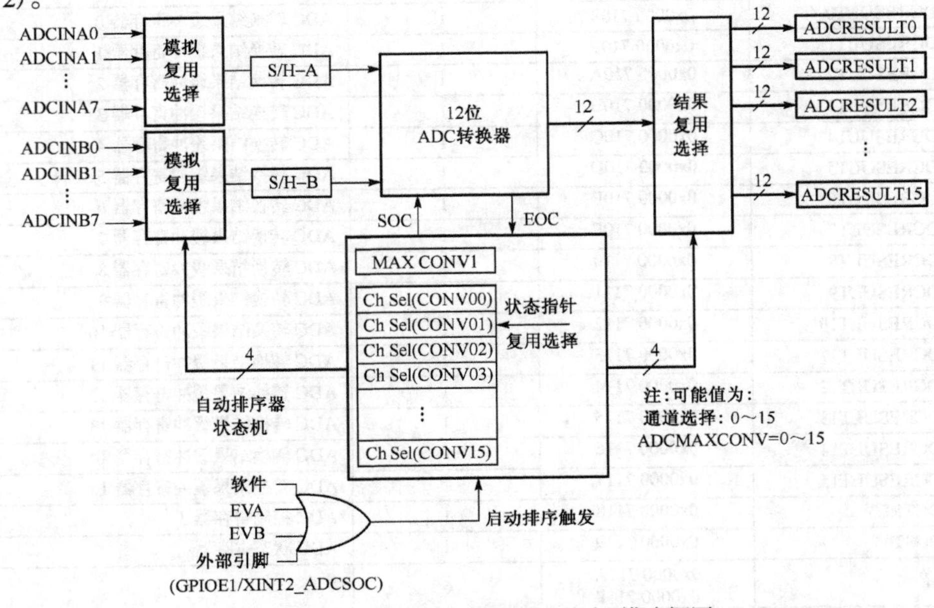

图 5-6-2 单排序器(级联为 16 状态)模式框图

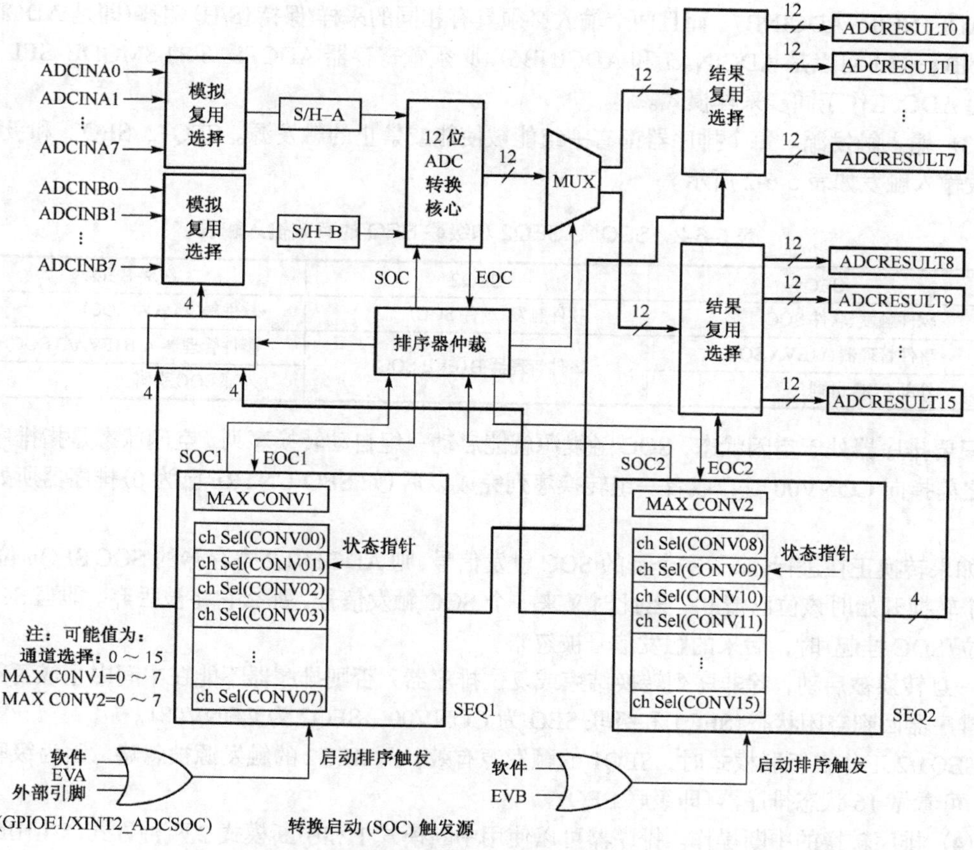

图 5-6-3　双排序器(两个独立的 8 状态)模式框图

2. 连续自动排序模式

在 8 状态的排序器(SEQ1 和 SEQ2)模式下，在一个自动转换循环内，SEQ1/SEQ2 都可以为这 8 个转换自动选择通道并排序，如图 5-6-4 所示为连续自动排序模式的流程图。每个转换结果都保存在对应的 8 个结果寄存器中的一个(ADCRESULT0～ADCRESULT7 对应于 SEQ1, ADCRESULT8～ADCRESULT15 对应于 SEQ2)。这些寄存器从低地址到高地址依次排列。

(1) 排序器的开始/停止模式。除了可以工作在自动排序模式外，每个排序器(SEQ1、SEQ2、级联 SEQ)都能工作在启动/停止模式。此模式能在时间上与多个启动转换触发信号同步。排序器在完成了第一个排序以后，排序器不必复位到初始状态 CONV00，因此，一个转换序列结束时，排序器停止在当前转换状态。此模式中 ADCTRL1 寄存器的连续运行位(CONT RUN)必须为 0(即无效)。

(2) 同步采样模式。ADC 能够同时采样两路 ADCIN*xx* 输入，假设一个输入来自 ADCINA0～ADCINA7，另一个输入

图 5-6-4　连续自动排序模式的流程图

来自 ADCINB0～ADCINB7，而且两个输入必须具有相同的采样/保持(S/H)偏移(即是 ADCINA4 和 ADCINB4，但不可以是 ADCINA7 和 ADCINB6)。必须置寄存器 ADCTRL3 的 SMODE_SEL 位为 1，可以使 ADC 工作于同步采样模式。

(3) 输入触发源。每个排序器都有一组能被使能或禁止的触发源。SEQ1、SEQ2 和级联 SEQ 的有效输入触发如表 5-6-2 所示。

表 5-6-2 SEQ1、SEQ2 和级联 SEQ 的有效输入触发

SEQ1	SEQ2	级联 SEQ
软件触发(软件 SOC)	软件触发(软件 SOC)	软件触发(软件 SOC)
事件管理器 A(EVA SOC)	事件管理器 B(EVB SOC)	事件管理器 A/B(EVA/B SOC)
外部 SOC 引脚		外部 SOC 引脚

只要排序器处于空闲状态，SOC 触发源就能启动一组自动转换序列。空闲状态是指排序器收到触发之前指向 CONV00 时，或者一组转换序列完成以后(如 SEQ CNTR*n* 已为 0)排序器所处的任何状态。

如果转换正在进行，来了一个新的 SOC 触发信号，则 ADCTRL2 寄存器的 SOC SEQ*n* 位置 1(在前一个转换开始时该位已清 0)。若此时又来一个 SOC 触发信号，那么它将被丢弃。即当 SOC SEQ*n* 已置位(SOC 挂起)时，后来的触发信号被忽略。

一旦转换被启动，除非序列转换结束或复位排序器，否则排序器不能在中间中止或暂停。复位后使排序器回到空闲状态(SEQ1 和级联 SEQ 为 CONV00，SEQ2 为 CONV08)。

SEQ1/2 工作在级联模式时，SEQ1 的触发源有效，而 SEQ2 的触发源被忽略。因为级联模式下 SEQ1 可看做 16 状态排序器(即级联 SEQ)。

(4) 排序转换的中断操作。排序器可以使用中断模式 1 和中断模式 2 两种方式产生中断，这两种方式由 ADCTRL2 寄存器的中断使能控制位和中断模式控制位决定。

3. ADC 时钟预定标

寄存器 ADCTRL3 的 ADCCLKPS[3:0]位存放外设时钟 HSPCLK 的分频值，然后再由寄存器 ADCTRL1 的 CPS 位进行 2 分频。此外，还可通过控制 ADCTRL1 的 ACQ_PS3～0 位来增大采样周期，使 ADC 适应源阻抗的变化。这些位并不影响采样/保持和转换过程，但由于加宽了 SOC 脉冲，也就增加了采样时间长度，如图 5-6-5 所示。

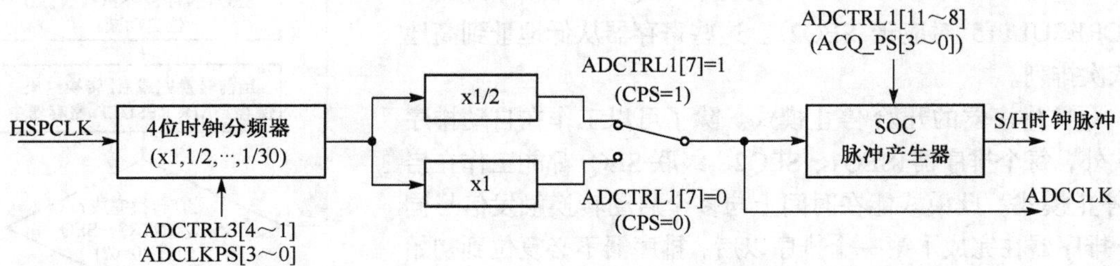

图 5-6-5 ADC 内核时钟和采样保持时钟

ADC 模块利用多种预定标方法可以产生任意需要的工作时钟。图 5-6-6 描述了 ADC 模块的时钟选择方法。

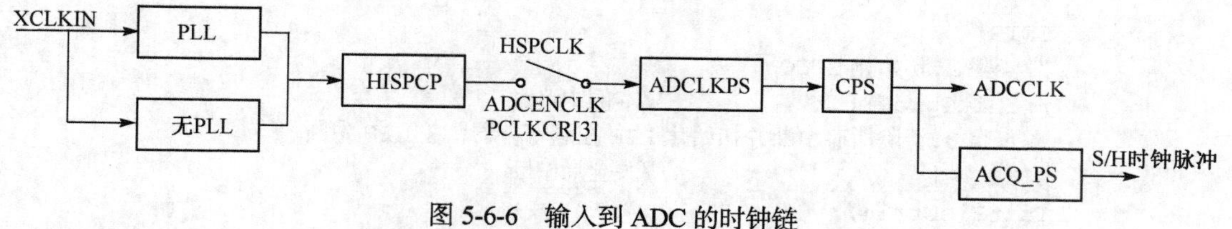

图 5-6-6　输入到 ADC 的时钟链

4．低功耗模式

ADC 模块通过 ADCTRL3 寄存器可设置为 3 种独立的供电模式：ADC 上电、ADC 掉电和 ADC 关闭，如表 5-6-3 所示。

表 5-6-3　ADC 供电模式选择

供 电 模 式	ADCBGRFDN1	ADCBGRFDN0	ADCPWDN
ADC 上电	1	1	1
ADC 掉电	1	1	0
ADC 关闭	0	0	0
保留	1	0	×
保留	0	1	×

5.6.3　ADC 应用举例

本节介绍一个 ADC 测试的例程，该程序可以运行于硬件仿真模式下。程序利用通道 A0 进行连续转换，并把转换之后的数据存放到 SampleTable。在 CCS 下可以通过观测变量 SampleTable 来分析转换结果。

例 5-6-1：ADC 测试程序。

```
//###########################################################################
//文件： Example_281xAdcSeqModeTest.c
//功能： 对通道 A0 的输入信号进行 AD 转换
//###########################################################################
#include "DSP281x_Device.h"       //DSP2812 头文件
#include "DSP281x_Examples.h"
//AD 定义
#define ADC_MODCLK 0x3    //HSPCLK = SYSCLKOUT/2*ADC_MODCLK2 = 150/(2*3) = 25MHz
#define ADC_CKPS 0x1 //ADC 模块时钟 = HSPCLK/2*ADC_CKPS = 25MHz/(1*2) = 12.5MHz
#define ADC_SHCLK 0xf    //ADC 模块的采样/保持周期 = 16 ADC clocks
#define AVG       1000   //平均采样界限
#define BUF_SIZE  2048   //采样缓冲器长度
//全局变量
Uint16 SampleTable[BUF_SIZE];
//主程序
main()
{
    Uint16 i;
    //步骤 1.初始化系统控制：PLL、看门狗、使能外设时钟
    InitSysCtrl();
    //本例的时钟配置
    EALLOW;
    SysCtrlRegs.HISPCP.all = ADC_MODCLK; //HSPCLK = SYSCLKOUT/ADC_MODCLK
```

```
    EDIS;
    //步骤 2.初始化 GPIO
    //InitGpio();              //本例中略过
    //步骤 3.清除所有中断并初始化 PIE 控制寄存器，关 CPU 中断
    DINT;                      //关全局中断
    InitPieCtrl();
    IER = 0x0000;              //关所有 CPU 级中断
    IFR = 0x0000;              //清除 CPU 所有中断标志
    //初始化中断向量表
    InitPieVectTable();
    //步骤 4.初始化所有外设，本例中只初始化 ADC
    //InitPeripherals();       //本例中不需要
    InitAdc();                 //初始化 AD
    //本例中 ADC 的设置
    AdcRegs.ADCTRL1.bit.ACQ_PS = ADC_SHCLK;
    AdcRegs.ADCTRL3.bit.ADCCLKPS = ADC_CKPS;
    AdcRegs.ADCTRL1.bit.SEQ_CASC = 1;          //配置为级联模式
    AdcRegs.ADCCHSELSEQ1.bit.CONV00 = 0x0;
    AdcRegs.ADCTRL1.bit.CONT_RUN = 1;          //配置为连续转换模式
    //步骤 5.使能 CPU 中断
    //初始化 SampleTable 为 0
    for (i=0; i<BUF_SIZE; i++)
    {
        SampleTable[i] = 0;
    }
    //启动序列器 1
    AdcRegs.ADCTRL2.all = 0x2000;
    //获取 ADC 转换数据并装载到 SampleTable 数组
    while(1)
    {
        for (i=0; i<AVG; i++)
        {
        while (AdcRegs.ADCST.bit.INT_SEQ1== 0) {}         //等待中断
        //Software wait = (HISPCP*2) * (ADCCLKPS*2) * (CPS+1) cycles
        //              =(3*2)*(1*2)*(0+1)=12cycles
        asm(" RPT #11 || NOP");
        AdcRegs.ADCST.bit.INT_SEQ1_CLR = 1;
        SampleTable[i] =((AdcRegs.ADCRESULT0>>4) );
        }
    }
}
```

本章小结

本章主要介绍 F2812 的各种片内模块，包括事件管理器(C2000 系列 DSP 芯片特有的)、串行通信接口、串行外设接口、eCAN总线接口、多通道缓冲通信接口和模数转换模块的作用、结构特点、工作方式，并给出应用实例。这些片内外设可以使 CPU 方便地实现各种数字控制、运算功能，并与系统其他设备进行通信。本章学习要求如下：

- 掌握 F2812 各种片内外设的主要作用和特点。
- 理解片内外设的配置和使用方法。
- 理解片内外设的各程序实例，从而掌握外设寄存器的配置和编程技巧（片内外设寄存器组结构体的定义头文件，本章没有列出，请参考 9.3.2 节）。
- 掌握用事件管理器实现高精度数字控制的方法。

本章内容较多，如果从学习 DSP 芯片原理与开发的框架式方法角度看，初学者暂时不必掌握所有片内外设的原理和使用，而只需对其中的某些外设进行重点学习，从而掌握 DSP 芯片外设的特点、初始化和相关寄存器的使用即可，其他外设可以在工作中用到时再去仔细学习。

此外，对一些相关基本概念也需深入理解，下表介绍了 PWM 的基本概念、逻辑概念、物理概念。

基本概念	逻辑概念	物理概念	应　用
PWM 信号：PWM 信号是周期（称为 PWM 周期或载波周期）不变，但脉冲宽度可变的信号	PWM 波形图为： a_1　a_2　T　T 其中，T 为 PWM 信号的周期，a_1 和 a_2 分别为不同周期内的脉冲宽度	F2812 有两个事件管理器，每个都可以同时产生 8 路 PWM 信号，对应的外部引脚为 GPIOA/B 0～7。配置 CMPRx 寄存器确定 PWM 波形的脉冲宽度和占空比，配置 ACTRx 寄存器确定 PWM 的输出方式	电机控制系统中 PWM 信号用来控制功率器件的开启和关断时间

习题与思考题

1. 编写程序使 EV 中的 PWM 产生电路产生一个控制步进电机的 PWM 信号。
2. 请简述 SCI 串口通信与一般的 UART 串行通信的异同。
3. 试用 SPI 接口创建多个主设备的同步串行通信网络。
4. 请简述 eCAN 总线在实时控制中的应用。
5. 请简述 McBSP 通信接口中所说的通道与一般的串行通信中通道的异同。
6. 请简述 ADC 模块中同步采样和顺序采样的异同。

第 6 章　寻址方式和汇编指令

学习要点

- ◆ C28x 系列 DSP 的寻址方式
- ◆ 汇编指令的分类
- ◆ 常用汇编指令的功能和语法
- ◆ 汇编源程序的格式和使用的符号、表达式

本章主要讨论 C28x 系列(F2812 属于 C28x 系列)DSP 的寻址方式和汇编指令系统。汇编指令是可执行指令，每条指令对应一条机器码，用以控制处理器中的执行部件进行各种操作。C28x 系列的汇编指令有 150 多条，它们支持各种信号处理运算，同时也提供了应用中所需要的多级处理和过程控制功能。

6.1　寻址方式

C28x 系列 DSP 支持 4 种寻址方式：直接寻址方式、堆栈寻址方式、间接寻址方式和寄存器寻址方式。该系列有些芯片也支持其他的寻址方式：数据/程序/IO 空间立即寻址方式、程序空间间接寻址和字节寻址方式。

提示：对于 F2812 来说，以上寻址方式中，除 I/O 空间立即寻址外其他的都支持。

C28x 的大多数指令利用操作码中的 8 位字段来选择寻址方式和对寻址方式所做的修改。在 C28x 指令系统中，这个 8 位字段用于以下寻址方式：

(1) loc16 表示访问一个 16 位数据所使用的寻址方式，它可以是直接寻址、堆栈寻址、间接寻址或寄存器寻址等寻址方式。[loc16]表示 loc16 这种寻址方式对应的 16 位数据。

(2) loc32 表示访问一个 32 位数据所使用的寻址方式，它可以是直接寻址、堆栈寻址、间接寻址或寄存器寻址等寻址方式。[loc32]表示 loc32 这种寻址方式对应的 32 位数据。

在直接寻址方式下，loc16/loc32 指的是一个用标号表示的地址，这个地址由 16 位的 DP 寄存器和操作码内 8 位字段的 6 位或 7 位偏移量共同决定。[loc16]/[loc32]表示这个地址对应的 16/32 位数据。

例 6-1-1：直接寻址方式访问 16/32 位数据。

```
varA     .word    4060h, 1234h       ;varA 的地址为 0x08 0000，其数据页数为 0x2000,
                                      ;偏移量为 0x00
varB     .word    1023h, 2056h       ;varB 的地址为 0x08 0002，其数据页数为 0x2000,
                                      ;偏移量为 0x02
start:
         MOVW     DP, #varA          ;将 varA 所在数据页数赋给 DP，即 DP=2000h
```

```
        MOVL    ACC, @varA          ;将 varA 对应的 32 位数据给 ACC，即 ACC=
                                    ;1234 4060h，其 6 位偏移量(0x00)放在本条指令
                                    ;操作码(0600h)的后 8 位字段
        MOV     AL, @varB           ;将 varB 对应的 16 位数据给 AL，即 AL=1023h，其
                                    ;6 位偏移量(0x02)放在本条指令操作码(9202h)的后
                                    ;8 位字段
```

在间接寻址方式下，loc16/loc32 表示放在辅助寄存器(XAR0～XAR7)中的一个地址，[loc16]/[loc32]表示这个地址对应的 16/32 位数据。

在堆栈寻址方式下，loc16/loc32 表示堆栈指针指向的一个堆栈单元，[loc16]/[loc32]表示这个单元内的 16/32 位数据。

在寄存器寻址方式下，loc16/loc32 表示一个 16 位或 32 位寄存器(如 ACC、P、XT、AH 等)，[loc16]/[loc32]表示这些寄存器内的 16/32 位数据。

指令操作码中对应的 8 位字段的具体含义如表 6-1-1 所示。

以上 7 种寻址方式都可与 loc16/loc32 组合起来使用。下面将结合指令实例对寻址方式进行具体描述。

6.1.1　寻址方式选择位 AMODE

由于 C28x 提供了多种寻址方式，因此用寻址方式选择位(AMODE)来选择 8 位字段(loc16/loc32)的译码。该位属于状态寄存器 ST1。寻址方式如下：

(1) AMODE=0。该方式是复位后的默认方式，也是 C28x 的 C/C++编译器使用的方式。这种方式与 C2xLP CPU 的寻址方式不完全兼容。其数据页指针偏移量是 6 位的(在 C2xLP CPU 中是 7 位的)，并且不支持所有的间接寻址方式。

(2) AMODE=1。该方式包括的寻址方式完全与 C2xLP 器件的寻址方式兼容。数据页指针的偏移量是 7 位，并支持所有 C2xLP 支持的间接寻址方式。

指令操作码中的 8 位字段决定了 loc16/loc32 寻址方式，其可用的寻址方式总结见表 6-1-1。

表 6-1-1　loc16 或 loc32 寻址方式

AMODE=0		AMODE=1	
8 位译码	loc16/loc32 语法	8 位译码	loc16/loc32 语法
直接寻址方式(DP)			
0 0 III III	@6 位数	0 I III III	@@7 位数
堆栈寻址方式(SP)			
0 1 III III 1 0 111 101 1 0 111 110	*-SP[6 位数] *SP++ *--SP	1 0 111 101 1 0 111 110	*SP++ *--SP
C28x 间接寻址方式(XAR0 到 XAR7)			
1 0 000 AAA 1 0 001 AAA 1 0 010 AAA 1 0 011 AAA 1 1 III AAA	*XARn++ *--XARn *+ XARn[AR0] *+ XARn[AR1] *+ XARn[3 位数]	1 0 000 AAA 1 0 001 AAA 1 0 010 AAA 1 0 011 AAA	*XARn++ *--XARn *+ XARn[AR0] *+ XARn[AR1]

续表

AMODE=0		AMODE=1	
8 位译码	loc16/loc32 语法	8 位译码	loc16/loc32 语法
C2xLP 间接寻址方式(ARP，XAR0 到 XAR7)			
1 0 111 000	*	1 0 111 000	*
1 0 111 001	*++	1 0 111 001	*++
1 0 111 010	*--	1 0 111 010	*--
1 0 111 011	*0++	1 0 111 011	*0++
1 0 111 100	*0--	1 0 111 100	*0--
1 0 101 110	*BR0++	1 0 101 110	*BR0++
1 0 101 111	*BR0--	1 0 101 111	*BR0--
1 0 110 RRR	*,ARPn	1 0 110 RRR	* ,ARPn
		1 1 000 RRR	* ++,ARPn
		1 1 001 RRR	* --,ARPn
		1 1 010 RRR	* 0++, ARPn
		1 1 011 RRR	* 0--, ARPn
		1 1 100 RRR	* BR0++, ARPn
		1 1 101 RRR	* BR0--, ARPn
循环间接寻址方式(XAR6，XAR1)			
1 0 111 111	*AR6%++	1 0 111 111	*+XAR6[AR1%++]
32 位寄存器寻址方式(XAR0 到 XAR7，ACC，P，XT)			
1 0 100 AAA	@XARn	1 0 100 AAA	@XARn
1 0 101 001	@ACC	1 0 101 001	@ACC
1 0 101 011	@P	1 0 101 011	@P
1 0 101 100	@XT	1 0 101 100	@XT
16 位寄存器寻址方式(AR0 到 AR7，AH，AL，PH，PL，TH，SP)			
1 0 100 AAA	@ARn	1 0 100 AAA	@ARn
1 0 101 000	@AH	1 0 101 000	@AH
1 0 101 001	@AL	1 0 101 001	@AL
1 0 101 010	@PH	1 0 101 010	@PH
1 0 101 011	@PL	1 0 101 011	@PL
1 0 101 100	@TH	1 0 101 100	@TH
1 0 101 101	@SP	1 0 101 101	@SP

注：I、A、R 都表示 0 或 1，III III 表示 6 位立即数，AAA 表示 XAR*n*, RRR 表示 ARP*n*。

6.1.2 直接寻址方式

在这种寻址方式下，16 位的 DP 寄存器当做一个固定的页指针，在指令中提供 6 位或 7 位的偏移量，将这些偏移量与 DP 寄存器中的值相连接构成完整的地址。当访问固定地址的数据结构(如外围寄存器和 C/C++中的全局或静态变量)时，这是一种很有效的方法。直接寻址方式下 loc16/loc32 的语法说明如表 6-1-2。

表 6-1-2　直接寻址方式下 loc16/loc32 的语法说明

AMODE	loc16/loc32 语法	说　明
0	@6 位数	32 位数据地址(31:22)=0 32 位数据地址(21:6)=DP(15:0) 32 位数据地址(5:0)=6 位数 注意：这个 6 位的偏移量与 DP 寄存器组合起来使用。利用这个 6 位的偏移量可以寻址相当于当前页指针寄存器值的 0～63 字的地址范围
1	@@7 位数	32 位数据地址(31:22)=0 32 位数据地址(21:7)=DP(15:1) 32 位数据地址(6:0)=7 位数 注意：这个 7 位的偏移量与 DP 寄存器的高 15 位组合起来使用，最低位将被忽略并且不受操作影响。利用这个 7 位的偏移量可以寻址相当于当前页指针寄存器高 15 位值的 0～127 字的地址范围

注：在 C28x 中，通过直接寻址方式只能访问数据地址空间的低 4M 范围。

例 6-1-2：不完全兼容寻址模式下，通过直接寻址方式访问 16 位数据。

```
;当 AMODE=0 时
MOVW    DP, #VarA          ;用 VarA 所在的页面值装载 DP 指针
ADD     AL, @VarA          ;将 VarA 存储单元内容加到 AL
MOV     @VarB, AL          ;将 AL 内容存入 VarB 存储单元,
                           ;VarB 与 VarA 应在同一个 64 字的数据页内
MOVW    DP, #VarC          ;用 VarC 所在的页面值装载 DP 指针
SUB     AL, @VarC          ;从 AL 中减去 VarC 存储单元的内容
MOV     @VarD, AL          ;将 AL 内容存入 VarD 存储单元,
                           ;VarC 与 VarD 应在同一个 64 字的数据页内,
                           ;而 VarC、VarD 与 VarA、VarB 在不同的数据页内
```

例 6-1-3：兼容寻址模式下，通过直接寻址方式访问 16 位数据。

```
;当 AMODE=1 时
SETC    AMODE              ;务必令 AMODE=1
.lp_amode                  ;告知汇编器 AMODE=1
MOVW    DP, #VarA          ;用 VarA 所在的页面值装载 DP 指针
ADD     AL, @@VarA         ;将 VarA 存储单元内容加到 AL
MOV     @@VarB, AL         ;将 AL 内容存入 VarB 存储单元,
                           ;VarB 与 VarA 应在同一个 128 字的数据页内
MOVW    DP, #VarC          ;用 VarC 所在的页面值装载 DP 指针
SUB     AL, @@VarC         ;从 AL 中减去 VarC 存储单元的内容
MOV     @@VarD, AL         ;将 AL 内容存入 VarD 存储单元,
                           ;VarC 与 VarD 应在同一个 128 字的数据页内,
                           ;而 VarC、VarD 与 VarA、VarB 在不同的数据页内
```

6.1.3　堆栈寻址方式

在这种寻址方式下，16 位的 SP(堆栈指针)被用于访问软件堆栈的信息。C28x 的堆栈从存储器的低地址变化到高地址，SP 指针总是指向下一个空单元。当需要访问堆栈中的数据并由程序提供 6 位偏移量时，SP 的值减去这 6 位的偏移量就是被访问的数据的地址，然后修改堆栈指针 SP。堆栈寻址方式下 loc16/loc32 的语法说明见表 6-1-3。

表 6-1-3　堆栈寻址方式下 loc16/loc32 的语法说明

AMODE	loc16/loc32 语法	说　明
0	*–SP[6 位]	32 位数据地址(31:16)＝0x0000 32 位数据地址(15:0)=SP–6 位 注意：从当前 16 位寄存器里减去这个 6 位的偏移量，利用这个 6 位的偏移量可以寻址相当于当前堆栈指针寄存器值的 0～63 字的地址范围
×	*SP++	32 位数据地址(31:16)＝0x0000 32 位数据地址(15:0)=SP 如果是 loc16, SP=SP+1 如果是 loc32, SP=SP+2
×	*– –SP	如果是 loc16, SP=SP–1 如果是 loc32, SP=SP–2 32 位数据地址(31:16)＝0x0000 32 位数据地址(15:0)=SP

注：在 C28x 中通过堆栈寻址方式只能访问数据地址空间的低 64 K 范围。

例 6-1-4：带偏移量的堆栈寻址方式访问堆栈区 16/32 数据。

```
;当 AMODE=0 时
ADD AL, *-SP[5]          ;将(SP-5)指向的堆栈单元的 16 位内容加到 AL
MOV     *-SP[8], AL      ;将 AL 中的 16 位内容存入(SP-8)指向的堆栈单元
ADDL    ACC, * -SP[12]   ;将(SP-12)指向的堆栈单元的 32 位内容加到 ACC
MOVL    *-SP[34], ACC    ;将 ACC 中的 32 位内容存入(SP-34)指向的堆栈单元
```

例 6-1-5：堆栈寻址方式递增访问堆栈区 16/32 数据。

```
MOV     *SP++, AL        ;将 16 位 AL 寄存器的值压入栈顶，且 SP=SP+1
MOVL    *SP++, P         ;将 32 位 P 寄存器的值压入栈顶，且 SP=SP+2
```

例 6-1-6：堆栈寻址方式递减访问堆栈区 16/32 数据。

```
ADD     AL, *--SP        ;SP=SP-1，再把新 SP 指向的 16 位堆栈内容加到 AL 中
MOVL    ACC, *--SP       ;SP=SP-2，再把新 SP 指向的 32 位堆栈内容移到 ACC 中
```

6.1.4 间接寻址方式

在这种寻址方式下，32 位的 XAR*n*(辅助寄存器)被当做一般性数据指针。可以通过指令实现对辅助寄存器 XAR*n* 加 1 或加 2、减 1 或减 2 和变址操作(操作前/后)。C28x 的间接寻址方式(XAR0～XAR7)见表 6-1-4。

表 6-1-4　C28x 的间接寻址方式下 loc16/loc32 的语法说明

AMODE	loc16/loc32 语法	说　明
×	*XAR*n*++	ARP=*n* 32 位数据地址(31:0)=XAR*n* 如果是 loc16, XAR*n*= XAR*n*+1 如果是 loc32, XAR*n*= XAR*n*+2
×	*– –XAR*n*	ARP=*n* 32 位数据地址(31:0)=XAR*n* 如果是 loc16, XAR*n* = XAR*n*–1 如果是 loc32, XAR*n* = XAR*n*–2
×	*+ XAR*n*[AR0]	ARP=*n* 32 位数据地址(31:0)=XAR*n*+AR0 注意：XAR0 的低 16 位(AR0)被加到指定的 32 位寄存器中，XAR0 的高 16 位将被忽略。AR0 被当做一个 16 位的无符号数，执行加时 XAR0 的低 16 位有可能上溢到高 16 位
×	*+ XAR*n*[AR1]	ARP=*n* 32 位数据地址(31:0)=XAR*n*+AR1 注意：XAR1 的低 16 位(AR1)被加到指定的 32 位寄存器中，XAR1 的高 16 位将被忽略。AR1 被当做一个 16 位的无符号数，执行加时 XAR1 的低 16 位有可能上溢到高 16 位
×	*+ XAR*n*[3 位数]	ARP=*n* 32 位数据地址(31:0)=XAR*n*+3 位数 注意：这个 3 位立即数被当做无符号数

注：汇编器也能把 XAR*n* 当做一种寻址方式，这是一种与*+ XAR*n*[0]相同的译码方式。

例 6-1-7：利用间接寻址方式复制数组。

```
MOVL    XAR2, #Array1    ;将 Array1 的起始地址装入 XAR2
MOVL    XAR3, #Array2    ;将 Array2 的起始地址装入 XAR3
MOV     @AR0, #N-1       ;把循环次数 N 装载 AR0
Loop:
```

```
MOVL    ACC, *XAR2++           ;将 XAR2 所指定的存储单元的内容装入 ACC，且 XAR2 = XAR2 + 2
MOVL    *XAR3++, ACC           ;将 ACC 内容存入由 XAR3 所指定的存储单元，且 XAR3 = XAR3 + 2
BANZ    Loop, AR0--            ;循环直至 AR0 = = 0，AR0=AR0-1
```

例 6-1-8：带间接偏移量的间接寻址方式存储器空间 32 位数据。

```
MOVW    DP, #Array1Ptr         ;指向 Array1 指针位置
MOVL    XAR2, @Array1Ptr       ;将 Array1 指针装入 XAR2
MOVB    XAR0, #16              ;AR0=16, AR0H=0
MOVB    XAR1, #68              ;AR1=68, AR1H=0
MOVL    ACC, *+XAR2[AR0]       ;将 Array1[16]位置的内容与 Array1[68]位置的内容互换
MOVL    P, *+XAR2[AR1]
MOVL    *+XAR2[AR1], ACC
MOVL    *+XAR2[AR0], P
```

例 6-1-9：带立即数偏移量的间接寻址方式存储器空间 32 位数据。

```
MOVW    DP, #Array1Ptr         ;指向 Array1 指针位置
MOVL    XAR2, @ArrayPtr        ;将 Array1 指针装入 XAR2
MOVL    ACC, *+XAR2[2]         ;将 Array1[2]位置的内容与 Array1[5]位置的内容互换
MOVL    P, *+XAR2[5]
MOVL    *+XAR2[5], ACC
MOVL    *+XAR2[2], P
```

循环间接寻址方式见表 6-1-5。

表 6-1-5　循环间接寻址方式下 loc16/loc32 的语法说明

AMODE	loc16/loc32 语法	说　明

0	*AR6%++	32 位数据地址(31:0)=XAR6
		如果(XAR6(7:0)= =XAR1(7:0))
		{
		XAR6(7:0)=0x00
		XAR6(15:8)不变
		}
		否则
		{
		如果是 16 位数据，XAR6(15:0)+=1
		如果是 32 位数据，XAR6(15:0)+=2
		}
		XAR6(31:16)不变
		ARP=6
		注意：在这种寻址方式下，循环缓冲器不能跨越 64 个字的页边界，同时它被限制在数据存储器空间的低 64 K 范围

1	*+XAR6[AR1%++]	32 位数据地址(31:0)=XAR6+AR1
		如果(XAR1(15:0)=XAR1(31:16))
		{
		XAR1(15:0)=0x0000
		}
		否则
		{
		如果是 16 位数据，XAR1(15:0)+=1
		如果是 32 位数据，XAR1(15:0)+=2
		}
		XAR1(31:16)不变
		ARP=6
		注意：在这种寻址方式下，对循环缓冲器没有定位要求

例 6-1-10：循环间接寻址方式。

```
;计算有限脉冲响应滤波器(X[N]为数据阵列，C[N]为系数阵列)
MOVW    DP, #Xpointer           ;将 Xpointer 的页地址装入 DP
MOVL    XAR6, @Xpointer         ;将当前的 Xpointer 值装入 XAR6
MOVL    XAR7, #C                ;将 C 阵列的起始地址装入 XAR7
MOV     @AR1, #N                ;将 N 阵列的大小装入 AR1
SPM     -4                      ;设置乘积移位模式为右移 4 位
ZAPA                            ;ACC=0, P=0, OVC=0
RPT     #N-1                    ;下一条指令重复执行 N 次
||QMACL P, *AR6%++, *AR7++      ;ACC=ACC+P>>4
                                ;"||"表示本条指令紧跟 RPT，并重复执行。
                                ;P=(*AR6%++ * *XAR7++)>>32
ADDL    ACC, P<<PM              ;最后累加
MOVL    @Xpointer, XAR6         ;将 XAR6 存入当前 Xpointer
MOVL    @Sum, ACC               ;将结果存入 Sum
```

6.1.5　寄存器寻址方式

在这种寻址方式下，寄存器可以是访问的源操作数，也可以是目地操作数，这样在 C28x 中就能实现寄存器到寄存器的操作。这一方式包括对 32 位和 16 位寄存器的寻址。寄存器寻址方式见表 6-1-6。

表 6-1-6　寄存器寻址方式下 loc16/loc32 的语法说明

AMODE	loc16/loc32 语法	说　明
×	@ACC	访问 32 位寄存器 ACC 的内容。当寄存器@ACC 为目的操作数时，Z、N、V、C、OVC 等标志位可能会受到影响
×	@P	访问 32 位寄存器 P 的内容
×	@XT	访问 32 位寄存器 XT 的内容
×	@XARn	访问 32 位寄存器 XAR*n* 的内容
×	@AL	访问 16 位寄存器 AL 的内容。寄存器 AH 的内容不受影响。当@AL 为目的操作数时，Z、N、V、C、OVC 等标志位可能会受到影响
×	@AH	访问 16 位寄存器 AH 的内容。寄存器 AL 的内容不受影响。当@AH 为目的操作数时，Z、N、V、C、OVC 等标志位可能会受到影响
×	@PL	访问 16 位寄存器 PL 的内容。寄存器 PH 的内容不受影响
×	@PH	访问 16 位寄存器 PH 的内容。寄存器 PL 的内容不受影响
×	@TH	访问 16 位寄存器 TH 的内容。寄存器 TL 的内容不受影响(TH 为 XT 的高 16 位，TL 为 XT 的低 16 位)
×	@SP	访问 16 位寄存器 SP 的内容
×	@ARn	访问 16 位寄存器 AR0～AR7 的内容。寄存器 AR0H～AR7H 的内容不受影响

例 6-1-11：ACC 寄存器寻址 32 位数据。

```
MOVL    XAR6, @ACC      ;将 ACC 的内容装入 XAR6
MOVL    @ACC, XT        ;将 XT 寄存器的内容装入 ACC
ADDL    ACC, @ACC       ;ACC=ACC+ACC
```

例 6-1-12：P 寄存器寻址 32 位数据。

```
MOVL    XAR6, @P        ;将 P 的内容装入 XAR6
MOVL    @P, XT          ;将 XT 寄存器的内容装入 P
ADDL    ACC, @P         ;ACC=ACC+P
```

例 6-1-13：AX 寄存器寻址 16 位数据。

```
MOV     PH, @AL         ;将 AL 的内容装入 PH
ADD     AH, @AL         ;AH=AH+AL
MOV     T, @AL          ;将 AL 的内容装入 T
```

例 6-1-14：SP 寄存器寻址 16 位数据。

```
MOVZ    AR4, @SP        ;将 SP 的内容装入 AR4，AR4H=0
MOV     AL, @SP         ;将 SP 的内容装入 AL
MOV     @SP, AH         ;将 AH 的内容装入 SP
```

例 6-1-15：ARn 辅助寄存器寻址 16 位数据。

```
MOVZ    AR4, @AR2       ;将 AR2 的内容装入 AR4，AR4H=0
MOV     AL, @AR3        ;将 AR3 的内容装入 AL
MOV     @AR5, AH        ;将 AH 的内容装入 AR5，AR5H 不变
```

注意：寄存器前的@符号有时是可选的。例如，MOVL ACC, @P 和 MOVL ACC, P 的结果一样。

6.1.6　其他可用的几种寻址方式

1．数据/程序/IO 空间立即寻址方式

在这种寻址方式下，存储器操作数的地址存在于指令中。数据/程序/IO 空间立即寻址方式见表 6-1-7。

提示：对于 F2812，I/O 空间寻址方式并不适用。

表 6-1-7　数据/程序/IO 空间立即寻址方式下的指令语法说明

语　法	说　明
*(0:16 位)	32 位数据地址(31:16)=0 32 位数据地址(15:0)=16 位立即数 注意：如果指令被重复执行，地址将在每次操作后增加 1，此寻址方式只能寻址数据空间的低 64K 字
*(PA)	32 位数据地址(31:16)=0 32 位数据地址(15:0)=PA(16 位立即数) 注意：如果指令被重复执行，地址将在每次操作后增加 1，当使用这种寻址方式访问 I/O 空间时，I/O 选通信号将被触发。数据空间的地址线被用来访问 I/O 空间
0:pma	22 位程序地址(21:16)=0 22 位程序地址(15:0)=pma (16 位立即数) 注意：如果指令被重复执行，地址将在每次操作后增加 1，此寻址方式只能寻址程序空间的低 64 K 字
*(pma)	22 位程序地址(21:16)=0x3F 22 位程序地址(15:0)= pma (16 位立即数) 注意：如果指令被重复执行，地址将在每次操作后增加 1，此寻址方式只能寻址程序空间的高 64 K 字

2．程序空间间接寻址方式

某些指令可以通过使用间接指针对程序空间中的存储器进行访问。因为 C28x CPU 的存储器是统一寻址的，这就使在一个机器周期中进行两次读操作成为可能。程序空间间接寻址方式见表 6-1-8。

表 6-1-8　程序空间间接寻址方式下的指令语法说明

语　法	说　明
*AL	22 位程序地址(21:16)=0x3F 22 位程序地址(15:0)=AL 注意：如果指令被重复执行，AL 中的地址被复制到影子寄存器中，同时地址值将在每次指令执行后增加 1。寄存器 AL 中的内容没有改变。此寻址方式只能访问程序空间的高 64K 字

续表

语　法	说　明
*XAR7	22 位程序地址(21:0)=XAR7 注意：如果指令被重复执行，只有在指令 XPREAD 和 XPWRITE 中，XAR7 中存放的地址才能被复制到影子寄存器中，同时地址值将在每次指令执行后增加 1，寄存器 XAR7 的值并没有被修改。对于其他指令，即使重复执行，地址值也不会增加
*XAR7++	22 位程序地址(21:0)=XAR7 如果是 16 位数据操作，XAR7+=1 如果是 32 位数据操作，XAR7+=2 注意：如果指令被重复执行，地址将按照正常情况在每次执行后增加 1

例 6-1-16：程序空间间接寻址方式。

```
XPREAD  loc16, *AL          ;[loc16]=程序空间[0x3F: AL]
XPWRITE *AL, loc16          ;程序空间[0x3F:AL]= [loc16]
MAC     P, loc16, *XAR7     ;ACC=ACC+P<<PM, P=[loc16]*程序空间[*XAR7]
MAC     P, loc16, *XAR7++   ;ACC=ACC+P<<PM, P=[loc16]*程序空间[*XAR7++]
```

3. 字节寻址方式

字节寻址方式见表 6-1-9。

表 6-1-9　字节寻址方式的指令语法说明

语　法	说　明
*+XAR*n*[AR0] *+XAR*n*[AR1] *+XAR*n*[3 位数]	32 位数据地址(31:0)=XAR*n*+偏移量(即 AR0/AR1/3 位数)。 如果(偏移量 = 偶数)，访问 16 位存储单元的最低有效字节；其最高有效字节不受影响。 如果(偏移量 = 奇数)，访问 16 位存储单元的最高有效字节；其最低有效字节不受影响。 注意：其他寻址方式只能访问固定地址单元的最低有效字节，而不影响最高有效字节

例 6-1-17：字节寻址方式。

```
MOVB    AX.LSB, loc16     ;若(地址方式=*+XARn[AR0/AR1/3bit])
                          ;若(偏移量=偶数值), AX.LSB=[loc16].LSB, AX.MSB=0x00
                          ;若(偏移量=奇数值), AX.LSB=[loc16].MSB, AX.MSB=0x00
                          ;否则, AX.LSB=[loc16].LSB, AX.MSB=0x00
MOVB    AX.MSB, loc16     ;若(地址方式=*+XARn[AR0/AR1/3bit])
                          ;若(偏移量=偶数值), AX.LSB=原值, AX.MSB=[loc16].LSB
                          ;若(偏移量=奇数值), AX.LSB=原值, AX.MSB=[loc16].MSB
                          ;否则, AX.LSB=原值, AX.MSB=[loc16].LSB
MOVB    loc16, AX.LSB     ;若(地址方式=*+XARn[AR0/AR1/3bit])
                    ;若(偏移量=偶数值), [loc16].LSB= AX.LSB, [loc16].MSB=原值
                    ;若(偏移量=奇数值), [loc16].LSB=原值, [loc16].MSB= AX.LSB
                    ;否则, [loc16].LSB= AX.LSB, [loc16].MSB=原值
MOVB    loc16, AX.MSB     ;若(地址方式=*+XARn[AR0/AR1/3bit])
                    ;若(偏移量=偶数值), [loc16].LSB= AX.MSB, [loc16].MSB=原值
                    ;若(偏移量=奇数值), [loc16].LSB=原值, [loc16].MSB= AX.MSB
                    ;否则, [loc16].LSB= AX.MSB, [loc16].MSB=原值
```

6.1.7　32 位操作的定位

由于使用定位于偶数地址的 32 位数据的最低有效字，所有针对存储器的 32 位读/写操作都被定位于存储器接口的偶数地址边界。地址生成器的输出不需要强制定位，因此指针值保持原值。

例 6-1-18：32 位数据寻址，偶地址对齐。

```
MOVB    AR0, #5         ;AR0=5
MOVL    *AR0, ACC       ;AL 放入地址 0x000004
                        ;AH 放入地址 0x000005
                        ;AR0=5(保持不变)
```

用户在生成不定位于偶数边界的地址时必须考虑上述内容。

32 位操作数以下列顺序存放：低位数，0～15；后续的是高位数，16～31；然后最高的 16 位地址加 2(小端地址模式)。

6.2　汇编语言指令集

6.2.1　指令集概述

本节将对 C28x 的指令系统进行简单总结，并说明使用到的特殊符号和标志，以及汇编指令。C28x 有 150 多条汇编指令，但许多指令并不常用，还有一些指令虽然也很重要但是有类似指令，所以这里只选择其中一部分重要指令按字母顺序进行详细说明。

注意：本节假设条件为芯片工作于 C28x 模式(OBJMODE=1，AMODE=0)。复位后，通过执行指令 C28OBJ 或 SETC OBJMODE 将 ST1 中的 OBJMODE 位置 1，芯片即可工作于 C28x 模式。

表 6-2-1、表 6-2-2 和表 6-2-3 对指令中用到的一些符号进行了说明。

表 6-2-1　操作数符号及说明

符　号	描　述
XAR*n*	XAR0～XAR7 寄存器
AR*n*，AR*m*	XAR0～XAR7 寄存器的低 16 位
AR*n*H	XAR0～XAR7 寄存器的高 16 位
ARP*n*	ARP0～ARP7，3 位辅助寄存器指针，ARP0 指向 XAR0，ARP7 指向 XAR7
AR(ARP)	ARP 指向的辅助寄存器的低 16 位
XAR(ARP)	ARP 指向的辅助寄存器
AX	累加器的高 16 位寄存器 AH 或低 16 位寄存器 AL
#	立即数
PM	乘积移位方式(+4, 1, 0, −1, −2, −3, −4, −5, −6)
PC	程序指针
～	按位求反码
[loc16]	loc16 寻址方式对应的 16 位数据
0:[loc16]	将 loc16 寻址方式对应的 16 位数据进行零扩展
S:[loc16]	将 loc16 寻址方式对应的 16 位数据进行符号扩展
[loc32]	loc32 寻址方式对应的 32 位数据
0:[loc32]	将 loc32 寻址方式对应的 32 位数据进行零扩展
S:[loc32]	将 loc32 寻址方式对应的 32 位数据进行符号扩展
7bit	7 位立即数
0:7bit	7 位立即数，零扩展
S:7bit	7 位立即数，符号扩展
8bit	8 位立即数
0:8bit	8 位立即数，零扩展
S:8bit	8 位立即数，符号扩展
10bit	10 位立即数
0:10bit	10 位立即数，零扩展

续表

符　号	描　述
S:10bit	10 位立即数，符号扩展
16bit	16 位立即数
0:16bit	16 位立即数，零扩展
S:16bit	16 位立即数，符号扩展
22bit	22 位立即数
0:22bit	22 位立即数，零扩展
LSb	最低有效位
LSB	最低有效字节
LSW	最低有效字
MSb	最高有效位
MSB	最高有效字节
MSW	最高有效字
OBJ	对于某一条指令，位 OBJMODE 的状态
N	重复次数(N = 0, 1, 2, 3, 4, 5, 6, 7…)
{}	可选字段
=	赋值
==	等于

表 6-2-2　影响指令的判断条件说明

COND	语　法	描　述	测试标志位
0000	NEQ	不等于	Z=0
0001	EQ	等于	Z=1
0010	GT	大于(有符号减法)	Z=0 且 N=0
0011	GEQ	大于或等于(有符号减法)	N=0
0100	LT	小于(有符号减法)	N=1
0101	LEQ	小于或等于(有符号减法)	Z=1 或 N=1
0110	HI	高于(无符号减法)	C=1 且 Z=0
0111	HIS, C	高于或相同(无符号减法)	C=1
1000	LO, NC	低于(无符号减法)	C=0
1001	LOS	低于或相同(无符号减法)	C=0 或 Z=1
1010	NOV	无溢出	V=0
1011	OV	溢出	V=1
1100	NTC	测试位为 0	TC=0
1101	TC	测试位为 1	TC=1
1110	NBIO	BIO 输入等于零	BIO=0
1111	UNC	无条件	—

表 6-2-3　PM 与结果保存方式的关系

PM	保 存 方 式
+4	P(31:4)= 相乘结果中低 38 位的(27:0)，P(3:0)=0
+1	P(31:1)= 相乘结果中低 38 位的(30:0)，P(0)=0
0	P(31:0)= 相乘结果中低 38 位的(31:0)
−1	P(31:0)= 相乘结果中低 38 位的(32:1)
−2	P(31:0)= 相乘结果中低 38 位的(33:2)
−3	P(31:0)= 相乘结果中低 38 位的(34:3)
−4	P(31:0)= 相乘结果中低 38 位的(35:4)
−5	P(31:0)= 相乘结果中低 38 位的(36:5)
−6	P(31:0)= 相乘结果中低 38 位的(37:6)

提示：在状态寄存器 ST0 中 PM 的值与移位方式的对应关系见表 6-2-22。

TMS320C28x 指令按功能可分为 17 大类，如表 6-4-4～表 6-4-20 所示。

1. 寄存器 XARn(AR0～AR7) 的操作(见表 6-2-4)

表 6-2-4 指令及说明 1

助记符		说明
ADDB	XARn, #7bit	7 位立即数加到辅助寄存器 XAR*n*
ADRK	#8bit	8 位立即数加到当前辅助寄存器
CMPR	0/1/2/3	比较辅助寄存器
MOV	AR6/7, loc16	[loc16]加载辅助寄存器
MOV	loc16, ARn	存储 16 位辅助寄存器到 loc16
MOV	XARn, PC	保存当前程序指针到辅助寄存器
MOVB	XARn, #8bit	8 位立即数加载到辅助寄存器 XAR*n*
MOVB	AR6/7, #8bit	8 位立即数加载到辅助寄存器 AR6/7
MOVL	XARn, loc32	[loc32]加载 32 位辅助寄存器
MOVL	loc32, XARn	存储 32 位辅助寄存器内容到 loc32
MOVL	XARn, #22bit	用 22 位立即数加载 32 位辅助寄存器 XAR*n*
MOVZ	ARn, loc16	加载 XAR*n* 的低半部分，清除高半部分
SBRK	#8bit	从当前辅助寄存器中减去 8 位立即数
SUBB	XARn, #7bit	从辅助寄存器 XAR*n* 中减去 7 位立即数

2. DP 寄存器操作(见表 6-2-5)

表 6-2-5 指令及说明 2

助记符		说明
MOV	DP, #10bit	加载数据页指针
MOVW	DP, #16bit	加载整个数据页
MOVZ	DP, #10bit	加载数据页并清除高位

3. SP 寄存器操作(见表 6-2-6)

表 6-2-6 指令及说明 3

助记符		说明
ADDB	SP, #7bit	7 位立即数加到堆栈指针
POP	ACC	堆栈内容弹出到寄存器 ACC
POP	AR1:AR0	堆栈内容弹出到寄存器 AR1 和 AR0
POP	AR1H:AR0H	堆栈内容弹出到寄存器 AR1H 和 AR0H
POP	AR3:AR2	堆栈内容弹出到寄存器 AR3 和 AR2
POP	AR5:AR4	堆栈内容弹出到寄存器 AR5 和 AR4
POP	DBGIER	堆栈内容弹出到寄存器 DBGIER
POP	DP:ST1	堆栈内容弹出到寄存器 DP 和 ST1
POP	DP	堆栈内容弹出到寄存器 DP
POP	IFR	堆栈内容弹出到寄存器 IFR
POP	loc16	堆栈内容弹出到 loc16
POP	P	堆栈内容弹出到寄存器 P
POP	RPC	堆栈内容弹出到寄存器 RPC
POP	ST0	堆栈内容弹出到寄存器 ST0

续表

助 记 符		说 明
POP	ST1	堆栈内容弹出到寄存器 ST1
POP	T:ST0	堆栈内容弹出到寄存器 T 和 ST0
POP	XT	堆栈内容弹出到寄存器 XT
POP	XARn	堆栈内容弹出到辅助寄存器
PUSH	ACC	寄存器 ACC 的内容入栈
PUSH	ARn:ARm	寄存器 ARn 与 ARm 的内容入栈
PUSH	AR1H:AR0H	寄存器 AR1H 与 AR0H 的内容入栈
PUSH	DBGIER	寄存器 DBGIER 的内容入栈
PUSH	DP:ST1	寄存器 DP 与 ST1 的内容入栈
PUSH	DP	寄存器 DP 的内容入栈
PUSH	IFR	寄存器 IFR 的内容入栈
PUSH	loc16	[loc16]入栈
PUSH	P	寄存器 P 的内容入栈
PUSH	RPC	寄存器 RPC 的内容入栈
PUSH	ST0	寄存器 ST0 的内容入栈
PUSH	ST1	寄存器 ST1 的内容入栈
PUSH	T:ST0	寄存器 T 与 ST0 的内容入栈
PUSH	XT	寄存器 XT 的内容入栈
PUSH	XARn	辅助寄存器的内容入栈
SUBB	SP, #7bit	从堆栈指针中减去 7 位立即数

4. AX 寄存器操作(AH，AL)(见表 6-2-7)

表 6-2-7　指令及说明 4

助 记 符		说 明
ADD	AX, loc16	[loc16]加到 AX
ADD	loc16, AX	将 AX 的内容与[loc16]相加，并存储到 loc16
ADDB	AX, #8bit	将 8 位立即数加到 AX
AND	AX, loc16, #16bit	16 位立即数和[loc16]逐位“与”，结果保存在 AX
AND	AX, loc16	[loc16]和 AX 逐位“与”，结果保存在 AX
AND	loc16, AX	[loc16]和 AX 逐位“与”，结果保存在 loc16
ANDB	AX, #8bit	AX 与 8 位立即数(零扩展)逐位“与”
ASR	AX, #1…16	算术右移，移位次数由立即数决定
ASR	AX, T	算术右移，移位次数由 T(3: 0)=0～15 指定
CMP	AX, loc16	AX 与[loc16]比较
CMPB	AX, #8bit	AX 与 8 位立即数(零扩展)比较
FLIP	AX	将 AX 寄存器中的数据位翻转顺序
LSL	AX, #1…16	逻辑左移
LSL	AX, T	逻辑左移，移位次数由 T(3: 0)=0～15 指定
LSR	AX, #1…16	逻辑右移
LSR	AX, T	逻辑右移，移位次数由 T(3: 0)=0～15 指定
MAX	AX, loc16	AX 与[loc16]相比较求最大值，并存储到 AX
MIN	AX, loc16	AX 与[loc16]相比较求最小值，并存储到 AX
MOV	AX, loc16	[loc16]加载到 AX
MOV	loc16, AX	AX 存储到 loc16

续表

助 记 符		说　　明
MOV	loc16, AX, COND	有条件地把 AX 存储到 loc16
MOVB	AX, #8bit	把 8 位立即数(零扩展)加载到 AX
MOVB	AX.LSB, loc16	加载 AX 的低字节，AX 的高字节等于 0x00
MOVB	AX.MSB, loc16	加载 AX 的高字节，AX 的低字节不变
MOVB	loc16, AX.LSB	存储 AX 的低字节
MOVB	loc16, AX.MSB	存储 AX 的高字节
NEG	AX	求 AX 的相反数
NOT	AX	求 AX 的“非”
OR	AX, loc16	AX 和[loc16]按位“或”，结果存到 AX
OR	loc16, AX	AX 和[loc16]按位“或”，结果存到 loc16
ORB	AX, #8bit	AX 和 8 位立即数(零扩展)按位“或”，结果存到 AX
SUB	AX, loc16	从 AX 中减去[loc16]
SUB	loc16, AX	[loc16]减去 AX 中的数据，结果存储到 loc16
SUBR	loc16, AX	反向减法，AX 中的数据减去[loc16]，结果存放在 loc16
SXTB	AX	将 AX 的低字节符号扩展到高字节
XOR	AX, loc16	AX 和[loc16]按位“异或”，结果存在 AX
XOR	loc16, AX	AX 和[loc16]按位“异或”，结果存在 loc16
XORB	AX, #8bit	AX 与 8 位立即数值(零扩展)逐位“异或”，结果存在 AX

5. 16 位 ACC 寄存器操作(见表 6-2-8)

表 6-2-8　指令及说明 5

助 记 符		说　　明
ADD	ACC, loc16{<<#0…16}	将[loc16]移位后(位扩展)加到 ACC
ADD	ACC, #16bit{<<#0…15}	将 16 位立即数移位后(位扩展)加到 ACC
ADD	ACC, loc16<<T	[loc16]移位后(位扩展)加到 ACC，移位次数由 T(3:0)=0～15 决定
ADDB	ACC, #8bit	8 位立即数(零扩展)加到 ACC
ADDCU	ACC, loc16	带进位加法，将无符号数[loc16](零扩展)加到 ACC
ADDU	ACC, loc16	将无符号数[loc16](零扩展)加到 ACC
AND	ACC, loc16	将[loc16](零扩展)和 ACC 逐位“与”
AND	ACC, #16bit{<<#0…16}	将 16 位立即数移位后(零扩展)和 ACC 的内容逐位“与”
MOV	ACC, loc16{<<#0…16}	将[loc16]移位后(位扩展)加载 ACC
MOV	ACC, #16bit{<<#0…15}	将 16 位立即数移位后(位扩展)加载 ACC
MOV	loc16, ACC<<#1…8	ACC 移位后高字节加载到 loc16
MOV	ACC, loc16<<T	将[loc16]移位后(位扩展)加载 ACC
MOVB	ACC, #8bit	用 8 位立即数(零扩展)加载 ACC
MOVH	loc16, ACC<<#1…8	ACC 移位后高字节加载到 loc16
MOVU	ACC, loc16	将无符号数[loc16]加载 AL，AH=0
SUB	ACC, loc16<<T	ACC 减去[loc16]移位后(位扩展)的数据
SUB	ACC, loc16{<<#0…16}	ACC 减去[loc16]移位后(位扩展)的数据
SUB	ACC, #16bit{<<#0…15}	ACC 减去 16 位立即数移位后(位扩展)的数据
SUBB	ACC, #8bit	减去 8 位立即数
SBBU	ACC, loc16	反向带借位减法，ACC 减去无符号数[loc16]
SUBU	ACC, loc16	ACC 减去无符号数[loc16]
OR	ACC, loc16	[loc16]和 ACC 按位“或”，保存在 ACC
OR	ACC, #16bit{<<#0…16}	16 位立即数移位后和 ACC 按位“或”，保存在 ACC
XOR	ACC, loc16	[loc16]和 ACC 按位“异或”，保存在 ACC
XOR	ACC, #16bit{<<#0…16}	16 位立即数移位后和 ACC 按位“异或”，保存在 ACC
ZALR	ACC, loc16	AL=0x8000，[loc16]加载 AH

6. 32 位 ACC 寄存器操作(见表 6-2-9)

表 6-2-9 指令及说明 6

助 记 符		说 明
ABS	ACC	ACC 取绝对值
ABSTC	ACC	ACC 取绝对值并加载到 TC
ADDL	ACC, loc32	[loc32]加到 ACC
ADDL	loc32, ACC	将 ACC 的内容加到 loc32
ADDCL	ACC, loc32	带进位位加法，将[loc32]加到 ACC
ADDUL	ACC, loc32	将无符号数[loc32]加到 ACC
ADDL	ACC, P<<PM	寄存器 P 的内容移位后加到 ACC
ASRL	ACC, T	按 T(4:0)对 ACC 算术右移
CMPL	ACC, loc32	ACC 的内容与[loc32]比较
CMPL	ACC, P<<PM	寄存器 P 的内容移位后与 ACC 内容比较
CSB	ACC	对 ACC 的符号位进行计数
LSL	ACC, #1…16	将 ACC 的内容逻辑左移 1～16 位
LSL	ACC, T	按 T(3:0)位的规定对 ACC 逻辑左移
LSRL	ACC, T	按 T(4:0)位的规定对 ACC 逻辑右移
LSLL	ACC, T	按 T(4:0)位的规定对 ACC 逻辑左移
MAXL	ACC, loc32	求取 ACC 与[loc32]的最大值，存储到 ACC
MINL	ACC, loc32	求取 ACC 与[loc32]的最小值，存储到 ACC
MOVL	ACC, loc32	[loc32]加载到 ACC
MOVL	loc32, ACC	ACC 的内容加载到 loc32
MOVL	P, ACC	把 ACC 的内容加载到寄存器 P
MOVL	ACC, P<<PM	用移位后寄存器 P 加载到 ACC
MOVL	loc32, ACC, COND	有条件地将 ACC 存储到 loc32
NORM	ACC, XARn++/--	规范化 ACC 并修改选定的辅助寄存器
NORM	ACC, *ind	兼容 C2xLP 的规范化 ACC 操作
NEG	ACC	取 ACC 的相反数
NEGTC	ACC	若 TC=1，取 ACC 的相反数
NOT	ACC	ACC 取“非”
ROL	ACC	ACC 循环左移
ROR	ACC	ACC 循环右移
SAT	ACC	根据 OVC 的值使 ACC 的值为饱和值
SFR	ACC, #1…16	ACC 右移 1～16 位
SFR	ACC, T	按 T(3:0)=0～15 对 ACC 右移
SUBBL	ACC, loc32	带借位减法，ACC 减去[loc32]
SUBCU	ACC, loc16	ACC 有条件地减去[loc16]
SUBCUL	ACC, loc32	ACC 有条件地减去[loc32]
SUBL	ACC, loc32	ACC 减去[loc32]
SUBL	loc32, ACC	[loc32]减去 ACC 的内容，结果存储到 loc32
SUBL	ACC, P<<PM	ACC 减去 P 移位后的值
SUBRL	loc32, ACC	反向减法，ACC 减去[loc32]
SUBUL	ACC, loc32	ACC 减去无符号数[loc32]
TEST	ACC	测试 ACC 是否为 0

7. 64 位 ACC: P 寄存器操作(见表 6-2-10)

表 6-2-10 指令及说明 7

助记符		说明
ASR64	ACC:P, #1…16	64 位数值算术右移 1～16 位
ASR64	ACC:P, T	按 T(5:0)对 64 位数值算术右移
CMP64	ACC:P	比较 64 位数值
LSL64	ACC:P, #1…16	64 位数据逻辑左移 1～16 位
LSL64	ACC:P, T	按 T(5:0)对 64 位数值逻辑左移
LSR64	ACC:P, #1…16	64 位数据逻辑右移 1～16 位
LSR64	ACC:P, T	按 T(5:0)对 64 位数值逻辑右移
NEG64	ACC:P	取 ACC: P 的相反数
SAT64	ACC:P	根据 OVC 的值使 ACC: P 的值为饱和值

8. P 或 XT 寄存器的操作(P, PH, PL, XT, T, TL)(见表 6-2-11)

表 6-2-11 指令及说明 8

助记符		说明
ADDUL	P, loc32	无符号数[loc32]加到寄存器 P
MAXCUL	P, loc32	有条件地求无符号数[loc32]和 P 的最大值，存储到 P
MINCUL	P, loc32	有条件地求无符号数[loc32]和 P 的最小值，存储到 P
MOV	PH, loc16	[loc16]加载 PH
MOV	PL, loc16	[loc16]加载 PL
MOV	loc16, P	存储移位后的 P 寄存器的低 16 位
MOV	T, loc16	[loc16]加载到 T
MOV	loc16, T	存储 T 寄存器到 loc16
MOV	TL, #0	清除 TL
MOVA	T, loc16	[loc16]加载到 T 寄存器并与先前的乘积相加
MOVAD	T, loc16	[loc16]加载到 T 寄存器
MOVDL	XT, loc32	存储 XT 寄存器并加载新 XT 寄存器
MOVH	loc16, P	保存 PH 到 loc16
MOVL	P, loc32	[loc16]加载到 P 寄存器
MOVL	loc32, P	存储 P 寄存器到 loc32
MOVL	XT, loc32	[loc32]加载到 XT 寄存器
MOVL	loc32, XT	存储 XT 寄存器到 loc32
MOVP	T, loc16	[loc16]加载到 T 寄存器并将 P 寄存器的内容保存到 ACC
MOVS	T, loc16	[loc16]加载到 T 寄存器并从 ACC 中减去 P 寄存器的内容
MOVX	TL, loc16	[loc16]符号扩展后加载到 TL
SUBUL	P, loc32	P 减去[loc32]

9. 16×16 乘法操作(见表 6-2-12)

表 6-2-12 指令及说明 9

助记符		说明
DMAC	ACC:P, loc32, *XAR7/++	双 16×16 乘法且累加
MAC	P, loc16, 0:pma	相乘且累加
MAC	P, loc16, *XAR7/++	相乘且累加

续表

助 记 符	说 明
MPY P, T, loc16	16 位×16 位乘法
MPY P, loc16, #16bit	16 位×16 位乘法
MPY ACC, T, loc16	16 位×16 位乘法
MPY ACC, loc16, #16bit	16 位×16 位乘法
MPYA P, loc16, #16bit	16 位×16 位乘法并加上先前乘积
MPYA P, T, loc16	16 位×16 位乘法并加上先前乘积
MPYB P, T, #8bit	有符号数与 8 位无符号立即数相乘
MPYS P, T, loc16	16 位×16 位乘法并做减法
MPYB ACC, T, #8bit	与 8 位常数相乘
MPYU ACC, T, loc16	16 位×16 位无符号乘法
MPYU P, T, loc16	16 位×16 位无符号乘法
MPYXU P, T, loc16	有符号数与无符号数相乘
MPYXU ACC, T, loc16	有符号数与无符号数相乘
SQRA loc16	求平方值并将 P 寄存器的内容加到 ACC
SQRS loc16	求平方值并且 ACC 做减操作
XMAC P, loc16, *(pma)	与 C2xLP 兼容性的相乘且累加
XMACD P, loc16, *(pma)	带有数据移动的、与 C2xLP 兼容性的相乘且累加

10. 32×32 乘法操作(见表 6-2-13)

表 6-2-13 指令及说明 10

助 记 符	说 明
IMACL P, loc32, *XAR7/++	有符号 32 位数×有符号 32 位数且累加(低半段)
IMPYAL P, XT, loc32	有符号 32 位数乘法(低半段)且加上先前 P 的内容
IMPYL P, XT, loc32	有符号 32 位数×有符号 32 位数(低半段)
IMPYL ACC, XT, loc32	有符号 32 位数×有符号 32 位数(低半段)
IMPYSL P, XT, loc32	有符号 32 位数乘法(低半段)且减去先前 P 的内容
IMPYXUL P, XT, loc32	有符号 32 位数与无符号 32 位数相乘(低半段)
QMACL P, loc32, *XAR7/++	有符号 32 位数×有符号 32 位数且累加(高半段)
QMPYAL P, XT, loc32	有符号 32 位数乘法(高半段)且加上先前 P 的内容
QMPYL ACC, XT, loc32	有符号 32 位数×有符号 32 位数(高半段)
QMPYL P, XT, loc32	有符号 32 位数×有符号 32 位数(高半段)
QMPYSL P, XT, loc32	有符号 32 位数乘法(高半段)且减去先前 P 的内容
QMPYUL P, XT, loc32	无符号 32 位数×无符号 32 位数(高半段)
QMPYXUL P, XT, loc32	有符号 32 位数×无符号 32 位数(高半段)

11. 直接存储器操作(见表 6-2-14)

表 6-2-14 指令及说明 11

助 记 符	说 明
ADD loc16, #16bitSigned	有符号 16 位立即数与[loc16]相加，结果保存在 loc16
AND loc16, #16bitSigned	有符号 16 位立即数与[loc16]按位“与”，结果保存在 loc16

续表

助 记 符		说 明
CMP	loc16, #16bitSigned	有符号16位立即数与[loc16]比较
DEC	loc16	[loc16]减1
DMOV	loc16	[loc16+1]=[loc16]
INC	loc16	[loc16]加1
MOV	*(0:16bit), loc16	[loc16]存到16位地址指向的存储单元
MOV	loc16, *(0:16bit)	16位地址指向存储单元的内容放到loc16
MOV	loc16, #16bit	存储16位立即数到loc16
MOV	loc16, #0	清除[loc16]，即[loc16]=0
MOVB	loc16, #8bit, COND	有条件地存储8位立即数(零扩展)到loc16
OR	loc16, #16bit	[loc16]和16位立即数按位“或”，结果保存到loc16
TBIT	loc16, #bit	测试[loc16]中的指定位
TBIT	loc16, T	测试[loc16]中由T寄存器指定的位
TCLR	loc16, #bit	测试并清除[loc16]中的指定位
TSET	loc16, #bit	测试并置[loc16]中的指定位为1
XOR	loc16, #16bit	[loc16]和16位立即数按位“异或”

12. I/O空间操作(见表6-2-15)

表6-2-15　指令及说明12

助 记 符		说 明
IN	loc16, *(PA)	从端口输入数据
OUT	*(PA), loc16	向端口输出数据
UOUT	*(PA), loc16	向I/O端口输出不受保护的数据

注意：F2812没有I/O空间寻址方式，故不能用这三条指令。

13. 程序空间操作(见表6-2-16)

表6-2-16　指令及说明13

助 记 符		说 明
PREAD	loc16, *XAR7	将XAR7指向的程序空间的16位数据放到loc16
PWRITE	*XAR7, loc16	将[loc16]放到XAR7指向的程序空间的一个存储单元(16位)
XPREAD	loc16, *AL	与C2xLP兼容性的读程序操作
XPREAD	loc16, *(pma)	与C2xLP兼容性的读程序操作
XPWRITE	*AL, loc16	与C2xLP兼容性的写程序操作

14. 跳转/调用/返回操作(见表6-2-17)

表6-2-17　指令及说明14

助 记 符		说 明
B	16bitOff, COND	有条件跳转，PC=PC+16位偏移地址(−32768 ～ +32767)
BANZ	16bitOff, ARn--	若辅助寄存器不为0，进行跳转，PC变化同上

续表

助 记 符		说 明
BAR	16bitOff, ARn, ARm, EQ/NEQ	根据辅助寄存器比较的结果进行跳转，PC 变化同上
BF	16bitOff, COND	快速跳转，PC 变化同上
FFC	XAR7, 22bitAddr	快速函数调用，XAR7 保存当前 PC，PC=22 位程序地址
IRET		中断返回
LB	22bitAddr	长跳转，PC=22 位程序地址
LB	*XAR7	间接长跳转，保存在 XAR7 中的 22 位程序地址加载到 PC
LC	22bitAddr	直接长调用，PC=22 位程序地址
LC	*XAR7	间接长调用，保存在 XAR7 中的 22 位程序地址加载到 PC
LCR	22bitAddr	使用 RPC 的长调用，PC=22 位程序地址
LCR	*XARn	使用 RPC 的间接长调用
LOOPZ	loc16, #16bit	[loc16]与 16 位立即数相与为 0 时循环
LOOPNZ	loc16, #16bit	[loc16]与 16 位立即数相与非 0 时循环
LRET		长返回
LRETE		长返回且允许中断
LRETR		使用 RPC 的长返回
RPT	#8bit/loc16	重复下一条指令 N 次，N 为 8 位立即数或[loc16]
SB	8bitOff, COND	有条件短跳转，PC=PC+8 位偏移地址(−128 ～ +127)
SBF	8bitOff, EQ/NEQ/TC/NTC	快速有条件短跳转，PC 变化同上
XB	pma	与 C2xLP 兼容性的跳转
XB	pma, COND	与 C2xLP 兼容性的有条件跳转
XB	pma, *, ARPn	与 C2xLP 兼容性的功能调用跳转
XB	*AL	与 C2xLP 兼容性的功能调用
XBANZ	pma, *ind{, ARPn}	若 ARn 不为 0，与 C2xLP 资源兼容性的跳转
XCALL	pma	与 C2xLP 兼容性的调用
XCALL	pma, COND	与 C2xLP 兼容性的条件调用
XCALL	pma, *, ARPn	与 C2xLP 兼容性的调用且改变 ARP
XCALL	*AL	与 C2xLP 兼容性的间接调用
XRET		等效于 XRETC UNC
XRETC	COND	与 C2xLP 兼容性的条件返回

15. 中断寄存器操作(见表 6-2-18)

表 6-2-18 指令及说明 15

助 记 符		说 明
AND	IER, #16bit	按位进行“与”操作来禁止指定的 CPU 中断
AND	IFR, #16bit	按位进行“与”操作来清除挂起的 CPU 中断
IACK	#16bit	中断确认
INTR	INT1/…/INT14、NMI、EMUINT、DLOGINT、RTOSINT	仿真硬件中断
MOV	IER, loc16	加载中断允许寄存器
MOV	loc16, IER	存储中断允许寄存器
OR	IER, #16bit	按位相“或”
OR	IFR, #16bit	按位相“或”
TRAP	#0…31	软件陷阱

16．状态寄存器操作(ST0，ST1)(见表 6-2-19)

表 6-2-19　指令及说明 16

助 记 符		说 明
CLRC	mode	清除各状态位
CLRC	XF	清除状态位 XF 并输出信号
CLRC	AMODE	清除 AMODE 位
C28ADDR		清除 AMODE 状态位
CLRC	OBJMODE	清除 OBJMODE 位
C27OBJ		清除 OBJMODE 位
CLRC	M0M1MAP	清除 M0M1MAP 位
C27MAP		清除 M0M1MAP 位
CLRC	OVC	清除 OVC 位
ZAP	OVC	清除 OVC 位
DINT		禁止可屏蔽中断(置 INTM 位)
EINT		允许可屏蔽中断(清除 INTM 位)
MOV	PM, AX	令乘积移位方式位 PM=AX(2: 0)
MOV	OVC, loc16	用指定单元的高 6 位数加载溢出计数器
MOVU	OVC, loc16	用指定单元的低 6 位数加载溢出计数器
MOV	loc16, OVC	存储溢出计数器
MOVU	loc16, OVC	存储溢出计数器到指定单元的低 6 位并且高 10 位清 0
SETC	Mode	置各状态位
SETC	XF	置 XF 位并输出信号
SETC	M0M1MAP	置 M0M1MAP 位
C28MAP		置 M0M1MAP 位
SETC	OBJMODE	置 OBJMODE 位
C28OBJ		置 OBJMODE 位
SETC	AMODE	置 AMODE 位
LPADDR		置 AMODE 位
SPM	PM	设置乘积移位方式位

17．其他操作(见表 6-2-20)

表 6-2-20　指令及说明 17

助 记 符	说 明
ABORTI	终止中断，该指令仅为一条仿真指令
ASP	对齐堆栈指针
EALLOW	允许访问受保护的空间/寄存器
IDLE	置处理器于低功耗模式
NASP	不对齐堆栈指针
NOP　{*ind}	空跳，间接地址修改为可选操作
ZAPA	将累加器、P 寄存器、OVC 都清 0
EDIS	禁止访问受保护的空间/寄存器
ESTOP0	仿真停止 0
ESTOP1	仿真停止 1

6.2.2 指令句法描述

汇编指令一般都由指令助记符和操作数组成，指令助记符是指令中的关键字，表示本条指令的操作类型，不能省略。操作数可以省略，也可有多个，但各操作数之间要用“,”分开。指令助记符与操作数之间要用空格分开。

说明：

ARn：n 为数值 0～7，ARn 指定下次的辅助寄存器。

ind：选择以下 7 种符号之一：*，*+，*-，*0+，*0-，*BR0+，*BR0-(C2xLP 兼容模式使用)。

#：立即寻址方式中常用的前缀。数值前面带“#”，表示该数值为一个立即数。

<<：左移。

>>：右移。

@：当使用 C28x 语法时，64 字的数据页通过“@”符号来表示，以帮助程序员理解当前正在使用哪种寻址模式。

@@：当使用 C28x 语法时，128 字的数据页通过“@@”符号来表示。

loc16：16 位寻址方式指定地址单元的内容。

loc32：32 位寻址方式指定地址单元的内容。

#16bitSigned：16 位有符号立即数。

6.2.3 指令集

本节按照字母的顺序对 C28x 系列指令集部分指令进行介绍，分析这些指令的指令格式、功能、执行过程及对状态位的影响等。

1．取累加器内容的绝对值指令 ABS

句法：**ABS** ACC

功能：求累加器内容的绝对值。

状态位：N：若 ACC 的第 31 位为 1，则 N=1；否则 N=0。

Z：若 ACC 的值为 0，则 Z=1；否则 Z=0。

C：该操作使 C=0。

V：若操作开始时，ACC=0x8000 0000， V=1；否则 V 不受影响。

注意：① 累加器中的值为 32 位有符号数，若其大于或等于零，执行该指令后内容不变；若小于 0，则执行该指令后，为其对 2 的补码。

② 对 ACC=0x8000 0000 取绝对值的特殊情况：当溢出模式为 0(OVM=0)时，执行 ABS 指令，对 0x8000 0000 取绝对值的结果是 0x8000 0000；当溢出模式为 1(OVM=1)时，执行 ABS 指令，对 0x8000 0000 取绝对值的结果是 0x7FFF FFFF。

2．加法指令 ADD

句法：

```
ADD   ACC, #16bit<<#0...15       ;移位后的立即数加到累加器
ADD   ACC, loc16 << T            ;将指定地址的数左移后加到累加器
ADD   ACC, loc16 << #0...16      ;将指定地址的数移位后加到累加器
ADD   AX, loc16                  ;将指定地址的数加到 AX
ADD   loc16, AX                  ;将 AX 加到指定地址
ADD   loc16, #16bitSigned        ;将 16 位有符号立即数加到指定地址单元中
```

功能：将被寻址的数据存储单元的内容或立即数加到指定寄存器或地址单元。若符号扩展模式使能(SXM=1)，则移位时为符号扩展；否则(SXM=0)移位时为零扩展，最低位填 0。

状态位：N：若 ACC 的第 31 位为 1，则 N=1；否则 N=0。

Z：若 ACC 的值为 0，则 Z=1；否则 Z=0。

C：若加操作产生进位，则 C=1；否则 C=0。

V：若发生溢出，则 V=1；否则 V 不受影响。

注意：若 OVM=0，当操作产生正溢出时，计数器值增加；产生负溢出时，计数器值减小；如果 OVM=1，该操作不影响计数器。若符号扩展模式 SXM=1，在做加法前 16 位立即数进行符号扩展，否则进行零扩展。若溢出模式位 OVM=1，在操作发生溢出时，ACC 为最大正数 0x7FFF FFFF 或最小负数 0x8000 0000。

3．加法指令 ADDB

句法：

```
ADDB  ACC, #8bit            ;将 8 位立即数加到累加器
ADDB  AX, #8bitSigned       ;将 8 位有符号立即数加到 AX
ADDB  SP, #7bit             ;将 7 位立即数加到堆栈指针上
ADDB  XARn, #7bit           ;将 7 位立即数加到辅助寄存器
```

功能：将 7 位或 8 位立即数加到指定的寄存器中，并把结果保存到指定的寄存器。

状态位：该指令影响 N、Z、C、V 状态位，　受 OVM 影响。

注意：若立即数为无符号数，则进行零扩展；若为有符号数，则进行符号扩展。

4．加法指令 ADDCL

句法：

```
ADDCL  ACC, loc32           ;将指定地址的 32 位数和进位位加到累加器
```

功能：将 loc32 寻址方式指定的地址单元的 32 位数及进位位 C 加到累加器 ACC。

状态位：N：若 ACC 的第 31 位为 1，则 N=1；否则 N=0。

Z：若 ACC 的值为 0，则 Z=1；否则 Z=0。

C：若产生进位，则 C=1；否则 C=0。

V：若发生溢出，则 V=1；否则 V 不受影响。

OVM：若 OVM=1，则操作发生溢出时，ACC 的值饱和为 0x7FFF FFFF 或最小负数 0x8000 0000，不影响计数器 OVC；若 OVM=0，产生正溢出时，计数器值增加，产生负溢出时，计数器值减小。

5．加法指令 ADDCU

句法：

```
ADDCU  ACC, loc16           ;将指定地址的 16 位无符号数和进位位加到累加器
```

功能：将 loc16 地址单元中的 16 位数零扩展后和进位位一起加到累加器 ACC。

状态位：N：若 ACC 的第 31 位为 1，则 N=1；否则 N=0。

Z：若 ACC 的值为 0，则 Z=1；否则 Z=0。

C：若产生进位，则 C=1；否则 C=0。

V：若发生溢出，则 V=1；否则 V 不受影响。

OVM：若 OVM=1，则操作发生溢出时，ACC 的值饱和为 0x7FFF FFFF 或最小负数 0x8000 0000，不影响计数器 OVC；若 OVM=0，产生正溢出时，计数器值增加，产生负溢出时，计数器值减小。

6. 加法指令 ADDL

句法：**ADDL** ACC, loc32 ;将指定地址的 32 位数加到累加器

ADDL ACC, P<<PM ;将移位后的 P 寄存器值加到累加器

ADDL loc32, ACC ;加累加器的值到指定地址

功能：实现 32 位的加法操作。

状态位：N：若 ACC 的第 31 位为 1，则 N=1；否则 N=0。

Z：若 ACC 的值为 0，则 Z=1；否则 Z=0。

C：若产生进位，则 C=1；否则 C=0。

V：若发生溢出，则 V=1；否则 V 不受影响。

OVM：若 OVM=1，则操作发生溢出时，ACC 的值饱和为 0x7FFF FFFF 或最小负数 0x8000 0000，不影响计数器 OVC；若 OVM=0，产生正溢出时，计数器值增加，产生负溢出时，计数器值减小。

重复性：ADDL ACC, loc32 指令和 ADDL ACC, P<<PM 指令可以进行重复操作，若将该指令放在 RPT 指令之后(RPT #N)，则执行 N+1 次，Z、N、C 的状态为最后的结果。若中间过程发生溢出，则 V=1。若溢出模式禁用，OVC 标志位将对溢出个数进行计数。

7. 加法指令 ADDU

句法：**ADDU** ACC, loc16

功能：将 loc16 寻址单元中的 16 位数零扩展并加到累加器 ACC。

状态位：N：若 ACC 的第 31 位为 1，则 N=1；否则 N=0。

Z：若 ACC 的值为 0，则 Z=1；否则 Z=0。

C：若产生进位，则 C=1；否则 C=0。

V：若发生溢出，则 V=1；否则 V 不受影响。

OVM：若 OVM=1，则操作发生溢出时，ACC 的值饱和为 0x7FFF FFFF 或最小负数 0x8000 0000，不影响计数器 OVC；若 OVM=0，产生正溢出时，计数器值增加，产生负溢出时，计数器值减小。

重复性：该指令可以进行重复操作，若将该指令放在 RPT 指令之后(RPT #N)，则执行 N+1 次，Z、N、C 的状态为最后的结果。若中间过程发生溢出，则 V=1。若溢出模式禁用，OVC 标志位将对溢出个数进行计数。

8. 加法指令 ADDUL

句法：**ADDUL** P, loc32 ;将指定地址的 32 位无符号数加到 P 寄存器

ADDUL ACC, loc32 ;将指定地址的 32 位无符号数加到累加器

功能：将 loc32 寻址方式指定的地址单元中的数加到累加器 ACC 或 P 寄存器。

状态位：N：若 ACC(或 P)的第 31 位为 1，则 N=1；否则 N=0。

Z：若 ACC(或 P)的值为 0，则 Z=1；否则 Z=0。

C：若产生进位，则 C=1；否则 C=0。

V：若发生溢出，则 V=1；否则 V 不受影响。

OVCU：当产生无符号进位时，溢出计数器增计数。OVM 模式不影响 OVCU。

重复性：当将 32 位无符号数加到累加器 ACC 时，该指令可以重复操作，若将该指令放在 RPT 指令之后(RPT #N)，则执行 N+1 次，Z、N、C 的状态为最后的结果。若中间过程发生溢出，则 V=1。OVCU 标志位计数中间进位。

9．辅助寄存器增量指令 ADRK

句法：**ADRK** #8bit

功能：将 8 位立即数按右对齐方式与当前辅助寄存器 XARn 的内容相加，结果送当前辅助寄存器。立即数按正整数处理。

状态位：3 位 ARP 指向当前辅助寄存器。

10．与指令 AND

句法：
```
AND ACC, #16bit<<#0...16
AND ACC, loc16
AND AX, loc16, #16bit
AND IER, #16bit
AND IFR, #16bit
AND loc16, AX
AND AX, loc16
AND loc16, #16bitSigned
```

功能：如果使用直接或间接寻址，累加器的低 16 位和被寻址的数据存储单元的内容进行逻辑与操作，结果送累加器低 16 位，累加器高 16 位清 0。如果使用长立即数寻址，则 16 位的长立即数左移 0～16 位后和 32 位的累加器相与，结果送累加器。

状态位：当 ACC、AX 或 loc16 做目的操作数时影响标志位 N、Z。

N：若 ACC(或 AX、loc16)的第 31 位为 1，则 N=1；否则 N=0。

Z：若 ACC(或 AX、loc16)的值为 0，则 Z=1；否则 Z=0。

11．8 位与指令 ANDB

句法：**ANDB** AX, #8bit

功能：将指定的 AX 寄存器(AH 或 AL)中的值和给定的 8 位无符号立即数零扩展后进行按位“与”操作。结果保存在 AX 中。

```
AX=AX AND 0: 8bit
```

状态位：N：若 AX 的第 15 位为 1，则 N=1；否则 N=0。

Z：若 AX 的值为 0，则 Z=1；否则 Z=0。

12．堆栈指针对齐指令 ASP

句法：**ASP**

功能：确保堆栈指针(SP)对齐到偶地址处。若 SP 的最低位为 1，SP 指向奇数地址，则 SP 必须加 1 移到偶数地址。当有校准操作时，SPA 置 1。ASP 指令发现 SP 已经指向了偶地址，则 SP 保持不变，SPA 位清 0，以表示没有发生校准操作。这两种情况下，SPA 位的改变都发生在流水线的译码阶段 2。

状态位：SPA 若指令执行前 SP 指向奇地址，则 SPA 置 1；否则 SPA 清 0。

13．算术右移指令 ASR

句法：
```
ASR AX, #1...16
ASR AX, T
```

功能：指定的 AX 寄存器(AH 或 AL)中的值算术右移给定的位数，移位的位数由立即数或 T 寄存器的后 4 位给出(此时 T 的高位忽略)。在移位时对 AX 寄存器中的数进行符号扩展，移出 AX 寄存器的最后一位保存在进位状态标志位 C 中。

状态位：N：若 AX 的第 15 位为 1，则 N=1；否则 N=0。

Z：若 AX 的值为 0，则 Z=1；否则 Z=0。

C：移出 AH 或 AL 的最后一位保存在 C 中。

注意：若 T(3:0)指定移位位数为 0，则进位标志位 C 清 0。

14．64 位数的算术右移指令 ASR64

句法：**ASR64** `ACC: P, #1...16`

ASR64 `ACC: P, T`

功能：对寄存器组 ACC: P 中的数进行算术右移，移位位数由立即数或者 T 寄存器的低 6 位 T(5: 0)给出(此时 T 的高位忽略)。在移位时进行符号扩展，移出的最后一位存到进位标志位 C 中。

状态位：N：若 ACC 的第 31 位为 1，则 N=1；否则 N=0。

Z：若 ACC: P 的值为 0，则 Z=1；否则 Z=0。

C：移出组合寄存器 ACC: P 的最后一位保存在 C 中。

注意：若 T(5: 0)指定的移位位数为 0，则进位标志位 C 清 0。

15．算术右移指令 ASRL

句法：**ASRL** `ACC, T`

功能：算术右移 ACC 寄存器中的数，由 T 寄存器的低 5 位 T(4: 0)=0...31 指定移位位数，忽略 T 寄存器的高位。在移位时进行符号扩展，移出 ACC 寄存器的最后一位保存在 C 中。

状态位：N：若 ACC 的第 31 位为 1，则 N=1；否则 N=0。

Z：若 ACC 的值为 0，则 Z=1；否则 Z=0。

C：移出累加器 ACC 的最后一位保存在 C 中。

注意：若 T 指定的移位位数为 0，则进位标志位 C 清 0。

16．条件跳转指令 B

句法：**B** `16bitOffset, COND`

功能：条件跳转。若条件为真，则加一个 16 位有符号立即数到当前 PC，发生跳转；否则不跳转，继续执行程序。判断条件 COND 说明见表 6-2-2。

状态位：V：若有条件地测试 V 标志位，则 V 清 0。

注意：如果条件为真，则指令执行需要 7 个周期；如果条件为假，则指令执行需要 4 个周期。

17．跳转指令 BANZ

句法：**BANZ** `16bitOffset, ARn--`

功能：若指定的辅助寄存器的 16 位数不为 0，则加 16 位有符号偏移量到 PC 值。强制控制程序跳到新的地址(PC+16bitOffset)。16 位偏移量在加到 PC 之前符号扩展到 22 位，然后辅助寄存器中的值减 1。在比较中不使用辅助寄存器的高 16 位(AR*n*H)，减后也不会影响它。

```
If(ARn!=0)
PC=PC+16 位有符号偏移量;
ARn=ARn-1;
ARnH=不改变;
```

状态位：无。

注意：若发生跳转，指令执行需要 4 个周期；若不发生跳转，指令执行需要 2 个周期。

18. 辅助寄存器比较跳转指令 BAR

句法：**BAR**　16bitOffset, AR*n*, AR*m*, EQ/NEQ

功能：比较两个辅助寄存器 AR*n* 和 AR*m* 寄存器的 16 位数，若条件为真，则跳转；否则不跳转，继续执行程序。

```
If(测试条件为真) PC=PC+16 位有符号偏移量;
If(测试条件为假) PC=PC+2;
```

状态位：无。

注意：如果条件为真，指令执行需要 4 个周期；如果条件为假，指令执行需要 2 个周期。

19. 快速跳转指令 BF

句法：**BF**　16bitOffset, COND

功能：快速条件跳转。若指定条件为真，则加一个 16 位有符号立即数到当前 PC，发生跳转；否则不跳转，继续执行程序。判断条件 COND 说明见表 6-2-2。

```
If(COND=真)
    PC=PC+16 位有符号偏移量
If(COND=假)
    PC=PC+2
```

状态位：V：如果使用了条件来测试 V 标志位，则 V 标志位清 0。

注意：快速跳转(BF)指令在 C28x 内核占用双倍的预取队列，使指令周期数从 7 减少到 4。

20. MOM1MAP 位清 0 指令 C27MAP

句法：**C27MAP**

功能：M0M1MAP 状态位清 0，配置 M0 和 M1 存储器模块映射位为 C27x 目标-兼容操作模式。存储器模块映射见表 6-2-21。

表 6-2-21　存储器模块映射

M0M1MAP 位	数据空间	程序空间
0 (C27x)	M0: 0x000～0x3FF M1: 0x400～0x7FF	M0: 0x400～0x7FF M1: 0x000～0x3FF
1 (C28x/C2xLP)	M0: 0x000～0x3FF M1: 0x400～0x7FF	

状态位：M0M1MAP：清 M0M1MAP 位为 0。

注意：本指令是 CLRC M0M1MAP 指令的别名，当指令执行时刷新流水线。

21. OBJMODE 位清 0 指令 C27OBJ

句法：**C27OBJ**

功能：状态寄存器 ST1 中的 OBJMODE 状态位清 0，配置器件到可执行 C27x 目标代码模式。该模式是处理器复位后的默认模式。

状态位：OBJMODE：清 OBJMODE 位为 0。

注意：本指令是 CLRC OBJMODE 操作的别名，当指令执行时刷新流水线。

22. AMODE 状态位清 0 指令 C28ADDR

句法：**C28ADDR**

功能：状态寄存器 ST1 中的 AMODE 状态位清 0，使器件进入 C27x/C28x 寻址模式。

状态位：AMODE：清 AMODE 位为 0。

注意：本指令是 CLRC AMODE 操作的别名，不刷新流水线。

23. MOM1MAP 位置位指令 C28MAP

句法：**C28MAP**

功能：状态寄存器 ST1 中的 M0M1MAP 位置位，配置 M0 和 M1 存储器模块映射位为 C28x 操作模式。

状态位：M0M1MAP：置 M0M1MAP 位为 1。

注意：本指令是 SETC M0M1MAP 指令的别名，该指令执行时刷新流水线。

24. OBJMODE 位置位指令 C28OBJ

句法：**C28OBJ**

功能：置位 OBJMODE 状态位，配置器件到可执行 C28x 目标代码模式(支持 C2xLP 源程序)。

状态位：OBJMODE：置 OBJMODE 位为 1。

注意：本指令是 SETC OBJMODE 操作的别名。

25. 清 0 指令 CLRC

句法：

```
CLRC  XF          ;XF 状态位清 0 并将相应的输出信号拉为低电平
CLRC  AMODE       ;状态寄存器 ST1 中的状态位 AMODE 清 0
CLRC  M0M1MAP     ;状态寄存器 ST1 中的状态位 M0M1MAP 清 0
CLRC  OBJMODE     ;OBJMODE 清 0
CLRC  OVC         ;状态寄存器 ST0 中的溢出计数器 OVC 清 0
```

提示：CLRC 还可以将 SXM、OVM、TC、C、INTM、DBGM、PAGE0、VMAP 等状态位清 0。

功能：指定的状态位清 0。

状态位：XF、AMODE、M0M1MAP、OBJMODE、OVC、SXM、OVM、TC、C、INTM、DBGM、PAGE0、VMAP 位都可以用指令清 0。

注意：汇编器将会接收任何顺序的任意标志位。

26. 比较指令 CMP

句法：

```
CMP  AX, loc16
CMP  loc16, #16bitSigned
```

功能：将 AX（或 loc16 寻址方式指定地址单元）中的值与 loc16 寻址方式指定地址单元（或 16 位有符号立即数）进行比较，计算（AX-[loc16]）（或（[loc16]-# 16bitSigned）），并设置相应的状态位，AX 寄存器（或 loc16 地址单元）中的值保持不变。

状态位：N：若操作结果为负，则 N=1；否则 N=0。

Z：若（AX-[loc16]）或（[loc16]-# 16bitSigned）结果为 0，则 Z=1；否则 Z=0。

C：若产生借位，则 C=0；否则 C=1。

27．64 位比较指令 CMP64

句法：**CMP64**　ACC: P

功能：将组合寄存器 ACC: P 中的 64 位数与 0 比较并设置相应的标志位。

状态位：N：若 ACC 为负，则 N=1；否则 N=0。

Z：若组合寄存器 ACC: P 中的值为 0，则 Z=1；否则 Z=0。

V：V 标志位的状态和 ACC 累加器的第 31 位一起决定 ACC: P 寄存器的值是否为负。如果为负，V 标志位清 0。

28．8 位比较指令 CMPB

句法：**CMPB**　AX, #8bit

功能：指定的 AX 寄存器中的值与 8 位无符号数零扩展后进行比较。计算（AX-0: 8bit）的结果，设置相应的状态位。AX 寄存器的值保持不变。

状态位：N：若操作结果为负，则 N=1；否则 N=0。

Z：若操作（AX- 0: 8bit）=0，则 Z=1；否则 Z=0。

C：若产生借位，则 C=0；否则 C=1。

29．32 位比较指令 CMPL

句法：**CMPL**　ACC, loc32

CMPL　ACC, P<<PM

功能：ACC 累加器中的值与 loc32 寻址方式指定的 32 位地址单元中的值（或 P 寄存器移位后的值）进行比较。根据（ACC–[loc32]）（或（ACC–[P<<PM]））的结果设置状态标志位，ACC 寄存器和 loc32 指定地址单元中的值保持不变。

状态位：N：若操作结果为负，则 N=1；否则 N=0。

Z：若操作结果为 0，则 Z=1；否则 Z=0。

C：若产生借位，则 C=0；否则 C=1。

30．辅助寄存器比较指令 CMPR

句法：**CMPR**　CM

功能：将当前辅助寄存器的内容与 AR0 的内容进行比较，根据比较结果设置 ST1 的状态位 TC：

若 CM=0，则比较是否（当前 AR）=（AR0）；

若 CM=1，则比较是否（当前 AR）<（AR0）；

若 CM=2，则比较是否（当前 AR）>（AR0）；

若 CM=3，则比较是否（当前 AR）≠（AR0）；

状态位：TC：若测试为真，则 TC 置 1；否则 TC 清 0。

31. 计算符号位指令 CSB

句法：**CSB** ACC

功能：计算累加器中从最高位开始连续出现 0 或 1 的数目来确定它符号位的个数，结果减 1 保存到 T 寄存器。T=0～31 分别表示 1～32 个符号位。

状态位：N：若 ACC 的第 31 位为 1，则 N=1；否则 N=0。

Z：若 ACC 等于 0，则 Z=1；否则 Z=0。

TC：TC 位反映了指令执行后符号位的状态(TC=1 表示为负)。

32. 减 1 指令 DEC

句法：**DEC** loc16

功能：把 loc16 地址单元的有符号数减 1。

状态位：N：若[loc16]的第 15 位为 1，则 N=1；否则 N=0。

Z：若[loc16]的值为 0，则 Z=1；否则 Z=0。

C：若产生借位，则 C=0；否则 C=1。

V：若发生溢出，则 V=1；否则 V 不受影响。

33. 禁止可屏蔽中断指令 DINT

句法：**DINT**

功能：将 INTM 状态位置 1，禁止所有可屏蔽中断。DINT 指令对复位或 NMI 中断没有影响。

状态位：INTM 指令将 INTM 位置 1，从而禁止中断。

34. 16 位双乘法且累加指令 DMAC

句法：**DMAC** ACC: P, loc32, *XAR7/++

功能：双重 16 位×16 位有符号乘法且累加。第一次乘法发生在 loc32 指定 32 位地址与*XAR7/++寻址方式的高字之间进行，第二次发生在低字之间。指令执行后，ACC 包含乘法结果加上可寻址的 32 位数的高字，P 寄存器包含乘法结果加上可寻址的 32 位操作数的低字。

```
XT = [loc32];
Temp = Prog[*XAR7 or *XAR7++];
ACC = ACC +(XT. MSW×Temp. MSW)<<PM;
P = P +(XT. MSW×Temp. MSW)<<PM;
```

状态位：N：若 ACC 的第 31 位为 1，则 N=1；否则 N=0。

Z：若 ACC 的值为 0，则 Z=1；否则 Z=0。

C：若 ACC 产生进位，则 C=1；否则 C=0。

V：若累加器 ACC 发生溢出，则 V=1；否则 V 不受影响。

OVC：若溢出模式禁止，当操作产生 ACC 累加器的正溢出时，计数器增加；当产生负溢出时，计数器减少。

OVM：若溢出模式位置位，在操作发生溢出时，ACC 将为饱和值，即为最大正数 0x7FFFFFFF 或最小负数 0x80000000。

PM：PM 位设置乘积寄存器的输出移位模式。其移位方式将会影响 ACC 和 P 寄存器累加结果。若乘积移位位数为正(逻辑左移操作)，则最低位填 0，若乘积移位位数为负(算术右移操作)，则高位进行符号扩展。

重复性： 该指令可以重复，若操作发生在 RPT 指令后(RPT #N)，则执行 N+1 次。Z、N、C 和 OVC 为最后结果。若 ACC 发生中间溢出，则溢出标志位 V 置 1。

注意：不能使用@ACC 和@P 寄存器寻址模式，若使用将产生非法指令陷阱。

35. 移动 16 位地址单元中的数据指令 DMOV

句法： **DMOV** loc16

功能： 将指定数据存储单元的内容复制到地址加 1 的单元，[loc16+1]=[loc16]。

状态位： 无。

重复性： 本指令可以重复。若操作用在 RPT 指令后，则指令将执行 N+1 次。

注意：在该指令中，不能使用寄存器寻址方式，寄存器寻址模式有：@ARn，@AH，@AL，@PH，@PL，@SP，@T。它将会产生一个非法指令陷阱。

36. 使能对保护空间的写访问指令 EALLOW

句法： **EALLOW**

功能： 对访问仿真空间和其他保护寄存器使能。本指令设置状态寄存器 ST1 中的 EALLOW 位。当该位为 1 时，C28xCPU 允许访问存储器映射寄存器和其他保护寄存器。

状态位： EALLOW：置 EALLOW 标志位为 1。

37. 禁止保护寄存器的写访问指令 EDIS

句法： **EDIS**

功能： 禁止对仿真空间和其他保护寄存器的访问。本指令将状态寄存器 ST1 中的 EALLOW 位清 0，与 EALLOW 指令相对应。

状态位： EALLOW：EALLOW 标志位清 0。

38. 使能可屏蔽中断指令 EINT

句法： **EINT**

功能： 将 INTM 状态位清 0，使能中断。

状态位： INTM：INTM 位清 0。

39. 快速函数调用指令 FFC

句法： **FFC** XAR7, 22bit

功能： 快速函数调用。返回的 PC 指针值保存到 XAR7 寄存器，装载 22 位的立即数目标地址到 PC 中。

```
XAR7(21:0)= PC + 2;
XAR7(31:22)= 0;
PC = 22bit;
```

状态位： 无。

40. 改变 AX 寄存器中位的顺序指令 FLIP

句法： **FLIP** AX

功能： 指定的 AX 寄存器(AH 或 AL)的值进行位逆序。

状态位：N：若 AX 的第 15 位为 1，则 N=1；否则 N=0。
Z：若 AX 为 0，则 Z=1；否则 Z=0。

41. 中断应答指令 IACK

句法：**IACK** #16bit

功能：在数据总线的低 16 位上输出指定的 16 位立即数去应答中断。某些外设有能力捕获该值，以提供低功耗功能。

状态位：无。

42. 使处理器进入空闲模式指令 IDLE

句法：**IDLE**

功能：使处理器进入空闲模式，等待使能或非屏蔽中断。C28x 可以使用 IDLE 指令结合外部逻辑完成各种低功耗模式。

状态位：IDLESTAT：进入空闲模式前，IDLESTAT=1；退出空闲模式后，IDLESTAT=0。

43. 有符号 32×32 位乘法且累加指令 IMACL

句法：**IMACL** P, loc32, *XAR7
IMACL P, loc32, *XAR7++

功能：32 位×32 位有符号乘法且累加。首先，加先前无符号乘积(保存在 P 寄存器中)到 ACC 累加器，忽略乘积移位方式(PM)。然后，loc32 寻址方式指定地址单元中的 32 位有符号值与 XAR7 寄存器指定程序存储器中的 32 位有符号值相乘。乘积移位方式指定 64 位结果的低 38 位的哪一部分保存在 P 寄存器中。若特别指定，则 XAR7 加 1。对于 C28x 器件，存储器模块映射为程序和数据空间两部分(存储器统一编址)，因此，*XAR7/++寻址方式可以寻址落入其寻址范围内的数据空间变量。不同寻址方式组合，可能得到有冲突的参数。在这种情况下，C28x 将给定优先级。

状态位：N：若 ACC 的第 31 位为 1，则负标志位 N=1；否则 N=0。
Z：若 ACC 为 0，则 Z=1；否则 Z=0。
C：若累加器 ACC 产生进位，则 C=1；否则 C=0。
V：若 ACC 发生溢出，则 V=1；否则 V 不受影响。
OVCU：当加法操作产生无符号进位时，计数器值增加；OVM 不影响 OVCU。
PM：PM 位设置移位方式。

重复性：该指令可以重复，若用在 RPT 指令之后，则执行 N+1 次。Z、N、C 和 OVC 为最后结果。若发生中间溢出，则 V=1。

44. 有符号 32 位乘法指令(低半部分)IMPYAL

句法：**IMPYAL** P, XT, loc32

功能：忽略乘积移位方式(PM)，加 P 寄存器中无符号的内容到 ACC 累加器中。XT 寄存器的 32 位有符号数和 loc32 寻址方式指定地址单元中的 32 位有符号数相乘，乘积移位方式(PM)指定 64 位结果中的低 38 位的哪一部分保存到 P 寄存器。

状态位：N：若 ACC 的第 31 位为 1，则负标志位 N=1；否则 N=0。
Z：若 ACC 为 0，则 Z=1；否则 Z=0。
C：若累加器 ACC 产生进位，则 C=1；否则 C=0。
V：若 ACC 发生溢出，则 V=1；否则 V 不受影响。

OVCU：当加法操作产生无符号进位时，计数器值增加；OVM 不影响 OVCU。

PM：PM 位设置移位方式。

45．有符号 32×32 位乘法（低半部分）IMPYL

句法：**IMPYL** ACC, XT, loc32

IMPYL P, XT, loc32

功能：XT 寄存器中的 32 位有符号数和 loc32 寻址方式指定地址单元中的 32 位有符号数相乘，64 位结果的低 32 位保存到 ACC 累加器中。当使用 P 寄存器来存放结果时，按照乘积移位方式（PM）选择将 64 位结果的低 38 位中的哪一部分保存到 P 寄存器，其对应关系见表 6-2-3。

状态位：N：若 ACC 的第 31 位为 1，则负标志位 N=1；否则 N=0。

Z：若 ACC 为 0，则 Z=1；否则 Z=0。

注意：该指令不可重复。如果使用重复指令，将重置 RPTC 位，并且只能执行一次。

46．有符号 32 位乘法指令（低半部分）IMPYSL

句法：**IMPYSL** P, XT, loc32

功能：忽略乘积移位方式（PM），从 ACC 累加器中减去 P 寄存器中无符号的内容。XT 寄存器的 32 位有符号数和 loc32 寻址方式指定地址单元中的 32 位有符号数相乘，乘积移位方式（PM）指定 64 位结果中的低 38 位的哪一部分保存到 P 寄存器，其对应关系见表 6-2-3。

状态位：N：若 ACC 的第 31 位为 1，则负标志位 N=1；否则 N=0。

Z：若 ACC 为 0，则 Z=1；否则 Z=0。

C：若累加器 ACC 产生进位，则 C=1；否则 C=0。

V：若 ACC 发生溢出，则 V=1；否则 V 不受影响。

OVCU：当加法操作产生无符号进位时，计数器值增加；OVM 不影响 OVCU。

PM：PM 位设置移位方式。

47．有符号 32 位数与无符号 32 位数乘法（低半部分）IMPYXUL

句法：**IMPYXUL** P, XT, loc32

功能：XT 寄存器的 32 位有符号数和 loc32 寻址方式指定地址单元中的 32 位无符号数相乘，乘积移位方式（PM）指定 64 位结果中低 38 位的哪一部分保存到 P 寄存器，其对应关系见表 6-2-3。

状态位：无。

48．从口地址单元中读入数据指令 IN

句法：**IN** loc16, *(PA)

功能：从*(PA)端口读入 16 位数据，送到指定的数据存储单元中。

状态位：N：若(loc16=@AX)，读入数据后测试 AX 是否为负。若 AX 的第 15 位为 1，则 N=1；否则 N=0。

Z：若(loc16=@AX)，读入数据后测试 AX 是否为 0。若为 0，则 Z=1；否则 Z=0。

重复性：该指令可以重复。若操作用在 RPT 指令后，则执行 N+1 次指令。当重复执行时，“(PA)” I/O 空间的地址在每次重复后加 1。

49．加 1 指令 INC

句法：**INC** loc16

功能：loc16 寻址方式指定地址单元中的数加 1，即[loc16]=[loc16]+1。

状态位：N：若[loc16]的第 15 位为 1，则负标志位 N=1；否则 N=0。
Z：若[loc16]为 0，则 Z=1；否则 Z=0。
C：若产生进位，则 C=1；否则 C=0。
V：若发生溢出，则 V=1；否则 V 不受影响。

50. 仿真硬件中断指令 INTR

句法：
```
INTR   INTx              ;可屏蔽的 CPU 中断向量名，x=1～14
INTR   DLOGINT           ;可屏蔽的 CPU 数据触发中断
INTR   RTOSINT           ;可屏蔽的 CPU 实时操作系统中断
INTR   NMI               ;非屏蔽中断
INTR   EMUINT            ;可屏蔽仿真中断
```
功能：仿真一个中断。INTR 指令可以控制程序转换到指令指定的相应中断向量的中断服务程序处。INTR 指令不受状态寄存器 ST1 中的 INTM 位的影响。它也不受中断使能寄存器(IER)或仿真中断使能寄存器(DBGIER)中的使能位的影响。

状态位：DBGM：置位 DBGM，禁止仿真事件。
INTM：置位 INTM 位，禁止可屏蔽中断。
EALLOW：EALLOW 位清 0 以禁止对保护寄存器的访问。
LOOP：LOOP 标志位清 0。
IDLESTAT：空闲标志位清 0。

51. 中断返回指令 IRET

句法：**IRET**
功能：从中断中返回。IRET 指令恢复中断操作时自动保存的程序计数器 PC 和其他寄存器的值。
状态位：该操作恢复所有标志位的状态和 ST0 寄存器的模式。

52. 长跳转指令 LB

句法：
```
LB   *XAR7
LB   #22bit
```
功能：长跳转，用 XAR7 寄存器的低 22 位或者 22 位程序地址装载 PC 指针。
状态位：无。

53. 长调用指令 LC

句法：
```
LC   *XAR7
LC   #22bit
```
功能：长调用。将当前 PC 值压入 SP 寄存器指向的堆栈单元，然后用 XAR7 寄存器的低 22 位或者 22 位程序地址装载 PC 指针。
状态位：无。

54. 用 RPC 长调用指令 LCR

句法：
```
LCR   *XARn
LCR   #22bit
```

功能：使用返回 PC 指针 RPC 的长调用。将当前 RPC 值压入堆栈，然后用返回地址装载 RPC，最后用 XARn 寄存器的低 22 位或者 22 位程序地址装载 PC 指针。

状态位：无。

55. 循环指令 LOOPNZ

句法：**LOOPNZ** `loc16, #16bit`

功能：不为 0 则循环，LOOPNZ 指令使用“位与”操作比较 loc16 寻址方式指定地址单元中的值和 16 位立即数，只要操作结果不为 0，本指令就重复进行比较。处理过程如下：

① 置位状态寄存器 ST1 中的 LOOP 位。

② 产生 loc16 寻址方式指定单元的地址。

③ 若 loc16 是间接寻址，则对 SP、指定辅助寄存器、ARPn 指针进行修改。

④ 使用“位与”操作比较指定值和立即数。

⑤ 若结果为 0，LOOP=0，PC=PC+2；若结果不为 0，则返回到第 1 步。

状态位：N：若“与”操作结果的第 15 位为 1，则 N=1；否则 N=0。

Z：若“与”操作的结果为 0，则 Z=1；否则 Z=0。

56. 循环指令 LOOPZ

句法：**LOOPZ** `loc16, #16bit`

功能：为 0 则循环，不为 0 则不循环。LOOPZ 指令使用“位与”操作比较 loc16 寻址方式指定地址单元中的值和 16 位立即数，只要操作结果为 0，本指令就重复进行比较。处理过程如下：

① 置位状态寄存器 ST1 中的 LOOP 位。

② 产生 loc16 寻址方式指定单元的地址。

③ 若 loc16 是间接寻址，则对 SP、指定辅助寄存器、ARPn 指针进行修改。

④ 使用“位与”操作比较指定值和立即数。

⑤ 若结果不为 0，LOOP=0，PC=PC+2；若结果为 0，则返回到第 1 步。

状态位：N：若“与”操作结果的第 15 位为 1，则 N=1；否则 N=0。

Z：若“与”操作的结果为 0，则 Z=1，否则 Z=0。

LOOP：操作结果为 0 时，LOOP 可以重复置位。当结果不为 0 时，LOOP 清 0。若在 LOOP 指令进入流水线的解码阶段 2 之前发生中断，指令将会从流水线终止，因此不会影响 LOOP 位。

57. AMODE 置位指令 LPADDR

句法：**LPADDR**

功能：AMODE 状态位置 1，使器件进入 C2xLP 兼容寻址方式。

状态位：AMODE 状态位置 1。

注意：该指令不会刷新流水线。

58. 长返回指令 LRET

句法：**LRET**

功能：长返回。从软堆栈中弹出两个 16 位地址到 PC 中。

```
SP=SP-1;
Temp(31:16)=[SP];
```

```
SP=SP-1;
Temp(15:0)=[SP];
PC=temp(21:0);
```

状态位：无。

59．长返回并使能中断指令 LRETE

句法：**LRETE**

功能：长返回并中断使能。从软堆栈中弹出两个 16 位地址到 PC 中。全局中断标志位(INTM)清 0。全局可屏蔽中断使能。

```
SP=SP-1;
Temp(31:16)=[SP];
SP=SP-1;
Temp(15:0)=[SP];
PC=temp(21:0);
INTM=0;
```

状态位：INTM 位清 0。

60．使用 RPC 长返回指令 LRETR

句法：**LRETR**

功能：使用返回程序计数器 RPC 的长返回，将保存在 RPC 寄存器中的返回地址装载到 PC 中，RPC 寄存器装载软堆栈中的两个 16 位数。

```
SP=RPC;
SP=SP-1;
Temp(31:16)=[SP];
SP=SP-1;
Temp(15:0)=[SP];
RPC=temp(21:0);
```

状态位：无。

61．逻辑左移指令 LSL

句法：**LSL** ACC，#1…16

LSL ACC，T

LSL AX，#1…16

LSL AX，T

功能：将累加器或指定寄存器中的值逻辑左移指定的位数。移位位数以立即数或者 T 寄存器的低 4 位给出。在移位时，ACC 或指定寄存器的低位做零扩展，移出的最后一位保存在进位标志位 C 中。

状态位：N：若 ACC(或 AX)的第 31(或 15)位为 1，则负标志位 N=1；否则 N=0。

Z：若 ACC(或 AX)为 0，则 Z=1；否则 Z=0。

C：若 T(3:0)=0，进位标志位 C 清 0；否则移出的最后一位保存在 C 中。

62．64 位逻辑左移指令 LSL64

句法：**LSL64** ACC：P，#1…16

LSL64 ACC：P，T

功能：逻辑左移 ACC: P 寄存器中的 64 位数，移位位数以立即数或者 T 寄存器的低 6 位给出。在移位时，低位做零扩展，移出的最后一位保存在进位标志位 C 中。

状态位：N：若 ACC 的第 31(或 15)位为 1，则负标志位 N=1；否则 N=0。

Z：若 ACC: P 的值为 0，则 Z=1；否则 Z=0。

C：若 T(5: 0)=0，进位标志位 C 清 0；否则移出的最后一位保存在 C 中。

63. 逻辑左移 T(4: 0)位指令 LSLL

句法：**LSLL** ACC, T

功能：逻辑左移 ACC 累加器的值。左移位数由 T 寄存器的最低 5 位 T(4:0)=0…31 指定，T 寄存器的高位忽略，ACC 累加器的最低位填 0。若 T 寄存器指定移位位数为 0，则进位标志位 C 清 0；否则 ACC 累加器移出的最后一位到进位标志位 C 中。

状态位：N：若 ACC 的第 31 位为 1，则负标志位 N=1；否则 N=0。

Z：若 ACC 为 0，则 Z=1；否则 Z=0。

64. 逻辑右移指令 LSR

句法：**LSR** AX, #1…16

LSR AX, T

功能：逻辑右移指定 AX 寄存器中的值，移位位数以立即数或 T 寄存器的低 4 位给出。移位时，AX 寄存器的最高位填 0，移出的最后一位保存在进位标志位 C 中。

状态位：N：若 AX 的第 15 位为 1，则负标志位 N=1；否则 N=0。

Z：若 AX 为 0，则 Z=1；否则 Z=0。

C：若 T(3: 0)=0，进位标志位 C 清 0；否则移出的最后一位保存在 C 中。

65. 64 位逻辑右移指令 LSR64

句法：**LSR64** ACC: P, #1…16

LSR64 ACC: P, T

功能：逻辑右移组合寄存器 ACC: P 中的 64 位值，移位位数由立即数或 T 寄存器的最低 6 位 T(5: 0)指定。移位时，最高有效位填充 0，移出的最后一位保存在进位标志位 C 中。

状态位：N：若累加器 ACC 的第 31 位为 1，则负标志位 N=1；否则 N=0。

Z：若 ACC: P 的值为 0，则 Z=1；否则 Z=0。

C：若 T(5: 0)=0，进位标志位 C 清 0；否则移出的最后一位保存在 C 中。

66. 逻辑右移 T(4: 0)指令 LSRL

句法：**LSRL** ACC, T

功能：逻辑右移 ACC 累加器的值。右移位数由 T 寄存器的最低 5 位 T(4: 0)=0…31 指定，T 寄存器的高位忽略，ACC 累加器的最低位填 0。若 T 寄存器指定移位位数为 0，则进位标志位 C 清 0；否则 ACC 累加器移出的最后一位到进位标志位 C 中。

状态位：N：若累加器 ACC 的第 31 位为 1，则负标志位 N=1；否则 N=0。

Z：若 ACC: P 的值为 0，则 Z=1；否则 Z=0。

C：若 T(4: 0)=0，进位标志位 C 清 0；否则移出的最后一位保存在 C 中。

67. 乘积且累加指令 MAC

句法：**MAC** P, loc16, 0: pma

MAC P, loc16, *XAR7/++

功能：① 先前的乘积(保存在 P 寄存器中)按乘积移位方式 PM 指定的移位位数移位后加到累加器 ACC。
② 用 loc16 寻址方式指定地址单元的内容装载 T 寄存器。
③ 用程序存储器指定地址单元(或 XAR7 寄存器指向的程序存储器地址单元)的 16 位有符号数乘以 T 寄存器的 16 位有符号数，32 位结果保存到 P 寄存器中。

状态位：N：若 ACC 的第 31 位为 1，则负标志位 N=1；否则 N=0。
Z：若 ACC 为 0，则 Z=1；否则 Z=0。
C：若产生进位，则 C=1；否则 C=0。
V：若发生溢出，则 V=1；否则 V 不受影响。
OVC：若禁止溢出模式，且结果产生正溢出时，计数器值增加；操作产生负溢出时，计数器值减少。
OVM：若溢出模式位置 1，且结果产生溢出时，ACC 的值将为最大正整数 0x7FFFFFFF 或最小负数 0x80000000。
PM：PM 位设置移位方式。

重复性：该指令可以重复，若指令跟在 RPT 指令之后，它将执行 N+1 次。Z、N、C 和 OVC 的状态为最终结果。当发生溢出时，V=1。在每次重复操作时，程序存储器地址加 1。

68. 求最大值指令 MAX

句法：**MAX** AX, loc16

功能：比较 AX 寄存器(AH 或 AL)中的有符号值和 loc16 寻址方式指定地址单元中的有符号值，将其中较大的一个值装载到 AX 寄存器。

```
If(AX<[loc16]), AX=[loc16];
If(AX>=[loc16]), AX 不变;
```

状态位：N：若 AX 小于指定地址单元的值(AX<[loc16])，则 N=1；否则 N=0。
Z：若 AX 等于指定地址单元的值(AX=[loc16])，则 Z=1；否则 Z=0。
V：若 AX 小于指定地址单元的值(AX<[loc16])，则 V=1，本指令不能对 V 清 0。

重复性：该指令可以重复，若指令跟在 RPT 指令之后，它将执行 N+1 次。Z、N、C 和 OVC 的状态为最终结果。当发生溢出时，V=1。

69. 有条件求无符号数最大值指令 MAXCUL

句法：**MAXCUL** P, loc32

功能：根据负标志位 N 和零标志位 Z 的状态，有条件地把 P 寄存器的无符号值与 loc32 寻址单元的 32 位无符号值进行比较，然后将其中的较大值装载到 P 寄存器。

```
If((N=1)&(Z=0))
P=[loc32];
If((N=0)&(Z=1)&(P<[loc32]))
V=1, P=[loc32];
If((N=0)&(Z=0))
P 不变;
```

状态位：N：若(N=1 且 Z=0)，则用[loc32]装载 P。
Z：若(N=0 且 Z=1)，把 P 寄存器的无符号值与无符号值[loc32]进行比较，将其中的最大值装载到 P 寄存器。若(N=0 且 Z=0)，将不做任何处理。
V：若(N=0，Z=1 且 P<[loc32])，则溢出标志位 V=1；否则 V 不变。

70. 求 32 位最大值指令 MAXL

句法：**MAXL** ACC, loc32

功能：比较 ACC 累加器和 loc32 指定寻址方式指向的 32 位值，将其中较大的值装载到 ACC 中。

```
If(ACC<[loc32]), ACC=[loc32];
If(ACC>=[loc32]), ACC 不变;
```

状态位：N：若 ACC 小于指定地址中的值(ACC<[loc32])，则 N=1；否则 N=0。

Z：若 ACC 等于指定地址中的值(ACC=[loc32])，则 Z=1；否则 Z=0。

C：若(ACC-[loc32])产生借位，则 C=0；否则 C=1。

V：若 ACC 小于指定地址中的值(ACC<[loc32])，则 V=1；否则 V 不受影响。

重复性：该指令可以重复。若指令跟在 RPT 指令之后，MAXL 将执行 N+1 次。N、Z、C 的状态为最终的结果。若发生溢出，V=1。

71. 求最小数指令 MIN

句法：**MIN** AX, loc16

功能：比较寄存器 AX(AH 或 AL)的有符号值与 loc16 寻址方式指定的地址单元中的有符号值，将其中最小的值装载到 AX 寄存器。

```
If(AX>[loc16]), AX=[loc16];
If(AX<=[loc16]), AX 不变;
```

状态位：N：若 AX 小于指定地址单元的值(AX<[loc16])，则 N=1；否则 N=0。

Z：若 AX 等于指定地址单元的值(AX=[loc16])，则 Z=1；否则 Z=0。

V：若 AX 大于指定地址单元的值(AX>[loc16])，则 V=1，本指令不能对 V 清 0。

重复性：该指令可以重复，若指令跟在 RPT 指令之后，它将执行 N+1 次。Z、N、C 和 OVC 的状态为最终结果。当发生溢出时，V=1。

72. 有条件求无符号数的最小值指令 MINCUL

句法：**MINCUL** P, loc32

功能：根据负标志位 N 和零标志位 Z 的状态，有条件地把 P 寄存器中的无符号值与 loc32 寻址单元中的 32 位无符号数进行比较，将其中较小的数装载到 P 寄存器。

状态位：N：若(N=1 且 Z=0)，则用[loc32]装载 P。

Z：若(N=0 且 Z=1)，把 P 寄存器的无符号值与无符号值[loc32]进行比较，将两个中的最小值装载到 P 寄存器。若(N=0 且 Z=0)，将不做任何处理。

V：若(N=0，Z=1 且 P<[loc32])，则溢出标志位 V=1；否则 V 不变。

73. 求 32 位数的最小值指令 MINL

句法：**MINL** ACC, loc32

功能：把累加器 ACC 的值与 loc32 寻址单元中的 32 位值进行比较，将最小值装载到 ACC 累加器。

状态位：N：若 ACC 小于指定地址单元的值(ACC<[loc32])，则 N=1；否则 N=0。

Z：若 ACC 等于指定地址单元的值(ACC=[loc32])，则 Z=1；否则 Z=0。

C：若(ACC-[loc32])产生借位，则 C=0；否则 C=1。

V：若 ACC 大于指定地址单元的值(ACC>[loc32])，则 V=1，本指令不能对 V 清 0。

重复性：该指令可以重复，若指令跟在 RPT 指令之后，MINL 指令将执行 N+1 次。Z、N、C 的状态为最终的结果。若中间发生溢出，V=1。

74. 数据移动指令 MOV

句法：
```
MOV  *(0: 16bit), loc16          ;移动 loc16 地址单元的值到 0:16bit
MOV  AX, loc16                   ;装载 AX
MOV  ACC, #16bit<<#0…15          ;用移位后的值装载累加器
MOV  ACC, loc16<<T               ;用移位后的值装载累加器
MOV  ACC, loc16<<#0…16           ;用移位后的值装载累加器
MOV  AR6/AR7, loc16              ;装载辅助寄存器
MOV  DP, #10bit                  ;装载数据页指针
MOV  IER, loc16                  ;装载中断使能寄存器
MOV  loc16, #16bit               ;保存 16 位立即数
MOV  loc16, *(0: 16bit)          ;移动 0:16bit 到 loc16 寻址方式指定的地址单元
MOV  loc16, #0                   ;将 loc16 寻址方式对应的 16 位数据清 0
MOV  loc16, ARn                  ;保存 16 位辅助寄存器
MOV  loc16, AX                   ;保存 AX
MOV  loc16, AX, COND             ;有条件地保存 AX
MOV  loc16, IER                  ;保存中断使能寄存器
MOV  loc16, P                    ;保存移位 P 寄存器的低位
MOV  loc16, T                    ;保存 T 寄存器
MOV  OVC, loc16                  ;装载溢出计数器
MOV  PH/PL, loc16                ;装载 P 寄存器的高字/低字
MOV  PM, AX                      ;装载乘积移位模式
MOV  T, loc16                    ;装载 XT 寄存器的高字
MOV  TL, #0                      ;将 XT 寄存器的低字清 0
MOV  XARn, PC                    ;保存当前程序计数器到 XARn
```

功能：该指令实现 16 位或 32 位的数据移动。

状态位：当累加器 ACC(或 AX)、loc16 参与数据移动时，影响状态位 N、Z。

N：若 ACC(或 AX)的最高位为 1，则 N=1；否则 N=0。

Z：若 ACC(或 AX)的值为 0，则 Z=1；否则 Z=0。

SXM：需要进行数据扩展时，若符号扩展模式为 1，则进行符号扩展；否则进行零扩展。

重复性：MOV *(0:16bit), loc16 指令和 MOV loc16, *(0: 16bit)指令可以重复。若指令跟在 RPT 指令之后，它将执行 N+1 次。当重复执行时，0: 16bit 数据存储器地址加 1，仅地址的低 16 位受影响。

```
MOV  loc16, #0
MOV  loc16, ARn
MOV  loc16, AX
MOV  loc16, P
```

均可以重复执行，若指令跟在 RPT 指令之后，它将执行 N+1 次。

75. 装载 T 寄存器并加上先前的乘积指令 MOVA

句法：**MOVA** T, loc16

功能：用 loc16 地址单元的 16 位数装载 T 寄存器。而 P 寄存器的内容由乘积移位模式位 PM 指定的移位位数移位后加到 ACC 累加器。

```
T=[loc16];
ACC=ACC+P<<PM;
```

状态位：N：若累加器 ACC 的第 31 位为 1，则 N=1；否则 N=0。

Z：若 ACC 的值为 0，则 Z=1；否则 Z=0。

C：若产生进位，则 C=1；否则 C=0。

V：若产生溢出，则 V=1；否则 V 不受影响。

OVC：若溢出模式禁止且操作产生正溢出，计数器值增加；操作产生负溢出，计数器值减少。

OVM：若溢出模式位置位，当运行出现溢出时，ACC 的值将为最大正数(0x7FFF FFFF)或最小负数(0x8000 0000)。

PM：PM 值设置了乘积寄存器输出时移位操作的模式。若乘积移位位数为正(逻辑左移操作)，则最低位填 0；若乘积移位位数为负(算术右移操作)，则高位进行符号扩展。

重复性：该指令可以重复。若指令跟在 RPT 指令之后，它将执行 N+1 次。Z、N、C、OVC 的状态为最终的结果。当中间发生溢出时，V=1。

76．装载 T 寄存器指令 MOVAD

句法：**MOVAD** T, loc16

功能：用 loc16 地址单元的 16 位数装载 T 寄存器，然后将 T 的内容装载到 loc16 地址的下一个地址。而 P 寄存器的内容由乘积移位模式位 PM 指定的移位位数移位后加到 ACC 累加器。

```
T=[loc16];
[loc16+1]=T;
ACC=ACC+P<<PM;
```

状态位：N：若累加器 ACC 的第 31 位为 1，则 N=1；否则 N=0。

Z：若 ACC 的值为 0，则 Z=1；否则 Z=0。

C：若产生进位，则 C=1；否则 C=0。

V：若产生溢出，则 V=1；否则 V 不受影响。

OVC：若溢出模式禁止且操作产生正溢出，计数器值增加；操作产生负溢出，计数器值减少。

OVM：若溢出模式位置位，当运行出现溢出时，ACC 的值将为最大正数(0x7FFF FFFF)或最小负数(0x8000 0000)。

PM：PM 值设置了乘积寄存器输出时移位操作的模式。若乘积移位位数为正(逻辑左移操作)，则最低位填 0；若乘积移位位数为负(算术右移操作)，则高位进行符号扩展。

77．8 位数据传送指令 MOVB

句法：

```
MOVB  ACC, #8bit
MOVB  AR6/7, #8bit
MOVB  AX, #8bit
MOVB  AX.LSB, loc16
MOVB  AX.MSB, loc16
MOVB  loc16, AX.LSB
MOVB  loc16, AX.MSB
MOVB  XARn, #8bit
```

功能：该指令实现 8 位的数据移动。

状态位：N：若 ACC(或 AX)的最高位为 1，则 N=1；否则 N=0。

Z：若 ACC(或 AX)值为 0，则 Z=1；否则 Z=0。

78．保存 XT 并装载新的 XT 指令 MOVDL

句法：**MOVDL** XT, loc32

功能：将 loc32 地址单元的 32 位数装载到 XT 寄存器，然后将 XT 的数装载到 loc32 的下一个地址。

```
XT=[loc32];
[loc32+2]=XT;
```

状态位：无。

79．保存寄存器的高位字指令 MOVH

句法：**MOVH** loc16, ACC<<#1…8

MOVH loc16, P

功能：将 ACC 累加器的高字节左移指定位数(或 P 寄存器的值按乘积移位模式移位)后装载到 loc16 地址单元中，累加器(或 P 寄存器)的值不变。

状态位：N：若(loc16=@AX)，则装载后将检测 AX 是否为负，若 AX 的第 15 位为 1，则 N=1；否则 N=0。

Z：若(loc16=@AX)，则装载后将检测 AX 是否为 0，若 AX 为 0，则 Z=1；否则 Z=0。

PM：PM 位的值设置了乘积寄存器输出的移位操作模式。若乘积移位位数为正(逻辑左移操作)，最低位填 0；若乘积移位位数为负(逻辑右移操作)，则高位进行符号位扩展。

重复性：MOVH loc16，P 指令可以重复。若指令跟在 RPT 指令之后，它将执行 N+1 次。N、Z 标志位的状态为最终结果。

80．32 位数据传送指令 MOVL

句法：

```
MOVL  ACC, loc32          ;用 32 位数装载累加器
MOVL  ACC, P<<PM          ;用移位后的 P 寄存器的值装载累加器
MOVL  loc32, ACC          ;保存 32 位累加器的值
MOVL  loc32, ACC, COND    ;有条件保存累加器的值
MOVL  loc32, P            ;保存 P 寄存器的值
MOVL  loc32, XARn         ;保存 32 位辅助寄存器
MOVL  loc32, XT           ;保存 XT 寄存器的值
MOVL  P, ACC              ;将累加器的值送到 P 乘积寄存器
MOVL  P, loc32            ;装载 P 寄存器
MOVL  XARn, loc32         ;装载 32 位辅助寄存器
MOVL  XARn, #22bit        ;将 22 位立即数装入 32 位辅助寄存器
MOVL  XT, loc32           ;装载 XT 寄存器。
```

功能：该指令实现 32 位的数据移动。

状态位：当 ACC 或 loc32 作为目的操作数时影响标志位 N、Z；发生条件测试时影响 V。

81．装载 T 寄存器并将移位后的 P 装载到累加器指令 MOVP

句法：**MOVP** T, loc16

功能：用 loc16 寻址地址单元中的 16 位数装载 T 寄存器，同时将根据 PM 移位后的 P 寄存器的内容装载到 ACC 累加器中。

状态位：N：若 ACC 的第 31 位为 1，则 N=1；否则 N=0。
Z：若 ACC 的值为 0，则零标志位 Z=1；否则 Z=0。
PM：PM 值设置了乘积寄存器输出时移位操作的模式。若乘积移位位数为正（逻辑左移操作），则最低位填 0；若乘积移位位数为负（算术右移操作），则高位进行符号扩展。

82．装载 T 寄存器并从累加器中减去 P 指令 MOVS

句法：**MOVS** T, loc16

功能：用 loc16 寻址地址单元的 16 位数装载 T 寄存器，从 ACC 累加器中减去 P 寄存器移位后（根据 PM）的值。

状态位：N：若累加器 ACC 的第 31 位为 1，则 N=1；否则 N=0。
Z：若 ACC 的值为 0，则 Z=1；否则 Z=0。
C：若产生进位，则 C=1；否则 C=0。
V：若产生溢出，则 V=1；否则 V 不受影响。
OVC：若溢出模式禁止且操作产生正溢出，计数器值增加；操作产生负溢出，计数器值减少。
OVM：若溢出模式位置位，当运行出现溢出时，ACC 的值将为最大正数（0x7FFF FFFF）或最小负数（0x8000 0000）。
PM：PM 值设置了乘积寄存器输出时移位操作的模式。若乘积移位位数为正（逻辑左移操作），则最低位填 0；若乘积移位位数为负（算术右移操作），则高位进行符号扩展。

重复性：该指令可以重复。若指令跟在 RPT 指令之后，它将执行 N+1 次。Z、N、C 和 OVC 的状态为最终的结果。发生溢出时，V 标志位立即置 1。在每次重复操作时，程序存储器地址加 1。

83．无符号数移动指令 MOVU

句法：
```
MOVU  ACC, loc16        ;用无符号数装载累加器
MOVU  loc16, OVC        ;保存无符号溢出计数器
MOVU  OVC, loc16        ;用无符号数装载溢出计数器
```

功能：用指定地址单元的无符号数装载 ACC 累加器（或 OVC），或保存溢出计数器中的无符号数到指定地址单元。

状态位：用无符号数装载累加器时影响标志位 N、Z：
N：标志位清 0；
Z：若 ACC 值为 0，则零标志位 Z=1。
保存无符号溢出计数器时影响标志位 N、Z：
N：若（loc16=@ACC）且累加器 AX 的第 15 位为 1，则 N=1，否则 N=0；
Z：若（loc16=@ACC）且 AX 的值为 0，则零标志位 Z=1，否则 Z=0。

84．装载数据页指令 MOVW

句法：**MOVW** DP, #16bit

功能：用 16 位立即数装载数据页寄存器。

```
DP[15:0]=16bit;
```

状态位：无。

85．符号扩展并装载 XT 寄存器低 16 位指令 MOVX

句法：**MOVX** TL, loc16

功能：用 loc16 寻址方单元中的 16 位数据装载被乘数寄存器(XT)的低 16 位，对 XT 的高 16 位进行符号扩展。

```
TL=[loc16];
T=TL 的符号扩展;
```

状态位：无。

86．装载数据页并将高位清 0 指令 MOVZ

句法：**MOVZ**　ARn, loc16

MOVZ　DP, #10bit

功能：当辅助寄存器 ARn 作目的操作数时，该指令用 loc16 寻址方式指定地址单元的内容装载 ARn 并且 ARnH 清 0。当 DP 作为目的操作数时，该指令用一个 10 位立即数装载数据页寄存器并将高 6 位清 0。

状态位：无。

87．16×16 位乘法指令 MPY

句法：**MPY**　ACC, loc16, #16bit

MPY　ACC, T, loc16

MPY　P, loc16, #16bit

MPY　P, T, loc16

功能：用 loc16 寻址方式指定的地址单元中的 16 位数装载 T 寄存器(或直接使用 T 寄存器中的 16 位数)乘以 16 位有符号立即数(或 loc16 寻址方式指定的地址单元中的 16 位数)，结果保存在 ACC 累加器或 P 寄存器中。

状态位：当把结果保存到 ACC 时影响标志位 Z、N。当结果保存到 P 寄存器时不影响标志位。

标志位：当把结果保存到 ACC 累加器时影响标志位 N、Z。

N：若累加器 ACC 的第 31 位为 1，则 N=1；否则 N=0。

Z：若 ACC 的值为 0，则 Z=1；否则 Z=0。

88．16×16 位的乘法并加上先前的乘积指令 MPYA

句法：**MPYA**　P, loc16, #16bit

MPYA　P, T, loc16

功能：将先前的保存在 P 寄存器中的乘积按乘积移位模式(PM)位指定位数移位后加到 ACC 累加器。用 loc16 地址单元的 16 位有符号数装载 T 寄存器。用 16 位有符号立即数乘以 T 寄存器的 16 位有符号数，且 32 位结果保存到 P 寄存器中。

```
ACC=ACC+P<<PM;
T=[loc16];
P=有符号[loc16]×16 位有符号数;
```

状态位：N：若累加器 ACC 的第 31 位为 1，则 N=1；否则 N=0。

Z：若 ACC 的值为 0，则 Z=1；否则 Z=0。

C：若产生进位，则 C=1；否则 C=0。

V：若产生溢出，则 V=1；否则 V 不受影响。

OVC：若溢出模式禁止且操作产生正溢出，计数器值增加；操作产生负溢出，计数器值减少。

OVM：若溢出模式位置位，当运行出现溢出时，ACC 的值将为最大正数（0x7FFF FFFF）或最小负数（0x8000 0000）。

PM：PM 值设置了乘积寄存器输出时移位操作的模式。若乘积移位位数为正（逻辑左移操作），则最低位填 0；若乘积移位位数为负（算术右移操作），则高位进行符号扩展。

89．8 位数相乘指令 MPYB

句法：**MPYB**　ACC, T, #8bit

MPYB　P, T, #8bit

功能：将 8 位无符号数零扩展后乘以 T 寄存器的 16 位有符号数，结果保存到 ACC 累加器或 P 寄存器中。

状态位：当把结果保存到 ACC 累加器时影响标志位 N、Z。

N：若累加器 ACC 的第 31 位为 1，则 N=1；否则 N=0。

Z：若 ACC 的值为 0，则 Z=1；否则 Z=0。

90．16×16 乘减指令 MPYS

句法：**MPYS**　P, T, loc16

功能：从 ACC 累加器中减去 P 寄存器移位后的内容，用 loc16 寻址地址单元中的 16 位有符号数乘以 T 寄存器的 16 位有符号数，结果保存到 P 寄存器。

状态位：N：若累加器 ACC 的第 31 位为 1，则 N=1；否则 N=0。

Z：若 ACC 的值为 0，则 Z=1；否则 Z=0。

C：若产生进位，则 C=1；否则 C=0。

V：若产生溢出，则 V=1；否则 V 不受影响。

OVC：若溢出模式禁止且操作产生正溢出，计数器值增加；操作产生负溢出，计数器值减少。

OVM：若溢出模式位置位，当运行出现溢出时，ACC 的值将为最大正数（0x7FFF FFFF）或最小负数（0x8000 0000）。

PM：PM 值设置了乘积寄存器输出时移位操作的模式。若乘积移位位数为正（逻辑左移操作），则最低位填 0；若乘积移位位数为负（算术右移操作），则高位进行符号扩展。

重复性：该指令可以重复。若指令跟在 RPT 指令之后，它将执行 N+1 次。Z、N、C、OVC 的状态为最终的结果。当中间发生溢出时，V=1。

91．无符号 16×16 乘法指令 MPYU

句法：**MPYU**　P, T, loc16

MPYU　ACC, T, loc16

功能：用 loc16 地址单元中的 16 位无符号数乘以 T 寄存器中的 16 位无符号数，32 位结果保存到 P 寄存器（或 ACC 寄存器中）。

状态位：无。

92．有符号数乘无符号数指令 MPYXU

句法：**MPYXU**　P, T, loc16

MPYXU　ACC, T, loc16

功能：用 loc16 地址单元的 16 位无符号数乘以 T 寄存器中的 16 位有符号数，32 位结果保存到 P 寄存器（或 ACC 寄存器中）。

状态位：当累加器 ACC 作操作数时，该指令影响标志位 N、Z。

N：若 ACC 的第 31 位为 1，则负标志位 N=1；否则 N=0。

Z：若 ACC 的值为 0，则零标志位 Z=1；否则 Z=0。

93．不对齐堆栈指针指令 NASP

句法：**NASP**

功能：若 SPA 位为 1，NASP 指令使堆栈指针 SP 减 1，然后 SPA 状态位清 0。撤销 ASP 指令先前执行的堆栈指针队列。若 SPA 状态位为 0，则不执行 NASP 指令。

状态位：SPA：若(SPA=1)，则 SPA 状态位清 0。

94．累加器取负指令 NEG

句法：**NEG**　ACC

NEG　AX

功能：对累加器 ACC(或 AH、AL)的内容求反。

状态位：N：若 ACC 的第 31 位为 1，则 N=1；否则 Z=0。

Z：若 ACC 为 0，则零标志位 Z=1；否则 Z=0。

C：若 ACC 为 0，则进位标志位 C=1；否则 C=0。

V：若产生溢出，则溢出标志位 V=1；否则 V=0。

OVM：若操作开始时，ACC=0x8000 0000，认为是一个溢出值，指令执行后 ACC 的值取决于 OVM 的状态。若 OVM 为 0 且 TC=1，ACC 为 0x8000 0000。若 OVM 置位且 TC=1，ACC 为 0x7FFF FFFF。

95．对寄存器 ACC：P 的组合值求负指令 NEG64

句法：**NEG64**　ACC：P

功能：对 ACC: P 组合寄存器求反。

状态位：N：若 ACC 的第 31 位为 1，则 N=1；否则 N=0。

Z：若 ACC: P 的组合 64 位数为 0，则 Z=1；否则 Z=0。

V：若(ACC: P=0x8000 0000 0000 0000)，则溢出标志位 V=1；否则不变。

OVM：若操作开始时 ACC: P=0x8000 0000 0000 0000，代表一个溢出值，指令执行后 ACC: P 的值取决于 OVM 的状态，若 OVM=1，ACC: P 为最大正数(0x7FFF FFFF FFFF FFFF)。若 OVM=0，ACC: P 不改变。

96．求 ACC 的负数指令 NEGTC

句法：**NEGTC**　ACC

功能：根据测试控制位 TC 的状态，有条件地对 ACC 累加器内容取反。

状态位：N：若 ACC 的第 31 位为 1，则 N=1；否则 Z=0。

Z：若 ACC 为 0，则零标志位 Z=1；否则 Z=0。

C：若 TC=1 且 ACC=0，则进位标志位 C 置位；若 TC=1 且 ACC！=0，则 C=0；否则 C 不改变。

V：当操作开始时，若 TC=1 且 ACC=0x8000 0000，这认为是一个溢出值，则 V=1；否则 V 不受影响。

TC：操作时 TC 位的状态用做测试条件。

OVM：若操作开始时，ACC=0x8000 0000，认为是一个溢出值，指令执行后 ACC 的值取决于 OVM 的状态。若 OVM 为 0 且 TC=1，ACC 为 0x8000 0000。若 OVM 置位且 TC=1，ACC 为 0x7FFF FFFF。

97．可修改间接寻址的空操作指令 NOP

句法：**NOP**　{*ind}{, ARPn}

功能：修改指定的间接寻址操作数，改变辅助寄存器指针(ARP)到给定的辅助寄存器。若没有给定操作数，则不执行操作。

状态位：无。

98．规格化 ACC 并且修改辅助寄存器指令 NORM

句法：**NORM**　ACC, XARn++/--

NORM　ACC, *ind

功能：规格化 ACC 累加器的有符号数，按间接寻址方式修改辅助寄存器指针(ARP)指向的辅助寄存器(XAR0～XAR7)或者改变辅助寄存器的值。

状态位：N：若 ACC 的第 31 位为 1，则 N=1；否则 N=0。

Z：若 ACC 为 0，则 Z=1；否则 Z=0。

TC：若操作将 TC 清 0，则不需要规格化(即 ACC 不需要修改)。若操作将 TC 清 0，且第 31 位和第 30 位是相同的，结果 ACC 累加器逻辑左移 1 位。

重复性：该指令可以重复。若指令跟在 RPT 指令之后，则 NORM 指令执行 N+1 次。N、Z 和 TC 的状态为最终结果。若只希望 NORM 指令在规格化后执行，可以建立一个循环，检查 TC 位的值。当 TC=1，规格化完成。

99．累加器求“非”指令 NOT

句法：**NOT**　ACC

NOT　AX

功能：对累加器 ACC(或 AH、AL)求“非”。

状态位：N：若 ACC(或 AX)的第 31 位为 1，则 N=1；否则 N=0。

Z：若 ACC(或 AX)为 0，则 Z=1；否则 Z=0。

100．求“或”指令 OR

句法：

```
OR  ACC, loc16              ;按位“或”
OR  ACC,#16bit<<#0…16       ;带移位功能的按位“或”
OR  AX, loc16               ;按位“或”
OR  loc16, AX               ;按位“或”
OR  IER, #16bit             ;中断使能寄存器 IER 按位“或”
OR  IFR, #16bit             ;中断标志寄存器 IFR 按位“或”
OR  loc16, #16bit           ;按位“或”
```

功能：对源操作数和目的操作数的值进行“或”操作，结果保存到目的操作数中。

状态位：N：若 ACC 或 AX 或[loc16]的最高位为 1，则 N=1；否则 N=0。

Z：若 ACC 或 AX 或[loc16]的值为 0，则 Z=1；否则 Z=0。

101. 8 位数按位求“或”指令 ORB

句法：**ORB** AX, #8bit

功能：8 位无符号立即数进行零扩展后与指定 AX 寄存器的值逐位进行“或”操作。结果保存到 AX 寄存器。

```
AX=AX OR 0:8bit
```

状态位：N：若 AX 的最高位为 1，则 N=1；否则 N=0。

Z：若 AX 的值为 0，则 Z=1；否则 Z=0。

102. 输出数据到端口指令 OUT

句法：**OUT** *(PA), loc16

功能：将 loc16 地址单元的 16 位数存入由*(PA)指向的 I/O 空间。I/O 空间限定在 64K 范围内(0x0000～0xFFFF)。在操作过程中 I/O 片选信号 XISn 使能。I/O 地址出现在 XINTF 的低 16 位地址线 XA(15:0)，高位地址线为 0。数据出现在低 16 位数据线 XD(15:0)。

状态位：无。

注意：UOUT 操作不受流水线保护。因此，若 UOUT 指令后紧跟了一条 IN 指令，则 IN 将在 UOUT 之前发生。要实现确定的操作顺序，使用有流水线保护的 OUT 指令。不是所有的 C28x 芯片上都应用 I/O 空间。

103. 弹出堆栈指令 POP

句法：

```
POP  ACC          ;栈顶弹出到 ACC
POP  ARn: ARm     ;栈顶弹出到 16 位辅助寄存器
POP  AR1H: AR0H   ;栈顶弹出到辅助寄存器高 16 位
POP  DBGIER       ;栈顶弹出到 DBGIER
POP  DP           ;栈顶弹出到数据页指针
POP  DP: ST1      ;栈顶弹出到 DP 和 ST1
POP  IFR          ;栈顶弹出到 IFR
POP  loc16        ;栈顶弹出到 loc16 地址单元内容
POP  P            ;栈顶弹出到 P
POP  RPC          ;栈顶弹出到 RPC
POP  ST0          ;栈顶弹出到 ST0
POP  ST1          ;栈顶弹出到 ST1
POP  T: ST0       ;栈顶弹出到 T 和 ST0
POP  XARn         ;栈顶弹出到 32 位辅助寄存器
POP  XT           ;栈顶弹出到 XT
```

功能：将栈顶弹出到指定的寄存器或数据单元中。

状态位：当弹出栈顶内容到累加器或 loc16 中时，影响标志位 N、Z。

N：若 ACC 或 AX 的最高位为 1，则 N=1；否则 N=0。

Z：若 ACC 或 AX 的值为 0，则 Z=1；否则 Z=0。

104. 读程序存储器指令 PREAD

句法：**PREAD** loc16, *XAR7

功能：将 XAR7 指向的程序存储器地址单元中的 16 位数装载到 loc16 寻址方式的数据存储器地址单元中。

状态位：N：若(loc16=@AX)且 AX 的第 15 位为 1，则 N=1；否则 N=0。
　　Z：若(loc16=@AX)且 AX 的值为 0，则 Z=1；否则 Z=0。

重复性：本指令可以重复。若指令跟在 RPT 指令之后，则将执行 N+1 次。当每次重复时，XAR7 程序存储器地址复制到一个内部影子寄存器，在每次重复后地址增 1。

105. 压入堆栈指令 PUSH

句法：
```
PUSH  ACC           ;将累加器压入堆栈
PUSH  ARn: ARm      ;将 16 位辅助寄存器压入堆栈
PUSH  AR1H: AR0H    ;将 AR1H 和 AR0H 寄存器压入堆栈
PUSH  DBGIER        ;将 DBGIER 寄存器压入堆栈
PUSH  DP            ;将 DP 寄存器压入堆栈
PUSH  DP: ST1       ;将 DP 和 ST1 压入堆栈
PUSH  IFR           ;将 IFR 压入堆栈
PUSH  loc16         ;将 16 位数压入堆栈
PUSH  P             ;将 P 寄存器压入堆栈
PUSH  RPC           ;将 RPC 压入堆栈
PUSH  ST0           ;将 ST0 压入堆栈
PUSH  ST1           ;将 XT1 压入堆栈
PUSH  T: ST0        ;将 T 和 ST0 压入堆栈
PUSH  XARn          ;将 32 位辅助寄存器压入堆栈
PUSH  XT            ;将 XT 压入堆栈
```

功能：将指定寄存器或 loc16 指定地址单元中的数压入堆栈。

状态位：无。

106. 写程序存储器指令 PWRITE

句法：
```
PWRITE  *XAR7, loc16
```

功能：将 loc16 地址单元内容装载到*XAR7 指向的程序存储器地址单元中。

状态位：无。

重复性：本指令可以重复。若指令跟在 RPT 指令之后，它将执行 N+1 次。当每次重复时，*XAR7 程序存储器地址复制到一个内部影子寄存器，在每次重复后地址增加 1。

107. 32 位×32 位有符号数乘加指令 QMACL

句法：
```
QMACL  P, loc32, *XAR7/++
```

功能：32 位×32 位有符号数乘和累加。首先，将 P 寄存器中先前的乘积移位后(按照 PM)累加到 ACC 累加器。然后，用 XAR7 寄存器指向的程序存储器地址单元的 32 位有符号数乘以 loc32 地址单元的 32 位有符号数，64 位结果的高 32 位保存到 P 寄存器。若指定，XAR7 寄存器增加 2。

状态位：N：若 ACC 的第 31 位为 1，则 N=1；否则 N=0。
　　Z：若 ACC 为 0，则零标志位 Z=1；否则 Z=0。
　　C：若产生进位，则进位标志位 C=1；否则 C=0。
　　V：若产生溢出，则溢出标志位 V=1；否则 V=0。

OVC：若溢出模式禁止，操作产生正溢出，则计数器值增加；若操作产生负溢出，则计数器值减少。

OVM：若溢出模式位置位，操作发生溢出，则 ACC 的值为最大正数(0x7FFF FFFF)或最小负数(0x8000 0000)。

PM：PM 位的值为乘积寄存器的输出时移位操作方式。若乘积移位位数为正(逻辑左移操作)，则最低位填 0。若乘积移位位数为负(算术右移操作)，则高位进行符号扩展。

重复性：本指令可以重复。若指令跟在 RPT 指令之后，则将执行 N+1 次。N、Z、C 和 OVC 的状态为最终结果。若中间 ACC 发生溢出，则 V 标志位置位。

108. 32 位×32 位有符号数乘法并累加先前乘积 P 指令 QMPYAL

句法：**QMPYAL** P, XT, loc32

功能：将 P 寄存器中先前的乘积移位后(按照 PM)累加到 ACC 累加器。用 loc32 寻址方式指向的 32 位有符号数乘 XT 的 32 位有符号数，保存 64 位结果的高 32 位到 P 寄存器。

状态位：N：若 ACC 的第 31 位为 1，则 N=1；否则 N=0。

Z：若 ACC 值为 0，则 Z=1；否则 Z=0。

C：若产生进位，则进位标志位 C=1，否则 C=0。

V：若产生溢出，则溢出标志位 V=1，否则不影响 V。

OVC：若溢出模式禁止，操作产生正溢出，则计数器值增加；若操作产生负溢出，则计数器值减少。

OVM：若溢出模式位置位，操作发生溢出，则 ACC 的值为最大正数(0x7FFF FFFF)或最小负数(0x8000 0000)。

PM：PM 位的值为乘积寄存器的输出时移位操作方式。若乘积移位位数为正(逻辑左移操作)，则最低位填 0。若乘积移位位数为负(算术右移操作)，则高位进行符号扩展。

109. 32 位有符号数相乘指令 QMPYL

句法：**QMPYL** P, XT, loc32

QMPYL ACC, XT, loc32

功能：用 loc32 地址单元的 32 位有符号数乘以 XT 寄存器的 32 位有符号数，64 位结果(Q30 格式)的高 32 位保存到 P 寄存器或 ACC 中。

状态位：无。

110. 32 位×32 位有符号数相乘并减先前乘积指令 QMPYSL

句法：**QMPYSL** ACC, XT, loc32

功能：32 位×32 位有符号数相乘并减先前的乘积。从 ACC 累加器中减去 P 寄存器中移位后(根据 PM)的无符号数，用 32 位有符号数乘 XT 寄存器的 32 位有符号数，64 位结果(Q30 格式)的高 32 位保存到 P 寄存器。

状态位：N：若 ACC 的第 31 位为 1，则 N=1；否则 N=0。

Z：若 ACC 值为 0，则 Z=1；否则 Z=0。

C：若产生进位，则进位标志位 C=1；否则 C=0。

V：若产生溢出，则溢出标志位 V=1；否则不影响 V。

OVC：若溢出模式禁止，操作发生正溢出，则计数器值增加；若操作产生负溢出，则计数器值减少。

OVM：若溢出模式位置位，操作发生溢出，则 ACC 的值为最大正数(0x7FFF FFFF)或最小负数(0x8000 0000)。

PM：PM 位的值为乘积寄存器的输出时移位操作方式。若乘积移位位数为正(逻辑左移操作)，则最低位填 0。若乘积移位位数为负(算术右移操作)，则高位进行符号扩展。

111．32×32 无符号数乘法指令 QMPYUL

句法：**QMPYUL**　P, XT, loc32

功能：用 loc32 寻址地址单元的 32 位无符号数乘以 XT 寄存器的 32 无符号位数，64 位结果的高 32 位保存到 P 寄存器。

状态位：无。

112．32 位无符号数×32 位有符号数乘法指令 QMPYXUL

句法：**QMPYXUL**　P, XT, loc32

功能：用 loc32 寻址地址单元的 32 位无符号数乘以 XT 寄存器的 32 位有符号数，64 位结果的高 32 位保存到 P 寄存器中。

状态位：无。

113．累加器循环左移指令 ROL

句法：**ROL**　ACC

功能：累加器 ACC 的值循环左移一位，最低位用进位标志位 C 填充，用移出的位装载进位标志位 C。

状态位：N：若 ACC 的第 31 位为 1，则 N=1；否则 N=0。
　Z：若 ACC 的值为 0，则零标志位 Z=1；否则 Z=0。
　C：ACC 累加器的第 31 位送到 C。循环前 C 的值送到 ACC 的第 0 位。

重复性：该指令可以重复。若指令跟在 RPT 指令之后，则 ROL 指令执行 N+1 次。Z、N、C 的状态为最终结果。

114．累加器循环右移指令 ROR

句法：**ROR**　ACC

功能：累加器 ACC 的值循环右移一位，用进位标志位 C 填入第 31 位，用移出的位装载进位标志位 C。

状态位：N：若 ACC 的第 31 位为 1，则 N=1；否则 N=0。
　Z：若 ACC 的值为 0，则零标志位 Z=1；否则 Z=0。
　C：ACC 累加器的第 0 位送到 C。循环前 C 的值送到 ACC 的第 31 位。

重复性：该指令可以重复。若指令跟在 RPT 指令之后，则 ROL 指令执行 N+1 次。Z、N、C 的状态为最终结果。

115．重复执行下一条指令 RPT

句法：**RPT**　#8bit/loc16

功能：重复下一条指令。用 N 装载内部重复计数器 RPTC，它既可以是 8 位立即数，也可以是 loc16 地址单元的值。在 RPT 后的指令将执行 N+1 次。因为 RPTC 不能中途保存，所以重复运行时被认为是多周期指令并且不能被中断。

状态位：无。

116. 使累加器为饱和值指令 SAT

句法：**SAT** ACC

功能：根据 6 位溢出计数器(OVC)的值使 ACC 累加器为饱和值。

```
If(OVC>0)
  ACC=0x7FFF FFFF;
  V=1;
If(OVC<0)
  ACC=0x8000 0000;
  V=1;
If(OVC=0)
  ACC=不变;
  OVC=0;
```

状态位：N：若 ACC 的第 31 位为 1，则负标志位 N=1；否则 N=0。

Z：若 ACC 值为 0，则 Z=1；否则 Z=0。

C：C 清 0。

V：若操作开始时(OVC!=0)，则溢出标志位 V 置位；否则 V 清 0。

OVC：若(OVC>0)，则 ACC 为最大正数。若(OVC<0)，则 ACC 为最小负数。若(OVC=0)，则 ACC 不改变。操作之后，OVC 清 0。

117. 使 64 位的 ACC: P 值为饱和值指令 SAT64

句法：**SAT64** ACC: P

功能：根据 6 位溢出计数器(OVC)的值使组合寄存器 ACC: P 为饱和值。

```
If(OVC>0)
    ACC:P=0x7FFF FFFF FFFF FFFF;
    V=1;
If(OVC<0)
    ACC:P=0x8000 0000 0000 0000;
    V=1;
If(OVC=0)
    ACC:P = 不变;
    OVC=0;
```

状态位：N：若 ACC 的第 31 位为 1，则负标志位 N=1；否则 N=0。

Z：若 ACC: P 值为 0，则 Z=1；否则 Z=0。

C：C 清 0。

V：若操作开始时(OVC=0)，则 V=0；否则 V=1。

OVC：若(OVC>0)，则 ACC: P 为最大正数。ACC: P=0x7FFF FFFF FFFF FFFF。
若(OVC<0)，则 ACC: P 为最小负数。ACC: P=0x8000 0000 0000 0000。
若(OVC=0)，则 ACC: P 不改变。操作之后，OVC 清 0。

118. 条件短跳转指令 SB

句法：**SB** 8bitOffset, COND

功能：条件短跳转指令。若指定条件为真，加 8 位有符号立即数到当前 PC 值并跳转；否则继续执行而不跳转，判断条件 COND 说明见表 6-2-2。

```
If(COND=真) PC=PC+8 位有符号偏移量;
If(COND=假) PC=PC+1;
```

状态位：V：若条件测试 V 标志位，则 V=0。

119．带反向借位位减法指令 SBBU

句法：**SBBU**　ACC, loc16

功能：ACC 累加器减去零扩展后的 loc16 地址单元的 16 位数，再减去进位位的反码。

```
ACC=ACC-0:[loc16]-～C
```

状态位：N：若 ACC 的第 31 位为 1，则 N=1；否则 N=0。

Z：若 ACC 值为 0，则 Z=1；否则 Z=0。

C：指令执行前的进位位状态包含在指令中。若减产生借位，则位 C=0；否则 C=1。

V：若产生溢出，则溢出标志位 V=1；否则不影响 V。

OVC：若溢出模式禁止(OVM=0)，操作产生正溢出，则计算器值增加；若操作产生负溢出，则计算器值减少。若溢出模式使能(OVM=1)，则计数器不受操作的影响。

OVM：若溢出模式位置位，操作发生溢出，则 ACC 的值为最大正数(0x7FFFFFFF)或最小负数(0x80000000)。

120．快速条件短跳转指令 SBF

句法：**SBF**　8bitOffset, EQ/NEQ/TC/NTC

功能：快速条件短跳转。若条件为真，加 8 位有符号立即数到当前 PC 值并跳转；否则继续执行而不跳转。

```
If(测试条件=真) PC=PC+8 位有符号偏移量;
If(测试条件=假) PC=PC+1;
```

状态位：无。

注意：快速短跳转(SBF)指令利用 C28x 核的复预取序列，产生的跳转周期从 7 个减少到 4 个。

```
If(测试条件=真)则指令需要 4 个周期;
If(测试条件=假)则指令需要 4 个周期。
```

121．从当前辅助寄存器中减去 8 位立即数指令 SBRK

句法：**SBRK**　#8bit

功能：从 ARP 指向的 XARn 寄存器中减去 8 位无符号立即数。

```
XAR(ARP)= XAR(ARP)-0:8bit
```

状态位：无。

122．置位多个状态位指令 SETC

句法：
```
SETC  M0M1MAP        ;设置 M0M1MAP 状态位
SETC  OBJMODE        ;设置 OBJMODE 状态位
SETC  XF             ;设置 XF 状态位
```

提示：SETC 还可以将 SXM、OVM、TC、C、INTM、DBGM、PAGE0、VMAP 等状态位置位。

功能：置位指定的状态位。

状态位：该指令置位指定的位 SXM、OVM、TC、C、INTM、DBGM、PAGE0、VMAP。

注意：汇编程序接受多个任何顺序的标志位名。例如：

```
SETC  INTM, TC                ;置 INTM 和 TC 位为 1
SETC  TC, INTM, OVM, C        ;置 TC、INTM、OVM、C 位为 1
```

123. 累加器右移指令 SFR

句法： **SFR** ACC, #1…16

SFR ACC, T

功能：累加器 ACC 按指定的移位位数(或者按 T 寄存器的最低 4 位指定的数 T(3:0)=0…15)右移。移位的类型由符号扩展方式(SXM)指定。

状态位：N：若 ACC 的第 31 位为 1，则 N=1；否则 N=0。

Z：若 ACC 的值为 0，则零标志位 Z=1；否则 Z=0。

C：若 T(3:0)=0，则进位标志位 C=0；否则移出的最后一位送到进位标志位 C 中。

SXM：若(SXM=1)，则操作为算术右移。若(SXM=0)，则操作为逻辑右移。

重复性：该指令可以重复。若指令跟在 RPT 指令之后，则 SFR 指令执行 N+1 次。Z、N、C 的状态为最终的结果。

124. 设置乘积移位值指令 SPM

句法： **SPM** shift

功能：指定一个乘积移位方式。负值表示一个算术右移；正数表示一个逻辑左移。表 6-2-22 说明 shift 操作数和装载到 ST0 的乘积移位方式(PM)的 3 位数之间的关系。

表 6-2-22 PM 值与移位方式的关系

PM 位	AMODE=1	AMODE=0
000	SPM +1	SPM +1
001	SPM 0	SPM 0
010	SPM −1	SPM −1
011	SPM −2	SPM −2
100	SPM −3	SPM −3
101	SPM +4	SPM −4
110	SPM −5	SPM −5
111	SPM −6	SPM −6

状态位：该指令受乘积移位模式 PM 控制。

重复性：该指令可以重复，若指令跟在 RPT 指令之后，则将执行 N+1 次。Z、N、C 的状态为最终的结果。

125. 平方并加 P 到 ACC 指令 SQRA

句法： **SQRA** loc16

功能：把先前乘积值(保存在 P 寄存器)按乘积移位方式 PM 指定的值移位后加到 ACC 累加器。把 loc16 地址单元的值装载到 T 寄存器并且平方后保存到 P 寄存器。

```
ACC=ACC+P<<PM;
T=[loc16];
P=T×[loc16];
```

状态位：N：若 ACC 的第 31 位为 1，则 N=1；否则 N=0。

Z：若 ACC 值为 0，则 Z=1；否则 Z=0。

C：若产生进位，则进位标志位 C=1，否则 C=0。

V：若产生溢出，则溢出标志位 V=1，否则不影响 V。

OVC：若溢出模式禁止，操作产生正溢出，则计算器值增加；若操作产生负溢出，则计算器值减少。

OVM：若溢出模式位置位，操作发生溢出，则 ACC 的值为最大正数（0x7FFFFFFF）或最小负数（0x80000000）。

PM：PM 位的值为乘积寄存器的输出时移位操作方式。若乘积移位位数为正（逻辑左移操作），则最低位填 0。若乘积移位位数为负（算术右移操作），则高位进行符号扩展。

重复性：该指令可以重复，若指令跟在 RPT 指令之后，则将执行 N+1 次。Z、N、C 和 OVC 的状态为最终的结果。

126．平方并从 ACC 中减去 P 指令 SQRS

句法：
```
SQRS   loc16
```

功能：从 ACC 累加器中减去保存在 P 寄存器中的按乘积移位方式（PM）指定的值移位后的先前乘积值。把 loc16 地址单元的值装载到 T 寄存器并且平方后保存到 P 寄存器。

状态位：N：若 ACC 的第 31 位为 1，则 N=1；否则 N=0。

Z：若 ACC 值为 0，则 Z=1；否则 Z=0。

C：若产生进位，则进位标志位 C=1；否则 C=0。

V：若产生溢出，则溢出标志位 V=1；否则不影响 V。

OVC：若溢出模式禁止，操作产生正溢出，则计算器值增加；若操作产生负溢出，则计算器值减少。

OVM：若溢出模式位置位，操作发生溢出，则 ACC 的值为最大正数（0x7FFFFFFF）或最小负数（0x80000000）。

PM：PM 位的值为乘积寄存器的输出时移位操作方式。若乘积移位位数为正（逻辑左移操作），则最低位填 0。若乘积移位位数为负（算术右移操作），则高位进行符号扩展。

重复性：该指令可以重复。若指令跟在 RPT 指令之后，则指令执行 N+1 次。N、Z、C 和 OVC 的状态为最终的结果。若中间产生溢出，则 V 置位。

127．减法指令 SUB

句法：
```
SUB   ACC, loc16<<#0…16        ;从累加器中减去移位后的值
SUB   ACC, loc16<<T            ;从累加器中减去移位后的值，T 低 4 位指定移位位数
SUB   ACC, #16bit<<#0…15       ;从累加器中减去移位后的值
SUB   AX, loc16                ;从 AX 中减去指定单元的值
SUB   loc16, AX                ;从指定单元的值中减去 AX
```

功能：该指令实现 16 位或 32 位的减操作。

状态位：N：若 ACC（或 AX）的最高位为 1，则 N=1；否则 N=0。

Z：若 ACC（或 AX）的值为 0，则 Z=1；否则 Z=0。

C：若产生借位，则进位标志位 C=0，否则 C=1。

V：若产生溢出，则溢出标志位 V=1，否则不影响 V。

OVC：若溢出模式禁止(OVM=0)，操作产生正溢出，则计算器值增加；若操作产生负溢出，则计算器值减少。若溢出模式使能(OVM=1)，则计数器不受操作影响。

SXM：需要进行扩展时，若溢出模式位置位，则进行符号扩展；否则进行零扩展。

OVM：若溢出模式位置位，操作发生溢出，则 ACC 的值为最大正数(0x7FFFFFFF)或最小负数(0x80000000)。

重复性： `SUB ACC, loc16<<#0…16` 指令和 `SUB ACC, loc16<<T` 指令可以重复，若指令跟在 RPT 指令之后，则指令将执行 N+1 次。N、Z、C 的状态为最终的结果。若中间产生溢出，则 V 标志位置位。若禁止溢出模式，OVC 将计数中间溢出次数。

128. 8 位减法指令 SUBB

句法：

```
SUBB  ACC, #8bit        ;减去 8 位立即数(零扩展)
SUBB  SP, #7bit         ;SP 减去 7 位无符号立即数(零扩展)
SUBB  XARn, #7bit       ;从辅助寄存器中减去 7 位立即数(零扩展)
```

功能： 实现 8 位减法操作。

状态位： 当从累加器 ACC 中减去零扩展后的 8 位立即数时影响下列标志模式位：

N：若 ACC 的最高位为 1，则 N=1；否则 N=0。

Z：若 ACC 的值为 0，则 Z=1；否则 Z=0。

C：若产生借位，则进位标志位 C=0；否则 C=1。

V：若产生溢出，则溢出标志位 V=1；否则不影响 V。

OVC：若溢出模式禁止(OVM=0)，操作产生正溢出，则计算器值增加；若操作产生负溢出，则计算器值减少。若溢出模式使能(OVM=1)，则计数器不受操作影响。

OVM：若溢出模式位置位，操作发生溢出，则 ACC 的值为最大正数(0x7FFFFFF)或最小负数(0x80000000)。

129. 带反向借位位减法指令 SUBBL

句法： `SUBBL ACC, loc32`

功能： 从 ACC 中减去 loc32 寻址方式指向的 32 位数和进位标志位的逻辑反。

```
ACC=ACC-[loc32]-~C;
```

状态位： N：若 ACC 的最高位为 1，则 N=1；否则 N=0。

Z：若 ACC 的值为 0，则 Z=1；否则 Z=0。

C：若产生借位，则进位标志位 C=0；否则 C=1。

V：若产生溢出，则溢出标志位 V=1；否则不影响 V。

OVC：若溢出模式禁止(OVM=0)，操作产生正溢出，则计算器值增加；若操作产生负溢出，则计算器值减少。若溢出模式使能(OVM=1)，则计数器不受操作影响。

OVM：若溢出模式位置位，操作发生溢出，则 ACC 的值为最大正数(0x7FFFFFFF)或最小负数(0x80000000)。

130. 16 位条件减法指令 SUBCU

句法： `SUBCU ACC, loc16`

功能： 执行 16 位条件减法，可以用做无符号模数除法。为了执行 16 位无符号模数除法，在执行

SUBCU 指令前，AH 寄存器为 0，AL 寄存器装载“分子”值。先执行 SUBCU 指令。loc16 地址单元的值为“分母”。执行 SUBCU 指令 16 次后，AH 寄存器为“余数”，AL 寄存器为“商”。要执行有符号模数除，在执行 SUBCU 指令前，“分子”和“分母”值必须先转化为无符号量。若“分子”和“分母”值是不同的符号，最终的“商”结果必须取负，否则“商”不变。

状态位：Z：若 ACC 的值为 0，则零标志位 Z 置位；否则 Z 清 0。temp(32: 0)的计算对零标志位 Z 没有影响。

N：若 ACC 的第 31 位为 1，则负标志位 N 置位；否则 N 清 0。temp(32: 0)的计算对负标志位 N 没有影响。

C：若 temp(32:0)的计算产生借位，则进位标志位 C 清 0；否则 C 置位。

重复性：该指令可以重复，若指令跟在 RPT 指令之后，则它执行 N+1 次。Z、N、C 的状态为最终的结果。若中间产生溢出，则 V 标志位置位。若禁止溢出模式，OVC 将计数中间的溢出次数。

131. 32 位条件减法指令 SUBCUL

句法：

```
SUBCUL  ACC, loc32
```

功能：执行 32 位条件减法，可以用做无符号模数除法。为了执行 32 位无符号模数除法，在执行 SUBCUL 指令前，ACC 累加器为 0，P 寄存器装载“分子”值。先执行 SUBCUL 指令。loc32 地址单元的值为“分母”。执行 SUBCUL 指令 32 次后，ACC 累加器为“余数”，P 寄存器为“商”。要执行有符号模数除，在执行 SUBCUL 指令前，“分子”和“分母”值必须先转化为无符号量。若“分子”和“分母”值是不同的符号，最终的“商”结果必须取负，否则“商”不变。

状态位：Z：若 ACC 的值为 0，则零标志位 Z 置位；否则 Z 清 0。temp(32: 0)的计算对零标志位 Z 没有影响。

N：若 ACC 的第 31 位为 1，则负标志位 N 置位；否则 N 清 0。temp(32: 0)的计算对负标志位 N 没有影响。

C：若 temp(32: 0)的计算产生借位，则进位标志位 C 清 0；否则 C 置位。

重复性：该指令可以重复，若指令跟在 RPT 指令之后，则它执行 N+1 次。Z、N、C 的状态为最终的结果。若中间产生溢出，则 V 标志位置位。若禁止溢出模式，OVC 将计数中间的溢出次数。

132. 32 位减法指令 SUBL

句法：

```
SUBL  ACC, loc32      ;从 ACC 中减去 loc32 寻址地址单元中的 32 位数
SUBL  ACC, P<<PM      ;从 ACC 中减去移位后的 P 寄存器的内容
SUBL  loc32, ACC      ;从 loc32 寻址地址单元中减去 ACC 的内容，结果
                      ;保存在 loc32 中
```

功能：该指令实现 32 位的减法操作。

状态位：N：若 ACC 的第 31 位为 1，则 N=1；否则 N=0。

Z：若 ACC 值为 0，则 Z=1；否则 Z=0。

C：若产生借位，则进位标志位 C=0；否则 C=1。

V：若产生溢出，则溢出标志位 V=1；否则不影响 V。

OVC：若溢出模式禁止，操作产生正溢出，则计算器值增加；若操作产生负溢出，则计算器值减少。

OVM：若溢出模式位置位，操作发生溢出，则 ACC 的值为最大正数(0x7FFFFFFF)或最小负数(0x80000000)。

PM：PM 位的值为乘积寄存器的输出时移位操作方式。若乘积移位位数为正(逻辑左移操作)，则最低位填 0。若乘积移位位数为负(算术右移操作)，则高位进行符号扩展。

重复性： SUBL ACC，P<<PM 指令可以重复，若指令跟在 RPT 指令之后，则它将执行 N+1 次。N、Z、C 的状态为最终的结果。若中间产生溢出，则 V 置位。若禁止溢出模式，OVC 计数中间溢出次数。

133. 从 AX 中减去指定地址单元中的值指令 SUBR

句法： **SUBR** loc16, AX

功能： 从指定的 AX 寄存器(AH 或 AL)中减去 loc16 地址单元中的 16 位数，结果保存到 loc16 地址单元中。

状态位： N：测试[loc16]是否为负。若[loc16]的第 15 位为 1，则负标志位 N 置位；否则清 0。

Z：测试[loc16]是否为 0。若[loc16]=0，则零标志位 Z 置位；否则清 0。

C：若产生借位，则进位标志位 C 清 0；否则 C 置位。

V：若产生溢出，则溢出标志位 V 置位；否则不影响 V。若结果在正方向超出最大正数(0x7FFF)，产生符号正溢出。若结果在负方向超出最小负数(0x8000)，产生符号负溢出。

134. 从 ACC 中减去指定地址单元的内容指令 SUBRL

句法： **SUBRL** loc32, ACC

功能： 从累加器 ACC 中减去 loc32 指定的地址单元中的 32 位数，结果保存到 loc32 指定的地址单元中。

状态位： Z：若 ACC 的值为 0，则零标志位 Z 置位；否则 Z 清 0。

N：若 ACC 的第 31 位为 1，则负标志位 N 置位；否则 N 清 0。

C：若产生借位，则进位标志位 C 清 0；否则 C 置位。

V：若产生溢出，则溢出标志位 V 置位；否则不影响 V。

OVC：若禁止溢出模式(OVM=0)，操作产生正溢出，则计算器值增加；若操作产生负溢出，则计算器值减少。若溢出模式使能(OVM=1)，则计数器不受操作影响。

OVM：若溢出模式位置位，操作发生溢出，则 ACC 的值为最大正数(0x7FFFFFFF)或最小负数(0x80000000)。

135. 从 ACC 中减去 16 位无符号数指令 SUBU

句法： **SUBU** ACC, loc16

功能： 先对 loc16 寻址方式指定的地址单元中的 16 位数做零扩展，然后从累加器 ACC 中减去扩展后的数。

状态位： Z：若 ACC 的值为 0，则零标志位 Z 置位；否则 Z 清 0。

N：若 ACC(或 P)的第 31 位为 1，则负标志位 N 置位；否则 N 清 0。

C：若产生借位，则进位标志位 C 清 0；否则 C 置位。

V：若产生溢出，则溢出标志位 V 置位；否则不影响 V。

OVC：若禁止溢出模式(OVM=0)，操作产生正溢出，则计算器值增加；若操作产生负溢出，则计算器值减少。若溢出模式使能(OVM=1)，则计数器不受操作影响。

OVM：若溢出模式位置位，操作发生溢出，则 ACC 的值为最大正数(0x7FFFFFFF)或最小负数(0x80000000)。

重复性： 该指令可以重复，若指令跟在 RPT 指令之后，则它执行 N+1 次。Z、N、C 的状态为最终的结果。若中间产生溢出，则 V 标志位置位。若禁止溢出模式，OVC 将计数中间的溢出次数。

136．减去 32 位无符号数指令 SUBUL

句法：

```
SUBUL  ACC, loc32          ;从 ACC 中减去 loc32 寻址方式指定的 32 位数
SUBUL  P, loc32            ;从 P 寄存器中减去 loc32 寻址方式指定的 32 位数
```

功能： 从 ACC 累加器(或 P 寄存器)减去 loc32 寻址方式指定地址单元中的 32 位数，可以看做是无符号 SUBL 操作。

状态位： Z：若 ACC(或 P)的值为 0，则零标志位 Z 置位；否则 Z 清 0。

N：若 ACC(或 P)的第 31 位为 1，则负标志位 N 置位；否则 N 清 0。

C：若产生借位，则进位标志位 C 清 0；否则 C 置位。

V：若产生溢出，则溢出标志位 V 置位；否则不影响 V。

OVCU：当减操作产生无符号借位，则溢出计算器值减少。OVM 方式不影响 OVCU 计数器。

137．测试指定位指令 TBIT

句法：

```
TBIT  loc16, #bit          ;测试 loc16 地址单元中指定位
TBIT  loc16, T             ;测试 loc16 地址单元中由 T 寄存器指定的位
```

功能： ① 当测试 loc16 地址单元中指定的位时，#bit 立即数直接指定位数。例如，若#bit=0 访问第 0 位(最低位)；若# bit=15，访问第 15 位(最高位)。

② 当测试 T 寄存器中指定的位时，T 寄存器的最低 4 位 T(3: 0)=0…15 指定 loc16 地址单元的位。忽略 T 寄存器的高位。

状态位： TC：若测试位为 1，则 TC 置位；若测试位为 0，则 TC 清 0。

138．测试并清 0 指定位指令 TCLR

句法：

```
TCLR  loc16, #bit
```

功能： 测试 loc16 地址单元指定的位，然后对其清 0，# bit 立即数直接对应指定的位数。例如，若#bit=0，访问第 0 位(最低位)；若# bit=15，访问第 15 位(最高位)。

状态位： N：若(loc16=@AX)且@AX 的第 15 位为 1，则负标志位 N 置位。

Z：若(loc16=@AX)且@AX 为 1，则零标志位 Z 置位。

TC：若测试位为 1，则 TC 置位；若测试位为 0，则 TC 清 0。

139．测试累加器是否等于 0 指令 TEST

句法：

```
TEST  ACC
```

功能： 将累加器 ACC 和 0 进行比较，并设置相应的状态标志位。

状态位： N：若 ACC 的第 31 位为 1，则负标志位 N 置位；否则 N 清 0。

Z：若 ACC 为 0，则零标志位 Z 置位；否则 Z 清 0。

140．软件陷阱 TRAP

句法：

```
TRAP  #VectorNumber
```

功能： TRAP 指令控制程序转到指令指定向量对应的中断服务程序。它不影响中断标志位寄存器(IFR)或中断使能寄存器(IER)，不考虑选择的中断在这些寄存器中是否有相应的位。TRAP

指令不受状态寄存器 ST1 的全局中断屏蔽位(INTM)的影响。它同样不受 IER 中的使能位或调试中断使能寄存器(DBGIER)的影响。一旦 TRAP 指令到达流水线的解码阶段，直到 TRAP 指令执行完毕(中断服务程序开始)，才会响应硬件中断。

表 6-2-23 表示中断向量与之相对应的向量数。

表 6-2-23 中断向量与其向量数的关系

向 量 数	中 断 向 量	向 量 数	中 断 向 量
0	RESET	16	RTOSINT
1	INT1	17	Reserved
2	INT2	18	NMI
3	INT3	19	ILLEGAL
4	INT4	20	USER1
5	INT5	21	USER2
6	INT6	22	USER3
7	INT7	23	USER4
8	INT8	24	USER5
9	INT9	25	USER6
10	INT10	26	USER7
11	INT11	27	USER8
12	INT12	28	USER9
13	INT13	29	USER10
14	INT14	30	USER11
15	DLOGINT	31	USER12

操作的部分包括保存 16 位内核寄存器对到 SP 寄存器指向的堆栈。每个寄存器对对应一个 32 位操作指令保存。形成寄存器对的低字先保存(保存到偶地址)；高字后保存(保存到紧接着的奇地址)。

当外围中断扩展(PIE)使能时，该指令不能用于向量 1～12。

状态位：DBGM：设置 DBGM 位禁止调试事件。

INTM：设置 INTM 位禁止可屏蔽中断。

EALLOW：EALLOW 清 0 禁止对受保护寄存器进行访问。

LOOP：LOOP 标志位清 0。

EDLESTAT：IDLE 标志位清 0。

141．测试并设置特殊位指令 TSET

句法：`TSET loc16, #bit`

功能：测试 loc16 寻址单元中的指定位，然后置位该位。

状态位：N：若(loc16=@AX)且@AX 的第 15 位为 1，则 N=1。

Z：若(loc16=@AX)且@AX 为 0，则 Z=1。

TC：若测试位为 1，则 TC 置位；若测试位为 0，则 TC 清 0。

142．输出数据到 I/O 端口指令 UOUT

句法：`UOUT *(PA), loc16`

功能：将 loc16 地址单元的 16 位数输出到“*(PA)”指向的 I/O 端口。I/O 空间限制在 64 范围内。

状态位：无。

重复性：本指令可以重复。若操作跟在 RPT 指令后，则执行 N+1 次。每次重复后*(PA) I/O 空间地址增加 1。

143. 按位“异或”指令 XOR

句法：

```
XOR  ACC, loc16              ;将 loc16 地址单元中的数零扩展后与 ACC 执行“异或”
                             ;操作，结果保存到累加器 ACC
XOR  ACC, #16bit<<#0…16      ;将指定的 16 位无符号数移位，零扩展后与 ACC 累加器位
                             ;执行“异或”操作，结果保存到 ACC 累加器
XOR  AX, loc16               ;将 AH 或 AL 与 loc16 地址单元的内容执行“异或”操作，
                             ;结果保存在指定的 AX 寄存器中
XOR  loc16, AX               ;对 loc16 地址单元的内容与 AX 异或
XOR  loc16, #16bit           ;将 loc16 地址单元的内容与 16 位立即数进行“异或”
                             ;操作，结果保存在 loc16 中
```

功能：该指令实现相应的按位异或操作。

状态位：N：若目的操作数 ACC(或 AX 或[loc16])的最高位为 1，则 N=1；否则 N=0。

Z：若目的操作数 ACC(或 AX 或[loc16])的值为 0，则 Z=1；否则 Z=0。

重复性：XOR ACC, loc16 指令可以重复。若操作跟在 RPT 指令之后，则执行 N+1 次。Z 和负标志位 N 的状态为最终的结果。

144. 8 位数按位“异或”指令 XORB

句法：`XORB AX, #8bit`

功能：将 8 位立即数零扩展后与指定的 AX 寄存器执行“异或”操作。结果保存到 AX 寄存器。

状态位：N：若 AX 的第 15 位为 1，则负标志位 N 置位；否则清 0。

Z：若[loc16]=0，则零标志位 Z 置位；否则清 0。

145. AL 清 0 并装载 AH 指令 ZALR

句法：`ZALR ACC, loc16`

功能：将立即数 0x8000 赋值给累加器 ACC 的低 16 位 AL，将 loc16 地址单元中的 16 位数据赋值给累加器 ACC 的高 16 位 AH。

```
AH=[loc16]
AL=0x8000
```

状态位：N：若 ACC 的最高位为 1，则负标志位 N=1；否则 N=0。

Z：若 ACC=0，则零标志位 Z=1；否则 Z=0。

146. 溢出计数器(OVC)清 0 指令 ZAP

句法：`ZAP OVC`

功能：将溢出计数器 OVC 清 0。

状态位：OVC: 6 位溢出计数器(OVC)清 0。

147. ACC 和 P 寄存器清 0 指令 ZAPA

句法：`ZAPA`

功能：将累加器 ACC、P 寄存器和溢出计数器 OVC 清 0。

```
ACC=0;
P=0;
OVC=0;
```

状态位：N：负标志位 N 置位。

Z：零标志位 Z 清 0。

6.3 汇编源程序

6.3.1 汇编源程序格式

C28x 系列芯片汇编源程序由源程序语句组成，源程序语句包含汇编伪指令、汇编语言指令、宏伪指令和注释。源语句含有 4 个域(标号，助记符，操作数列表，注释)。伪指令和宏指令将在第 7 章讨论。

源程序语句通常格式如下：

[标号] [:] [||] 助记符 [操作数 1，操作数 2，…] [; 注释]

例 6-3-1：汇编源语句示例。

```
two        .set  2              ;符号 two=2
Begin:     MOV  AR1, #two       ;AR1=2
           .word  016h          ;用 016h 初始化一个字
LOOP       MOV  DP, #two
```

C28x 汇编器每行最多可 200 个字符，超出 200 个字符将被截断。为了正确汇编源程序语句(除注释以外的部分)，必须保证每行不超过 200 个字符。

编写源程序的规则：

- 所有语句必须以标号、空格、星号或分号开头。
- 标号是可选的，若用标号，它必须写在第一列的开始(否则编译出错)。
- 必须用一个或多个空格分隔每个域。制表符(Tab)等效为空格。
- 注释是可选的。在第一列开始的注释可以用星号或分号(*或;)打头，但在其他任何列开始的注释必须以分号(;)开头。
- 助记符不能从第一列开始，否则将被视为标号。
- “[ ]”表示该项可选的。

注意：

1. 标号对于所有的汇编指令和大部分的伪指令是可选的。如果使用标号，标号必须从源程序语句的第一列开始。标号可以由 128 个字符(A-Z、a-z、0-9、_或$)构成，开头不能为数字。

2. 助记符包括：机器码助记符(如 ADD、MOV 或 B)、汇编伪指令(如.data、.list 或.set)、宏伪指令(如.macro、.var 或.mexit)、宏调用。如果有(||)，则表示该指令可由 RPT 指令重复。

3. 所有的指令或伪指令都可以有一个或多个操作数，或没有操作数。操作数包括：符号、常量、表达式。

4. 标号后面的(:)可有可无。

6.3.2　常量

常数、字符串和符号是汇编器能识别的数据项，是汇编指令、伪指令和宏指令语句中操作数的基本组成部分。

1. 常数

汇编器支持 6 种类型的常数：

(1) 二进制整数：以字母 B(或 b)结尾，由二进制数字(0, 1)组成的数字串。数字串长度最多可达 32 个二进制数字，如 01000110B。

(2) 八进制整数：以字母 Q(或 q)结尾，由八进制数字(0～7)组成的数字串。数字串长度最多可达 11 个八进制数字，如 100000Q。

(3) 十进制整数：以字母 D(或 d)结尾(也可默认)，十进制整数由 0～9 数字组成，范围从 –2 147 483 648～4 294 967 295，如–30000。

(4) 十六进制整数：以字母 H(或 h)结尾，由十六进制数字 0～9 和 A～F(或 a～f)组成的字符串。数字串长度最多可达 8 个十六进制数字。

(5) 字符常数：包含在单引号中的一个或两个字符的串。每个字符表示为 8 位 ASCII 码，如‘a’定义字符 a，并在内部用 61H 表示。

(6) 汇编时间常数：用.set 伪指令对符号进行赋值，赋值内容不同，汇编符号所表示的含义也就不同。

例如，用.set 向符号赋值，则符号成为常数，为了在表达式中使用此常数，赋予它的值必须是绝对值。

```
SHIFT   .set  3
        MOV  AR1, #SHIFT
```

也可用.set 将寄存器名赋予符号常数，此符号与寄存器是同义词，如：

```
AUXR1   .set  AR1
        MOV  AUXR1, #3
```

(7) 浮点型常数：由整数部分、小数点、小数部分和指数部分组成，其格式如下：

```
[+/-]nnn[.[nnn][E/e[+/-]nnn]]
```

其中 n 表示十进制数字，“[ ]”内的部分是可选的。如 3.0、3.14、–0.314e13。

2. 字符串

字符串是包含在双引号内的一串字符，双引号是字符串的一部分。串的最大长度是变化的，并由每一个使用字符串的伪指令定义。字符在内部被表示为 8 位 ASCII 字符，如：“sample program”定义 13 个字符的字符串 sample program。

字符串用于下列场合：

(1) .copy “filename” 中的文件名；

(2) .sect “section name” 中的段名；

(3) .byte “charstring” 中的数据初始化伪指令；

(4) .string 伪指令的操作数。

字符串与字符常数不同，字符常数代表一个单独的整数值，而字符串是字符的列表。

3. 符号

符号被用做标号、常数及替代符号。符号名最多可由 32 个字母和数字混合组成(A～Z, a～z, 0～9, $和_)。符号的第一个字符不能是数字，符号内不能有空格。用户定义的符号区分大小写，例如汇编时 ABC、Abc 和 abc 被识别为 3 个不同的符号。如果用汇编器选项(–C)，可消除对大小写的识别。

6.3.3 表达式与运算符

表达式由运算符、常数和符号组成。有效表达式值的范围是–32768～+32767。

表 6-3-1 将表达式内使用的运算符按优先级分组列出。

表 6-3-1　表达式内使用的运算符

组	运 算 符	说 明	优 先 级
1	+	取正	高
	–	取负	
	～	求反(1 的补码)	
2	*	乘	
	/	除	
	%	求模	
	<<	左移	
	>>	右移	
3	+	加	
	–	减	
	∧	按位逻辑异或	
	|	按位逻辑或	
	&	按位逻辑与	
4	<	小于	
	>	大于	
	<=	小于或等于	
	>=	大于或等于	
	=或==	等于	
	!=	不等于	低

注：(1) 同组运算符的优先级以先为优；(2) 第 1 组运算符从右到左求值，其他各组从左到右求值。

6.3.4 源列表文件

将源文件进行汇编，在产生目标文件的同时，还可以产生源列表文件，即.lst 文件。

源列表是汇编器对源程序进行汇编后产生的目标代码和源语句的列表文件。要获得源列表文件，可在汇编时使用-L 选项。

例 6-3-1 为一源文件的汇编源列表文件，如果源文件由.title 指令开头，列表文件则在第一行打印由.title 指令提供的标题，页号放在标题的右边。如果未使用.title 指令，则该行为空白行。

例 6-3-1：汇编源列表。

```
        add1        .macro  S1, S2, S3, S4

                    MOV     AL, S1
                    ADD     AL, S2
```

```
    5                              ADD      AL, S3
    6                              ADD      AL, S4
    7                              .endm
    8
    9                              .global  c1, c2, c3, c4
   10                              .global  _main
   11
   12            0001 c1           .set     1
   13            0002 c2           .set     2
   14            0003 c3           .set     3
   15            0004 c4           .set     4
   16
   17   000000               _main:
   18   000000                     add1     #c1, #c2, #c3, #c4
 1
 1      000000  9A01               MOV      AL, #c1
 1      000001  9C02               ADD      AL, #c2
 1      000002  9C03               ADD      AL, #c3
 1      000003  9C04               ADD      AL, #c4
   19
   20                              .end
 字段1  字段2   字段3              字段4
```

源文件中的每一行可在列表中产生一行，行中包括源语句行号(字段 1)，段程序指针(SPC)值(字段 2)，被汇编的目标代码(字段 3)及源语句(字段 4)。其中伪指令和宏指令行不产生目标代码，宏调用指令则将宏文件插入并产生目标代码。如果源语句产生了多于一个字的目标代码，则在该语句行后列出其 SPC 值和目标代码。

1. 字段 1：源语句行号

行号：源语句行号是十进制数。汇编器在源文件中遇到源语句对它进行编号。

包含文件字符：汇编器可以把一个字符(A)放在一行前面，该字符表示此行从包含文件中汇编。

嵌套层数：汇编器可以把一个数字放在一行的前面，该数字表示宏扩展或循环块的嵌套层数。

2. 字段 2：段程序指针

该字段表示 SPC 的值，该值为十六进制数。所有的段(.text、.data、.bss 和命名段)均保持单独的段程序指针。

3. 字段 3：目标代码

该字段为目标代码，用十六进制表示。

该字段还用下列字符之一添加在十六进制数之后来表示重定位的类型：

！ ：未定义的外部引用；

’ ：可由.text 重定位；

” ：可由.data 重定位；

+ ： 可由.sect 重定位；
– ： 可由.bss 或.usect 重定位；
% ： 重定位表达式。

提示：有关这些符号的含义请参考 7.3.4 节关于重定位的介绍。

4．字段 4：源语句域

此域包含被汇编器扫描的源程序语句，该域的大小取决于源程序语句的大小。

提示：在 CCS 中查看源列表文件(.lst 文件)的步骤包括：新建工程并加入源文件；打开 project→Build Option...，并在 Compiler 栏中加上-al，如图 6-3-1 所示，然后单击“确定”按钮；编译链接，这时打开工程目录下的 debug 文件夹就会发现一个.lst 文件。

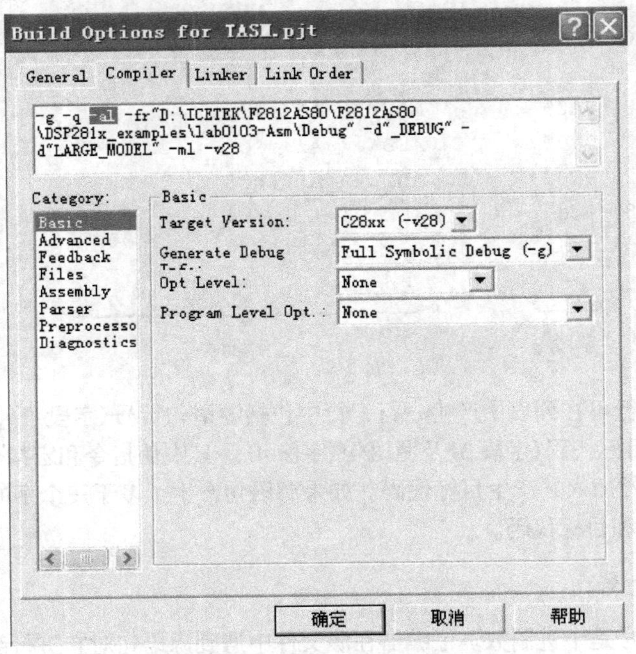

图 6-3-1　编译生成源列表文件的设置

本章小结

本章阐述 C28x 系列 DSP 的寻址方式和汇编指令，并简单介绍了汇编源程序的格式。许多情况下对 F2812 的编程可以使用 C 语言，因此初学者不必死记汇编指令、理解汇编指令，能读懂汇编程序即可。由于本书更多地面向 F2812 初学者，所以本章也删除了 C28x 与 C2xLP 兼容的寻址方式和指令。本章学习要求如下：

- 熟练掌握 C28x 的各种寻址方式。
- 掌握常用汇编指令的功能和句法。
- 掌握汇编源程序语句(汇编指令语句、伪指令语句和宏伪指令语句)的格式。
- 熟练掌握源列表文件(.lst)，会查看分析源列表文件。

本章阐述了多种寻址方式，下面以间接寻址方式为例说明基本概念、逻辑概念和物理概念。对于其他几种寻址方式，读者可以找些相关指令进行比较理解。理解寻址方式的物理概念，有助于掌握 CPU 的工作原理，有助于在开发 DSP 系统时写出高效优质的代码。

基本概念	逻辑概念	物理概念	应用
间接寻址方式：指 CPU 对操作数读写时，通过辅助寄存中存放的地址访问操作数	32 位 XARn 作为一般性的数据指针，其内容是操作数所在数据存储器的 32 位地址，CPU 通过这个地址来取操作数。如指令：`MOVL ACC,*XAR2++;` 假设 XAR2 的值为 0008 0100h，内存地址 0x80100 的存储单元内容为 1234h，0x80101 的为 5678h，执行这条指令后，ACC=5678 1234h，XAR2=80102h	物理概念指在这种寻址方式下，地址和数据通过哪些寄存器和哪组总线（参考图 2-2-1）传送，当 CPU 将这条指令从程序空间读出并译码后，ARAU 把 XAR2 中存放的地址 0x00080100 发送到 DRAB 上，然后 CPU 通过 DRDB 把内存单元数据 56781234h 读到数据缓冲寄存器，再发送到操作数总线上（至此寻址过程结束）。ALU 读取 DRDB 的数据，经过处理后发送到结果总线，然后放入 ACC 中	几乎所有的处理器都具有间接寻址方式（使用的数据指针寄存器不同），如 F2812 的 CPU 读/写操作数

习题与思考题

1．F2812 有哪几种寻址方式？这几种寻址方式有什么异同？

2．对于 F2812 的几种寻址方式各举一条指令，分析其在 CPU 中如何执行？地址和数据分别通过哪些总线传输？

3．举例说明 loc16 和 loc32 在指令中的含义。

4．请简述源列表文件的特点和作用。

第 7 章　伪/宏指令和目标文件链接

学习要点

- ◆ 常用汇编伪指令的功能和句法
- ◆ 宏的定义和调用
- ◆ 连接命令文件格式和重要的链接伪指令
- ◆ 链接器在链接时对段及段内符号的重定位

在开发 DSP 系统时，常常需要编写汇编语言源程序、C 语言源程序和链接命令文件。C 语言文件经过 C 编译器编译后生成汇编源文件，所有汇编源文件经过汇编器汇编后生成通用目标文件格式(COFF)的文件，链接器再通过链接命令文件将 COFF 文件里面的段进行重定位链接，最终生成 TMS320F2812 器件可执行的文件。

7.1　伪指令

7.1.1　伪指令作用及分类

汇编伪指令为程序提供数据并控制汇编过程。汇编伪指令可完成如下工作：

- 将代码和数据汇编到特定的段中；
- 在存储器中为未初始化变量保留空间；
- 控制列表的显示格式；
- 初始化存储器；
- 汇编条件块；
- 定义全局变量；
- 规定汇编器可以从中提取宏的库；
- 检查符号调试信息。

伪指令分为以下 8 类：

(1) 段定义伪指令：该类伪指令把汇编语句程序的各部分与适当的段联系起来。

```
.bss, .data, .text, .sect, .usect
```

(2) 初始化常数伪指令：该类伪指令为当前段汇编数值。

```
.bes, .space, .byte, .char, .field, .float, .xfloat, .int, .word, .long,
.xlong, .string, .pstring
```

(3) 调准程序计数器伪指令：该类伪指令使 SPC 指向预定的位置。

```
.align, .even
```

(4) 输出列表格式伪指令：该类伪指令控制列表文件的格式。

```
.drlist, .drnolit, .fclist, .fcnolist, .length, .width, .list, .nolist,
.mlist, .mnolist, .option, .page, .sslist, .ssnolist, .tab, .title
```

(5) 引用其他文件伪指令：该类伪指令为文件提供信息或提供这些文件的信息。

.copy, .include, .global, .def, .ref, .mlib

(6) 条件汇编伪指令：该类伪指令使汇编器根据表达式求值结果的真或假来汇编代码的某些段。

.if, .elseif, .else, .endif, .loop, .break, .endloop

(7) 汇编时的符号伪指令：该类伪指令使定义的符号名等同于常数值或字符串。

.asg, .eval, .set, .equ, .struct, .endstruct, .newblock

(8) 其他伪指令：具有其他功能和特性的伪指令。

.end, .label, .mmregs, .port, .sblock, .version, .emsg, .wmsg

7.1.2 伪指令汇总

下面是按字母排序的伪指令索引表，相关的伪指令(如.if/.else/.endif)放在一起。

表 7-1-1　伪指令索引

序　号	伪 指 令	序　号	伪 指 令
1	.align	20	.list/.nolist
2	.asg/.eval	21	.long/.xlong
3	.bss	22	.loop/.break/.endloop
4	.byte/.char	23	.mlib
5	.c28_amode/.lp_amode	24	.mlist/.mnolist
6	.clink	25	.newblock
7	.copy/.include	26	.option
8	.data	27	.page
9	.drlist/.drnolist	28	.sblock
10	.emsg/.mmsg/.wmsg	29	.sect
11	.end	30	.set/.equ
12	.fclist/.fcnolist	31	.space/.bes
13	.field	32	.sslist/.ssnolist
14	.float/.xfloat	33	.string/.pstring
15	.global/.def/.ref/.globl	34	.struct/.endstruct/.tag
16	.if/.elseif/.else/.endif	35	.tab
17	.int/.word	36	.text
18	.label	37	.title
19	.length/.width	38	.usect

1. .align

句法：**.align** [字数]

说明：

.align 伪指令将段程序计数器(SPC)调准到下一个边界，边界由参数字数指定。字数可以是 2 的整数次幂，默认设置为 64。汇编器把包括 NOP 的字汇编到下一个 x-word 字的边界。x 为 1、2、64，如下所述：

操作数	1	SPC 调准到字边界；
	2	SPC 调准到长字/偶数边界；
	64	SPC 调准到页边界；

使用.align 伪指令有两个作用：

(1) 汇编器把 SPC 调准到当前段内 x-word 字的边界上。

(2) 汇编器设置标志，强制链接器调准段，这样当一个段装载到存储器时，调准能保持原样。

例 7-1-1：显示几种类型的调准，有.align 2、.align 8 和默认的.align。

```
      000000  0004        .byte       4
                          .align      2
      000002  0045        .string     "Errorcnt"
      000003  0072
      000004  0072
      000005  006F
      000006  0072
      000007  0063
      000008  006E
      000009  0074
                          .align
      000040  0003        .field      3, 3
      000040  002B        .field      5, 4
                          .align      2
      000042  0003        .field      3, 3
                          .align      8
      000048  0005        .field      5, 4
                          .align
      000080  0004        .byte       4
```

2. .asg/.eval

句法：**.asg** ["]字符串["]，置换符号

.eval 明确定义的表达式，置换符号

说明：

.asg 伪指令把字符串赋给置换符号，置换符号存在置换符号表中。.asg 伪指令使用时在很多方面与.set 相同，但是.set 把常数(不能重新定义)赋给符号，而.asg 把字符串(可以被重新定义)赋给置换符号。

汇编器把字符串赋给置换符号。引号是可选择的。如果没有引号，那么汇编器读字符至第一个逗号并去掉前后的空格。无论是否有引号，都将读入字符串，并赋给置换符号。

置换符号是必须的参数，它必须是一个有效的符号名。置换符号可长达 32 位，必须以字母开始，其他字符可以是数字、字母、下划线“_”、美元符号“$”。

.eval 伪指令对存放在置换符号表中的置换符号执行算术计算。这个伪指令计算表达式的值，并把该值以字符串的形式赋给置换符号。.eval 伪指令特别适用于.loop/.endloop 块中的计数器。

明确定义的表达式是字母和数字表达式，由前面定义的合法值组成。

例 7-1-2：.asg/.eval 伪指令的使用。

```
                          .sslist
                          .asg       XAR6, FP
     00000000  0964       ADD        ACC, #100
     00000001  7786       NOP        *FP++
#                         NOP        *XAR6++
     00000002  7786       NOP        *XAR6++

                          .asg       0, x
```

```
        8                        .loop       5
        9                        .eval       x+1, x
        10                       .word       x
        11                       .endloop
    1                            .eval       x+1, x
    #                            .eval       0+1, x
    1       00000003  0001       .word       x
    #                            .word       1
    1                            .eval       x+1, x
    #                            .eval       1+1, x
    1       00000004  0002       .word       x
    #                            .word       2
    1                            .eval       x+1, x
    #                            .eval       2+1, x
    1       00000005  0003       .word       x
    #                            .word       3
    1                            .eval       x+1, x
    #                            .eval       3+1, x
    1       00000006  0004       .word       x
    #                            .word       4
    1                            .eval       x+1, x
    #                            .eval       4+1,x
    1       00000007  0005       .word       x
    #                            .word       5
```

3. .bss

句法：.bss 符号，字数 [,块标志] [,调准标志] [,类型]

说明：

.bss 伪指令在.bss 段中为变量保留空间。这个伪指令通常用于在 RAM 中分配变量。

符号是必须的参数。它定义了一个标号，该标号指向该伪指令所保留的第一个单元地址。符号名应与所保留空间的变量名一致。

字数是必须的参数，它必须是确定的表达式。汇编器在.bss 段中分配多个字。字数没有默认值。

块标志是可选参数。如果用户定义该参数的值大于 0，那么汇编器连续分配指定字数的空间。这意味着分配的空间不会越过页边界，除非指定的字数大于一页。在这种情况下，从页的边界开始。

调准标志是可选参数。这一标志使汇编器以长型字为边界分配指定字数个字。

类型是可选参数。指定的类型使汇编器为符号生成适当的调试信息。

汇编器在.bss 段中分配空间时，遵循两条准则：

(1) 当存储器中留有空位时(见图7-1-1)，.bss 伪指令会尽量填满它。当汇编.bss 伪指令时，汇编器搜索前一次.bss 伪指令留下的空位列表，并尽量把当前块分配到这些空位中(无论是否设置模块化标志，这都是标准的过程)。

(2) 若汇编器没有找到能放下整个块的空位，那么它将检查块选项标志是否有效：如果用户未要求按块存放，那么在当前 SPC 处分配存储器；如果用户要求按块存放，那么汇编器将检查在当前 SPC 和页边界之间的空位是否足够大。如果没有足够的空间，那么汇编器将在下一页上分配空间。

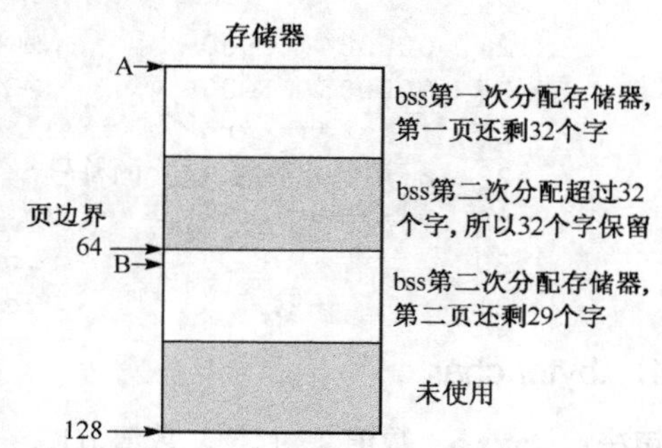

图 7-1-1　.bss 在一页中分配存储器示意图

块选项允许用户在.bss 段中保留最多 64 个字，并保证它们放在存储器的同一页中(当然，用户可以一次保留多于 64 字的空间，但它们不能放在同一页中)。下列代码在.bss 段中保留了两块空间：

```
memptr:     .bss A, 32, 1
memptr1:    .bss B, 35, 1
```

每一块必须包含一个独立的页边界，当第一块分配到某页之后，其他块就不能再放在当前页中。如图 7-1-1 所示，第二块应该分配在下一页。

例 7-1-3：在本例中，.bss 伪指令用来为两组变量 TEMP 和 ARRAY 分配空间。TEMP 符号指向 4 个字的未初始化空间(.bss SPC=0)。ARRAY 符号指向 100 个字的未初始化空间(.bss SPC=040h)，这个空间必须在一页内连续分配。用.bss 伪指令定义的符号可以像其他符号一样引用，也可以定义为外部符号。

```
*****************************************************************
**  开始汇编到.text 段中
*****************************************************************
000000              .text
000000  2BAC        MOV  T , #0

*****************************************************************
**  在.bss 段中分配 4 个字的空间
*****************************************************************
000000              .bss   Var_1, 2, 0, 1

*****************************************************************
** 仍在.text 段中
*****************************************************************
000001  08AC        ADD T, #56h
000002  0056
000003  3573        MPY ACC, T, #73h




000040              .bss ARRAY, 100, 1



000004  F800-       MOV   DP, #Var_1
000005  1E00-       MOVL  @Var_1, ACC
*****************************************************************
**声明外部的.bss 的符号
*****************************************************************
                    .global  ARRAY
                    .end
```

4．.byte/.char

句法：**.byte** 数值 1 [,…, 数值 n]

　　　.char 数值 1 [,…, 数值 n]

说明：

.byte 和.char 伪指令将一个或多个字节放入当前段的连续字中。每个字节放在一个字中：8 个 MSBs(最高位)填 0。数值可以是下列情况中的一种：

(1) 一个表达式，汇编器把它当做 8 位有符号数来计算和处理。

(2) 包含在双引号内的字符串。字符串中每一个字符代表一个单独的数。

数值未被合并或做符号扩展。每个字节占据一个完整的 16 位字的低 8 位。汇编器将多于 8 位的值截断。每个.byte 指令可以使用多达 100 个数值参数，但总长度不能超过 200 个字符。

如果用户使用一个标号，那么它指向汇编器放置第一个字节的单元地址。

当用户在.struct/.endstruct 序列中使用.byte 时，.byte 定义结构成员的大小，它不初始化存储器。

例 7-1-4：8 位值被放到存储器的连续字中。标号 STRX 的值为 100h，是第一个已初始化字的地址。

```
1   000000                  .space  100h * 16
2   000100  000A  STRX      .byte   10, -1, "abc", 'a'
    000101  00FF
    000102  0061
    000103  0062
    000104  0063
    000105  0061
3   000106  000A            .char   10, -1, "abc", 'a'
    000107  00FF
    000108  0061
    000109  0062
    00010a  0063
    00010b  0061
```

5. .c28_amode/.lp_amode

句法：**.c28_amode**

　　.lp_amode

说明：

.c28_amode 和.1p_amode 伪指令告诉汇编器执行的汇编模式。

.c28_amode 伪指令告诉汇编器在 C28x 目标模式(-v28)下操作。.1p_amode 伪指令告诉汇编器在 C28x 目标-兼容 C2xlp 语法格式(-m20)的模式下操作。这些伪指令可以在整个源文件中被反复使用。

例如，如果一个文件用-m20 选项，汇编器就在 C28x 目标-兼容 C2xlp 语法格式(-m20)的模式下汇编。当它遇到.c28_amode 伪指令后，就变换到 C28x 目标模式，并保持这种模式直到遇到.1p_amode 伪指令或文件结束。

这些伪指令帮助用户通过用 C28x 代码代替部分 C2xlp 代码，实现从 C2xlp 到 C28x 的移植。

6. .clink

句法：**.clink** ["段名"]

说明：

.clink 伪指令通过在段名的类型域设置 STYP_CLINK 标志来建立条件链接。已初始化段和未初始化段都可以使用.clink 伪指令。

如果用户使用.clink 时没带段名参数，那它就用于当前已初始化段。如果.clink 要用于未初始化段，必须有段名。段名在 200 个字符内是有效的，且必须用双引号引起来。段名可以以“段名：子段名”的形式包含子段。

STYP_CLINK 标志告诉链接器如果某段对任何符号都没有引用,那么就在最后的 COFF 输出中省略该段。

例 7-1-5：本例中 Vars 和 Counts 段被设定为条件链接。

```
000000                         .sect  "Vars"
                               ;有条件链接 Vars 段
                               .clink

000000  001A     X:            .long   01Ah
000001  0000
000002  001A     Y:            .word   01Ah
000003  001A     Z:            .word   01Ah
                               ;有条件链接 Counts 段
                               .clink

000004  001A  XCount:          .word   01Ah
000005  001A  YCount:          .word   01Ah
000006  001A  ZCount:          .word   01Ah
                               ;默认时，无条件链接.text 段
000000                         .text

000000  97C6                   MOV *XAR6, AH
                               ;引用符号 X 使 Vars 段被链接到 COFF 输出中

000001  8500+                  MOV ACC, @X
000002  3100                   MOV P,  #0
000003  0FAB                   CMPL ACC, P
```

7. .copy/.include

句法：**.copy** ["]文件名["]

.include ["]文件名["]

说明：

.copy 和.include 伪指令告诉汇编器从另一文件中读取源程序语句。不管被汇编的.1ist/.nolist 伪指令数目如何，来自复制文件的被汇编语句都输出在汇编列表中，而来自包含文件的被汇编语句不输出在汇编列表中。汇编器操作包括：结束汇编当前源程序中的语句；汇编被复制 / 包含文件的语句；在主源程序文件中，继续汇编跟随在伪指令.copy 或.inculude 之后的语句。

文件名是命名源程序文件必须的参数。它被包含在双引号之内且必须遵守操作系统的惯例。用户可以指定一个路径名(如 c: \ dspVllel.asm)。如果用户不指定路径，那么汇编器在下列目录中搜索文件：包含当前源程序文件的目录；用-i 汇编器选项命名的所有目录；由环境变量 C2000_A_DIR 和 A_DIR 指定的所有目录。

.copy 和.include 伪指令可以被嵌套在被复制或被包含的文件中。汇编器将这种类型的嵌套层数限制在 10 层，可以设置附加限制。汇编器在被复制文件的行数前放一个字母代码，用来识别复制的层数。A 指明第一次被复制的文件，B 指明第二次被复制的文件，依次类推。

例7-1-6：.copy 伪指令用来从其他文件中读入源程序语句并汇编，然后汇编器继续汇编当前文件。原始文件 copy.asm 中包含一条语句.copy “byte.asm”文件。当汇编 copy.asm 时，汇编器将 byte.asm 的内容复制到列表中。被复制的文件 byte.asm 中包含一个.copy 至第二个文件“word.asm”的语句。当汇编器汇编 byte.asm 文件中的.copy 语句时，就转向文件 word.asm 继续复制和汇编。然后返回它在文件 byte.asm 中的位置，再继续复制和汇编。完成对文件 byte.asm 的汇编后，汇编器回到文件 copy.asm，继续汇编剩余语句，如表 7-1-2 所示。

表 7-1-2　复制文件

copy.asm（源文件）	byte.asm（第一次复制文件）	word.asm（第二次复制文件）
.space 29 .copy "byte.asm" **back in original file .pstring "done"	**In byte.asm .byte 32, 1+'A' .copy "word.asm" **back in byte.asm .byte 67h+3q	**In word.asm .word 0ABCDh, 56q

列表文件：

```
1      000000             .space  29
2                         .copy   "byte.asm"
1                         **In byte.asm
2      000002  0005       .byte   5
3                         .copy   "word.asm"
1                         ** In word.asm
2      000003  ABCD       .word   0ABCDh
4                         ** Back in byte.asm
5      000004  0006       .byte   6
3
4                         ** Back in original file
5      000005  646F       .pstring    "done"
       000006  6E65
```

例 7-1-7：.include 伪指令用来从其他文件读取源程序语句并汇编，然后汇编器继续汇编当前文件，如表 7-1-3 所示。除了源语句不输出到列表文件中之外，其工作方式与.copy 伪指令相似。

表 7-1-3　调用文件

copy.asm(源文件)	byte.asm(第一次调用文件)	word.asm(第二次调用文件)
.space 29 .include "byte.asm" **back in original file .pstring "done"	**In byte2.asm .byte 32,1+'A' .include "word2.asm" **back in byte2.asm .byte 67h+3q	**In word2.asm .word 0ABCDh, 56q

列表文件：

```
1   000000               .space    29
2                        .include “byte2.asm”
3
4                        **Back in original file
5   000007  0064         .string  “done”
    000008  006F
    000009  006E
    00000a  0065
```

8．.data

句法：**.data**

说明：

.data 伪指令告诉汇编器开始将源代码汇编到.data 段，且.data 变为当前段。.data 段通常用于包括数据表或已初始化变量。

.text 段是汇编器默认段。因此，除非用户使用段控制伪指令，否则在汇编开始时，汇编器把代码汇编到.text 段中。

例 7-1-8：代码被汇编到.data 和.text 段中。

```
************************************************************
**在 .data 中保留空间
************************************************************
000000                   .data
000000                   .space      0CCh
************************************************************
**汇编到 .text 段中
************************************************************
000000                   .text
000000       INDEX       .set    0
000000  9A00             MOV     AL, #INDEX
************************************************************
**汇编到 .data 段中
************************************************************
00000c       Table:  .data
00000d  FFFF         .word    -1       ;汇编 16 位常数到.data
00000e  00FF         .byte    0FFh     ;汇编 8 位常数到.data
***********************************************************
**汇编到 .text 段中
***********************************************************
000001               .text
000001  08A9"        ADD     AL, #Table
000002  000C
***********************************************************
**继续汇编到地址为 0Fh 的.data 段中
***********************************************************
00000f               .data
```

9. .drlist/.drnolist

句法：**.drlist**

.drnolist

说明：

这两条伪指令使用户能控制将汇编伪指令输出到列表文件中。

.drlist 伪指令使能输出所有的伪指令到列表文件。

.drnolist 伪指令禁止在列表中输出下列伪指令：

```
.asg        .fcnolist    .sslist
.break      .length      .ssnolist
.emsg       .mlist       .var
.eval       .mmsg        .width
.fclist     .mnolist     .wmsg
```

默认设置为.drlist。

10．.emsg/.mmsg/.wmsg

句法：**.emsg**　　字符串

　　　.mmsg　　字符串

　　　.wmsg　　字符串

说明：

这些伪指令允许用户定义自己的错误和警告信息。汇编器追踪和报告出现的错误、警告数目，并输出到列表文件的最后一行。

.emsg 伪指令像汇编器一样发送错误信息到标准输出设备，增加错误计数并阻止汇编器生成目标文件。

.mmsg 伪指令与.emsg、.wmsg 一样，将汇编中的信息发送到标准输出设备，但它不增加错误和警告计数，不阻止汇编器生成目标文件。

.wmsg 伪指令与.emsg 一样将警告信息发送到标准输出设备，但不增加错误计数，而是增加警告计数，不阻止汇编器生成目标文件。

11．.end

句法：**.end**

说明：

.end 伪指令是可选的，用于结束程序汇编。它应当是源程序的最后一行语句。汇编器将忽略跟在.end 伪指令后的任何语句。

这个伪指令与文件结束字符有相同的作用。在调试过程中，如果用户想在代码的某个特定点停下来，可以使用.end。

例 7-1-9：.end 伪指令结束程序汇编。如果.end 伪指令后跟有语句，汇编器将忽略它们。

源文件：

```
START:  .space      300
TEMP    .set        15
        .bss        LOC1, 48h
        ABS         ACC
        ADD         ACC, #TEMP
        MOV         @LOC1, ACC
        .end
        .byte       4
        .word       CCCh
```

列表文件：

```
1  000000          START:     .space  300
2            000F  TEMP       .set        15
3  000000                     .bss        LOC1, 48h
4  000013  FF56               ABS         ACC
5  000014  090F               ADD         ACC, #TEMP
6  000015  9600-              MOV         @LOC1, ACC
7                             .end
```

12．.fclist/.fcnolist

句法：**.fclist**

　　　.fcnolist

说明：

这两条伪指令使用户能控制在条件为假时的代码块是否产生列表。

.fclist 伪指令允许在条件为假时代码块产生列表(但不生成可执行的操作码块)。

.fcnolist 伪指令禁止在条件为假时代码块产生列表，直到遇见.fclist 伪指令为止。使用.fcnolist 后，只有实际汇编过的代码块才出现在列表中，而 if、else、.endif 和 endif 伪指令不在列表中出现。

默认设置为所有代码块均被列出，同使用.fclist 伪指令时一样。

13. .field

句法：**.field** 数值 [,位数]

说明：

.field 伪指令初始化单字存储器内的多个位域。此伪指令有两个操作数。

数值是必须的参数，它是放在域中的求值表达式。如果该值是可重定位的，那么位数必须大于或等于 22。

位数是可选参数，它指定一个 1～32 的数作为该域的位数。如果用户不指定位数，那么汇编器按 16 位处理。如果用户指定的位数大于或等于 16，则分配的域从字边界开始。如果用户指定的数值与位数不相等，汇编器截断数值的高位，并报告错误信息。例如，field 3,1 汇编器将 3 截为 1，并打印信息：

```
***warning—value truncated。
```

连续的.field 伪指令将把数打包放入当前字的指定位数中，并从最低位开始，随域的增加逐渐向最高位移动。如果汇编器遇到域的大小大于当前字的剩余位，那么就增加 SPC 的值，然后开始将该域打包放入下一个字中。用户可以用操作数为 1 的.align 伪指令，迫使从下一个.field 开始打包进一个新字中。

当所指定域大于 16 位时，汇编器首先填满低字，然后从高字的最低位开始填入。

如果使用了标号，那么标号指向包含指定域的字。

如果用户在.struct/.endstmct 序列中使用.field，那么.field 只定义一个结构成员的大小；它不初始化存储器。

例 7-1-10：显示域如何打包进一个字，SPC 在一个字被填满并开始下一个字之前不改变。

```
**********************************************************************
**初始化一个 14 位的域
**********************************************************************
000000  0ABC            .field  0ABCh, 14

**********************************************************************
**在一个单独的字中初始化一个 5 位的域
**********************************************************************

000001  000A        L_F:    .field  0Ah, 5

**********************************************************************
**在同一个字中初始化一个 5 位的域
**********************************************************************

000001  018A        X:  .field  0Ch, 4

```

```
**********************************************************************
**在接下来的 2 个字中初始化一个 22 位的可重定位的域

**********************************************************************
000002  0001'          .field  X

**********************************************************************
**初始化一个 32 位的域
**********************************************************************
000003  4321           .field  04321h, 32
000004  0000
```

14．.float/.xfloat

句法：**.float**　　数值 1 [,…, 数值 *n*]

　　　.xfloat　数值 1 [,…, 数值 *n*]

说明：

.float 和.xfloat 伪指令把一个或多个浮点型常数放入当前段中。数值必须是浮点常数或已被赋值为浮点常数的符号。每个常数都被转换成 IEEE 32 位格式的单精度浮点值。如果不使用.xfloat 伪指令，那么浮点型常数被调整到长字边界。

.xfloat 与.float 功能相同，但它不将结果调整到长字边界。

例 7-1-11：说明.float 和.xfloat 伪指令。

```
00000000   D800        .float  -1.1e5
00000001   C7D6
00000002   0010        .byte   0x10
00000003   0000        .xfloat 123.0        ;未调整到长字边界
00000004   42F6
00000006   0000        .float  3            ;调整到长字边界
00000007   4040
```

提示：32 位单精度浮点数的数据格式如下所示，s 表示符号位，e 表示指数，f 表示小数。

s (31)	e (30–23)	f (22–0)

因为 $-1.1\times10^5=-(1.1010\ 1101\ 1011)_b\times2^{16}$，所以 $s=1$，$e=127+16=(100\ 0111\ 1)_b$，$f=(101\ 0110\ 1101\ 1000\ 0000)_b$，所以该 float = $(1100\ 0111\ 1101\ 0110\ 1101\ 1000\ 0000\ )_b=(C7D6\ D800)_h$。

15．.global/.def/.ref/.globl

句法：**.global**　符号 1 [,…, 符号 *n*]

　　　.def　　符号 1 [,…, 符号 *n*]

　　　.ref　　符号 1 [,…, 符号 *n*]

　　　.globl　符号 1 [,…, 符号 *n*]

说明：

.global、.def 和.ref 伪指令标识全局符号，全局符号可以在外部定义或被外部引用。

.global 伪指令为 C2xlp 提供了兼容性。它只在指定-m20 选项时才被接受。不推荐使用.global 伪指令。

.def 伪指令标识在当前模块中定义并可被其他文件访问的符号。汇编器将此符号放入符号表中。

.ref 伪指令标识在当前模块中使用在另一模块内定义的符号。链接器在链接时处理此符号的定义。

当需要时，.global 伪指令起.ref 或.def 的作用。

全局符号与其他符号的定义方式相同，也就是说，它以标号方式出现或用.set、.bss、.usect 伪指令定义。像所有的符号一样，如果一个全局符号被多次定义，链接器会报告多次定义的错误信息。无论模块是否使用符号，.ref 伪指令总是为符号创建一个符号表入口，但.global 伪指令只在实际使用该符号时才创建符号表入口。

将一个符号定义为全局符号有两个原因：

(1) 如果符号在当前模块中没有定义(包括宏、复制或包含文件)，那么.global 或.ref 伪指令告诉汇编器符号已在外部模块定义过。这样就可防止汇编器发出未定义引用的错误信息。链接时，链接器在其他模块中查找该符号的定义。

(2) 如果符号在当前模块中定义，那么.global 或.def 伪指令声明符号及其定义可以被其他模块在外部使用。这些类型的引用在链接时被处理。

例 7-1-12：全局符号的应用。

file1.lst 和 file3.lst 是等效的。这两个文件都定义了符号 INIT，并使其可供其他模块使用；两个文件都使用外部符号 X、Y 和 Z。file1.lst 使用.global 伪指令标识这些全局符号；file3.lst 文件使用.ref、.def 表示这些全局符号。

file2.lst 和 file4.lst 是等效的。这两个文件都定义了符号 X、Y 和 Z，并使其可供其他模块使用。两个文件都使用了外部符号 INIT。file2.lst 用.global 伪指令标识这些全局符号，file4.lst 用.ref 和.def 表示这些全局符号。

file1.lst：

```
                        ;在文本文件中定义全局符号
                        .global INIT
                        ;在 file2.lst 中定义全局符号
                        .global X, Y, Z
   000000               INIT:
   000000  0956             ADD     ACC, #56h

   000001  0000!        .word   X
                        ;       .
                        ;       .
                        ;       .
                        .end
```

file2.lst：

```
                        ;在文本文件中定义全局符号
                        .global X, Y, Z
                        ;在 file1.lst 中定义全局符号
                        .global INIT
           0001         X:  .set      1
           0002         Y:  .set      2
           0003         Z:  .set      3
   000000  0000!        .wordINIT
                        ;       .
                        ;       .
                        ;       .
                        .end
```

file3.lst：

```
                          ;在文本文件中定义全局符号
                          .def INIT
                          ;在 file4.lst 中定义全局符号
                          .ref X, Y, Z
   000000                 INIT:
   000000  0956              ADD   ACC, #56h

   000001  0000!          .word   X
                 ;              .
                 ;              .
                 ;              .
                           .end
```

file4.lst：

```
                          ;在文本文件中定义全局符号
                          .def X, Y, Z
                          ;在 file3.lst 中定义全局符号
                          .ref INIT
           0001           X:  .set     1
           0002           Y:  .set     2
           0003           Z:  .set     3
  000000   0000!              .word  INIT
                 ;            .
                 ;            .
                 ;            .
                          .end
```

16. .if/.elseif/.else/.endif

句法：**.if**　　明确定义的表达式

.elseif　明确定义的表达式

.else

.endif

说明：

下列伪指令提供条件汇编：

.if 伪指令标记条件块的开始。明确定义的表达式是必须的参数。如果表达式值为真(非 0)，那么汇编器汇编表达式后面的代码(直到遇见.elseif、.else 或.endif 伪指令为止)；如果表达式值为假(0)，那么汇编器汇编.elseif、.else 或.endif 伪指令后的代码。

.elseif 伪指令在.if 表达式为假(0)，且.elseif 表达式为真(非 0)时，汇编后面的代码块。当.elseif 表达式为假时，汇编器继续汇编下一个.elseif、.else 或.endif 伪指令后的代码。.elseif 是可选的，可以使用多个.elseif 语句。如果.elseif 的表达式为假，且没有后跟的.elseif 语句，汇编器继续汇编.else 或.endif 后的代码。

.else 伪指令在.if 表达式和所有.elseif 表达式都为假(0)时，汇编其后面的代码块。这个伪指令是可选的；如果表达式为假且没有后跟.else 语句，汇编器继续汇编.endif 语句后的代码。

.endif 伪指令结束条件汇编代码块。

.elseif 和.else 伪指令可以同时使用，.elseif 伪指令可以多次使用。

例 7-1-13：条件汇编。

```
          0001     SYM1     .set     1
          0002     SYM2     .set     2
          0003     SYM3     .set     3
          0004     SYM4     .set     4

                   If_4:    .if          SYM4=SYM2*SYM2
  000000  0004              .byte        SYM4
                            .else
                            .byte        SYM2*SYM2
                            .endif

                   If_5:    .if SYM1<=10
  000001  000A              .byte        10
                            .else
                            .byte        SYM1
                            .endif

                   If_6:    .if          SYM3*SYM2!=SYM4+SYM2
                            .byte        SYM3*SYM2
                            .else
  000002  0008              .byte        SYM4+SYM4
                            .endif

                   If_7:    .if          SYM1=2
                            .byte        SYM1
                            .elseif      SYM2+SYM3=5
  000003  0005              .byte        SYM2+SYM3
                            .endif
```

17. .int/.word

句法：**.int**　数值 1[,…,数值 *n*]

　　　.word　数值 1[,…,数值 *n*]

说明：

.int 和.word 伪指令是等效的。它们将一个或多个值放入当前段中连续的 16 位域中。

操作数“数值”可以是绝对的或是可重定位的表达式。如果表达式是可重定位的，那么汇编器将产生指向适当符号的重定位入口，从而链接器可以重新调整(重定位)引用。这就允许用户用指向变量的指针或标号来初始化存储器。

用户可以在一行中使用很多的值。如果用户使用标号，那么该标号指向已初始化的第一个字。

在.struct/.endstruct 序列中使用.int 或.word 时，.int 或.word 定义结构成员的大小，但不初始化存储器。

例 7-1-14：用.int 伪指令初始化字。

```
  000000                    .space  73h
  000000                    .bss         PAGE, 128
  000080                    .bss         SYMPTR, 3
  000008  FF20     INST:    MOV ACC, #056h
  000009  0056
  00000a  000A              .int        10, SYMPTR, -1, 35+'a', INST
  00000b  0080-
  00000c  FFFF
```

```
        00000d  0084
        00000e  0008'
```

例 7-1-15：用.word 伪指令初始化字。符号 WORDX 指向保留的第一个字。

```
  1     000000  0C80          WORDX: .word3200, 1+'AB', -0Afh, 'X'
        000001  4242
        000002  FF51
        000003  0058
```

18．.label

句法：**.label** 符号

说明：

.label 伪指令定义特定的符号，它指向当前段内的装载地址，而不是运行地址。汇编器创建的大部分段地址都可重定位。汇编器从 0 开始汇编每个段，链接器将它重定位到装载和运行时的地址。

在一些应用中，需要将一个段装载到一个地址，而运行在不同的地址。例如，用户可能要把性能要求严格的代码块装载到片外低速存储器以节省空间，然后把代码移到片内高速存储器上来运行。

这样的段在链接时被分配两个地址：一个装载地址，一个运行地址。段内定义的所有符号被重定位以指向运行地址，保证对段的引用(如跳转)是正确的。

.label 伪指令创建一个特殊标号指向装载地址。这一功能主要用来为重定位段的代码指定该段装载的位置。

例 7-1-16：装载时地址标号的使用。

```
            .sect         ".EXAMP"
            .label        EXAMP_LOAD        ;段的装载地址
START:                                      ;段的运行地址
        <code>
FINISH:                                     ;段运行地址结束
            .label        EXAMP_END         ;段装载地址结束
```

19．.length/.width

句法：**.length**　页长
　　　.width　页宽

说明：

.length 伪指令设置输出列表文件的页长度，它影响当前页和后续页。用户可以用另一个.length 伪指令重新设置页的长度。

- 默认长度：60 行
- 最小长度：1 行
- 最大长度：32767 行

.width 伪指令设置输出列表文件的页宽度，它影响被汇编的下一行及后续行。用户可以用另一个.width 伪指令重新设置页的宽度。

- 默认宽度：80 个字符
- 最小宽度：80 个字符
- 最大宽度：200 个字符

宽度是指列表文件中的一个完整的行。行计数器值、SPC 值和目标代码作为行宽度的一部分被计数。注释和源语句的其他部分如果超出页宽，则在列表中被截断。

汇编器不列出.width 和.1ength 伪指令。

例 7-1-17：改变页长度和页宽度。

```
*********************************************************************
**页长度=65 行
**页宽度=85 字符
*********************************************************************
                .length 65
                .width  85
*********************************************************************
**页长度=55 行
**页宽度=100 字符
*********************************************************************
                .length 55
                .width  100
```

20. .list/.nolist

句法：**.list**

　　.nolist

说明：

这两条伪指令使用户能控制源程序列表的输出。

.1ist 伪指令允许输出源程序列表。

.nolist 伪指令禁止输出源程序列表，直至遇到.1ist 伪指令为止。.nolist 伪指令可用于减少汇编编译时间和源程序列表长度，它可以用在宏定义中以禁止宏扩展列表。

汇编器不输出.list 伪指定、.nolist 伪指令或出现在.nolist 伪指令之后的源语句，但是它继续增加行计数器的值。用户可以嵌套使用.1ist/.nolist 伪指令，每一个.nolist 需要一个与它匹配的.1ist 来恢复列表。

默认设置为列表文件中输出源程序列表，汇编器就像已使用了.1ist 伪指令一样工作。

例 7-1-18：描述.copy 伪指令怎样插入来自另一个文件的源程序语句，如表 7-1-4 所示。在第一次遇到此伪指令时，汇编器在列表文件中列出复制的源程序语句。第二次遇到此伪指令时，因为汇编遇到.nolist 伪指令，所以汇编器不再列出复制的源程序语句(注意：.nolist 第 2 个.copy 及.list 伪指令不出现在列表文件中。还要注意的是，即使当源语句未列出时，行计数器仍增加)。

表 7-1-4　复制文件

copy.asm(源文件)	copy2.asm(复制文件)
.copy　　"copy2.asm" *back　　in original file NOP .nolist .copy　　"copy2.asm" .list *back in original file .string　"Done"	*In　copy2.asm(copy file) .word　32,1+'a'

列表文件：

```
 1                      .copy   "copy2.asm"
 1                  *In copy2.asm(copy  file)
 2   000000  0020       .word   32, 1+'A'
     000001  0042
 2                  *back in original file
```

```
3   000002  7700          NOP
7                        *back in original file
8   000005  0044          .string "Done"
    000006  006F
    000007  006E
    000008  0065
```

21. .long/.xlong

句法：**.long**　数值 1 [,…, 数值 *n*]

　　　.xlong　数值 1 [,…, 数值 *n*]

说明：

.long 和.xlong 伪指令把一个或多个 32 位数放入当前段内连续的字中，最高位在前。.long 伪指令将结果调整到长字边界，而.xlong 不做调整。

操作数“数值”可以是绝对的或可重定位的表达式。如果表达式是可重定位的，那么汇编器产生指向适当符号的可重定位入口，然后链接器可重定位该引用。这就允许用户用变量指针或标号来初始化存储器。

用户最多可以使用多达 100 个变量，但是它们必须放在源语句的一行中。如果用户使用标号，那么它指向已初始化的第一个字。

当用户在.struct/.endstruct 序列中使用.long 时，.long 定义结构成员的大小，但不初始化存储器。

例 7-1-19：表示.long 和.xlong 伪指令怎样初始化双字。

```
1   000000    ABCD    DAT1:   .long   0ABCDh, 'A'+100h, 'g', '0'
    000001    0000
    000002    0141
    000003    0000
    000004    0067
    000005    0000
    000006    006F
    000007    0000
2   000008    0000'           .xlong  DAT1, 0AABBCCDDh
    000009    0000
    00000a    CCDD
    00000b    AABB
3   00000c            DAT2:
```

22. .loop/.break/.endloop

句法：**.loop**　　[明确定义的表达式]

　　　.break　　[明确定义的表达式]

　　　.endloop

说明：

这 3 条伪指令使用户能重复汇编代码块。

.loop 伪指令开始重复代码块。可选表达式计算循环次数。如果没有表达式，那么除非汇编器首先遇到表达式值为真(非 0)或省略的.break 伪指令，否则循环计数默认值为 1024。

.break 伪指令的表达式是可选的。当表达式为假(0)时，循环继续；当表达式为真(非 0)或没有表达式时，汇编器终止循环并汇编.endloop 伪指令之后的代码。

.endloop 伪指令终止重复代码块。当.break 伪指令为真(非 0)或当执行循环次数等于.loop 所给定的循环次数时，执行该伪指令。

例 7-1-20：重复汇编伪指令如何与.eval 伪指令一起使用。

```
     1                              .eval      0, x
     2                    COFF      .loop
     3                              .word      x*100
     4                              .eval      x+1, x
     5                              .break     x=6
     6                              .endloop
  1      000000  0000               .word      0*100
  1                                 .eval      0+1, x
  1                                 .break     1=6
  1      000001  0064               .word      1*100
  1                                 .eval      1+1, x
  1                                 .break     2=6
  1      000002  00C8               .word      2*100
  1                                 .eval      2+1, x
  1                                 .break     3=6
  1      000003  012C               .word      3*100
  1                                 .eval      3+1, x
  1                                 .break     4=6
  1      000004  0190               .word      4*100
  1                                 .eval      4+1, x
  1                                 .break     5=6
  1      000005  01F4               .word      5*100
  1                                 .eval      5+1, x
  1                                 .break     6=6
```

23. .mlib

句法：**.mlib** ["]文件名["]

说明：

.mlib 伪指令向汇编器提供宏库的名字。宏库是包含宏定义的文件集合。这些文件由归档器组合成单个文件(称为库或归档库)。宏库的每一个成员包含一个宏定义，它对应于文件名。宏库成员必须是源文件(不是目标文件)。

宏库成员的文件名必须和宏名一样，扩展名必须是.asm。文件名必须遵从操作系统的约定。它可以包含在双引号内。用户可以指定完整的路径名(如 C:\dsp\mac.lib)。如果用户没有指定完整的路径，那么汇编器在下述目录中搜索文件：包含当前源文件的目录；用汇编器-i 选项命名的目录；由环境变量 A_DIR 指定的目录。

当汇编器遇到.mlib 伪指令时，将打开库并创建库的目录表。汇编器把各个库成员的名字作为库的入口，输入到操作代码表中。这将重新定义任何已存在的操作代码或有相同名字的宏。如果这些宏之一被调用，那么汇编器将从库中提取相应的条目并把它装入宏表中。汇编器用与扩展其他宏相同的方式扩展宏库，但是它不把源代码放入列表之中。只有实际调用的宏才被从库中提取，且它们只被提取一次。

例 7-1-21：创建一个宏库，定义两个宏 inc1 和 dec1。inc1.asm 文件包含 inc1 的定义，dec1.asm 包含 dec1 的定义，如表 7-1-5 所示。

表 7-1-5 创建宏

inc1.asm	dec1.asm
*Macro for incrementing inc1 .macro A ADD A, #1 .endm	*Macro for incrementing dec1 .macro A SUB A, #1 .endm

使用归档器创建宏库：

```
Ar2000    -a mac inc1.asm    dec1.asm
```

现在就可以用伪指令来引用宏库并定义宏 inc1 和 dec1：

```
                                .mlib        "mac.lib"

                     *Macro     call
        000000                  inc1         AL
1       000000   9C01           ADD          AL, #1

                     *Macro     call
        000001                  dec1         AR1
1       000001   08A9           SUB          AR1, #1
        000002   FFFF
```

24．.mlist/.mnolist

句法： **.mlist**

.mnolist

说明：

这两条伪指令使用户能控制列表文件中宏和可重复块的扩展。

.mlist 伪指令在列表文件中允许宏和.loop/.endloop 块的扩展。.mnolist 伪指令在列表文件中禁止宏和.loop/.endloop 块的扩展。默认设置为.mlist 伪指令。

25．.newblock

句法： .newblock

说明：

.newblock 伪指令取消对任何当前已定义的局部标号的定义。局部标号从本质上来说是暂时的。.newblock 伪指令使它们复位并结束其作用域。

当局部标号已被定义且使用之后，用户应当用.newblock 伪指令将其复位。.text、.data 和.sect 伪指令也可以复位局部标号。定义在文件中的局部标号在本文件之外是无效的。

例 7-1-22： 说明局部标号$1 是如何被定义、复位，然后再次被定义的。

```
                                  .ref     ADDRA, ADDRB, ADDRC
                0076      B       .set     76h

   00000000     F800!             MOV DP, #ADDRA

   00000001     8500!   LABEL1:   MOV ACC, @ADDRA
   00000002     1976              SUB ACC, #B
   00000003     6403              B   $1, LT
   00000004     9600!             MOV @ADDRB, ACC
   00000005     6F02              B   $2, UNC

   00000006     8500!   $1        MOV ACC, @ADDRA
   00000007     8100!   $2        ADD ACC, @ADDRC
                                  .newblock     ;取消$1 的定义，以便再一次使用

   00000008     6402              B   $1, LT
   00000009     9600!             MOV @ADDRC, ACC
   0000000a     7700    $1        NOP
```

26. .option

句法：.option 选项列表

说明：

.option 伪指令为汇编器的输出列表指定几个选项。参数选项列表是用竖线分隔的选项表，每个选项有一个列表特征。以下是有效的选项：

A：打开所有伪指令、数据、后续扩展、宏、块的列表；

B：将.byte 伪指令的列表限制在一行；

D：关闭某些伪指令列表(执行一次. drnolist)；

L：将.long 伪指令的列表限制在一行内；

M：在列表中不输出宏扩展；

N：关闭列表(执行一次.nolist)；

O：打开列表(执行一次.1ist)；

R：重新设置 B、L、M、T 和 W 选项；

T：将.string 伪指令的列表限制在一行内；

W：将.word 伪指令的列表限制在一行内；

X：产生符号的交叉引用列表(也可用–x 选项，调用汇编器以获得交叉引用列表)。

例 7-1-23： 说明如何将.byte、.word、.long 和.string 伪指令的列表限制在一行内。

```
1   *************************************************************
2   **把.byte, .word, .long 和.string 的伪指令的列表限制在一行
3
4
5   *************************************************************
6                          .option       B, W, L, T
7   000000  00BD           .byte         -'C', 0B0h, 5
8   000004  CCDD           .long         0AABBCCDDh, 536+ 'A'
9   000008  15AA           .word         5546, 78h
10  00000a  0045           .string       "Extended  Registers"
11  *************************************************************
12  **恢复到列表选项
13  *************************************************************
14                         .option       R
15  00001c  00BD           .byte         -'C', 0B0h, 5
    00001d  00B0
    00001e  0005
16  000020  CCDD           .long         0AABBCCDDh, 536+ 'A'
    000021  AABB
    000022  0259
    000023  0000
17  000024  15AA           .word         5546, 78h
    000025  0078
18  000026  0045           .string       "Extended  Registers"
    000027  0078
    000028  0074
    000029  0065
    00002a  006E
    00002b  0064
```

```
00002c  0065
00002d  0064
00002e  0020
00002f  0052
000030  0065
000031  0067
000032  0069
000033  0073
000034  0074
000035  0065
000036  0072
000037  0073
```

27. .page

句法：**.page**

说明：

.page 伪指令在列表文件中产生换页。.page 伪指令在源程序列表中不输出，但是汇编器在遇到该伪指令时使行计数器增加。使用.page 伪指令可把源程序列表分为逻辑段，以提高程序的可读性。

例 7-1-24：说明.page 伪指令如何使汇编器开始新的源程序列表页。

源文件：

```
.title      "**** page  directive  example ****"
;           .
;           .
;           .
.page
```

列表文件：

```
TMS320C2000 COFF Assembler PC Version 3.09 Sat Sep 19 02:42:56 2009
Tools Copyright (c) 1996-2002 Texas Instruments Incorporated
**** page  directive  example ****                          PAGE    1

     2                                  ;         .
     3                                  ;         .
     4                                  ;         .
TMS320C2000 COFF Assembler PC Version 3.09 Sat Sep 19 02:42:56 2009
Tools Copyright (c) 1996-2002 Texas Instruments Incorporated
**** page  directive  example ****                          PAGE    2
     6
No Assembly Errors, No Assembly Warnings
```

28. .sblock

句法：**.sblock** ["]段名["][, ["]段名["], …]

说明：

.sblock 伪指令指定进行块调准的段。块调准是一种类似于页调准的地址调准机制，但是功能较弱。如果块小于一页，那么经过块调准的段保证不跨越页边界(64 字)；如果它大于一页，那么将从页边界开始。这个伪指令仅允许对已初始化的段进行规格化，不适用于由.usect、.bss 伪指令定义的未初始化段。段名是可选项，它包含在引号内。

例 7-1-25：.text 和.data 段被指定进行块调准。

```
*************************************************************
**为.text 和.data 段指定块调准
*************************************************************
.sblock   ".text", ".data"
```

29. .sect

句法： **.sect** "段名"

说明：

.sect 伪指令定义已命名段，该段类似于设置为默认方式的.text 和.data 段。.sect 伪指令开始把源代码汇编到已命名段。

段名标识汇编器把代码汇编到其中的段。有效的段名最多可以包含 200 个字符，且必须用双引号引起来。一个段名可以包含子段名，采用“段名：子段名”的形式。

例 7-1-26：定义两个特殊用途的段 Sym_Defs 和 Vars，并把代码汇编到这两个段中。

```
                                 **开始汇编到.text 段中**
000000                             .text
000000  FF20                       MOV ACC, #78h         ;汇编到.text 段
000001  0078
000002  0936                       ADD ACC, #36h         ;汇编到.text 段

                                 **开始汇编到 Sym_Defs 段中**
000000                             .sect    "Sym_Defs"
000000  0000                       .float   0.5          ;汇编到 Sym_Defs
000001  3F00
000002  00AA       X:              .word    0Aah         ;汇编到 Sym_Defs
000003  FF10                       ADD      ACC, #X      ;汇编到 Sym_Defs
000004  0002+

                                 **开始汇编到 Vars 段中**
000000                             .sect    "Vars"
        0010       WORD_LEN        .set     16
        0020       DWORD_LEN       .set     WORD_LEN*2
        0008       BYTE_LEN        .set     WORD_LEN/2
        0053       STR             .set     53h

                                 **恢复汇编到.text 段中**
000003                             .text
000003  0924                       ADD ACC, #42h         ;汇编到.text 段
000004  0003                       .byte    3, 4         ;汇编到.text 段
000005  0004

                                 **恢复汇编到 Vars 段中**
000000                             .sect    "Vars"
000000  000D                       .field   13, WORD_LEN
000001  000A                       .field   0Ah, BYTE_LEN
000002  0008                       .field   10q, DWORD_LEN
000003  0000
```

30．.set/.equ

句法：符号　**.set**　数值

　　　符号　**.equ**　数值

说明：

.set 伪指令把一个常数赋值给一个符号，然后在汇编语言源文件中就可以用符号代替此数。用户可以为常数和其他值取一个有特殊含义的名字。

符号必须出现在标号域。

操作数“数值”，表达式中的符号必须已有明确定义。这就是说，表达式中所有的符号必须是当前源模块中已经定义过的符号。

未定义的外部符号或在模块后面定义的符号不能用在表达式中。如果表达式是可重定位的，那么它指向的符号也是可重定位的。

表达式的值出现在列表的目标域。此值不是实际目标代码的一部分且不能被写到目标文件中。

例 7-1-27：怎样用.set 为符号赋值。

```
***************************************************************
**符号 AUX_R1 等价于寄存器 AR1
**用 AUX_R1 代替寄存器使用
***************************************************************
        0001      AUX_R1      .set      AR1
000000  28C1                  MOV       * AUX_R1, #56h
000001  0056

***************************************************************
**设置 INDEX 为一整数表达式
**用 INDEX 代替立即数使用
***************************************************************
        0035      INDEX       .set      100/2+3
000002  0935                  ADD       ACC, #INDEX

***************************************************************
**设置符号 SYMTAB 为一可重定位表达式
**用 SYMTAB 代替可重定位操作数使用
***************************************************************
000003  000A      LABEL       .word     10
        0004!     SYMTAB      .set      LABEL+1

***************************************************************
**设置符号 NSYMS 等同于符号 INDEX
**用 NSYMS 代替 INDEX 使用
***************************************************************
        0035      NSYMS       .set      INDEX
000004  0035                  .word     NSYMS
```

31．.space/.bes

句法：**.space**　位数

　　　.bes　　位数

说明：

.space 和.bes 伪指令在当前段中保留指定位数的空间，并对保留的空间赋值为 0。当用户把标号和.space 伪指令一起使用时，标号指向被保留的第一个字；当用户把标号和.bes 伪指令一起使用时，标号指向被保留的最后一个字。

例 7-1-28：如何使用.space 和.bes 伪指令保留存储器空间。

```
*****************************************************************
**开始汇编到.text 段
*****************************************************************
   000000                       .text
*****************************************************************
**在.text 段中保留 0F0 位(15 字)

*****************************************************************
   000000                       .space  0F0h
   00000f  0100                 .word   100h, 200h
   000010  0200
*****************************************************************
**开始汇编到.data 段
*****************************************************************
   000000                       .data
   000000  0049                 .string "In .data"
   000001  006E
   000002  0020
   000003  002E
   000004  0064
   000005  0061
   000006  0074
   000007  0061
*****************************************************************
**在.data 段中保留 100 位
**RES_1 指向保留空间的第一个字

*****************************************************************
   000008        RES_1:         .space  100
   00000f        000F           .word   15
*****************************************************************
**在.data 段中保留 20 位
**RES_2 指向保留空间的最后一个字

*****************************************************************
   000011        RES_2:         .bes    20
   000012  0036                 .word   36h
   000013  0011"                .word   RES_2
```

32. .sslist/.ssnolist

句法：**.sslist**

.ssnolist

说明：

这两条伪指令使用户能控制列表文件中置换符号的扩展。

.sslist 伪指令允许在列表文件中扩展置换符号。扩展行出现在实际源程序列表行的下面。

.ssnolist 伪指令禁止在列表文件中扩展置换符号。

默认设置为列表文件中禁止所有置换符号的扩展。带#字符的行表示已扩展的置换符号。

33. .string/.pstring

句法：**.string**　"字符串 1"　[,…,　"字符串 *n*"]

　　　.pstring　"字符串 1"　[,…,　"字符串"]

说明：

.string 和.pstring 伪指令把字符串的 8 位字符放入当前段中。使用.string 伪指令时，每个 8 位字符占用一个 16 位的字；使用.pstring 伪指令时对数据打包，所以每个字包含两个 8 位的字符。每一个字符串可以是：由汇编器求值并当做 16 位有符号数来计算和处理的表达式；包含在双引号内的字符串。字符串中的每个字符代表一个单独的字节。

当使用.pstring 伪指令时，数被打包放入字中，从字的最高位字节开始存放。未使用的字节填零。

任何大于 8 位的数都会被汇编器截断。用户最多可以使用 100 个操作数，但它们必须能够放在源语句的一行内。

如果用户使用标号，那么该标号指向被初始化的第一个字。

当用户在.struct/.endstruct 序列中使用.string 时，.string 只定义结构成员的大小，而不初始化存储器。

例 7-1-29：将 8 位数放入当前段内的字中。

```
1  000000  0041   str_ptr:   .string "ABCD"
   000001  0042
   000002  0043
   000003  0044
2
3  000004  0041              .string 41h, 42h , 43h, 44h
   000005  0042
   000006  0043
   000007  0044
4
5  000008  4175              .pstring "Austin", "Houston"
   000009  7374
   00000a  696E
   00000b  486F
   00000c  7573
   00000d  746F
   00000e  6E00
6  00000f  0030              .string 36+12
```

34. .struct/.endstruct/.tag

句法：
```
[结构标号]      .struct    [偏移表达式]
[成员标号 0]    element    [表达式 0]
[成员标号 1]    element    [表达式 1]
     ⋮             ⋮           ⋮
[成员标号 n]    .tag       结构标号[表达式 n]
     ⋮             ⋮           ⋮
[成员标号 N]    element    [表达式 N]
```

```
[长度]        .endstruct
标号          .tag        结构标号
```

说明：

.struct 伪指令为数据结构定义中的元素指定符号偏移量。这使用户能把相似的数据元素合在一起，然后让汇编器计算元素的偏移量。这与 C 语言、Pascal 语言的结构体类似。

.endstruct 伪指令结束结构的定义。

.tag 伪指令将结构特性赋给一个标号以简化表述，还能定义包含其他结构的结构。.tag 伪指令不分配存储器。.tag 伪指令的结构标号必须是前面已定义过的。

结构标号：其值为结构的起始点。如果没有结构标号，那么汇编器将结构中的成员放到全局符号表中，对应值为它们相对于结构起始点的绝对偏移量。结构标号对.struct 伪指令是可选参数，但对.tag 伪指令则是必需的。

偏移表达式：是可选项，表示结构起始点的偏移量。在默认情况下，结构从 0 开始。

成员标号：是可选的结构成员标号。此标号是绝对的，等于距离结构起始点的当前偏移量。结构成员的标号不能定义为全局符号。

element：是下列伪指令中的一个：.string，.byte，.word，.float，.tag 或.field。除.tag 外的所有伪指令都是典型的初始化存储器伪指令。但是这些伪指令如果出现在.struct 后，那么它们不分配存储空间，只表示大小。因为使用时必须使用结构标号(如同定义中指出的那样)，所以.tag 伪指令是一种特殊情况。

表达式：是可选的，用于描述元素的个数。默认值为 1。通常认为.string 型元素的大小是 1 个字节，而.field 型元素是 1 位。

长度：指明结构总体大小，为可选项。

例 7-1-30：定义一个结构 REAL_REC 并访问其成员。

```
REAL_REC      .struct                              ;结构体开始
NOM           .int                                 ;member1=0
DEN           .int                                 ;member2=0
REAL_LEN      .endstruct                           ;real_len=4
              ADD  ACC, @(REAL+REAL_REC.DEN)       ;访问结构体元素
              .bss REAL, REAL_LEN                  ;分配 mem rec
```

例 7-1-31：结构中包含结构。

```
CPLX_REC      .struct
REALI         .tag REAL_REC                        ;stag
IMAGI         .tag REAL_REC                        ;member1=0
CPLX_LEN      .endstruct                           ;rec_len=4
COMPLEX       .tag CPLX_REC                        ;指定结构体属性
              ADD  ACC, @COMPLEX.REALI         ;访问结构体
              ADD  ACC, @COMPLEX.IMAGI
              .bss COMPLEX, CPLX_LEN               ;分配空间
```

例 7-1-32：定义一个无名结构。

```
              .struct                              ;无 stag 则分配为
X             .int                                 ;全局符号
Y             .int                                 ;创造三维数量
Z             .int
              .endstruct
```

例 7-1-33：用伪指令.tag 给结构命别名，并通过别名访问结构。

```
BIT_REC      .struct                  ;stag
STREAM       .string 64               ;
BIT7         .field  7                ;bits1=64
BIT9         .field  9                ;bits2=64
BIT10        .field  10               ;bits3=65
X_INT        .int                     ;x_int=67
BIT_LEN      .endstruct               ;length=68
BITS         .tag BIT_REC
             ADD ACC, @BITS.BIT7      ;加到 ACC
             AND ACC, #007Fh          ;屏蔽掉无用数据位
             .bss BITS, BIT_REC
```

35. .tab

句法：**.tab**　长度

说明：

.tab 伪指令定义制表符的大小。在源语句输入中遇到的制表符在列表中将被转化为指定长度个空格。默认的制表符大小是 8 个空格。

例 7-1-34：下面每行都包含一个制表符，并且其后跟随 NOP 指令。

源文件：

```
; 默认制表符长度
NOP
NOP
NOP
.tab  4
NOP
NOP
NOP
.tab  16
NOP
NOP
NOP
```

列表文件：

```
1        ; 默认制表符长度
2        000000      7700     NOP
3        000001      7700     NOP
4        000002      7700     NOP
5
6        000003      7700     NOP
7        000004      7700     NOP
8        000005      7700     NOP
9
10
11       000006      7700     NOP
12       000007      7700     NOP
13       000008      7700     NOP
14
```

36. .text

句法：**.text**

说明：

.text 伪指令使汇编器把源代码汇编到.text 段之中，该段通常包含可执行代码。如果还没有代码被汇编到.text 段之中，那么段程序计数器被设置为 0；如果段内已经有代码，那么段程序计数器为该段上一次的计数值。

.text 段是默认段。因此，除非用户规定另一个段伪指令(.data 或.sect)，否则在开始汇编时，汇编器将把代码汇编到.text 段中。

例 7-1-35：将代码汇编到.text 和.data 段中。.data 段包含整型常数，.text 段包含字符串。

```
*****************************************************************
**开始汇编到.data 段
*****************************************************************
000000                    .data
000000  000A              .byte       0Ah, 0Bh
000001  000B
*****************************************************************
**开始汇编到.text 段
*****************************************************************
000000                    .text
000000  0041              START:      .string  "A", "B", "C"
000001  0042
000002  0043
000003  0058 END:         .string     "X", "Y", "Z"
000004  0059
000005  005A
000006  8100'             ADD   ACC, @START
000007  8103'             ADD   ACC, @END
*****************************************************************
**恢复汇编到.data 段
*****************************************************************
000002                    .data
000002  000C              .byte       0ch, 0dh
000003  000D
*****************************************************************
**恢复汇编到.data 段
*****************************************************************
000008                    .text
000008  0051              .string "Quit"
000009  0075
00000a  0069
00000b  0074
```

37. .title

句法：**.title** "字符串"

说明：

.title 伪指令为每一页列表文件输出标题(字符串的内容)。源程序语句本身不输出，但行计数器的值增加。

操作数“字符串”是用双引号引起来的，标题最多可达 65 个字符。如果用户使用多于 65 个字符的标题，那么汇编器将截断字符串，并发出警告。汇编器在跟随.title 伪指令之后的页上和后续的页上输出指定标题，直到另一个.title 伪指令被处理为止。如果用户想在第一页打印标题，那么第一条源语句必须包含.title 伪指令。

例 7-1-36：第一页打印了一个标题，后续页中打印另一个不同的标题。

源文件:

```
        .title "******Fast Fourier Transforms********"
                ; .
                ; .
                ; .
        .title "****Floating-Point routines****"
        .page
```

列表文件：

```
TMS320C2000 COFF Assembler PC Version 3.09 Sat Sep 19 02:49:17 2009
Tools Copyright (c) 1996-2002 Texas Instruments Incorporated
******Fast Fourier Transforms********                         PAGE    1
     2              ;      .
     3              ;      .
     4              ;      .
TMS320C2000 COFF Assembler PC Version 3.09 Sat Sep 19 02:49:17 2009
Tools Copyright (c) 1996-2002 Texas Instruments Incorporated
*****Floating-Point routines********                          PAGE    2
No Assembly Errors, No Assembly Warnings
```

38. .usect

句法：符号　**.usect**　"段名", 字数 [,块标志] [,调准标志] [,类型]

说明：

.usect 伪指令在未初始化的已命名段中为变量保留空间。此伪指令与.bss 伪指令相类似，二者都为数据保留空间，且不填入内容。.usect 伪指令定义了可以放到存储器任何地址的附加段，该段与.bss 段互相独立。

符号：指向.usect 伪指令所保留的第一个存储单元。它与为其保留空间的变量名相对应。

段名：必须包含在双引号中。这个参数给未初始化段命名，名字可以长达 200 个字符。段名可以包含子段名，用如下形式表示“段名：子段名”。

字数：定义在段内保留的字的长度。

块标志：可选参数。如果被指定为非零，那么此标志意味着将对该段进行块调准处理。块调准与页调准相似，均为一种地址分配机制，但其功能相对较弱。这意味着如果段的大小不足一页，那么保证不会越过页边界(64 字)；如果段的大小超过一页，那么就从页边界开始。这种块调准适用于段，不适用于.usect 伪指令所定义的内容。

调准标志：可选参数。该标志使汇编器以长字为边界分配地址。

类型：可选参数。指定一个类型使汇编器产生适当的符号调试信息。

其他段伪指令(.text、.data、.sect 及.asect)完成汇编当前段后通知汇编器开始汇编其他段。但是，.bss 和.usect 伪指令不影响当前段。汇编器完成汇编.bss 和.usect 伪指令后，继续汇编到当前段。

被连续放置在存储器中的变量可以被定义到同一个指定的段中；为了实现这一点，可用相同的段名重复使用.usect 伪指令。

例 7-1-37：用.usect 伪指令定义两个未初始化的已命名段，var1 和 var2。符号 ptr 指向 var1 段中保留的第一个字；符号 array 指向 var1 段内保留的 100 个字块中的第一个字；符号 dflag 指向 var1 段内保留的 50 个字块的第一个字；符号 vec 指向 var2 段中保留的第一个字。

```
***************************************************************
**汇编到.text 段
***************************************************************
000000                        .text
000000  9A03                  MOV AL, #03h

***************************************************************
**在 var1 中保留一个字
***************************************************************
000000          ptr     .usect  "var1", 1

***************************************************************
**在 var1 中保留 100 个字
***************************************************************
000001          array   .usect  "var1", 100

000001  9c03            ADD     AL, #03h    ;仍然在.text 段中

***************************************************************
**在 var1 中保留 50 个字
***************************************************************
000065          dflag   .usect  "var1", 50

000002  08a9            ADD  AL, #dflag     ;仍然在.text 段中
000003  0065-

***************************************************************
**在 var2 中保留 100 个字
***************************************************************
000000          vec     .usect  "var2", 100

000004  08a9            ADD     AL, #vec    ;仍然在.text 段中
000005  0000-

***************************************************************
**声明外部符号.usect
***************************************************************
                        global  array
```

7.2 宏指令

为了简化汇编语言源程序的编写，常常将一些频繁出现的程序段定义为宏指令，当程序中需要执行该程序段时，只需用一条宏调用语句。使用宏指令可以有效地缩短源程序的长度，增强源程序的易读性，也减少了由于重复编写而引起的错误。

如果想多次调用宏，但每次又使用不同的数据，这时可以在宏中指定一些参数，当调用宏时，每次都能把不同的信息传递给宏。宏语言支持一个特殊的符号，称为置换符号，它被用做宏参数。

使用宏的三个步骤：

(1) 定义宏。在程序使用宏之前必须先定义宏。定义宏有如下两种方法：

① 可以在源程序的开始处或在.copy/.include 文件中定义。

② 可以在宏库中定义宏。宏库汇集了由归档器创建的归档格式的文件。归档文件(宏库)中的每个成员可以包含一个宏定义，且宏的名字与成员名相同。使用.mlib 伪指令可以访问一个宏库。

(2) 调用宏。用户定义宏之后，在源程序中可以用宏的名字作助记符来调用宏。

(3) 宏展开。当源程序调用宏时，汇编器将宏展开。在展开时，汇编器通过形式参数将参量传递给宏实参数，用宏体代替宏调用语句，然后再汇编源程序代码。若为默认设置，宏扩展会在文件列表中输出。也可以使用.mnolist 伪指令关闭宏扩展列表输出。

当汇编器遇到宏定义时，它把宏名放在操作码表中。这就重新定义了以前定义的、与所遇到的宏具有相同名字的宏、库入口、伪指令或指令助记符。这使用户能扩展伪指令和指令的功能，就像增加了新的指令。

7.2.1 宏定义和宏调用

1. 宏定义

用户可以在程序的任何地方定义宏，但是必须在调用之前定义。宏可以在源程序的开始处或在.copy/.include 文件中定义，也可以在宏库中定义。

宏可以嵌套定义，可以调用其他的宏，但是一个宏的所有元素必须定义在同一个文件中。

宏定义的格式如下：

```
宏名    .macro  [形式参数 1]  [,形式参数 2]  …  [,形式参数 n]
        模块声明或宏伪指令
        [.mexit]
        .endm
```

宏名：用户必须把该名字放在源程序语句的标号域，有效的宏名最多为 128 个字符。汇编器把宏名放在内部操作码表中，取代具有相同名字的任何指令或以前的宏定义。

.macro：伪指令，标识宏定义第一行的源程序语句。用户必须把.macro 放在操作码域。

形式参数：在.macro 伪指令中以操作码出现的置换符号，是可选项。

模块声明：每次执行宏调用时执行的指令或汇编伪指令。

宏伪指令：用于控制宏扩展。

.mexit：其功能与 goto .endm 相同。

.endm：结束宏定义伪指令。

2. 宏调用

在汇编源程序中，可以用宏名作为助记符来调用宏，具体格式如下：

```
[标号]    宏名  [实参数 1]  [,实参数 2]  …  [,实参数 n]
```

例 7-2-1：宏的定义、调用和展开。

```
            *        add3 arg1, arg2, arg3
            *        arg3=arg1+arg2+arg3

```

```
    4          add3    .macro P1, P2, P3, ADDRP
    5
    6                  MOV ACC, P1
    7                  ADD ACC, P2
    8                  ADD ACC, P3
    9                  ADD ACC, ADDRP
    10                 .endm
    11
    12                 .global abc, def, ghi, adr
    13
    14  000000         add3 @abc, @def, @ghi, @adr
 1
 1      000000  E000!  MOV ACC, @abc
 1      000001  A000!  ADD ACC, @def
 1      000002  A000!  ADD ACC, @ghi
 1      000003  A000!  ADD ACC, @adr
    15
    16
    No Errors , No Warnings
```

如果用户想在宏定义中包含注释，但又不想让这些注释出现在宏扩展中，可在注释之前使用叹号“!”。如果用户想让注释出现在宏扩展中，可在注释前使用星号“*”或分号“;”。

例 7-2-2：宏定义。

```
parms   .macro  x,y,z
        a=x
        b=y
        c=z
        .endm
```

调用宏：　　　　　　　　　　　　　　　　汇编时展开宏：

```
parms   100,200                          ;a=100
                                         ;b=200
                                         ;c=""
parms   "100, 200, 300", 55, 66, 77     ;a="100, 200, 300"
                                         ;b=55
                                         ;c=66, 77
```

7.2.2 与宏相关的伪指令

.amcro、.mexit、.endm 和.var 伪指令仅在宏中有效，其他的伪指令就是一般汇编语言伪指令，表 7-2-1 列出了所有的与宏相关的伪指令。

表 7-2-1　与宏相关的伪指令汇总

助记符和格式	描　述
创　建　宏	
.endm	结束宏定义
宏名 .macro[形式参数 1][, … , 形式参数 *n*]	定义宏
.mexit	跳转到.endm
.mlib 文件名	识别包含宏定义的库

续表

助记符和格式	描　述
处理置换符号	
.asg['']字符串[''], 置换符号	把字符串分配给置换符号
.eval 明确定义的表达式, 置换符号	完成有关数字置换符号的算数运算
.var 符号 1[, 符号 2, … ,符号 n]	定义局部宏符号
条 件 汇 编	
.break [明确定义的表达式]	汇编可重复块的选项
.endif	结束条件汇编
.endloop	结束循环块的汇编
.else	条件汇编块选项
.elseif 明确定义的表达式	条件汇编块选项
.if 明确定义的表达式	条件汇编开始
.loop [明确定义的表达式]	循环块汇编开始
产生汇编时的信息	
.emsg	传送错误信息到标准输出设备
.mmsg	传送汇编时的信息到标准输出设备
.wmsg	传送警告信息到标准输出设备
格式化列表	
.fclist	允许条件为假的代码块列表(默认设置)
.fcnolist	禁止条件为假的代码块列表
.mlist	允许宏列表(默认设置)
.mnolist	禁止宏列表
.sslist	允许扩展置换符号列表
.ssnolist	禁止扩展置换符号列表(默认设置)

7.3　内嵌函数

汇编器支持大量的内嵌函数。内嵌函数总是返回一个值，它们可以使用在条件汇编中或其他任何可以使用常量的地方。

在表 7-3-1 中，*x*、*y* 和 *z* 是浮点类型，*n* 是整型。函数$cvi、$int 和$sgn 返回一个整数，其他函数返回浮点数。三角函数中的角度以弧度表示。

表 7-3-1　内嵌函数

函　数	描　述
$trunk(*x*)	返回 $\cos^{-1}(x)$, $x \in [-1,1]$
$asin(*x*)	返回 $\sin^{-1}(x)$, $x \in [-1,1]$
$atan(*x*)	返回 $\tan^{-1}(x)$
$atan2(*x*, *y*)	返回 $\tan^{-1}(y/x)$
$ceil(*x*)	返回不小于 *x* 的最小整数，*x* 可以是浮点数
$cos(*x*)	返回 *x* 的余弦
$cosh(*x*)	返回 *x* 的双曲余弦
$cvf(*x*)	把整数转化为浮点数
$cvi(*x*)	把浮点数转化为整数，返回一个整数
$exp(*x*)	返回指数 e^x
$fabs(*x*)	返回 *x* 的绝对值

续表

函　数	描　述
$floor(x)	返回不大于 x 的最大整数，作为浮点数
$fmod(x, y)	返回 x/y 的浮点数余数
$int(x)	如果 x 是整数返回 1，否则返回 0
$Idexp(x, n)	返回 x 乘以 2 的整数次幂的值，即 $x\times2^n$ 的值
$log(x)	返回 x 的自然对数 ln(x), x > 0
$log10(x)	返回 x 的以 10 为底的对数，$\log_{10}(x)$, x >0
$max(x, y, …, z)	返回参数列表中的最大值
$min(x, y, …, z)	返回参数列表中的最小值
$pow(x, y)	返回 x^y 的值
$round(x)	对 x 取整
$sgn(x)	返回 x 的符号类型，正数返回 1，0 返回 0，负数返回–1，返回的值为整型
$sin(x)	返回 x 的正弦
$sinh(x)	返回 x 的双曲正弦
$sqrt(x)	返回 x 的平方根
$tan(x)	返回 x 的正切
$tanh(x)	返回 x 的双曲正切
$trunc(x)	返回 x 被截断的值

7.4　目标文件链接

使用汇编器可以将汇编语言源程序汇编为目标文件，这些目标文件的格式称为通用目标文件格式(COFF)。用链接器将若干个目标文件链接成一个可被 TMS320F2812 芯片执行的可执行文件。链接器在链接目标文件时执行以下任务：

(1) 把段定位到目标系统配置的存储器中。

(2) 重定位符号和段，为它们分配最终的地址。

(3) 在输出文件之间解决未定义的外部引用。

7.4.1　段

通用目标文件格式允许用户编写汇编语言程序时使用代码块和数据块，这些块被称为段，它是目标文件的最小单位，在存储器中占有连续空间。

COFF 目标文件总是包括 3 个默认的段。

文本段：用.text 定义，通常包括可执行代码。

数据段：用.data 定义，通常包括已初始化的数据。

预留段：用.bss 定义，通常为未初始化变量保留空间。

另外，汇编器和链接器允许用户创建、命名和链接已命名段，用.usect 或.sect 伪指令可创建命名段。这些命名段可以像.text、.data 一样被使用。所以 COFF 有两种基本类型的段。

(1) 已初始化的段：包含数据或代码。用.text 和.data 伪指令定义的段和用.sect 和.asect 伪指令创建的命名段均为已初始化的段。

(2) 未初始化的段：在内存映射中为未初始化数据仅保留内存空间。.bss 段和用.usect 伪指令创建的命名段是未初始化的段，在目标文件中这些段没有实际内容。

汇编器在汇编过程中建立这些段，链接器把这些段重定位到目标存储器中，所有的段都是独立、可定位的，并且相同的段将按先后次序定位在连续的区域内。未初始化段通常被定位到 RAM 内；初始化段可单独定位在 RAM 或 ROM 内，并且在链接时还可以引用其他段内定义的符号。

7.4.2　段程序计数器

汇编器为每个段设置了一个独立的程序计数器，这些计数器称为段程序计数器(SPC)。

SPC 代表代码或数据段内的当前地址。起始时汇编器把每个 SPC 设置为 0，即每个段地址从 0 开始，当汇编器用代码或数据填充段时，会使相应的 SPC 增加。

汇编器按起始地址为 0 来处理每一个段；链接器按照段最终在存储器空间中的地址重新定位每个段及段内可重定位的符号。

7.4.3　链接器命令文件和链接器伪指令

链接器链接 COFF 目标文件建立可执行文件，目标文件中的段是链接时的基本对象。链接器可把段定位到用户系统已配置的存储器中。链接器命令文件则给出链接器在链接时的相关信息。

TMS320 系列芯片的存储器配置随应用的不同而不同。用链接器伪指令 MEMORY(存储器伪指令)可以确定目标系统的各种内存配制。当 MEMORY 决定了存储器模式后，可以用链接器伪指令 SECTIONS(段伪指令)确定链接器组合输入段的方法和输出段在程序中的位置。如果不使用这两条伪指令，链接器则用默认存储器的定位方式来组合段，并把它们定位到存储器中。

1．链接器命令文件

链接器命令文件允许用户把链接信息放置在文件中。该命令文件是 ASCII 文件，可以包含下列各项中的某一项：

(1) 输入文件名。该输入文件可以是目标文件、归档库或其他命令文件。

(2) 链接器选项。在命令文件中可以用命令行上的链接器选项。

(3) MEMORY 和 SECTIONS 链接器伪指令。

(4) 注释。用户可以使用“/*”和“*/”定界符把注释加到命令文件。

(5) 赋值语句。该语句定义并赋值给全局符号。

2．链接时给符号赋值

链接器赋值语句允许用户在链接时定义外部(全局)符号并给它们赋值。用户可以利用此特性把变量或指针初始化为与定位有关的值。

(1) 赋值语句的语法：链接器中赋值语句的语法类似于 C 语言中赋值语句的语法。

```
符号  =   表达式          ;把表达式的值赋予符号
符号  +=  表达式          ;把表达式的值加到符号上
符号  -=  表达式          ;从符号减去表达式的值
符号  *=  表达式          ;符号乘以表达式
符号  /=  表达式          ;符号除以表达式
```

(2) 把 SPC 赋予符号“.”：用圆点符号“.”表示定位期间 SPC 的当前值。链接器的“.”符号模仿汇编器的$符号，“.”符号仅可用在 SECTIONS 伪指令内的赋值语句中，用来表示段的当前运行地址。

(3) 赋值表达式：链接器表达式必须遵循以下规则。

① 表达式可包含全局符号、常数，以及表 7-4-1 所列的 C 语言运算符。

② 所有数被当做长整数(32 位)处理。

③ 链接器用与汇编器相同的方式识别常数，如表 7-4-2 所示。

④ 表达式中的符号只具有符号的地址值，不进行类型检查。

⑤ 链接器表达式可以是绝对的或可重定位的。

链接器支持表 7-4-1 中按优先级顺序列出的 C 语言运算符，同组中的运算符具有相同的优先级。

3. MEMORY 伪指令

链接器决定把输出段分配到存储器的什么位置，要完成这些必须选择目标存储器模式。MEMORY 伪指令允许用户指定目标存储器模式，用户可以定义系统包含的存储器类型和它们占用的地址范围。当链接器分配输出段时保持这种模式，根据模式来决定存储器的哪些单元可被目标代码所用。TMS320C28x 应用系统不同，所具有的存储器配置也不同。

如果用户没有使用 MEMORY 伪指令，链接器将根据 TMS320C28x 的体系选择默认的存储器模式。

表 7-4-1 赋值表达式中的运算符

组	运 算 符	说 明
组 1(最高优先级)	!	逻辑“非”
	~	按位“非”
	–	取反
组 2	*	乘
	/	除
	%	取模
组 3	+	加
	–	减
组 4	>>	算术右移
	<<	算术左移
组 5	==	等于
	!=	不等于
	>	大于
	<	小于
	<=	小于或等于
	>=	大于或等于
组 6	&	按位“与”
组 7	|	按位“或”
组 8	&&	逻辑“与”
组 9	||	逻辑“或”
组 10(最低优先级)	=	赋值
	+=	例如，A+=B 等效于 A=A+B
	–=	例如，A–=B 等效于 A=A–B
	*=	例如，A*=B 等效于 A=A*B
	/=	例如，A/=B 等效于 A=A/B

表 7-4-2 识别常数的方式

格 式	十 进 制	八 进 制	十 六 进 制
汇编格式	不加后缀	Q 或 q	H 或 h
C 格式	不加后缀	O	0x

MEMORY 伪指令指定在目标系统中可被程序使用的物理存储器区域。每个存储器区域中包括以下特性：

（1）Name（名字）

（2）Startingaddress（起始地址）

（3）Length（长度）

（4）OptionalsetOfattributes（属性选项）

（5）Optionalfillspecification（指定填充选项）

TMS320C28x 器件有分离的存储器空间，它们占用相同地址区域。在默认的存储器映射图中，一部分存储器作为程序区域，一部分作为数据区域。

在链接器的命令文件中，用户可以用 MEMORY 伪指令的 PAGE 选项配置独立的地址空间。链接器把每一个页作为独立的存储器空间。TMS320C28x 最多支持 255 个地址空间，但是可用的地址空间数取决于用户所用的器件型号。

当用户使用 MEMORY 伪指令时，必须要指明装载代码可能用到的所有的存储器区域。所有用 MEMORY 伪指令指定的存储器将会被配置，没用 MEMORY 伪指令指定的存储器不会被配置。链接器不会把程序的任何部分放入未配置的存储器中。用户可以通过在 MEMORY 伪指令中不包含某些地址区域，来表示不存在的存储器空间。

MEMORY 伪指令在命令文件中使用，以 MEMORY（大写）开头，后跟一系列用大括号括起来的存储器区域。

例 7-4-1：MEMORY 伪指令定义了一个系统，这个系统在程序存储器地址 0C00h 处有 4 K 字的 ROM，在数据存储器地址 60h 处有 32 字的 SCRATCH，在数据存储器地址的 200h 处有 512 字的 RAM。

```
/**********************************************************************/
/*        使用 MEMORY 伪指令的命令文件                                    */
/**********************************************************************/
File1.obj   file2.obj        //输入文件
-o prog.out
MEMORY                       //MEMORY 伪指令
{
    PAGE 0:   ROM:        origin=0c00h,    length=1000h
    PAGE 1:   SCRATCH:    origin=60h,      length=20h
              RAM:        origin=200h,     length=200h
}
```

MEMORY 伪指令的一般格式是：

```
MEMORY
{
    [PAGE 0:]name[(attr)]: orgin=constant, length=constant[, fill=constant];
    [PAGE 1:]name[(attr)]: orgin=constant, length=constant[, fill=constant];
    .
    .
    .
    [PAGE n:] name[(attr)]: orgin=constant, length=constant[, fill=constant];
}
```

PAGE：标识存储器页。用户最多可以指定 255 页。通常，PAGE0 规定程序存储器，PAGE1 规定数据存储器。如果没有指定 PAGE 选项，链接器使用 PAGE0。每个 PAGE 代表一个完全独立的地址空间。PAGE0 配置的存储器可以与 PAGE1 配置的存储器重叠，依次类推。

name：存储器名。存储器的名字可以是 1～8 个字符，有效的字符包括 A～Z、a～z、$、.和_。这些名字对于链接器没有特殊意义，它们只是用来识别存储器。对于链接器而言，存储器的名字是链接器内部的，在输出文件和符号表中并不保留。所有的存储器必须是唯一的名字，且存储器区域不能重叠。

attr：规定与已命名存储器区域有关的 1～4 个属性。属性是可选的，当被使用时，必须放在圆括号里面。属性限制输出段分配到特定的存储器区域。如果没有使用任何的属性，可以毫无限制地把任意输出段放到任何单元。没有规定属性的存储器（包括默认模式的所有存储器）有全部的 4 个属性。有效的属性包括：R(存储器可读)；W(存储器可写)；X(存储器包含可执行代码)；I(存储器可以初始化)。

origin：存储器区域的起始地址，可输入 origin、org 或 o。这个值以字节来指定，是一个 16 位的常量，可以是十进制、八进制或十六进制。

length：存储器区域的长度，可输入 length、len 或 l。这个值以字节来指定，是一个 22 位的常量，可以是十进制、八进制或十六进制。

fill：存储器区域的填充字符。fill 或 f 项是可选的。这个值是 16 位的整数常量，可以是十进制、八进制或十六进制。填充值用来填充未分配段的存储器区域。

例 7-4-2：指定一个有 R 和 W 属性的存储器区域，其填充值是 0FFFh。

```
MEMORY
{
        RFILE(RW): O=02h, l=0Feh, f=0FFFH
}
```

通常 MEMORY 和 SECTIONS 伪指令联合使用来控制输出段的分配。使用 MEMORY 伪指令指定目标存储器的模式后，再使用 SECTIONS 伪指令把输出段分配到指定的存储器区域。

4. SECTIONS 伪指令

SECTIONS 伪指令：

(1) 说明输入段怎样被组合到输出段内；

(2) 在可执行程序中定义输出段；

(3) 规定在存储器内何处放置输出段；

(4) 允许重新命名输出段。

如果用户没有指定 SECTIONS 伪指令，链接器用默认的算法组合并定位段。

SECTIONS 伪指令在命令文件中用 SECTIONS(大写)指定，后跟一系列输出段的说明，说明用大括号括起。

SECTIONS 伪指令的一般格式是：

```
SECTIONS    //SECTIONS 伪指令
{
name : [property [, property] [, property] … ]
name : [property [, property] [, property] … ]
name : [property [, property] [, property] … ]
}
```

以段名开头来定义一个输出段(输出段即输出文件中的段)。一个段名可以是一个子段的说明。段名的后面是一串用来指定段的内容和说明如何分配段的属性，属性用可选的逗号分隔。段具有的属性如下。

(1) 装载位置：定义将段装入存储器内何处。

格式：

```
load  =  allocation
load  >  allocation
   >  allocation
```

allocation 是句法的一部分，用来说明段如何放置在目标存储器中。

(2) 运行位置：定义段在存储器内何处运行。

格式：

```
run  =  allocation
run  >  allocation
```

如果一个段中 load 和 run 的地址相同，run 也可以省略。上述两个属性规定输出段的地址，链接器为每个输出段分配两个目标存储器地址：装载地址和运行地址。通常这两个地址是相同的，此时每个段只具有单个地址。但有时用户可能把代码装入存储器的一个区域，却在别一个区域运行它。例如，在基于 Flash 的系统中，代码一般装入 Flash，但它在 RAM 中运行速度会更快，若对代码的性能要求严格，可以设置两个地址，用 load 在 Flash 设置它的装载地址，用 run 在 RAM 中设置它的运行地址。

(3) 输入段：定义构成输出段的输入段(即目标文件)。

格式：

```
{input_sections}
```

输入文件中的段组合起来形成输出段，链接器按照所列出的输入段的次序链接并组合它们，输出段的大小是组成它的输入段大小之和。

(4) 段类型：为特殊段的类型定义标志。

格式：

```
type  =  COPY
type  =  DSECT
type  =  NOLOAD
```

用户可以把这 3 种特殊类型赋予输出段。用 COPY 和 DSECT 创建的段是一个虚段，它不包括在输出段存储器的分配内，也不占据存储器空间，不包括在存储器映射列表文件(.map 文件)中，但在虚段中定义的全局符号可以被其他输入段引用。COPY 段可以将段的内容、重定位信息及行号信息放在输出模块中，而 DSECT 段则不放置。

NOLOAD 创建的段不将段的内容、重定位信息及行号信息放在输出模块中，但是链接器为其分配存储器空间并包括在存储器映射列表文件中。

(5) 填充值：定义用来填充未初始化的空位值。

格式：

```
fill  =  value
name: [properties]  =  value
```

当初始化输出段内有空位存在，链接器必须提供原始数据以填充它。链接器用 16 位数值填充空位，该数值在存储器内复制直至填满空位为止。

例 7-4-3：典型命令文件中 SECTIONS 伪指令的使用。

```
/****************************************************************************/
/*   SECTIONS 伪指令的命令文件例子                                              */
/****************************************************************************/
```

```
file1.obj       file2.obj
-o prog.out
SECTIONS
{
    .text:      load = ROM, run = 0800h      //输入段和输出段都是.text
    .const:     load = ROM
    .bss:       load = RAM
    .vectors    load = 0ff80h                //.vectors 为输出段
        {
                T1.obj(.intvec1)             //.intvec1、intvec2 为输入段
                T2.obj(.intvec2)
                endvec=  .;         // 将.vectors 段的结束地址赋给 endvec 符号
        }
     .data: align = 16
}
```

例 7-4-3 中用 SECTIONS 伪指令定义了 5 个输出段：.vectors、.text、.const、.bss 和.data：.text 段组合了来自 file1.obj 和 file2.obj 目标文件的.text 段。链接器把所有名为.text 的段组合到此段内，应用程序必须重定位此段以便在 0800h 处运行。

.const 段组合了来自 file1.obj 和 file2.obj 目标文件的.const 段。

.bss 段组合了来自 file1.obj 和 file2.obj 目标文件的.bss 段。

.vectors 段由来自 file1.obj 的.intvec1 段和来自 file2.obj 的.intvec2 段组成。在链接完.intvec1 和.intvec2 后，链接器将当前地址赋给符号 endvec，此地址即为.vectors 段的结束地址。

.data 段组合了来自 file1.obj 和 file2.obj 目标文件的.data 段。链接器将把它放置在任何可以放置的地方，并把它调准到 16 字的边界。

7.4.4 重定位

汇编器处理每一段时都认为段地址是从地址 0 开始。所有的可重定位符号(标号)是与段内地址 0 相对应的。实际上不可能所有的段都从存储器地址 0 开始，因此链接器用下列方式重定位段：

(1) 将段分配到存储器中，以便每个段从适当的地址开始存放。

(2) 调整符号值以便对应新的段起始地址。

(3) 调整已重新定位符号的引用，以便反映调整后的符号值。

链接器使用重定位入口以便调整对符号值的引用。每当重定位符号被引用，汇编器就创建一个重定位入口。在符号被重定位后，链接器使用这些入口来修正引用。

例 7-4-4：生成重定位入口的代码实例。

```
                              .global X
    00000000                  .text
    00000000  0080'           LC      Y              ;产生重定位入口
    00000001  0004
    00000002  28A1!           MOV     AR1, #X        ;产生重定位入口
    00000003  0000
    00000004  7621      Y: IDLE
```

在上例中，符号 X 和 Y 都是可重定位的。Y 定义在模块的.text 段中；X 定义在另一模块中。当汇编代码时，X 的值为 0(汇编器制定所有未定义的外部符号值为 0)，Y 的值为 4(相对于段的地址 0 而言)。汇编器为 X 和 Y 声明两个重定位入口。X 是外部引用(由列表中的！符号指出)。Y 的引用是内部定义的可重定位符号(在列表中由'符号指出)。

当代码链接结束后，假设 X 被重定位到 0x7100，.text 段重新定位后从地址 0x7200 开始，则 Y 重定位后的值为 0x7204。链接器使用两个重定位入口来修整目标代码中的两个引用：

```
0080'       LC   Y          变成     0080'
0004                                 7204
28A1!       MOV AR1, #X     变成     28A1!
0000                                 7100
```

有时一个表达式包含多个可重定位的符号，或者表达式的值不能在汇编过程中求得。在这种情况下，汇编器在汇编目标文件时对整个表达式进行编码。决定了符号地址后，链接器再计算表达式的值。

例 7-4-5：重定位表达式。

```
1                                  .global sym1, sym2
2   00000000      FF20%            mov      ACC, #(sym2-sym1)
3   00000001      0000
```

符号 sym1 和 sym2 都是外部定义的，因此，汇编器不能求出表达式 sym1 和 sym2 的值，汇编器将整个表达式编码到目标文件。"%" 字符表明重定位表达式。假设链接器重定位 sym2 为 300h，sym1 为 200h，那么链接器计算表达式的值为 300h–200h=100h。这样，MOV 指令就修改为：

```
00000000     FF20          mov       ACC, #(sym2-sym1)
00000001     0100
```

COFF 目标文件的每一段都有一个重定位入口表。表中包含了段内每一个可重定位引用的重定位入口。链接器通常在使用完后将它清空以防止输出文件再次重定位(当文件再次链接或是装载时)。不包含重定位入口的文件是绝对文件(它的所有地址都是绝对地址)。如果用户想让链接器保留重定位入口，可用-r 选项调用链接器。

有时用户可能想将代码放在存储器的某个区域，而在另一个区域运行它。例如，在以外部存储器为基础的系统中，用户可能对代码有严格的性能要求，而这些代码又必须装入外部存储器，但在内部存储器中运行得会更快。链接器提供了一种简单的方式来处理这种情况。使用 SECTIONS 伪指令，用户可以有选择地指示链接器对一个段进行两次重定位：一次设置其装载地址，一次设置运行地址。对装载地址用关键词 load 设定，对运行地址用关键词 run 设定。

装载地址决定了装载器将段的原始数据放在何处。对于段的任何引用(如段内标号)都指向它的运行地址。当运行时，在第一次引用符号之前，应用程序应该将段从其装载地址复制到其运行地址。这一过程不能简单地自动实现，因为运行地址是用户设定的。

如果用户仅为段提供了一种分配(装载或运行)，那么该段只进行一次地址分配，而且在同一地址装载和运行；如果提供了两次分配，那么该段实际分配地址时，就如同对两块同样大小的段分配地址一样。

未初始化段(如.bss)不能装载，因此唯一有意义的地址是运行地址。链接器只对未初始化段分配一次地址；如果用户既指定了装载地址，又指出了运行地址，链接器会发出警告并忽略装载地址。

本章小结

本章主要介绍与汇编和链接相关的知识，包括汇编伪指令、宏指令、链接命令文件的编写和链接时段的重定位。这些伪指令对于理解列表文件、调试程序有很大帮助。内嵌函数是固化在芯片内的，它能给读者编程带来方便，而且这些函数用汇编语言编写，有很高的执行效率。本章学习要求如下：

- 熟练掌握常用伪指令的功能和句法。
- 熟练掌握宏指令，能正确定义宏和调用宏。
- 了解 F2812 的内嵌函数。
- 熟练掌握链接器的 MOMERY 伪指令和 SECTIONS 伪指令，能够理解、编写 CMD 文件(如 9.3.1 节的 CMD 文件)。

下面以重定位为例，说明其基本概念、逻辑概念和物理概念及其应用。

基本概念	逻辑概念	物理概念	应用
重定位：由段首地址的变化所引起段内指令代码的改变	段内一些符号的值的改变：由于目标文件和库文件中段的首地址都是 0，而且所有可重定位符号的值是相对于段首地址的地址，当链接器将段分配到各个地址后，段首地址发生改变，这些符号的值会加上段的首地址。而这些符号都是指令中的操作数，进而会引起指令代码的改变	存储器中的指令代码与汇编器输出的代码不同：为了指令代码能在不同的存储空间运行，链接器要根据段的重定位入口表，去调整指令操作码	大多 DSP 或 MCU 开发平台中的编译链接器都采用了重定位的方式，如 CCS

习题与思考题

1. 请说明汇编伪指令、汇编语言指令和宏指令的异同。
2. 请比较.usect 和.sect 伪指令的异同。
3. 什么叫段？COFF 文件包含哪 3 个默认的段？各有什么作用?
4. 请简述链接命令文件的格式和作用。
5. 请分析 MEMORY 和 SECTION 两个伪指令之间的联系。
6. 请说明重定位的作用。

第8章　软件开发环境

学习要点

- ◆ 软件开发流程及开发工具
- ◆ CCS 软件菜单功能
- ◆ DSP 开发过程中涉及的文件及作用

对于嵌入式系统开发者来说，要想缩短开发周期，降低开发难度，就必须有一套完整的软硬件开发工具，也就是说必须有一个好的开发平台，对于 DSP 产品的开发者来说也是如此。许多 DSP 生产厂商为了推广其 DSP 芯片的应用，专门为用户提供了完整的开发工具。本章主要介绍 TI 公司 TMS320 系列 DSP 开发环境和开发工具。

8.1　软件开发工具

通常 DSP 芯片的开发工具可以分为代码生成工具和代码调试工具两大类。代码生成工具的作用是将 C 或汇编语言编写的 DSP 程序编译并链接成可执行的 DSP 程序。代码调试工具的作用是在 DSP 编程过程中，按照设计的要求对程序及系统进行调试，使编写的程序达到设计目标。图 8-1-1 是典型的软件开发流程图，图中阴影部分表示一般的 C 语言开发步骤，其他部分是为了强化开发过程而设置的附加功能。

8.1.1　代码生成工具

代码生成工具奠定了 CCS 开发环境的基础，将用高级语言、汇编语言或两种语言混合编写的 DSP 程序转换为可执行的目标代码。它除了最基本的 C 编译器、汇编器和链接器外，还有归档器、运行支持库、十六进制转换程序、交叉引用列表器、绝对列表器等辅助工具。

1．C 编译器

C 编译器包括分析器、优化器和代码产生器，它接收 C/C++源代码并产生 TMS320Cxx 汇编语言源代码。通过汇编和链接，产生可执行的目标文件。C 编译器的主要特点是：

- 完全符合 ANSI C 标准。
- 支持库函数。
- 编译时可进行优化处理，产生高效的汇编代码。
- 用户可进行库和档案的管理，可以对库进行文件的添加、删除、替换等，可以将目标文件库作为链接器的输入。
- 可控制存储器的分配、管理和部分链接。
- 支持 C 和汇编混合编程。
- 可输出多种列表文件，如源代码文件、汇编列表文件和预处理输出文件等。

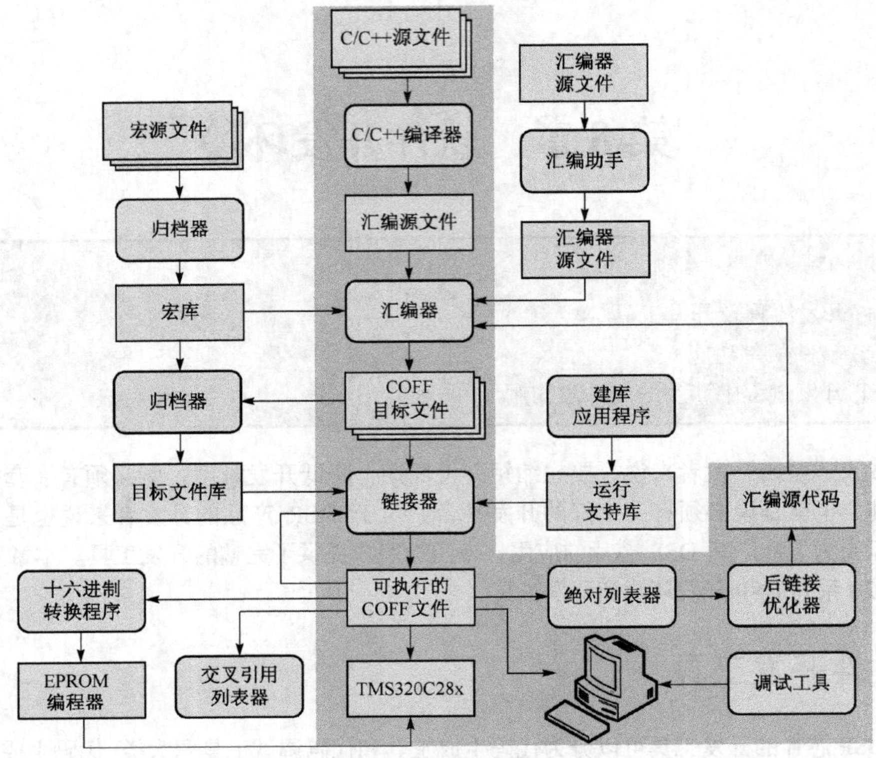

图 8-1-1 软件开发流程图

2. 汇编器

汇编器的作用是将汇编语言源程序转换成机器语言目标文件，它们都是通用目标文件格式(COFF)文件。汇编器的功能是：

- 处理汇编源文件(.asm)，产生可重定位的目标文件(.obj)。
- 根据要求产生源程序列表文件(.lst)，并向用户提供对此列表的控制。
- 根据要求将交叉引用列表加到源程序列表中。
- 将代码分段，并为每个目标代码段设置段程序计数器。
- 定义和引用全局符号。
- 汇编条件块。
- 支持宏调用，允许用户在程序中或在库内定义宏。

3. 链接器

链接器把多个目标文件组合成单个可执行目标模块。它在创建可执行模块的同时，完成重定位过程。链接器的输入是可重定位的目标文件和目标库文件。在汇编程序生成代码过程中链接器的作用如下：

- 根据链接命令文件(.cmd 文件)将一个或多个 COFF 目标文件链接起来，生成存储器映射文件(.map 文件)和可执行的输出文件(.out 文件)。
- 将段定位于实际系统的存储器中，并给段、符号指定实际地址。
- 解决输入文件中未定义的外部符号引用。

4．归档器

归档器允许用户把一组文件收集到一个归档文件中。归档器允许通过删除、替换、提取或添加文件来调整库。

5．运行支持库

运行支持库包括 C 编译器所支持的 ANSI 标准运行支持函数、编译器公用程序函数、浮点运算函数和 C 编译器支持的 I/O 函数。用户可以利用建库应用程序建立满足设计要求的“运行支持库”。

6．十六进制转换程序

十六进制转换程序把 COFF 目标文件转换成 TI-Tagged、ASCII-hex、Intel、Motorola-S 或 Tektronix 等目标格式，可以把转换好的文件通过 EPROM 编程器下载到 EPROM 中。

7．交叉引用列表器

交叉引用列表器用目标文件产生参照列表文件，可显示符号及其定义，以及符号所在的源文件。

要使用交叉引用列表器，需要在汇编源程序的命令中加入一个适当的选项，在列表文件中产生一个交叉引用列表，并在目标文件中加入交叉引用信息。链接目标文件得到可执行文件，再利用交叉引用列表器，即可得到希望的交叉引用列表。

8．绝对列表器

绝对列表器输入目标文件，输出.abs 文件，通过汇编.abs 文件可产生含有绝对地址的列表文件。如果没有绝对列表器，这些操作将需要冗长乏味的手工操作完成。产生绝对列表所需要的步骤为：

(1) 汇编源文件。

(2) 链接所产生的目标文件。

(3) 调用绝对列表器，使用已链接的目标文件作为输入，它将创建扩展名为.abs 的文件。

(4) 汇编.abs 文件，这时用户在命令中需加入一个适当的选项来调用汇编器，以产生包含绝对地址的列表文件。

8.1.2　代码调试工具

代码调试工具的作用是，将代码生成工具生成的可执行.out 文件，通过调试器接口加载到用户系统上进行调试。TMS320 系列 DSP 芯片的集成与代码调试工具包括：

1．C/汇编语言源码调试器

C/汇编语言源码调试器是运行在 PC 或 SPAKC 等产品上的一种软件接口，与其他调试工具(如软件模拟器、评估模块、软件开发系统、仿真器)配合使用。用户程序既可用 C 语言调试，也可用汇编语言调试，还可以用 C 和汇编混合调试。同时，调试器提供了非常友好的人机界面，采用面向窗口、鼠标支持、菜单式交互和命令输入等形式，使用十分方便。

2．初学者工具 DSK

初学者工具 DSK 是 TI 公司为 TMS320 系列 DSP 初学者设计和开发的廉价的实时软件调试工具，用户可以使用 DSK 来做 DSP 实验，进行如系统控制、语音处理的测试应用，也可以用来编写和运行实时源代码，并对其进行评估，还可以用来调试用户自己的系统。

3．软件模拟器

软件模拟器是一种模拟 DSP 芯片各种功能并在非实时条件下进行软件调试的工具，不需要目标硬件支持，只需要在计算机上运行，是一种廉价方便的调试工具，但它主要缺点是运行速度慢，无法保证实时性。因此软件模拟器适合初学者使用或对算法进行预调试，汇编源程序经过汇编链接后，就可将其调入软件模拟器进行调试。调试中所需的 I/O 值可从文件中取出，输出到 I/O 端口的值也可存储在文件中。同时新版本的模拟器都采用 C 和汇编调试的接口，可进行 C 语言、汇编语言或 C 和汇编的混合调试。软件模拟器的主要特征如下：

- 可在计算机上执行用户 DSP 程序。
- 可修改和查看寄存器。
- 可对数据和程序存储器进行修改和显示。
- 可模拟外设、高速缓存、流水线和定时功能。
- 可在取指令、读/写存储器及错误条件满足时设置断点。
- 可进行累加器、程序计数器、辅助寄存器的跟踪。
- 可进行指令的单步执行。
- 用户可设定中断产生间隔。
- 在遇到非法操作码和无效数据访问时给出提示信息。
- 从文件中执行命令。

4．评估模块 EVM

评估模块是一种低成本的用于器件评估、标准程序检查及有限系统调试的开发板。它配置了目标处理器、小容量的存储器和其他有限的硬件资源，可用来对 DSP 芯片的性能进行评估，也可用来组成一定规模的用户 DSP 系统。TMS320 各系列芯片的评估模块一般具有以下特征：

- 存储器和寄存器的显示与修改。
- 汇编器/链接器。
- 软件单步运行和断点调试。
- 板上存储器。
- 下载程序。
- I/O 功能。
- 高级语言调试接口。

5．软件开发系统 SWDS

软件开发系统是一块可用于性能评估和实时软件开发的插入 PC 中的低成本 DSP 板，用户程序可以在 DSP 板上进行实时的软件调试，程序在 DSP 芯片上实时运行。它与软件模拟器的区别在于它可以对软件进行实时调试，与硬件仿真器的区别在于软件开发系统不能提供实时硬件调试功能，因此涉及目标 I/O 操作时一般用文件 I/O 来代替。

6．硬件仿真器 XDS

硬件仿真器 XDS(Extended Development System)是一种功能强大的高速仿真器，可用来进行系统级的集成调试，是进行 DSP 系统开发的最佳工具。TI 公司生产的 DSP 都采用扫描仿真器。扫描仿真器克服了传统仿真器电缆过长引起的信号失真和仿真插头可靠性差等问题。使用扫描仿真器，程序可以从片内或片外的目标存储器实时执行，在任何时钟速度下都不会引入额外的等待状态。另外，由于 DSP 芯片内部是通过移位寄存器扫描链实现扫描仿真的，而这个扫描链可被外部的串行口访问，因此采用扫描仿真，即使芯片已经焊到电路板上，也可进行仿真调试，这为在开发过程中 DSP 系统调试提供了极大的方便。

XDS510 仿真器是 TI 公司提供的以 PC 为基础的仿真系统，它可以对 C2xx/C3x/C4x/C5x/C54x/C8x 等各种芯片实施全速扫描仿真，属于串行工作的 DSP 仿真系统。对于 C2xx 的仿真器，其仿真信号采用 JTAG 标准 IEEE 1149.1，有 14 根线，其仿真头如图 8-1-2 所示，仿真信号的定义如表 8-1-1 所示。

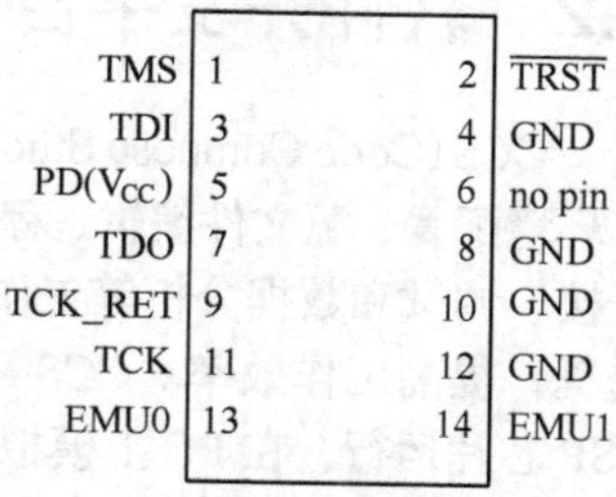

图 8-1-2　14 引脚的仿真头

表 8-1-1　14 引脚的仿真头信号的说明

信　号	说　明	仿真器状态	目 标 状 态
EMU0	仿真引脚 0	I	I/O
EMU1	仿真引脚 1	I	I/O
GND	地		
PD(V_{CC})	电源检测：指示仿真电缆是否连接和目标板是否加电。在目标系统中，PD 连到 V_{CC}	I	O
TCK	测试时钟。TCK 由仿真电缆盒提供 10.368 MHz 时钟。该信号可用于驱动系统测试时钟	O	I
TCK_RET	系统时钟返回，测试时钟输入仿真器，可以是 TCK 加缓冲或不加缓冲	I	O
TDI	测试数据输入	O	I
TDO	测试数据输出	I	O
TMS	测试模式选择	O	I
$\overline{TRST}$	测试复位	O	I

基于 IEEE 1149.1 的 JTAG 提供了一条可测试的系统总线，能够发送测试命令和数据，获得测试结果。它具有以下功能：

- 提供 PCB 板上电子器件或集成数字器件与自动测试设备（ATE）的标准接口，允许测试数据传输到被测器件上，并把测试结果送回自动测试设备。
- 提供一种器件的 PCB 板或集成器件上的测试连接方法，用来对电路板或器件进行故障测试。
- 提供一种故障测试和定位方法。

该仿真器的使用比较简单，只要安装好 XDS510 后，就可以建立目标系统硬件与 PC 的连接。为保证计算机和目标系统连接的可靠性，必须做到以下几点：

- 按照 XDS510 的说明书进行正确安装。
- 将 14 针 JTAG 插头和目标板正确连接。
- XDS510 仿真器通过适当的形式（USB、并口、ISA 卡等）和计算机进行正确连接。

除了 TI 公司提供的 XDS510 仿真器以外，用户还可以选择第三方公司的仿真器，如北京瑞泰创新科技有限责任公司（简称瑞泰公司）的 ICETEK-5100USB。各种第三方仿真器的安装和使用方法请参考其相应的用户手册。

8.2 软件开发平台 CCS 及其应用

CCS(Code Compose Studio)是 TI 公司为推广其 DSP 芯片而开发的 DSP 集成开发环境。它提供了环境配置、源文件编辑、程序调试、跟踪和分析等工具，帮助用户在软件环境下完成编辑、编译、链接、调试和数据分析等工作。与 TI 公司早期提供的开发工具相比，利用 CCS 能够加快系统开发进程，提高工作效率。CCS 可以工作在两种模式：软件仿真模式和硬件仿真模式。前者可以脱离 DSP 芯片运行，在 PC 上模拟 DSP 指令集与工作机制，主要用于前期算法验证和调试。后者则实时运行在 DSP 芯片上，可以在线编制和调试应用程序。CCS 主要有以下特性和功能：

- 集成可视化代码编辑界面，可以直接编写 C/C++、汇编、头文件及 CMD 文件等。
- 集成图形显示工具，可绘制时域、频域波形等。
- 集成调试工具，可以完成执行代码的装入、寄存器和存储器的查看、反汇编器、变量窗口的显示等功能，同时还支持 C 源代码级的调试。
- 集成代码生成工具，包括汇编器、C/C++编译器和链接器等。
- 支持多 DSP 调试。
- 集成断点工具，包括设置硬件断点、数据空间读/写断点、条件断点等。
- 集成探针工具，可用于算法仿真、数据监视等。
- 提供代码分析工具，可用于计算某段代码执行时间，从而能对代码的执行效率做出评估。
- 支持通过 GEL 来扩展 CCS 的功能，可以实现用户自定义的控制面板、菜单、自动修改变量或配置参数的功能。
- 支持 RTDX 技术，可在不打断目标系统运行的情况下，实现 DSP 与其他应用程序的数据交换。
- 提供开放的 plug-ins 技术，支持第三方的 ActiveX 插件，支持包括软件仿真在内的各种仿真器(需要安装相应的驱动程序)。
- 提供 DSP/BIOS 工具，增强了对代码的实时分析能力，如分析代码的执行效率、调度程序执行的优先级、方便对系统资源的管理或使用(代码/数据空间的分配、中断服务程序的调用、定时器的使用等)，减小了开发人员对 DSP 硬件知识的依赖程度，从而缩短了软件系统的开发进程。

8.2.1 CCS 的安装与设置

1. CCS 的安装

CCS 对 PC 的最低要求为 Windows 95、32 M 内存、100 M 硬盘空间、SVGA 显示器(分辨率 800×600 以上)。

进行 CCS 系统安装时，先将 CCS 安装盘插入 CD-ROM 驱动器中，运行光盘根目录下的 setup.exe，按照安装向导的提示将 CCS 安装到硬盘中。安装完成后，安装程序将自动在计算机桌面上创建如图 8-2-1 所示的 CCS 2('C2000)、Setup CCS 2('C2000)图标。

图 8-2-1 CCS 2('C2000)和 Setup CCS 2('C2000)快捷图标

2. CCS 的设置

CCS 的 Setup 是一个公用程序，用来配置用户要使用 CCS IDE（Integrated Developing Environment）的目标板或仿真器。在使用 CCS IDE 之前需要利用 Setup 进行系统配置，包括处理与目标板通信的器件驱动器、描述用户目标板特性的其他信息和文件，如默认的存储器分配。CCS IDE 需要这些信息来建立与用户目标板的通信，从而决定对于特定的目标板，哪些工具是可以被使用的。

在默认的情况下，软件仿真器要求对 CCS IDE 进行配置。用户可以在进入 CCS IDE 之前，改变系统的配置来与开发环境相匹配。下面简要说明安装完成后 CCS 的设置过程。

双击桌面上的 Setup CCS 2（'C2000）图标，出现如图 8-2-2 所示的对话框。图中的 F2812 XDS510 Emulator 是 TI 提供的仿真器，在这里使用瑞泰公司提供的仿真器 ICETEK-5100 USB Emulator for TMS320F2812。

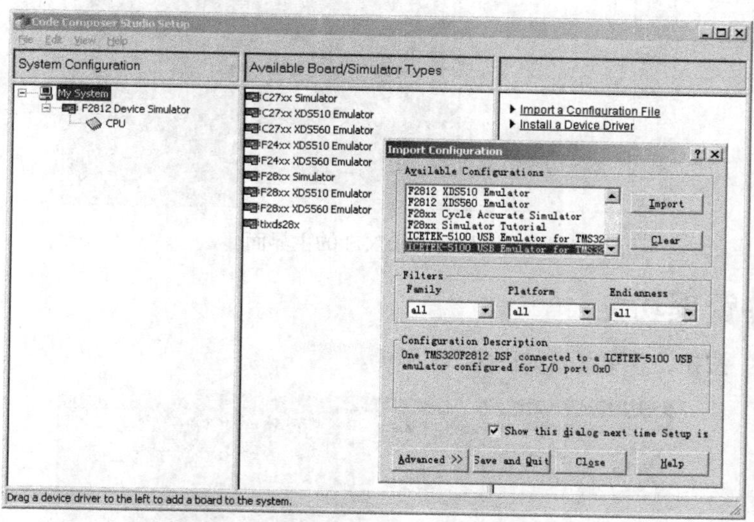

图 8-2-2　输入配置对话框

单击"Clear"（清除系统配置）按钮，并确认已清除原来的配置。选中所应用的芯片，单击"Import"按钮，然后单击"Close"按钮，将出现如图 8-2-3 所示的对话框，单击"Install a Device Driver"输入配置对话框，选择能与使用的目标系统相匹配的配置文件，然后保存完成。

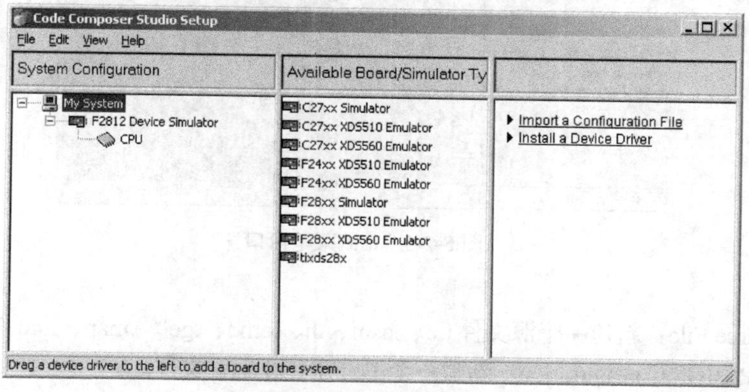

图 8-2-3　系统配置界面

8.2.2 CCS 软件界面组成

配置完成后，双击桌面上 CCS 2('C2000)图标(假设为软件仿真环境)，出现如图 8-2-4 所示的主界面。在这个窗口下用户就可以进行编程设计了，下面将对各菜单命令进行简要描述。

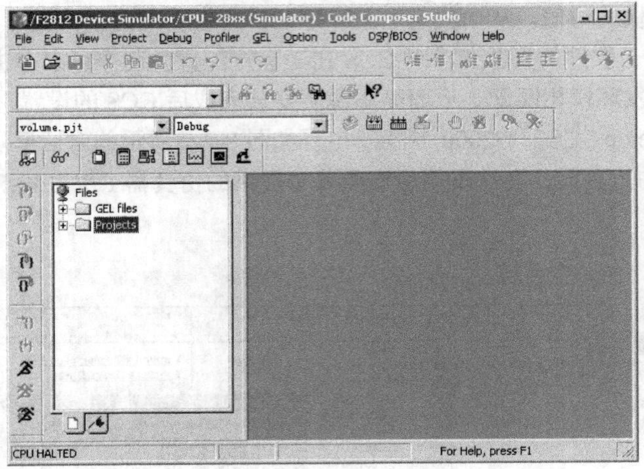

图 8-2-4 CCS 的主界面

8.2.3 文件管理功能

单击“File”按钮，菜单显示如图 8-2-5 所示。

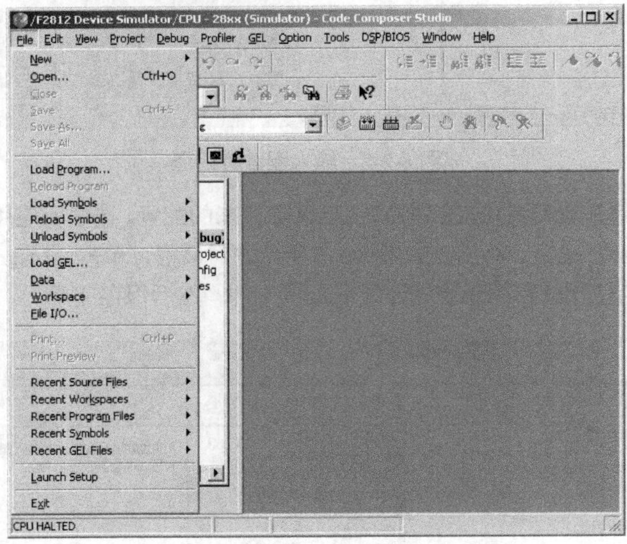

图 8-2-5 File 菜单窗口

(1) New：

- Source File：新建一个源文件(.c、.asm、.h、.cmd、.gel、.map、.inc 等)。
- DSP/BIOS Configuration：新建一个 DSP/BIOS 配置文件。
- Visual Linker Recipe：新建一个 Visual Linker Recipe 向导。
- ActiveX Document：新建各种办公文档(.doc、.xls 等)。

(2) Open：打开一个已经存在的可编辑的文件。

(3) Close：关闭一个已经打开的文件。

(4) Save：保存当前活动窗口的文件。

(5) Save As：用其他文件名保存当前活动窗口的文件。

(6) Save All：保存当前打开的所有文件。

(7) Load Program：将 COFF file (*.out) 文件中的数据和符号加载到目标系统（实际目标板或软件仿真环境）。

(8) Reload Program：将 COFF file (*.out) 文件中的数据和符号重新加载到目标系统（实际目标板或软件仿真环境），如果程序未做修改，则只加载程序代码而不加载符号。

(9) Load Symbols：加载符号信息。

(10) Reload Symbols：重新加载符号信息。

(11) Unload Symbols：卸载符号信息。

(12) Load GEL：使用该命令可载入 GEL 文件，载入后 GEL 函数就驻留在 CCS 的存储器中，并可在任何时候执行，直至将其移出。

(13) Data：

- Load：将 PC 文件中的数据加载到目标板，可以指定存放的数据地址和长度，数据文件格式可以是 COFF 格式，也可以是 CCS 支持的其他数据格式。
- Save：将目标存储器数据存储到一个 PC 数据文件中。

(14) Workspace：

- Load Workspace：载入工作空间。
- Save Workspace：保存当前的工作环境，即工作空间，如父窗、子窗、断点、测试点、文件的 I/O、当前的工程等。
- Workspace As：用其他的文件名保存当前工作空间。

(15) File I/O：CCS 允许在 PC 文件和目标 DSP 之间传送数据，File I/O 功能常与 Probe Point 配合使用，Probe Point 将告诉调试器在何时从 PC 文件中输入或输出数据。File I/O 功能并不支持实时数据交换，实时数据交换应用 RTDX。

(16) Print：打印当前文件。

(17) Print Preview：打印预览。

(18) Recent Source Files：最近使用过的源文件。

(19) Recent Workspaces：最近使用过的工作空间。

(20) Recent Program Files：最近使用过的可执行程序.out 文件。

(21) Recent Symbols：最近使用过的符号。

(22) Recent GEL Files：最近使用过的.gel 文件。

(23) Launch Setup：实际目标板或 Simulated 设备的配置。

(24) Exit：退出 CCS。

8.2.4 编辑功能

单击“Edit”按钮，菜单显示如图 8-2-6 所示。

(1) Undo：撤销最后一次的编辑行为。

(2) Undo History：最近撤销操作的历史记录。

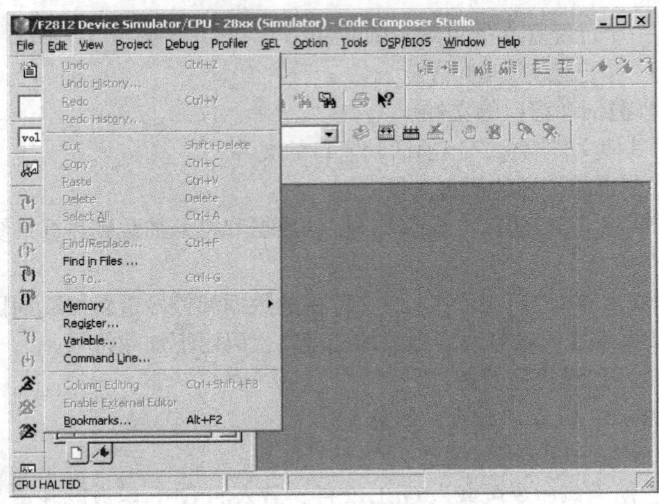

图 8-2-6　Edit 菜单窗口

(3) Redo：恢复最后一次的编辑行为。

(4) Redo History：最近恢复操作的历史记录。

(5) Cut：从活动窗口剪切所选择的文本到剪贴板。

(6) Copy：从活动窗口复制所选择的文本到剪贴板。

(7) Paste：粘贴来自剪贴板的内容。

(8) Delete：删除所选择的文本。

(9) Select All：选择当前活动窗口的所有内容。

(10) Find/Replace：

- Find：从当前的文件中搜索指定的文本串。
- Replace：用一个文本串替换另一个文本串。

(11) Find in Files：在多个文件中搜索指定的文本串或表达式。

(12) Go To：跳转到文件中指定的某一行或书签处。

(13) Memory：

- Edit：编辑某一存储单元，如图 8-2-7 所示。
- Copy：将某一存储块(标明起始地址和长度)数据复制到另一存储块，如图 8-2-8 所示。

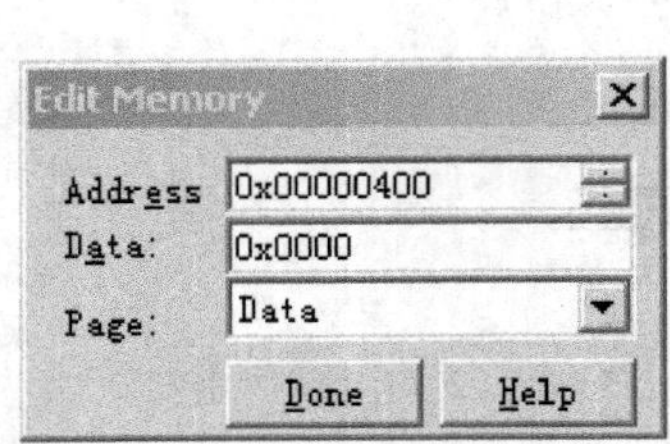

图 8-2-7　Edit Memory 对话框

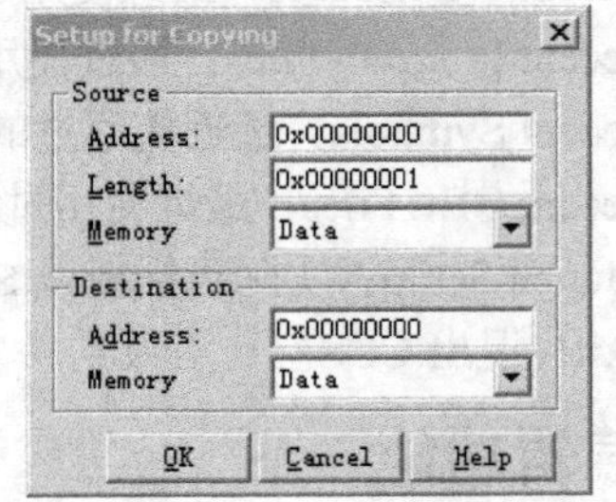

图 8-2-8　Setup for Copying 对话框

- Fill：将某一存储块填入特定数据，如图 8-2-9 所示。
- Patch Asm：在不修改源文件的情况下修改目标 DSP 的执行代码，如图 8-2-10 所示。

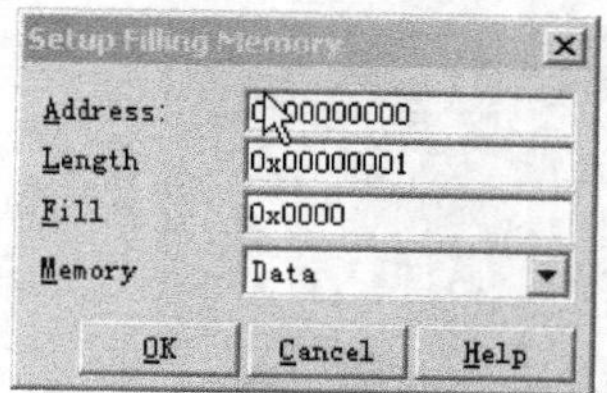

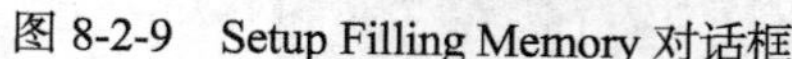
图 8-2-9　Setup Filling Memory 对话框

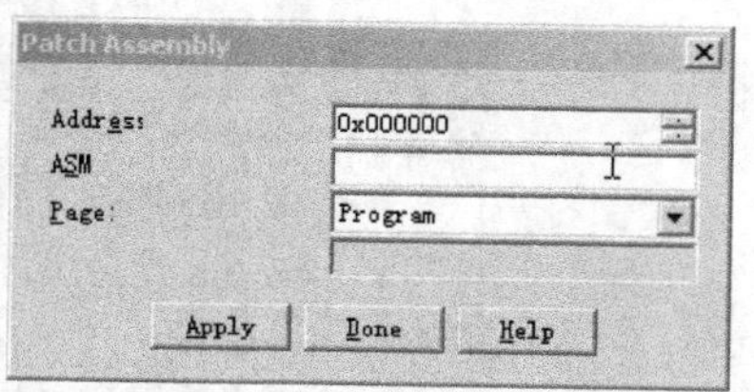

图 8-2-10　Patch Assembly 对话框

(14) Register：编辑指定的寄存器，包括 CPU 寄存器和外设寄存器，由于 Simulator 不支持外设寄存器，因此不能在 Simulator 下监视和管理外设寄存器内容，如图 8-2-11 所示。

(15) Variable：修改某一变量值。如果目标 DSP 由多个页面构成，则可使用@prog、@data、@io 来指定页面是程序、数据或 I/O 空间。在图 8-2-12 中，修改变量值的方法可以是在 Variabl 选项中直接写变量名，在 Value 选项中填修改值；也可以是在 Variabl 选项中填写变量地址，在 Value 选项中填修改值。

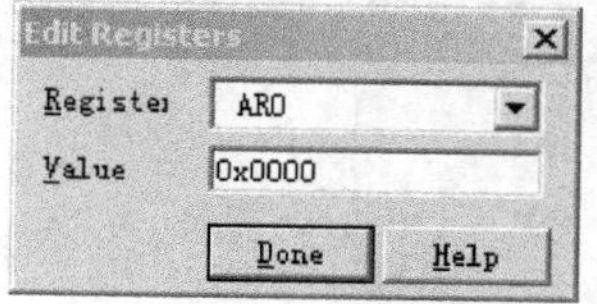

图 8-2-11　Edit Registers 对话框

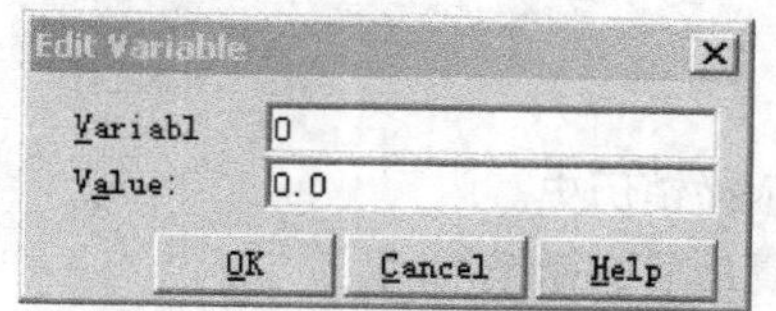

图 8-2-12　Edit Variable 对话框

(16) Command Line：如图 8-2-13 所示，使用该命令可方便地输入表达式或执行 GEL 函数，可执行任何内部的 GEL 函数或用户自己载入的 GEL 函数，操作方式有三种：

- 输入表达式修改变量：PC=c_int00。
- 用内部的 GEL 函数载入程序：GEL_Load ("C: \myprog.out")。
- 运行用户的 GEL 函数：MyFunc ( )。

(17) Column Editing：选择某一矩形区域内的文本进行列编辑(剪贴、复制及粘贴等)。

(18) Enable External Editor：使能一个外部的编辑器。

(19) Bookmarks：在源文件中定义一个或多个书签，便于快速定位。书签保存在 CCS 的工作区(Workspace)内，以便随时查找。

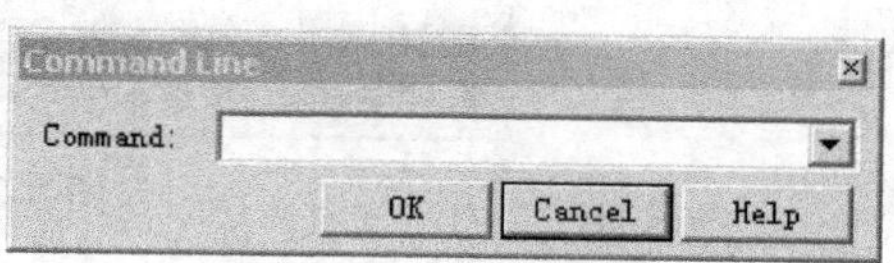

图 8-2-13　Command Line 对话框

8.2.5　视图功能

单击“View”按钮，菜单显示如图 8-2-14 所示。

(1) Standard Toolbar：标准工具条，如图 8-2-15 所示。

：新建一个文件。

：打开已有的文件。

：保存当前活动窗口的文件。

：剪切所需的文本到剪贴板。

：复制所需的文本到剪贴板。

：复制剪贴板的内容到光标处。

：撤销最后的编辑活动。

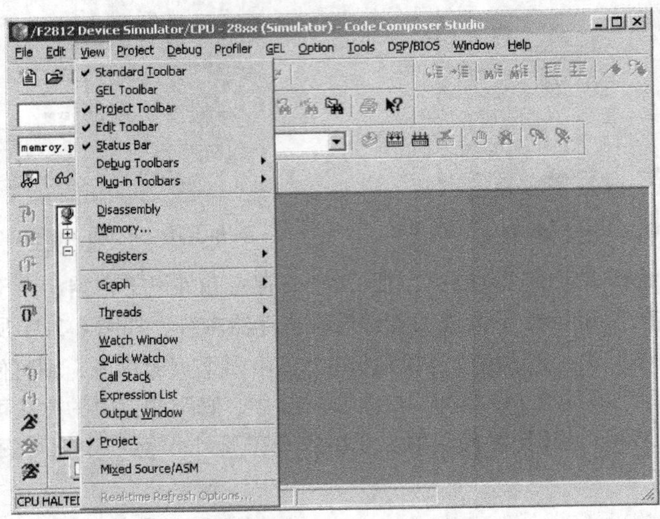

图 8-2-14 View 菜单窗口

：显示撤销历史。

：恢复最后的撤销活动。

：显示重做历史。

：在活动的窗口寻找下一个指定的串。

：在活动的窗口寻找上一个指定的串。

：以光标所在的字作为搜索内容进行搜索。

：在多个文件中搜索。

：打印当前的源文件。

：单击该按钮，然后单击一个目标来观看上下文帮助。

图 8-2-15 Standard Toolbar 工具条

(2) GEL Toolbar：GEL 工具条，如图 8-2-16 所示。

：执行输入 GEL 工具条或命令行对话框中的命令。使用该命令可方便地输入表达式或执行 GEL 函数，可执行任何内部的 GEL 函数或用户自己载入的 GEL 函数。

图 8-2-16 GEL Toolbar 工具条

(3) Project Toolbar：工程工具条，如图 8-2-17 所示。前两个下拉列表框显示当前工程名及其配置。

：仅编译当前的源文件，不执行链接。

：生成当前的工程，该命令只编译上次生成后改变了的文件。

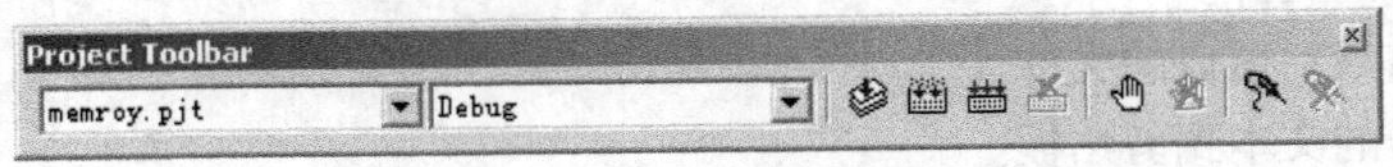

图 8-2-17 Project Toolbar 工具条

：重新编译所有的文件，并重新链接、输出。

：生成过程将在当前文件编译后停止。这种情况一般用于只改变一个文件后重新编译。

：设置断点。在当前行设置或删除一个断点。

：取消断点。取消所有设置的断点。

：设置探针。在当前行设置或删除一个 Probe Point。

：取消探针。取消所有设置的 Probe Point。

(4) Edit Toolbar：编辑工具条，如图 8-2-18 所示。

图 8-2-18 Edit Toolbar 工具条

：括号标志，以实现括号匹配。

：搜索下一个开括号，如果找到，则标记与之对应的闭括号内的文本。

：移动光标到匹配的括号处。

：寻找下一个括号。

：将选定的文本向左移一个 Tab 键。

：将选定的文本向右移一个 Tab 键。

：从当前行创建或删除书签。

：寻找下一个书签。

：寻找上一个书签。

：打开书签对话框。

：使能一个外部的编辑器。

(5) Status Bar：状态工具条，如图 8-2-19 所示。状态工具条用来显示目标系统的工作状态、光标所在行与列等状态信息。

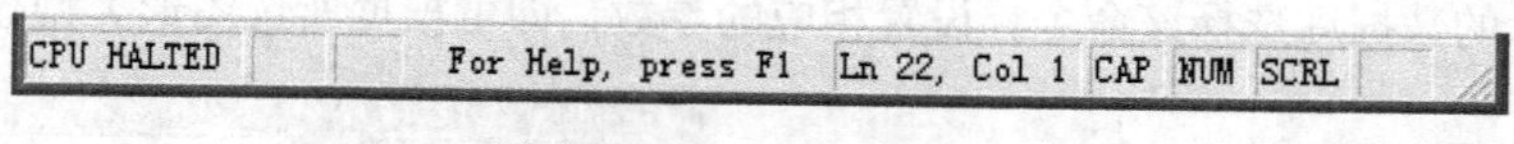

图 8-2-19 状态工具条

- CPU HALTED：CPU 状态。
- Ln 22，Col 1：光标所在位置。
- CAP：大小写锁定状态。
- NUM：小键盘锁定状态。
- SCRL：滚动锁定状态。

(6) Debug Toolbar：调试工具条，如图 8-2-20 所示。

图 8-2-20 调试工具条

：单步执行，即完成一条指令的执行。

：单条执行，用于单步执行在当前函数中的单条语句。如果遇到了函数调用，在函数调用后，除非遇到断点，否则在完成函数执行前不会停止。

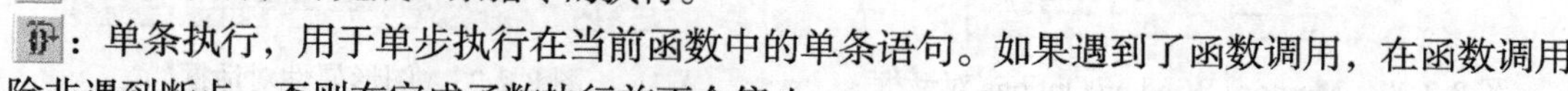

：若程序执行到子程序，执行该命令可从当前子程序的位置跳出，直接返回到调用该子程序的位置上。

：从程序执行的当前位置一直执行到反汇编窗口中光标所在的位置。

：从当前程序指针所在位置开始执行，直到遇到断点才停止。

：暂停程序的运行。

：程序执行到下一个断点停止。如果在最后一个断点，则程序会由于找不到下一个断点而一直执行下去，如果程序不能停止，则需要用 Halt 命令终止程序的执行。

：CPU 寄存器内容的观察窗口。

：存储器内容的观察窗口。

：调用堆栈窗口，显示函数或子程序的调用情况。

：打开反汇编窗口，显示反汇编后的指令和调试所需的符号信息。

(7) Plug-in Toolbars：插件程序工具条，如图 8-2-21 所示。

：打开信息日志。

：打开静态观察窗口。

：打开主机控制窗口。

：打开 RTA 控制面板。

：打开执行后的图形。

：打开 CPU 调用的图形。

：打开 Kernel/Object 观察窗。

：打开观察窗。

：向观察窗添加或删除信息。

图 8-2-21　插件程序工具条

(8) Disassembly：反汇编窗口。当将程序加载到目标板后，CCS 将自动打开一个反汇编窗口，反汇编窗口根据存储器的内容显示反汇编指令和调试所需的符号信息。

(9) Memory：存储器，如图 8-2-22 所示，可用来观察指定位置存储器的内容。CCS 允许显示特定区域的内存单元数据。

(10) Registers：寄存器。显示外设寄存器的内容，Simulator 不支持此功能。

(11) Graph：图形显示，如图 8-2-23 所示。使用该命令可以将运算结果通过 CCS 提供的图形功能经过一定处理显示出来，CCS 提供的图形显示功能包括时频分析、眼图和图像显示等。当用户准备好需要显示的数据后选择该命令，设置相应的参数，即可根据所选图形类型显示数据。

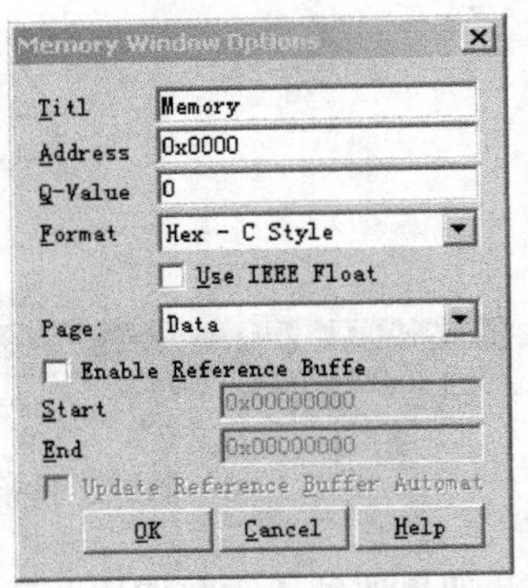

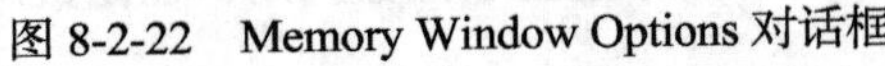
图 8-2-22　Memory Window Options 对话框

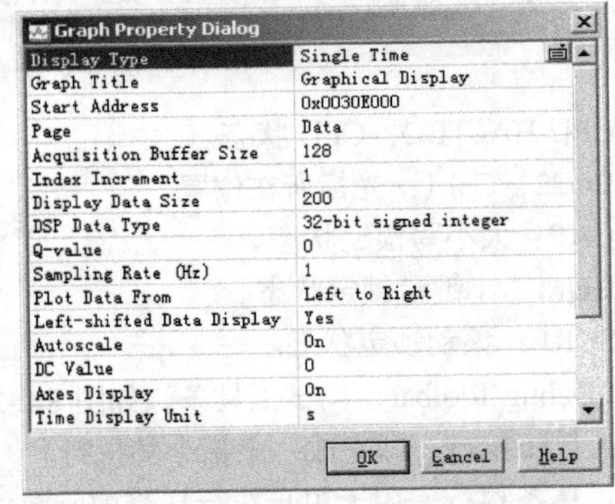

图 8-2-23　图形属性对话框

各种图形显示所采用的工作原理基本相同，即采用双缓冲(采集缓冲区和显示缓冲区)分别存储和显示波形。采集缓冲区存在于实际或仿真目标板中，包含用户需要显示的数据区。显示缓冲区存在于主机内存中，内容为采集缓冲区的拷贝。用户定义好显示参数后，CCS 从采集缓冲区中读取规定长度的数据进行显示。显示缓冲区尺寸可以与采集缓冲区的不同。如果用户允许左移数据显示(Left-Shift Data Display)，则采样数据从显示区的右端向左端循环显示。左移数据显示特性对显示串行数据特别有用。

CCS 提供的图形显示类型共有 9 种，每种显示所需的设置参数各不相同。这里仅举例说明时频图单曲线显示设置方法。

需要设置的参数如下：

- 显示类型(Display Type)：单击“Display Type”栏，则出现显示类型下拉列表框。单击所需的显示类型，则“Time/Frequency”对话框(参数设置)随之变化。

- 视图标题(Graph Title)：定义图形视图标题。
- 起始地址(Start Address)：定义采样缓冲区的起始地址。当图形被更新时，采样缓冲区内容也更新显示缓冲区内容。对话框允许输入符号和 C 表达式。当显示类型为“Dual Time”时，需要输入两个采样缓冲区首地址。
- 数据页(Page)：指明选择的采样缓冲区是来自程序、数据还是 I/O 空间。
- 采样缓冲区(Acquisition Buffer Size)：用户可以根据需要来定义采样缓冲区的尺寸。例如，当一次显示 1 帧数据时，则缓冲区尺寸为帧的大小。若用户希望观察串行数据，则定义缓冲区尺寸为 1，同时允许左移数据显示。
- 索引递增(Index Increment)：定义在显示缓冲区中每隔几个数据取一个采样点。
- 显示数据尺寸(Display Data Size)：此参数用来定义显示缓冲区的大小。一般地，显示缓冲区的尺寸取决于“显示类型”选项。对时域图形，显示缓冲区尺寸等于要显示的采样点数，并且大于等于采样缓冲区尺寸。若显示缓冲区尺寸大于采样缓冲区尺寸，则采样数据可以左移到显示缓冲区显示。对频域图形，显示缓冲区尺寸等于 FF 帧尺寸。
- DSP 数据类型(DSP Data Type)：DSP 数据类型可以为 16 位有符号整数、16 位无符号整数、32 位有符号整数、32 位无符号整数、32 位浮点数和 32 位 IEEE 浮点数。
- Q 值(Q-Value)：采样缓冲区中的数据最终为十六进制数，但是它表示的实际数值范围由 Q 值确定。Q 值为定点数定标值，指明小数点所在的位置。Q 值的取值范围为–64～64，假定 Q 值为 xx，则小数点所在的位置为从最低有效位向左数的第 xx 位。
- 采样频率(Sampling Rate(Hz))：对时域图形，此参数指明在每个采样时刻定义对同一数据的采样数。假定采样频率为 xx，则一个采样数据对应 xx 个显示缓冲区单元。由于显示缓冲区尺寸固定，因此时间轴取值范围为 0～(显示缓冲区尺寸/采样频率)。对频域图形，此参数定义频率分析的样点数。频率的取值范围为 0～(采样率/2)。
- 数据绘出顺序(Plot Data From)：此参数定义从采样缓冲区取数的顺序，从左至右为采样缓冲区的第一个数被认为是最新或最近到来的数据；从右至左为采样缓冲区的第一个数被认为是最旧数据。
- 左移数据显示(Left-Shifted Data Display)：此选项确定采样缓冲区与显示缓冲区的哪一边对齐，用户可以设置此特性使能或禁止。若使能，则采样数据从右端填入显示缓冲区，每更新一次图形，则显示缓存数据左移，留出空间填入新的采样数据。注意显示缓冲区初始化为 0。若此特性被禁止，则采样数据简单地覆盖显示缓存。
- 自动定标(Autoscale)：此选项允许 Y 轴最大值自动调整。若此选项设置为使能，则缓冲区数据的最大值被归一化显示；若此选项设置为禁止，则对话框中将出现一个新的设置项“Maximum Y-value”，设置 Y 轴显示最大值。
- 直流量(DC Value)：此参数设置 Y 轴中点的值，即零点对应的数值。此区域不显示 FFT 幅值。
- 坐标显示(Axes Display)：此选项设置 X、Y 坐标轴是否显示。
- 时间显示单位(Time Display Unit)：定义时间轴单位。可以为秒(s)、毫秒(ms)、微秒(μs)或采样点。
- 状态条显示(Status Bar Display)：此选项设置图形窗口的状态条是否显示。
- 幅度显示比例(Magnitude Display Scale)：有两类幅度显示类型，线性或对数显示(公式为 20log(X))。
- 数据标绘风格(Data Plot Style)：此选项设置数据如何显示在图形窗口中。Line：数据点之间用直线相连。Bar：每个数据点用竖线显示。

- 栅格类型(Grid Style)：此选项设置水平或垂直方向底线显示。有 3 个选项：No Grid(无栅格)；Zero Line(仅显示水平栅格)；Full Grid(显示水平和垂直栅格)。
- 光标模式(Cursor Mode)：此选项设置光标显示类型。有 3 个选项：No Cursor(无光标)；Data Cursor(在视图状态栏显示数据和光标坐标)；Zoom Cursor(允许放大显示图形，按住鼠标左键拖动，则定义的矩形框被放大)。

(12) Threads：线程。在实时操作系统下查看多线程时使用。
(13) Watch Window：观察窗口。显示需要观察变量的值。
(14) Quick Watch：快速观察。将变量添加到观察窗口。
(15) Call Stack：调用堆栈。在窗口中观察堆栈区间内容。
(16) Expression List：表达式列表。可以观察程序中的表达式。
(17) Output Window：输出窗口。可以从中观察各种运行信息。
(18) Project：工程文件。显示整个工程文件的内容，包含源文件、头文件、库文件、命令文件等。
(19) Mixed Source/Asm：同时显示 C 代码及相关的反汇编代码。
(20) Real-time Refresh Options：实时更新选项。

8.2.6 工程管理

单击"Project"按钮，菜单显示如图 8-2-24 所示。

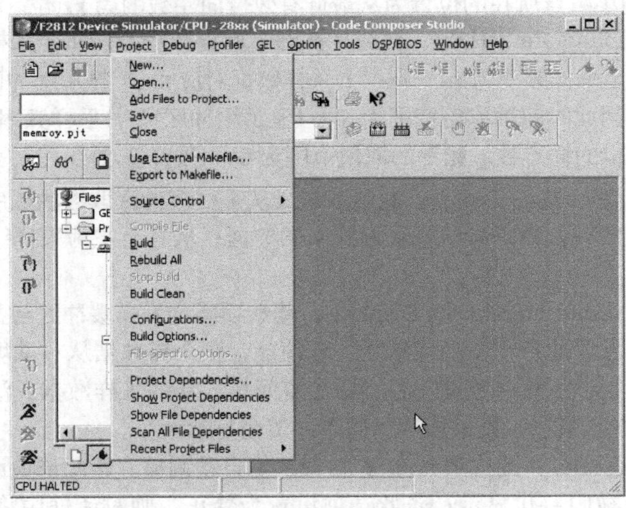

图 8-2-24　Project 菜单窗口

(1) New：新建一个工程文件。

(2) Open：打开一个已经存在的工程文件。

(3) Add Files to Project：向工程中加入文件。使用该命令可将与工程有关的文件，如源代码文件、目标文件、库文件和链接器命令文件等加入当前工程中去。

(4) Save：保存已经打开的工程文件。

(5) Close：关闭已经打开的工程文件。

(6) Use External Makefile：使用外部的*.mak 文件。CCS 支持用户使用外部的*.mak 文件，并将共同对文件进行管理和定制。

(7) Export to Makefile：向外部输出一个*.mak 文件。

(8) Source Control：使用该命令可用来对文件的添加、删除、查看、选项等操作进行控制。

(9) Compile File：编译文件。使用该命令仅编译当前文件而不进行链接。

(10) Build：重新编译和链接。对那些没有修改的源文件，CCS 将不重新编译。

(11) Rebuild All：对工程中所有文件进行重新编译并链接生成输出文件。

(12) Stop Build：停止当前工程的生成进程。

(13) Build Clean：清除编译链接后生成的各种文件。

(14) Configurations：对工程进行配置。工程配置常用 Debug 或 Release 两种。当然用户也可以自己指定。

(15) Build Options：使用此命令可以根据用户的工程要求对工程的编译、链接进行具体的、有针对性的配置。

(16) File Specific Options：使用此命令可以对一个具体的文件进行配置，而不管整个工程选项的配置。

(17) Project Dependencies：设置工程依赖关系。

(18) Show Project Dependencies：显示工程依赖关系。

(19) Show File Dependencies：显示文件依赖关系。

(20) Scan All File Dependencies：浏览所有文件依赖关系。

(21) Recent Project Files：显示最近所打开的工程文件。

8.2.7　调试功能

单击“Debug”按钮，菜单显示如图 8-2-25 所示。

(1) Breakpoints：显示断点设置的详细情况。

断点是任何调试过程中最基本、最主要的工具。断点的作用在于暂停程序的运行，以便程序调试人员检查程序的当前状态、观察/修改中间变量或寄存器的值、检查调用的堆栈等。

开发人员可以在编辑窗口的源代码行设置断点，也可以在汇编窗口的汇编指令行设置断点。断点设置后，开发人员也可以控制断点的开启或关闭。CCS 提供了两种断点：软件断点和硬件断点。可以在断点属性中设置，设置断点应当避免：将断点设置在属于分支或调用的语句上；将断点设置在块重复操作的倒数第一条或第二条语句上。

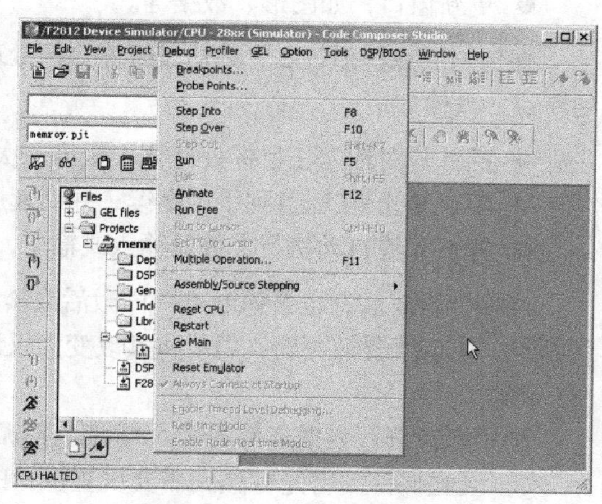

图 8-2-25　Debug 菜单窗口

① 软件断点。断点可以在反汇编窗口中的任意行设置，也可以在编辑窗口的源代码行设置。最简单的设置就是在目标程序的相应行处双击鼠标，或者选择 Debug/Breakpoints 弹出对话框，如图 8-2-26 所示。用户可以在此对话框中对断点进行添加、删除、限制等操作。

② 硬件断点。硬件断点与软件断点的不同在于它不改变目标程序，只使用硬件资源，因此适用于在 ROM 存储器中或在内存读/写产生中断时设置硬件断点（注意在仿真器中不能设置硬件断点）。通过设置硬件断点可以对存储器进行读、写访问。硬件断点设置后，在源代码或存储器窗口中不能看到断点标志。

硬件断点的设置：选择 Debug/Breakpoints（或直接选择 Debug/Probe Points），出现如图 8-2-26 所示对话框。在 Breakpoints 栏中，选择“H/W Break”，然后在 Location 栏中输入语句或内存的地

址，Count 栏中输入次数，表示指令执行多少次断点才发生作用，最后单击“Add”按钮。如图8-2-27所示。用户可以在此对话框中对断点进行添加、删除、限制等操作，其方法与软件断点相同。

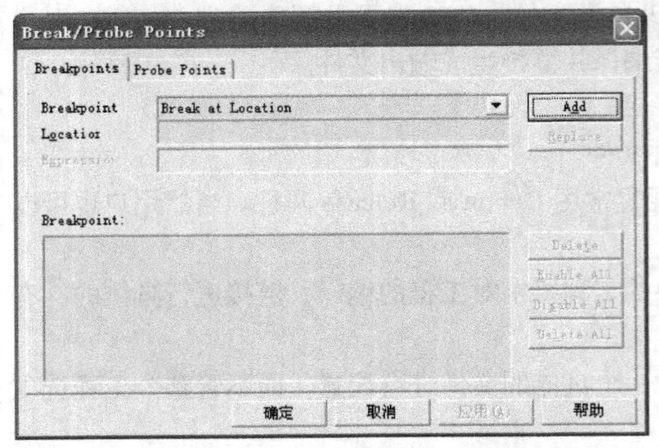

图 8-2-26　设置软件断点

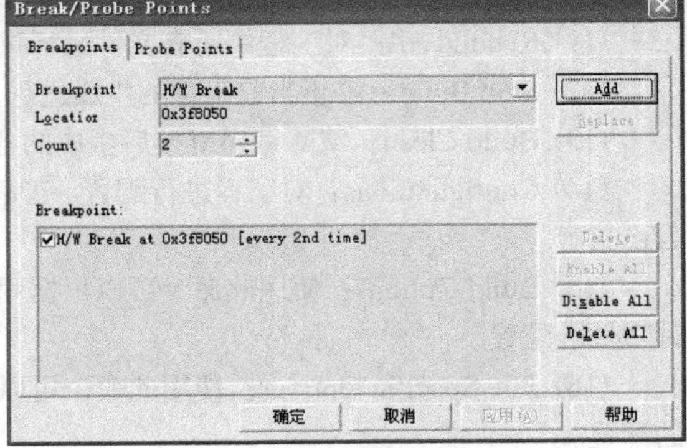

图 8-2-27　设置硬件断点

(2) Probe Points：显示探针设置的详细情况。

在算法开发过程中，探针是一个有用的工具，用户可以利用探针将 PC 中的数据文件送入目标系统。探针可实现以下功能：

- 从主机文件中读取输入数据，将数据送到目标系统，供目标系统测试算法。
- 将目标系统输出的数据传送到主机文件中，供用户进行分析。
- 更新窗口，如图形、数据等。

探针与断点类似，二者都通过暂停目标处理器来执行它们各自的任务。但探针也有与断点不同的特点，具体如下：

- 探针瞬时地停止目标处理器，执行一次单步操作，然后继续目标处理器的执行。
- 断点停止 CPU 直到手工继续，并引起所有打开的窗口更新。
- 探针允许自动执行文件的输入或输出，断点则不能。

当探针设置后，也可像断点一样激活或禁用。当一个窗口被创建后，在默认的情况下，每当遇到断点，窗口就要被更新，但可将其改变为仅当达到连接的探针时，窗口才被更新。窗口更新后，程序继续进行。

利用探针进行数据文件的输入/输出应遵循以下步骤：

① 设置探针。将光标移到需要设置探针的语句上，单击工程工具条上的“设置探针”按钮，光标所在语句左侧出现绿色亮点。若要取消已设置的探针，可单击该工具条上的“取消探针”按钮。此操作仅定义程序执行到何处读/写数据。

② 选择“File”→“File I/O”菜单项，在弹出的对话框中选择 File Input 或 File Output 功能。假定用户需要读入一些数据，则在 File Input 窗口中单击“Add File”按钮，在对话框指定输入的数据文件，输入正确的地址和数据长度。注意此时该数据文件并未与探针关联起来。Probe 栏中显示的是“Not Connected”。

③ 将探针与输入/输出文件关联起来。单击对话框中的“Add Probe Point”按钮，弹出“Break/Probe Points”对话框，然后单击“Probe Points”，在“Connect”下拉菜单中选中所要输入的文件，单击“Replace”按钮，如图 8-2-28 所示，单击“确定”按钮即可。

(3) Step Into：单步运行。如果运行到调用函数处将跳入函数内部单步执行。

(4) Step Over：执行一条 C 指令或汇编指令。与 Step Into 不同的是，为保护处理流水线，该指令后的若干条延迟分支或调用同时执行。

(5) Step Out：跳出子程序。如果程序运行在一个子程序中，执行此命令将使程序执行完子程序后返回到调用该函数的地方。

(6) Run：从当前程序计数器执行程序，碰到断点时暂停执行。

(7) Halt：暂停程序运行。

(8) Animate：动画执行程序。

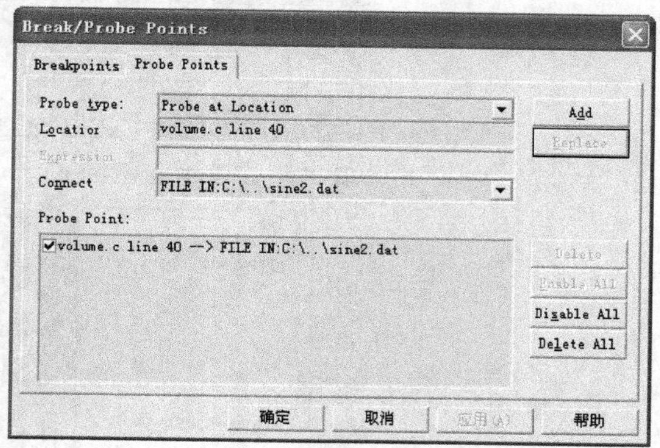

图 8-2-28　设置探针与输入文件的关联

这是一个在断点支持下快速调试程序的命令。在执行各个命令前应当预先设置好程序断点，当遇到一个断点时，程序停止执行。待更新完窗口内容后(若断点处有探针，更新与探针有关的窗口内容；若断点处没有探针，更新与探针无关的内容)，程序继续执行直到遇到下一个断点。

(9) Run Free：忽略所有断点(包括 Breakpoints 和 Probe Points)，从当前 PC 处开始执行程序。

(10) Run to Cursor：执行到光标处，光标所在行必须为有效代码行，否则执行到下一个有效代码行。

(11) Set PC to Cursor：将光标处有效代码地址直接装载到 PC 中。

(12) Multiple Operation：设置单步执行的次数来实现多步操作。

(13) Assembly/Source Stepping：在反汇编/源代码窗口中单步运行。

(14) Reset CPU：复位 DSP，初始化所有寄存器到其上电状态并终止程序运行。

(15) Restart：将 PC 值恢复到程序的入口。此命令并不开始程序的执行。

(16) Go Main：在程序的 main 符号处设置一个临时断点。此命令在调试 C 程序时起作用。

(17) Reset Emulator：复位硬件仿真器。

(18) Always Connect at startup：总是自动连接到启动代码(该项默认有效)。

(19) Enable Thread Level Debugging：在多线程调试中使能线程优先级。

(20) Real-time Mode：实时仿真模式。

(21) Enable Rude Real-time Mode：使能实时仿真模式。

8.2.8 代码性能评估

用户可以使用 CCS 对源代码的执行效率进行评估，这个过程称为代码性能评估。具体方法是设置和使能时钟，通过运行代码来查看所评估代码段的执行时间。

单击“Profiler”按钮，显示如图 8-2-29 所示菜单。

(1) Enable Clock：为了获得指令周期及其他时间统计数据，必须使能代码分析时钟。

代码分析时钟作为一个变量(CLK)通过 Clock 窗口被访问。CLK 变量可在 Watch 窗口观察，并可在 Edit/Variable 对话框内修改其值。CLK 还可在用户定义的 GEL 函数中使用。指令周期的计算方式与使用的 DSP 驱动程序有关。对使用 JTAG 扫描链进行通信的驱动程序，指令周期通过处理器的片内分析功能进行计算，其他的驱动程序则可能使用其他类型的定时器。Simulator 使用模拟的 DSP 片内分析接口来统计分析数据。当时钟使能时，CCS 调试器将占用必要的资源实现指令周期的计数。加载程序并开始一个新的代码段分析后，代码分析时钟自动使能。

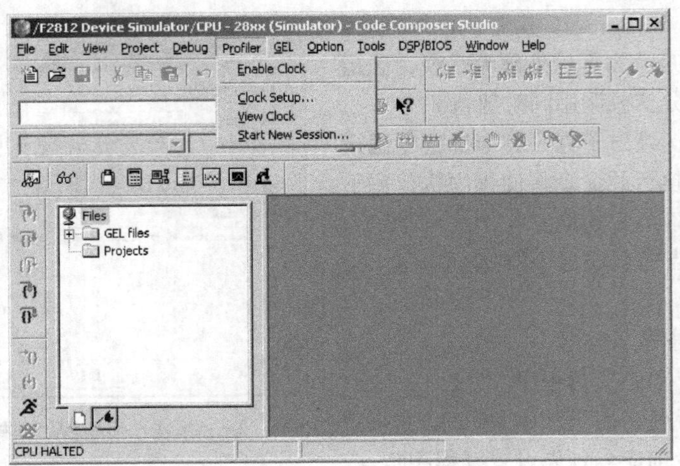

图 8-2-29 Profiler 菜单窗口

(2) Clock Setup：设置时钟。

在 Clock Setup 对话框中(见图 8-2-30)，Instruction Cycle 栏用于输入执行一条指令的时间，其作用是在显示统计数据时将指令周期数转换为时间或频率。Count 栏用于选择分析的事件。对某些驱动程序而言，CPU Cycles 可能是唯一的选项。对于使用片内分析功能的驱动程序而言，可以分析其他事件，如中断次数、子程序或中断返回次数、分支数及子程序调用次数等。可使用 Reset Option 参数决定如何计数。如选择 Manual 选项，则 CLK 变量将不断累加指令周期数；如选择 Auto 选项，则在每次 DSP 运行前自动将 CLK 清 0，因此 CLK 变量显示的是上次运行到现在的指令周期数。

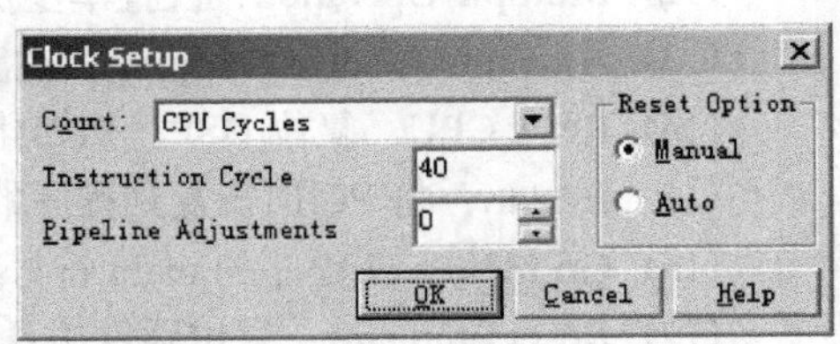

图 8-2-30 Clock Setup 对话框

(3) View Clock：打开 Clock 窗口，显示 CLK 变量的值。双击 Clock 窗口的内容可直接将 CLK 变量复位。

(4) Start New Session：开始一个新的代码段分析，打开代码分析统计观察窗口。

8.2.9 通用扩展语言

通用扩展语言是一种高级的脚本语言，用户通过用该语言编写的.gel 文件能够扩展 CCS 的各种功能，或者自动运行 CCS 中一系列常用的命令。它类似于 C 语言，允许用户自己创建函数。其特点如下：

(1) 程序员利用 GEL 语言可以建立自定义的 CCS 功能命令，只要将对应的 GEL 文件装载到 CCS 中，就能够将扩展的功能以 GEL 菜单项的形式增加到 CCS 界面中，直接单击就能执行对应的扩展命令。

(2) 通过 GEL 程序可以直接访问实际的或仿真的目标存储器区域；可以避免 CCS 中各种重复性的操作。

(3) GEL 在软件的自动测试或者需要调整 CCS 的工作空间时特别有效。

单击“GEL”按钮，菜单显示如图 8-2-31 所示。当 GEL 文件调入后，以下两个选项的配置会自动出现在此下拉菜单中。

(1) Initialize Memory Map：初始化存储器映射。将存储器映射初始化到所选芯片的默认状态。

(2) Addressing Modes：寻址模式选择。通常选择 C28x_Mode(默认选择)。

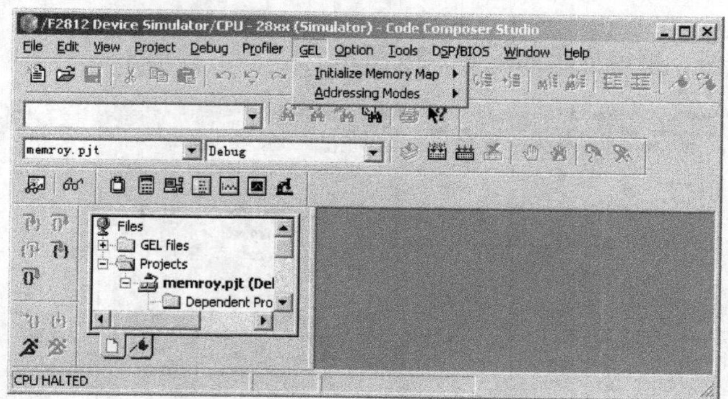

图 8-2-31 GEL 菜单窗口

8.2.10 选项

单击"Option"按钮，菜单显示如图 8-2-32 所示。

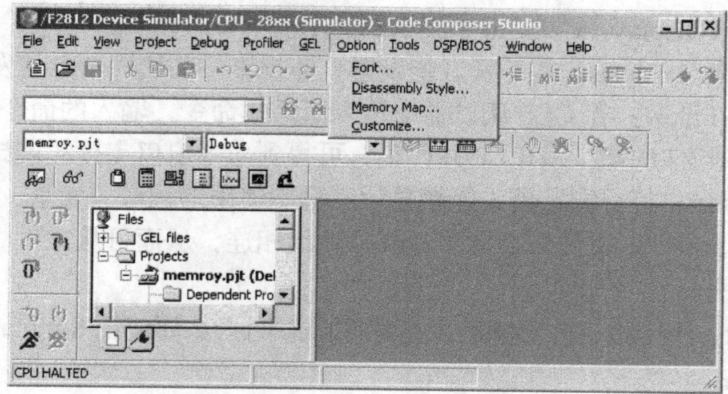

图 8-2-32 Option 菜单窗口

(1) Font：设置集成开发环境字体格式及字号大小。

(2) Disassembly style：设置反汇编窗口显示模式，包括反汇编助记符或代数符号，直接寻址与间接寻址用十进制、二进制和十六进制显示。

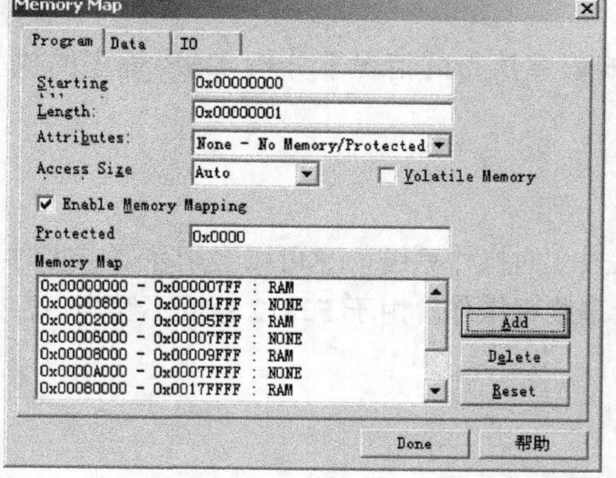

图 8-2-33 Memory Map 对话框

(3) Memory Map：用来定义存储器映射，使用该命令后，弹出 Memory Map 对话框，如图 8-2-33 所示。存储器映射告诉 CCS 调试器哪些段是可以访问的，哪些段是不能访问的。在对话框中，Enable Memory Mapping 选项可以使能存储器映射。第一次运行 CCS 时，存储器映射呈禁用状态(未选中)，也就是说，CCS 调试器可存取目标板上所有可寻址的存储器(RAM)。当使能存储器映射后，CCS 调试器将根据存储器映射检查其可以访问的存储器。如果要存取的是未定义的数据或保护区数据，则调试器将显示默认值(通常为 0)，而不是存取目标板上数据。也可在 Protected 栏输入另外的值，如 0xdeab，这样当读取一个非法存储地址时将会给予提示。

(4) Customize：打开用户自定义界面对话框。

8.2.11　工具

单击“Tools”按钮，菜单显示如图 8-2-34 所示。

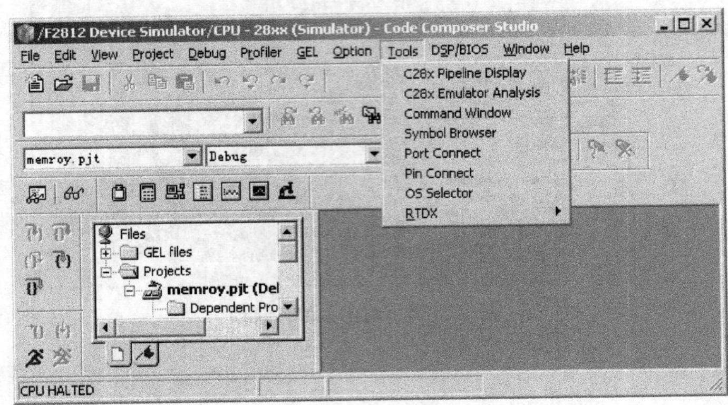

图 8-2-34　Tools 菜单窗口

(1) C28x Pipeline Display：C28x 指令流水线显示。

(2) C28x Emulator Analysis：使开发者能设置、监视事件和硬件断点的发生。

(3) Command Window：在 CCS 调试器中输入所需的命令，输入的命令遵循 TI 调试器命令语法格式。例如，在命令窗口中输入 HELP 并回车，可得到命令窗口支持的调试命令列表。

(4) Symbol Browser：符号浏览器，能够显示工程中使用的标号、变量、常量、函数名等符号。

(5) Port Connect：将 PC 文件与存储器(端口)地址相连，从而可从文件中读取数据或将存储器(端口)数据写入文件中。

(6) Pin Connect：用于指定外部中断发生的间隔时间，从而使用 Simulator 来仿真和模拟外部中断信号，其步骤为：

① 创建一个数据文件以指定中断间隔时间(用 CPU 时钟周期的函数来表示)；

② 从 Tools 菜单下选择 Pin Connect 命令；

③ 单击“Connect”按钮，选择创建好的数据文件，将其连接到所需的外部中断引脚；

④ 下载并运行程序。

(7) OS Selector：操作系统选择器。

(8) RTDX：实时数据交换功能，使开发者在不影响程序执行的情况下分析 DSP 程序的执行情况。

8.2.12　DSP 实时操作系统

DSP/BIOS 是 TI 公司为其 DSP 芯片开发的一款嵌入式实时操作系统。它可以应用在要求实时调度和同步的场合，提供主机和目标板之间的通信和进行多线程操作。由于 F2812 速度不够高，存储器不够大，多数情况下不使用操作系统。

8.2.13　窗口

单击“Window”按钮，菜单显示如图 8-2-35 所示。

(1) New：新建观察窗口。用此命令可得到对同一个文件的另一个观察窗。当出现一个文件的多个观察窗时，标题条上将在文件名后面附上窗口号(n)。

(2) Close All：关闭所有打开的文件。

(3) Cascade：将当前打开的所有窗口层叠。

(4) Tile Horizontally：将当前打开的所有窗口平均水平平铺。

(5) Tile Vertically：将当前打开的所有窗口平均垂直平铺。

(6) Arrange Icons：将当前打开的最小化窗口或工具条排列在底部。

(7) Refresh：更新当前活动的窗口。

(8) Windows：对当前打开的活动的窗口进行操作，如打开、关闭等。

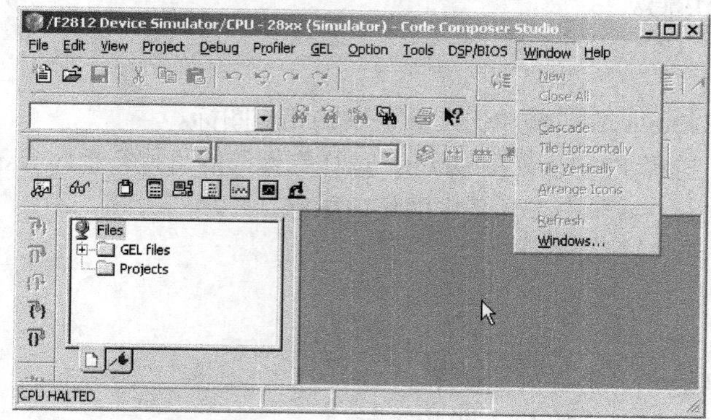

图 8-2-35　Window 菜单窗口

8.2.14　CCS 的应用

在 CCS 集成开发环境下，用户可以完成新建工程、编辑添加程序、编译链接、下载、调试和数据分析等工作。使用 CCS 开发应用程序的一般步骤为：

(1) 打开或建立一个工程文件。工程文件中包括源程序（C 语言或汇编语言）、库文件、链接命令文件和头文件等。

(2) 使用 CCS 集成编辑环境，可以编辑各类文件，如头文件(.h)、链接命令文件(.cmd)和源程序文件(.c 或.asm)等。

(3) 对工程文件进行编译链接。如有语法错误，将在生成(Build)窗口中显示出来。用户可以根据显示内容确定错误信息的位置，并更改错误。

(4) 排除程序中的语法错误以后，用户可以对计算结果/输出数据进行分析，评估算法性能。CCS 提供了测试断点、图形显示、数据观察窗口和性能测试等工具来分析数据、评估代码性能。

下面介绍如何在 CCS 中新建一个程序，以及如何编译、链接、下载和调试程序。

1. 新建一个工程文件

(1) 双击图标 Setup CCS 2 ('C2000)，设置 CCS 工作环境（软件或硬件）。

(2) 双击打开 CCS 2 ('C2000)。

(3) 选择 Project/New。

(4) 在弹出的 Project Creation 窗口中的 Project 中输入工程名 test，并在 Location 中选择工程所在的目录，其他默认，然后单击“完成”按钮即可。

2. 向工程中添加文件

(1) 选择 Project/Add Files to Project，在文件类型选项中选择文件类型(*.c 或*.asm)，加入源文件。

(2) 选择 Project/Add Files to Project，在文件类型选项中选择*.cmd 文件，选择命令文件。

(3) 此时可以通过工作窗口的工程视窗中 test.pjt 旁的“+”号，展开工程查看其中的文件。

(4) 选择 Project/Add Files to Project，在文件类型选项中选择*.lib 文件(如果需要调用库的话)选择库文件。

3. 浏览代码

与 Windows 资源管理器相似，只要打开“+”号展开下面的文件，然后双击文件名，在主窗口就会显示相应文件的源代码。

4. 编译链接/下载执行

(1) 选择 Project/Rebuild All，或单击工具条中的相应图标。

(2) 编译成功后，选择 File/Load Program，选择刚编译的可执行程序 test.out。

(3) 选择 Debug/Run，或单击工具条中的相应图标。

(4) 运行程序。

5. 跟踪/调试

(1) 选择 Debug/Restart，重新执行程序。

(2) 选择 Debug/Step Into 或按 F8，单步运行。

(3) 单步执行程序的同时选择 View/Registers/Core，观察主要寄存器的变化。

(4) 如果需要查看其他数据信息，可以通过设置 View 菜单下的各选项进行观察。

6. 关于出现问题的处理

如果在 CCS 的编译链接过程出现错误，CCS 都将给出提示，用户通过阅读提示信息，确定错误位置。如果是语法上的错误，请查阅相关的语法资料；如果是环境参数设置上有问题，一般应在 Project/Build Options 中进行相应的修改(安装程序时的默认设置，初学者最好不要修改)。如果是下载过程中出现问题，可以尝试使用 Debug/Reset DSP，或是按硬件上的复位键。

本章小结

对于 DSP 系统的开发来说，CCS 是一个非常重要的工具。读者在 CCS 环境下对程序进行开发和调试非常方便。本章主要介绍 DSP 芯片的集成开发环境和开发流程。在 DSP 系统软件设计过程可能遇到的文件如下：

① .c 文件：C 语言源文件。由读者编写，但与硬件相关的一些底层源文件可以到 TI 网站下载。

② .asm 文件：汇编语言源文件。可以是由读者编写的源文件，也可以是.c 文件通过 C 编译器编译后生成的。

③ .h 文件：C 语言的头文件。与芯片硬件相关的头文件可以到 TI 网站下载，读者也可自己编写与片外外设相关的专用头文件。

④ .obj 文件：目标文件。是汇编源文件通过汇编器生成的。

⑤ .lib 文件：库文件。一些库文件可以直接从 CCS 软件库中调用，CCS 也允许读者把自己编写的源文件汇编成目标文件后再通过归档器生成自己专用的库文件。

⑥ .cmd 文件：链接命令文件。是规定链接器如何分配安排目标文件和库文件的。

⑦ .gel 文件：通用扩展语言文件。读者可以通过 GEL 文件建立自定义的 CCS 功能命令。

⑧ .pjt 文件：工程文件。在 CCS 下编译链接调试程序需要建立一个工程文件，将 C 语言源文件、汇编语言源文件、CMD 文件、头文件和 GEL 文件按照一定的规则放在一起，便于编译链接。

⑨ .lst 文件：源程序列表文件。可以显示源程序语句及它们产生的目标代码，在编译时用“–l”参数使汇编器生这种文件。具体方法可以参考 7.1.4 节。

⑩ .map 文件：映射文件。由链接器生成，在这里可以看到段的起始地址和长度，以及程序中的变量标号等符号的地址。

⑪ .out 文件：可执行文件。由链接器最终链接生成，可以通过 JTAG 下载到 DSP 芯片内运行。

本章学习要求如下：

- 了解代码生成工具和代码调试工具，熟练掌握 CCS 开发环境中各种工具的使用。
- 熟练掌握在编写调试 DSP 应用程序过程中可能遇到的各种文件。

下表列出了仿真的基本概念、逻辑概念和物理概念，本章涉及的其他概念也请读者自己考虑。

基本概念	逻辑概念	物理概念	应　用
仿真：指利用与实际系统功能等价的模型进行实验，来研究现有的或设计中的算法或系统	在 DSP 系统设计中有两种仿真方法： ① 不需要目标硬件支持，只利用 CCS 软件模拟 DSP 的内部逻辑和指令系统，在计算机上执行用户程序。 ② 基于 IEEE 1149.1 的 JTAG 仿真方法，利用一条可测试的系统总线，按照一定的协议向仿真系统发送仿真测试命令和数据，获得仿真测试结果。读者可以通过查看分析这些结果信息来验证系统功能	对应两种逻辑概念，使用 TI 公司的 DSP 芯片开发系统时可以采用两种仿真器： ① 软件仿真器，它集成在 CCS 中。 ② 硬件仿真器，如下图所示：	仿真应用范围非常广泛，在电子系统开发过程中也起着重要作用，通过仿真可以缩短开发时间，降低开发成本

习题与思考题

1. 请概括 DSP 软件开发流程。
2. 请比较 DSP 软件仿真器和硬件仿真器的异同点。
3. 代码生成工具和代码调试工具的作用是什么？
4. 在 CCS 中如何对源代码的执行效率进行评估？
5. 请以一个简单的应用程序为例，熟悉 CCS 中各种菜单和工具的使用。

第9章　DSP应用系统设计

学习要点

- ◆ DSP 最小系统主要模块的硬件设计
- ◆ DSP 芯片应用程序的编写
- ◆ DSP 芯片 Flash 烧写方法

9.1　DSP 最小系统

通常情况下，DSP 芯片不能独立工作，要想使其运行，必须对其供电，并提供时钟、复位等信号，同时还要设计程序下载调试的接口(JTAG)，这些基本的外围电路就构成了 DSP 最小系统。如果芯片内部没有存储器，则还要进行一定的存储器扩展，才能向芯片下载程序，并使系统运行。

9.1.1　系统原理

图9-1-1是 DSP 最小系统的原理框图，其中存储器是可选的，这是因为很多 DSP 芯片内部已经集成了程序存储器和数据存储器，但是对很多 DSP 应用系统来说数据处理量较大，一般都要扩展 RAM 存储器。

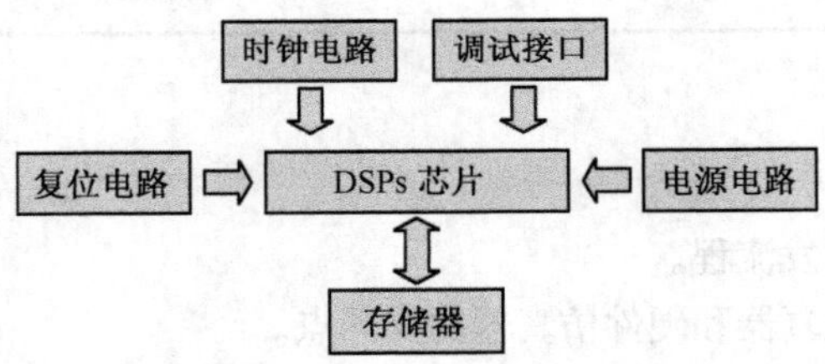

图 9-1-1　DSP 最小系统原理框图

9.1.2　电源电路

电源为整个系统提供能量，是整个应用系统良好工作的基础，具有极其重要的地位。如果电源设计得当，可以减少很多系统故障，大大增加系统的稳定性。

设计一个稳定的电源需要考虑以下因素：输出的电压、电流和功率，输入的电压、电流，安全因素，输出纹波，电磁兼容和电磁干扰，体积限制，功耗限制及成本限制。电源设计本身是一个涉及知识非常广泛的课题，并不是本书论述的重点。下面仅以 TMS320F2812 为例给出一种实用的电源设计方案。

一般的 F2812 应用系统有 4 组电源输入：数字 3.3 V、数字 1.8 V、模拟 3.3 V 和模拟 1.8 V。可以采用 TI 公司的电源芯片 TPS73HD318PW 直接设计 DSP 芯片的电源，参考电路如图9-1-2所示。

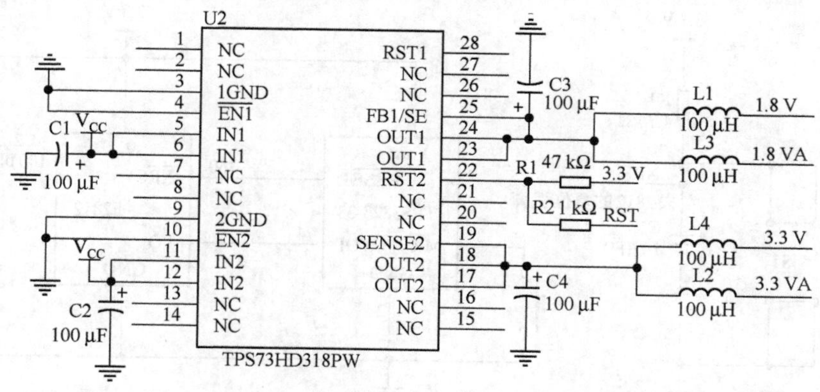

图 9-1-2　采用 TPS73HD318PW 芯片的电源电路

9.1.3　时钟电路

目前所有的微控制器均为时序电路，需要时钟信号才能工作，大多数微控制器都设计有内部振荡电路。因此，设计时钟电路有两种方法：一是利用内部的振荡电路和一个无源晶振；二是使用外部有源晶振。使用第一种方法，电路简单且成本较低，然而精度也较低；相对而言，外部有源晶振精度高，但价格也较高。在对数据处理速度要求不高的 DSP 应用系统中，第一种方法就可以满足系统要求。图9-1-3 给出了 F2812 时钟系统的两种参考电路设计：图(a)使用 F2812 内部的振荡电路外加无源晶振；图(b)使用外部有源晶振为 F2812 提供时钟信号。

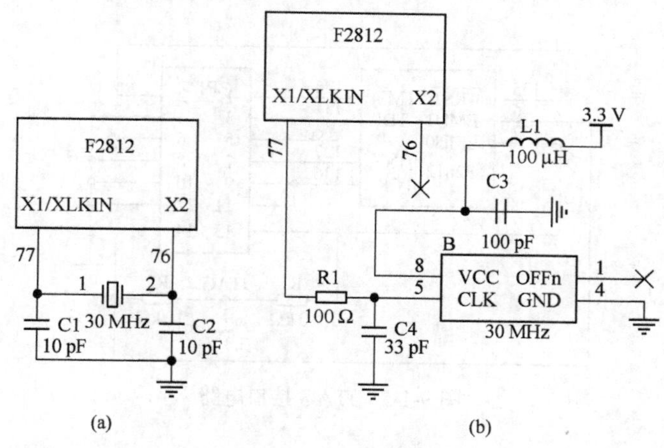

图 9-1-3　时钟电路

9.1.4　复位电路

由于微控制器在上电时状态并不确定(某些寄存器可能是上次关机时的状态)，因此必须设计一个上电复位电路，上电复位电路一般有两种方式：RC 延迟电路和专用复位芯片。对于高速的 F2812 DSP 系统来说使用 RC 延迟电路可能不太稳定，推荐使用具有看门狗输入和手动复位功能的电源电压监控器 TPS3823-33。同时对于实际应用系统来说提供一个手动复位功能通常也是必需的。图9-1-4 给出了两种带手动复位的上电复位电路：图(a)使用 RC 延迟电路；图(b)使用专用复位芯片 TPS3823-33。

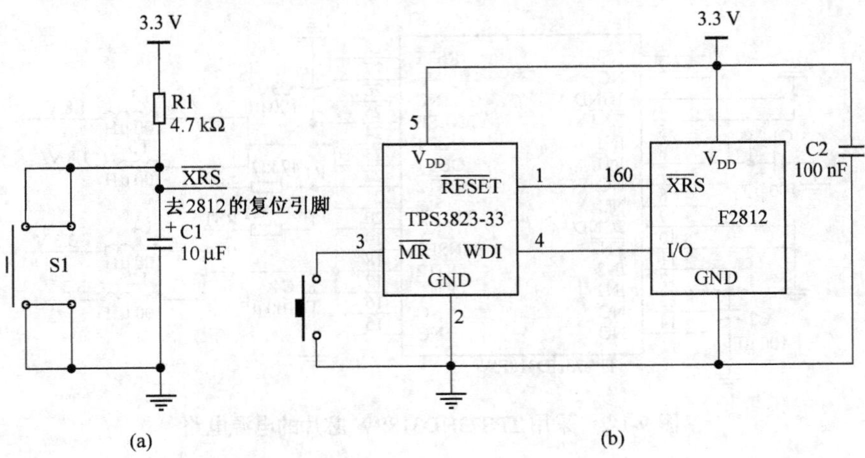

注：图(b)的 I/O 是指任意一个 GPIO 引脚

图 9-1-4　复位电路

9.1.5　调试与测试接口

在实际应用的 DSP 系统运行时，调试与测试接口并不是必需的，但现代电路系统越来越强调系统的可调试性，因此调试测试接口的设计也越来越受到重视。对于 F2812 系统来说，在开发时就需要设计一个 JTAG 接口来为芯片下载、调试和测试程序。图9-1-5是与 F2812 连接的 JTAG 接口的参考电路。

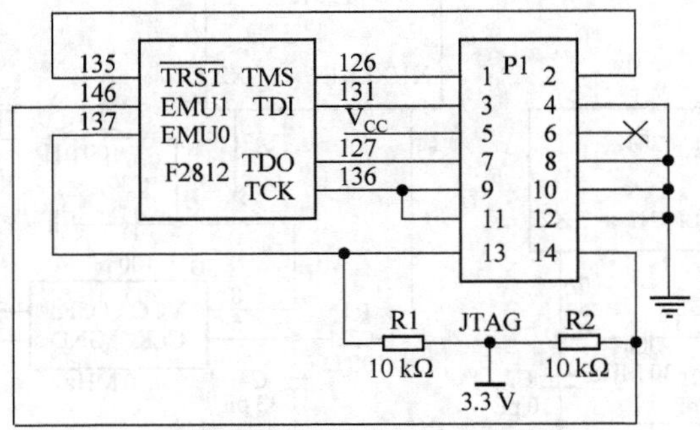

图 9-1-5　JTAG 接口电路

9.1.6　外部扩展存储器

F2812 的片内数据存储空间比较小（18 K×16 位），在一个需要较多数据或程序存储空间的系统应用场合，可以外扩一个 SRAM 存储器。F2812 为用户提供了 5 个 XINTF 接口，可以扩展大约 1 M×16 位存储空间。

SRAM 为静态随机存储器，一般由存储矩阵、地址译码器和读/写控制电路组成。本例中采用 IS61LV6416 SRAM。IS61LV6416 有 16 根数据总线和 16 根地址总线，存储空间为 64 K×16 位。

图9-1-6是使用 F2812 的 XINTF 区域 2 扩展一个 SRAM（IS61LV6416-10T）的电路原理图，其地址范围为：0x08 0000～0x08 FFFF。对外部扩展存储器的读写访问例程见 9.3.4 节。

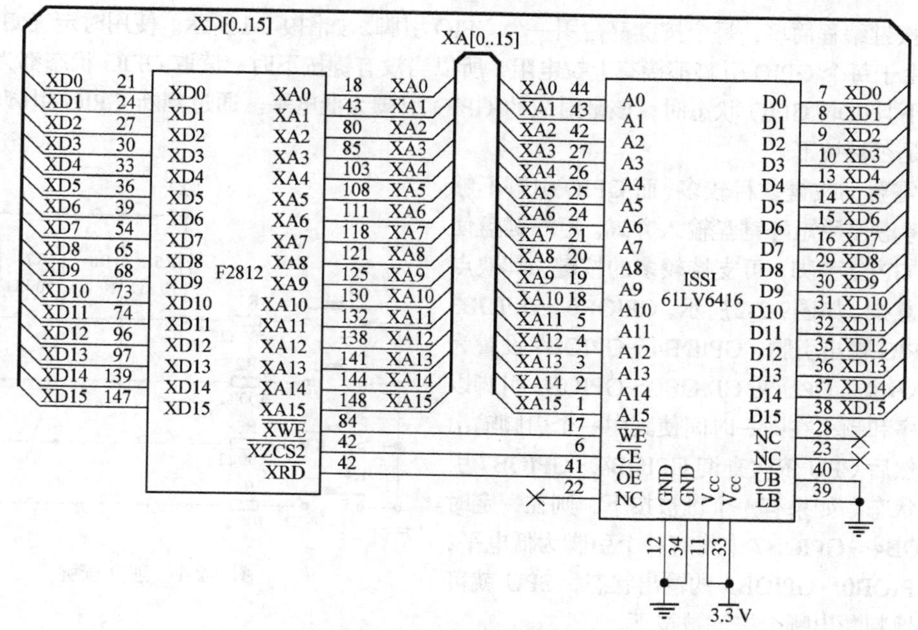

图 9-1-6　存储器扩展电路

9.2　其他外围设备

在实际工程中，通常还需要利用芯片内的接口在系统中扩展一些其他的外围设备，以实现人机接口或通信等功能。这些外设包括：按键、LED 灯、蜂鸣器、数码管、液晶模块、SCI 接口、ADC 接口、eCAN 接口、SPI 接口、外扩 DAC 和步进电机等。这里介绍一些最常用设备的扩展。

比较复杂的 DSP 系统常采用 CPLD/FPGA 芯片作为外围设备的译码电路，如果外围设备较少则可以直接将这些外围设备接在 XINT 区域或没有做特殊功能使用的 GPIO（通用 I/O 口）上。

提示：一般来说，DSP 与慢速外设的接口访问有两种方式：间接访问方式（IO 访问）和直接访问方式（总线访问）。间接访问是用 DSP 的 GPIO 口来控制慢速外设，用软件编程来模拟外设的接口时序，加入相应的等待延时来实现；直接访问是将慢速外设与 DSP 特定的 XINTF 区相连，通过增加相应的内部等待状态来实现时序上的匹配。在实际应用中，如果扩展的外设较多，设计人员也常采用 CPLD/FPGA 译码匹配时序来实现直接访问。

9.2.1　GPIO 扩展设备

F2812 处理器所有的 GPIO 引脚都与特殊功能引脚公用，但是 DSP 应用系统中特殊功能引脚并没有全部使用，因此可以在没有用做特殊功能的 GPIO 引脚上扩展外围设备。如果某些引脚使用 GPIO 功能来扩展外设，则需要在 GPxMUX 寄存器中把相应位清 0，还需要根据扩展的外围设置在 GPxDIR 中把相应位设置成输入或输出，然后通过 GPxDAT 读入外设数据，通过 GPxSET、GPxCLEAR 或 GPxTOGGLE 寄存器把数据传给外设。

1. 按键

按键是 DSP 系统的输入设备之一，绝大多数需要人机交互的 DSP 系统都离不开按键。F2812 应用系统中，使用 GPIO 部件实现按键功能是最简单且低成本的方法。使用 GPIO 部件实现按键功能通常有两种方法：独立按键和矩阵键盘。

独立按键编程简单，每个按键都占用一个 GPIO 引脚，如图9-2-1所示。使用时定义 GPIO 为输入方式，由于每个 GPIO 引脚都接有上拉电阻，所以当没有键按下时，读取 GPIO 状态都为高电平；当有键按下且读取 GPIO 状态时，该键对应的 GPIO 引脚为低电平。通过判断 GPIO 引脚电平状态确定按键是否被按下。

如果需要的按键数目较多，而 GPIO 引脚不够时，可以考虑使用矩阵键盘输入方式。矩阵键盘使用较少的 GPIO 引脚，可支持较多的按键，其缺点是编程较复杂。如图9-2-2所示，GPIOB0～GPIOB3 设置为 GPIO 输出引脚，GPIOB4～GPIOB7 设置为 GPIO 输入引脚。CPU 使 GPIOB0～GPIOB3 引脚以一定的顺序和频率在同一时间使其中一个引脚输出低电平，然后 CPU 依次查询 GPIOB4～GPIOB7 引脚的电平状态。如果有一个键被按下，则在一定时间内 GPIOB4～GPIOB7 中将有一个引脚为低电平，再根据 GPIOB0～GPIOB3 的输出状态，CPU 就可以很容易地判断出哪个按键被按下。

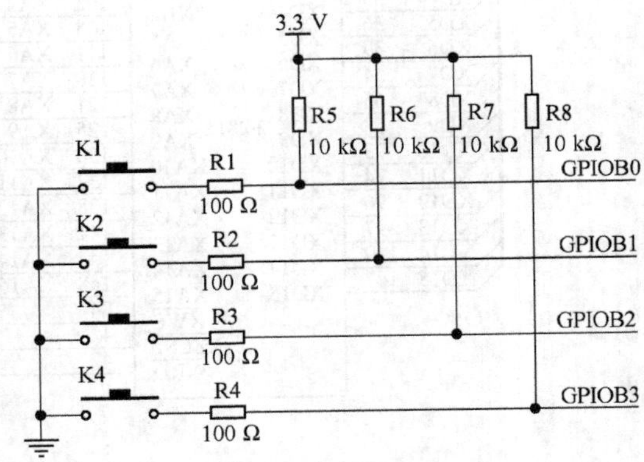

图 9-2-1　独立按键

提示：设计者可以采用专用键盘显示芯片(如 ZLG7290)对矩阵键盘和数码管进行控制。不过这个芯片是 I^2C 总线的，而 F2812 没有这种串行总线方式，所以需要用两根 GPIO 引脚虚拟 I^2C 总线。

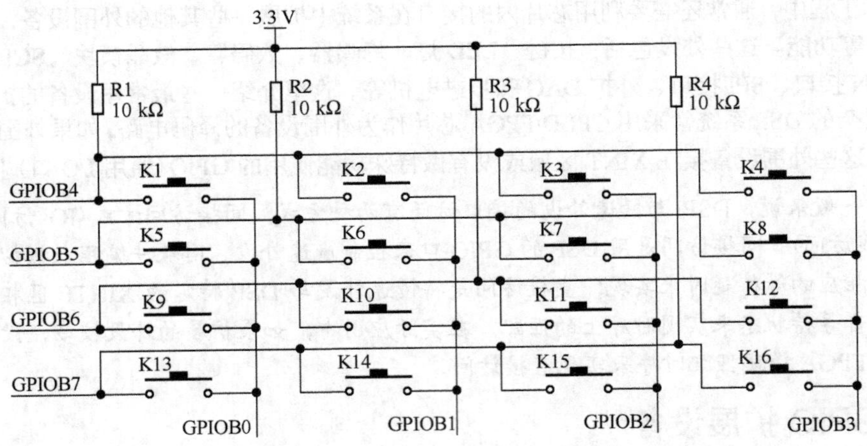

图 9-2-2　矩阵键盘

2. LED 灯与数码管

LED 灯在 DSP 系统中常用做信号灯使用，提示系统当前的某些状态。LED 的控制很简单，只需在阳极与阴极间提供一个 1.7 V 的正向电压，并使流经 LED 的电流为 5～10 mA，即可以较理想地点亮 LED。如图9-2-3(a)所示，设置 GPIO 引脚为输出方式。使 GPIOA0 引脚输出低电平时，V_{DD} 3.3 V 与 GPIO 引脚有 3.3 V 的电压差，这时 LED1 被点亮；使 GPIOA0 引脚输出高电平时，V_{DD} 3.3 V 与 GPIO 引脚电压差为 0，这时 LED1 熄灭。电阻 R1～R7 用于限流。如果使用 GPIO 控制数码管，需要使用三极管驱动，如图 9-2-3(b)所示。

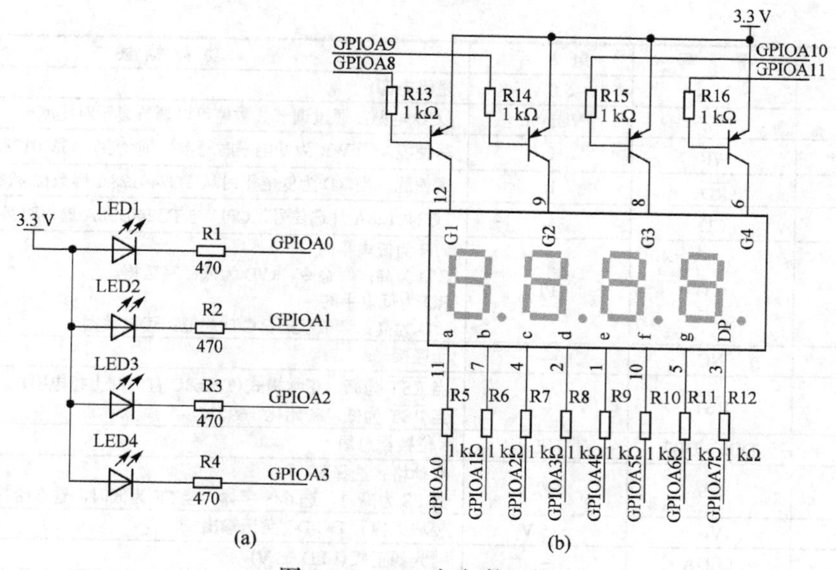

图 9-2-3　LED 灯与数码管

3．蜂鸣器

在 DSP 系统中常用的蜂鸣器有直流型和交流型两种。直流型蜂鸣器只需提供额定电压就可以控制蜂鸣器蜂鸣，其蜂鸣频率是固定不能更改的；而交流型蜂鸣器则可以通过更改驱动电流的频率来调整蜂鸣频率。两种类型的蜂鸣器都可以使用相同的控制电路，只是控制方式有所不同，如图9-2-4所示。GPIO提供的输出电流不能直接驱动蜂鸣器，需经过三极管驱动。设置 GPIOA12 引脚为输出方式，当使 GPIOA12 输出低电平时，三极管的发射极与 GPIOA12 的电压差为 3.3 V，三极管饱和导通，直流型蜂鸣器蜂鸣。对于交流型蜂鸣器，需通过某一音频频率改变 GPIOA12 的输出状态，从而为蜂鸣器提供交变信号，使蜂鸣器以指定的频率蜂鸣。

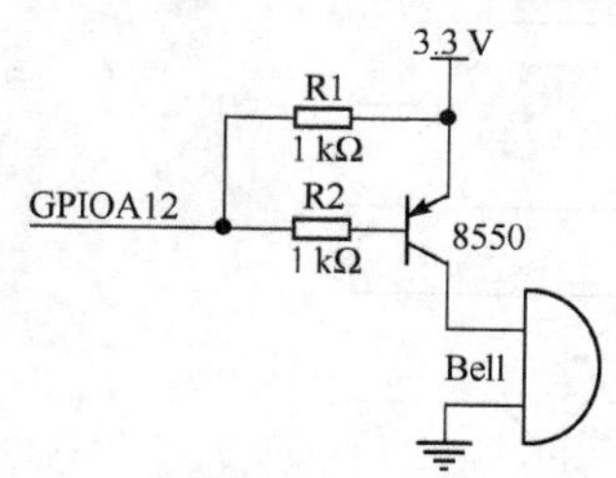

图 9-2-4　蜂鸣器

4．液晶模块接口

液晶显示屏(LCD)的种类很多，按材料构造可分为扭曲向列型(TN)、超扭曲向列型(STN)和薄膜晶体管型(TFT)等；按驱动方式可分为静态驱动、单纯矩阵驱动和主动矩阵驱动等；按像素点可分为单色屏、4 级灰度屏、8 级灰度屏、64 级灰度屏、256 级灰度屏、16 色屏、256 色伪彩色屏和 TFT 真彩色屏等。

DSP 芯片本身一般没有液晶驱动控制功能，所以选择 LCD 时，应选择带有驱动控制的 LCD 模块(LCM)，它是将液晶显示器件、连接件、驱动和控制电路(有些液晶模块需要外接液晶控制器)、PCB 电路板、背光源、结构件装配在一起的组件。

下面以深圳市欧普迪科技开发有限公司的 TG240128A 图形点阵液晶显示模块为例，介绍 LCM 与 F2812 的连接。TG240128A 图形点阵液晶显示模块的像素为 240×128 点，紫色字/蓝色底，STN 液晶屏，内嵌控制器为 T6963C。TG240128A 的接口定义如表 9-2-1 所示。

表 9-2-1　TG240128A 的接口定义

顺　序	符　号	电　平	功 能 描 述
1	FG	—	构造地
2	V_{SS}	0 V	GND(0 V)

续表

顺　序	符　号	电　平	功 能 描 述
3	V_{DD}	5.0 V	逻辑电源
4	V_O	Variable	LCD 电源，通过调节其数值可以调节显示对比度
5	$\overline{WR}$	L	写使能，当 WR 为低电平时写数据/命令到 TG240128A
6	$\overline{RD}$	L	读使能，当 RD 为低电平时从 TG240128A 读数据/状态
7	$\overline{CE}$	L	TG240128A 片选信号，CPU 与 TG240128A 通信时必须为低电平
8	C/D	H/L	WR 为低电平时 C/D 为高：写命令；C/D 为低：写数据。 RD 为低电平时 C/D 为高：读取状态；C/D 为低：读取数据
9	NC	—	无连接
10	$\overline{RST}$	L	当 $\overline{RST}$ 为高，正常模式(T6963C 有内部上拉电阻)。 当 $\overline{RST}$ 为低，初始化 T6963C
11～18	DB0～DB7	H/L	8 位数据总线
19	FS	H/L	字体格式选择脚 当 FS 为高时，选 6×8 字体；当 FS 为低时，选 8×8 字体
20	V_{EE}	-15 V	模块上内置 DC-DC 负压输出
21	LEDA	—	背光源正极(LED +5 V)
22	LEDK	—	背光源负极(LED – 0 V)

图 9-2-5 所示为 TG240128A 与 MPU 接口时序，其时序关系符合 8080 时序关系。

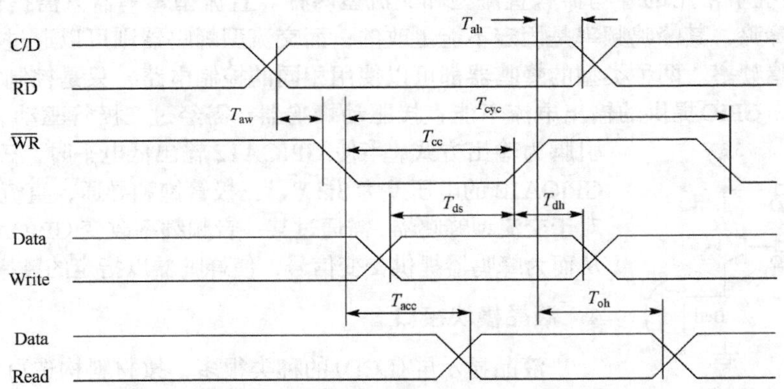

图 9-2-5　TG240128A 读/写时序图

TG240128A 的 T6963C 控制 LCD 屏幕结构，如图9-2-6所示。

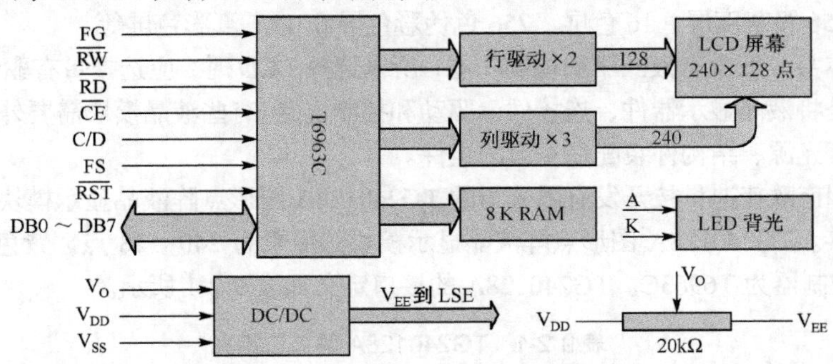

图 9-2-6　TG240128A 图形点阵液晶模块结构框图

TG240128A 的系统指令集其实就是 T6963C 控制器的指令集，如表9-2-2所示。LCM 模块的初始化由引脚设置完成，而指令系统则用于液晶屏显示功能。T6963C 的指令可带一个、两个或不带参数，如表9-2-2所示。每条指令的执行都是先送入参数(如果有的话)，再送入指令代码。这些指令更详细的用法请参考 T6963C 资料手册。

表 9-2-2　指令总表

命　令	代码(BIN)	代码(HEX)	D1	D2	功　能
读状态	S0～S7		—	—	读状态
Reg Setting	00100001	21h	X 地址	Y 地址	设光标指针
	00100010	22h	偏移量	00h	设偏移量寄存器
	00100100	24h	低位地址	高位地址	设地址指针
地址指针设置控制字	01000000	40h	低位地址	高位地址	设文字区起始地址
	01000001	41h	字节数	00h	设文字区域宽度
	01000010	42h	低位地址	高位地址	设图形区起始地址
	01000011	43h	字节数	00h	设图形区域宽度
设置模式	1000*000	80h/88h	—	—	OR　*=0，内部字符发生器；*=1，外部字符发生器
	1000*001	81h/89h	—	—	EXOR
	1000*011	83h/8Bh	—	—	AND
	1000*100	84h/8Ch	—	—	文字属性
显示模式	10010000	90h	—	—	显示关
	1001xx10	92h	—	—	光标显示，闪烁关
	1001xx11	93h	—	—	光标显示，闪烁开
	100101xx	94h	—	—	文字开，图形关
	100110xx	98h	—	—	文字关，图形开
	100111xx	9Ch	—	—	文字开，图形开
光标模式	10100D2-0	A0h→A7h	—	—	1 Line→8 Line 光标高度
数据自动读/写设置	10110000	B0h	—	—	设置数据自动写
	10110001	B1h	—	—	设置数据自动读
	10110010	B2h	—	—	退出自动读/写
数据读/写	11000000	C0h	显示数据	—	写数据，地址指针自动加 1
	11000001	C1h	—	—	读数据，地址指针自动加 1
	11000010	C2h	显示数据	—	写数据，地址指针自动减 1
	11000011	C3h	—	—	读数据，地址指针自动减 1
	11000100	C4h	显示数据	—	写数据，地址指针不变
	11000101	C5h	—	—	读数据，地址指针不变
屏读	11100000	E0h	—	—	屏幕读取
屏拷贝	11101000	E8h	—	—	屏幕复制
位操作	11110xxx	F0h→F7h	—	—	位清除
	11111xxx	F8h→FFh	—	—	位清除

图 9-2-7 所示为 TG240128A 与 F2812 的连接参考电路。

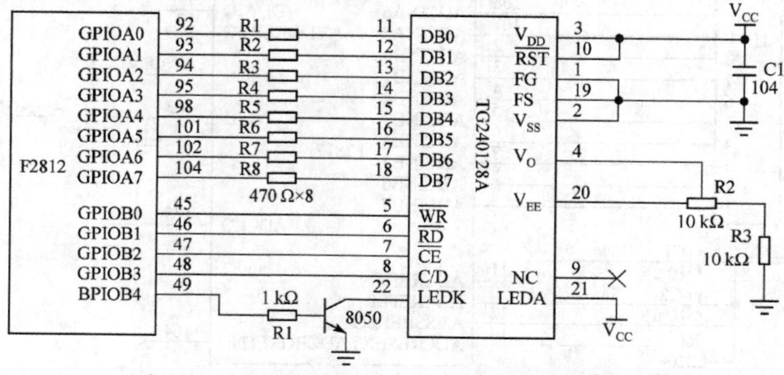

图 9-2-7　TG240128A 与 F2812 的连接参考电路

提示：受 T6963C 控制的 240128 点阵 LCM 基本上都与 TG240128A 兼容，只是引脚定义有所不同。

9.2.2　SCI 接口

关于串行通信接口(SCI)的工作原理、工作方式及寄存器配置，在5.2节已经做过详细阐述。在设备间进行串行数据通信时一般不使用 SCI 口直接连接，而是采用 RS232 接口进行电平转换，使用 MAX3232 或 SP3232E 芯片把 F2812 SCI 接口的 CMOS 电平转换成 RS232 标准的负逻辑电平。RS232 是美国电子工业协会(EIA)制定的串行通信标准，是一个全双工的通信标准，它可以同时进行数据接收和发送工作。MAX3232 芯片进行 SCI 与 RS232 的电气转换电路如图9-2-8所示。

提示：MAX232，5 V 电压，功耗比 MAX3232 高，一般用于民用产品；MAX3232，3.3 V 电压，低功耗高性能，主要用在航天及对功耗要求很苛刻的地方。两者在引脚定义和性能上没有差别。

9.2.3　ADC 接口

F2812 内部有一个 12 位 AD 转换器，分成两个独立的 8 通道模块，这里主要介绍 ADC 接口的片外连接电路。ADC 寄存器的配置、启动、读值等操作请参考 5.6 节。图9-2-9为 F2812 的 ADC 外围连接图。

注意：ADC 的模拟输入电压范围是 0～3 V，高于 3 V 可能损坏芯片。如果要转换的电平较高，需要加上相应的调理电路来按比例转换电平。

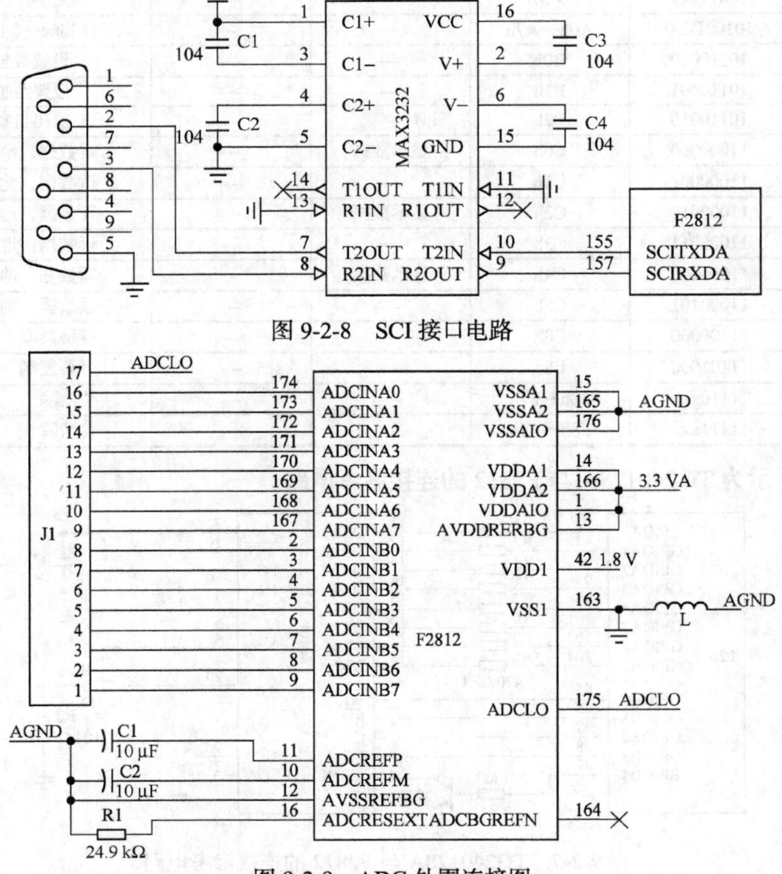

图 9-2-8　SCI 接口电路

图 9-2-9　ADC 外围连接图

9.3 应用程序设计

本书的例程基于瑞泰创新公司的 ICETEK-F2812A-S80 教学实验系统，其中可能用到在 CPLD 里定义的寄存器。

9.3.1 链接命令文件

在硬件仿真环境的例程中一般使用如下两个.cmd文件：F2812_EzDSP_RAM_lnk.cmd和DSP281x_Headers_nonBIOS.cmd。如果用户想在 Flash 中运行程序，则需要配置 Flash 寄存器，并对 CMD 文件进行修改。关于 Flash 的烧写将在 9.4 节详细描述。

例 9-3-1：硬件仿真模式下用到的两个链接命令文件。

```
/*###########################################################################
//文件：  F2812_EzDSP_RAM_lnk.cmd
//说明：  该链接命令文件(.cmd)用于仿真模式，程序代码存放在 RAM 里面。
//        本例代码放在 XINTF Zone2 扩展的 RAM 中。本文件适用于 CCS2.2 及其以上版本
//###########################################################################
//在工程中除要添加该存储器链接命令文件外，还要添加一个头链接命令文件
//对于有 BIOS 的 DSP 应用添加：          DSP281x_Headers_BIOS.cmd
//对于没有 BIOS 的 DSP 应用添加：        DSP281x_Headers_nonBIOS.cmd*/
-l rts2800.lib
/*rts2800.lib 为 c28x 小内存模式，rts2800_ml.lib 为 c28x 大内存模式*/
-w
-stack 400h         /*设定栈的长度为 400H*/
-heap 100           /*设定堆的长度为 100。注意，如果选用大内存模式，最好也设成 400H*/
MEMORY              /*关于 MEMORY 伪指令的详细内容请查看 7.4.3 节*/
{
   PAGE 0 :         //存放程序代码
   //BEGIN 使用在"boot to H0"启动模式，用于硬件仿真情况下
   //RAMM0 :   origin = 0x000000, length = 0x000400
   //RAMM0 :   origin = 0x3F6000, length = 0x001000
   BEGIN :     origin = 0x3F8000, length = 0x000002   //仿真，系统从 H0 启动
  //PRAMH0 :   origin = 0x3F8002, length = 0x001000
   //用户代码可以放在 H0 中仿真
   PRAMH0 :    origin = 0x081000, length = 0x002000
   //本例代码放在 Zone2 的 RAM
   //如果用户没有外扩展 RAM，可以放在 H0 中；如果不是仿真程序需要放在 flash 中
   RESET :     origin = 0x3FFFC0, length = 0x000002
   //从 Zone7 或 BROM 中启动时使用
   VECTORS :   origin = 0x3FFFC2, length = 0x00003E
   //从 Zone7 或 BROM 中启动时使用
   PAGE 1:        //存放数据
   //H0 被分到 PAGE0 和 PAGE1
   RAMM1 :   origin = 0x000400, length = 0x000400
   DRAMH0 :  origin = 0x3f8002, length = 0x001ffc
   DRAMH1 :  origin = 0x83000, length = 0x004ffc
}

SECTIONS            /*关于 SECTIONS 伪指令的详细内容请查看 7.4.3 节*/
```

```
{
  //设置从 H0 启动模式，codestart 代码在 DSP28_CodeStartBranch.asm 中*/
  codestart :   > BEGIN, PAGE = 0
  ramfuncs :    > PRAMH0, PAGE = 0
  //初始化 flash 寄存器，仿真程序用不到，在 DSP281x_SysCtrl.c
  .text :       > PRAMH0, PAGE = 0
  //代码段，DSP28_CodeStartBranch.asm 中的.text 用于关 WD 和跳转到_c_int00
  //在其他的文件也有.text 段，功能各不相同。它们顺序排放在 PRAMH0
  .cinit :    > PRAMH0, PAGE = 0
  //.cinit 用来存放全局、静态变量的初值和常量 (program)
  .pinit :    > PRAMH0, PAGE = 0
  //.pinit 包括全局构造器(C++)初始化的变量和常量表(program)
  .switch :   > PRAMH0, PAGE = 0
  //switch 语句产生的常数表格(program/低 64K 数据空间)
  .reset :    > RESET, PAGE = 0, TYPE = DSECT        //没有使用
  .stack :    > RAMM1, PAGE = 1
  //存放 C 语言的栈，用于保存返回地址、函数间的参数传递、存储局部变量、保存中间结果
  .ebss :     > DRAMH1, PAGE = 1             //长调用的.bss(超过了 64K 地址限制)
  .econst :   > DRAMH0, PAGE = 1
  //长.const(可定位到任何地方)(data)
  .esysmem :  > DRAMH0, PAGE = 1
  //长调用的.esysmem(超过了 64K 地址限制)
  .const :    > DRAMH0, PAGE = 1
  //存放程序中的字符常量、浮点常量和用 const 声明的常量
  .sysmem :   > DRAMH0, PAGE = 1
  //存放 C 语言的堆，用于程序中的 malloc 、calloc 和 realoc 函数动态分配存储空间
  .cio :      > DRAMH0, PAGE = 1
}
```

提示：还有两个默认段(.data 和.bss)未列出，在.map 文件中可以看到。.bss 段为程序中的全局和静态变量保留存储空间。

```
/*###################################################################
//文件:   DSP281x_Headers_nonBIOS.cmd
//说明:   用于无 BIOS 的 DSP 应用系统，该文件将片内外设寄存器结构体映射到合适的存储空间
//        将 PIE 中断向量表映射到 0x00D00
//###################################################################*/
MEMORY
{
   PAGE 0 :         //程序存储器
   PAGE 1 :         //数据存储器
   DEV_EMU :       origin = 0x000880, length = 0x000180     //设备仿真寄存器组
   PIE_VECT :      origin = 0x000D00, length = 0x000100     //PIE 中断向量表
   FLASH_REGS :    origin = 0x000A80, length = 0x000060     //flash 寄存器组
   CSM :           origin = 0x000AE0, length = 0x000010
   //代码安全模块寄存器组
   XINTF :         origin = 0x000B20, length = 0x000020     //外部接口寄存器组
   CPU_TIMER0 :    origin = 0x000C00, length = 0x000008
   //定时器 0 寄存器组，定时器 1、2 为 BIOS 保留
   ECANA :    origin = 0x006000, length = 0x000040
   PIE_CTRL :      origin=0x000CE0, length=0x000020
   //eCAN 控制状态寄存器组
```

```
    ECANA_LAM :  origin = 0x006040, length = 0x000040
    //eCAN 局部接收屏蔽寄存器组
    ECANA_MOTS : origin = 0x006080, length = 0x000040
    //eCAN 消息对象时间标志寄存器
    ECANA_MOTO : origin = 0x0060C0, length = 0x000040
    //eCAN 消息对象超时寄存器组
    ECANA_MBOX : origin = 0x006100, length = 0x000100
    //eCAN 消息邮箱寄存器组
    SYSTEM :     origin = 0x007010, length = 0x000020    //系统控制寄存器组
    SPIA :       origin = 0x007040, length = 0x000010    //SPI-A 寄存器组
    SCIA :       origin = 0x007050, length = 0x000010    //SCI-A 寄存器组
    XINTRUPT :   origin = 0x007070, length = 0x000010    //外部中断寄存器组
    GPIOMUX :origin = 0x0070C0, length = 0x000020    //GPIO 多路复用寄存器组
    GPIODAT :origin = 0x0070E0, length = 0x000020    //GPIO 数据寄存器组
    ADC :    origin = 0x007100, length = 0x000020    //ADC 寄存器组
    EVA :    origin = 0x007400, length = 0x000040    //事件管理器 A 寄存器组
    EVB :    origin = 0x007500, length = 0x000040    //事件管理器 B 寄存器组
    SCIB :   origin = 0x007750, length = 0x000010    //SCI-B 寄存器组
    MCBSPA : origin = 0x007800, length = 0x000040    //McBSP 寄存器组
    CSM_PWL :origin = 0x3F7FF8, length = 0x000008    //CSM 寄存器组
}

SECTIONS
{
    PieVectTableFile :    > PIE_VECT, PAGE = 1        //PIE 中断向量表
    /*** 外设帧 0***/
    DevEmuRegsFile :      > DEV_EMU, PAGE = 1
    FlashRegsFile :       > FLASH_REGS, PAGE = 1
    CsmRegsFile :         > CSM, PAGE = 1
    XintfRegsFile :       > XINTF, PAGE = 1
    CpuTimer0RegsFile :   > CPU_TIMER0, PAGE = 1
    PieCtrlRegsFile :     > PIE_CTRL, PAGE = 1
    /***外设帧 1***/
    ECanaRegsFile :       > ECANA, PAGE = 1
    ECanaLAMRegsFile :    > ECANA_LAM, PAGE = 1
    ECanaMboxesFile :     > ECANA_MBOX, PAGE = 1
    ECanaMOTSRegsFile :   > ECANA_MOTS, PAGE = 1
    ECanaMOTORegsFile :   > ECANA_MOTO, PAGE = 1
    /***外设帧 2***/
    SysCtrlRegsFile :     > SYSTEM, PAGE = 1
    SpiaRegsFile :        > SPIA, PAGE = 1
    SciaRegsFile :        > SCIA, PAGE = 1
    XIntruptRegsFile :    > XINTRUPT, PAGE = 1
    GpioMuxRegsFile :     > GPIOMUX, PAGE = 1
    GpioDataRegsFile :    > GPIODAT, PAGE = 1
    AdcRegsFile :         > ADC, PAGE = 1
    EvaRegsFile :         > EVA, PAGE = 1
    EvbRegsFile :         > EVB, PAGE = 1
    ScibRegsFile :        > SCIB, PAGE = 1
    McbspaRegsFile :      > MCBSPA, PAGE = 1
    /*** 代码安全模块***/
    CsmPwlFile :          > CSM_PWL, PAGE = 1
}
```

提示：(1)只要地址分配合理，CCS 可支持多个.cmd 文件。(2)语言中堆和栈的区别：栈区(stack)由编译器自动分配释放，存放函数的参数值\局部变量的值等，其操作方式类似于数据结构中的栈；堆区(heap)一般由程序员分配释放，若程序员不释放，程序结束时可能由操作系统收回。

9.3.2 F2812 头文件

瑞泰创新公司为其实验箱提供了 TMS320F2812 C 语言编程实验用到的头文件(与 TI 公司的软件包类似)，这些头文件既体现了模块化编程的思想，又注意保持了与汇编语言结合使用的特色，非常适合于大型 DSP 系统软件的设计。详细了解头文件的组成，不仅有利于加深对于 DSP 外设寄存器的使用，还有利于加强嵌入式系统编程的能力。本节将介绍工程中每个头文件的作用，然后以定时器为例说明其结构体定义特点及语法特征，并对某些重要的语句及容易出错的地方给出详细注释。

1. 头文件的组成及作用

- DSP281x_CpuTimers.h：定义定时器寄存器组。
- DSP281x_Adc.h：定义模数转换器寄存器组。
- DSP281x_Ev.h：定义事件管理器寄存器组。
- DSP281x_ECan.h：定义 CAN 通信寄存器组。
- DSP281x_Gpio.h：定义多功能输入/输出选择寄存器组。
- DSP281x_Mcbsp.h：定义多通道缓冲串行口寄存器组。
- DSP281x_Sci.h：定义串行通信接口寄存器组。
- DSP281x_Spi.h：定义串行外设接口寄存器组。
- DSP281x_Xintf.h：定义外部扩展接口寄存器组。
- DSP281x_PieVect.h：定义 PIE 中断向量表。
- DSP281x_PieCtrl.h：定义 PIE 中断控制寄存器组。
- DSP281x_SysCtrl.h：定义系统控制寄存器组。
- DSP281x_Device.h：定义芯片功能性变量。
- DSP281x_DevEmu.h：定义芯片硬件仿真寄存器组。
- DSP281x_DefaultIsr.h：定义中断服务程序。
- f2812a.h：定义 ICETEK-F2812-A-S80 实验系统功能寄存器。
- DSP281x_GlobalPrototypes.h：全局函数原型声明。

2. 定时器寄存器组结构体分析

例 9-3-2：定时器寄存器组结构体定义头文件。

```
//########################################################################
//文件:  DSP281x_CpuTimers.h
//说明:  定义 32 位定时器寄存器组。
//定时器 1、2 为带 BIOS 或其他实时操作系统的 DSP 应用系统保留。
//########################################################################
#ifndef DSP281x_CPU_TIMERS_H
//如果没有定义符号 DSP281x_CPU_TIMERS_H，则定义它
#define DSP281x_CPU_TIMERS_H
#ifdef __cplusplus  //如果定义了 C++符号，则下面程序是按照 C 语言方式编译和链接的。
//否则不改变编译和链接方式，即不管当前编译器是 C 还是 C++,
```

```
//都希望下面的程序使用C语言方式
extern "C" {
#endif
//CPU Timer Register Bit Definitions (CPU定时器寄存器位定义)
//TCR : Control register bit definitions(控制寄存器位定义)
struct TCR_BITS {                    //位描述
  Uint16  rsvd1:4;                   //3:0，保留
  Uint16  TSS:1;                     //4，启停位
  Uint16  TRB:1;                     //5，重载位
  Uint16  rsvd2:4;                   //9:6，保留
  Uint16  SOFT:1;                    //10，仿真模式位
  Uint16  FREE:1;                    //11，仿真模式位
  Uint16  rsvd3:2;                   //12:13，保留
  Uint16  TIE:1;                     //14，中断使能位
  Uint16  TIF:1;                     //15，中断标志位
};
union TCR_REG {
  Uint16  all;
  struct TCR_BITS  bit;
};                                   //共用体使得程序中既可以按字也可以按位访问寄存器
//CpuTimer0Regs.TCR.bit.TSS = 0x01;       //按位访问
//CpuTimer0Regs.TCR.all = 0x0010;         //按字访问
//TPR : Pre-scale low bit definitions(低位预定标寄存器位定义)
struct TPR_BITS {                         //位描述
  Uint16  TDDR:8;                         //7:0，分频寄存器低8位
  Uint16  PSC:8;                          //15:8，预定标计数器低8位
};
union TPR_REG {
  Uint16  all;
  struct TPR_BITS  bit;
};
//TPRH : Pre-scale high bit definitions(高位预定标寄存器位定义)
struct TPRH_BITS {                        //位描述
  Uint16  TDDRH:8;                        //7:0，分频寄存器高8位
  Uint16  PSCH:8;                         //15:8，预定标计数器高8位
};
union TPRH_REG {
  Uint16  all;
  struct TPRH_BITS  bit;
};
//TIM, TIMH : Timer register definitions(定时器计数寄存器，共32位)
struct TIM_REG {
  Uint16  LSW;
  Uint16  MSW;
```

```
};
union TIM_GROUP {
   Uint32  all;
   struct TIM_REG  half;
};
//PRD, PRDH : Period register definitions(定时器周期寄存器位定义，共 32 位)
struct PRD_REG {
   Uint16  LSW;
   Uint16  MSW;
};
union PRD_GROUP {
   Uint32  all;
   struct PRD_REG  half;
};
//CPU Timer Register File(定义定时器寄存器组结构体，方便程序中分级调用)
struct CPUTIMER_REGS {
   union TIM_GROUP  TIM;                //定时器计数寄存器
   union PRD_GROUP  PRD;                //定时器周期寄存器
   union TCR_REG  TCR;                  //定时器控制寄存器
   Uint16  rsvd1;                       //保留
   union TPR_REG  TPR;                  //低位预定标寄存器
   union TPRH_REG  TPRH;                //高位预定标寄存器
};
//CPU Timer Support Variables(定时器支持变量定义，使编程方便，非必须使用的)
struct CPUTIMER_VARS {
   volatile struct CPUTIMER_REGS  *RegsAddr;
   //对定时器结构体的起始地址进行保护
   //具体含义：CPUTIMER_REGS 类型的指针 RegsAddr 指向寄存组的起始地址
   Uint32  InterruptCount;              //中断次数计数器
   float  CPUFreqInMHz;                 //频率输入
   float  PeriodInUSec;                 //周期值
};
//函数原型的声明和全局变量的定义
void InitCpuTimers(void);               //初始化定时器
void ConfigCpuTimer(struct CPUTIMER_VARS *Timer, float Freq, float Period);
//配置定时器
extern volatile struct CPUTIMER_REGS CpuTimer0Regs;
//声明为全局结构体变量
extern struct CPUTIMER_VARS CpuTimer0;
//定时器 1、2 为 BIOS 或其他实时操作系统保留
//extern volatile struct CPUTIMER_REGS CpuTimer1Regs;
//extern volatile struct CPUTIMER_REGS CpuTimer2Regs;
//extern struct CPUTIMER_VARS CpuTimer1;
//extern struct CPUTIMER_VARS CpuTimer2;
```

```
//常用定时器操作
#define StartCpuTimer0()  CpuTimer0Regs.TCR.bit.TSS = 0
//启动定时器(使用如下宏定义进行符号替换)
#define StopCpuTimer0()   CpuTimer0Regs.TCR.bit.TSS = 1 //关闭定时器
#define ReloadCpuTimer0() CpuTimer0Regs.TCR.bit.TRB = 1 //重载周期值
#define ReadCpuTimer0Counter() CpuTimer0Regs.TIM.all      //读取 32 位计数器值
#define ReadCpuTimer0Period() CpuTimer0Regs.PRD.all       //读取 32 位周期值
//定时器 1、2 为 BIOS 或其他实时操作系统保留，因此这个两个定时器的代码应该注释掉
//启动定时器
//#define StartCpuTimer1()  CpuTimer1Regs.TCR.bit.TSS = 0
//#define StartCpuTimer2()  CpuTimer2Regs.TCR.bit.TSS = 0
//关闭定时器
//#define StopCpuTimer1()   CpuTimer1Regs.TCR.bit.TSS = 1
//#define StopCpuTimer2()   CpuTimer2Regs.TCR.bit.TSS = 1
//重载周期值
//#define ReloadCpuTimer1() CpuTimer1Regs.TCR.bit.TRB = 1
//#define ReloadCpuTimer2() CpuTimer2Regs.TCR.bit.TRB = 1
//读取 32 位计数器值
//#define ReadCpuTimer1Counter() CpuTimer1Regs.TIM.all
//#define ReadCpuTimer2Counter() CpuTimer2Regs.TIM.all
//读取 32 位周期值
//#define ReadCpuTimer1Period() CpuTimer1Regs.PRD.all
//#define ReadCpuTimer2Period() CpuTimer2Regs.PRD.all
#ifdef __cplusplus                    //与前面的相对应，一对{}
}
#endif                                //这一段程序用 C 语言编译和链接
#endif                                //结束 DSP281x_CPU_TIMERS_H 定义。
```

9.3.3　应用程序中调用的源文件

在 DSP 应用系统中一般有两种源程序文件：C 语言文件(.c 文件)和汇编语言文件(.asm 文件)。应用程序源文件需要用户自己编写，但是一些与 DSP 硬件直接相关的底层源文件 TI 公司已经为我们编好了，文件包可以到 TI 公司网站免费下载。它包含 4 个文件夹：doc(内有一个介绍头文件的 PDF 文档)、DSP281x_common(内有常用的 CMD 文件和本节介绍的底层文件)、DSP281x_examples(包含基于 TI F2812 开发板的例程，读者在学习完本书后可以阅读，以便更好地理解 F2812，增强编程能力，也可以作为开发 DSP 系统的范例)、DSP281x_headers(内含头文件，在 9.3.2 节已有介绍)。

下面简单介绍"..\DSP281x_common\source"文件夹内的底层 C 语言源文件和汇编语言源文件的作用，以及文件内包含的主要子程序。

1. DSP281x_CodeStartBranch.asm

汇编语言源文件，其中主要是一条长跳转指令，利用 CMD 文件把这条指令放在系统启动的存储区，系统启动后要执行这条指令。一般情况下，系统启动的存储区空间都不够大，不足以运行较长的代码，都要通过这条指令将程序跳转到一个较大的空间执行，读者可以参考 9.3.1 节 CMD 文件的介绍。

2. DSP281x_CSMPasswords.asm

汇编语言源文件，主要功能是设置 CSM 密码。

3. DSP281x_DBGIER.asm

汇编语言源文件，包含在硬件仿真模式下设置 DBGIER 寄存器的子程序，用户通过 AL 把要设置 DBGIER 寄存器的值作为参数传递给子程序。

4. DSP281x_usDelay.asm

汇编语言源文件，包含一个延时子程序(_DSP28x_usDelay)，由于它是用汇编语言编写的延时子程序，所以延时可精确到 CPU 时钟周期。可以用 ACC 传递所需延时程序循环的周期数，具体计算公式如下：

延时程序循环周期数=(延时的 CPU 时钟周期数−9)/5

5. DSP281x_XintfBootReset.asm

汇编语言源文件，包含外部启动复位中断服务程序。当 DSP 从外部 XINTF Zone7 启动时，可以用这个子程序处理复位中断。

6. DSP281x_SysCtrl.c

C 语言源文件，主要包含如下几个子程序(在 2.4.2 节有详细说明)：

- void InitSysCtrl(void)：初始化系统控制(PLL、看门狗和使能系统时钟)。
- void InitFlash(void)：初始化 Flash，一般用不到。
- void KickDog(void)：喂看门狗。
- void DisableDog(void)：禁止看门狗。

7. DSP281x_PieVect.c

C 语言源文件，包含一个初始化中断向量表子程序 void InitPieVectTable(void)(在 4.7.6 节有详细说明)。

8. DSP281x_PieCtrl.c

C 语言源文件，主要包含如下几个子程序(在 4.7.6 节有详细说明)：

- void InitPieCtrl(void)：初始化 PIE 控制(禁止 PIE 中断，清除 PIEIERx、EIFRx)。
- void EnableInterrupts()：使能 PIE 中断。

9. DSP281x_DefaultIsr.c

C 语言源文件，包含一些空的中断服务程序(在 4.7.6 节有详细说明)。

10. DSP281x_CpuTimers.c

C 语言源文件，主要包含以下子程序：

- void InitCpuTimers(void)：初始化 CPU 定时器。
- void ConfigCpuTimer(struct CPUTIMER_VARS *Timer, float Freq, float Period)：配置 CPU 定时器。

11. DSP281x_Gpio.c

C 语言源文件，包含子程序 void InitGpio(void)，初始化 GPIO。

12. DSP281x_XIntrupt.c

C 语言源文件，包含一个空子程序 void InitXIntrupt(void)，用户可以自己编写，用于初始化外部中断。

13. DSP281x_Adc.c

C 语言源文件，包含子程序 void InitAdc(void)，初始化 ADC 模块。

14. DSP281x_ECan.c

C 语言源文件，包含子程序 void InitECan(void)，初始化 eCAN 模块。

15. DSP281x_Ev.c

C 语言源文件，包含一个空子程序 void InitEv(void)，用户可以自己编写，用于初始化事件管理器。

16. DSP281x_Mcbsp.c(内含空程序)

17. DSP281x_Sci.c(内含空程序)

18. DSP281x_Spi.c(内含空程序)

19. DSP281x_MemCopy.c

C 语言源文件，包含子程序：void MemCopy(Uint16 *SourceAddr, Uint16* SourceEndAddr, Uint16* DestAddr)。系统启动后，可以用该子程序把 Flash 里的应用程序代码移至 RAM 中，RAM 的访问速度较快，可以加快程序的运行速度。

20. DSP281x_Xintf.c

C 语言源文件，包含子程序 void InitXintf(void)，初始化和配置 XINTF 寄存器。

另外，在 ..\DSP281x_headers\source 目录中还有一个重要的 C 语言源文件：DSP281x_Global-VariableDefs.c，内含一些全局变量的定义和一些段编译伪指令。

以上源程序，对于初学者来说不必深究其编写方法，只需了解包含哪些子程序，每个子程序的功能，出/入口参数；对于学有余力的读者可以参考阅读，以便更好地理解 DSP 的内部运行机制。在实际应用中，用户完全可以直接调用上述程序，精通 DSP 的读者也可以根据自己的实际需要对上述程序进行增删或是重新编写。

9.3.4 应用程序示例

前面章节对各种外设都配有相应的应用程序设计例程，本节分别基于 C 语言和汇编语言介绍两个简单的应用程序设计。

1. 以 C 语言为基础的 DSP 程序设计

本节介绍一个简单的以 C 语言为基础的 DSP 程序设计，本程序实现对外部 XINTF Zone2 空间上扩展的存储器的进行数据存取操作，分别对以地址 0x80000 和 0x80100 开始的 16 个内存单元进行读/写访问。本例给出的编写基于C语言的DSP应用程序时所需的初始化操作，用户可以根据实际情况加以选择。

例9-3-3：对外部扩展存储器直接访问的C语言例程。

```
//###########################################################################
//文件:    memory.c
//说明:    直接对外部扩展的存储器访问。在XINTF Zone2上扩展一个64 K×16位的SRAM
//###########################################################################
#include "DSP281x_Device.h"
#include "DSP281x_Examples.h"
//主程序
main()
{
     int i;
     unsigned int * px;
     unsigned int * py;
     unsigned int * pz;
     //Step 1. 初始化系统控制寄存器、PLL、WatchDog、时钟
     //本函数存放在DSP281x_SysCtrl.c文件中，如不进行此操作，系统时钟运行在复位值状态
     InitSysCtrl();
     //Step 2. 初始化GPIO，本函数存放在DSP281x_Gpio.c 文件
     //InitGpio();    //本例程序中未使用GPIO，跳过
     //Step 3.初始化PIE中断向量表，使每个中断向量指向一个空的中断服务程序(ISR)
     //这些空的子程序存放在DSP281x_DefaultIsr.c文件中，用户可在这些子程序中直接
     //插入自己的中断代码，执行中断操作，应用程序一般都要进行此操作
     DINT;              //关全局中断
     IER = 0x0000;      //关CPU级中断
     IFR = 0x0000;      //清除中断标志位
     //初始化PIE控制寄存器，本函数在DSP281x_PieCtrl.c文件中
     //InitPieCtrl();  本例未使用PIE，跳过
     //初始化中断向量表，本函数在DSP281x_PieVect.c文件中。一般都要进行此操作
     InitPieVectTable();
     //使能CPU中断和PIE中断，本函数在DSP281x_PieCtrl.c文件中
     EnableInterrupts();
     //Step 4.初始化片内外设，本函数在DSP281x_InitPeripherals.c文件中
     //InitPeripherals(); 本例未使用，跳过
     px=(unsigned int *)0x80000;
     py=(unsigned int *)0x80100;
     for ( i=0,pz=px;i<16;i++,pz++ )
         (*pz)=i;             //向0x80000～0x8000f写入0～f
     for ( i=0,pz=py;i<16;i++,pz++ ) //在此加软件断点
         (*pz)=0x1234;       //向0x80000～0x8000f写入0x1234
     for ( i=0;i<16;i++,px++,py++ )  //在此加软件断点
         (*py)=(*px);         //将0x80000～0x8000f内容复制到0x80100～0x8010f
     while(1)
     {
```

```
    }                                   //在此加软件断点
}
```

2．以汇编语言为基础的 DSP 程序设计

本节介绍一个简单的以汇编语言为基础的 DSP 程序，本程序实现对外部扩展的 4 个 LED 灯分别正向和逆向依次点亮，这 4 个 LED 灯通过 CPLD 扩展在 XINTF Zone2 空间上，并将地址译码为 0C 0000h。

例 9-3-4：控制 LED 流水灯的汇编语言例程。

```
;##########################################################################
;文件名： LED.asm
;LED 流水灯实验：
;本实验用到的文件有：    DSP281x_SysCtrl.c
;                        DSP281x_GlobalVariableDefs.c
;                        DSP281x_Headers_nonBIOS.cmd
;                        F2812_EzDSP_RAM_lnk.cmd
;##########################################################################
FP  .set  XAR2
    .global  _InitSysCtrl
    .sect  ".econst"
    .align  1
;控制字，逐位置 1: 0001B 0010B 0100B 1000B
CTR_WD:
    .field  1, 16
    .field  2, 16
    .field  4, 16
    .field  8, 16
;主程序
    .sect  ".text"
    .global  _main
_main:
       ADDB SP, #8
       MOVZ AR4, SP
       MOVL XAR7, #CTR_WD
       SUBB XAR4, #6
       RPT   #3
       ||PREAD  *XAR4++, *XAR7
;初始化 DSP 运行时钟，该子程序在 DSP281x_SysCtrl.c 文件中
       LCR   #_InitSysCtrl
L1:
       MOV   *-SP[7], #0
       MOV   AL, *-SP[7]
       CMPB AL, #4
       B     L3, GEQ
L2:
;正向顺序送控制字
       MOVZ AR4, SP
       SETC SXM
       MOV   ACC, *-SP[7]
       SUBB XAR4, #6
       ADDL XAR4, ACC
```

```
        MOV  AL, *+XAR4[0]
        MOVL XAR4, #0c0000H
;LED 灯通过 FPGA 将地址译码到 0C0000H
        MOV  *+XAR4[0], AL
;_Delay*256 延时
        MOV  AL, #256
        LCR  #_Delay
        INC  *-SP[7]
        MOV  AL, *-SP[7]
        CMPB AL, #4
        B    L2, LT
L3:
        MOVB AL, #3
        MOV  *-SP[7], AL
        B    L1, LT
L4:
;反向顺序送控制字
        MOVZ AR4, SP
        SETC SXM
        MOV  ACC, *-SP[7]
        SUBB XAR4, #6
        ADDL XAR4, ACC
        MOV  AL, *+XAR4[0]
        MOVL XAR4, #0c0000H
        MOV  *+XAR4[0], AL
;_Delay*256 延时
        MOV  AL, #256
        LCR  #_Delay
        DEC  *-SP[7]
        B    L4, GEQ
        B    L1, UNC
;延时子程序_Delay
        .sect    ".text"
_Delay:
        ADDB SP, #4
        MOV  *-SP[1], AL
        MOV  *-SP[4], #0
        MOV  *-SP[2], #0
        MOV  AL, *-SP[1]
        CMP  AL, *-SP[2]
        B    D_L4, LOS
D_L1:
        MOV  *-SP[3], #0
        CMP  *-SP[3], #512
        B    D_L3, GEQ
D_L2:
        INC  *-SP[4]
        INC  *-SP[3]
        CMP  *-SP[3], #512
        B    D_L2, LT
D_L3:
        INC  *-SP[2]
```

```
        MOV   AL, *-SP[1]
        CMP   AL, *-SP[2]
        B     D_L1, HI
D_L4:
        SUBB  SP, #4
        LRETR
        .sect "codestart"           ;仿真模式启动代码
code_start:
        LB   _main                  ;跳转到主程序
```

9.4　Flash 烧写方法

在实际工程应用的 DSP 系统中，往往不再通过仿真器把 DSP 芯片和计算机连接，而是让 DSP 芯片独立地工作。因此，通常需要将编写好的应用程序烧写到非易失存储器(如 ROM 或 Flash)中运行，本节主要介绍向 F2812 片内 Flash 中烧写程序的方法。

9.4.1　烧写前的硬件设置

在实际实用中，通常都利用固化在 Boot ROM 里面的引导程序(Bootloader)，将 CPU 引导到 Flash 里面，去执行存放的可执行代码，这样就要求将 $XMP/\overline{MC}$ 引脚设置为低电平。另外，还要通过设置 4 个 GPIO 引脚来选择引导模式，引导模式的选择如表 9-4-1 所示。由表可以看出如果要从 Flash 中运行程序，需要将引脚 GPIOF4 接高电平，其他 3 个引脚任意连接。

表 9-4-1　GPIO 引脚状态选择引导模式

GPIOF4 (SCITXDA) PU	GPIOF12 (MDXA) NoPU	GPIOF3 (SPISTEA) NoPU	GPIOF2 (SPICLK) NoPU	模式选择
1	×	×	×	跳转到 Flash 的 0x3F 7FF6 处，而用户必须已经在此处存放分支指令以重新定位程序
0	1	×	×	调用 SPI_Boot，应用程序来自外部 EEPROM
0	0	1	1	调用 SCI_Boot，应用程序来自 SCI-A
0	0	1	0	跳转到 H0 SARAM 的地址 0x3F 8000 处执行
0	0	0	1	跳转 OTP 的地址 0x3D 7800 处执行
0	0	0	0	调用 Parallel_Boot，应用程序来自 GPIO B 口

注：① PU 表示引脚有一个内部的上拉，NoPU 表示引脚内部没有上拉。
② ×表示不用关心，可以任意连接。

9.4.2　Bootloader 功能

Bootloader 是 TI 公司为方便用户开发而提供的一种引导程序，它固化在地址 0x3F F000 开始的 Boot ROM 中。Bootloader 包含如下子程序：初始化引导汇编程序(InitBoot，也是复位中断服务程序)、引导模式选择程序(SelectBootMode)、退出引导汇编程序(ExitBoot)、SCI 引导程序(SCI_Boot)、并行引导程序(Parallel_Boot)和 SPI 引导程序(SPI_Boot)等。本节不再给出这些程序的详细内容，请读者参考 TI 公司数据手册，或者在 CSS 集成开发环境下通过反汇编窗口查看。

Bootloader 操作流程图如图9-4-1所示。

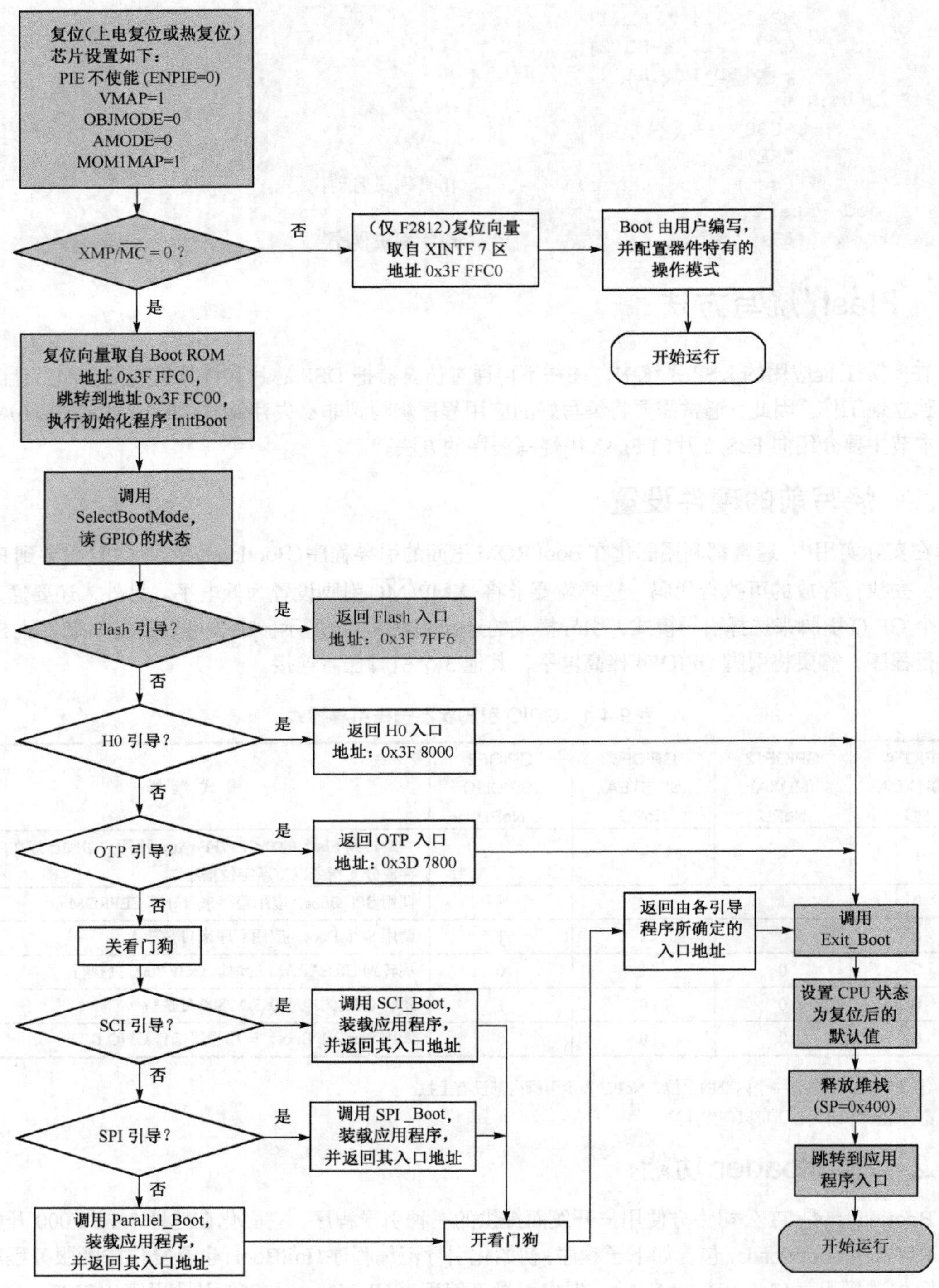

图 9-4-1 Bootloader 操作流程图

系统复位后(XMP/$\overline{MC}$引脚接低电平),复位中断向量装载到 PC,程序跳转至 0x3F FC00 处执行复位中断服务程序(InitBoot)。在 InitBoot 中先初始化 F2812 的工作模式;然后调用 SelectBootMode,根据表 9-4-1 中的 4 个 GPIO 引脚的状态确定引导模式并退出该函数;最后调用

ExitBoot，跳转到所选择引导模式对应的入口地址。如果要运行 Flash 里的代码，就必须将引脚 GPIOF4 接高电平，并且在 0x3F 7FF6 处存放一条跳转分支指令，使程序跳转到应用程序。

9.4.3　插件安装

正常安装 CCS 集成开发环境时，不带有烧写 Flash 的工具，如果需要则应安装烧写插件。烧写插件 C2000-2.00-SA-to-TI-FLASH2x.EXE 可从 TI 公司网站下载，双击图9-4-2所示的图标进入安装程序并按照提示安装。

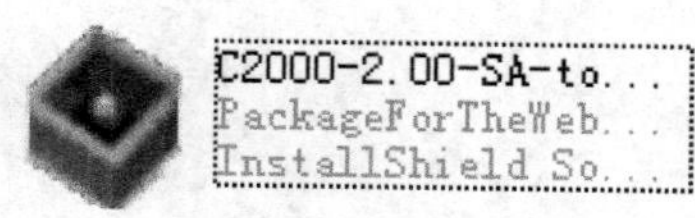

图 9-4-2　Flash 烧写插件安装文件

安装完成后打开 CCS(配置为硬件仿真模式)，出现如图 9-4-3 所示的提示信息，单击“是”按钮。

打开 CCS 后，在 Tools 下拉菜单中出现“F28xx On-Chip Flash Programmer”选项，表明 Flash 烧写插件已经安装，如图9-4-4所示。

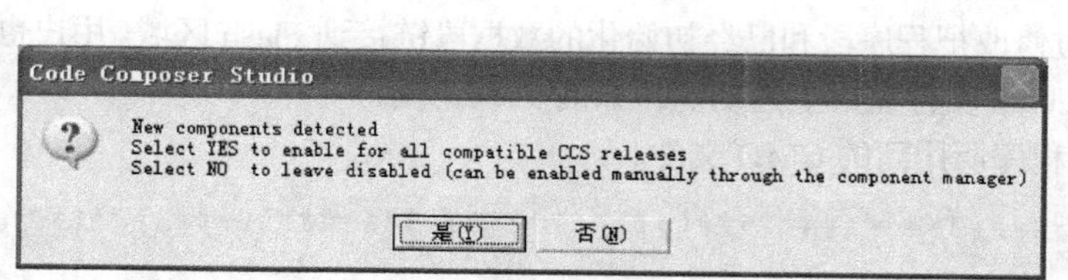

图 9-4-3　新插件提示

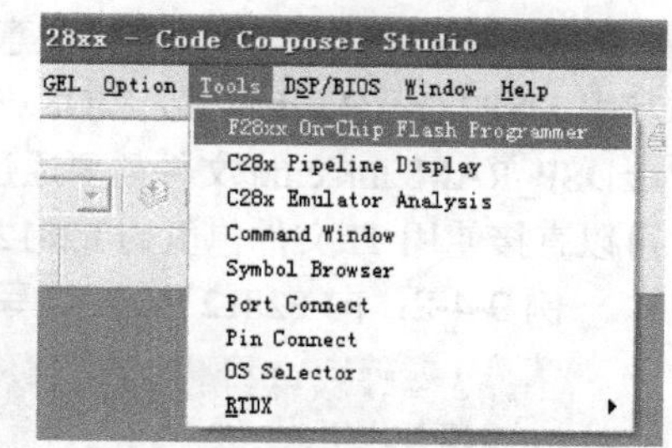

图 9-4-4　出现 Flash 烧写插件选项

9.4.4　编译应用程序

下面给出烧写应用程序的例子，将拨码开关控制 LED 的程序烧写到 Flash 中。

(1) 选择“Debug”→“Reset CPU”菜单项，复位 CPU。

(2) 新建工程文件。

① 将 boot.c 文件添加到工程中。boot.c 是拨码开关控制 LED 的应用程序。

例 9-4-1： 拨码开关控制 LED 灯程序。

```
//######################################################################
//文件:    boot.c
//功能:    拨码开关控制 LED 灯实验
//######################################################################
#include "DSP28_Device.h"
#include "DSP28_Globalprototypes.h"
#define led *(int *)0xc0000
//LED 和拨码开关利用 CPLD 分别译码到 0xc0000 和 0xc0001
#define key *(int *)0xc0001
void main(void)
{   int i;
    InitSysCtrl();                  //初始化 CPU
    DINT;                           //关中断
    InitPieCtrl();                  //初始化 PIE 寄存器
    IER = 0x0000;                   //禁止所有的中断
    IFR = 0x0000;
```

```
    InitPieVectTable();        //初始化 PIE 中断向量表
    while(1)
    {
      for(;;)
      {
        i=key;
        i=i&0xff;
        led=i;
      }
    }
}
```

② 添加 9.3.3 节提到的源文件到工程中。本例需要添加的源文件有：DSP281x_CodeStartBranch.asm、DSP281x_DefaultIsr.c、DSP281x_Gpio.c、DSP281x_PieCtrl.c、DSP281x_PieVect.c、DSP281x_SysCtrl.c、DSP281x_GlobalVariableDefs.c。

③ 添加 CMD 文件。应当注意，不能完全使用 9.3.1 节提到的 CMD 文件，需要进行一些修改。其中 DSP281x_Headers_nonBIOS.cmd 文件对寄存器和中断向量表的分配可以直接调用，而 F2812_EzDSP_RAM_lnk.cmd 文件需要通过修改把程序段和已经初始化的数据段链接到 Flash 区域。用户也可以直接使用 TI 文件包里的 F2812.cmd 文件完成上述功能，如例 9-4-2 所示。

例 9-4-2：向 F2812 Flash 烧写程序所用到的 CMD 文件。

```
/*#########################################################################*/
MEMORY
{
PAGE 0 :     //存放程序
   //ZONE0/1/2/6 为 XINTF 区，如果外部扩展有 Flash，可以使用
   ZONE0 :    origin = 0x002000, length = 0x002000    //XINTF zone0
   ZONE1 :    origin = 0x004000, length = 0x002000    //XINTF zone1
   RAML0 :    origin = 0x008000, length = 0x001000    //片上 RAM 块 L0
   ZONE2 :    origin = 0x080000, length = 0x080000    //XINTF zone2
   ZONE6 :    origin = 0x100000, length = 0x080000    //XINTF zone6
   OTP :      origin = 0x3D7800, length = 0x000800    //片上 OTP ROM
   FLASHJ :   origin = 0x3D8000, length = 0x002000    //片上 FLASH J
   FLASHI :   origin = 0x3DA000, length = 0x002000    //片上 FLASH I
   FLASHH :   origin = 0x3DC000, length = 0x004000    //片上 FLASH H
   FLASHG :   origin = 0x3E0000, length = 0x004000    //片上 FLASH G
   FLASHF :   origin = 0x3E4000, length = 0x004000    //片上 FLASH F
   FLASHE :   origin = 0x3E8000, length = 0x004000    //片上 FLASH E
   FLASHD :   origin = 0x3EC000, length = 0x004000    //片上 FLASH D
   FLASHC :   origin = 0x3F0000, length = 0x004000    //片上 FLASH C
   FLASHA :   origin = 0x3F6000, length = 0x001F80    //片上 FLASH A
   CSM_RSVD:  origin = 0x3F7F80, length = 0x000076
   BEGIN :    origin = 0x3F7FF6, length = 0x000002
   //启动代码，放一条跳转分支指令
   CSM_PWL :  origin = 0x3F7FF8, length = 0x000008
   ROM :      origin = 0x3FF000, length = 0x000FC0
   //如果 XMP/MC=0，使用片内引导程序
   RESET :    origin = 0x3FFFC0, length = 0x000002
   VECTORS :  origin = 0x3FFFC2, length = 0x00003E
PAGE 1 :     //存放数据
   RAMM0 :    origin = 0x000000, length = 0x000400    //片上 RAM 块 M0
```

```
    RAMM1  :   origin = 0x000400, length = 0x000400    //片上 RAM 块 M1
    RAML1  :   origin = 0x009000, length = 0x001000    //片上 RAM 块 L1
    FLASHB :   origin = 0x3F4000, length = 0x002000    //片上 FLASH B
    RAMH0  :   origin = 0x3F8000, length = 0x002000    //片上 RAM 块 H0
}
SECTIONS
{
    .cinit :        > FLASHA, PAGE = 0
    .pinit :        > FLASHA, PAGE = 0
    .text :         > FLASHA, PAGE = 0
    codestart :     > BEGIN, PAGE = 0                 //跳转分支指令
/*ramfuncs : LOAD = FLASHD,                           //ramfuncs 段存放在 FLASHD
           RUN = RAML0,                               //ramfuncs 段运行在 RAMLO
           LOAD_START(_RamfuncsLoadStart),
           LOAD_END(_RamfuncsLoadEnd),                //如果没有 InitFlash 注释掉
           RUN_START(_RamfuncsRunStart),
           PAGE = 0*/
    csmpasswds :    > CSM_PWL, PAGE = 0         //系统加密，可以不设
    csm_rsvd :      > CSM_RSVD, PAGE = 0
    .stack :        > RAMM0,  PAGE = 1
    .ebss :         > RAML1, PAGE = 1
    .esysmem :      > RAMH0, PAGE = 1
    .econst :       > FLASHA, PAGE = 0
    .switch :       > FLASHA, PAGE = 0
    IQmath :        > FLASHC, PAGE = 0          //数学代码
    IQmathTables :     > ROM, PAGE = 0, TYPE = NOLOAD          //数学表
    .reset :           > RESET, PAGE = 0, TYPE = DSECT
    vectors :          > VECTORS, PAGE = 0, TYPE = DSECT
}
```

(3) 编译链接程序，在工程目录内的 Debug 子目录里会生成 boot.out。

9.4.5　烧写 Flash

(1) 选择“Tools”→“F28xx On-Chip Flash Programmer”菜单项，弹出如图 9-4-5 所示的对话框。

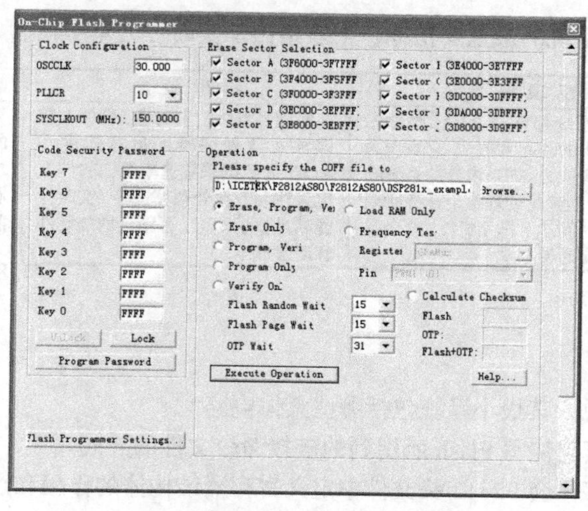

图 9-4-5　烧写 Flash 对话框

注意：在该对话框中还可以设置代码安全密码和擦除 Flash 等，Flash 扇区可选定擦除和烧写，但必须与.cmd 分配的 Flash 扇区匹配。

(2) 单击"Browse"按钮，选择编译链接生成的.out 文件(如编译 9.4.4 节所建工程的 boot.out)，其他配置默认选择即可。

(3) 单击"Execute Operation"按钮，开始烧写 Flash，在状态栏中出现如图9-4-6所示的信息，表示 Flash 烧写成功。

(4) 烧写完成后，关掉电源，拔掉仿真器。

通过上述步骤，用户设计的目标板就可以独立地运行。

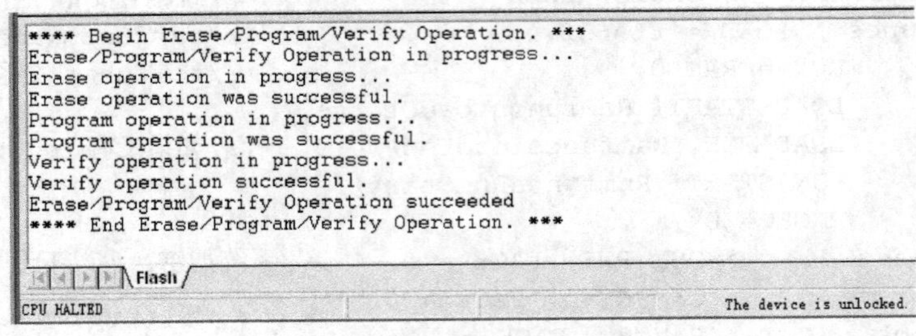

图 9-4-6 Flash 烧写成功

本章小结

本章介绍 TMS320F2812 最小系统，以及在此基础上扩展的一些简单外围电路，并给出与此相应的应用软件例程，它们可以作为初学者电路设计的参考。本章还对经常用到的 CMD 文件、头文件、C 语言及汇编语言源文件进行了详细注释，并介绍了实际工程应用中必不可少的向 F2812 片内 Flash 中烧写应用程序方法。本章学习要求如下：

- 理解 TMS320F2812 最小系统的设计原理，掌握 DSP 最小系统硬件电路设计方法。
- 理解软件例程，在读懂程序的基础上熟练掌握程序调试方法。
- 掌握向 F2812 片内 Flash 中烧写应用程序的方法。

实时性是微机应用系统的最重要指标，下表给出了实时性的基本概念、逻辑概念和物理概念。

基本概念	逻辑概念	物理概念	应用
实时性：在规定时间内，系统能够完成任务就称该系统具有实时性	实时性系统都有一个从激励输入到响应输出的时间常数 T，它表现为系统的响应能力。如果设计的系统响应能力 T 能满足处理指定任务所规定的响应时间 T_a，即 $T \leqslant T_a$，这个系统就满足实时性要求	要满足系统的实时性，硬件上应该注意微处理器的运算速度和 ADC 的数据采集速率等，软件上应该注意数据处理算法等。实时性能满足要求即可，否则会增加硬件和研发成本	例如，振动监测系统对振动波形的检测周期必须满足采样定理要求；饮料生产线上的计量、包装控制系统，必须在一个工位的移动时间内完成秤量、封口的控制输出

习题与思考题

1. 对于 F2812 来说，其最小系统包括哪些具体电路?
2. 请比较硬件仿真与烧写 Flash 所用到的链接命令文件的异同。
3. 请结合应用程序体会 F2812 头文件中定义寄存器结构体的作用和意义。
4. 请分析 F2812 中 Bootloader 的作用。

附录 A　片内外设寄存器速查参考

A.1　事件管理器 EV 寄存器一览

15	14	13	12	11	10	9	8
Free	Soft	Reserved	TMODE1	TMODE0	TPS2	TPS1	TPS0
R/W-0	R/W-0	R/W-0	R/W-0	R/W-0	R/W-0	R/W-0	R/W-0

7	6	5	4	3	2	1	0
T2SWT1/ 4SWT3+	TENABLE	TCLKS1	TCLKS0	TCLD1	TCLD0	TECMPR	SELT1PR/ SELT3PR+
R/W-0	R/W-0	R/W-0	R/W-0	R/W-0	R/W-0	R/W-0	R/W-0

注：+表示该位在 T1/3CON 中为保留位

图 A-1-1　定时器 x 控制寄存器(TxCON，x=1、2、3、4)，
地址 7404h(T1CON)、7408h(T2CON)、7504h(T3CON)、7508h(T4CON)

15	14	13	12	11	10	9	8
Reserved	T2STAT	T1STAT	T2CTRIPE	T1CTRIPE	T2TOADC		T1TOADC
R-0	R-1	R-1	R/W-1	R/W-1	R/W-0		R/W-0

7	6	5	4	3 2	1 0
T1TOADC	TCMPOE	T2CMPOE	T1CMPOE	T2PIN	T1PIN
R/W-0	R/W-0	R/W-0	R/W-0	R/W-0	R/W-0

图 A-1-2　GP 定时器控制寄存器 A(GPTCONA)，地址 7400h

15	14	13	12	11	10	9	8
Reserved	T4STAT	T3STAT	T2CTRIPE	T1CTRIPE	T4TOADC		T3TOADC
R-0	R-1	R-1	R/W-1	R/W-1	R/W-0		R/W-0

7	6	5	4	3 2	1 0
T3TOADC	TCMPOE	T2CMPOE	T1CMPOE	T4PIN	T3PIN
R/W-0	R/W-0	R/W-0	R/W-0	R/W-0	R/W-0

图 A-1-3　GP 定时器控制寄存器 B(GPTCONB)，地址 7500h

15	14	13	12	11	10	9	8
CENABLE	CLD1	CLD0	SVENABLE	ACTRLD1	ACTRLD1	FCMPOE	$\overline{\text{PDPINIA}}$ Status
R/W-0	R/W-0	R/W-0	R/W-0	R/W-0	R/W-0	R/W-0	R/W-0

7	6	5	4	3	2	1	0
FCMP3OE	FCMP2OE	FCMP1OE	Reserved	C3TRIPE	C2TRIPE	C1TRIPE	
R/W-0	R/W-0	R/W-0	R/W-0	R/W-1	R/W-1	R/W-1	

图 A-1-4　比较控制 A 寄存器(COMCONA)，地址 7411h

15	14	13	12	11	10	9	8
CENABLE	CLD1	CLD0	SVENABLE	ACTRLD1	ACTRLD1	FCMPOE	$\overline{\text{PDPINIA}}$ Status
R/W-0	R/W-0	R/W-0	R/W-0	R/W-0	R/W-0	R/W-0	R/W-0

7	6	5	4	3	2	1	0
FCMP6OE	FCMP5OE	FCMP4OE	Reserved	C6TRIPE	C5TRIPE	C4TRIPE	
R/W-0	R/W-0	R/W-0	R-0	R/W-1	R/W-1	R/W-1	

图 A-1-5　比较控制 B 寄存器(COMCONB)，地址 7511h

15	14	13	12	11	10	9	8
SVRDIR	D2	D1	D0	CMP6ACT1	CMP6ACT0	CMP5ACT1	CMP5ACT0
R/W-0	R/W-0	R/W-0	R/W-0	R/W-0	R/W-0	R/W-0	R/W-0

7	6	5	4	3	2	1	0
CMP4ACT1	CMP4ACT0	CMP3ACT1	CMP3ACT0	CMP2ACT1	CMP2ACT0	CMP1ACT1	CMP1ACT0
R/W-0	R/W-0	R/W-0	R/W-0	R/W-0	R/W-0	R/W-0	R/W-0

图 A-1-6 比较行为控制寄存器 A(ACTRA)，地址 7413h

15	14	13	12	11	10	9	8
SVRDIR	D2	D1	D0	CMP12ACT1	CMP12ACT0	CMP11ACT1	CMP11ACT0
R/W-0	R/W-0	R/W-0	R/W-0	R/W-0	R/W-0	R/W-0	R/W-0

7	6	5	4	3	2	1	0
CMP10ACT1	CMP10ACT0	CMP9ACT1	CMP9ACT0	CMP8ACT1	CMP8ACT0	CMP7ACT1	CMP7ACT0
R/W-0	R/W-0	R/W-0	R/W-0	R/W-0	R/W-0	R/W-0	R/W-0

图 A-1-7 比较行为控制寄存器 B(ACTRB)，地址 7513h

15	14	13	12	11	10	9	8
CAPRES	CAP12EN	CAP3EN	Reserved	CAP3TSEL	CAP12TSEL	CAP3TOADC
R/W-0	R/W-0	R/W-0	R-0	R/W-0	R/W-0	R/W-0

7 6	5 4	3 2	1 0
CAP1EDGE	CAP2EDGE	CAP3EDGE	Reserved
R/W-0	R/W-0	R/W-0	R/W-0

图 A-1-8 捕捉控制寄存器 A(CAPCONA)，地址 7420h

15	14	13	12	11	10	9	8
CAPRES	CAPQEPN	CAP6EN	Reserved	CAP6TSEL	CAP45TSEL	CAP6TOADC
R/W-0	R/W-0	R/W-0	R-0	R/W-0	R/W-0	R/W-0

7 6	5 4	3 2	1 0
CAP4EDGE	CAP5EDGE	CAP6EDGE	Reserved
R/W-0	R/W-0	R/W-0	R/W-0

图 A-1-9 捕捉控制寄存器 B(CAPCONB)，地址 7520h

15 14	13 12	11 10	9 8	7 0
Reserved	CAP3FIFO	CAP2FIFO	CAP1FIFO	Reserved
R-0	R/W-0	R/W-0	R/W-0	R-0

图 A-1-10 捕捉 FIFO 状态寄存器 A(CAPFIFOA)，地址 7422h

15 14	13 12	11 10	9 8	7 0
Reserved	CAP3FIFO	CAP2FIFO	CAP1FIFO	Reserved
R-0	R/W-0	R/W-0	R/W-0	R-0

图 A-1-11 捕捉 FIFO 状态寄存器 B(CAPFIFOB)，地址 7522h

15 12	11	10	9	8
Reserved	DBT3	DBT2	DBT1	DBT0
R-0	R/W-0			

7	6	5	4	3	2	1 0
EDBT3	EDBT2	EDBT1	DBTPS2	DBTPS1	DBTS0	Reserved
R/W-0						R-0

图 A-1-12 死区定时器控制寄存器 A(DBTCONA)，地址 xx15h

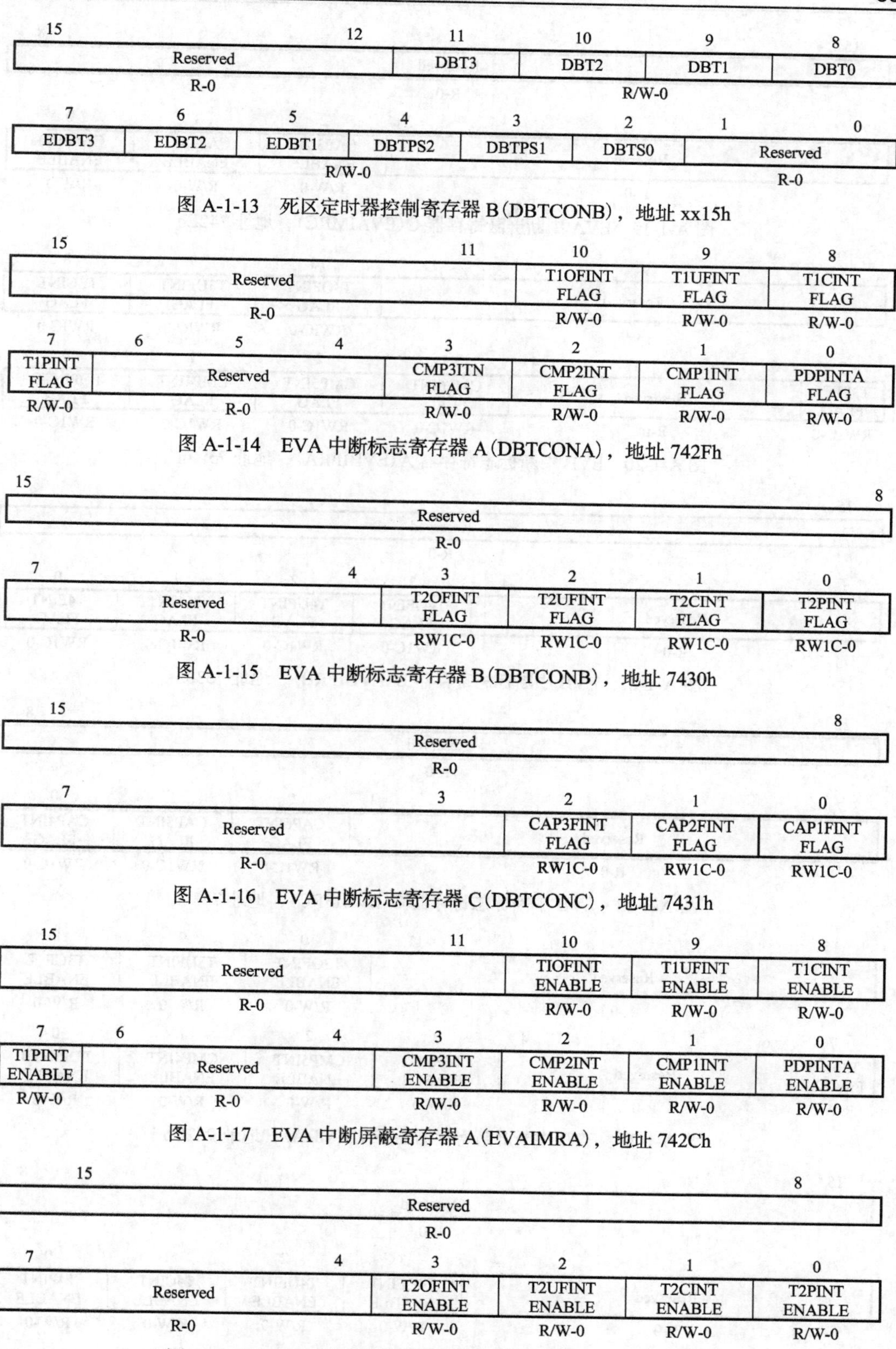

图 A-1-13　死区定时器控制寄存器 B(DBTCONB)，地址 xx15h

图 A-1-14　EVA 中断标志寄存器 A(DBTCONA)，地址 742Fh

图 A-1-15　EVA 中断标志寄存器 B(DBTCONB)，地址 7430h

图 A-1-16　EVA 中断标志寄存器 C(DBTCONC)，地址 7431h

图 A-1-17　EVA 中断屏蔽寄存器 A(EVAIMRA)，地址 742Ch

图 A-1-18　EVA 中断屏蔽寄存器 B(EVAIMRB)，地址 742Dh

15–8
Reserved
R-0

7–3	2	1	0
Reserved	CAP3INT ENABLE	CAP2INT ENABLE	CAP1INT ENABLE
R-0	R/W-0	R/W-0	R/W-0

图 A-1-19 EVA 中断屏蔽寄存器 C(EVAIMRC)，地址 742Eh

15–11	10	9	8
Reserved	T3OFINT FLAG	T3UFINT FLAG	F3CINT FLAG
R-0	RWIC-0	RWIC-0	RWIC-0

7	6–4	3	2	1	0
T3PINT FLAG	Reserved	CMP6INT FLAG	CMP5INT FLAG	CMP4INT FLAG	PDPINTB FLAB
RW1C-0	R-0	RW1C-0	RW1C-0	RW1C-0	RW1C-0

图 A-1-20 EVB 中断标志寄存器 A(EVBIFRA)，地址 752Fh

15–8
Reserved
R-0

7–4	3	2	1	0
Reserved	T4OFINT FLAG	T4UFINT FLAG	T4CINT FLAG	T4PINT FLAG
R-0	RW1C-0	RW1C-0	RW1C-0	RW1C-0

图 A-1-21 EVB 中断标志寄存器 B(EVBIFRB)，地址 7530h

15–8
Reserved
R-0

7–3	2	1	0
Reserved	CAP6INT FLAG	CAP5INT FLAG	CAP4INT FLAG
R-0	RW1C-0	RW1C-0	RW1C-0

图 A-1-22 EVB 中断标志寄存器 C(EVBIFRC)，地址 7531h

15–11	10	9	8
Reserved	T3OFINT ENABLE	T3UFINT ENABLE	T3CINT ENABLE
R-0	R/W-0	R/W-0	R/W-0

7	6–4	3	2	1	0
T3PINT ENABLE	Reserved	CMP6INT ENABLE	CMP5INT ENABLE	CMP4INT ENABLE	PDPINTB ENABLE
R/W-0	R-0	R/W-0	R/W-0	R/W-0	R/W-0

图 A-1-23 EVB 中断屏蔽寄存器 A(EVBIMRA)，地址 752Ch

15–8
Reserved
R-0

7–4	3	2	1	0
Reserved	T4OFINT ENABLE	T4UFINT ENABLE	T4CINT ENABLE	T4PINT ENABLE
R-0	R/W-0	R/W-0	R/W-0	R/W-0

图 A-1-24 EVB 中断屏蔽寄存器 B(EVBIMRB)，地址 752Dh

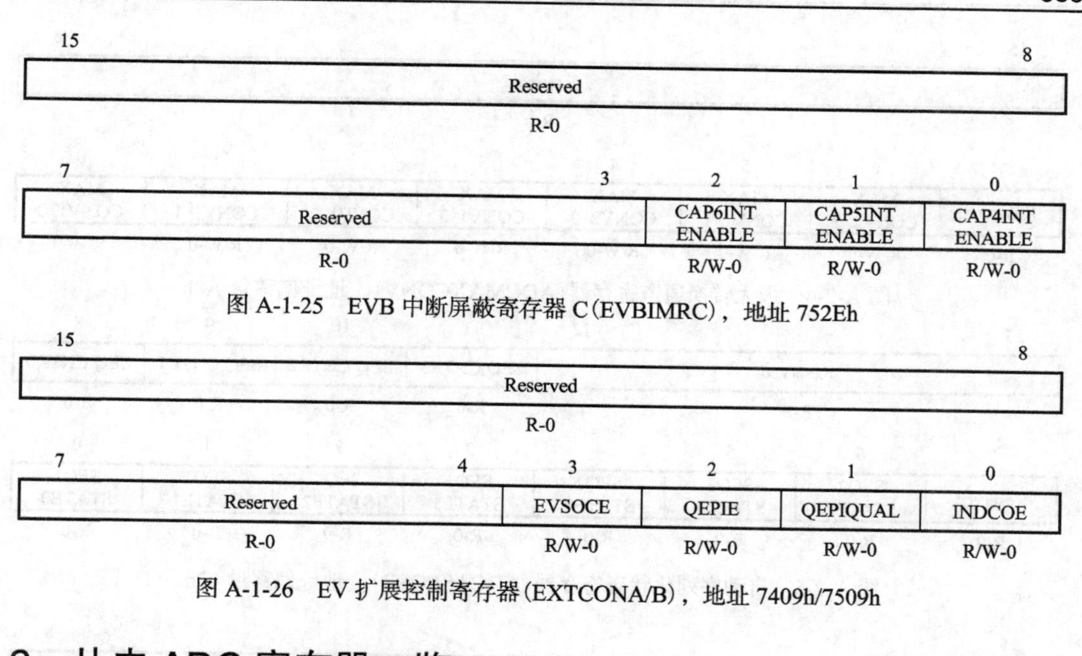

图 A-1-25　EVB 中断屏蔽寄存器 C(EVBIMRC)，地址 752Eh

图 A-1-26　EV 扩展控制寄存器(EXTCONA/B)，地址 7409h/7509h

A.2　片内 ADC 寄存器一览

15	14	13	12	11	10	9	8
Reserved	RESET	SUMOD1	SUMOD0	ACQ PS3	ACQ PS2	ACQ PS1	ACQ PS0
R-0	R/W-0	R/W-0	R/W-0	R/W-0	R/W-0	R/W-0	R/W-0

7	6	5	4	3–0
CPS	CONT RUN	SEQ1 OVRD	SEQ CASC	Reserved
R/W-0	R/W-0	R/W-0	R/W-0	R-0

图 A-2-1　ADC 控制寄存器 1(ADCTRL1)，地址偏移量 00h

15	14	13	12	11	10	9	8
EVB SOC SEQ	RST SEQ1	SOC SEQ1	Reserved	NT ENA SEQ1	NT MOD SEQ1	Reserved	EVA SOC SEQ1
R/W-0	R/W-0	R/W-0	R-0	R/W-0	R/W-0	R-0	R/W-0

7	6	5	4	3	2	1	0
EXT SOC SEQ1	RST SEQ2	SOC SEQ2	Reserved	NT ENA SEQ2	NT MOD SEQ2	Reserved	EVB SOC SEQ2
R/W-0	R/W-0	R/W-0	R-0	R/W-0	R/W-0	R-0	R/W-0

图 A-2-2　ADC 控制寄存器 2(ADCTRL2)，地址偏移量 01h

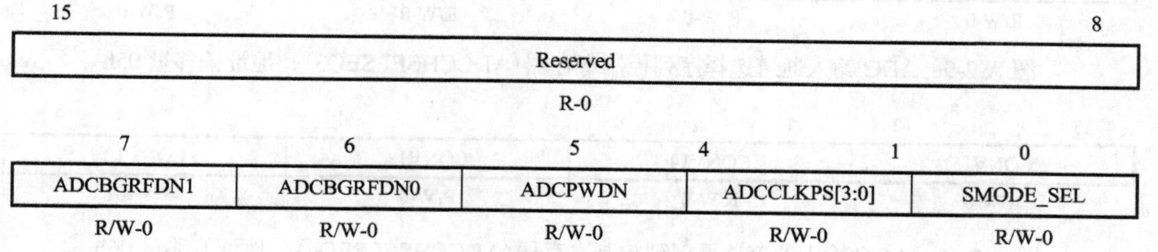

图 A-2-3　ADC 控制寄存器 3(ADCTRL3)，地址偏移量 18h

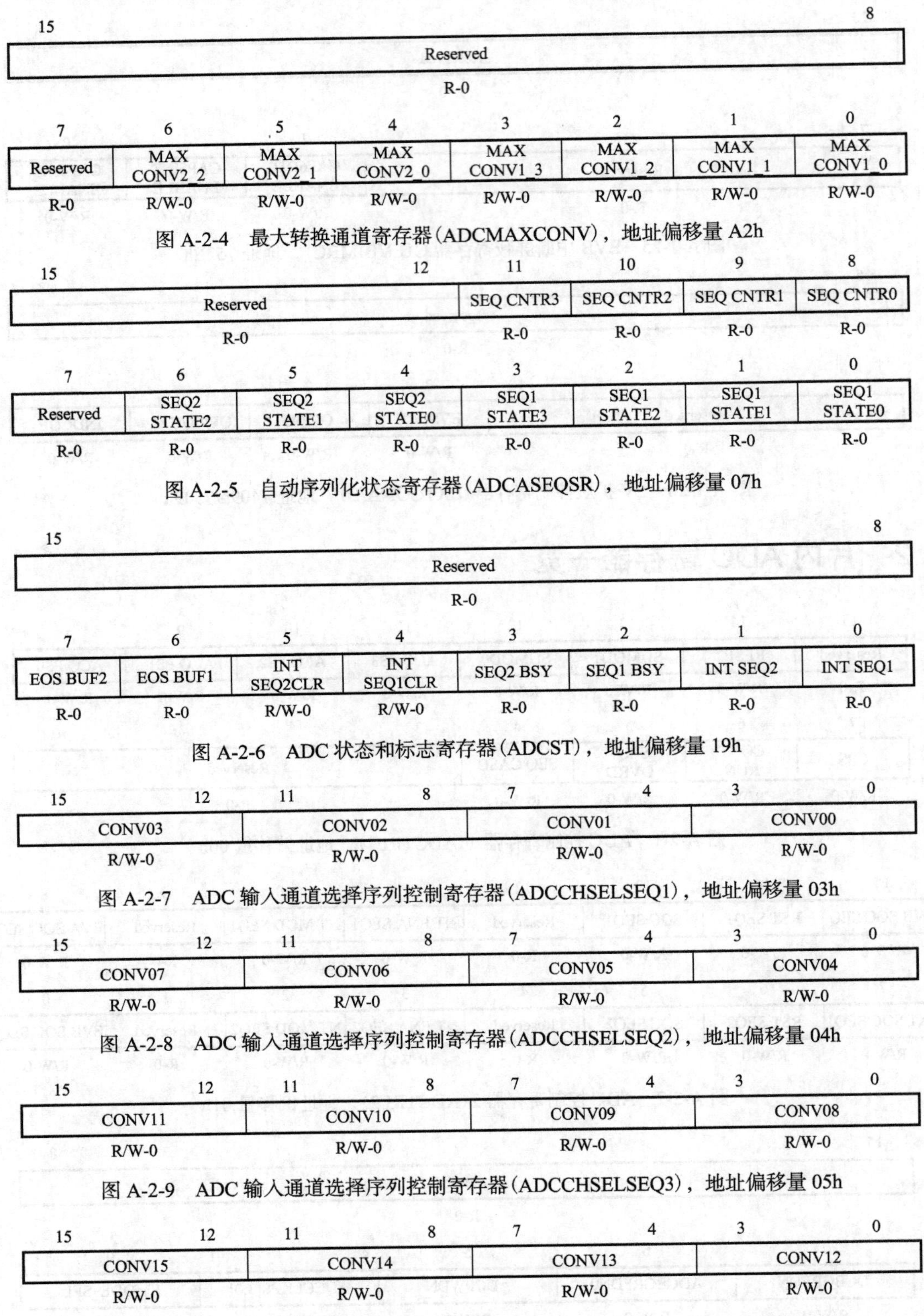

15 8
Reserved
R-0
7 6 5 4 3 2 1 0
Reserved | MAX CONV2_2 | MAX CONV2_1 | MAX CONV2_0 | MAX CONV1_3 | MAX CONV1_2 | MAX CONV1_1 | MAX CONV1_0
R-0 R/W-0 R/W-0 R/W-0 R/W-0 R/W-0 R/W-0 R/W-0
15 12 11 10 9 8
Reserved | SEQ CNTR3 | SEQ CNTR2 | SEQ CNTR1 | SEQ CNTR0
R-0 R-0 R-0 R-0 R-0
7 6 5 4 3 2 1 0
Reserved | SEQ2 STATE2 | SEQ2 STATE1 | SEQ2 STATE0 | SEQ1 STATE3 | SEQ1 STATE2 | SEQ1 STATE1 | SEQ1 STATE0
R-0 R-0 R-0 R-0 R-0 R-0 R-0 R-0
15 8
Reserved
R-0
7 6 5 4 3 2 1 0
EOS BUF2 | EOS BUF1 | INT SEQ2CLR | INT SEQ1CLR | SEQ2 BSY | SEQ1 BSY | INT SEQ2 | INT SEQ1
R-0 R-0 R/W-0 R/W-0 R-0 R-0 R-0 R-0
15 12 11 8 7 4 3 0
CONV03 | CONV02 | CONV01 | CONV00
R/W-0 R/W-0 R/W-0 R/W-0
15 12 11 8 7 4 3 0
CONV07 | CONV06 | CONV05 | CONV04
R/W-0 R/W-0 R/W-0 R/W-0
15 12 11 8 7 4 3 0
CONV11 | CONV10 | CONV09 | CONV08
R/W-0 R/W-0 R/W-0 R/W-0
15 12 11 8 7 4 3 0
CONV15 | CONV14 | CONV13 | CONV12
R/W-0 R/W-0 R/W-0 R/W-0

图 A-2-4 最大转换通道寄存器(ADCMAXCONV)，地址偏移量 A2h

图 A-2-5 自动序列化状态寄存器(ADCASEQSR)，地址偏移量 07h

图 A-2-6 ADC 状态和标志寄存器(ADCST)，地址偏移量 19h

图 A-2-7 ADC 输入通道选择序列控制寄存器(ADCCHSELSEQ1)，地址偏移量 03h

图 A-2-8 ADC 输入通道选择序列控制寄存器(ADCCHSELSEQ2)，地址偏移量 04h

图 A-2-9 ADC 输入通道选择序列控制寄存器(ADCCHSELSEQ3)，地址偏移量 05h

图 A-2-10 ADC 输入通道选择序列控制寄存器(ADCCHSELSEQ4)，地址偏移量 06h

15	14	13	12	11	10	9	8
D11	D10	D9	D8	D7	D6	D5	D4
R-0	R-0	R-0	R-0	R-0	R-0	R-0	R-0

7	6	5	4	3	2	1	0
D3	D2	D1	D0	Reserved	Reserved	Reserved	Reserved
R-0	R-0	R-0	R-0	R-0	R-0	R-0	R-0

图 A-2-11 ADC 转换结果寄存器(ADCRESULTn)，地址偏移量 08h~17h

A.3 串行外围接口 SPI 寄存器一览

7	6	5	4	3	2	1	0
SPISW Reset	CLOCK POLARITY	Reserved	SPILBK	SPI CHAR3	SPI CHAR2	SPI CHAR1	SPI CHAR0
R/W-0	R/W-0	R-0	R-0	R/W-0	R/W-0	R/W-0	R/W-0

图 A-3-1 SPI 配置控制寄存器(SPICCR)，地址 7040h

7～5	4	3	2	1	0
Reserved	OVERRUN INT ENA	CLOCK PHASE	MASRT/ SLAVE	TALK	SPI INT ENA
R-0	R/W-0	R/W-0	R/W-0	R/W-0	R/W-0

图 A-3-2 SPI 操作控制寄存器(SPICTL)，地址 7041h

7	6	5	4～0
RECEIVER OVERRUN FLAG	IPI INT FLAG	TX BUF FULL FLAG	Reserved
R/C-0	R/C-0	R/C-0	R-0

图 A-3-3 SPI 状态寄存器(SPIST)，地址 7042h

7	6	5	4	3	2	1	0
Reserved	SPI BIT RATE6	SPI BIT RATE5	SPI BIT RATE4	SPI BIT RATE3	SPI BIT RATE2	SPI BIT RATE1	SPI BIT RATE0
R-0	R/W-0	R/W-0	R/W-0	R/W-0	R/W-0	R/W-0	R/W-0

图 A-3-4 SPI 波特率寄存器(SPIBRR)，地址 7044h

15	14	13	12	11	10	9	8
ERXB15	ERXB14	ERXB13	ERXB12	ERXB11	ERXB10	ERXB9	ERXB8
R-0	R-0	R-0	R-0	R-0	R-0	R-0	R-0

7	6	5	4	3	2	1	0
ERXB7	ERXB6	ERXB5	ERXB4	ERXB3	ERXB2	ERXB1	ERXB0
R-0	R-0	R-0	R-0	R-0	R-0	R-0	R-0

图 A-3-5 SPI 仿真缓冲器寄存器(SPIRXEMU)，地址 7046h

15	14	13	12	11	10	9	8
RXB15	RXB14	RXB13	RXB12	RXB11	RXB10	RXB9	RXB8
R-0	R-0	R-0	R-0	R-0	R-0	R-0	R-0

7	6	5	4	3	2	1	0
RXB7	RXB6	RXB5	RXB4	RXB3	RXB2	RXB1	RXB0
R-0	R-0	R-0	R-0	R-0	R-0	R-0	R-0

图 A-3-6 SPI 串行接收缓冲器寄存器(SPIRXBUF)，地址 7047h

15	14	13	12	11	10	9	8
TXB15	TXB14	TXB13	TXB12	TXB11	TXB10	TXB9	TXB8
R/W-0	R/W-0	R/W-0	R/W-0	R/W-0	R/W-0	R/W-0	R/W-0

7	6	5	4	3	2	1	0
TXB7	TXB6	TXB5	TXB4	TXB3	TXB2	TXB1	TXB0
R/W-0	R/W-0	R/W-0	R/W-0	R/W-0	R/W-0	R/W-0	R/W-0

图 A-3-7 SPI 串行发送缓冲器寄存器(SPITXBUF)，地址 7048h

15	14	13	12	11	10	9	8
SDAT15	SDAT14	SDAT13	SDAT12	SDAT11	SDAT10	SDAT9	SDAT8
R/W-0	R/W-0	R/W-0	R/W-0	R/W-0	R/W-0	R/W-0	R/W-0

7	6	5	4	3	2	1	0
SDAT7	SDAT6	SDAT5	SDAT4	SDAT3	SDAT2	SDAT1	SDAT0
R/W-0	R/W-0	R/W-0	R/W-0	R/W-0	R/W-0	R/W-0	R/W-0

图 A-3-8 SPI 串行数据寄存器(SPIDAT)，地址 7049h

15	14	13	12	11	10	9	8
SPIRST	SPIFFENA	TXFIFO	TXFFST4	TXFFST3	TXFFST2	TXFFST1	TXFFST0
R/W-1	R/W-0	R/W-1	R-0	R-0	R-0	R-0	R-0

7	6	5	4	3	2	1	0
TXFFINT FLAG	TXFFINT CLR	TXFFIENA	TXFFIL4	TXFFIL3	TXFFIL2	TXFFIL1	TXFFIL0
R/W-0	W-0	R/W-0	R/W-0	R/W-0	R/W-0	R/W-0	R/W-0

图 A-3-9 SPI FIFO 发送寄存器(SPIFFTX)，地址 704Ah

15	14	13	12	11	10	9	8
RXFFOVF Flag	RXFFOVF CLR	RXFIFO Reset	RXFFST4	RXFFST3	RXFFST2	RXFFST1	RXFFST0
R-1	W-0	R/W-1	R-0	R-0	R-0	R-0	R-0

7	6	5	4	3	2	1	0
RXFFINT Flag	RXFFINT CLR	RXFFIENA	RXFFIL4	RXFFIL3	RXFFIL2	RXFFIL1	RXFFIL0
R-0	W-0	R/W-1	R/W-1	R/W-1	R/W-1	R/W-1	R/W-1

图 A-3-10 SPI FIFO 接收寄存器(SPIFFRX)，地址 704Bh

15～8
Reserved
R-0

7	6	5	4	3	2	1	0
FFTXDLY7	FFTXDLY6	FFTXDLY5	FFTXDLY4	FFTXDLY3	FFTXDLY2	FFTXDLY1	FFTXDLY0
R/W-0	R/W-0	R/W-0	R/W-0	R/W-0	R/W-0	R/W-0	R/W-0

图 A-3-11 SPI FIFO 控制寄存器(SPIFFCT)，地址 704Ch

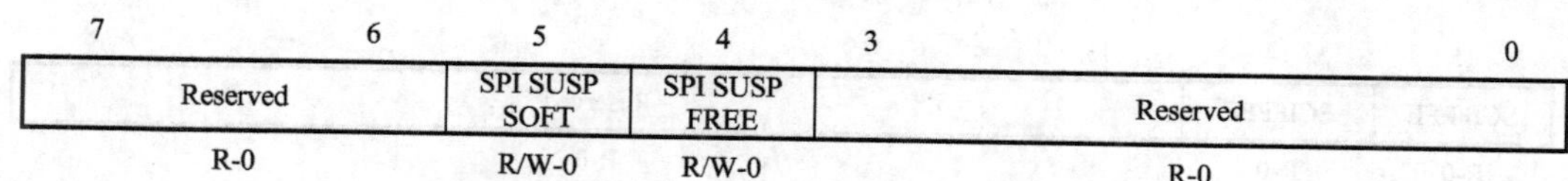

图 A-3-12　SPI 优先级控制寄存器(SPIPRI)，地址 704Fh

A.4　串行通信接口 SCI 寄存器一览

7	6	5	4	3	2	1	0
STOP BITS	EVEN/ODD PARITY	PARITY ENABLE	LOOPBACK ENA	ADDR/IDLOE MODE	SCI CHAR2	SCI CHAR1	SC1 CHAR0
R/W-0	R/W-0	R/W-0	R/W-0	R/W-0	R/W-0	R/W-0	R/W-0

图 A-4-1 SCI 通信控制寄存器(SCICCR)，地址 7050h

7	6	5	4	3	2	1	0
Reserved	RX ERR INT ENA	SW RESET	Reserved	TXWAKE	SLEEP	TXENA	RXENA
R-0	R/W-0	R/W-0	R-0	R/S-0	R/W-0	R/W-0	R/W-0

图 A-4-2　SCI 控制寄存器 1(SCICTL1)，地址 7051h

15	14	13	12	11	10	9	8
BAUD15 (MSB)	BAUD14	BAUD13	BAUD12	BAUD11	BAUD10	BAUD9	BAUD8
R/W-0	R/W-0	R/W-0	R/W-0	R/W-0	R/W-0	R/W-0	R/W-0

图 A-4-3　波特选择最高有效字节寄存器(SCIHBAUD)，地址 7052h

7	6	5	4	3	2	1	0
BAUD7	BAUD6	BAUD5	BAUD4	BAUD3	BAUD2	BAUD1	BAUD0 (LSB)
R/W-0	R/W-0	R/W-0	R/W-0	R/W-0	R/W-0	R/W-0	R/W-0

图 A-4-4　波特选择最低有效字节寄存器(SCILBAUD)，地址 7053h

7	6	5	2	1	0
TXRDY	TX EMPTY	Reserved		RXBK INT ENA	TX INT ENA
R-1	R-1	R-0		R/W-0	R/W-0

图 A-4-5　SCI 控制寄存器 2(SCICTL2)，地址 7054h

7	6	5	4	3	2	1	0
RX ERRCR	RXRDY	BRKDT	FE	OE	PE	RXWAKE	Reserved
R-0	R-0	R-0	R-0	R-0	R-0	R-0	R-0

图 A-4-6　SCI 接收状态寄存器(SCIRXST)，地址 7055h

7	6	5	4	3	2	1	0
ERXDT7	ERXDT6	ERXDT5	ERXDT4	ERXDT3	ERXDT2	ERXDT1	ERXDT0
R-0	R-0	R-0	R-0	R-0	R-0	R-0	R-0

图 A-4-7　仿真数据缓冲寄存器(SCIRXEMU)，地址 7056h

15	14	13–8
SCIFFE	SCIFFPE	Reserved
R-0	R-0	R-0

7	6	5	4	3	2	1	0
RXDT7	RXDT6	RXDT5	RXDT4	RXDT3	RXDT2	RXDT1	RXDT0
R-0	R-0	R-0	R-0	R-0	R-0	R-0	R-0

图 A-4-8 接收数据缓冲寄存器(SCIRXBUF)，地址 7057h

7	6	5	4	3	2	1	0
TXDT7	TXDT6	TXDT5	TXDT4	TXDT3	TXDT2	TXDT1	TXDT0
R/W-0	R/W-0	R/W-0	R/W-0	R/W-0	R/W-0	R/W-0	R/W-0

图 A-4-9 发送数据缓冲寄存器(SCITXBUF)，地址 7059h

15	14	13	12	11	10	9	8
SCIRST	SCIFFENA	TXFIFO Reset	TXFFST4	TXFFST3	TXFFST2	TXFFST1	TXFFST0
R/W-1	R/W-0	R/W-1	R-0	R-0	R-0	R-0	R-0

7	6	5	4	3	2	1	0
TXFFINT Flag	TXFFINT CLR	TXFFIENA	TXFFIL4	TXFFIL3	TXFFIL2	TXFFIL1	TXFFIL0
R-0	W-0	R/W-0	R/W-0	R/W-0	R/W-0	R/W-0	R/W-0

图 A-4-10 SCI FIFO 发送寄存器(SCIFFTX)，地址 705Ah

15	14	13	12	11	10	9	8
SCIRST	SCIFFENA	TXFIFO Reset	TXFFST4	TXFFST3	TXFFST2	TXFFST1	TXFFST0
R-1	W-0	R/W-1	R-0	R-0	R-0	R-0	R-0

7	6	5	4	3	2	1	0
TXFFINT Flag	TXFFINT CLR	TXFFIENA	TXFFIL4	TXFFIL3	TXFFIL2	TXFFIL1	TXFFIL0
R-0	W-0	R/W-0	R/W-1	R/W-1	R/W-1	R/W-1	R/W-1

图 A-4-11 SCI FIFO 接收寄存器(SCIFFRX)，地址 705Bh

15	14	13	12–8
ABO	ABO CLR	CDC	Reserved
R-0	W-0	R/W-0	R-0

7	6	5	4	3	2	1	0
FFTXDLY7	FFTXDLY6	FFTXDLY5	FFTXDLY4	FFTXDLY3	FFTXDLY2	FFTXDLY1	FFTXDLY0
R/W-0	R/W-0	R/W-0	R/W-0	R/W-0	R/W-0	R/W-0	R/W-0

图 A-4-12 SCI FIFO 控制寄存器(SCIFFCT)，地址 705Ch

7–5	4	3	2–0
Reserved	SCI SOFT	SCI FREE	Reserved
R-0	R/W-0	R/W-0	R-0

图 A-4-13 SCI FIFO 优先级控制寄存器(SCIPRI)，地址 705Fh

A.5　多通道缓冲串行口 McBSP 寄存器一览

15	14	13	12	11	10	9	8
Reserved	MFFENA	XTFIFO Reset	TXFFST4	TXFFST3	TXFFST2	TXFFST1	TXFFST0
R-0	R/W-0	R/W-1	R-0	R-0	R-0	R-0	R-0

7	6	5	4	3	2	1	0
TXFFINT Flag	TXFFINT CLR	TXFFIENA	TXFFIL4	TXFFIL3	TXFFIL2	TXFFIL1	TXFFIL0
R-0	W-0	R/W-0	R/W-0	R/W-0	R/W-0	R/W-0	R/W-0

图 A-5-1　McBSP FIFO 发送寄存器(MFFTX)

15	14	13	12	11	10	9	8
RXFFOVE Flag	RXFFOVE Ceear	RTFIFO Reset	RXFFST4	RXFFST3	RXFFST2	RXFFST1	RXFFST0
R-1	W-0	R/W-1	R-0	R-0	R-0	R-0	R-0

7	6	5	4	3	2	1	0
RXFFINT Flag	RXFFINT CLR	RXFFIENA	RXFFIL4	RXFFIL3	RXFFIL2	RXFFIL1	RXFFIL0
R-0	W-0	R/W-0	R/W-1	R/W-1	R/W-1	R/W-1	R/W-1

图 A-5-2　McBSP FIFO 接收寄存器(MFFRX)

15	14–8
IACKM	Reserved
R/W-0	R-0

7	6	5	4	3	2	1	0
FFTXDLY7	FFTXDLY6	FFTXDLY5	FFTXDLY4	FFTXDLY3	FFTXDLY2	FFTXDLY1	FFTXDLY0
R/W-0	R/W-0	R/W-0	R/W-0	R/W-0	R/W-0	R/W-0	R/W-0

图 A-5-3　McBSP FIFO 控制寄存器(MFFCT)

15–8
Reserved
R-0

7–4	3	2	1	0
Reserved	REVTA ENA	RINT ENA	XEVTA ENA	XINT ENA
R-0	R/W-0	R/W-0	R/W-0	R/W-0

图 A-5-4　McBSP FIFO 中断寄存器(MFFINT)

15–8
Reserved
R-0

7–4	3	2	1	0
Reserved	FSR Flag	EOBR Flag	FSK Flag	EOBX Flag
R-0	R/W-x	R/W-0	R/W-x	R/W-0

图 A-5-5　McBSP FIFO 状态寄存器(MFFST)

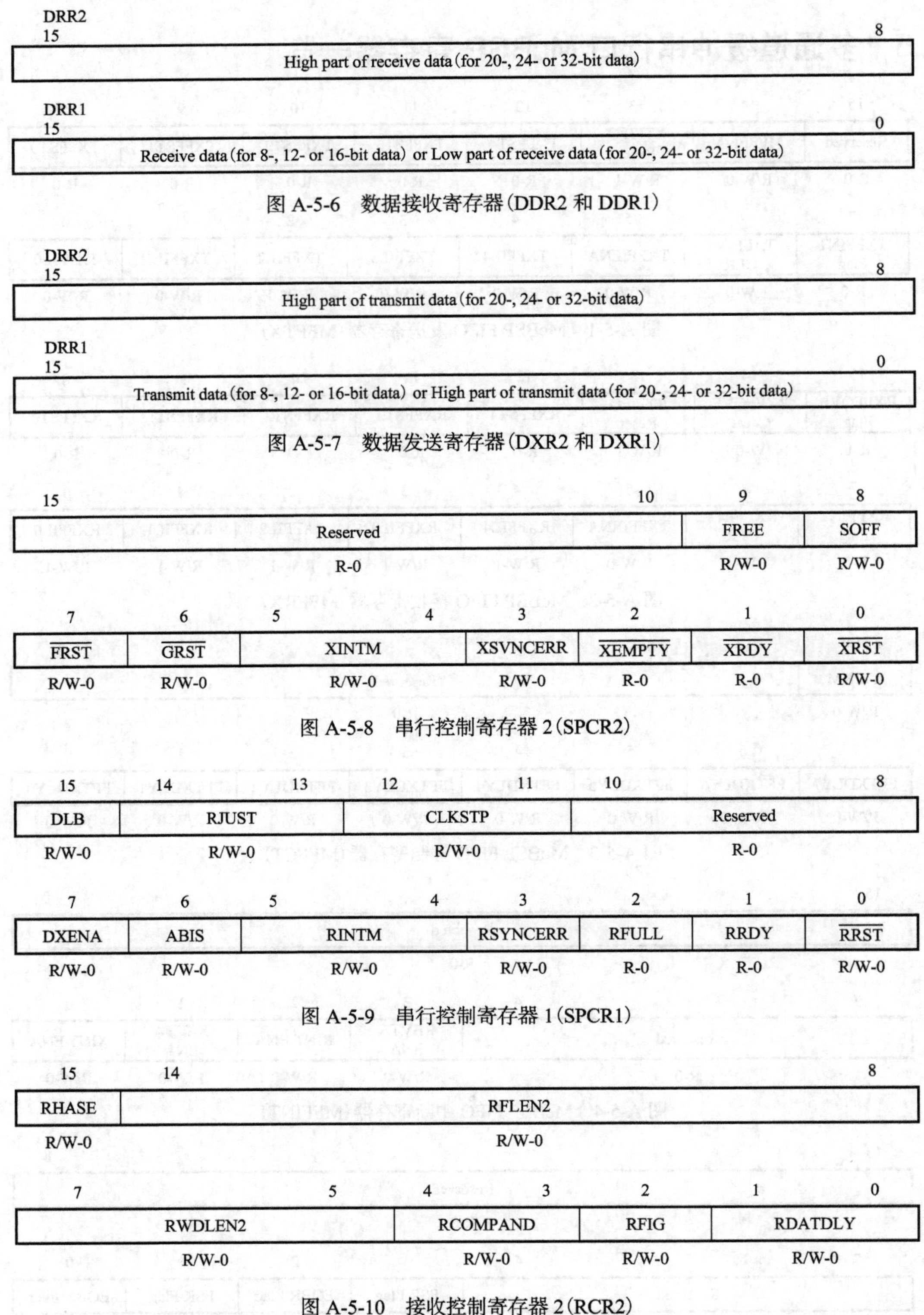

图 A-5-6 数据接收寄存器(DDR2 和 DDR1)

图 A-5-7 数据发送寄存器(DXR2 和 DXR1)

图 A-5-8 串行控制寄存器 2(SPCR2)

15
14
13
12
11
10
8
DLB
RJUST
CLKSTP
Reserved
R/W-0
R/W-0
R/W-0
R-0
7
6
5
4
3
2
1
0
DXENA
ABIS
RINTM
RSYNCERR
RFULL
RRDY
RRST
R/W-0
R/W-0
R/W-0
R/W-0
R-0
R-0
R/W-0

图 A-5-9 串行控制寄存器 1(SPCR1)

图 A-5-10 接收控制寄存器 2(RCR2)

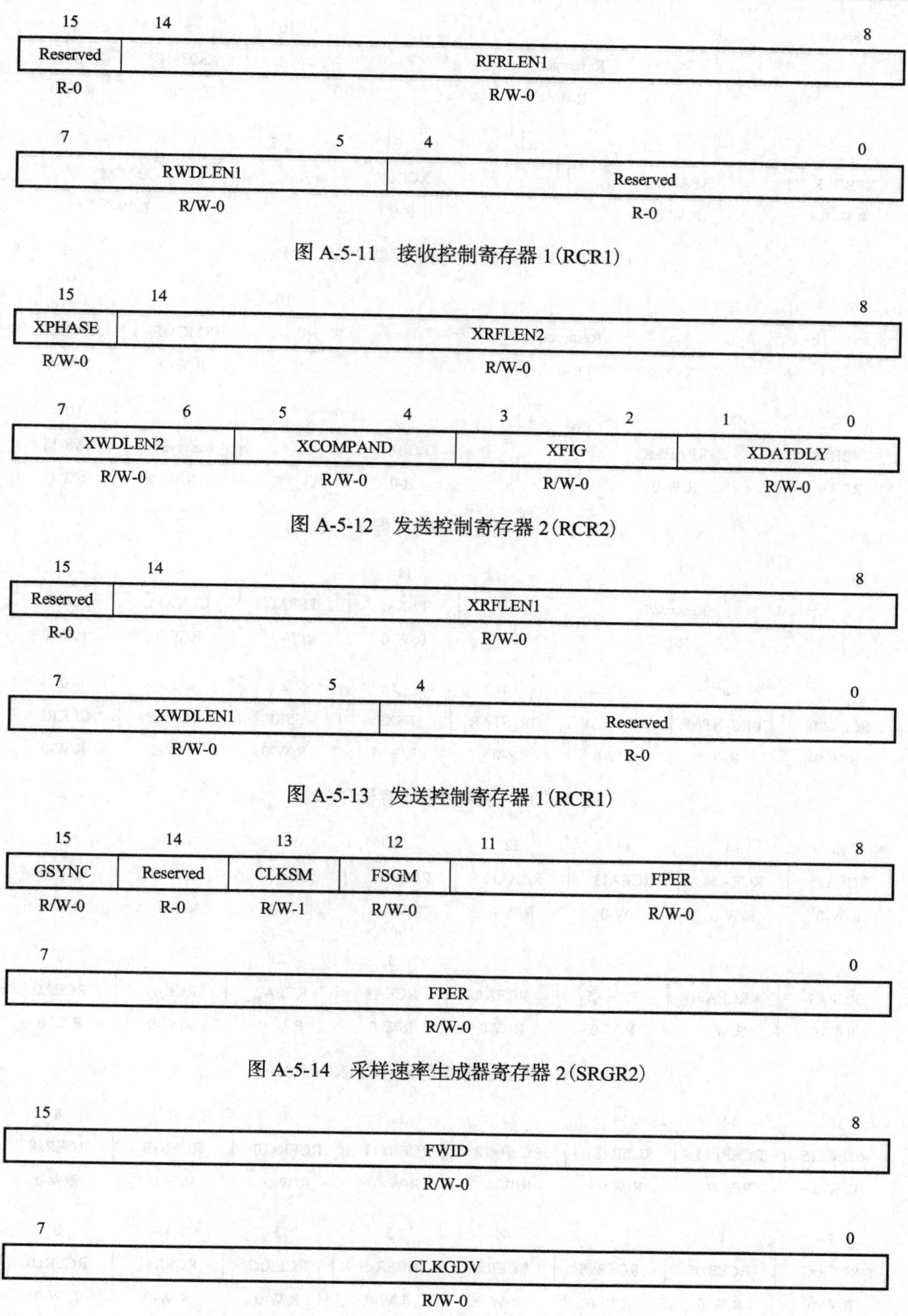

图 A-5-11　接收控制寄存器 1(RCR1)

图 A-5-12　发送控制寄存器 2(RCR2)

图 A-5-13　发送控制寄存器 1(RCR1)

图 A-5-14　采样速率生成器寄存器 2(SRGR2)

图 A-5-15　采样速率生成器寄存器 1(SRGR1)

15～10	9	8
Reserved	XMCME	XPBBLK
R-0	R/W-0	R/W-0

7	6～5	4～2	1～0
XPBBLK	XPABLK	XCBLK	XMCM
R/W-0	R/W-0	R-0	R/W-0

图 A-5-16　多通道控制寄存器 2(MCR2)

15～10	9	8
Reserved	RMCME	RPBBLK
R-0	R/W-0	R/W-0

7	6～5	4～2	1	0
RPBBLK	RPABLK	RCBLK	Reserved	XMCM
R/W-0	R/W-0	R-0	R-0	R/W-0

图 A-5-17 多通道控制寄存器 1(MCR1)

15～12	11	10	9	8
Reserved	FSXM	FSRM	CLKXM	CLKRM
R-0	R/W-0	R/W-0	R/W-0	R/W-0

7	6	5	4	3	2	1	0
SCLKME	CLKS_STAR	DX_STAR	DR_STAR	FSXP	FSRP	CLKXP	CLKRP
R/W-0	R-0	R/W-0	R-0	R/W-0	R/W-0	R/W-0	R/W-0

图 A-5-18　引脚控制寄存器(PCR)

15	14	13	12	11	10	9	8
RCEA15	RCEA14	RCEA13	RCEA12	RCEA11	RCEA10	RCEA9	RCEA8
R/W-0	R/W-0	R/W-0	R/W-0	R/W-0	R/W-0	R/W-0	R/W-0

7	6	5	4	3	2	1	0
RCEA7	RCEA6	RCEA5	RCEA4	RCEA3	RCEA2	RCEA1	RCEA0
R/W-0	R/W-0	R/W-0	R/W-0	R/W-0	R/W-0	R/W-0	R/W-0

图 A-5-19　接收通道使能寄存器(RCERA/B)

15	14	13	12	11	10	9	8
RCERx15	RCERx14	RCERx13	RCERx12	RCERx11	RCERx10	RCERx9	RCERx8
R/W-0	R/W-0	R/W-0	R/W-0	R/W-0	R/W-0	R/W-0	R/W-0

7	6	5	4	3	2	1	0
RCERx7	RCERx6	RCERx5	RCERx4	RCERx3	RCERx2	RCERx1	RCERx0
R/W-0	R/W-0	R/W-0	R/W-0	R/W-0	R/W-0	R/W-0	R/W-0

图 A-5-20　RCER(A-G)接收通道使能寄存器 A、C、E、G

15	14	13	12	11	10	9	8
RCERy15	RCERy14	RCERy13	RCERy12	RCERy11	RCERy10	RCERy9	RCERy8
R/W-0	R/W-0	R/W-0	R/W-0	R/W-0	R/W-0	R/W-0	R/W-0

7	6	5	4	3	2	1	0
RCERy7	RCERy6	RCERy5	RCERy4	RCERy3	RCERy2	RCERy1	RCERy0
R/W-0	R/W-0	R/W-0	R/W-0	R/W-0	R/W-0	R/W-0	R/W-0

图 A-5-21 RCER(B-H)接收通道使能寄存器 B、D、F、H

15	14	13	12	11	10	9	8
XCERx15	XCERx14	XCERx13	XCERx12	XCERx11	XCERx10	XCERx9	XCERx8
R/W-0	R/W-0	R/W-0	R/W-0	R/W-0	R/W-0	R/W-0	R/W-0

7	6	5	4	3	2	1	0
XCERx7	XCERx6	XCERx5	XCERx4	XCERx3	XCERx2	XCERx1	XCERx0
R/W-0	R/W-0	R/W-0	R/W-0	R/W-0	R/W-0	R/W-0	R/W-0

图 A-5-22 XCER(A-G)发送通道使能寄存器 A、C、E、G

15	14	13	12	11	10	9	8
XCERy15	XCERy14	XCERy13	XCERy12	XCERy11	XCERy10	XCERy9	XCERy8
R/W-0	R/W-0	R/W-0	R/W-0	R/W-0	R/W-0	R/W-0	R/W-0

7	6	5	4	3	2	1	0
XCERy7	XCERy6	XCERy5	XCERy4	XCERy3	XCERy2	XCERy1	XCERy0
R/W-0	R/W-0	R/W-0	R/W-0	R/W-0	R/W-0	R/W-0	R/W-0

图 A-5-23 XCER(B-H)发送通道使能寄存器 B、D、F、H

A.6 eCAN 寄存器一览

31 … 0
ME[31:0]
R/W-0

图 A-6-1 邮箱使能寄存器(CANME)

31 … 0
MD[31:0]
R/W-0

图 A-6-2 邮箱指向寄存器(CANMD)

31 … 0
TRS[31:0]
RS-0

图 A-6-3 发送请求置位寄存器(CANTRS)

31 … 0
TRR[31:0]
RS-0

图 A-6-4 发送请求复位寄存器(CANTRR)

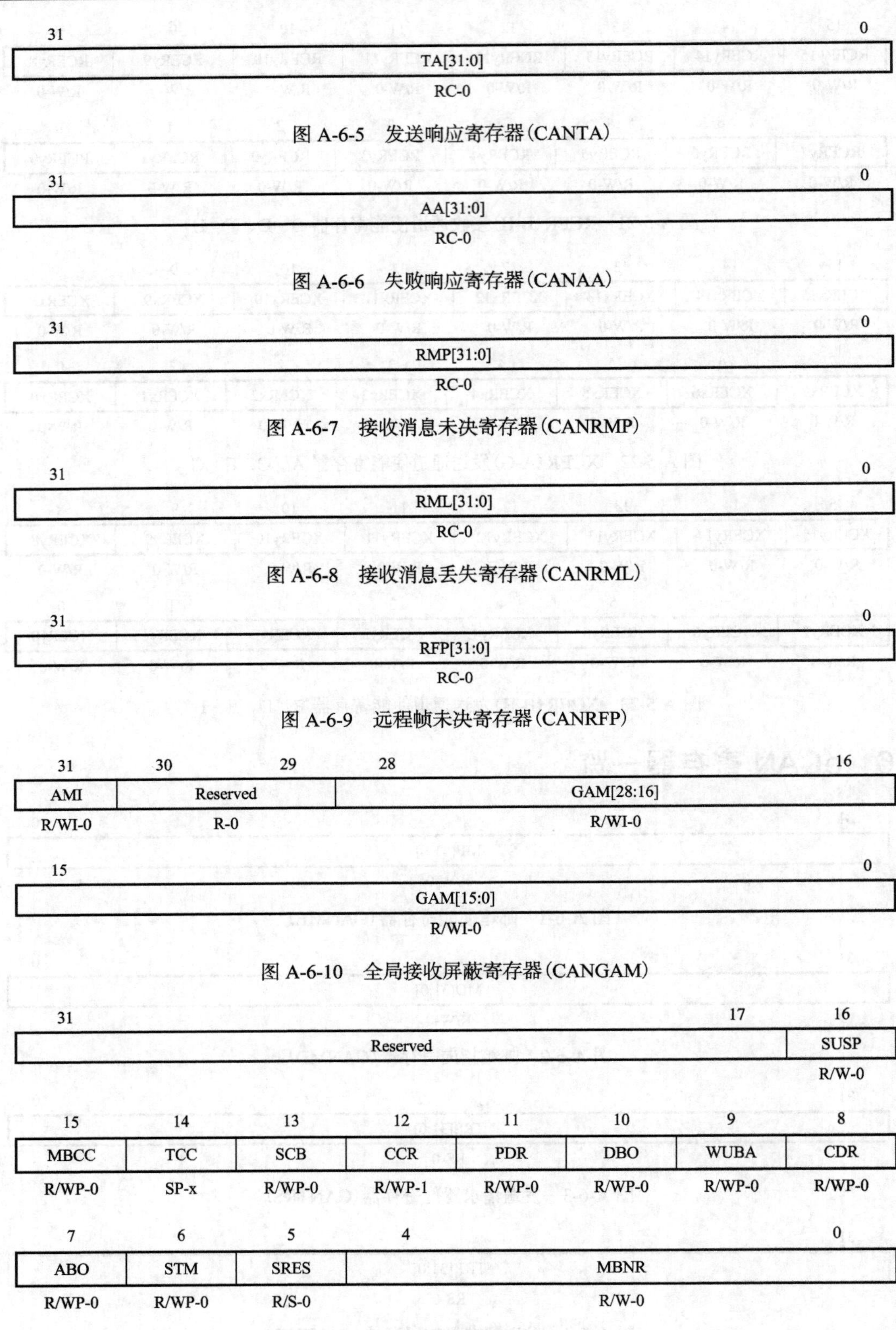

图 A-6-5 发送响应寄存器(CANTA)

图 A-6-6 失败响应寄存器(CANAA)

图 A-6-7 接收消息未决寄存器(CANRMP)

图 A-6-8 接收消息丢失寄存器(CANRML)

图 A-6-9 远程帧未决寄存器(CANRFP)

图 A-6-10 全局接收屏蔽寄存器(CANGAM)

图 A-6-11 主控制寄存器(CANMC)

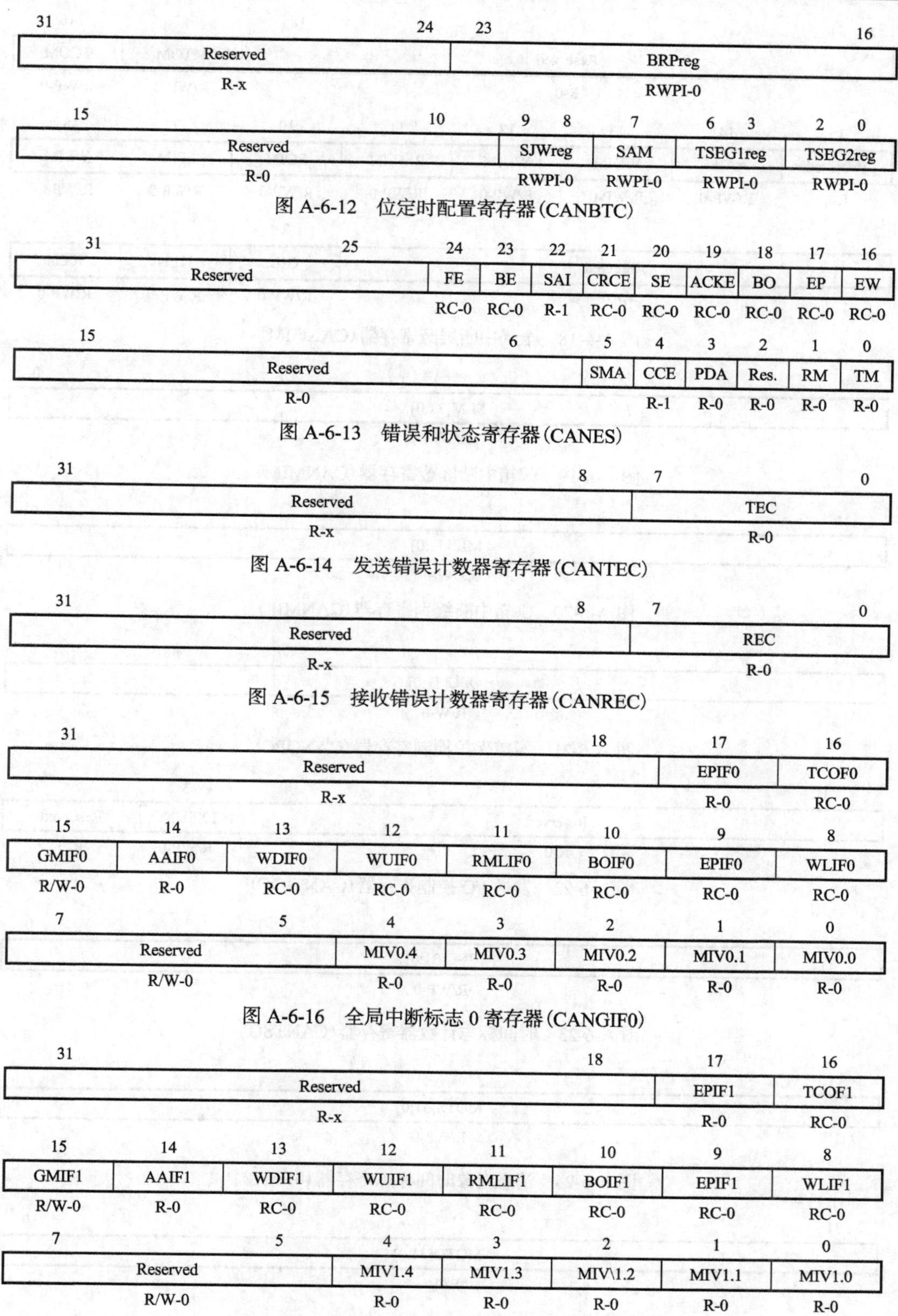

图 A-6-12　位定时配置寄存器(CANBTC)

图 A-6-13　错误和状态寄存器(CANES)

图 A-6-14　发送错误计数器寄存器(CANTEC)

图 A-6-15　接收错误计数器寄存器(CANREC)

图 A-6-16　全局中断标志 0 寄存器(CANGIF0)

图 A-6-17　全局中断标志 1 寄存器(CANGIF1)

31–18	17	16
Reserved	MTOM	TCOM
R-0	R/WP-0	R/WP-0

15	14	13	12	11	10	9	8
Reserved	AAIM	WDIM	WUIM	RMLIM	BOIM	EPIM	WLIM
R-0	R/WP-0	R/WP-0	R/WP-0	R/WP-0	R/WP-0	R/WP-0	R/WP-0

7–3	2	1	0
Reserved	GIL	I1EN	I0EN
R-0	R/WP-0	R/WP-0	R/WP-0

图 A-6-18　全局中断屏蔽寄存器(CANGIM)

31–0
MIM[31:0]
R/W-0

图 A-6-19　邮箱中断屏蔽寄存器(CANMIM)

31–0
MIL[31:0]
R/W-0

图 A-6-20　邮箱中断级别寄存器(CANMIL)

31–0
OPC[31:0]
R/W-0

图 A-6-21　覆盖保护控制寄存器(CANOPC)

31–4	3	2–0
Reserved	TXFUNC	Reserved
R-0	R/WP-0	R-0

图 A-6-22　发送 I/O 控制寄存器(CANTIOC)

31–0
TSC[31:0]
R/WP-0

图 A-6-23　时间标志计数器寄存器(CANTSC)

31–0
MOTS[31:0]
R/WP-0

图 A-6-24　消息对象时间标志寄存器(MOTS)

31–0
MOTO[31:0]
R/W-x

图 A-6-25　消息对象超时寄存器(MOTO)

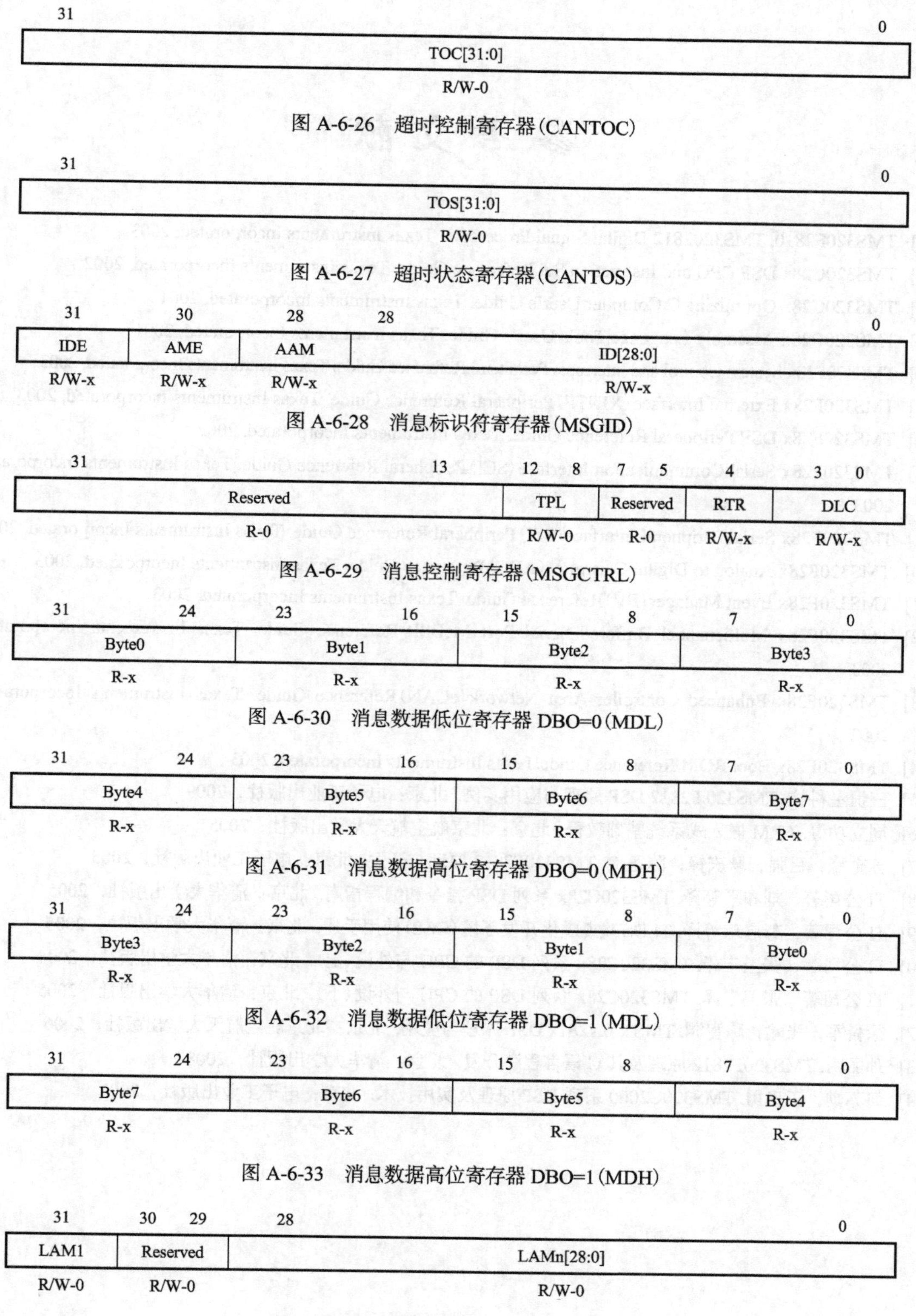

图 A-6-26　超时控制寄存器(CANTOC)

图 A-6-27　超时状态寄存器(CANTOS)

图 A-6-28　消息标识符寄存器(MSGID)

图 A-6-29　消息控制寄存器(MSGCTRL)

图 A-6-30　消息数据低位寄存器 DBO=0(MDL)

图 A-6-31　消息数据高位寄存器 DBO=0(MDH)

图 A-6-32　消息数据低位寄存器 DBO=1(MDL)

图 A-6-33　消息数据高位寄存器 DBO=1(MDH)

图 A-6-34　局部接收屏蔽寄存器(LAMn)

参 考 文 献

[1] TMS320F2810, TMS3202812 Digital Signal Processors. Texas Instruments Incorporated, 2003

[2] TMS320C28x DSP CPU and Instruction Set Reference Guide. Texas Instruments Incorporated, 2002

[3] TMS320C28x Optimizing C Compiler User's Guide. Texas Instruments Incorporated, 2001

[4] TMS320C28x Assembly Language Tools User's Guide. Texas Instruments Incorporated, 2001

[5] TMS320F28x System Control and Interrupts Peripheral Reference Guide. Texas Instruments Incorporated, 2003

[6] TMS320F28x External Interface (XINTF) Peripheral Reference Guide. Texas Instruments Incorporated, 2003

[7] TMS320F28x DSP Peripheral Reference Guide. Texas Instruments Incorporated, 2002

[8] TMS320F28x Serial Communication Interface (SCI) Peripheral Reference Guide. Texas Instruments Incorporated, 2003

[9] TMS320F28x Serial Peripheral Interface (SPI) Peripheral Reference Guide. Texas Instruments Incorporated, 2003

[10] TMS320F28x Analog to Digital Converter (ADC) Reference Guide. Texas Instruments Incorporated, 2003

[11] TMS320F28x Event Manager (EV) Reference Guide. Texas Instruments Incorporated, 2003

[12] TMS320F28x Multichannel Buffered Serial Port (McBSP) Reference Guide. Texas Instruments Incorporated, 2003

[13] TMS320F28x Enhanced Controller Area Network (eCAN) Reference Guide. Texas Instruments Incorporated, 2003

[14] TMS320F28x Boot ROM Reference Guide.Texas Instruments Incorporated, 2003

[15] 三恒星科技. TMS320 F2812 DSP 原理与应用实例. 北京：电子工业出版社，2009

[16] 周立功等. ARM 嵌入式系统基础教程. 北京：北京航空航天大学出版社，2005

[17] 苏奎峰，吕强，耿庆锋，陈圣俭. TMS320F2812 原理与开发. 北京：电子工业出版社，2005

[18] TI 公司著，刘和平等译. TMS320C28x 系列 DSP 指令和编程指南. 北京：清华大学出版社，2005

[19] TI 公司著，彭启琮等译. TI DSP 集成化开发环境(CCS)使用手册. 北京：清华大学出版社，2005

[20] TI 公司著，张卫宁译. TMS320C28x 系列 DSP 的 CPU 与外设(上). 北京：清华大学出版社，2004

[21] TI 公司著，张卫宁译. TMS320C28x 系列 DSP 的 CPU 与外设(下). 北京：清华大学出版社，2005

[22] 徐科军，张翰，陈智渊. TMS320X281x DSP 原理与应用. 北京：北京航空航天大学出版社，2006

[23] 孙丽明. TMS320F2812 原理及其 C 语言程序开发. 北京：清华大学出版社，2008

[24] 何苏勤，王忠勇. TMS320C2000 系列 DSP 原理及实用技术. 北京：电子工业出版社，2003